생태하천공학

USDA
Natural Resources Conservation Service
United States Department of Agriculture

About NRCS | Careers | National Centers | State Websites

Topics | Programs | Newsroom | Blog | Contact Us

Browse By Audience | A-Z Index | Help

You are Here: Home / Water / Water Management / Stream Restoration / Federal Stream Corridor Restoration Handbook - Cover

Stay Connected

Federal Stream Corridor Restoration Handbook - Cover

Copyright Statement: Portions of this publication contain work prepared by officers and employees of the United States Government as part of such person's official duties. No copyright is claimed as to any chapter or section whose designated author is an employee of the United States Government. Copyright is claimed for specific photos and graphics that are used here with written permission. Materials reproduced by permission are marked, and are still under copyright by the original authors and publishers. Permission to reproduce these portions of the document must be granted by the specific materials holder. The producers of the document request that the use of the document, whole or in part, be referenced. The complete citation is "Stream Corridor Restoration: Principles, Processes, and Practices, 10/98, by the Federal Interagency Stream Restoration Working Group (FISRWG)."

scrcover.jpg
752.67 Kb
689 x 904

Water

Snow Survey & Water Supply
- Water Management
    Drainage
    Irrigation
    Hydrology & Hydraulics
    Stream Restoration
- Water Quality
- Watersheds
- Wetlands

Copyright Statement :

U.S. Federal Stream Corridor Restoration, National Engineering Handbook 653

Portions of this publication contain work prepared by officers and employees of the United States Government as part of such person's official duties. No copyright is claimed as to any chapter or section whose designated author is an employee of the United States Government. Copyright is claimed for specific photos and graphics that are used here with written permission. Materials reproduced by permission are marked, and are still under copyright by the original authors and publishers. Permission to reproduce these portions of the document must be granted by the specific materials holder. The producers of the document request that the use of the document, whole or in part, be referenced. The complete citation is "Stream Corridor Restoration: Principles, Processes, and Practices, 10/98, by the Federal Interagency Stream Restoration Working Group (FISRWG)."

Select from the links below to view and/or download images from the Stream Corridor Restoration Handbook. These are offered for training and educational purposes for advancing the principles, processes, and practices of stream corridor restoration.

저작권 진술 :

(미국연방) 하천수변복원, 국가 공학 핸드북 653

본 간행물의 일부에는 미국 연방 정부의 임원과 직원이 개인의 공식 임무의 일부로 준비한 작업이 포함되어 있다. 지정된 저자가 미국 정부의 직원인 모든 장 또는 섹션에 대한 저작권은 없다. 서면 허가를 받아 여기에 사용된 특정 사진 및 그래픽에 대한 저작권은 주장된다. 허가를 받아 재현된 자료는 원본 저자와 발행인의 저작권하에 있다. 문서의 이 부분을 재생산할 수 있는 권한은 특정 자료 보유자가 부여해야 한다. 문서 제작자는 전체 또는 일부 문서의 사용을 참조하도록 요청한다. 완전한 인용문은 "Stream Corridor Restoration: Principles, Processes, and Practices, 10/98, by the Federal Interagency Stream Restoration Working Group(FISRWG)."이다.

Stream Corridor Restoration Handbook에서 이미지를 보거나 다운로드 하려면 아래 링크에서 선택하면 된다. 이들은 하천복원의 원칙, 과정 및 관행을 발전시키기 위한 훈련 및 교육 목적으로 제공되는 것이다.

https://www.nrcs.usda.gov/wps/portal/nrcs/detail/national/water/manage/restoration/?cid=stelprdb1044678.

Ecologic Stream Engineering

생태하천
공학

이원환, 조원철 편저

지금까지 이용자 측면에서 추구하여 오던 공학적 견지에서만 하천을 공부하던 '하천공학' 자세에서 나아가 하천 자체를 살아 역동하는 생명체로 이해하려고 한다.

지구 생태계의 가장 기본적인 속성인 '변화'를 바탕으로 소위 과학적인 방법론을 이용하여 하천생태를 이해하고자 한다. 이 책을 통해서 하천의 주역인 물과 토사, 무척추동물과 서식하는 동식물에 대한 생태학적 이해를 통해서 하천에 대한 보다 근본적인 이해가 폭넓게 이루어지기를 간절히 바라는 바이다.

한국수자원학회
KOREA WATER RESOURCES ASSOCIATION

씨
아이
알

서 문

하천수로, 강기슭, 하천수변 그리고 대지(臺地)를 포함하는 하천유역에서 이루어지는 물리적(수문 및 수리) 과정, 화학적 과정, 미생물학적 과정 및 생물학적 과정, 각종 교란과정 등을 포함하는 생태학적 과정에 대한 이해를 통해서 하천을 가능한 한 자연스럽게 가꾸어 함께 살아갈 수 있는 지혜를 구하고자 한다.

지금까지 이용자 측면에서 추구하여 오던 공학적 견지에서만 하천을 공부하던 "하천공학" 자세에서 나아가 하천 자체를 살아 역동하는 생명체로 이해하고자 하는 것이다.

1970년대의 "Inland Aquatic Ecology"에서 시작한 공부가 1990년대 말과 2000년대의 "River Corridor Restoration"에서 한 매듭을 이룬 것 같아 이 책을 편집하게 된 것이다. "Stream Corridor Restoration: Principles, Processes, and Practices, 10/98, by the Federal Interagency Stream Restoration Working Group(FISRWG)." (RCR)을 바탕으로 이해할 수 있고 필요한 부분들을 요약하여 편집한 것이다.

지구 생태계의 가장 기본적인 속성인 "변화"를 바탕으로 소위 과학적인 방법론을 이용하여 하천 생태를 이해하고자 한다. 이 책을 통해서 하천의 주역인 물과 토사, 무척추동물과 서식하는 동식물에 대한 생태학적 이해를 통해서 하천에 대한 보다 근본적인 이해가 폭넓게 이루어지기를 간절히 바라는 바이다.

끝으로 이 책을 편집할 수 있도록 공간을 마련해주신 "특허법인 로얄"의 이수웅 소장님께 깊은 감사를 드린다.

2019. 1.

연세대학교 사회환경시스템공학부 명예교수 **이 원 환**
연세대학교 사회환경시스템공학부 명예교수 **조 원 철**

차 례

CHAPTER 03

하천수변에 영향을 주는
교란(攪亂)

CHAPTER 04

하천수변 상태의 분석

CHAPTER 01

하천 개관

CHAPTER 01 하천 개관

하천은 생명의 터전이요 인류 문명의 산실이다. 물과 토양과 공기와 햇볕이 있기 때문이다. 지구 구성체 면에서 보면 지구에는 놀라운 탄력성(彈力性, resilience)[1]이 있다. 강이나 호수는 아주 작은, 약간의 기회만 주어져도 결코 죽는 일은 없는 것이다. 자연은 되돌아오게 되는 것이다(Rene Dubos, 1981). 하천을 돌본다는 것은 하천의 문제가 아니라 사람들의 마음의 문제인 것이다(Tanaka, Shozo). 아울러 인간의 활동은 세계의 모든 하천에 깊은 영향력을 끼치고 있다. 그런 면에서 보면 그러한 영향을 받아서 변하지 않을 하천을 발견한다는 것은 극히 어려운 일로 불가능한 일인지도 모르겠다(H.B.N. Hynes, 1970).

하천은 스스로 복원할 수 있는 능력을 가지고 있다. 따라서 우리는 이러한 사실을 인식할 수 있어야 한다. 각 하천은 지질학적, 기후학적, 수문학적, 수리학적, 화학적 및 생물학적 부분들을 모두 합한 것보다도 훨씬 위대한 것이다. 따라서 하천을 구하려는 사람은 하천의 동적평형(動的平衡, dynamic equilibrium)을 추구하기 위해서 지속하여 전체적으로 필수적인 하천요소들을 보아야 한다. 하천은 스스로를 치유할 수 있으며, 교란(攪亂)을 제거하며 스스로를 지속가능하게 한다.

---

[1] 彈力性은 발생가능한 사건의 不作用(逆行的 事件)을 對備하고, 計劃하며, 吸收하고, 回復하고, 보다 더 成功的으로 適應할 수 있는 能力으로 정의한다.

이 책은 하천에 대한 생태학적 기본적인 이해를 바탕으로 하여 하천의 변화(개선 또는 복원)를 추구할 때 계획과 설계에 필요한 기본개념을 제공하는 것을 목적으로 한다. 자연, 즉 생태계는 변화(變化, change)가 기본이다. 이러한 자연은 그것을 이루는 구조(構造, structure)와 각종 구조요소들의 기능(機能, function)을 발휘하는 가운데 항상 동적평형 상태를 이루어 가는 것이다.

중국에서는 하천을 천(川), 강(江), 하(河)로 구분하기도 한다. 이때 천(川)은 자연 상태를 가능한 한 유지하는 하천을 뜻하며, 강(江)은 약간의 인공적인 것을 가미한, 예를 들어 제방을 축조한 하천을 의미하며, 하(河)는 토사가 많아서 수로, 특히 하구가 폐쇄되는 하천을 뜻한다.

1장의 목적은 하천 이해에 필요한 기본적인 개념의 배경을 제공하는 데 있다. 잘 훈련되지 않은 사람들은 주로 상류(발원지)에서부터 하구에 이르는 하천의 길이(종) 방향에만 관심을 가진다. 좀 더 훈련된 사람들은 하천의 횡방향까지도 관심을 가진다. 충분하지 못하다. 이러한 관점은 매우 제한적으로 물과 물질, 에너지 그리고 유기물들의 연직방향 이동을 충분히 보지 못하게 되기 때문이다. 시간차원 역시 매우 중요하다. 하천은 끊임없이, 지속적으로 변하기 때문이다. 이러한 변화는 수 분(分)에서부터 수만 년에 이르는 시간단위까지에서 찾아볼 수 있다.

하천은 4차원 구조를 이루고 있으며, 스스로 지속적인 변화를 진행하고 있다(Ward, 1989). 또한 내외부적 환경 사이에서 수많은 생태학적 기능들이 작동하고 있다. 예를 들면

① 물질의 이동(물과 토사의 이동 등)
② 에너지 이동(하천수의 가열과 냉각 이동)
③ 유기물 이동(포유동물, 물고기, 곤충의 유충, 부유물 등의 이동)

등이 작동하고 있다.

이러한 과정들에 대해서 초급자는 하천길이(종) 방향의 변화만 생각한다. 4차원 구조 개념이 절대 필요하다. 횡방향과 연직방향의 물, 물질, 에너지 그리고 유기물들의 이동 역시 하천 주변의 물리적 구조의 변화 특성에 지대한 영향을 준다. 이 같은 물리적 구조의 변화는 분

(分)단위에서부터 수만 년 단위까지에 이르러 이루어지기도 한다. 물, 물질, 에너지 그리고 유기물들의 이동은 하천구조에 영향을 끼치며, 하천구조 또한 이들의 이동에 영향을 끼친다. 이 같은 자연적인 귀환(歸還)고리(feedback loop)는 제한적 동적평형을 이루게 한다.

하천에 영향을 주는 교란(攪亂, disturbances)은 자연적일 수도 있고, 인적일 수도 있다. 극심한 교란은 하천의 동적평형을 무너뜨릴 수 있는 하천 구조와 기능을 변경시킬 수 있다. 하천변화 작업은 자연적인 동적평형을 이룰 수 있는 하천구조와 기능을 재확립하도록 하는 것이다.

1.1 하천의 물리적 구조

Ward(1989)는 하천의 4차원 구조(길이(종)방향, 폭(횡)방향, 깊이(연직)방향 그리고 시간차원)를 설명하고 있다. 이러한 4차원 구조는 하천의 공간뿐만 아니라 시간까지도 볼 수 있게 하여 하천을 이해하고 변화(개선)를 모색하는 데 있어서 매우 중요한 수단을 제공하게 된다 (그림 1.1).

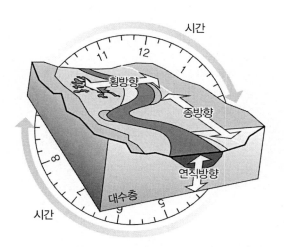

그림 1.1 하천의 4차원 구조요소(Ward, 1989)

하천의 물리적 구조는 이러한 다차원 공간 안에서의 물과 물질, 에너지 그리고 유기물들의 이동과 더불어 형성되는 것이다. 이러한 이동은 구조에 영향을 주고, 구조는 이동에 영향을 주고 있는 것이다. 이러한 자연적인 귀환고리는 하천에서의 균형상태를 이루게 하는 소위 동적평형을 이루게 한다. 이러한 동적평형은 하천의 필수적인 구조와 기능이 유지되도록 제한적인 변화를 이루도록 한다.

다중규모의 개념은 하천공간을 보는 데 있어서 권역규모(regional scale, 대하천구역 또는 광역행정구역, 지방규모 등), 경관규모(landscape scale), 하천유역규모(watershed scale), 하천수변규모(river corridor scale), 하천수로규모(river channel scale) 그리고 수로구간규모(channel reach scale)로 구분하여 분석하고, 계획하여, 설계하기 위한 개념이다.

1.1.1 하천의 물리적 구조요소

경관 생태학자들은 4가지의 기본적인 공간구조를 정의하고 있다. 즉 다양한 공간규모에서의 경관규모는 식생 기반(植生基盤, matrix), 식생조각(植生조각, patch), 식생회랑(植生回廊, corridor) 그리고 식생조각모음(mosaic)으로 구성되어 있다는 것이다(그림 1.2).

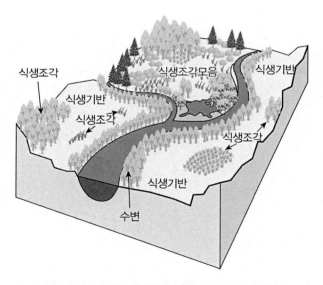

그림 1.2 다양한 규모에서의 하천의 공간구조요소들

(1) 경관구성요소

① **식생 기반** : 지표면을 우세적으로 덮고 있거나 대부분이 잘 연결된 지표 상태로 숲이나 농지를 들 수 있으며 이론적으로는 어떠한 지표피복상태일 수도 있다.

② **식생조각** : 식생 기반과는 다르게 덜 우세한 비선형 다각공간의 지표피복상태이다.

③ **식생회랑** : 식생조각의 특별한 형태로 식생 기반 내에서 다른 식생조각들 간의 연결형태를 보이고 있다. 전형적인 수로회랑처럼 선형으로 길쭉한 형태를 보이는 지표피복상태이다.

④ **식생조각모음** : 식생조각들의 모음으로 전체 경관을 통해서 서로 연결하기에는 부족하여 어느 것도 우세종이 되지 못한 지표피복상태이다.

이러한 단순구조요소 개념은 다양한 공간규모들에서 반복된다. 공간규모와 관측의 공간적 해상도는 어떠한 구조요소를 볼 것인가를 결정한다. 예를 들어 경관규모에서는 경작지, 목초지, 나대지, 호수 그리고 습지 등의 식생조각과 더불어 잘 가꾸어진 삼림 식생 기반을 보게 된다. 한편 하천수로구간의 규모에서 보면 송어는 하천의 물웅덩이(소(沼))를 인지하게 되며 잘 보호되고 차가우며 덜 바람직한 얕은 여울 같은 식생 기반 가운데서도 선호하는 식생조각으로 물주머니 형태인 공간을 선호하게 될 것이다. 또한 제방을 따라가는 수로회랑을 안전한 통로로 사용하게 될 것이다.

하천에 영향을 주는 교란은 자연적인 것일 수도 있으나 인적인 것도 있다. 어느 것이든 간에 심각한 경우라면 한 지점에서 동적평형을 깨트리는 하천의 구조와 기능을 변화시킬 수 있다. 이럴 경우 하천복원사업은 자연적인 평형상태를 유발할 수 있는 구조와 기능을 재확립하게 하는 수단으로 채택될 수 있다.

(2) 하천유역의 구성요소

하천유역은 다음과 같은 4가지로 구성되는 생체적 구성체, 즉 생태계이다.

① 수로(水路)

② 홍수(洪水)터

③ 천이(遷移)공간

④ 대지(臺地)

　물과 다른 물질들, 에너지 그리고 유기물들은 하천 내부에서 시간과 공간상에서 만나고 상호작용한다. 이러한 상호작용은 생명체의 유지에 필수적인 다음과 같은 작용을 한다.

(3) 하천에서의 상호작용

하천에서는 다음과 같은 작용이 일어난다.

① 영양물 순환
② 강우 유출수에 포함된 오염물질의 여과
③ 홍수류의 흡수와 점진적인 방출
④ 야생물 서식지의 유지
⑤ 지하수 함양(충진)
⑥ 하천흐름의 유지

(4) 하천규모의 영향

　하천을 보는 규모에 따른 영향이 크기 때문에 크기와 속성에 따라 다음과 같이 규모를 구분하고자 한다.

① **권역규모**는 광범위한 지형공간으로 기후, 기상학적 특성이 비슷하며 사람들의 활동영역이요 관심 공간이다. 공간요소로는 경기권역, 강원권역, 충청권역, 호남권역, 경상권역, 제주권역 등과 같은 규모로 구성된다.

② **경관규모**는 반복되는 요소들로 특징지어지는 지형공간으로 숲이나 습지 같은 자연적인 것과 경작지나 마을, 주거지역 같이 사람에 의해서 변형된 공간을 포함한다. 크기는 몇 km^2에서 수천 km^2에 이른다. 경관규모에서는 구성요소들의 형성된 형태에 따라서

특성이 다르다. 예를 들어 태백산맥 경관과 호남평야 경관, 인천~부천 경관은 그 구성 요소가 다른 것이다.

③ **하천유역 규모**에서는 하천수변과 외부 환경 사이에서 물의 이동과 더불어 물질, 에너지 그리고 유기물들의 이동이 발생한다. 따라서 하천유역 개념은 하천의 변화를 계획하고 설계하는 데 있어서 매우 중요한 핵심 역할을 하게 된다. 하천유역 개념에서는 "규모"라는 말이 적정하지는 않다. "유역"은 물과 유사(流沙) 그리고 용존물질들을 수로를 따라서 어떤 특정 출구점까지 배출하는 토지면적으로 정의한다(Dunne and Leopold, 1978). 따라서 유역은 다양한 규모에서 발생한다. 예를 들어 한강유역, 낙동강유역, 금강유역, 섬진강유역, 영산강유역처럼 대규모 유역에서부터 몇 km^2에 이르는 매우 작은 실개천 유역까지 다양하게 발생한다. 이처럼 광범위한 범위의 규모에서, 즉 토지공간 전부 또는 일부만 포함할 수 있기 때문에 "하천유역 규모"라는 용어는 적정하지 않은 용어이다.

유역 내의 생태학적 구조는 여전히 식생 기반, 식생조각, 식생회랑 그리고 식생조각모음을 포함한다. 하지만 유역의 상류구역과 중류구역 그리고 하류구역 같은 유역구성요소와 배수분구, 상하부의 경사지, 홍수터, 삼각주 그리고 수로 내부에서의 특성 등에 대한 논의가 있다면 더욱 의미가 있을 것이다. 이러한 요소들과 그들의 기능에 대한 논의는 다음 1.2절과 1.3절에서 논의할 것이다. 간단하게 말하면 크기 면에서 중첩되는 유역규모와 경관규모는 각각 다른 환경적 과정으로 정의되는 한편 경관규모는 기본적으로 토지피복 육상식물의 형태의 연속성에 기초를 두고 있다. 한편 유역의 경계는 배수분구 자체에 기초하고 있다. 더욱이 유역에서 발생하는 생태학적 과정은 물과 물의 움직임과 더욱 연계되어 있다. 따라서 생태학적 기능면에서 보면 유역은 역시 경관과는 다른 것이다. 이러한 경관규모와 유역규모 사이의 차이는 하천의 변화를 계획하고 설계할 때 실행자가 왜 반드시 고려해야 하는지를 보여주는 것이다. 수십 년 동안 유역규모 개념은 선택을 위한 지리학적 단위로 역할을 해왔다. 하천수변으로 들어오거나 나가거나 통과하는 물질과 에너지와 유기물들의 이동과 더불어 관련한 수문학적 과정과 지형학적 과정을 고려해야 하기 때문에 지리학적 단위로서 "유역"이 지난 수십 년간 사용되어왔다. 다양한 규모의 하천에서 "유역"이 유일하게 사용되는 동안에도 배수분구와는 상관없이 경관을 통과하는 물질과 에너지와 유기물들의 이동을 무시하여왔다. 따라서 경관생태와 유역에 대한 과학이 결합될 때 하천수변의 다양한 규모의 보다 완전한 모습이 구해질 수 있을 것이다.

④ **하천수변 규모**는 유역규모와 경관규모에서의 공간적 요소이다. 하지만 자체의 구조요소들을 가지고 있다.

강변 숲이나 관목대(灌木帶)는 하천수변의 전형적인 식생 기반이다. 다른 공간에서는 초본류(草本類) 식물들이 우세하게 분포한다. 하천수변에서의 식생조각들로는 다음과 같은 자연적인 것들과 인적인 것들이 있다.

- 습지
- 숲, 관목대 혹은 풀숲
- 우각호(牛角弧)
- 주거지역 또는 상업지역
- 수로 내의 섬
- 캠프장 같은 위락공간

하천수변에서의 회랑에는 중요한 두 가지 요소가 있다. 즉 수로와 수로 곁에 있는 식물군이다. 기타 회랑으로는

- 제방
- 홍수터
- 유입지류
- 통로와 도로

등이 있다.

⑤ **하천수로 규모**는 수로 내부와 수로 부근에서의 식생조각, 식생회랑, 이면 식생 기반, 수로 자체와 저(低)유량 홍수터를 포함한다.

다음 단계의 하층 규모로는

⑥ **수로구간 규모**로 나눠진다. 수로구간은 숫자로 표시하는 것이 일반적이다. 그러나 때로는 흐름과 관련한 특성치로 나타내기도 한다. 유속이 빠른 구간은 분명하게 유속이 느린 구간과는 구분한다. 또한 깊고 조용한 흐름을 유지하는 구간과도 구분한다. 필요에 따라서는 화학적 또는 생물학적 요소들과 지류영향성 또는 인적영향성을 근거로 구분하기도 한다.
하천과 구간 규모에서의 식생조각의 예로는 다음과 같은 것들이 있다.

- 여울과 물웅덩이(소(沼))
- 섬들과 사주
- 나뭇조각 더미
- 수생식물상(床)

수변에는 다음을 포함할 수 있다.

- 절벽형 제방 아래의 보호된 구역
- 수로의 저수로부인 유심부(중앙선, thalweg)
- 수로의 길이는 물리적, 화학적 및 생물학적 유사성이나 이질성에 따라 정의된다.
- 또는 사람들이 정한 정치적 및 행정적 경계선이나 토지사용의 분계선 또는 소유자에 의하여 정의되기도 한다.

(5) 시간규모

시간규모에 대한 개념은 하천유역의 변화 계획과 설계에서 매우 중요하다. 변화(복원)

노력은 연 단위에서부터 수십 년 단위에 이르는 시간단위의 계획이 실용적이다. 그러나 지형학적 변화나 기후학적 변화는 몇 세기에서부터 수백만 년에 이르는 과정이다.

유역에서의 토지사용의 변화는 하천의 교란에 크게 영향을 끼친다. 예를 들면 윤작(輪作, 작물을 교대로 재배하는 것)은 한 해 동안에 이루어지지만 도시화는 수십 년 동안에 이루어지며 장기적인 숲의 조성은 여러 세기에 걸쳐 이루어진다. 따라서 변화(복원) 계획에 포함하는 토지사용계획은 계획자나 설계자에게는 시간단위(규모)를 정하는 것이 매우 중요하다.

홍수는 또 다른 자연적인 과정으로 시간과 더불어 공간 내에서 변하는 과정이다. 봄비나 가을비는 계절적인 것으로 적정하지만 태풍계절의 대규모 호우유출은 지면을 침수시키며 수로를 넘치게 하여 실용적이지 못한 경우가 많다. 그래서 하천계획에는 대응차원에서 반드시 포함해야 하는 것이다.

홍수전문가들은 호우 또는 홍수(유량 또는 수위) 시계열자료들을 발생빈도 단위로 분석하여 활용한다. 즉 재현확률 10%인 경우 10년 빈도, 1%인 경우 100년 빈도, 0.2%인 경우 500년 빈도 사상이라 한다(상세는 제4장 빈도 해석 참조). 이러한 내용은 홍수문제가 대두되는 경우에 하천계획과 설계의 기준으로 사용되고 있다.

하천계획 실무자들은 여러 가지의 시간규모에 대한 동시계획이 필요하다. 예를 들어 하도 내에 시설물을 계획하는 경우에는 어류의 산란기에는 시공을 피하는 것이 좋으며(단기적 고려사항) 또한 구조물은 100년 빈도 이상의 홍수에 견딜 수 있어야 한다(장기적 고려사항).

1.1.2 하천에 대한 인위적 변화 활동의 구분

하천에 변화(개선, 복원)를 주는 방법으로는 다음과 같은 3가지를 정리할 수 있다.

(1) 복원(復原, restoration)

교란 전 생태계의 구조와 기능으로 가능한 한 재확립하여 자주적으로 동적 안정성이 지속적으로 유지되도록 하는 과정이다. 따라서 교란 전의 생태계를 꼭 같이 재창조하는 것은 불가능하며 복원 과정은 일반적인 구조와 기능과 역동성 그리고 생태계의 자주적 지속가능 거동을 재확립하는 것이다.

(2) 재활(再活, rehabilitation)

교란된 토지공간을 다시 사용할 만하게 하는 것으로 생태기능의 회복과 저하된 서식기능을 되살리는 것이다(Dunster and Dunster, 1996). 교란 전의 기능을 반드시 되살리는 것은 아닌 것으로 자연생태계를 유지할 수 있는 지질학적 및 수문학적 안정경관 확립을 포함해야 한다.

(3) 재생(再生, reclamation)

생태계의 생물학적 기능을 수정(교정)하여 생태 기능력이 변할 수 있게 하는 것이다. 따라서 재생된 결과의 생태계는 재생 전에 있던 생태계와는 다르게 되는 것이다(Dunster and Dunster, 1996). 이 용어는 강변이나 습지생태계 같은 야생이나 자연자원을 사람의 목적(농업용, 산업용, 도시용 또는 생태습지용 등)에 맞게 개발하는 것이 이에 해당한다.

따라서 복원은 재활이나 재생과는 다른 것이다. 복원은 개별적 요소들의 독자적인 조작에 의해서 성취되는 것이 아닌 총체적인 과정이라 할 수 있다. 복원이 본래의 자연 생태계로 되돌아가는 것을 추구하는 반면에, 재활과 재생은 경관을 사람이 목적으로 하는 또는 필요로 하는 특정한 새로운 목적기능을 담당하게 하는 것이다(National Research Council, 1992).

1.2 하천 횡방향 조망

1.2.1 하천 횡단면의 구성요소

앞 절에서는 하천규모와 외부환경과의 관계를 검토하기 위해서 식생 기반~식생조각~식생회랑~식생조각모음 모형들의 적용성을 설명하였다.

이 절에서는 하천수변 자체의 물리적 구조를 보다 자세하게 보고자 한다. 특히 이 절에서는 횡단 차원의 구조에 초점을 맞추고자 한다. 대부분의 하천에서는 횡단면에서 보면 3가지 주요 성분이 있다. **하천수로**는 최소한 연중의 한 기간 동안에 흐름이 있는 공간이다. **홍수터**는 수로의 한쪽이나 양쪽에 있는 변동성이 매우 큰 공간으로 매우 드문 기간 동안에 홍수류가 발생하는 수로 공간이다. 그리고 **천이공간**은 홍수터의 한쪽이나 양쪽에 있는 **대지(臺地)**

의 한 부분으로서 홍수터와 주변경관대 사이의 천이구역 또는 **가장자리** 역할을 하는 공간이다. 하천 횡단면에서 볼 수 있는 구성요소들의 한 예를 그림 1.3에 표시하였다.

이 예에서 홍수터는 계절에 따라서 잠기기도 하고 잠기지 않기도 하며, 홍수터 숲이나 추수(抽水) (또는 정수(挺水)) 식물(잎·줄기의 일부 또는 대부분이 공중으로 뻗어 있는 수생식물) 늪지와 저습지를 포함하고 있다. 천이공간 끝에는 대지(臺地) 숲과 언덕형 초지를 이루고 있다. 자연제방 같은 지형은 주로 홍수기간 동안의 침식과 퇴적 과정에 의해서 만들어진다.

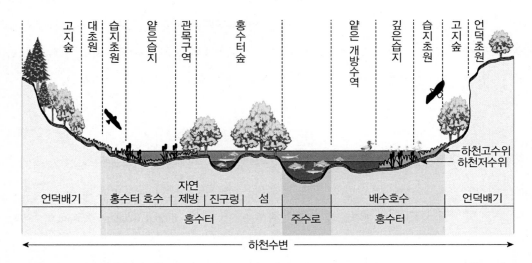

그림 1.3 하천수변 횡단면의 3대 구성요소들의 세부 구성요소들 : 구조적 특성과 식물군락의 특성을 기준으로 구분(Sparks, Bioscience, vol. 45, p. 170, March 1995. © 1995 American Institute of Biological Science)

다양한 식물군락이 독특한 습기 내성을 가지거나 필요하게 되며 따라서 구분되는 지형을 이루게 된다. 세 가지 중요한 횡적 요소들에 대해서 설명하기로 한다.

(1) 수로

① 수로구성요소

거의 모든 수로들은 물과 물이 운송하는 토사들(퇴적물)에 의해서 형성되고, 유지되고, 변형이 된다. 이러한 토사들은 보통 포물선 형태를 이루고 있지만 모양은 매우 다양하다. 그림 1.4는 수로의 전형적인 횡단면을 보여주고 있다. 수로의 수면측 급경사 제방면을 급경사 제방 비탈면(급경사면, scarp)이라 한다. 또 수로의 가장 깊은 부분을 유심부(流心部, thalweg)라 한다. 수로 횡단면의 크기는 제방을 넘치지 않으면서 그것을 통과하여 흐를 수 있는 물의 양(유량)을 규정짓는다. 실무자들은 수로의 두 가지 속성에 관심을 갖는다. 즉 평형수로 문제와 유량 문제이다.

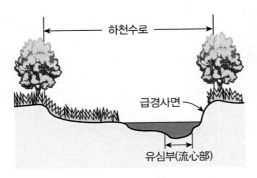

그림 1.4 하천수로의 횡단면

② Lane의 충적(沖積)평형수로

평형수로에는 4가지의 기본적인 요소들이 다음의 관계식과 같이 상호작용한다(Lane, 1955).

- 유사량(sediment discharge, Q_s)
- 유사입경(sediment particle size, D_{50})
- 유량(streamflow, Q_w)
- 하천경사(stream slope, S)

$$Q_s \cdot D_{50} \propto Q_w \cdot S$$

이 수식은 다음 그림 1.5를 이용하면 그 평형관계가 더욱더 쉽게 이해될 수 있다.

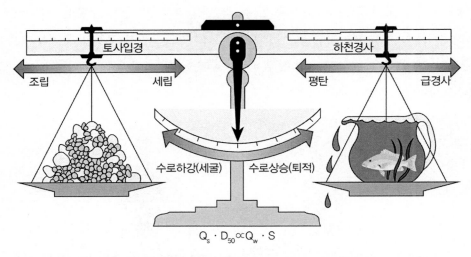

$$Q_s \cdot D_{50} \propto Q_w \cdot S$$

그림 1.5 수로의 하강과 상승에 영향을 주는 요소들의 관계(Rosgen, 1996)

평형수로는 이 4가지 변수들이 균형을 이룰 때 일어난다. 만약 어떤 변화가 발생하면 이 균형은 일시적으로 기울어지게 되어 균형은 상실되게 된다. 만약 하나의 변수가 변하게 되면 다시 새로운 평형이 유지될 때까지 다른 하나 또는 그 이상의 변수가 비례하여 증가하거나 감소하게 된다. 예로서, 만약 경사가 증가되고 유량이 그대로 유지된다면 유사량이나 유사입경은 반드시 증가하게 된다. 마찬가지로(유역 간의 교환 등에 의한) 유량이 증가하게 되고 경사가 유지되면 유사량이나 유사입경은 새로운 평형수로를 유지하기 위해서 반드시 증가하게 된다. 즉 하천은 새로운 평형을 구하기 위해서 유사량을 증가시키며 유사입경도 증가하게 한다. 4가지의 변수들 간의 조정을 위한 변화가 자유로운 충적하천(沖積河川, **alluvial streams**)은 일반적으로 새로운 평형을 이루기 위해 그러한 거동을 보이고 있는 것이다. 암반 기반이나 인공하천 또는 콘크리트 수로 같은 비충적 하천에서는 Lane의 관계법칙을 따르지 못한다. 왜냐하면 이러한 하천에서는 유사입경이나 유사량을 조절할 수 없기 때문이다. 이러한 하천평형 방정식은 하천유역으로부터의 유출량이나 유사량의 변화에 기인한 수로에의 충격과 관련한 질적인 예측에 유용하게 사용할 수 있다. 양적인 예측에는 보다 복잡한 방정식들의 사용이 필요하다.

유사이동 방정식들(sediment transport equations)은 유사량과 하천에서의 에너지 간의 관계를 비교하는 데 사용되고 있다. 만약 유사가 이동한 후에도 과다한 에너지가 남아 있다면 수로의 조정이 발생한다. 즉 하천에서는 제방침식이나 바닥세굴이 발생하여 유사량이 증가하게 되는 수로조정이 발생하는 것이다. 이러한 유사이동 방정식이 얼마나 복잡하든 간에 기본적인 Lane의 균형관계는 유지되어야 한다.

③ 하천유량

하천의 특성 중 하나가 바로 하천유량이다. 물순환(water cycle)의 한 부분으로서 모든 흐름의 공급원은 강수(降水)이다. 강수는 그 양(量)과 질(質) 그리고 시간(時間)이라는 3대 요소가 특성을 이루고 있다. 강수는 강우, 눈, 이슬, 서리 등 하늘에서 내리는 모든 수분을 포함한다. 그러나 지구상의 대부분의 지역에서는 강우(降雨)가 가장 지배적인 요소라서 강우와 혼용하여 사용하기도 한다. 물론 강설(降雪)이 많은 지역에서는 별도로 취급한다. 본 서에서는 생태학적 영향성에 근거해서 강수와 강우를 동일하게 보고 혼용하기로 한다.

수문학적 견지에서는 강우량과 강우발생시점과 강우지속시간, 그리고 강우지속시간 동안의 강우의 시간분포가 매우 중요한 분석요소이다. 그 가운데서도 단위시간 동안(통상 분 단위 또는 시간단위)의 강우량(이를 강우강도(降雨强度, rainfall intensity)라 함) 가운데서 가장 큰 값에 대한 중요성은 매우 높아 이에 대한 분석이 중요한 과제가 되어 있다.

실무자들은 흐름의 경로에 대한 중요도를 인식하여 분석하고 있다. 즉 두 가지 기본적인 흐름요소를 설정하고 있다.

- 호우유출(豪雨流出, stormflow) : 짧은 시간단위 동안에 지표와 지하통로를 통해서 수로에 도달한 강수량을 말한다.
- 기저유출(基底流出, baseflow) : 수로에 도달하기 전에 지하수로 스며들어 지층을 따라 서서히 움직이는 강수량을 말한다. 이는 강수량이 매우 적거나 없는 기간 동안에 하천흐름을 유지하게 해준다.

어떤 한순간의 유량은 앞에서 언급한 한 가지 또는 두 가지 공급원에 의해서 발생하게 되는 것이다. 그렇지 않다면 하천은 건조하게 되는 것이다. 호우수문곡선(豪雨水文曲線, storm hydrograph)은 시간대에 따라서 유량(또는 수위)이 어떻게 변하는지를 보여주는 것이다(그림

1.6). 이 수문곡선에서 첨두유량(尖頭流量) 부분(peak)의 왼쪽에 놓인 부분을 상승곡선부 (rising limb)라 하며, 이는 강우발생 후에 첨두유량에 이르기까지 얼마나 시간이 걸리는 것인 가를 보여주고 있다. 이 곡선의 오른쪽을 하강곡선부(recession limb)라 한다. 이 수문곡선은 기저유출 상태에서부터 첨두유출 상태에 이르기까지 얼마나 시간이 걸리는가와 다시 기저 유출로 돌아가는 시간을 보여주고 있다.

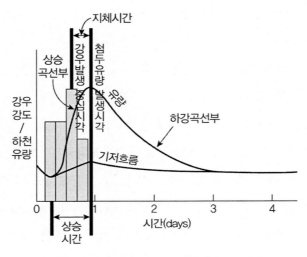

그림 1.6 수문곡선(水文曲線)

④ 도시화에 따른 수문곡선의 변화

도시하천에서는 지역이 정비되고 자연식생이 지붕이나 도로, 주차장, 보도, 차로 등과 같 은 불투수성 피복상태로 대체되면서 수문현상이 변하게 된다(그림 1.7). 결과로 나타나는 현상 가운데 하나로 하천의 연간 기저유출량보다는 호우유출량이 더 많이 흘러나오게 된다. 유역의 불투수성 피복률에 따라서는 연간 호우유출량은 자연상태에서의 유출량보다 16배 정도까지도 증가하는 것으로 밝혀졌다(Schueler, 1995). 더하여 불투수성 피복이 강우가 땅속 으로 침투하는 것을 막기 때문에 땅속으로 들어가는 침투수량이 줄어든다. 따라서 장기간의 무강수(가뭄) 시에는, 특히 도시하천에서는 기저유출 수준이 감소하게 된다(Simmons and Reynolds, 1982).

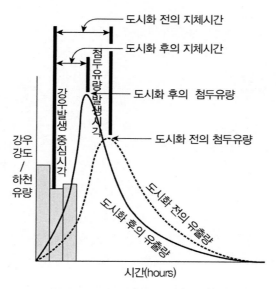

그림 1.7 도시화 전후의 수문곡선의 비교

호우유출수는 자연상태의 초지 위보다는 평탄한 포장체 위에서 더욱더 빠르게 흐르게 된다. 결과로 도시하천에서의 수문곡선의 상승부는 도시화와 더불어 더욱더 가파르게 되며 상승부가 짧게 된다. 도시하천에서는 하강곡선 부분 역시 보다 가파르게 되는 것이다. 유량 곡선은 자연하천에서보다 도시하천에서, 보다 높아지며 가파르게 된다.

⑤ 수로와 지하수 간의 관계

지하수와 수로 간의 상호관계는 유역 전체에 걸쳐서 변한다. 일반적으로 그 관계는 잘 발달된 충적 홍수터와 자갈하상을 가진 하천에서 가장 강하게 나타난다. 그림 1.8은 두 가지 형태의 물 흐름을 보여주고 있다. 문제는 하천의 입장이냐 아니면 지하수의 입장이냐에 따라 같은 현상을 다른 용어로 사용하고 있다. 즉 지하수 중심의 입장에서는 유입하천(influent) 또는 유출하천(effluent)으로 칭하며, 하천중심의 입장에서는 손실하천(losing) 또는 획득하천 (gaining)으로 구분하고 있는 것이다.

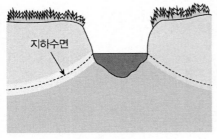
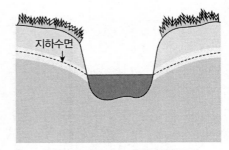

(a) 유입하천 또는 손실하천 구간　　　　(b) 유출하천 또는 획득하천 구간

그림 1.8 하천구간 단면

유입하천 또는 손실하천은 하천수가 지하수층(대수층(帶水層))으로 흐르는 것이며 반대로 유출하천 또는 획득하천은 지하수층(대수층)으로부터 하천으로 물이 흐르는 것이다.

하천실무자들은 하천흐름과 기저흐름 요소들 간의 균형을 기초로 해서 하천을 인식해야 할 것이다.

하천은 흐름 상태에 따라서 크게 3가지의 유형으로 구분한다.

- 단명하천(短命河川, ephemeral streams) : 단지 강수가 내리는 동안 또는 직후까지만 흐름이 유지되는 하천으로 일반적으로 연중 30일 이내로만 흐름이 유지된다.
- 간헐천(間歇川, intermittent streams) : 연중 일정 기간 동안만 흐르는 하천으로 계절적 흐름이 연중 30일 이상 유지된다.
- 상시하천(常時河川, perennial streams) : 우기나 건기에 관계없이 흐름이 지속적으로 유지되는 하천이다.

기저유출은 지하수의 수로 속으로의 움직임으로부터 발생하는 것이다. 따라서 기저유출량과 그 지속기간에 따라서 하천의 흐름상태가 결정될 수 있다.

⑥ 유량영역

유량은 단위시간 동안에 수로를 흘러내리는 물의 체적을 나타내는 것이다. 유량을 나타내는 단위로는 cms(cubic meter per second, m^3/s) 또는 cfs(cubic foot per second, ft^3/s)를 사용하고 있다. 유량은 다음과 같이 계산된다(그림 1.9 참조).

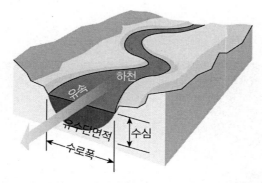

그림 1.9 하천 모식도 : 수로폭(하폭), 수심, 유수단면적, 유속

$$Q = AV$$

여기서, Q =유량(discharge, cms 또는 cfs), A =유수 단면적(m² 또는 ft²), V =평균유속(m/s 또는 ft/s)이다. 앞에서 설명하였듯이 유량은 수로의 크기와 모양을 결정하는 변수이다. 세 가지의 특성유량이 있다.

- **수로형성**(또는 지배)**유량**(channel-forming or dominant discharge) : 하천유량이 수로형성 (또는 지배)유량으로 유지되면 기존의 수로모양을 거의 유지하는 결과를 낳을 수 있다. 하지만 수로형성유량을 직접 계산할 수 있는 방법은 없다. 특정한 수로구간에 대한 수로 형성유량의 산정은 수심과 수로폭, 그리고 수로모양을 결정하는 데 사용될 수 있다. 수 로형성유량은 평형수로에만 적용될 수 있지만 그 개념은 교란된 하천구간의 복원을 위 한 적정한 수로형상을 선정하는 데 사용될 수 있다.
- **유효유량**(effective discharge) : 유효유량은 수로형성유량의 계산된 유량이다. 유효유량의 계산은 문제되는 관심하천이나 매우 유사한 하천에서의 장기간에 걸친 유량과 유사량 측정을 요구한다. 이러한 자료가 하천복원지점에서는 가용하지 않을 때는 모의발생하거 나 계산된 자료를 사용할 수밖에 없다. 유효유량은 안정수로나 변하는 수로의 모두에서 계산될 수 있다.
- **만수유량**(bankfull discharge) : 이 유량은 물이 수로를 떠나 홍수터로 확산되기 시작할 때 발생하는 유량이다(그림 1.10). 만수유량은 개념적으로 수로형성유량과 등가이며 계산

된 유효유량과 등가이다.

그림 1.10 만수유량

(2) 홍수터(floodplain)

대부분의 하천계곡 바닥은 상대적으로 평탄하다. 이는 오랜 시간을 두고 흐름이 하천계곡 바닥을 횡적으로 오르내리는 소위 "횡방향 이동(lateral migration)"을 하기 때문이다. 더하여 주기적인 홍수는 토사를 길이(종)방향으로 움직이게 하며 수로부근의 하천계곡 바닥에 쌓이게 한다. 이러한 두 과정은 지속적으로 홍수터를 수정하게 한다. 시간을 두고 전체 계곡 바닥에서 이러한 운동이 일어나는 것이다. 상류부의 조건들이 유지하게 되면 수로가 이동함에도 수로는 동일한 평균 크기와 모양을 유지하게 된다. 이를 평형수로라 한다. 홍수터는 두 가지로 구분할 수 있다(그림 1.11).

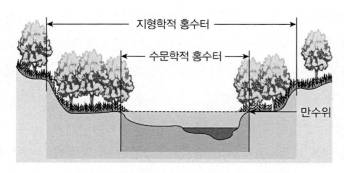

그림 1.11 수문학적 홍수터와 지형학적 홍수터

① 수문학적 홍수터(hydrologic floodplain)

제방만수위로부터 아래로 기저유출 수위에 이르는 토지공간으로 정의한다. 3년 중 2년 (번) 정도는 범람한다. 모든 하천이 수문학적 홍수터를 가지는 것은 아니다.

② 지형학적 홍수터(topographic floodplain)

수문학적 홍수터를 포함하여 설정한 목표 발생빈도에 해당하는 첨두홍수량(예로서 100년 발생빈도 홍수량)에 의한 수위까지의 수로 부근의 토지공간으로 정의한다.

홍수와 관련한 전문가들은 홍수발생빈도로 홍수터를 규정하고 있다. 우리나라의 경우는 하천유역의 크기에 따라 100년 홍수발생빈도 또는 200년 홍수발생빈도를 표준으로 하고 있으며, 미국의 경우는 표준으로 100년 홍수발생빈도와 500년 홍수발생빈도를 홍수터 계획 과 규제의 기준으로 사용하고 있다.

③ 홍수저류(flood storage)

홍수터는 유역에서 발생한 홍수류와 유사를 일시적으로 저장하는 공간이다. 이러한 성질로 인해서 홍수의 지체(遲滯)시간(lag time)이 발생하게 한다. 지체시간은 강우발생 사상의 중심시 간과 첨두유출량 발생 시각과의 시간차를 말한다. 만약 물과 유사를 움직일 수 있는 하천의 능력이 사라지거나 유역에서 발생한 유사량이 하천이 운반할 수 있는 이상으로 너무 많아지면 홍수는 보다 자주 발생하게 되며 하천계곡은 토사로 쌓이게 되는 것이다. 이같이 하천계곡에 토사가 쌓이게 되면 유역에서 발생한 유사의 일시적 저장이 발생하게 되는 것이다.

④ 홍수터의 지형과 퇴적

홍수터에 형성되는 토지의 지형학적 특성은 수로의 횡적 이동에 따라 형성된다(그림 1.12). 이러한 특성은 토양과 습기조건의 변동성을 낮으며 따라서 식물들과 동물들의 다양성 을 지원하는 서식여건의 다양성을 유발한다.

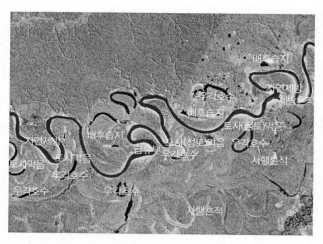

그림 1.12 Jurura강(브라질 아마존강 지류)의 홍수터 지형과 퇴적 : 만곡(사행)하천에 의해 형성된 홍수터의 지형학적 특성요소들(AGU-Eos)

홍수터는 다음을 포함하여 지형과 퇴적을 일으킨다.

- 사행(蛇行)흔적(meander scroll) : 선행수로들의 흔적을 보여주는 퇴사들로 형성된 공간이다.
- 급류부(chute) : 사행부에서 새롭게 형성된 수로로 규모가 커지면 보다 많은 유량을 흘릴 수 있다.
- 우각호(牛角弧, oxbow) : 급류부가 형성된 후 활모양으로 극심하게 사행된 부분을 일컫는다.
- 토사막음(clay plug) : 우각호와 새로운 수로 사이의 교차점에서 발달된 퇴적토사 공간이다.
- 우각호(牛角湖) 호수(oxbow lake) : 주 수로로부터 토사막음이 발생한 후의 우각호 수역이다.
- 자연제방(natural levees) : 홍수가 발생한 하천의 사주(砂洲)를 따라서 형성된 둑으로 쌓인 토사 때문에 물이 제방을 넘치게 되어 갑자기 수심과 유속이 줄어들게 되어 보다 큰 유사들이 부유(浮遊)상태에서 벗어나 수로 가에 모이게 된 상태이다.
- 제방흔적(splays) : 자연제방이 붕괴되었을 때, 보다 굵은 입경의 토사들로 삼각주 모양으로 퇴적된 공간. 자연제방과 제방흔적은 홍수가 약해 졌을 때 수로로 되돌아가려는 홍수류를 막아줄 수 있다.
- 배후습지(backswamps) : 자연제방으로 조성된 홍수터 습지

등으로 구성된다.

⑤ 홍수진동(pulse) 개념

홍수터는 수변식물이 성장하는 데 필수적인 역할을 하며 야생물들이 살아가는 데 매우 중요한 역할을 하고 있다. 갯버들 같은 식물들은 절대적인 영향을 받는다.

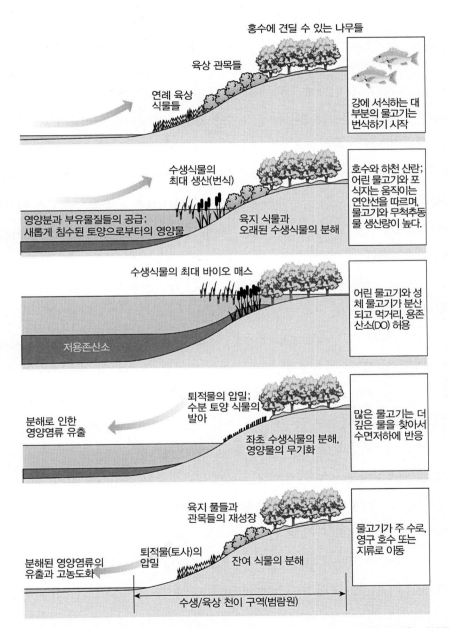

그림 1.13 홍수진동 개념도 : 연 주기 동안의 수문학적 순환별로 나타낸 모식도—왼쪽 부분은 영양물의 이동을 설명하고 있으며, 오른쪽 부분은 물고기의 전형적인 이동성을 보여주고 있다(Source: Bayley, Bioscience, vol. 45, p.154, March 1995. © 1995 American Institute of Biological Science).

홍수 역시 홍수터를 양생하고 유지하는 데 중요한 역할을 하고 있으며, 토사공급과 영양물을 공급하며, 서식생물에게 먹잇감을 공급하며 물고기의 산란과 부화를 돕기도 한다. 홍수진동 개념은 물과 육지 사이의 역동적 상호작용을 강변생물과 홍수터 생물로 표현하려고 정리된 개념이다. 보다 큰 하천에서의 적용성을 보면, 자연홍수터에서의 홍수류의 오르내림은 생물학적 생산성을 강화시켜 다양성을 유지하게 한다는 것이다(Bayley, 1995). (그림 1.13)

(3) 천이(遷移)공간 대지(臺地) 가장자리(transitional upland fringe)

천이공간 대지 가장자리는 홍수터와 그 주변 경관지역 사이의 천이구역 역할을 한다. 따라서 바깥쪽 경계는 하천수변의 바깥 경계인 것이다.

하천관련 수문학적 및 지형학적 과정이 지질학적 시간 동안에 천이공간 대지 가장자리를 형성해왔다 하더라도 그것들은 현재와 같은 형상을 유지하거나 변화시키는 데 원인이 되는 것은 아니다. 결과적으로 토지사용 활동이 하천수변의 이러한 요소들에 대해서 가장 큰 영향을 미치는 것이다.

천이공간 대지 가장자리의 전형적인 모양은 없다. 천이공간 대지 가장자리는 평평할 수도 있고, 경사질 수도 있으며, 어떤 경우는 거의 직각벽(直角壁)에 가까운 경우도 있다. 그들은 토지사용에 따라서는 경사지(hillslopes)나 절벽(bluffs), 숲, 평원 모양의 특성을 가지게 된다. 모든 천이공간 대지 가장자리는 한 가지 공통의 특성을 가진다. 즉 홍수터와 하천과 보다 큰 관계를 가지는 연계성으로 인해서 주변지역과는 분명하게 구분된다는 점이다. 천이공간 대지 가장자리의 홍수터 쪽을 들여다보면 가끔은 한두 개의 계단형이 있음을 볼 수 있다. 이러한 지형을 단지(段地) 또는 단구(段丘)라고 한다. 이들은 유사(流砂)입경이나 유사량의 변화 또는 유역출구의 표고 변화에 의한 흐름의 새로운 형태로 인해서 조성된다. 즉 전술한 균형하천 방정식으로 설명될 수 있는 것이다. 한두 개의 변수가 변하게 되면 평형은 상실하게 되어 하상하강(세굴)이나 하상상승(퇴적)이 발생하게 되는 것이다.

그림 1.14는 수로에 의해서 깎인 단구의 예를 보여주고 있다. 그림에서 횡단면 A는 수로에 의해서 깎이지 않은 것을 보여주고 있으며, 유량이나 유사량의 변화로 인해서 평형이 상실되게 되고 따라서 수로는 하강하게 되고 넓어지게 된다. 따라서 본래의 홍수터는 변하여 단구로 변하게 된다(단면 B). 넓어진 수로 내에서 홍수터가 서서히 발전하면 넓어지는 과정은 완성되게 되는 것이다(횡단면 C). 지형학자들은 경관규모를 면적이 작은 것에서부터 큰 것으로 번호

를 붙여 구분하기도 한다. 대부분의 경우 면적 1은 주수로 바닥에서 시작한다. 다음 면적 2는 홍수터를 나타낸다. 면적 3은 가장 최근에 형성된 단구를 나타낸다. 다음의 면적 4는 그다음으로 오래된 단구를 나타낸다. 이 같은 번호 붙이기는 표면의 나이를 나타내는 것이다. 즉 번호가 높을수록 보다 오래된 지표면을 나타내는 것이다. 번호 붙인 표면적 사이의 경계는 급경사면, 또는 상대적인 경사 표면으로 나타난다. 단구와 홍수터 사이의 급경사면(scarp)은 특별한 중요성을 가진다. 왜냐하면 이러한 급경사면은 홍수를 계곡바닥 내로 제한하는 데 도움이 될 수 있기 때문이다. 따라서 단구에서의 홍수발생은 그 발생빈도가 낮아지는 것이다.

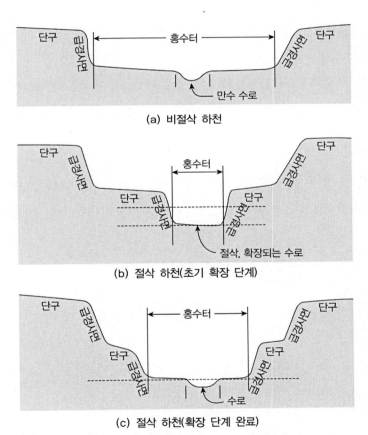

그림 1.14 (a) 비절삭 하천에서의 단구와 (b) (c) 절삭 하천에서의 단구

(4) 하천수변의 식생

하천수변에서의 식생은 중요하고도 매우 다양한 요소이다. 최소한 특정한 식물군이 수변 전체

에 펼칠 수도 있다. 이 같은 식물군의 분포는 수문학적 특성과 토양의 조건에 따라 다르게 나타난다. 소하천에서의 수변 식생은 수로의 덮개 형태로 펼칠 수도 있으며 수로를 가로 막을 수도 있다.

1.3 하천 종(길이)방향 조망

1.3.1 하천 종단면의 구성요소

하천 횡방향의 조망에서 볼 수 있는 구조적 특성을 만들어가는 과정 역시 종방향 조망을 이루는 구조에 영향을 미친다. 하류로 갈수록 배수면적과 유량이 증가함에 따라 수로폭과 수심은 증가하게 된다. 관련된 구조적 변화도 수로에서 발생할 수 있다. 즉 홍수터, 천이구간 대지 가장자리, 세굴과 퇴적에서 변화가 발생할 수 있다. 다양한 형태의 하천에서 이러한 구조적 변화는 상류부에서부터 하구에 이르는 구간에서 쉽게 찾아볼 수 있다.

(1) 종방향 구역

대부분의 하천은 종방향(길이 방향)으로 크게 세 부분으로 구역을 나눌 수 있다(Schumm 1977). 이 세 구역에서의 흐름과 관련한 특성치들의 변화는 그림 1.15와 그림 1.16에서 볼 수 있다.

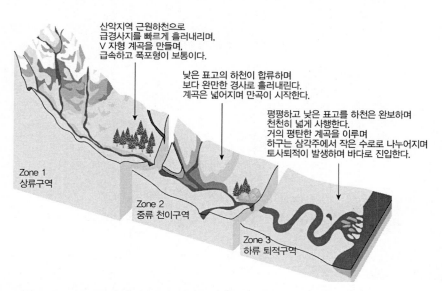

그림 1.15 하천의 3개 종방향 구역 : 수로와 홍수터의 특성은 상류로부터 하구로 내려가면서 다양하게 변한다
(Source: Miller(1990). © 1990 Wadsworth Publishing Co.).

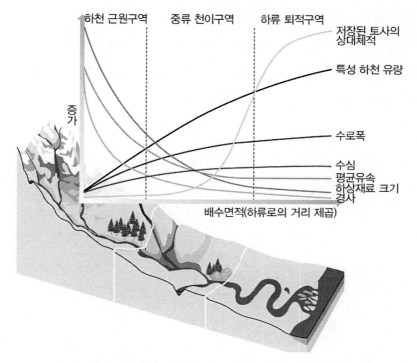

그림 1.16 하천의 종방향 3개 구역에서의 흐름, 수로규모, 유사량 특성치들의 변화

　상류구역은 일반적으로 경사가 가장 급한 급경사 구역이다. 토사는 유역의 사면으로부터 침식, 세굴되어 하류로 이동한다. 중류 천이구역 또는 천이구역은 상류부에서 세굴된 재료들을 받게 된다. 또한 넓은 홍수터를 가지게 되며 수로가 사행되는 특성을 보이고 있다. 하류 퇴적구역에서는 경사가 완만해지며 기본적으로 퇴적구역이다. 상류에 산지하천을 가진 유역에서뿐만 아니라 소규모 하천에서도 이러한 특성을 쉽게 찾아볼 수 있다. 세굴과 이동과 퇴적은 3구역 모두에서 발생한다. 하지만 이러한 구역개념은 가장 우세한 특성과정에 초점을 맞춘 것이다.

(2) 유역형상

　모든 하천유역은 물과 토사와 용존물질을 수로의 특정한 한곳(출구)으로 배출하는 토지공간으로 정의한다(Dunne and Leopold, 1978). 유역의 형상은 매우 다양하며, 기후영역, 지질영역, 지형학, 토양 그리고 식생 등 수많은 요소들과 연계되어 있다.

(3) 배수구역 형태

지도형태의 평면적 관찰 시의 하천유역의 분명한 특성 중의 하나는 배수구역의 형태적 특성이다(그림 1.17). 배수구역 형태는 전반적으로 하천유역의 지형학적 특성과 지질학적 구조에 지배를 받는다.

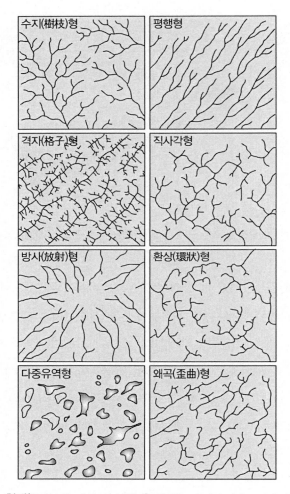

그림 1.17 유역의 배수 형태(Howard, A.D. AAPG © 1967, reprinted by permission of the American Association of Petroleum Geologists)

(4) 하천차수(stream ordering)

하나의 하천유역 내에서 자연수로(하천)의 등급을 분류하는 방법이 Horton(1945)에 의해서 개발되었다. 초기의 분류방법이 수정되고 수정되어서 제안되어 있으며 그 가운데서 Strahler(1957)의 수정 방법이 가장 유용하게 사용되어 오고 있다. Strahler의 분류방법이 그림 1.18에 모사되어 있다.

배수구역 망의 최상류 수로는 그 상류에 지류가 없으며 "1차 수로"로 명명되며 그 하루부의 첫 번째 합류점(다른 1차 수로와)까지로 구획한다. 2차 수로는 두 개의 1차 수로의 합류점으로부터 그 아래의 수로를 말한다. 3차 수로는 두 개의 2차 수로들의 합류점 아래의 수로를 말한다. 이런 식으로 하천(수로) 차수가 매겨진다. 그림에서 다른 하위 차수의 수로와 교차(합류)하는 경우에는 그 하류 수로에 대해서 수로차수를 높이지 않는다. 예로서 2차 수로와 교차하는 4차 수로는 여전히 4차 수로인 것이다. 주어진 배구구역 내에서 수로 차수는 다른 유역의 모수들과 좋은 상관성을 가지게 된다. 즉, 배수면적이나 수로 길이들 같은 것이다. 따라서 하천의 차수를 알게 되면, 예로서, 그 하천이 속해 있는 종방향 구역들의 상대적인 수로 규모와 수심 같은 다른 특성치들에 대한 실마리를 제공하게 된다.

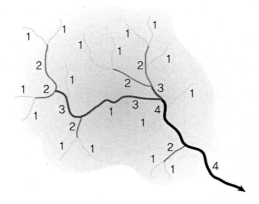

그림 1.18 배수구역 망에서의 하천차수

(5) 수로형태

수로의 형태는 길이 방향의 3개 구역을 통과하면서 다양하게 변한다. 수로형태는 전형적으로 두 가지 특성으로 구분한다. 즉 단일 또는 다중의 가지(실)형태와 만곡형태의 특성으로 구분한다.

(6) 단일 및 다중의 가지(실)형태 하천

단일 실형태, 즉 단일 하천은 가장 일반적인 것이지만 다중의 가지(실)형태, 즉 몇 갈래로 나누어진 하천도 특히 하구부의 삼각주에서 가끔 볼 수 있다. 여러 갈래의 하천을 이루기 위해서는 다음의 세 가지 조건이 필요하다.

① 세굴성 제방
② 풍부한 굵은 입경의 토사(유사)
③ 유량의 급격하고도 빈번한 변동성

갈래진 하천은 그 시작이 하천 유량이 줄어들거나 유사량이 증가하면서 수로 가운데 사주 (沙洲)가 형성되면서 시작하는 것이 전형적이다. 수로 가운데 형성된 사주는 흐름을 갈라지게 하여 두 개의 작은 유수단면을 형성하게 한다. 이 같은 작은 유수단면은 유속을 증가시키게 된다. 주어진 세굴이 가능한 제방에서는 유속의 증가는 제방을 세굴하여 수로를 넓게 하는 작용으로 되는 것이다. 이렇게 되면 유속은 감소하게 되어 또 다른 수로 중앙 사주가 형성되는 것이다. 이러한 과정이 반복되면 결과로 여러 개의 수로가 형성되게 되어 전체 수로는 넓어지고 얕아지는 특성을 가지게 되는 것이다. 이같이 여러 개의 수로가 자연적으로 발생하게 되면 수로와 수변에 서식하는 동식물들은 빈번하고도 급격한 변화를 맞이하게 된다. 이와는 반대로 합류되는 하천에서는 수로가 좁아지고 깊어지는 특성을 보이기도 한다. 이 같은 합류하천은 그 제방이 세립의 접착력이 강한 토사로 이루어져 세굴에 대한 저항력이 상대적으로 강한 것이다. 이러한 합류하천은 토사 때문에 하류부가 급격히 상승할 때 주로 형성된다.

(7) 하천의 만곡도(굴곡도, 사행도, sinuosity)

자연하천은 매우 드물게 직선형이다. 하천의 만곡도 또는 굴곡도는 수로의 곡률(曲律)의 정도를 나타내는 것이다. 하천구간의 곡률은 수로 중심부의 길이를 계곡 중심부의 길이로 나누어서 구한다. 만약 "수로길이/계곡길이" 비율이 1.3을 넘으면 그 수로는 사행(만곡)수로로 볼 수 있는 것이다(그림 1.19). 수로의 만곡도는 일반적으로 유량과 경사의 곱에 관계되는 것으로 알려져 있다. 만곡도가 낮거나 중간 정도인 것은 주로 상류부 구간이나 중류부에서 발견된다. 만곡도가 매우 큰 것은 주로 넓고 평평한 하류부 계곡에서 발견되기도 한다. 인공으로 강화된 하천제방 내에서도 만곡을 볼 수 있다(그림 1.20).

그림 1.19 하천의 만곡성   그림 1.20 충남 아산시 곡교천 제방 내부의 사행수로

(8) 물웅덩이(소(沼), pool)와 여울(riffle)

어떠한 형태의 하천이든 간에 대부분의 하천은 비슷한 특성을 보이고 있다. 즉 비교적 교차적인 깊은 웅덩이(소(沼))와 얕은 여울을 보이고 있는 것이다(그림 1.21). 웅덩이와 여울은 수로 내에서 사행하는 유심선(thalweg)과 관련이 있다. 웅덩이는 대개의 경우 유심선 부근에서 바깥 사행 제방 부근에서 형성된다. 여울구간은 수로의 유심선이 지나가는 두 개의 곡부가 만나는 위치에서 주로 형성된다. 하상의 구조는 웅덩이와 여울의 특성을 결정짓는 역할을 하게 된다. 자갈하상 하천은 일반적으로 비교적 규칙적인 거리를 둔 웅덩이와 여울을 구성하고 있다. 이러한 웅덩이와 여울의 구성은 안정수로를 이루게 되며 높은 에너지를 갖는 환경을 유지하게 된다. 굵은 입경의 토사 재료들을 여울구간에서 볼 수 있으며 작은 입경의 퇴적 재료들은 웅덩이에서 볼 수 있다. 웅덩이에서 웅덩이 또는 여울에서 여울까지의 거리는 만수유량 수로폭의 약 5~7배에 이르는 것으로 파악되고 있다(Leopold et al., 1964). 반면에 모래바닥 하천에서는 여울공간에서의 퇴적물의 입경분포가 웅덩이에서의 그것과 유사해서 진정한 여울이 형성되지 못하며 웅덩이의 간격이 균등하다. 급경사 하천에서는 웅덩이는 발달되나 여울은 발달되지 않는다.

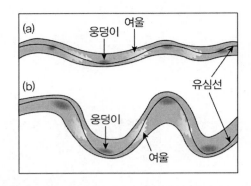

그림 1.21 (a) 직선형태의 하천과 (b) 사행하천에서의 물웅덩이와 여울

(9) 하천수변에서의 식생

하천의 횡방향과 마찬가지로 종방향에서의 식생의 변화는 매우 중요하며 변화성이 매우 크다. 종방향의 상류구역에서는 홍수터가 좁거나 존재하지 않을 수 있다. 따라서 이 구역에 서는 홍수의존도가 크거나 저항력이 큰 식물군의 분포는 매우 제한적이다.

중경사 지역과 급경사 지역에 서식하는 숲 식물군은 강변 가까이까지 내려올 수 있으며 수로와 좋은 경관을 이룰 수 있다. 하천 상류부의 평탄지에는 소나무를 주로 하는 잡목들과 초본류의 풀밭들과 관목들, 그리고 인공 조림수들로 구성되어 있다. 상류부에서의 식물군 형태의 다양성에도 불구하고 상류부는 식생들로부터 유기물들과 토사를 하천 하류부로 공 급한다. 이러한 토사와 유기물들은 생태적으로 보면 가장 중요한 특성들이라 할 수 있다. 이들은 먹이 사슬을 유지하게 하며 하천에서뿐만 아니라 하구부 인근의 바다생태에도 매우 중요한 역할을 하는 것이다. 중류구역은 보다 넓으며 보다 복잡한 홍수터와 큰 수로를 가지 고 있다. 홍수터의 표고에 따라서는 토양의 종류가 다르게 되고, 홍수발생빈도가 다르고 토양습윤 정도가 다르다. 토사의 세굴과 퇴적이 지점별로 다름에 따라 서식하는 생물군, 특히 식물군의 복잡성과 다양성이 형성되는 것이다.

중류구역의 경사가 완만하고 보다 큰 하천에서는 지형경사도 비교적 완만하여 상류구역보다 는 농업활동이나 주거시설의 개발이 많은 편이다. 이러한 현상은 중간구간이나 하류구간에서 광범위한 개발이 이루어질 수 있으며, 다양한 식생상태를 이루게 된다. 특히 자연식생을 포함하 여 지면의 정비를 많이 포함하는 토지이용의 경우에는 이러한 현상이 분명하게 나타나며 수변 은 매우 좁아지게 된다. 가끔은 자연식생이 농작물이나 주거지역의 잔디밭 같은 인공식생으로 대체되는 경우가 있다. 이러한 경우에는 홍수와 세굴과 퇴적, 그리고 유기물들과 토사들의 유입과 유출, 하천수변의 식생들의 다양성 그리고 수질특성이 상당히 변질될 수 있다. 수로경사가 작은 경우에는 퇴적이 증가되며 보다 넓은 홍수터와 홍수량의 증가가 하류구역에서 발생할 수 있다. 이는 상부구역들에서의 그것들과는 매우 다른 양상을 보일 수 있는 것이다. 넓은 홍수터 습지구역은 일반적으로 완만한 경사 지형을 이루기 때문에 생태학적 생산성이 높고 생물학적 다양성이 크기 때문에 유리하다. 이러한 지역에서는 퇴적층이 두꺼워서 식물이 성장하기에 좋고 또한 수로에서는 상대적으로 유속이 느려서 수생식물이 성장하기에도 적합한 것이다. 하천의 발원지에서부터 하구까지에 이르는 수로를 따라서 식물군의 변화는 생물학적 다양성의 중요한 공급원이 될 수 있으며, 동시에 그러한 변화에 대한 탄력성이 될 수도 있는 것이다.

(10) 하천연속성 개념

하천연속성 개념은 하천 생태계의 종방향 변화를 일반화하여 설명하려는 시도로 볼 수 있다(그림 1.22, Vannote et al., 1980). 이러한 개념적 모형은 하천유역과 홍수터와 하천 수로계 사이의 연결 관계를 보여줄 뿐만 아니라 상류에서부터 하구까지의 생물군의 발달과 변화를 볼 수 있게 해준다. 하천연속성 개념은 대규모 유역이나 공간에서 하천계획자들에게 계획의 목적에 맞는 특정한 기능을 가지는 하천구간이나 장소의 위치를 잡게 하는 데 도움을 줄 수 있다.

하천연속성 개념은 많은 수의 1차~3차의 상류하천이 수변 식생대로 구성되어 있다고 가정하고 있다. 이러한 변화는 조류(藻類, algae)와 부착생물(periphyton, 수생식물체 표면에 부착하는 원생동물), 그리고 기타 수생식물들의 성장을 제한하기도 한다.

광합성(光合成, photo-synthesis, autotrophic production)을 통해서는 에너지가 생산되지 못하기 때문에 이 같은 소규모 하천에서의 수생생물들은 나뭇잎이나 잔가지 같은 수로 밖의 다른 곳에서 생성된 물질들에 의존하게 된다. 큰 하천들은 증가된 점토나 세립 실트들을 운반하게 되어 탁도(濁度, turbidity)를 증가시키게 되어 빛의 투과를 감소시키게 된다. 낮은 발생빈도와 규모가 작은 호우사상과 열적 진동의 영향은 전체적인 하천의 물리적 안정성을 증가시킨다. 이러한 안정성은 생물학적 상호작용, 즉 경쟁성이나 포식성(捕食性)의 강도를 증가시켜 경쟁관계의 생물종들을 줄이게 되어 생물종들의 다양성을 줄이게 된다. 하천연속성 개념은 상시하천에만 적용되는 것이다. 이 개념의 또 다른 제한성은 하천연속성에 미치는 교란과 그 충격성에 대해서는 언급이 없다는 점이다. 교란은 하천유역과 그 속의 하천들 간의 연계성을 파괴할 수 있는 것이다. 따라서 이 개념의 사용에는 신중을 기할 필요가 있다.

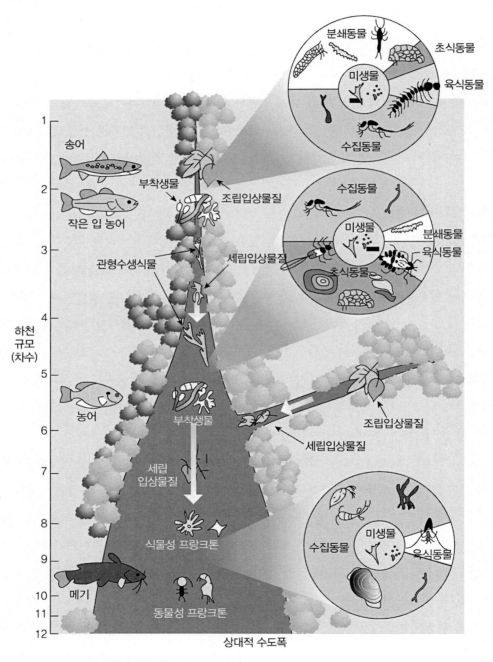

그림 1.22 하천연속성 개념도(Source: Vannote et al., 1980)

CHAPTER 02

하천에서의 과정들과 기능들

생태하천공학

CHAPTER 02

하천에서의 과정들과 기능들

앞 장에서는 하천에 대한 개관을 서술한바 하천의 규모, 평형성 그리고 공간에 대한 정적 조망을 서술하였다. 이러한 각각의 조망은 하천들의 각각 다른 모습들을 볼 수 있게 해준다. 2장에서는 하천의 변하는 모습들, 즉 시간과정에서의 변화를 설명하기로 한다. 이러한 변화는 하천의 외형적 변화 과정들과 동시에 그 기능들의 변화 과정들을 이해하는 데 크게 도움이 될 수 있는 것이다.

2.1 수문 및 수리학적 과정

물이 하천으로 어떻게 진입하며 어떻게 통과하는가? 하는 것을 이해하는 것은 매우 중요하다. 얼마나 빠르게, 얼마나 많이, 얼마나 깊이, 얼마나 자주 그리고 언제 물이 흐르는지?라는 것들은 하천의 복원(변화)을 위한 적정한 의사결정을 위해서는 반드시 설명되어야 하는 매우 중요한 기본적인 사항들이다.

2.1.1 하천흐름의 발생근원

(1) 강수와 수문순환

① 강수

강수(降水, precipitation)는 대기 중의 물이 지구 표면으로 되돌아오는 현상을 말한다. 그 가운데 비의 형태로 내리는 것을 강우(降雨, rainfall)라 한다. 대부분의 수문학적 과정이 강우사상(rainfall events) 혹은 호우사상(storm events)으로 설명되기는 하지만 융설(融雪, snowmelt) 역시 중요한 물 공급원이다. 특히, 고산지대에서 발원하는 하천과 강설과 융설이 계절적 주기성을 가지는 대륙지역에서는 그러하다. 발생하는 강수의 형태는 일반적으로 공기 중의 습도와 기온에 따른다. 지형적 영향과 지리적 위치에 의한 상대적 영향은 대규모 수체(水體)에서 강수의 발생빈도와 강수의 형태에 영향을 미친다. 폭풍우는 해안선과 저고도 지역에서 기온이 높지 않으며 고저차가 크지 않은 지역에서 보다 많이 발생한다. 강설은 높은 고도의 중위도 지역에서 차가운 계절적 기온과 함께 보다 자주 발생한다. 강수는 지표면에 도달하면 다음의 3가지 중의 하나가 될 수 있다. 즉, 대기 중으로 되돌아가거나 땅속으로 들어가거나 아니면 지표면을 따라서 유출하여 하천, 호수, 습지 또는 다른 수체(水體)로 들어간다. 이 같은 세 가지 흐름경로는 물이 어떻게 하천역으로 들어가며, 통과하며, 흘러내리는지를 결정하는 역할을 하게 된다. 이 절에서는 두 가지 하부 절로 구분하여 설명한다. 첫 번째 하부 절은 수로의 횡단차원의 수문 및 수리학적 과정에 초점을 두기로 한다. 즉 토지공간으로부터 수로로 이동하는 물의 이동과정에 대한 것이다. 다음의 하부 절은 수로의 종방향의 물 이동에 초점을 두어 수로에서의 흐름에 대해서 설명하기로 한다.

② 수문순환(水文循環, hydrologic cycle)

수문순환은 강수로부터의 물이 지표수와 지하로, 저류와 유출로, 증산(蒸散)과정과 증발(增發)과정에 의해서 끝내는 다시 대기로 되돌아가는 물의 연속적 전달 과정을 설명하고 있다(그림 2.1). 지구상의 물의 양은 일정하며 수문순환 과정에 따라서 물의 상태는 다르게 변한다. 이 과정에서 크게 대기수, 지표수, 지하수 그리고 해양수로 구분한다. 그러나 상당 부분이 식물과 동물에 의해서 흡수되어 있기도 하다. 지구상의 위치에 따라서 양적 분포는 크게 다르다.

2.1.2 하천수변을 가로지르는 수문 및 수리학적 과정

수문순환의 핵심인 강수 다음으로 중요한 과정 요소들을 다음과 같이 요약하여 정리하기로 한다.

- 증발(蒸發, evaporation)
- 차단(遮斷, interception), 증산(蒸散, transpiration) 그리고 증발산(蒸發散, evapotranspiration)
- 침투(浸透, infiltration), 토양수분(土壤水分, soil moisture) 그리고 지하수(地下水, ground water)
- 유출(流出, runoff)

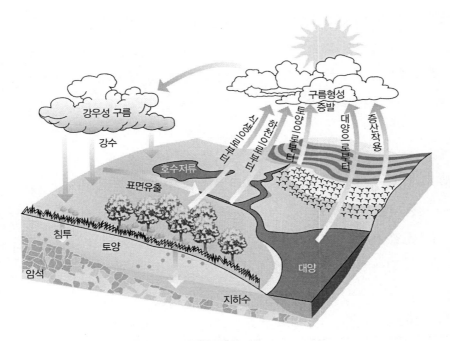

그림 2.1 수문순환(hydrologic cycle)

(1) 증발(蒸發)

물은 대기에 노출되면 언제든지 증발한다. 기본적으로 이 과정은 다음을 포함한다.

- 물의 상태가 액체 상태에서부터 증기상태로 변한다.
- 대기로 이 증기의 순수교환이 발생한다.

액체 상태에서 일부 분자들이 충분한 운동에너지(기본적으로 태양에너지로부터)를 얻게 되어 발생하는 표면장력을 극복하기 위해서 이 과정이 발생하여, 대기 속으로 이동한다. 이러한 이동은 대기 중에 증기압력을 유발하게 된다.

순수 이동률(net rate of movement)은 물 표면과 그 물 표면 위에 있는 대기 사이의 증기압의 차이에 비례한다. 일단 압력이 같아지면 보다 많은 수증기를 붙잡을 수 있는 새로운 공기가 포화된 오래된 공기를 밀어낼 때까지는 더 이상 증발은 발생할 수 없다. 따라서 증발률은 위도, 계절, 하루 중의 시간, 구름 그리고 바람에너지에 따라서 변한다. 즉 지역별로 증발량이 다르게 발생하는 것이다.

(2) 차단(遮斷), 증산(蒸散) 그리고 증발산(蒸發散)

미국의 경우, 강수량의 2/3 이상이 하천으로 유출되어 대양으로 흘러들어가는 것이 아니라 대기로 증발되는 것으로 평가되고 있다. 이 같은 수문순환 현상은 차단과 증산 과정에 기인하는 것으로 평가되고 있다.

① 차단(遮斷)

강수량의 일부는 결코 땅에 도달하지 못한다. 왜냐하면 식물과 여타 자연조건과 건설된 지표면에 의한 차단 때문이다. 이런 식의 차단된 물의 양은 지표면에 가능한 저장된 차단저류량에 의해서 결정된다. 식물지역에서는 저류량은 식물의 종류와 모양, 그리고 잎과 가지와 줄기의 밀도의 함수로 구해진다(표 2.1).

표 2.1 식생형태별 강수차단율(%) (Source: Dunne and Leopold, 1978)

식생형태	강수차단율(%)
숲	
낙엽수	13
침엽수	28
작물	
일팔피(Alfalfa)	36
옥수수	16
귀밀(Oats)	7
잔디	10~20

산림지역에서의 저류에 영향을 주는 인자 가운데는 잎의 모양이 매우 중요하다. 침엽수가 보다 많은 물을 저장하는 것이다. 잎의 표면애서는 물방울이 함께 굴러 내리지만 바늘의 경우는 물방울이 분리된 채로 존재하게 되는 것이다. 잎의 재질면에서 보면 거친 잎은 부드러운 잎보다 더 많은 물을 저장하는 것이다. 연중의 계절적(시간적) 면에서 보면 잎이 없는 기간에는 성장기 보다 차단가능성이 매우 낮을 것이다. 연직방향과 수평방향의 밀도 면에서 보면 식물 층이 두꺼울수록 지표면에 도달하는 강수량은 줄어들 것이다. 식물의 연령 면에서 보면 연륜에 따라서는 식물의 밀도가 더해지는 경우 혹은 덜해지는 경우가 있다. 강수의 강도와 지속시간 그리고 발생 빈도 역시 차단에 영향을 끼친다. 그림 2.2는 숲에서 강우가 통과할 수 있는 경로를 보여준다.

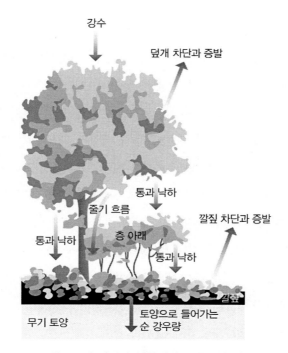

그림 2.2 숲에서의 전형적인 강우통과 경로

강우 초기에는 수목상단의 차단공간을 채우다가 강우가 지속되면 이러한 공간에 저류되어 매달렸던 물이 하부로 나뭇가지나 잎을 통해서 이동하게 되며 끝내는 땅속으로 침투하거나 아니면 경사진 지표를 따라 유출하게 된다. 선행습윤 조건(AMC, antecedent moisture conditions), 즉 선행 강우로부터 저장되어 있는 습기조건에 따라서 추가적인 차단과 저장능력에 영향을 준다. 증발은 최종으로 차단된 위치로부터 제거되는 것이다. 얼마나 빨리 제거되느냐는 증발률에 영향을 주는 기후조건에 따른다. 차단은 식생이 적거나 없는 곳에서는 별로 중요성을 갖지 못한다. 나지(裸地)나 암석지역은 차단저류지역처럼 불투수 요지(凹地)가 적지만 전형적으로 대부분의 강수는 토양 속으로 침투하거나 경사면을 따라서 표면으로 유출하게 된다. 토양동결지역에서는 차단저류공간은 대부분 얼어 있는 물로 채워지게 된다. 따라서 추가적인 강우는 급격하게 표면유출로 변환하게 된다. 차단은 대규모 도시지역에서는 상당히 큰 영향을 끼칠 수 있다. 도시배수시스템이 호우수를 불투수 표면에서 빠르게 제거되도록 설계되어 있지만 도시구역은 저장 공간이 많은 것이 사실이다. 예로서 지붕, 주차장, 포트홀(potholes), 균열 그리고 기타 거친 표면 등도 차단기능을 가질 수 있으며 결국은 증발하는 물을 보수할 수 있다.

② 증산과 증발산

증산(蒸散)은 식물 잎으로부터 대기로의 수증기의 확산현상이다. 강수로부터 차단된 물과는 달리 증산된 물은 식물뿌리로부터 취해진 것이다.

식물로부터의 증산과 차단된 물로부터, 그리고 연못과 호수 같은 개방된 물 표면으로부터의 증발 외에도 대기 중으로 되돌아가는 물의 공급이 있다. 토양함수 역시 증발된다. 토양함수의 증발은 모세관 현상과 수분을 토양 속에 묶어두는 삼투압(滲透壓) 때문에 매우 느린 과정으로 이루어진다. 수증기는 토양공극을 통해서 상향으로 확산되어 보다 낮은 수증기압을 가지는 지표면의 대기로 확산되는 것이다. 증발로부터 야기되는 물의 감소(손실)로부터 증산으로 인한 물의 감소(손실)를 분리해낸다는 것은 사실상 불가능하기 때문에 이 두 가지 과정을 묶어서 증발산으로 부른다. 증발산은 물 균형을 좌우할 수 있으며, 토양수분과 지하수 충진과 하천흐름을 조절할 수 있다.

증발산을 설명할 때 다음의 개념이 중요하다.

- 토양함수 조건이 제한된다면 실재의 증발산율은 가능한 증발산율보다 낮아지게 된다.
- 식생이 대기 중으로 뿌리에 공급되는 물 공급에 의해서 무제한 물을 방출하게 되면 실재의 증발산율은 가능 증발산율과 같게 된다.
- 한 지역에서의 강수량은 이 두 가지 과정을 모두 가동하게 한다. 토양종류와 뿌리의 특성 역시 실재의 증발산율을 결정하는 데 중요하다.

(3) 침투(浸透), 토양수분(土壤水分) 그리고 지하수(地下水)

차단되지 않거나 지표유출을 하지 않은 강수는 토양 속으로 흘러 들어가게 된다. 이처럼 토양 속으로 들어간 물은 상부 토양층에 저장되거나 아니면 토양구조를 따라서 흘러 내려 물로 완전히 충만하게 되는 자유지하수면 구역(自由地下水面 區域, phreatic zone)까지에 이른다.

① 침투(浸透)

토양표면을 보다 상세하게 들여다보면 각각 다른 크기의 수로들로 구분된 수백만 개의 모래질, 실트질 그리고 점토질 입자들로 구성되어 있음을 볼 수 있다(그림 2.3). 이러한 대규모기공들은 균열, 식물 뿌리가 있던 곳이나 벌레 구멍으로 이루어진 관 그리고 덩어리들과 토립자들 사이의 공극 간격을 포함하고 있다. 물은 중력과 모세관 작용에 의해서 공극 속으로

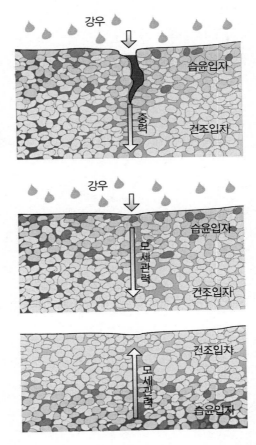

그림 2.3 토양단면. 물은 토양의 공극 속으로 중력과 모세관 작용에 의해서 흘러내린다.

흘러들게 된다. 벌레 구멍이나 나무뿌리가 있던 구멍 같은 큰 개방공간에서는 중력이 물의 흐름에 가장 우세한 힘으로 작용하지만 매우 세밀한 공극에서의 물 흐름에서는 모세관 작용이 우세력으로 작용한다. 이 같은 열린 공극의 크기와 밀도는 물의 토양 속으로의 들어가는 율을 결정한다. 공극률 또는 간극률은 전체 토양체적에서 토립자들 사이의 공간들이 차지하는 비율을 나타낸다. 이 모든 공간들이 물로 가득 채워졌을 때 이 흙은 포화(飽和)되었다고 말한다. 흙의 짜임새와 경작상태 같은 토양특성들은 공극률을 결정짓는 핵심요소들이다. 조악한 짜임새인 모래질과 유기물을 포함하거나 적은 양의 점토질을 포함하는 느슨한 구조의 흙들은 커다란 공극을 자져 공극률이 높다. 조밀하게 잘 짜이거나 점토질인 흙은 공극률이 낮다. 침투는 물의 토양 공극 속으로의 움직임을 설명하는 용어이다. 침투율(浸透率, infiltration rate)은 주어진 시간 동안에 물이 토양 속으로 젖어든 양이다. 어떤 토양에서 물이 침투한 최대 율을 그 토양의 침투능(浸透能, infiltration capacity)이라 한다. 강우강도가 침투능보다 작은 경우에는 물은 강우량과 같은 율로 토양 속으로 침투한다. 강우율이 침투능보다 큰 경우에는 초과의 물은 지표면의 작은 요면(凹面)에 고이거나 경사진 면을 따라 유출된다(그림 2.4).

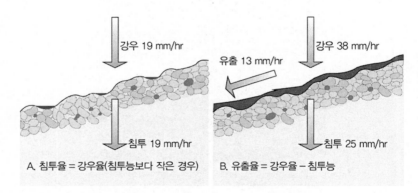

그림 2.4 침투와 유출. 강우강도가 침투를 초과할 때 지표유출이 발생한다.

다음의 요소들은 토양의 침투율을 결정하는 중요한 요소가 된다.

• 토양표면 속으로 들어감의 쉬운 정도
• 토양 내부에서의 저장능력
• 토양을 통한 전달률(transmission rate)

자연적인 식생면적과 식물 잎의 깔림 등은 보통 높은 침투율을 나타낸다. 이러한 특성들은 지표면의 공극간격을 빗방울이 지표면에서 흩어질 때 발생하는 보다 작은 토립자들에 의한 막힘으로부터 보호해준다. 또한 이들은 벌레들과 여타 은신하는 유기체들의 서식지를 제공하며 세립토 입자들을 함께 묶어주는 데 도움이 되는 유기물들을 제공하게 된다. 이러한 과정들은 공극률과 침투율을 증가시켜준다. 침투율은 강우기간 동안에 일정한 것이 아니다. 침투율은 강우 초기에는 높으나 중력에 의한 저장능력이 충족됨에 따라 급격하게 감소한다. 즉 침투율이 줄어들면 유출률은 그만큼 늘어나는 것이다(그림 3.12 참조). 완만하지만 안정된(일정한) 침투율은 전형적으로 호우가 발생한 2시간 후에 이루어진다. 이러한 안정화 과정에는 다음과 같은 여러 가지 요소들이 포함된다. 즉,

- 빗방울은 토질구조를 깨뜨려 보다 작은 토립자 구조를 생성하게 되어 결과적으로 토질 공극을 메꾸게 되어 결국은 물이 공극 속으로 들어가는 것을 어렵게 만든다.
- 미세한 간극공간을 물이 채워지게 되면 토양의 저장능력이 감소하게 된다.
- 젖은 점토입자들은 팽창하게 되며 이는 간극 간격을 줄이게 하여 물의 전달률을 감소시킨다.

호우 다음에는 토양은 점진적으로 물이 배수되거나 건조하게 된다. 하지만 건조과정이 마무리되기 전에 또 다른 호우가 발생하면 새로이 내린 빗물을 저장할 수 있는 저장 공간이 줄어들게 된다. 따라서 가능한 저장능력을 분석하려 할 때 선행습윤조건(先行濕潤條件, antecedent moisture conditions)은 매우 높은 중요성을 가지게 된다.

② 토양수분(soil moisture)

호우가 지나간 후에는 물은 지표층으로부터 중력에 의해서 배수되기 시작한다. 그러나 토양에는 일정량의 물이 미세한 공극과 입자표면에 남아 있게 된다. 이는 표면장력과 흡착력 등에 의한 힘에 의해서다. 토립자의 짜임새에 따라 변하는 이러한 조건을 현장저장능력이라 부른다. 공극과 마찬가지로 현장저장능력도 부피의 비율로 나타낸다. 공극과 현장저장능력 사이의 차이는 물로 채워지지 않은 공극의 간격으로 측정되는 것이다(그림 2.5).

현장저장능력은 대부분의 습윤 토양에서 느린 속도로 중력에 의한 배수가 지속되기 때문에 개략적인 수치로 구해진다. 토양수분은 증발산과 관련하여 중요한 역할을 한다. 지구상의 식물들은 토양 속에 저장된 물에 의존하여 생명을 유지한다. 식물들의 뿌리들이 세밀한 공극으로부터 물을 점진적으로 뽑아냄으로써 토양 속의 수분량은 현장저장능력 아래로 떨어지게 된다. 만약 토양수분량이 다시 채워지지 않는다면 뿌리들은 간극수들을 흡입할 수 없는 지경에 이르게 될 것이다. 토양의 특성에 따르기는 하지만 이러한 상태에서의 토양수분량을 영구적 시들음 점(permanent wilting point)이라 부른다. 이러한 상태에서는 식물들이 증발산에 필요한 물을 더 이상 뽑아 들일 수가 없어 시들기 시작하기 때문이다.

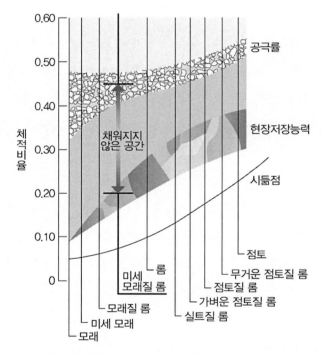

그림 2.5 다양한 토양들의 짜임새에 따른 보수(保水) 특성들 : 미세모래질 롬의 경우, 공극률 0.45와 현장저장능력 0.20 사이의 차이는 0.25이다. 이는 물로 채워지지 않은 공극이 토양 체적의 0.25배라는 의미이다. 현장저장능력과 시들음 점 사이의 차이는 물로 채워지지 않은 척도를 나타내는 것이다 (Dunne and Leopold, 1978).

침루(浸漏, deep percolation)는 작물들의 뿌리구역 아래로부터 위로 향하는 물의 이동이 훨씬 적어지는 뿌리구역 아래로 통과하는 물의 양이다(Jensen et al., 1990).

③ 지하수(地下水)

토양 공극의 열림 크기와 양은 토양의 종단면상에서의 물의 이동을 결정짓는다. 중력이 물의 연직이동을 유발한다. 이러한 이동은 보다 큰 공극에서는 쉽게 발생한다. 점토입자들이 팽창하거나 공극이 물로 채워지면 공극 크기가 줄어들어 물 흐름에 대한 저항이 커지게 된다. 결국은 모세관력이 지배력이 되어 물은 어느 방향으로도 흐르게 된다. 물은 아랫방향으로 지속하여 흘러 물로 완전히 포화된 구역, 즉 자유지하수면 구간(phreatic zone) 또는 포화수면 구간(zone of saturation)까지 흘러내리게 될 것이다(그림 2.6). 자유지하수 구간의 상층부분을 지하수면(ground water table or phreatic surface)이라 한다. 지하수면 바로 위는 모세관 가장자리(모관대, capillary fringe)라 한다. 이 구역의 공극에서는 물이 모세관력에 의해서 존재하기 때문이다.

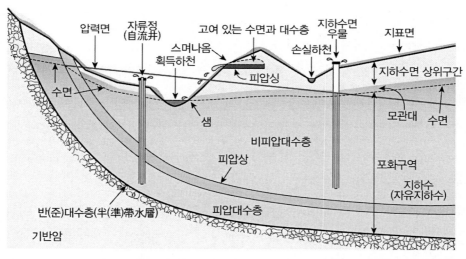

그림 2.6 지하수 단면 모식도와 관련 용어들 : 하천수변의 지하수위는 지하구조의 특성에 따라서는 짧은 거리에서 크게 변화될 수 있다(USGS WSP #1988, 972, Definitions of Selected Ground Water Terms).

점토나 실트 같이 매우 작은 공극을 가진 토양에서는 모세관력이 강하게 나타난다. 따라서 지하수면으로부터 멀리까지 상향으로 모세관 가장자리가 펼쳐진다. 사암(沙岩) 같은 모래질이나 큰 공극을 가진 토질은 모세관력이 약하며 따라서 모세관 가장자리도 좁다. 지하수면 위의 모세관 가장자리와 토질 표면 사이를 불포화층(vadose zone 또는 zone of aeration)이라 한다. 이 층에는 공기가 있으며 미생물의 호흡작용에 의한 기체, 모세관수 그리고 중력에 의해서 지하수면까지 아래로 움직이는 물이 있다. 지하수면위의 개별 토립자들에는 막의 형태로 점착되어 있는 점착수(粘着水 또는 부착수(付着水), pellicular water)가 있다. 이 물은 모세관 가장자리 위에서 토립자 분자와 물 분자 사이의 분자력에 의해서 유지된다. 자유지하수면 구간이 우물로 지속적으로 물을 공급하게 될 때 이를 대수층(帶水層, aquifer)이라 한다. 좋은 대수층은 보통 측방향으로 넓어야 하며 연직방향으로도 우물로부터 배수되는 물량에 비해서 상대적으로 충분한 깊이를 가져야 한다. 또한 물을 쉽게 배제할 수 있을 정도의 높은 공극률을 가져야 한다. 대수층과 대조적인 것이 준(반)대수층(準(半)帶水層) 또는 피압상(被壓床)이다. 피압상은 상대적으로 얇은 퇴적층 또는 암석층으로 낮은 투수성(透水性)을 가지고 있다. 피압상을 통한 물의 연직방향 움직임은 상당히 제한적이다. 만약 대수층이 그 위에 피압상이 없으면 비피압대수층(unconfined aquifer)이라 한다. 피압대수층은 피압상으로 제한된 대수층을 말한다. 대수층과 피압상의 복잡성과 다양성 때문에 지하수 구조를 이해한다는 것은 매우 어렵고 복잡하다. 예로서 고인지하수(또는 횃대지하수, perched ground water)는 자유지하수면까지 물이 아래로 흘러내리는 것이 방해된 제한된 소규모의 얇은 대수층에서 발생한다. 피압상 위에서 물은 모이게 되어 "소규모지하수구역(mini-phreatic zone)"을 형성하게 된다. 많은 경우에서 횃대지하수는 호우기간이나 우기에만 나타난다. 횃대지하수에서 우물을 개발하면 건기에는 고갈되는 경험을 자주하게 된다. 하지만 횃대지하수층은 국지적인 지하수 공급에 유용하게 사용된다.

자류정(自流井, artesian wells) 또는 분수정(噴水井)은 피압대수층에서 개발된다. 이는 피압대수층에서의 정수압력은 대기압력보다 크기 때문에 자류정에서는 수위가 대기압과 정수압이 같아지는 데까지 솟아오르기 때문이다. 만일 이 수위가 지표면 위에 있다면 물은 우물 밖으로 자유롭게 흐르게 된다. 지표면이 피압대수층과 교차하는 곳에서도 물은 자유롭게 흐르게 된다.

수압력면(piezometric surface)은 피압대수층으로 흘러 들어오는 우물들에서 (만약 그 우물들이 지표면 위로 동일하게 무한정 확장될 수 있다면) 물이 솟아오르는 수위를 말한다. 자유지하수면 우물(phreatic wells)은 비피압대수층의 자유수면 구간의 아래로부터 물을 끌어 올린다. 자유지하수면 우물에서의 수위는 지하수면과 같다. 지하수와 지표수가 교차하는 지점에 대한 정보는 매우 중요하다. 물이 자유롭게 자유지하수면 구간으로 유입하는 곳을 함양구역(涵養區域, recharge areas)이라 한다. 수면이 토양표면과 만나거나 하천과 지하수가 나타나는 곳을 샘(spring 또는 seep)이라 한다. 지하수 양과 지하수위는 함양량과 배출량에 따라 변동이 심하다. 지하수위의 변동에 따라서 하천수로는 함양구역(유입구역 또는 손실하천구역) 또는 배출구역(유출구역 또는 획득하천구역)의 기능을 하게 된다.

(4) 유출(流出)

강우율이나 융설율이 침투능을 초과하게 되면 초과하는 물은 토양표면에 모이게 되고 경사면을 따라서 "유출"로 흐르게 된다. 유출과정에 영향을 미치는 요소로는 기후, 지질, 지형, 토양특성 그리고 식생 등이 있다. 미국의 경우를 보면 연평균유출량은 1 inch(25.4 mm) 이하에서부터 20 inch(508 mm) 이상의 범위를 가진다.

유출에는 기본적으로 3가지 형태의 유형이 있다(그림 2.7).

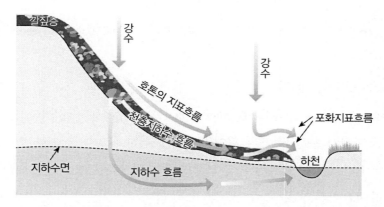

그림 2.7 지표상의 흐름경로. 유출이나 지하수로 침투하는 강수의 부분은 토양의 투수율, 지표조도, 강수의 양과 지속시간과 강우강도에 따른다.

- 지표흐름(overland flow)
- 지하흐름(subsurface flow)
- 포화지표흐름(saturated overland flow)

이러한 세 가지 유출 형태는 개별적이거나 결합되어 발생할 수 있다.

① 지표흐름

강우율이 침투율을 초과하게 되면 물은 지표면의 작은 오목한 곳에 모이게 된다(그림 2.8). 이 공간에 모인 물을 요면저류(凹面貯留, depression storage)라 한다. 이렇게 모인 물은 결국 증발을 통해서 대기 중으로 되돌아가거나 아니면 토양표면을 침투하게 된다. 요면저류 공간이 가득 차게 되면 추가의 물은 지표흐름으로 경사면을 따라서 흘러내리게 된다. 아니면 얇은 수막이나 연속적인 작은 도랑 또는 개울 또는 실개천(rill) 흐름이 될 수 있다.[2]

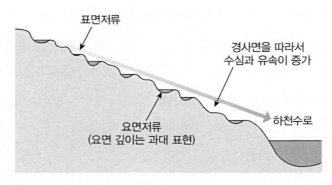

그림 2.8 지표흐름과 요면저류. 불규칙 박막흐름의 경사지표흐름(Dunne and Leopold, 1978)

Horton(1933)이 이러한 과정을 처음으로 문헌에 서술하였다. 그래서 호톤의 지표흐름(Horton overland flow) 또는 호톤흐름(Hortonian flow)으로 부르게 된 것이다. 얇은 막 형태의 물이 경사면을 따라서 흘러내리면서 깊이와 유속을 더하게 된다. 이러한 흐름이 지속되는 가운데 일부의 물은 언덕이 있는 곳에 갇히게 되어 표면저류(surface detention)가 된다. 요면저류와는 달리 표면저류는 경사면을 흐르는 중에 다만 일시적으로 갇힌 것일 뿐이다. 표면저류는 결국 하천으로 유출한다. 따라서 여전히 지표흐름의 일부로 간주되고 있다. 지표흐름은 전형적으로 도시지역과 교외지역의 포장된 면과 불투수성이 큰 공간에서 발생한다. 포장된 공간과 중장비나 자동차에 노출되거나 그들에 의해서 다져진 공간 역시 지표흐름이 발생하는 중요 공간이다. 뿐만 아니라 건조지역 또는 준건조지역의 산악지역에서 드문드문하게 식생이 된 얇은 토양구역에서도 흔히 발생한다.

....

2　참조 : 개울(도랑, rivulet) < 실개천(rill) < 시내(brook < creek) < 하천(stream) < 강(river)

② 지표하 흐름

토양에서는 수두(水頭, hydraulic head : 표고차에 따른 정수압 경사에 의한 흐름 가능성)의 차이에 대응해서 흐름이 발생한다. 간단한 예를 들면, 강우가 발생하기 전의 지하수면은 하천방향으로 경사진 포물선면을 나타낸다. 물은 이 면을 따라서 하천수로를 향해 흘러내린다. 이 흐름을 기저유출(基底流出)이라 한다. 지하수면 아래의 토양은 물론 포화상태이다. 경사면은 균등한 토양특성을 가지는 것으로 가정하며 표토의 토양수분은 하천으로부터의 거리에 따라 줄어드는 것으로 가정한다.

호우기간 중에는 하천에 가장 가까운 토양은 경사면 상부구역의 토양에 비해서 두 가지의 매우 중요한 다른 특성을 가진다. 즉 높은 수분함량과 지하수면에 가까이 있다는 점이다. 이러한 특성은 지하수면이 강우의 침투에 대응해서 보다 자주 오르내릴 수 있는 원인과 지하수면이 가파르게 되는 원인이 된다. 이는 기저흐름에 더해서 호우가 유발하는 새로운 지하수 흐름요소, 즉 지하흐름이 발생한다. 이는 기저흐름과 더불어 수로를 향한 지하수 유량을 증가시킨다. 어떤 경우에는 침투된 호우수가 준(반)대수층(準(半)帶水層)의 출현으로 자유지하수면 구간에까지 이르지 못하는 경우가 있다. 이럴 경우에는 지표하 흐름은 기저흐름과 혼합되지 못하지만 여전히 수로로 유출한다. 따라서 기저흐름과 혼합이 되든 안 되든 간에 수로 유량은 증가하게 된다.

③ 포화지표흐름

호우가 지속적이라면 지하수면의 기울기는 하천 가까이서는 지속적으로 가파르게 된다. 결과적으로 지하수면 경사는 지하수면이 수로 표고보다 위에 놓이는 점까지 가파르게 될 수 있다. 추가하여 지하수는 토양표면을 뚫고 나와 지표흐름처럼 하천으로 흘러들게 된다. 이 유출형태를 급회류(急回流, quick return flow)라 한다.

지하수가 뚫고나오는 지점 아래의 토양은 물론 포화상태이며 따라서 최대 침투율에 도달하며 이 위치에 떨어지는 모든 강우량은 지표유출 형태로 경사면을 흘러내린다. 이같이 직접내리는 강수량과 급회류의 조합을 포화지표흐름(saturated overland flow)이라 한다. 호우가 진행됨에 따라 포화구간은 경사면 위로 더욱 확대된다. 급회류와 지표하 흐름은 지표흐름에 매우 근접해서 흐르기 때문에 지표수의 전체적인 유출의 일부로 흔히 생각한다.

2.1.3 흐름해석과 흐름의 생태학적 충격(영향)

하천에서 흐르는 물은 하천수면에 내린 직접적인 강수와 측방의 토지로부터 수로로 이동해온 물들의 집합체이다. 측방으로부터 이동해온 물의 양과 타이밍은 직접적으로 하천흐름의 양과 타이밍에 영향을 끼친다. 이러한 하천흐름은 하천변의 생태학적 기능에 영향을 끼친다.

(1) 흐름해석

흐름은 다양한 시간규모에 따라서 흐름이 없는 상태에서부터 홍수흐름까지의 범위를 가진다. 장기간의 시간규모에서 보면 역사적인 기후기록은 건조한 시기와 강수가 많은 시기를 분명하게 보이고 있다. 수많은 하천들에서 특정 기간 동안에는 유량이 줄어든 것을 볼 수 있다. 그뿐 아니라 또 다른 기간 동안에는 전국적으로 유량이 감소하였던 기록들도 볼 수 있다. 그러나 아직은 기록기간이 지질학적 기간에 비해보면 짧기 때문에 건기와 우기의 교차에 대한 지속성을 예측하기는 어렵다. 하천흐름의 계절적 변동성은 지속성 요소들이 다소 복잡하기는 하지만 그 예측성이 훨씬 크다. 미래에 대한 설계를 하기 위해서는 기본적으로 자료기록 기간 동안의 역사적 정보가 필요하기 때문에 흐름정보는 보통 확률형식으로 제공된다. 하천(복원)계획과 설계에는 두 가지 형태의 자료가 유용하게 사용된다.

① 흐름지속기간(flow duration)은 주어진 하천유량이 특정한 기간 동안에 같거나 초과한 확률이다.
② 흐름발생빈도(flow frequency)는 주어진 하천유량이 1년 동안에 초과(또는 비초과)할 확률이다.

경우에 따라서는 이러한 개념을 수정하여 주어진 유량이 초과 또는 비초과하는 기간(연 단위)의 평균연수로 나타내기도 한다. 그림 2.9는 흐름발생빈도를 확률곡선군으로 표시한 것이다. 이 그림에서는 x축은 월 단위를 나타내고 있으며 y축은 월평균 유량의 범위를 나타내고 있다.

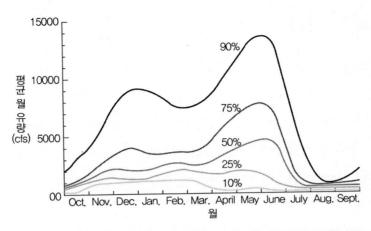

그림 2.9 월평균유량 확률곡선군의 예 : 월평균유량이 특정한 값 이하로 될 확률(Yakima River near Parker, Washington, Data from U.S. Army CoE) (Source: Dunne and Leopold, 1978)

곡선들은 곡선으로 나타낸 월평균유량값보다 작을 확률을 나타낸다. 예를 들면, 1월 1일 경에는 평균유량이 9,000 cfs 이하일 확률이 90%, 2,000 cfs 이하일 확률이 50%라는 의미이다.

(2) 흐름의 생태학적 충격(영향)

하천흐름의 변동성은 하천 생태계의 구조와 역동성을 결정짓는 생물과정과 무생물과정에 끼치는 가장 기본적인 영향요소이다(Covich, 1993). 유량이 많은 것은 토사이동뿐만 아니라 홍수터의 습지들을 수로에 연결시킨다는 의미에서도 중요하다. 이러한 관계는 홍수터의 습지들이 물고기들의 산란과 새끼들의 서식장소를 제공할 뿐만 아니라 연말에는 물새들의 둥지와 먹거리를 위한 건초들을 제공하는 면에서도 중요하다. 특히 대하천들에서의 작은 유량은 지류의 동물들이 흩어지게 하는 조건들을 만들어준다. 즉 이러한 것은 단일종류를 여러 곳으로 흩어져 살게 하는 역할을 하는 것이다.

일반적으로 많은 종류의 강변 서식종의 일생을 완성하는 데는 흐름에 의해서 결정지어지는 일시적으로 가능한 다양한 서식형태를 요구한다. 이 같은 환경적 역동성에 대한 적은성은 강변 서식종들이 서식에 필요한 요소들을 파괴하거나 다시 만들 수 있게 하는 건기와 홍수기 동안에도 존속할 수 있게 하는 것이다.

2.2 지형학적 과정

지형학(geomorphology)은 지구의 표면형상과 그 형상을 만드는 과정에 대한 연구를 하는 분야이다. 앞에서 서술한 수문학적 과정은 이제 설명할 지형학적 과정의 동인(動因)이 된다. 다르게 말하면 지형학적 과정은 배수구역의 형태, 수로, 홍수터, 단지(段地) 또는 대지(臺地) 그리고 유역과 하천변의 특성들을 형성하는 기본적인 기구(機構)인 것이다.

물 흐름과 관련해서는 다음과 같은 세 가지 지형학적 과정이 있다.

- 침식(浸蝕, erosion) : 토립자들의 이탈 현상
- 토사이동(土砂移動, sediment transport) : 침식된 토립자들의 물 흐름을 따른 이동현상
- 토사퇴적(土砂堆積, sediment deposition) : 침식된 토립자들이 물 아래로 가라앉거나, 물이 흘러간 뒤에 남아 있는 현상으로, 이는 하나의 수로에서는 호우에 따라서 일시적인 것일 수도 있으나 대규모 호수 같은 곳에서는 다소간에 영구적인 것일 수도 있다.

지형학적인 과정은 물 흐름과 매우 밀접한 관계를 가지고 있기 때문에 이 절의 서술 내용은 지표호우유출수와 하천 흐름에 대한 수문학적 과정과 유사하게 설명된다.[3]

2.2.1 하천수변 횡방향의 지형학적 과정

유역에서의 침식과정의 발생과 규모 그리고 분포는 토사 발생량과 수질오염에 영향을 끼친다.

(1) 토양침식

토양침식은 장기간에 걸쳐 점진적으로 또는 주기적이거나 아니면 일시적으로, 또는 어떤 계절이나 우기(雨期) 동안에는 가속되는 등의 형태로 발생할 수 있다(그림 2.10).

---

3   《SYN》 across 한쪽에서 다른 쪽으로 가로지름을 강조함. along 끝에서 끝으로 평행하여 있음을 나타냄. through 한쪽에서 다른 쪽으로 빠져나감을 나타냄.

그림 2.10 빗방울의 충격 : 침식의 많은 형태 중의 하나이다.

　토양침식은 사람에 의해서거나 아니면 자연적인 과정에 의해서도 발생한다. 침식은 단순한 과정이 아닌 것으로 토양조건들이 온도, 수분량, 식생의 성장 단계와 식생량 그리고 개발이나 작물재배를 위한 사람들의 행위에 따라서 지속적으로 변하기 때문이다. 표 2.2와 표 2.3은 토양침식에 영향을 끼치는 기본적인 과정과 유역 내에서 발견되는 다양한 침식형태를 보여주고 있다.

표 2.2 침식과정

작인(作因, agent)	과정(過程, process)
빗방울 충격 raindrop impact	박판흐름(sheet), 중규모 실개천(interill)
지표수 유출 surface water runoff	박판흐름(sheet), 중규모 실개천(interill), 실개천(rill), 초단기 도랑(ephemeral gully), 전통적인 도랑(classic gully)
수로흐름 channelized flow	실개천(rill), 초단기 도랑(ephemeral gully), 전형적인 도랑(classic gully), 바람(wind), 하천제방(streambank)
중력 gravity	전형적인 도랑(classic gully), 하천제방(streambank), 산사태(landslide), 질량소진(mass wasting)
바람 wind	바람(wind)
얼음 ice	하천제방(streambank), 호수가(lake shore)
화학적 반응 chemical reactions	용해(Solution), 분산(dispersion)

표 2.3 침식형식 대 물리적 과정

침식형태 erosion type	침식/물리적 과정(erosion/physical process)			
	박막 sheet	집합흐름 concentrated flow	질량소진 mass wasting	복합 combination
박판흐름과 실개천(sheet and rill)	×	×		
중규모 실개천(interill)	×			
실개천(rill)	×	×		
바람(wind)	×	×		
초단기 도랑(ephemeral gully)		×		
전형적인 도랑(classic gully)		×	×	
홍수터 세굴(floodplain scour)		×		
도로변(roadside)				×
하천제방(streambank)		×	×	
하상(河床) (streambed)		×		
산사태(landslide)			×	
파/해안선(wave/shoreline)				×
도시/건설공사(urban, construction)				×
노천광산(surface mine)				×
어름구멍(ice gouging)				×

특히 작물재배를 위한 과정에서 논과 밭의 작물 성장기에 따라 비에 의한 침식이 가장 심하게 나타나며, 때로는 눈과 바람에 의한 침식도 무시 못 할 정도이다. 논갈이와 밭갈이를 통해서 부드러워진 토양이 우기를 맞아 강우~유출에 따라 유실되는 것이다.

토양의 동결융해로 인해서 조직이 느슨해진 상태 또는 부드러워진 상태에서의 유실도 무시할 수 없는 정도이다. 특히 우리나라와 같이 산지가 많은 곳에서는 경사가 심한 밭에서의 토양 유실은 때로는 심각하다 할 수 있다.

2.2.2 하천수변 종방향의 지형학적 과정

하천수변에서 수로, 홍수터, 단지(段地) 그리고 기타의 특성들은 기본적으로 하천 흐름에 의한 토사의 침식과 이동과 퇴적을 통해서 형성된다. 이 절에서는 하류로 운반되는 토사량의 이동과 이러한 이동에 대응하여 수로와 홍수터가 어떻게 적응하며 시간의 경과에 따라 어떻게 변하는지에 대해서 설명하기로 한다.

(1) 토사이동

하천수로와 홍수터에서 발견되는 토사입자들은 그 크기에 따라 구분할 수 있다. 호박돌은 가장 큰 것이고 점토는 가장 작은 것이다. 입자밀도는 입자들의 크기와 혼합 상태에 따른다. 즉 입자를 구성하는 광물질들의 비중(比重)에 따른다는 것이다.

크기가 어떠하든 간에 수로에 있는 모든 입자들은 경사지 아래로 또는 하류방향으로 이동할 수 있다. 하천에서의 최대입자의 크기는 주어진 수리학적 조건들의 상태에 따라서 움직일 수 있으니 이를 하천경쟁력(stream competence)이라 한다. 가끔은 매우 높은(유량 또는 유속) 흐름만이 최대의 입자들을 움직일 수 있는 능력이 있다.

하천능력과 관련해서 소류력(掃流力, tractive stress)의 개념이 있다. 이 소류력은 하천 바닥과 제방을 따른 하천 경계면에서 양력(揚力, lift force)과 항력(抗力, drag force)을 유발한다. 전단응력(shear stress)으로도 알려진 소류력은 수심과 하상경사의 함수로 그 변동성이 매우 크다. 입자의 밀도와 형상과 표면조도(거칠기)가 일정하다고 가정한다면 입자가 클수록 그것을 움직여서 하루로 이동시키기 위해서는 더 큰 소류력이 필요하다. 토립자들을 운동상태로 진입시키는 에너지는 느린 물 흐름을 지나는 보다 빠른 흐름의 효과(영향)에 기인한다. 이러한 속도경사는 흐름의 중심에 있는 물이 흐름의 경계면에 있는 물보다 빠르기 때문에 발생한다. 이는 경계면이 거칠어 그 위를 흐르는 흐름에 따라서 마찰을 발생시켜 흐름이 느려지기 때문이다(그림 2.11).

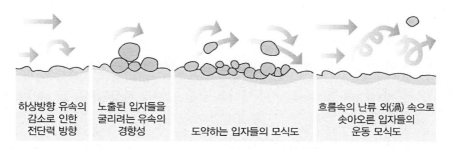

하상방향 유속의
감소로 인한
전단력 방향

노출된 입자들을
굴리려는 유속의
경향성

도약하는 입자들의 모식도

흐름속의 난류 와(渦) 속으로
솟아오른 입자들의
운동 모식도

그림 2.11 하상(河床) 부근에 있는 입자들 주변의 물의 거동. 하상토사의 이동은 유속, 입경, 동수력학 원리의 함수이다(Water in Environmental Planning by Dunne and Leopold, 1978).

빠른 흐름의 운동량은 느린 경계층 흐름으로 전달된다. 그렇게 해서 빠른 흐름은 느린 흐름의 물을 감아올리는(roll up) 나선(螺線)운동(spiral motion)을 유발하는 경향을 발생한다. 이러한 전단(마찰)운동 혹은 전단응력은 하상입자들을 하류방향으로 구름운동(rolling motion)을 유발한다. 수로바닥에서의 입자운동은 미끄러짐(sliding) 또는 구름(rolling)운동으로 시작한다. 이러한 운동은 입자들을 하상을 따라서 흐름방향으로 이동시킨다. 일부의 입자들은 하상 위에서 튀는 운동(또는 도약, saltation, skipping motion)을 할 수 있다. 이는 입자들 간의 충돌에 의해서 하상위에서 상하로 튀고 내리는 운동이다. 이러한 구름 운동, 미끄러짐 운동 그리고 튀는 운동은 움직이는 입자들과 하상 간의 잦은 접촉을 가지게 하며 이동입자들 즉 소류사(掃流沙, 즉 하상토사(bed load)들의 특성을 결정짓는다. 이러한 입자들의 흐름속도에 대한 상대적인 무게는 입자들이 하상에 남아 있느냐 아니면 흘러내리는가 하는 기본적인 문제를 푸는 기초적인 요소가 된다. 보다 가는 입경의 입자들은 와류(渦流)에 의해서 보다 쉽게 부유(浮游)되어 움직일 수 있어 이를 부유사(浮游沙, suspended load)라 한다. 충분한 와류가 있는 하천에서는 소류사와 부유사 사이에서 지속적인 교환이 있을 수 있다. 부유사의 일부는 점토질의 종류와 물의 화학성분에 따라서는 장기간 동안에도 부유 상태로 유지될 수 있는 콜로이드(교상(膠狀))성 점토질일 수 있다.

(2) 토사이동 용어

토사이동과 관련한 용어들이 혼란을 초래하는 경우가 많아서 자주 사용하는 용어들에 대해서 정의를 분명하게 하고자 한다.

① 토사량(sediment load) : 특정한 기간 동안(보통은 일 년 또는 하루)에 하천의 어떤 단면을 통과한 토사의 양이다. 토사유량(sediment discharge)은 단위시간 동안에 하천단면을 통과한 토사의 질량 또는 체적이다. 토사유량의 전형적인 단위로는 톤/일(tons/day)이다.

② 하상물질량(bed material load) : 하상토사와 같은 크기의 하상입자들로 구성된 전체 토사유량의 일부이다.

③ 세척토사량(wash load) : 하상에서 발견되는 토사보다 가는 크기의 입자들로 구성된 전체 토사량의 일부이다.

④ 하상토사량(bed load) : 하상 또는 하상 부근 즉 하상층에서 튀거나 구르거나 미끄러지며 하상층을 따라 이동하는 전체 토사량 부분이다.

⑤ 부유하상물질량(suspended bed material load) : 수주(水柱, water column)에서 부유상태로

이동하는 하상토사물질량 부분이다. 부유하상물질량과 하상토사량은 전체하상물질량을 구성한다.

⑥ 부유토사량(suspended sediment discharge) : (혹은 부유사량) 흐르는 물속에서 와류진동(turbulent fluctuations)에 의해서 부유되어 이동하는 전체 토사량 부분이다.

⑦ 계측토사량(measured load) : 표본구역에서 표본채취기로 취득한 전체 토사량 부분이다.

⑧ 미계측토사량(unmeasured load) : 부유상태와 하상에서 표본채취기 아래로 통과한 전체 토사량 부분이다.

이상에서 정의한 용어들은 하천의 전체 토사량을 구하기 위해서 조합이 가능하다(표 2.4).

표 2.4 토사이동 용어(sediment load terms)

전체 토사량		분류체계	
		전달기구에 근거한	토립자 크기에 따라
	세척토사량(wash load)	부유사량(suspended load)	세척토사량(wash load)
	부유하상물질량(suspended bed-material load)		하상물질량(bed-material load)
	하상토사량(bed load)	하상토사량(bed load)	

하지만 양립할 수 없는 것은 조합하지 않는 것이 중요하다. 예로서 부유사량과 하상토사물질량은 서로 간에 보완적인 관계가 아니기 때문에 조합할 수 없다. 왜냐하면 부유사량은 이동에 필요한 에너지양의 여부에 따라서는 하상토사물질량의 일부를 포함할 수 있기 때문이다.

한 하천의 토사량을 구분하는 하나의 방법으로는 이송토사의 직접적인 공급원에 기초하여 특정하는 방법이 있다. 주어진 시간과 위치에서 하천에서의 전체 토사량은 두 가지 부분으로 구성된다. 즉 세척토사량과 하상토사물질량이다. 세척토사량의 기본적인 공급원은 지표 침식과 실개천과 도랑의 침식 그리고 상류부 하천제방의 침식을 포함하는 유역에서의 침식이다. 하상토사물질량의 공급원은 기본적으로 하상 자체이기는 하지만 유역의 다른 공급원들도 포함된다.

세척토사량은 이송과정에서 가장 미세한 토립자들로 구성된다. 난류는 세척토사를 부유상태로 유지하게 한다. 부유상태의 세척토사의 농도는 하천에서의 수리학적 조건과는 기본적으로 독립적이다. 따라서 유속이나 유량 같은 수리학적 변수들의 평가나 측정에 의한 계산은 불가능하다. 세척토사 농도는 보통 공급량의 함수이다. 즉 하천은 유역과 제방이 내놓을 수 있는 만큼(약 3,000 ppm 이하의 토사농도)의 세척토사를 운반할 수 있다.

하상토사물질은 하상에서 발견되는 토사입경 급들로 구성되어 있다. 하상토사물질은 하상을 따라서 구름, 미끄러짐 또는 도약운동 그리고 난류에 의해서 주기적으로 흐름 속으로 유입되어 부유사의 일부가 되는 운동을 한다. 하상토사물질은 수리학적으로 제어되며 토사이동방정식들에 의해서 계산될 수 있다.

전체 토사량은 다음과 같은 항들의 조합으로 정의된다.

• 전체 토사량＝하상토사물질량＋세척토사량 또는

• 하상토사량＋부유사량 또는

• 계측토사량＋미계측토사량

이다. 토사이동률(sediment transport rates)은 다양한 공식들과 모형들을 이용하여 계산될 수 있다. 이에 대해서는 "수로복원"절에서 기술하기로 한다.

(3) 하천력(河川力, stream power)

하천의 지형학적 과정에 대한 기본적인 설명의 하나는 유역으로부터의 토립자들의 이동이다(그림 2.12).

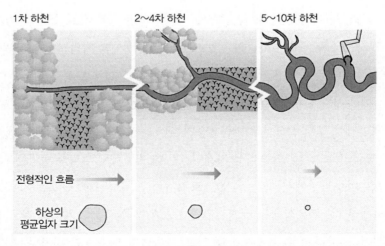

1차 하천   2~4차 하천   5~10차 하천

전형적인 흐름

하상의 평균입자 크기

그림 2.12 토립자의 이동. 하천의 전체 토사량(부하량(負荷量))은 특정 기간 동안에 하천단면을 통과한 모든 토립자들의 합이다. 전달률은 전달기구에 따라서 변한다.

이동기구로서의 하천함수(또는 유동함수)는 기계들이 한 일의 양처럼 가용할 힘에다 효율을 곱하면 구해질 수 있다. 즉

하천력(河川力) (stream power) ψ는

$$\psi = \gamma\, Q\, S$$

로 구해질 수 있다. 여기서,

ψ = 하천력(stream power) (ft−lbs/s−ft)

γ = 물의 비중(또는 단위중량) (lbs/ft^3)

Q = 유량(ft^3/s)

S = 경사(ft/ft)

이다.

토사이동률은 하천력과 직접으로 관련되어 있다. 즉 하천경사와 유량에 관련되어 있는 것이다. 사행하천에서 수로를 따라서 가장 깊은 수심을 갖는 점들을 연결한 선인 유심선(流深線)이 매우 구불구불한 경우에는 기저흐름은 하천력이 매우 약하다. 따라서 토사를 이동시킬 수 있는 힘인 토사이동능력은 매우 제한적이다. 수심이 깊어질수록 흐름은 보다 직선적이 되고 경사는 증가하게 되어 토사이동률은 증가하게 된다. 하천은 수로를 유지시킬 수 있도록 하는 데 필요한 토사이동능력을 생성하도록 그 단면을 적합한 수심과 수로경사를 얻을 수 있도록 변화시킨다. 유출은 유역에 따라서, 또는 자연적인 원인들에 따라서, 혹은 토지사용에 따라서 다양하게 변한다. 이러한 변화들은 유역으로부터 수로로 전달되는 토사들의 입경분포를 변화시킬 수 있다. 자갈층 위에 모래층을 발견하는 것은 보기드믄 일이 아니다. 유역에서 모래질 흙의 침식이 가속될 경우와 모래가 수로로 이동할 수 있는 조건에서 증가된 모래량이 하천의 전달능력을 초과하는 경우에는 앞에서와 같은 일은 흔히 일어날 수 있는 것이다.

(4) 하천과 홍수터의 안정성

문제는 하천복원공사 즉 하천에 변화를 준 후 하천이 당장 혹은 장기적으로 안정할까? 하는 문제가 있다. 시간 차원에서 보면 우리는 제한된 자료에 근거해서 하천을 보기는 하지만 수로의 안정성을 특정 짓는 수로단면과 하천종단면 그리고 평면적인 지형학상의 장기적인 변화와 추세를 고려하고 있다는 점은 매우 중요하다.

수로의 안정성을 확립한다는 것은 평균적인 소류응력(tractive stress)이 안정하상과 안정제방을 유지하는 것을 필요로 한다. 즉 하천의 각 단면에서 토립자 입경분포가 평형상태를 유지해야 한다는 것이다. 즉 새롭게 퇴적하는 입자들은 소류응력에 의해서 변위를 일으킨 입자들의 크기와 모양이 같아야 한다는 것이다. Yang(1971)은 Leopold가 하천의 종단면과 하천망 형성, 물웅덩이와 여울의 형성 그리고 하천 사행에 대해 서술한 기본이론을 채택한 바 있다. 이러한 모든 하천특성들과 토사이동은 밀접하게 관계를 맺고 있다. Yang(1971)은 엔트로피 개념에 기초해서 평균하천쇄락 이론(theory of average stream fall)과 에너지소비 최소율 이론(theory of least rate of energy expenditure)을 개발한 바 있다. 이 이론들은 평형조건으로 진행되는 과정에서 자연하천은 그 흐름경로를 택할 때 흐름의 단위질량당의 에너지소비율을 최소화하는 방향으로 흐름경로를 택한다는 것이다.

(5) 하천변의 조정(적응)

하천수로와 그 주변의 홍수터는 끊임없이 유역에서 공급되는 물과 토사에 적응해서 조정된다. 하천기능이 저하된 하천에 대한 성공적인 변화(복원)를 위해서는 그 유역에서의 자연적인 발생사상들과 토지사용의 역사를 포함한 유역의 역사에 대한 이해와 수로의 변화과정에서의 적응과정에 대한 이해가 필요하다. 시간과 장소에 따라서 발생할 수 있는 물과 토사의 변화에 대한 수로의 반응은 다양한 수준의 에너지 소비를 필요로 한다. 이동상(移動床, movable bed)의 많은 하천들에서는 유량과 토사량의 일 단위 변화는 빈번한 하상의 조정과 조도(粗度)의 조정을 유발한다. 하천은 또한 극심한 홍수기와 갈수기는 주기적인 적응을 한다. 즉 이때는 홍수가 식생물들을 제거할 뿐만 아니라 하천수변을 따라서 식생 가능성을 새롭게 유발하거나 증가시키기도 하는 것이다. 다시 말하면 갈수기에는 식생들이 수로 속으로 유입하는 것이 허용되는 것이다.

하천수변과 그 상류의 유역에서의 토지사용 변화는 비슷한 수준의 적응을 초래할 수도 있다. 마찬가지로 기후변화나 산불 같은 자연적인 원인들과 또는 경작이나 과다방목 또는 도시화 같은 인위적 요인들에 의한 장기적인 토사유출과 유출의 변화는 수로단면과 평면의 장기적인 적응(변화)을 유발하는 것이다.

하천수로는 흐름과 토사량의 변화에 대응해서 반응한다(Lane 1955, Schumm 1977). 1장에서 설명하였듯이 Lane(1955)이 제안한 하천거동 관계는 연평균유량(Q_w)과 수로경사(S)를 하상물질토사량(Q_s)과 하상의 평균입경(D_{50})과의 관계를 다음과 같이 정의하고 있다.

$$Q_s \cdot D_{50} \sim Q_w \cdot S$$

Lane의 이러한 관계정의는 토사량과 하상물질 입경의 변화가 하천유량이나 수로경사의 변화에 의해서 균형을 이룰 때 수로는 동적평형을 유지한다는 것이다. 이러한 변수들 중의 하나가 변하면 다른 하나 또는 그 이상의 변수들의 변화를 초래하여 동적평형이 다시 유지되도록 한다는 것이다. 또 다른 정성적 관계는 충적수로의 거동에 관한 Schumm(1977)의 제안이 있다. 즉 수로폭(b), 수심(d) 그리고 사행파장(L)은 유량에 정비례관계를 보이며 수로경사(S)는 유량(Q_w)에 반비례한다는 것이다.

$$Q_w \sim \frac{b, d, l}{S}$$

Schumm(1977)은 역시 충적수로에서 수로폭(B), 사행파장(L) 그리고 수로경사(S)는 유사량(Q_s)에 정비례하며 수심(d)과 만곡도(彎曲度, 사행도(蛇行度), P)는 유사량에 반비례하는 관계를 제안하였다.

$$Q_s \sim \frac{b, L, S}{d, P}$$

이상의 두 식은 수로특성의 변화방향을 예측하기 위해서 새롭게 고쳐 쓰면, 유량이나 토사량의 증가(+)나 감소(−)에 대응해서 다음과 같이 쓸 수 있다.

$$Q_w^+ \sim b^+, d^+, L^+, S^-$$
$$Q_w^- \sim b^-, d^-, L^-, S^+$$
$$Q_s^+ \sim b^+, d^-, L^+, S^+, P^-$$
$$Q_s^- \sim b^-, d^+, L^-, S^-, P^+$$

위의 4 방정식들을 조합하면 동시에 발생하는 유량이나 토사량의 증가 혹은 감소에 대한 추가적인 예측방정식을 구할 수 있다.

$$Q_w^+ Q_s^+ \sim b^+, d^{+/-}, L^+, S^{+/-}, P^-$$
$$Q_w^- Q_s^- \sim b^-, d^{+/-}, L^-, S^{+/-}, P^+$$
$$Q_w^+ Q_s^- \sim b^{+/-}, d^+, L^{+/-}, S^-, P^+$$
$$Q_w^- Q_s^+ \sim b^{+/-}, d^-, L^{+/-}, S^+, P^-$$

① 수로경사

수로경사는 하천길이 방향의 모습으로 수로를 따라서 두 점사이의 표고차를 두 점 사이의 수로 길이로 나눈 값으로 구해진다. 수로경사는 수로에 변화를 주고자 할 때 가장 중요하게 여기는 설계요소이다. 수로경사는 유속과 하천의 반응력과 하천력에 직접으로 영향을 준다. 이러한 속성들은 지형학적 과정의 세굴, 토사이송 그리고 퇴적에 원동력이 되며 수로경사는 수로의 모양과 형태를 형성하는 지배요소가 되는 것이다.

대부분의 수로 종방향 형태는 상류에서는 요면(凹面)을 이룬다. 앞에서 동적평형에 대해서 설명한 것처럼 하천은 그 종단면과 형태를 이어지는 물흐름에서 나타날 잠재에너지 혹은 하천력의 시간당의 소모율을 최소화하는 방향으로 조정한다. 하천종단면에서 윗 방향으로 오목한 형태는 하류방향으로 하천력을 최소화하도록하기 위해서 조정하는 데 따라 나타난 다는 것이다. Yang(1983)은 최소하천력(minimum stream power) 이론을 응용하여 대부분의 종방향 하상면들이 상향으로 오목한지를 설명하는 데 이용하였다. 일반적인 최소에너지 소산(消散)율(minimum energy dissipation rate) 이론(Yang and Song, 1979)의 특별한 경우인 최소하천력 이론을 만족하기 위해서는 다음 식이 만족되어야 한다.

$$\frac{dP}{dx} = \gamma Q \frac{dS}{dx} + S \frac{dQ}{dx} = 0$$

여기서, $P = QS$ = 하천력
x = 종방향 거리
Q = 유량
S = 수면경사 혹은 에너지경사
γ = 물의 단위중량

하천력은 "유량×수면(에너지)경사"로 정의된다. 하천유량은 일반적으로 하류방향으로 증가하기 때문에 수면(에너지)경사는 하천력을 최소화하기 위해서는 반드시 감소하여야 한다. 이러한 하류방행으로의 경사의 감소는 종방향 측면에서 위로 오목한 단면을 가지는 결과로 된다는 것이다.

만곡도는 측면특성이 아니라 하천경사에 영향을 준다. 만곡도는 하천상의 두 지점 사이의 하천길이를 그 두 지점 사이의 계곡길이로 나눈 것이다. 예를 들어 하천의 A점에서 B점까지의 거리가 2,200 m이고 두 점 사이의 계곡길이가 1,000 m라면 이 하천은 만곡도가 2.2라는 것이다. 하천은 그 만곡도를 증가시킴으로써 그 길이를 증가시킬 수 있게 되며 결과로 경사를 감소시킬 수 있는 것이다. 이같이 수로경사에 미치는 만곡도의 영향은 수로변경계획에서는 반드시 고려되어야 하는 것이다.

② 물웅덩이와 여울

짧은 하천구간에서는 종방향 측면특성이 가끔 일정한 경우가 있다. 지질과 식생형태 또는 인적교란의 차이는 전체 구간특성 면에서 보다 평평하거나 혹은 보다 경사진 구간으로 될 수 있다. 여울은 하천바닥이 직상류 구간이나 직하류 구간의 하상표고보다 상대적으로 높은 곳에서 발생한다. 한편 이같이 상대적으로 깊은 구간은 웅덩이라고 한다. 보통의 흐름에서는 웅덩이에서는 유속이 감소하며 미세한 입자들의 결이 있는 퇴적이 발생하게 된다. 따라서 여울상부와 이어지는 웅덩이 사이의 증가된 하상경사로 인해서 여울의 상부가 증가하게 된다.

③ 종방향 단면의 조정

종단면 조정의 보편적 예로는 하천에 댐을 건설한 후에 발생한다. 댐건설에 대한 전형적인 응답은 하류부 수로의 저하와 상류부 수로에서의 상승(매적)작용이다. 하지만 특정한 반응은 Lane의 관계를 고려하여 설명한 것처럼 매우 복잡하다. 댐은 전형적으로 첨두유량을 감소시키며 하류구간으로 공급되는 토사를 감소시킨다. Lane의 관계에 따르면 유량(Q)의 감소는 경사의 증가를 가져오게 된다. 하지만 토사량(Q_s)의 감소는 경사의 감소를 초래한다.

이러한 반응은 경사의 증가를 유발할 수 있는 보호공(D_{50}^+)이 있는 경우에는 더욱 복잡하게 된다. 이러한 영향은 주 수로에만 있는 것이 아니라 지류에서도 발생하여 하상저하 또는 증가, 즉 매적작용이 발생할 수 있는 것이다. 매적작용은 가끔 댐 하류부의 하천지류의 하구부(합류점) 또는 수로 전체에서도 발생한다. 이는 주 수로부에서의 첨두유량 감소에 기인한 것이다. 분명히 궁극적인 반응은 이러한 모든 변수들의 합의 결과일 것이다.

④ 수로단면

그림 2.13은 하천단면 정보를 수집할 때 반드시 기록해야 할 자료정보의 형태를 나타내고 있다. 안정된 충적수로에서는 각 제방의 높은 점들은 만수수로의 정상점들을 나타낸다. 만수수로의 중요성은 잘 확립되어왔다. 하천수로 단면들은 수로와 그 양단의 홍수터 부분 간의 관계를 충분하게 규정할 수 있어야 한다. 이를 위한 길라잡이로는 수로와 관련한 수로단면의 특성을 분명하게 정의하기 위해서는 보다 작은 하천의 양쪽 제방의 최상부점보다 위에 있는 하천폭을 하나라도 포함해야 하며 보다 큰 하천의 홍수터를 충분히 포함할 수 있어야 한다는 것이다.

사행하천에서는 수로단면은 여울구간이나 사행교차점에서 측정되어야 한다. 여울이나 사행교차점은 두 개의 연속 사행 사이에서 발생한다. 토질층의 세굴(또는 침식)에 대한 저항

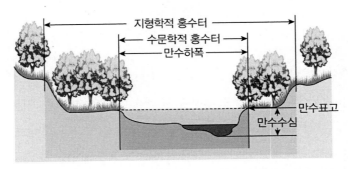

그림 2.13 하천수로 단면 자료를 수집할 때 반드시 기록해야 할 수로단면 정보

차이의 영향은 사행외측제방에서 우세하게 나타나며 사행 안쪽에서의 사주(沙柱)들은 물과 하천에 의해서 움직이는 토사에 대응해서 지속적으로 조정되고 적응하는 것이다.

사행곡부에서의 하천단면은 훨씬 더 급격하게 자주 변한다. 여울보다는 물웅덩이에서의 단면의 변동성이 더 크다. 사행교차점이나 여울구간에서의 단면은 보다 균등하다.

⑤ 흐름저항과 유속

수로경사는 하천유속을 결정짓는 중요한 요소이다. 흐름유속은 어떠한 유량을 그 단면이 통과시킬 수 있는지를 예측하게 해준다. 유량이 증가하면 유속이나 흐름단면 또는 둘 다 증가하여야 한다.

조도(粗度)는 하천에서 중요한 역할을 한다. 조도는 하천구간에서 수심이나 수위(흐름의 표고)를 결정짓는 데 도움을 준다. 하천의 한 구간에서 조도 때문에 흐름속도가 느려지면 흐름의 깊이는 구간의 상류로 들어오는 주어진 유량을 유지(소통)하기 위해서 증가되어야 한다. 즉 통수단면적을 확보하기 위해서다. 이것이 바로 흐름의 연속성이다. 하천의 경계면을 따른 전형적인 조도는 다음을 포함한다.

- 각기 다른 크기의 토사 입자
- 하상(하천바닥) 형상
- 제방의 불규칙성
- 살아 있거나 죽은 상태의 식생들의 형태와 양과 분포

• 기타 장애물

조도는 일반적으로 토사입경이 커질수록 증가한다. 하도에 퇴적된 토사들의 모양과 크기 그리고 하상의 모양도 조도에 영향을 끼친다. 모래질 하상의 하천은 하상조도가 유량에 따라서 어떻게 변하는지를 보여주는 좋은 예가 되겠다. 매우 작은 유량에서는 모래질 하천의 바닥은 여울형태가 우세하게 나타날 것이다. 유량이 증가함에 따라서 강바닥에는 모래톱이 나타나기 시작한다. 이러한 바닥형태는 하천바닥의 조도를 더욱 증가시켜 속도를 늦추는 작용을 하게 되며 이러한 조도의 증가는 수심을 증가시킨다. 만약 유량이 지속적으로 증가하면 유속이 하상의 모래를 움직이는 상태에 이르게 되며 전체 하상은 다시 평평한 상태로 되돌리게 된다. 이 상태에서는 하상의 조도 감소로 인해서 실재로 수심이 감소할 수 있다. 만약 유량이 더욱 증가하게 되면 강바닥의 모래톱은 줄어드는 상태로 갈 수 있다. 이러한 바닥형태는 수심을 증가시키기에 충분한 바닥마찰을 유발할 수 있다. 따라서 모래바닥 하천에서의 주어진 유량에 대한 수심은 그 유량이 발생했을 때의 바닥형태에 따라서 변하는 것이다.

식생 역시 조도에 영향을 끼친다. 응집력이 있는 토양으로 이루어진 경계조건을 가진 하천에서는 식생은 조도의 중요한 요소이다. 하천수변에서의 식생 형태와 분포는 수문학적 및 지형학적 과정에 따르기는 하지만 조도를 유발하여 식생이 이러한 과정들을 변화시킬 수 있으며 하천의 형태와 양상의 변화원인이 될 수 있다.

사행하천은 직선하천에 비해서 약간의 저항을 더하고 있다. 직선하천과 사행하천은 또한 유속분포도 달리하고 있다. 이는 그림 2.14에서처럼 하천의 배열상태에 영향을 받기 때문이다. 하천의 직선구간들에서는 가장 빠른 유속은 유수저항이 가장 작은 수로의 중심 위의 수면 바로 아래의 위치에서 발생한다(그림 2.14(a)의 G 단면 참조).

사행하천에서는 각운동량(angular momentum) 때문에 유로의 바깥부분에서 최고유속이 발생한다(그림 2.14(b)의 단면 3 참조). 사행하천에서의 유속분포의 차이는 사행곡유로부에서의 세굴(침식)과 퇴적의 결과를 낳는다. 사행유로부의 바깥(바깥제방, outbank)에서는 고유속 흐름으로 인해서 세굴이 발생한다. 한편 사행유로부의 안쪽 부분(안쪽제방)에서는 낮은 유속으로 인해서 퇴적이 이루어져 사주(沙柱)가 발달한다. 사행곡유로부에서의 흐름의 각운동량은 바깥 유로부에서 수위를 증가시켜 바깥제방의 아래로 향하는 2차 흐름을 발생시키고 바닥을 가로질러 안쪽제방으로 향하는 저면흐름을 유발한다. 이러한 회전흐름을 나선흐름 (helical flow)이라 한다. 회전방향은 그림 2.14(b)의 단면 3과 4에서 표시하고 있다.

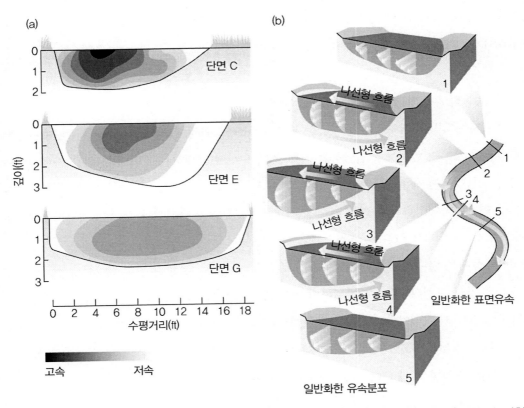

그림 2.14 하천직선 구간(a)과 곡유로 구간(b)에서의 유속분포. 물웅덩이와 여울, 직선구간과 곡선구간, 하천의 임의 점에서 횡단면 그리고 수심에 따라서 하천흐름 유속은 다르다. 유속분초는 또한 기저흐름에서부터 제방만수흐름과 홍수흐름에 따라 매우 다양하게 분포한다(Leopold et al., 1964).

직선수로와 사행수로에서의 유속분포는 하천수로를 수정하기 위한 이해에 매우 중요하다. 최고유속이 발생되는 구역은 최고의 하천력을 발생시킨다. 따라서 그러한 최고유속이 발생하는 하천경계에서는 보다 안전한 보호시설이 필요한 것이다. 사행구간을 통해서 흐름이 지나가면서 바닥의 물과 물웅덩이의 퇴적물들은 물 표면에 대해서 회전한다. 이러한 회전은 물웅덩이에 살고 있는 육식성 동물들을 지나가는 표류물과 저생(底生) 유기물들의 이동기구에 매우 중요하다. 여울지역은 물웅덩이만큼 깊지 않기 때문에 이러한 얕은 구역에서는 보다 많은 난류흐름들이 발생할 수 있다. 이러한 난류흐름은 물속에 용존산소를 증가시켜주며 따라서 물속에서의 산화작용과 일부 화학물의 휘발작용(揮發作用)도 증가시킬 수 있다.

조도요소들이 갖는 또 다른 지극히 중요한 기능은 수생 서식지를 만들어내는 점이다. 예로서 흐름에서 가장 깊은 곳은 보통 바깥제방의 기저부분에서 발생한다. 이 같은 세굴구멍 또는 웅덩이에서는 안쪽제방의 사주에서 발생하는 퇴적환경과는 아주 다른 서식장소를 만들어낸다.

⑥ 능동적 수로와 홍수터

홍수터는 횡방증대와 연직증대라는 두 가지의 하천과정에 의해서 조성된다. 횡방증대는 하천 곡유로부의 안쪽에서 발달하는 사주 위에 토사가 퇴적하는 것이다. 하천은 곡유로부의 바깥 부분에서는 세굴되고, 사주는 굵은 토사로 성장하는 동안에 홍수터를 가로질러 횡방향으로 이동한다. 이 같은 자연발생 과정은 유역으로부터의 물과 토사를 통과시키기 위한 유수단면을 유지하게 한다.

연직증대는 홍수가 발생한 표면에서 토사가 퇴적하는 것을 말한다. 토사는 일반적으로 사주에 쌓인 토사보다는 더 미세하며 제방퇴적으로 여긴다. 연직증대는 사주의 횡방증대 위에서 발생한다. 하지만 횡방증대가 보다 우세한 과정이다. 보다 구체적으로 보면 일반적으로 홍수터의 전체 토사퇴적의 60~80%에 이른다(Leopold et al., 1964). 사행의 횡방향 이동은 홍수터를 형성하는 데 결정적인 중요한 자연적인 과정이다.

2.3 물리적 및 화학적 특성

하천에서의 수질은 하천복원의 기본적인 목적중의 하나이다. 즉 수질을 개선하여 바람직한 수준으로 개선하든지 아니면 현재의 수질을 유지하는 것이다. 물의 물리적 및 화학적 특성이 적정하지 않다면 적정한 흐름 상태와 하천 지형이라 할지라도 건강한 생태계를 유지하는 데는 큰 관계가 없다. 예를 들면, 고농도 유독물질을 가지거나 수온이 높거나 용존산소가 낮거나 기타 물리적 및 화학적 특성들이 적정하지 않으면 하천은 건강한 생태계를 유지할 수 없다. 반대로 하천수변이 빈약한 경우, 예로서 강변 그늘이 없다거나 세굴관리를 제대로 하지 않았거나 영양물과 산소요구량이 높은 폐기물이 과다하면 하천내부의 물리적 및 화학적 퇴화를 초래하게 된다.

이 절에서는 흐르는 물의 핵심적인 물리적 및 화학적 특성들을 간략하게 정리하기로 한다. 하천수질에 대해서는 수많은 책들에서 정리하고 있다. 여기서의 초점은 하천수변의 개선과 관련한 몇 가지에 국한하기로 한다. 앞 절에서처럼 하천의 물리적 및 화학적 특성들을 하천의 횡단 및 종단면에서의 관점에서 정리하기로 한다. 횡단특성은 유역이 수질에 미치는 영향을 보기로 한다. 특히 강변역의 역할에 초점을 두기로 한다. 종방특성은 수로 흐름 동안에 수질에 영향을 주는 과정들에 대해 초점을 두기로 한다.

2.3.1 물리적 특성들

(1) 토사

2.2절에서 하천의 모양과 지형학적 변화와 관련한 전체 토사량에 대해서 설명하였다. 하천 모양을 형성하는 데 더하여 부유(浮遊)토사는 수주(水柱)와 토사와 물의 경계면에서의 수질에 중요한 역할을 한다. 수질면에서 토사는 보통 세굴 육지로부터 수주 속으로 들어오는 토립자로 불린다. 토사는 점토입자, 실트 그리고 자갈을 포함하는 모든 크기의 입자들로 구성된다. 침전(沈澱)은 수체(水體) 속에서의 토립자들의 퇴적을 나타내는 용어이다.

토사와 그 이동은 어떠한 하천에서도 일어나는 자연적인 현상이기는 하지만 토사량과 입자크기의 변화들은 부정적인 영향을 발생시킬 수 있다. 미세한 토사들은 수생군집(群集)을 심각하게 변화시킬 수 있다. 토사는 물고기 이동의 장애물이 될 수도 있으며 아가미를 닳게 할 수도 있고 물고기 알들과 바닥에 있는 수생곤충들의 유체를 질식시킬 수도 있다. 또 물고기들이 알을 낳을 수 있는 바닥 자갈들의 공극공간을 메꾸어버릴 수도 있는 것이다. 뿐만 아니라 위락활동을 방해할 수 있으며 물속에 토사가 채워짐으로써 물에서의 투명도를 낮추어 심미적 즐거움을 앗아 갈 수도 있다. 토사는 또한 다른 오염물질들을 물속으로 끌어들인다. 육지에서의 토립자들에 영양물질들과 독성 화학물질들이 접착될 수 있으며, 이들 입자들은 지표수로 이동될 수 있다. 따라서 오염물질들은 토사와 함께 침전될 수도 있으며 경우에 따라서는 물속으로 용해될 수 있다. 많은 연구에 의하면 이 같은 오염된 토사의 유입은 산란 서식지의 질에 중대한 영향을 끼칠 수 있다는 것이다(Cooper 1965, Chapman 1988). 미립토사들의 하상자갈층으로의 침투는 투수성과 자갈 사이의 유속을 줄일 수 있으며, 따라서 연어과의 배아주머니의 발달과 그들의 신진대사 폐기물의 배출에 필요한 산소화된 물의 공급을 제한할 수 있다. 과다한 미립토사들의 퇴적은 부화 중인 알들을 쉽게 질식시킬 수 있으며 난황낭(卵黃囊)을 가지고 있는 새끼연어들과 치어(稚魚, 연어의 2년생)의 무덤이 될 수 있다. 이러한 토사침투모형(Alonso et al., 1996)이 개발되고 검증되어서 연어 산란구역에서의 토사 누적량과 용존산소 상태를 예측하는 데 그 유용성이 입증된 바 있다.

① 하천수변을 가로지른 토사

비는 침식작용을 하며, 밭고랑, 건설현장, 벌목장, 도시지역 그리고 노천광산지역으로부터 토립자들을 씻어내어 물속으로 흘러내린다. 하천제방의 침식 역시 토사를 물속으로 퇴적시킨다. 전체적으로 하천토사의 질은 유역에서의 침식과정의 결과를 나타내는 것이라 할 수 있다.

토사의 횡방향 조망은 2.2절에서 보다 자세하게 설명하였다. 하지만 수질면에서 보면 토사량의 특정량에 초점을 둘 필요가 있다. 예로서 연어과 물고기들의 서식지 복원과 관련하여 토사량의 제어는 매우 중요하다. 토사량뿐만 아니라 유역으로부터 하천으로 유입하는 토사와 관련한 오염물질량의 조절도 매우 중요한 관리사항이다. 이러한 복원 노력은 상류부의 침식을 줄이는 노력에서부터 하천수변지역을 통과하는 토사를 줄이는 처리에 이르는 다양한 범위를 갖는다. 복원을 위한 처리 설계에 대해서는 8장에서 설명하기로 한다.

② 하천수변을 따른 토사

수질관점에서 토사이동에 영향을 끼치는 종방향 과정은 2.2절의 지형학적 관점에서 설명한 것과 같다. 횡방향의 관점에서와 같이 수질관점에서의 관심사항은 토사가운데 특정량이 수질과 수온, 서식장소 그리고 생물종에 미치는 영향에 초점이 맞추어진다.

(2) 수온

수온은 여러 가지 이유로 인해서 하천복원에 있어 결정적인 요소이다. 첫째, 용존산소의 용해성은 수온이 증가할수록 감소한다. 따라서 폐기물과 관련한 산소요구량은 온도가 높을수록 증가하는 것이다. 두 번째, 온도는 수많은 생화학적 과정 및 냉혈수생유기물들의 생리학적 과정을 지배한다. 그리고 증가된 온도는 신진대사력과 생식률을 증가시킨다. 셋째, 많은 수생종들은 제한된 온도범위 내에서만 견딜 수 있으며 다. 하천수온의 최곳값과 최젓값의 변화는 종의 혼합에 깊은 영향력을 가지고 있다. 끝으로 온도는 폭기율(曝氣率, reaeration rate)이나 미립물질에 대한 유기화학물의 수착(收着, sorption)율 같은 수많은 무생물의 화학적 과정과 휘발작용율(揮發作用率)에도 영향을 끼친다. 온도의 증가는 유독성 복합물로부터의 스트레스를 증가시킬 수 있다.

① 하천수변을 가로지른 수온

하천구간 내에서의 수온은 상류부의 수온, 그 하천구간 내의 과정들 그리고 유입되는 하천수의 수온에 의해서 영향을 받는다. 횡방향의 유입수의 수온의 영향을 먼저 설명하기로 한다.

하천구간 내의 유입수 수온에 대한 가정 중요한 요소는 지표로 유입하는 물과 지하수 경로를 통해서 유입하는 물 간의 균형이다. 지표면을 흘러 하천으로 들어오는 물은 태양에 의해서 가열된 지표면과의 접촉을 통해서 열을 얻을 수 있는 기회를 가진다. 이와는 다르게 지하수는 여름에는 보통 시원하며 유역 내의 연평균온도와 비슷한 경향을 보이고 있다. 얕은 지하수 흐름은 연평균온도와 강우유출 기간 동안의 공기온도 사이에 있다.

지표유출수의 일부와 그 유출수의 온도는 유역 내의 불투수표면의 양에 크게 영향을 받는다. 예를 들면 유역 내의 뜨거워진 포장면은 지표유출수를 가열시킬 수 있으며 이러한 유출수를 받는 하천의 온도를 상당히 증가시킬 수 있다.

② 하천수변을 따른 수온

물은 하천에 직접적으로 영향을 주는 햇볕의 영향을 통해서 열하중(thermal load)을 분석할 수 있다. 하천복원의 목적에서 보면, 지표를 제거하거나 기저유출을 줄이는 토지사용은 하천수온을 물고기들이 견딜 수 있는 한계수온 이상으로까지 증가시킬 수 있다. 정상적인 온도를 유지하거나 복원하는 일은 중요한 복원목표가 될 수 있다.

(3) 화학성분

앞장에서는 수문순환과정에 따른 물의 물리적 이동과정을 설명하였다. 강우는 지하수면까지 침투하거나 지표유출이 된다. 하천은 이러한 물들을 수집하여 대양으로 향하게 하여 증발을 통해서 수문순환이 완성되게 된다. 물이 이러한 여행을 하는 동안에 물의 화학적 구성은 변하여, 대기 중에서는 대기 가스와 균형을 이루며, 얇은 토양에서는 물은 무기성 및 유기성 물질들과 토양가스들과의 화학적 교환을 진행한다. 지하수에서는 물의 이동시간이 보다 길어짐에 따라 각종 미네랄들이 용해될 수 있는 기회가 훨씬 많아진다. 비슷한 화학적 반응들이 하천수변들을 따라서 계속된다. 물과 접촉하는 모든(공기, 암석, 박테리아, 식물 그리고 물고기 등) 곳에서는 사람에 의한 교란의 영향을 받는다.

물속의 모든 용존철분의 총합농도를 염도(salinity)라 하며 다양하게 변한다. 침전물은 보통 용존 고형물의 극히 작은 ppt 단위의 양을 포함하나 바닷물의 평균염도는 35 ppt 정도이다. 담수에서는 용존고형물의 농도는 청결한 산악 하천에서는 10~20 mg/L 정도, 많은 하천에서는 수백 mg/L까지의 범위를 가진다. 건조지역의 하천들에서는 그 농도가 1,000 mg/L를 넘기도 한다. 공공 음용수로는 500 mg/L 이하의 고형물 농도수를 권장하여 사용한다. 하지만 각국의 여러 곳에서는 이 한계치를 초과하는 경우가 많다.

(4) 수소이온농도(pH), 알칼리도(Alkalinity) 그리고 산성도(酸性度, Acidity)

물의 알칼리도, 산성도 그리고 완충능은 생물상(生物相)의 적합성과 화학반응에 영향을 주는 중요한 특성이다. 물의 산성도 또는 알칼리도는 보통 수소이온농도의 반대수(negative logarithm)로 나타낸다. pH 7은 중성조건을 나타낸다. pH 값이 5 이하이면 보통 산성조건을 나타내며, 9 이상인 경우는 알칼리 조건을 나타낸다. 번식 같은 많은 생물학적 과정은 산성물이나 알칼리성 물에서는 불가능하다. 특히 수생유기체들은 물의 낮은 pH 값에 대한 일련의 노출하에서 삼투성의 불균형을 경험하게 된다. pH의 잦은 변동 역시 수상 유기체에 스트레스를 준다. 끝으로 산성조건 역시 용해도를 증가시켜 독성오염 문제를 악화시킨다. 이는 하천토사에 쌓여 있던 독성 화학물의 누출을 촉발시키기 때문이다.

① 하천수변을 가로지른 pH, Alkalinity 그리고 Acidity

유출수의 pH는 강수와 지표면의 화학적 특성을 나타내는 것이다. 심각한 대양 안개나 물보라를 받는 지역을 제외하고는 대부분의 강수의 우세한 이온은 중탄산염(HCO_3^-)이다. 중탄산염 이온은 이산화탄소와 물이 반응하여 생성된다.

$$H_2O + CO_2 = H^+ + HCO_3^-$$

이 반응은 역시 수소 이온 H^+를 생성한다. 따라서 수소 이온 농도와 산성도를 증가시키며 pH 값을 낮춘다. 대기 중에 CO_2의 출현으로 대부분의 강우는 자연적으로 pH 값 5, 6 정도의 약간 산성을 띠게 된다. 강우에서 증가된 산성도는 특히 화석연료를 연소시키는 데 기인한 것일 수가 있다.

물이 토양이나 암석을 통과함에 따라서 물의 pH는 추가적인 화학반응에 따라서 증가할 수도 또는 감소할 수도 있다. 탄산염 완충 시스템은 대부분의 물의 산도를 조절한다. 탄산염 완화는 칼슘과 탄산염과 중탄산염, CO_2, 그리고 물속의 수소이온과 대기 중의 이산화탄소 사이의 화학적 평형의 결과이다. 이러한 완충은 물로 하여금 pH의 변화를 못하게 하는 원인이 된다(Wetzel, 1975).

알칼리도는 물의 산성중화능력을 나타내며 이는 pH가 알칼리 방향으로 전이하는 화합물로 이야기한다(APHA 1995, Wetzel 1975). 완충량은 알칼리도에 관련되어 있으며 기본적으로 용해된 칼슘탄산염(석회석)과 유역에서 나타나는 유사한 광물질(탄산수 등)로부터 물속으로 녹아 들어오는 탄산염과 중탄산염의 농도에 의해서 결정된다. 예로서 산이 석회석과 반응하게 되면 다음과 같은 용해반응이 발생한다.

$$H^+ + CaCO_3 = Ca^{2+} + HCO_3^-$$

이러한 반응은 수소이온을 소모하게 하여 물의 pH를 증가시키게 한다. 반대로 강우유출은 물속의 모든 알칼리성이 산에 의해서 소모되거나, 산성광물 배출수로부터의 황산 같은 강력한 광물성 산이 포함된 처리과정이나 침엽수림이나 소택지(沼澤地) 그리고 습지와 관련한 일부 토양종류에서 대량으로 자연적으로 발생하는 부식유기산(humic acids)과 풀브산(fulvic acids) 같은 약한 유기산 등에 의해서 산성화될 수 있다. 일부 하천에서는 산성물질을 받은 퇴화된 습지를 복원함에 따라서 pH 수준이 높아질 수 있다. 이러한 산성물질로는 산성광물질 배출수와 습지의 토사에 머물러 있는 불용해성의 비산금속황화물로 변환시키는 황산염이 있다.

② 하천수변을 따른 pH, Alkalinity 그리고 Acidity

하천 내부에서는 비슷한 반응이 물에서의 산, 대기 CO_2, 수주(水柱)의 알칼리도 그리고 하상물질에서 발생한다. 일부 잘 중화되지 않은 물에서의 pH 특성으로는 탄산염 중화 시스템에 영향을 주는 생물학적 과정과 관련한 pH 수준이 매일 다양하게 변하는 점이 있다.

키 큰 기립수생작물을 가진 물에서 광합성 동안에 식물에 의한 이산화탄소의 흡수는 물로부터 pH를 여러 단계 증가시킬 수 있는 탄산을 제거한다. 반대로 광합성이 일어나지 않고 식물이 이산화탄소를 내뿜는 밤에는 pH 수준은 여러 단계 저하될 수 있다. 그늘의 증가나 영양물질을 줄이거나 아니면 폭기를 증가시켜 하도식물의 성장을 줄일 수 있는 복원기술은 높은 광합성율에 따라 매우 다양한 pH 수준으로 안정화하는 경향을 보인다.

하천에서의 pH는 독극물질에 대해서도 중요한 결과를 보인다. 높은 산성도나 높은 알칼리도에서는 비용해성 금속황화물들을 용해성으로 변환시키는 경향이 있으며 독성금속의 농도를 증가시키는 경향을 보인다. 역으로 높은 pH는 암모니아 독성을 촉진시킬 수 있다.

(5) 용존산소(DO)

용존산소는 건강한 수생생태계를 위한 기본적인 요구사항이다. 대부분의 물고기와 수생곤충들은 물속에 녹아 있는 산소를 호흡한다. 잉어과 물고기와 진흙벌레 같은 일부의 물고기들과 수생 유기물들은 낮은 산소조건에도 잘 적응한다. 그러나 송어와 연어 같은 물고기들은 DO 농도가 3~4 mg/L 이하로 떨어지면 고통을 받는다. 유생(幼生, larvae)과 어린물고기는 보다 민감하며 높은 농도의 DO를 요구한다(USEPA, 1997).

많은 물고기들과 기타 수생유기체들은 수중에서의 낮은 DO의 짧은 기간 내에서는 복구될 수 있다. 하지만 용존산소 농도가 2 mg/L 이하이면 소위 "죽은 물"인 것이다. 낮은 농도의 DO 조건에 장기간 노출하면 성숙한 물고기를 질식시킬 수 있으며 질식에 민감한 그들의 알과 유생 혹은 수생유충을 죽이거나 다른 먹잇감들을 죽게 함으로써 물고기들을 굶주리게 하여 생존재생능력을 저하시킬 수 있다. 낮은 DO 농도는 오염된 물과 관련하여 불쾌한 가스나 불결한 냄새를 생산하는 혐기성 박테리아를 지원한다.

물은 대기와 광합성의 결과로 식물로부터 직접 산소를 흡수한다. 산소를 유지하는 물의 능력은 온도와 염도에 의해서 영향을 받는다. 물은 기본적으로 수생식물과 동물 그리고 미생물의 호흡에 의해서 산소를 잃게 된다. 얕은 수심과 넓은 수면적의 공기에의 노출 그리고 지속적인 움직임 때문에 교란되지 않은 하천은 일반적으로 풍부한 DO 공급을 포함한다. 하지만 산소를 요구하는 외부 쓰레기 부하나 식물성 물질의 죽음과 분해로 인한 영양물에 의한 과다한 식물의 성장은 산소고갈을 야기할 수 있다.

① 하천수변을 가로지른 용존산소

물에서의 산소농도는 자연조건하에서 변동하지만 미생물에 의해서 무해한 물질로 분해할 수 있는 대량의 유기물질을 지표수 속으로 유입시키는 사람들의 활동에 따라서 산소는 심각하게 고갈될 수 있다. 수로 내의 식물이 과다한 생물자원을 생산할 때 과다한 영양물 역시 산소고갈을 유발할 수 있다.

산소요구성의 쓰레기 하중은 생화학적 산소요구량(BOD)으로 나타낸다. BOD는 물속의 유기물을 생물학적 활동에 의해서 산화시키는 데 필요한 산소의 양을 나타내는 척도이다. BOD는 물리적 또는 화학적 물질이라기보다는 하나의 등가지수이다. BOD는 하천에서 폐수가 퇴화함에 따라 필요하게 되는 DO의 총농도를 측정하는 것이다. 또한 BOD는 가끔 탄소물질과 질소물질 요소들로 분해되기도 한다. 이는 두 성분이 각기 다른 율로 퇴화하기 때문이다. 용존산소에 대한 많은 수질모형들은 입력자료들이 최종의 탄소물질 BOD($CBOD_u$)를 산정하고 최종의 질소물질 BOD($NBOD_u$)나 개별 질소 종류별 농도를 산정하는 것을 필요로 한다.

산소요구성 폐기물들은 점오염원 또는 비점오염원으로 하천과 지하수에 유입할 수 있다. 대규모 공급원으로부터의 BOD는 제어되고 관측되어 분석하기에는 상대적으로 쉬운 편이다. BOD의 비점오염부하는 분석하는 일이 훨씬 어렵다. 일반적으로 하천유역으로부터 하천으로 유입하는 모든 유기물은 산소를 요구하게 된다. 유기물의 과다한 부하는 다양한 토지사용으로부터 발생할 수 있으며 특히 호우, 침식 그리고 세척과 곁들어질 수 있다. 대규모의 가축 농장 같은 일부 농업활동과 관리 잘못은 심각한 BOD 부하 문제를 유발할 수 있다. 삼림훼손을 포함하는 토지사용 교란과 건설 활동은 유기지표토양의 유실을 통해서 높은 유기물 하중을 유발할 수 있다. 끝으로 도시유출수는 가끔 다양한 공급원으로부터의 고농도 유기물질을 부하시킨다.

② 하천수변을 따른 용존산소

하천 내에서 DO 용량은 대가로부터의 폭기 그리고 수생식물의 광합성 부산물로 생산되는 DO와 식물과 동물 그리고 가장 중요한 미생물의 호흡으로 소모되는 DO에 영향을 받는다. 하도 내에서 DO 균형에 영향을 주는 중요한 과정들을 그림 2.15에 정리하였다. 이는 다음 요소들을 포함한다.

- 탈산소반응 탄소화합물(carbonaceous deoxygenation)
- 탈산소반응 질소화합물(nitrogenous deoxygenation) (질산화(窒酸化)작용(nitrification)
- 재폭기(再曝氣, reaeration)
- 토사의 산소요구(sediment oxygen demand)
- 광합성과 식물호흡(photosynthesis and respiration of plants)

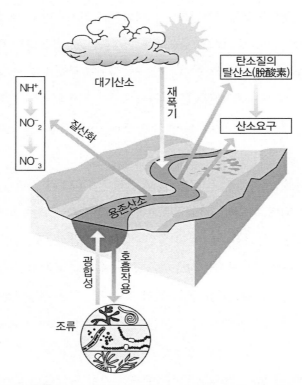

그림 2.15 수질모형으로 나타낸 BOD와 DO에 대한 중요 운동과정 간의 관계

대부분의 물에서는 폭기가 산소를 공급하는 기본적으로 중요한 통로가 된다. 산소가스(O_2)는 대기의 21% 정도를 구성하고 있으며 물속에 쉽게 녹아든다. 물속의 포화 DO 농도는 주어진 온도 상태에서 물이 가질 수 있는 최대 산소량을 나타낸다. 산소가 포화농도를 넘어서면 대기 중으로 가스화되는 경향을 보인다. 산소가 포화농도 이하로 되면 산소는 대기로부터 물속으로 확산된다. 산소의 포화농도는 복잡한 멱함수(power function) 식에 따라 온도와 더불어 감소한다(APHA, 1995). 포화농도는 온도에 더하여 물의 염도와 대기압에도 영향을 받는다. 물의 염도가 증가되면 포화농도는 감소하며 대기압이 증가하면 포화농도 역시 증가한다.

대기와 DO의 상호작용은 가스상(相)의 부분기압경사와 액상(液相)의 농도경사에 의해서 좌우된다(Thomann and Mueller, 1987). 가스상과 액체상의 모두에서 와류와 혼합은 농도경사를 감소시키며 폭기를 증가시킨다. 반면에 정지해 있거나 정체된 표면 또는 표면의 막은 폭기를 감소시킨다. 일반적으로 자연하천에서의 산소교환은 다음 요소들에 의하여 발생한다.

- 초기혼합과 속도경사와 변동성에 기인한 와류
- 온도
- 바람에 의한 혼합
- 낙차, 댐 그리고 급류
- 표면 막
- 수심

하천복원 기술의 하나로 인공적인 계단 모양의 단폭(段瀑)을 설치하면 폭기를 증가시킬 수 있다. 하천의 폭기율 계수들을 평가할 수 있는 많은 경험식들이 되어 있다. 이와 관련한 상세는 Bowie et al.(1985)에서 찾아볼 수 있다. 폭기에 더하여 산소는 하천의 수생식물에 의해서도 생산된다. 광합성을 통해서 식물은 태양으로부터 에너지를 흡수하여 이산화탄소를 고정하여 유기물질을 감소시킨다.

$$6CO_2 + 6H_2O = C_6H_{12}O_6 + 6O_2$$

광합성 역시 산소를 생산한다. 식물은 그들의 단순한 광합성 당분과 다른 영양 물질들(현저하게 질소[N], 인[P] 그리고 유황[S] 그리고 미량의 추적물질과 함께)을 활용하여 그들의 신진대사를 유지하고 또한 그들의 구조를 구축한다. 대부분의 동물들의 생명은 광합성 과정에서 식물에 의해서 축적된 에너지의 방출에 의존한다. 광합성과는 반대인 반응에서 동물들은 식물질이나 다른 동물들을 소모하고 당분과 녹말과 단백질을 그들의 신진대사의 연료로 그리고 그들 자체의 구조를 구축하기 위해서 산화시킨다.

이러한 과정을 호흡과정이라 하며 용존산소를 소모한다. 호흡의 실재과정은 에너지 변환의 연속으로 "산화와 감소 반응"의 연속 과정이다. 고등동물과 많은 미생물들은 이러한 반응의 한계전자수용체(terminal electron acceptor)로서 충분한 용존산소에 의존하며 그것이 없으면 생존할 수 없다. 일부 미생물들은 신진대사의 전자수용체로서 질산염이나 황산염 같은 다른 화합물들을 사용할 수 있으며 혐기성(산소결핍) 환경에서도 생존할 수 있다.

하천에서의 DO와 BOD의 분석과 모형화에 대한 상세는 참고문헌들(Thomann and Mueller, 1987)에서 찾아볼 수 있으며 잘 검증된 컴퓨터 모형들이 사용 가능하다. 수주(水柱)에서 NBOD(보통 질소류의 직접 질량균형으로부터 구해짐)로부터 분리하여 CBOD를 산정할 수 있는 대부분의 하천수질 모형과 토사산소요구 또는 SOD(토사유기물의 호흡과 유기물의 저생(底生)분해에 필요한 산소요구량) 모형들이 있다. 토사와 저생 유기물에 의한 산소요구는 하천의 전체 산소요구량에 어느 정도 중요성을 가진다고 판단된다. 이는 소하천에서 특히 중요성을 갖는다 하겠다. 이러한 영향은 갈수기의 고온 조건에서는 미생물의 활동이 온도의 증가와 더불어 증가함에 따라 특히 민감하다.

물속에 독성 오염물질이 출현하면 산소소모 박테리아를 위한 풍부한 먹거리를 제공하는 조류(algae)와 수생 잡초들이나 어류를 죽임으로써 반대로 산소농도를 낮출 수 있다. 박테리아의 개입이 없는 화학반응으로 인해서도 산소결핍이 발생될 수 있다. 일부 오염물질은 오염물질이 유입하는 물에서 화학적 산소요구를 발생하는 화학반응을 유발할 수 있다.

(6) 영양물

이산화탄소와 물에 더하여 수생식물(조류(藻類)와 고등식물 모두)은 그들의 몸체와 신진대사를 유지하기 위하여 다양한 다른 요소들을 요구한다. 육서(陸棲)생물과 마찬가지로 이러한 요소들 중에서 가장 중요한 것은 질소와 인이다. 칼슘, 철분, 셀레늄 그리고 실리카 같은 추가적인 영양물들이 조금씩 필요하며 일반적으로 식물성장에는 제한적 요소는 아니다. 이러한 화학물이 제한되면 식물성장도 제한될 수 있다. 이것은 하천수질관리에서 중요하게 고려해야 하는 사항이다. 하천에서 생성되었거나 유역으로부터 유입된 식물성 생물자원은 먹이사슬을 유지하는 데 필요하다. 하천에서 조류(藻類)와 수생식물의 과다한 성장은 성가신 조건이 될 수 있으며 광합성이 일어나지 않는 동안에는 식물의 호흡 때문에 용존산소의 결핍을 유발할 수 있다. 또한 죽은 식물 재료의 부식은 수생생체에 불쾌한 조건을 유발할 수 있다.

민물에서의 인은 미립자 형태 또는 용해된 상태로 존재할 수 있다. 어떤 형태이던 간에 유기물 성분과 무기물 성분을 모두 가지고 있다. 유기분체상은 프랑크톤과 쇄석 같은 유기 퇴적물과 같은 살아 있거나 죽은 분체상의 물질을 포함한다. 무기분체상 인은 인 침전물과 분체상에 흡착된 인을 포함한다. 용해된 유기인은 유기물에 의해 분해된 유기인과 교질(膠質)상의 인화합물을 포함하고 있다. 수생식물은 질소와 인을 각각 다른 양으로 요구한다. 식물성 프랑크톤 세포는 엽록소 1 μg당 대략 0.5~2.0 μg 정도의 인과 대략 7~10 μg의 질소를 가지고 있다. 이러한 관계로부터 가능한 영양물을 완전히 사용하여 식물성장을 극대화하기 위해서는 필요한 질소와 인의 비율은 개별 종의 특성에 의존하지만 5~20 μg의 범위임이 분명하다. 그 비율이 이 범위를 벗어날 때는 식물은 과다한 영양물을 사용할 수 없다. 다른 영양물은 식물 성장에 제한적이다. 과다한 영양물 부하가 가해지는 하천에서는 불편한 상태를 방지할 수준의 제한된 영양물 부하를 제어할 자원관리가 필요하다.

수생환경에서는 질소는 용존질소가스(N_2)나 암모니아와 암모니아 이온(NH_3와 NH_4), 아질산염(NO_2^-), 질산염(NO_3^-) 그리고 용존상태 혹은 분체상태의 단백질 물질인 유기질소로 존재할 수 있다. 수질에 즉각적인 영향을 미치는 질소의 가장 중요한 형태는 암모니아 이온과 아질산염 그리고 질산염이다. 식물에 의해서 보다 효과적으로 사용될 수 있도록 변환되어야 하기 때문에 분체상 질소와 유기성 질소는 덜 중요하다.

질소가 식물성장을 제한하는 일은 드물다. 대기는 약 79%가 질소가스이다. 하지만 대기로부터 질소가스를 생성하는 생명체는 일부 박테리아와 청록 조류를 제외하고는 매우 드물다. 대부분의 식물은 보통 이온형태의 암모니아(NH_4^+)로 물에 나타나는 암모니아(NH_3) 또는 질산염(NO_3^-)에서만 질소를 사용할 수 있다(그림 2.16).

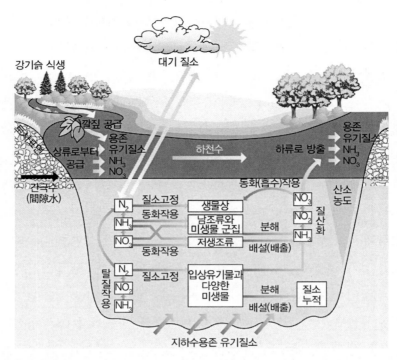

그림 2.16 하천 생태계에서의 질소의 역동성과 변환 : 영양물의 입력과 온도와 가용할 산소의 변화와 더불어 발생하는 영양물 순환

한편 민물계에서는 수생식물의 성장은 질소보다는 인에 의한 제한성이 더 크다. 이러한 제한성은 인(PO_4^{3-})이 물속에 있는 보통의 성분들(Ca^{++}와 OH^-, Cl^- 그리고 F^-의 약간 량)과 더불어 불용해성 복합체를 만들기 때문이다. 인은 점토와 다른 토사 표면에 있는 철분에 흡수당하며 따라서 화학적 과정에 의해서 물에서 제거된다. 결과로 식물성장을 돕는 물의 능력은 감소하게 되는 것이다.

① 하천수변을 가로지른 영양물

질소와 인은 사람의 활동에 따라서 약간 높아진 율로 지표수로 운반된다. 이에는 처리수의 점오염원과 농업활동과 도시개발 같은 비점오염원을 포함한다. 많은 개발된 유역에서는 영양물의 주공급원이 하수처리장으로부터의 처리된 폐기수의 직접유출과 아울러 복합하수관의 배출수(CSOs : combined sewer overflows)이다. 그러한 점오염 공급 배출수는 국가오염물 배출수 제거 시스템(NPDES) 즉 배출수 수질관리 규정으로 제어되고 있으며 감시관측에 의해서 그 특성이 잘 정리되고 있다. NPDES는 하천에서의 수질에 대한 수치적 및 서술적 기준에 부합하는 배출량을 허용하고 있다. 하지만 대부분의 국가들에서는 영양물의 배출에 대한 수치적 기준은 없다. 영양물의 점배출원은 하천열화의 중요한 원인요소로 인지되고 있다. 그리고 서술적 하천수질기준을 확립하지 못하고 있다. 결과로 하수처리장 배출수에서 영양물(특히 인에 대해서)의 배출농도에 대한 다소 과다한 제한을 많은 지역에서 부과하여왔다.

수많은 경우에서 NPDES 프로그램은 하천수질을 상당히 깨끗하게 정화하였다. 하지만 많은 중소하천들은 다소 과다한 규제기준에도 불구하고 아직도 수질기준을 만족하지 못하고 있다. 과학자들과 규제 공무원들은 수많은 하전들에서 영양물의 가장 큰 공급원은 하수처리장 같은 점오염원이 아니라 하천유역 내의 비점오염원임을 이해하게 되었다. 하천의 비점오염원에 기여하는 전형적인 토지사용은 농장과 골프장 등에서 사용하는 비료사용과 부적절하게 처리되는 가축 배설물, 정화조 시스템에서 부적절하게 처리되는 사람의 배설물 등이다. 농장으로부터의 호우유출은 용존상태 혹은 특정한 형태로 하천의 영양물에 기여할 수 있다.

토사입자와 유기물에 흡착되는 경향 때문에 인은 기본적으로 침식된 토사와 더불어 지표유출에 의해서 수송된다. 반면에 무기질소는 강하게 흡착되지 않아서 지표유출에서 입자상이나 용존상태로 수송될 수 있다. 용존무기질소는 불포화구역(중간유출)과 지하수를 통해서도 수체로 수송될 수 있다. 표 2.5는 질소와 인의 하중에 대한 보통의 점오염원과 비점오염원을 보여주고 있으며 대략적인 운반 농도를 보여주고 있다. 질산염은 일부토양에서는 자연적으로 발생하기도 한다.

표 2.5 보통의 점오염원과 비점오염원 오염물질의 공급원과 농도

공급원	총질소량(mg/L)	총인(mg/L)
도시 유출수[a]	3~10	0.2~1.7
가축[a]	6~800b	4~5
대기(wet deposition)[a]	0.9	0.015c
90% 산림[d]	0.06~0.19	0.006~0.012
50산림[d]	0.18~0.34	0.013~0.015
90% 농업[d]	0.77~5.04	0.085~0.104
비처리폐기수[a]	35	10
처리폐기수[a,e]	30	10

a : Novotny and Olem(1994)
b : As organic nitrogen
c : Sorbed to airborne particulate
d : Omernik(1987)
e : With secondary treatment

② 하천수변을 따른 영양물

토사에 강하게 흡착되지 않기 때문에 질소는 기질(基質, 효소의 작용을 받는 물질)과 물 사이에서 쉽게 이동하며 지속적으로 순환한다. 수생유기물은 용존상태와 입자상의 무기질소와 혼합되어 단백질적 물질로 변한다. 죽은 미생물의 분해와 질소는 암모니아 이온을 방출하며 아질산염과 질산염으로 변환된다. 여기서 이 과정이 다시 시작되는 것이다. 인은 민물환경에서 지속적인 변환을 지속한다. 일부의 인은 물속의 토사나 기질에 흡착되어 순환에서 제거된다. SRP(보통 오르토(정(正))인산염(orthophosphate)으로)는 수생식물에 의해서 흡수되어 유기인으로 변환된다. 이러한 수생식물은 다시 부식성(腐食性) 생물(detritus feeder) (죽은 동물의 고기나 부분적으로 분해된 유기물을 먹는 동물)이나 배설물로 유기인을 SRP로 내놓는 방목 가축에 의해서 소모된다. 순환이 지속되면서 SRP는 수생식물에 의해서 쉽게 흡수된다.

(7) 독성유기화학물

동식물이나 사람에게 독성을 보이는 오염물질들은 하천복원 노력에 분명히 관계되어 있다. 독성유기화합물(TOC)은 PCBs(폴리염화바이페닐)와 대부분의 농약과 제초제와 같은 탄소를 포함하는 합성화합물이다. 이 합성화합물의 많은 수는 자연생태계에서는 지속성이 강하며 쉽게 분해되지 않기 때문에 환경에 축적된다. 가장 독성이 강한 합성유기물의 일부(예로서 DDT와 PCBs)는 많은 나라들에서는 많은 하천들에서 수생생태계에서의 문제점들 때문에 아직까지 수십 년 동안 사용이 금지되어 오고 있다.

① 하천수변을 가로지른 독성유기화학물

TOCs는 점오염원과 비점오염원 모두를 통해서 물에 도달할 수 있다. 허용된 NPDES 점오염원은 하천수질표준을 반드시 만족해야 하며, 전체 배출독성 요구량은 대부분의 하천들에서의 TOC 문제 때문에 비점오염원 부하와 하천들과 강변 토사에 쌓이는 물질들의 재순환과 불법적인 폐기물 투기 또는 사고로 인한 흘림에 기인한다. 유기화학물의 비점오염원의 두 가지 중요한 공급원은 농업과 삼림과 교외 풀밭 관리와 관련한 농약과 제초제이다. 그리고 잠재적으로 오염된 도시와 산업용지로부터의 유출(처리수를 포함하여)이다. 유역표면으로부터 물로 유입하는 유기화학물의 이동은 크게는 화학물의 특성에 따라서 결정된다. 토립자에 강하게 흡착되는 오염물질들은 기본적으로 침식된 토사에 의해서 수송된다. 따라서 공급지역으로부터 운반되는 토사의 제어는 효과적인 관리전략이 될 수 있다. 용해성이 강한 유기화학물은 물의 흐름과 더불어, 특히 도시의 불투수면에서의 호우유출과 더불어 직접적으로 수송된다.

② 하천수변을 따른 독성유기화학물

지구상의 모든 요소들 가운데 탄소는 사실상 자체 간의 안정된 공유결합의 무한 배열(기다란 사슬구조, 곁가지 그리고 원형 고리, 나선구조)을 형성하는 능력 면에서 독특(유일)한 것이라 할 수 있다. 탄소분자는 다른 탄소구조와 화학반응의 규칙에 대한 정보를 기호화해야 할 만큼 아주 복잡하다. 화학산업은 이러한 기호화를 통해서 수많은 유용한 유기화학물을 생산하는 데 공헌하여왔다. 이러한 생산품에는 플라스틱, 페인트, 염료, 연료, 농약, 의약품 그리고 현대생활에 사용되는 수많은 제품들이 있다. 이러한 제품들과 또 관련한 쓰레기들, 그리고 부산물들은 수생생태계의 건강성을 방해할 수 있다.

수생환경에서의 합성유기화합물(SOC)의 이동과 최종에 대한 이해는 과학자들에게는 지속적인 도전적 관심사이다. 여기서는 하천수변을 따른 그러한 화학물들의 거동을 지배하는 과정에 대한 일반적인 개관(槪觀)만을 설명하기로 한다.

③ 용해성(solubility)

탄소와 탄소 간의 결합에서는 전자들이 결합된 원자들 사이에서 상대적으로 균등하게 분포되어 있다. 따라서 사슬형태 혹은 고리형태의 탄화수소는 완전히 무극성(無極性)의 화합물이다. 이러한 무극성은 매우 극성이 큰 용해성인 물분자 구조와는 다르다.

일반적인 원칙에서 보면 물에 용해된 성분들은 극성을 가지게 되는 것이다. 유기화합물이 어떻게 물속으로 녹아들까? 여러 가지 방법이 있다. 화합물은 상대적으로 양이 작을 수가 있어서 수성용액에서와 같은 규모의 단위로 극성 교란을 최소화시킬 수 있다.

④ 흡착(또는 수착(收着), sorption)

1940년대, 초기의 제약산업계는 소화액과 혈액(이 둘은 본질적으로 수용성 용액이다)에서 운반되고 세포막(부분적으로 무극성(無極性)의 특성을 갖는다)을 통해서 확산될 수 있는 약을 개발하려고 했다. 제약업계는 가능한 약의 극성과 무극성 특성들을 정량화하기 위한 한 모수를 개발하여 이 모수를 "옥타놀―물 분할계수(octanol-water partition coefficient)"라 불렀다. 기본적으로 물과 옥타놀(8가 탄소알코올)을 용기에 넣고 관심 있는 유기화합물을 추가하고 잘 배합하기 위해 흔들었다. 일정시간 안정을 시킨 후 물과 알코올(어느 것도 다른 것에 잘 용해되지 않는다)을 분리시킨 후에 유기화합물의 농도를 각각의 상태별로 측정할 수 있다. 옥타놀―물 분할계수, K_{ow}는 단순하게 다음과 같이 정의한다(그림 2.17).

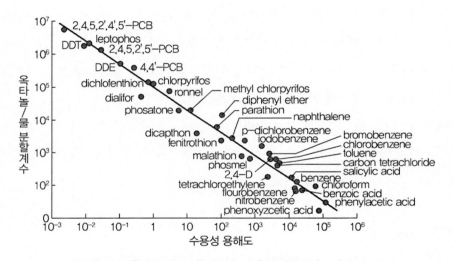

그림 2.17 옥타놀/물 분할계수와 수용성 용해도 사이의 관계

$$K_{ow} = \text{옥타놀에서의 농도 / 물에서의 농도}$$

물의 용해도와 K_{ow} 사이의 관계는 그림 2.17에 나타나 있다. 일반적으로 용해성이 매우 낮은 DDT와 PCPs 같은 화합물은 K_{ow} 값이 매우 높음을 볼 수 있으며, 유기산과 TCE 같은 미량의 유기용해제는 상대적으로 잘 용해되며 낮은 K_{ow} 값을 가진다. 토사~물 분포계수, K_d는 평형상태의 토사~물 혼합체에서 토사에서의 농도와 물에서의 농도의 비율로 정의된다.

$$K_d = \text{토사에서의 농도} / \text{물에서의 농도}$$

주어진 SOC에 대해서 K_d 값이 일정한지를 질문할 수 있다. 다양한 토양에서의 두 개의 다중방향족 탄화수소에 대한 K_d 값이 그림 2.18에 나타나 있다. K_d 값은 어떠한 화합물에서도 분명히 일정하지 않다. 하지만 K_d는 여러 가지 토사들에서 유기탄소 분량을 나타내는 관계를 보인다. 일정하게 보이는 것은 K_d 자체가 아니라 토사 속에 있는 유기탄소 비율에 대한 K_d의 비율인 것이다. 이 비율을 K_{oc}라 하며

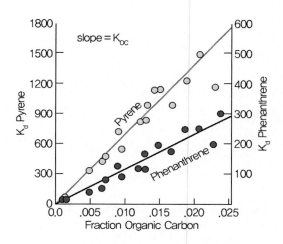

그림 2.18 피렌, 페난트렌 그리고 유기탄소량 사이의 관계성: 토사와 물속에서의 오염물질 농도(K_d)들은 가용할 유기탄소의 양에 관련된다.

$$K_{oc} = K_d / \text{토사 속의 유기탄소 비율}$$

로 정의한다. 많은 연구자들이 K_{oc}를 K_{ow}와 물의 용해도와 관계를 맺는 연구를 하였다(표 2.6).

표 2.6 여러 가지 오염물질에 대한 토사흡착계수(K_{oc}) 회귀식

방정식[a]	번호[b]	r^2 [c]	화학적 분류 표시
$\log K_{oc} = -0.55 \log S + 3.64$ (S in mg/L)	106	0.71	매우 다양함, 주로 살충제
$\log K_{oc} = -0.54 \log S + 0.44$ (S in mole fraction)	10	0.94	주로 방향족 또는 다핵 방향족 화합물; 염소 2개
$\log K_{oc} = -0.557 \log S + 4.277$ (S in μ moles/L)d	15	0.99	염화 탄화수소
$\log K_{oc} = 0.544 \log S + 1.377$	45	0.74	매우 다양함, 주로 살충제
$\log K_{oc} = 0.937 \log K_{ow} + 0.006$	19	0.95	방향족 화합물, 다핵 방향족 화합물, 트리아진 및 디니트로 아닐린 제초제
$\log K_{oc} = 1.00 \log K_{ow} - 0.21$	10	1.00	주로 방향족 또는 다핵 방향족 화합물; 염소 2개
$\log K_{oc} = 0.95 \log K_{ow} + 0.22$	9	e	S- 트리아진 및 디니트로 아닐린 제초제
$\log K_{oc} = 1.029 \log K_{ow} + 0.18$	13	0.91	다양한 살충제, 제초제 및 살균제
$\log K_{oc} = 0.524 \log K_{ow} + 0.855^{d}$	30	0.84	치환된 페닐우레아 및 알킬−N−페닐 카르바메이트
$\log K_{oc} = 0.0067 \log(p + 45N) + 0.237^{d,f}$	29	0.69	방향족 화합물, 우레아, 1.3.5-트리아진, 카바메이트 및 우라실
$\log K_{oc} = 0.681 \log 8CF(f) + 1.963$	13	0.76	매우 다양함, 주로 살충제
$\log K_{oc} = 0.681 \log 8CF(t) + 1.886$	22	0.83	매우 다양함, 주로 살충제

a : K_{oc} =토양 (또는 퇴적물) 흡착계수
　S =수용성
　K_{ow} =옥탄올−물 분배계수
　BCF(f)=bioconcentration factor from flowing−water tests; 흐르는 물에서의 생물농축인자
　BCF(t)=bioconcentration factor from model ecosystems; 모델 생태계의 생물농축인자
　P=parachor; 파라콜(액체의 몰 체적과 표면장력에 관한 물질 고유의 양)
　N=수소 결합의 형성에 관여할 수 있는 분자 내의 부위의 수
b : No.=회귀 방정식을 얻기 위해 사용되는 화학 물질의 수
c : r^2 =회귀 방정식에 대한 상관계수
d : K_{om} 항으로 원래 방정식으로 주어진 수식. $K_{om} = K_{oc}/1.724$의 관계는 방정식을 K_{oc} 항으로 다시 쓰는 데 사용되었다.
e : 사용 불가
f : 특정하지 않은 회귀방정식을 구하기 위해 사용된 특정 화학물질

　물과 토사 사이의 SOC의 분할을 설명하기 위해서 K_{ow}, K_{oc} 그리고 K_d를 사용하는 방법이 있지만 이러한 방법은 모든 시스템들에서의 유기분자들의 흡착에는 적합한 것은 아니다. 일부의 SOC들의 흡착은 수소결합에 의해서 발생한다. 예로서 토사에 대한 금속흡착이나 양(陽)이온 교환(cation exchange)에서 발생하는 것들이 있다(그림 2.19).

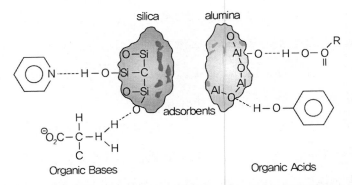

그림 2.19 자연유기물과 금속표면에서 이루어지는 수소결합의 중요한 두 가지 형태. 일부 오염물질들은 화학적 결합으로 표면에 흡착된 토사입자에 의해서 운반된다.

흡착은 항상 되돌릴 수 있는 것이 아니다. 아니면 최소한 흡착이 발생한 후 탈착은 매우 느린 것이다.

⑤ 휘발작용(volatilization)

물로부터 공기로 휘발과정을 통해서 유기화합물은 분할한다. 공기~물 분포계수, Henry 법칙계수(H)는 평형상태에 있는 공기 속의 SOC 농도와 물속에서의 농도의 비율로 정의한다.

$$H = \text{공기 속의 SOC 농도} / \text{물속의 SOC 농도}$$

여기서 "SOC"는 합성유기화합물이다. SOC에 대한 Henry 법칙계수는 물의 용해도에 대한 화합물의 증기압의 비율로 구해진다. 본질적으로 휘발성인(일반적으로 분자무게가 작은 용매) 유기화합물들은 매우 큰 Henry 법칙상수 값을 갖는다. 하지만 매우 낮은 증기압을 갖는 화합물이라 할지라도 공기 중으로 분할된다. 예로서 DDT와 PCBs는 물속에서의 용해도가 매우 낮기 때문에 Henry 법칙상수가 중간 정도의 적당한 값을 갖는다. 이러한 SOC는 높은 K_d 값을 가지며 따라서 입자상 물질과 관련한 공기성(airbone)이 될 수 있다.

⑥ 분해(열화, degradation)

SOC는 다양한 상태로 분해된 생산물이 될 수 있다. 이 같은 분해된 생산물은 그들 스스로가 더욱 분해될 수 있다. 최종 분해상태 혹은 광화(鑛化)작용(무기화, 석화(石化) 작용)은 유기탄소의 산화과정에서 이산화탄소로 변화의 결과를 낳는다. 대부분의 변환과정들에는 광분해(光分解, photolysis), 가수분해(加水分解, hydrolysis) 그리고 산화~감수분열 반응(oxidation-reduction reaction)을 포함한다.

광분해는 빛에너지에 의한 화합물의 파괴과정을 발생한다. 빛에너지는 그 파장에 반비례하여 변한다. 장파의 빛은 화학적 결합을 파괴할 만큼의 에너지를 갖지 못한다. 반면에 단파의 빛(x 선과 감마선)은 매우 파괴적이지만 지구의 생명체에 대해서는 이러한 형태의 복사에너지는 다행히 상층 대기층에서 대부분 제거된다. 가시 파장역(可視 波長域) 부근의 빛은 지구표면에 도착하여 많은 SOC 결합을 파괴할 수 있다. 휘발에 이어 유기용매들의 최후는 보통 지구의 대기에서의 광분해이다. 광분해는 하천수에서도 SOC의 분해에서 중요한 위치를 차지하고 있다. 가수분해는 유기분자를 물에 의해서 분리하는 것이다. 본래 물은 H^+는 모(母)분자의 일부로 들어가며 OH^-는 다른 부분으로 들어감으로써 분자의 극(極)으로 들어가서 스스로 진입하여 결국은 두 부분으로 분리하는 것이다. Ester로 불리는 SOC의 한 집단은 특히 가수분해에 의해서 분해되기 쉬운 취약성을 가지고 있다. 농약이나 가소제(可塑劑, 가소성을 갖게 하는 물질) 같은 많은 ester 제품들이 생산되어왔다.

산화~감수분열 반응은 생물권 신진대사의 에너지원인 것이다. SOC는 일반적으로 감소된 탄소의 공급원으로 인식되고 있다. 그러한 상황에서 분해에 필요한 것은 화합물의 산화를 위한 적당한 효소(酵素)와 더불어 신진대사 시스템이다. 다른 영양물들의 충분한 공급과 한계전자수용체(terminal electron acceptor) 역시 필요하다. 대부분의 SOC의 분해는 가끔 복잡한 경로를 따를 때도 있다. 그림 2.20은 농약의 신진대사 반응의 복잡성을 보여주고 있다. 가수분해, 감수분열 그리고 산화는 SOC 분해에 모두 포함되며 분해산물의 분포와 거동은 시공상에서 극한의 변동성을 보이고 있다.

대부분의 복원 활동에서 화학적 결과는 즉각적인 목표는 아니다. 화학적 과정과 속성들을 변화시키는 계획들은 보통 복원에서 필수적인 물리적 및 생물학적 특성의 변화에 초점을 맞추고 있다.

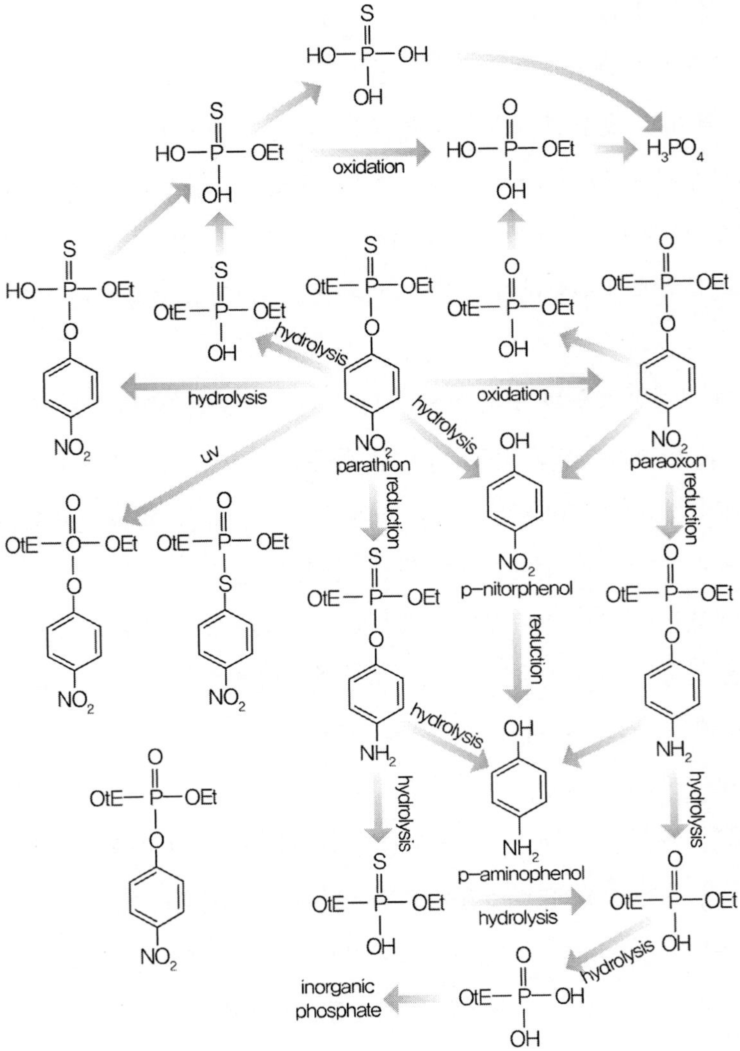

그림 2.20 단일 원종 농약의 신진대사 반응 : 입자들은 가수분해, 산화, 감수분열 그리고 광분해 과정을 통해서 쪼개진다.

(8) 토양의 생태학적 기능

토양은 생명을 지원하는 살아 있는 역동적 자원이다. 토양은 각각 다른 크기의 무기질 광물입자들(점토, 실트, 모래)과 다양한 단계의 분해과정에 있는 유기질들, 수많은 종류의 살아 있는 미생물들, 다양한 수용성 이온들, 그리고 여러 가지의 기체와 물로 구성되어 있다. 이러한 성분들은 각기 생명체의 특정한 형태를 지원하거나 제한하는 자체의 물리적 및 화학적 특성을 가지고 있다.

토양은 어떤 물질이 토양조직 속에 비중을 더 차지하는가에 따라서 광물질일 수도 있고 유기물질일 수도 있다. 광물질 토양은 암석으로부터 풍화되어 생성되며, 유기질 토양은 식물의 부식으로 생성된다. 이 두 가지 토양은 전형적으로 토양표면과 대충 나란하게 수평으로 혹은 층상으로 발전한다. 특정한 생태적 지위나 조건을 가지는 극심한 다양성을 가진 토양은 그러한 조건들하에서 진화하거나 살아갈 대규모의 다양한 동물군과 식물군을 만들어낼 수 있게 한다.

토양은, 특히 강기슭 토양과 습지 토양은 매우 다양한 동물군과 식물군을 토양표면 위와 그 아래에서 포용하여 지원하고 있다. 수많은 종류의 다양한 특정 생물체들이 토양표면 아래에서 발견되며 토양표면 위에서도 수백 배의 수를 헤아릴 수 없을 정도의 생물체가 발견된다. 일반적으로 토양 위에서 발견되는 생명체들은 식물이나 야생동물 같은 고등생명체이다. 하지만 지표면이나 지표면 아래에는 식물들의 지상 부분을 지원하는 책임을 가진 식물 뿌리들, 수많은 곤충들, 연체동물들 그리고 죽은 유기물질에서 사는 균상종(菌狀腫)들, 토양에서 발견되는 매우 다양한 에너지 공급원에서 살아갈 수 있는 무한수의 박테리아들과 같은 매우 다양한 생명체들로 구성되어 있다.

토양의 경계를 구분하여 밝히는 일과 토양특성들의 다양성과 하천변에서 발생하는 기능을 이해하는 일은 매우 중요하다. 이들은 하천복원에 대한 기회와 한계를 밝히는 일에 매우 중요하기 때문이다. 홍수터와 대지(臺地) 또는 단지(段地)의 흙들은 평평한 경사와 물에의 근접성, 자연적인 비옥함 때문에 가끔 인구 밀집공간과 집중적인 농업 개발지가 될 수 있다. 개발된 지역에서 하천복원계획을 할 때는 이러한 대안들을 인식하는 것과 그것들이 목표에 미치는 영향성을 고려하는 것이 중요하다.

토양은 토지공간을 통해서 필수적인 역할을 수행한다. 토양의 가장 중요한 기능중의 하나는 살아 있는 유기체에 대한 물리적, 화학적 및 생물학적 필요를 공급한다는 점이다. 토양은 생물학적 활동을 지원하며 식물의 다양성과 동물의 재생산성을 지원한다. 또한 토양은 물의 흐름을 조절, 분배, 저장하며 영양물들과 대지의 다른 요소들을 순환시켜준다. 아울러 토양은 걸러주며 완충하여주고 분해시키며 고정시켜주기도 한다. 또한 유기물질과 무기물질들을 해독시키기도 하며 살아가는 유기체들이 필요한 물리적(기계적) 지원도 제공한다. 이러한 수문학적, 지형학적 및 생물학적 기능들은 하천수변을 만들어가며 지속가능하게 하는 과정들을 포함하고 있다.

(9) 토양미생물

유기물질은 토양미생물을 위한 에너지의 핵심 공급원이다. 토양유기물질은 광물질 표토 무게의 1~5%를 차지하며, 본래의 조직과 부분적으로 분해된 조직 그리고 부식토로 구성된다. 토양미생물들은 뿌리들과 식물퇴적물을 에너지원으로 소모하여 조직을 만든다. 본래의 유기물질들이 분해되어 미생물들에 의해서 수정이 되면서 아교질로 되어 더욱 저항성이 있는 화합물로 형성된다. 바로 이물질이 "부식토(humus)"이다. 색깔은 보통 검정이나 갈색이며 젤(gel)에 부유하는 작고 비용해성인 입자들의 군집인 콜로이드 상태(교상체(膠狀體) 또는 교질(膠質))로 존재한다. 적은 양의 부식토라도 보수력(保水力)과 식물생산력을 강화해주는 영양물 이온을 보존해주는 능력을 크게 증가시킨다. 부식토는 토양에서 미생물의 번식규모를 알 수 있는 지표이기도 하며 식물복원을 위한 선택수단을 증가시키기도 한다.

박테리아는 식물성장을 도와주는 유기물 처리과정에서 결정적인 역할을 감당한다. 박테리아는 3가지 필수적인 변환 과정을 감당한다. 즉 탈(脫)질소 작용, 황산화 작용(sulfur oxidation) 그리고 질소고정 작용의 변환 과정이다. 질소가 질산염으로, 아질산염으로 그리고 가스상태로 변하는 동안의 미생물 감소를 탈질소작용이라 한다. 일반적으로 함수율 60%에서 탈질작용은 제한되며, 토양온도 5~75℃ 범위에서만 그 과정이 발생한다. 필요한 다른 토양 성질들에 따라서 탈질율(rate of denitrification)을 최적화된다. 이러한 성질들로는 pH 값 6~8, 토양에 있는 유기물들의 BOD 이하의 토양 통기(通氣), 충분한 양의 수용성 탄소화합물, 토양속에 있는 질산염, 그리고 반응의 시작에 필요한 효소의 출현 등이다.

(10) 경관과 지형적 위치

토양특성은 지형적 위치에 따라서 변한다. 일반적으로 표고 차이는 토양의 경계와 하천수변의 배수조건들을 나타낸다. 다른 지형은 일반적으로 다른 형태의 퇴적물을 놓이게 한다. 지표와 지하의 배수형태 역시 지형에 따라 변한다.

① 활성수로의 토양

활성수로는 하천수변에서 가장 낮은 그리고 보통은 가장 나이가 적은 지표를 형성한다. 일반적으로 이러한 지표에서는 토양의 발달은 없다. 이는 하천 바닥과 제방을 형성하고 있는 압밀이 되지 않은 재료들이 지속적으로 침식되고 이송되어 재퇴적하기 때문이다.

② 활성홍수터의 토양

하천수변에서 다음으로 높은 지표는 평평하고 퇴적된 활성홍수터 지표이다. 이 지표면은 매 2~3년마다 범람하며 토사퇴적이 일어난다.

③ 자연제방의 토양

자연제방은 하천 인근에 굵은 골재들과 홍수기간 동안에 제방을 월류한 흐름의 부유토사들이 퇴적하여 만들어진 것이다. 자연제방의 홍수터 쪽에는 완만한 후방경사면이 발생한다. 따라서 홍수터는 하천에서 먼 지점까지 낮게 평평하게 된다. 토양재료들은 하천에서 멀수록 입경이 작아진다. 이는 유속이 느려 정체(停滯)된 곳에서는 토사이동능력이 감소하기 때문이다.

④ 지형학적 홍수터의 토양

활성홍수터 내부와 바깥의 약간 높은 지역으로 정의되며, 보통은 활성홍수터보다 범람빈도가 낮다. 따라서 토양은 활성홍수터의 젊은 토양보다는 보다 더한 종단특성을 보일 수 있다.

⑤ 하안단구(河岸段丘)의 토양

방치된 홍수터나 하안단구는 하천수변에서 다음으로 높은 곳이다. 이 공간은 거의 범람하지 않는다. 일반적으로 하안단구의 토양은 홍수터 토양보다는 더 굵은 재료들이다. 또한 물 빠짐이 좋고 하천과정에서는 분리된다. 보다 자세하게 분석해보면 홍수터에서의 퇴적은 그 하천유역의 역사적 사상들을 나타내는 것이다. 토양 종단면의 발달은 그 지점에서의 현재와 지질학적 역사를 볼 수 있는 실마리를 제공해준다. 탄소연대법, 화분(花粉) 분석법, 동위원소 비율법, 등 복잡한 분석방법들이 그 지역의 역사의 조각들을 모으는 데 사용될 수 있다.

침식이나 퇴적의 순환은 산림화재나 풍수기와 갈수기 같은 재난의 시간들을 추정할 수 있게 한다. 광범위한 농업이나 숲의 벌목 같은 문명의 역사적 영향(충격)도 토양에서 그 증거를 시대별로 밝힐 수 있게 한다.

(11) 토양 온도와 수분의 관계

토양 온도와 수분은 토양에서 발생하는 생물학적 과정을 지배한다. 강수량과 온도의 평균치와 기대되는 극한지는 하천복원의 목표를 설정할 때 중요한 정보요소이다. 연평균 토양온도는 일반적으로 연평균 대기온도와 유사하다. 토양온도는 일조량(태양 복사열), 기상형태 그리고 기후에 따라서 날마다, 계절마다 그리고 연마다 변동성이 발생한다. 그뿐 아니라 위도와 고도의 영향도 받는다.

토양습윤조건은 계절적으로 변한다. 식물의 종류와 구성상태의 변화를 계획하려면 월별 강수량과 증발량을 비교하는 그래프를 만들어보는 것이 필요하다. 만약 지하수면과 모세관 현상 발생 구간이 식물 뿌리의 깊이한계 아래에 있다면 이는 가용할 물의 결핍을 나타내는 것이다. 따라서 관개용수가 필요한 것이다. 만약 보조공급용수가 없다면 대체식물을 고려해야 할 것이다.

토양습윤 경사는 하천바닥으로부터 수변지역을 거쳐 강기슭을 지나 보다 높은 고도의 인근 대지에 이르기까지 100%에서부터 거의 0%에 이르기까지 감소한다(Johnson and Lowe, 1985). 이는 식물에 필요한 수분의 광범위한 차이를 보이고 있는 것이다. 이러한 토양습윤경사는 강변과 천이공간 그리고 대지(臺地) 생태계의 특성에 직접으로 영향을 끼친다. 이 같은 생태적 차이는 하천수변을 따라서 2개의 추이대(推移帶, 인접하는 생물군집간(群集間)의 이행부(移行部))를 형성한다. 즉 수생 습지 / 강기슭 추이대(aquatic-wetland/riparian ecotone)와 비습지 강기슭 / 홍수터 추이대(non-wetland riparian/floodplain ecotone)이다. 이는 강기슭의 가장자리 효과(edge effect)를 증가시켜 그 지역의 생물학적 다양성을 증가시킨다.

(12) 습지토양

습지토양 혹은 습윤토양(hydric soil)은 식물의 생명에는 특별한 의미를 갖는다. 습윤토양은 습지구역에서 나타나는 것으로 대지(臺地)에서 발견되는 대부분의 종(種)들은 생존할 수 없는 물리적 및 화학적 조건들의 급격한 변화를 만들어낸다. 따라서 습지에서의 식물군과 동물군의 구성은 광범위하게 다르며, 독특하며, 특히 영구적 또는 장기적 포화상태지역 혹은 홍수지역에 인접한 습지에서는 그렇다. 습윤토양은 상층부에서 혐기성 조건을 만들어낼 성장기 동안에 충분히 긴 동안(보통 7일 이상) 포화되거나 홍수상태 혹은 저수지화된 흙으로 정의한다(Tiner and Veneman, 1989). 이러한 혐기성 조건은 식물의 번식과 성장과 생존에 영향을 끼친다.

다음으로는 광물성 습윤토양(mineral hydric soil) 특성에 대해서 설명하기로 한다. 하천수변에 있을 수 있는 토탄(土炭)과 거름(퇴비) 같은 유기토양에 대해서도 설명하기로 한다. 공기가 잘 통하는 토양환경에서는 토양공극이 대부분 공기로 가득 채워 있어서 대기산소가 토양표면으로 기체확산을 통해서 잘 들어간다. 공기가 잘 통하는 토양은 잘 배수된 대지와 일반적으로 지하수면이 식물뿌리 구역보다 상당히 아래에 있는 모든 곳에서 찾아볼 수 있다. 포화된 토양에서는 공극이 물로 채워져 있기 때문에 가스확산이 공기에 비해서 상대적으로 매우 느리다. 매우 작은 양의 산소만이 토양수분에서 녹을 수 있으며, 이들은 토양표면의 10 cm 내외로 확산된다. 여기서 토양 미생물들이 산화된 유기잔여물에 남아 있는 모든 가능한 자유산소를 재빨리 소모해서 이산화탄소로 바꾼다. 이러한 반응은 혐기성 화학적 감량환경을 생성한다. 여기서 산화된 화합물들은 용해성으로 많은 식물들에게 독성을 보이는 해로운 감량된 화합물로 바뀐다.

확산율이 낮아서 그러한 환경하에서는 산화된 조건들이 재확립되지 않는다. 혐기성 수중환경에서 유기물의 분해를 포함하는 비슷한 미생물반응은 에틸렌 가스를 생성한다. 이 가스는 식물뿌리에 매우 강한 독성을 보이며 심지어는 산소결핍 이상의 강한 영향을 보이기도 한다. 모든 자유산소가 소모된 후에는 혐기성 미생물은 토양 속의 질산염, 망간산화물, 철산화물 같은 다른 화학성분들을 감소시켜, 토양 속에서보다 더 감량된 상태로 만들어낸다.

장기적인 혐기성 감수조건들은 뚜렷한 감량의 결과를 낳는다. 습한 토양에서 보이는 전형적인 회색은 감량된 철분의 결과로 "글라이층(層) 토양(gleyed soils)"(다습한 지방의 배수불량으로 생긴 청회색의 토층)이라 한다. 철산화물이 고갈된 후에는 황산염이 황화물로 줄어들어 습한 토양의 썩은 계란 냄새가 생성된다. 극심한 침수조건에서는 이산화탄소가 메탄으로 감수될 수 있다. (swamp gas)로도 알려진 메탄가스는 밤에 형광처럼 볼 수 있다.

일부 습지식물들은 무산소환경(anoxic environment)에서 그 뿌리를 물속에 잠겨 살 수 있도록 특별한 진화를 이룬 것들도 있다. 예를 들어 수련(water lilies)은 특별한 전도(傳導)조직 (aerenchyma) 내에서 공기압을 올리기 위해 낮 동안에 그들의 숨구멍(기공(氣孔) 또는 기문 (氣門))을 닫아서 몸체 전체에서 가스교환을 강제하는 것도 있다. 이러한 과정은 대기산소를 뿌리깊이까지 밀어 넣어 필수적인 조직을 살리게 한다. 대부분의 습지 추수(抽水) (식물의 잎·줄기의 일부 또는 대부분이 공중으로 뻗어 있는 수생식물)들은 그들의 뿌리조직을 깊은 층에서의 혐기성 조건을 피하기 위해서 단순하게 토양 표면에 가까이에 유지한다. 예를 들 면 이는 사초속(屬)의 각종 식물들(sedges)과 등심초속(屬)의 식물들(rushes)에서 사실을 확인 할 수 있다.

토양이 지속적으로 포화되면 수위가 변동하는 습윤토양에서와는 반대로 반응은 토양 전 체에 걸쳐 균등하게 발생할 수 있다. 이는 소규모 대상(帶狀) 분포의 보다 균질한 성질을 가진 재료의 토양을 생성한다. 깊이에 따른 토양재료의 대부분의 차이점은 물 흐름에 의해 서 퇴적되는 동안에 분급(分級)된 토사들의 층상화와 관련되어 있다. 점토형성이 이루어질 수 있으며 약간의 위치 이동도 이루어질 수 있다. 다만 본질적으로 입자들을 이동시키기 위한 토양을 통한 물의 이동은 없다. 습윤토양의 반응성 때문에 점토형성은 대지에서 보다 훨씬 빠르게 진행된다.

계절적으로 포화되거나 지하수위가 변동하는 토양은 단면에서 분명한 수평화를 나타낸 다. 물이 규칙적으로 배수되는 곳에서는 입자들의 위치이동을 유발하며 한 층에서 다른 층 으로 또는 단면의 전체에서 다른 곳으로 이동할 수 있다. 가끔은 이 토양은 철분을 포함하는 모든 용해성 물질들을 벗겨낸 지표 부근에서의 두꺼운 수평층을 이룰 수도 있다. 이를 "고갈 (枯渴)기반(depleted matrix)"이라 한다. 계절적으로 포화되는 토양은 보통 표면에 쌓인 거의 검은색의 풍부한 유기물질을 갖는다. 유기물들은 토양의 양이온 교환 능력을 더해주지만 수소이온들의 제거와 과잉 때문에 기본적인 포화도는 낮다. 불포화기간 동안에는 유기물질 들은 대기산소에 노출되어 대규모의 산소이온들이 유리(遊離)되는 호기성 분해가 이루어진 다. 계절적으로 습해지는 토양은 또한 기본 금속을 잘 유지하지 못하며 건기로 이어지는 습윤주기 동안에 높은 금속농도를 방출한다. 습윤토양지표는 토양단면에 장기간에 걸쳐 유 지될 수 있다(심지어는 배수 후에도). 이는 우세했던 역사적인 조건들을 나타내는 것이다. 그러한 지표들의 예로는 녹슨 색깔의 금속퇴적물을 볼 수 있다. 이는 한때 물에 의해서 위치가 이동되어 감량된 형태로 남아 있는 것이다. 과거 하천퇴적 순환 혹은 습지 상황으로부터 제거된 토양 구간으로부터의 유기탄소의 분포는 극히 장기적으로 남아 있는 특성을 보인다.

(13) 요약

이상에서 이같이 다양하고도 복잡한 화학적 과정에 대한 간단한 개관을 보여주었다. 그럼에도 불구하고 두 가지 핵심사항은 다음과 같다. 즉

- 물리적 서식지의 복원은 수질조건이 생태계에 제약을 준다면 생태계의 생물학적 통합성을 복원하지 못한다는 점이다.
- 또한 복원활동은 여러 가지 복잡한 방법으로 수질 스트레스의 요인들을 전달하고 영향을 주는 수질과 상호작용한다.

다음의 표 2.7은 하천복원과 유역관리 실행에서 수질과 관련하여 이 절에서 설명한 보통의 표본선택 방법을 보여주고 있다.

표 2.7 선택한 하천복원 및 유역관리 시행의 잠재적 수질 영향

복원활동	세립 토사량	수온	염도	pH	용존산소	영양물	독성
토지교란활동 감소	감소	감소	감소	증가/감소	증가	감소	감소
유역의 불투수면적 제한	감소	감소	영향 무시	증가	증가	감소	감소
강변식물복원	감소	감소	감소	감소	증가	감소	감소
습지복원	감소	증가/감소	증가/감소	증가/감소	감소	증가	증가
수로안정화와 하부절단 제방 복원	감소	감소	감소	감소	증가	감소	영향 무시
낙차공 설치	증가	영향 무시	영향 무시	증가/감소	증가	영향 무시	감소
여울 배양 재확립	영향 무시	영향 무시	영향 무시	증가/감소	증가	영향 무시	영향 무시

2.4 생물학적 군집(群集)의 특성

성공적인 하천복원은 다양한 시간규모에서의 물리적, 화학적 및 생물학적 과정들의 관계성을 이해하는 데서 기초해야 한다. 가끔은 사람들의 활동들이 이러한 과정들의 시간적 진행을 가속시켜왔다. 결과로 지형학적, 수문학적 그리고 수질과정과 관련하여 불안정한 흐름 형태와 변해버린 생물학적 구조와 하천수변의 기능으로 결과를 낳는다. 유역과 하천 사이의 상호관계와 이러한 관계에 영향을 미치는 교란들의 원인과 영향들이 논의되었다. 하천수변 기능의 가치를 평가하기 위한 지표들과 방법들이 5장에서 제공될 것이다.

2.4.1 지상생태계

하천수변의 생물학적 군집은 지상과 수생의 양쪽 생태계의 특성에 따라 결정된다. 따라서 하천수변의 생물학적 군집에 대한 논의는 지상생태계를 검토함으로써 시작한다.

(1) 토양의 생태학적 역할

지상생태계는 기본적으로 토양내부의 과정과 연계되어 있다. 토양의 영양물과 다른 요소들의 저장 능력과 순환 능력은 토양의 특성과 미기상(微氣象) 요소(습기, 온도) 그리고 토양의 유기물군집에 달려 있다(표 2.8). 이러한 요소들 역시 여과, 완충, 열화(劣化), 고정 그리고 다른 유기물과 무기물의 해독 과정에서 그 유용성을 결정한다.

표 2.8 토양에 보통 나타나는 미생물 그룹

동물		식물			
거대물	대부분 식물 재료에 의존하여 생존	고등식물의 뿌리들			
	작은 포유동물 : 다람쥐, 들다람쥐, 마멋류(類) (woodchucks), 쥐, 뾰족뒤쥐(shrew)	조류(藻類, Algae)			
	곤충－톡토기(springtails), 개미, 딱정벌레, 굼벵이, 등		녹조(Green)		
	노래기(Millipedes)		청녹조(Blue-green)		
	쥐며느리(Sowbugs)		규조류(珪藻類, Diatoms)		
	진드기(Mites)	균류(Fung)			
	민달팽이(Slugs), 달팽이		버섯균류(Mushroom fungi)		
	지렁이(Earthworms)		효모(酵母, Yeasts)		
	대부분 포식성(육식성)		곰팡이(사상균, Molds)		
	사마귀(Moles)	많은 종류의 방사선균류(Actinomycetes)			
	곤충-개미종류들, 딱정벌래 등	세균류(Bacteria)			
미세물	진드기, 경우애 따라서			호기성 (Aerobic)	독립영양체 (獨立營養體, Autotrophic)
	지내(Centipedes)				
	거미				종속영양체 (從屬營養體, Heterotrophic)
	포식성(육식성) 또는 기생성 또는 식물잔여물에서 생존				
	선충류(線蟲類, Nematodes)			혐기성 (Anaerobic)	독립영양체 (獨立營養體, Autotrophic)
	원생 동물(Protozoa)				
	윤충(輪蟲, 민물 플랭크톤의 하나, Rotifers)				종속영양체 (從屬營養體, Heterotrophic)

(2) 지상식물

하천수변 생태계의 생태학적 보전성은 그 하천수변을 조성하고 있거나 주변에 있는 식물군집의 보전성과 생태학적 특성에 직접으로 관련되어 있다. 이러한 식물군집은 생물학적 군집을 위한 가치 있는 에너지의 공급원이며, 물리적 서식지를 제공하고 적당한 태양에너지 흐름을 주변의 수생태계와 지상생태계 사이에서 주거나 받는다. 적당한 습기와 햇볕과 온도가 주어지면 식물군집은 연 단위의 활발한 성장/생산(번식), 노화(老化), 상대적인 수면(동면)의 순환과정에서 성장한다. 성장기는 태양복사에너지에 의해서 주어진다. 이 태양복사에너지는 광합성 과정을 일으킨다. 이 과정을 통해서 무기탄소는 유기식물 재료로 변환한다. 이 유기재료의 일부는 지면과 지하의 생물자원으로 저장되지만 이 유기재료의 상당 부분은 노화과정과 분별작용 그리고 잎이나 잔가지 그리고 뿌리가 죽어가는 형태로 유기토양층으로의 침출(浸出)과정을 통해서 연중에 잃어버린다. 미생물성 식물군과 미소(微小) 동물들의 생물학적 활동에서 풍부하게 보이는 유기물 부분은 가용할 탄소와 질소, 인 그리고 기타 다른 영양물질들의 중요 저장과 순환이 이루어지는 것을 나타낸다.

식물군집의 분포와 특성은 기후, 가용할 물, 지표형상, 수분함량과 영양물 요소를 포함하는 토양의 물리적 및 화학적 특성에 의해서 결정된다. 식물군집의 특성은 바로 동물군집의 다양성과 보전성에 영향을 미친다. 넓은 면적에 펼쳐 있으며 그들의 연직과 수평적 구조 특성에서 다양성을 보이는 식물군집은 풀밭 같이 상대적으로 균질한 식물군집보다는 훨씬 더 다양한 동물군집을 지원할 수 있다. 식물군집과 동물군집 사이에 존재하는 복잡한 공간적 및 시간적 관계의 결과인 현재의 두 군집의 생태학적 특성은 그 경관에서 100년 이내의 최근의 역사적인 물리적 조건들을 나타내는 것이다.

지표식생의 양과 종의 구성은 하천수로의 특성에 직접으로 영향을 미칠 수 있다. 하천제방에서의 식물뿌리 구조는 제방토사들을 엮어주며 침식과정을 완화시켜준다. 나무들과 하천 속으로 떨어진 나뭇가지 같은 부유물들은 물의 흐름을 굴절시킬 수 있으며 어떤 곳에서는 침식을 유발할 수 있으며 다른 곳에서는 퇴적을 유발할 수 있다. 따라서 나무 부유물들의 쌓임은 물웅덩이의 분포, 유기물질과 영양물질의 저류 그리고 물고기와 수생 무척추동물군집의 서식에 중요한 미생물 서식지의 형성에 영향을 줄 수 있다.

하천흐름 역시 지표식생의 풍부성과 분포에 영향을 받을 수 있다. 식생제거의 단기적 영향은 국지적 지하수위의 즉각적인 단기 상승이다. 이는 증발산의 감소와 하천으로의 추가적인 물의 유입에 기인하는 것이다. 식생을 제거한 후 오랜 기간이 지나면 하천의 기저유출은 감소하고 수온은 올라 갈 수 있다. 특히 하천차수가 낮은 하천(상류부)에서 그러하다. 식생의 제거는 토양의 온도와 구조를 바꾸는 원인이 될 수 있어 이러한 토양에서의 물의 흐름을 감소시키는 결과를 보일 수 있다. 지표면 덮개의 제거와 토양에서의 유기물질의 점진적인 손실은 지표유출을 증가시키며 침투의 감소를 유발할 수 있다. 대부분의 경우 식생의 변동은 물고기와 야생생물에 대한 영향이 가장 뚜렷하다. 경관규모에서는 본래적인 피복형태의 파괴는 야생생물에 심각한 영향을 주어왔다. 하지만 때로는 넓은 서식공간을 좋아하는 종류들에게는 좋은 기회가 되기도 한다. 일부에서는 수변 군집에서의 상대적으로 작은 파괴라 할지라도 동물 이동이나 어떤 수생종류를 지원하는 데 있어서 하천조건의 적합성에 심각한 영향을 끼칠 수 있다. 한편 원래의 상태로부터 구조적으로 다르거나 적정하지 않은 형태로 수변을 만드는 것 역시 대등한 파괴성을 가질 수 있다.

① 경관규모

하천유역에서의 생태학적 특성과 식물군집의 분포는 물과 토사와 영양물, 그리고 야생생물의 이동에 영향을 끼친다. 하천수변은 경관의 생김새 간의 연계를 제공한다. 연계성은 상류부와 계곡바닥 생태계 간의 연속적 수변 또는 지표계 간의 주기적 상호관계성을 포함할 수 있다. 야생생물은 수변을 이용해서 어린 것들이 흩어지거나 아예 이주하며 거주지 부근에서 이동한다. 자연적인 원시 수변이 더 선호되며 원시 수변은 대하천과 중소하천 그리고 강기슭 구간, 산악소통구간, 지협(地峽), 좁은 해협(海峽)을 포함한다.

중소하천 강기슭 생태계와 대하천 홍수터 생태계 간의 차이를 이해하는 것은 중요하다. 중소하천 강기슭 생태계에서의 홍수는 비교적 간단하며 예측이 불가하다. 강기슭 구역은 영양물, 물, 토사를 하천수로로 공급하며 강기슭 식생은 온도와 빛을 조절한다. 한편, 대하천 홍수터 생태계에서는 홍수가 가끔 보다 예측이 가능하며 지속성이 크다. 하천수로는 물과 토사와 영양물을 홍수터로 공급하며 탁한 흐름과 보다 차가운 물 흐름은 빛의 투과와 범람한 홍수터의 온도에 영향을 끼친다.

② 하천수변 규모

중소하천수변 규모에서는 식생의 구성과 재생형태가 수평적 복잡성으로 특성 짓는다. 무제약 수로를 따른 홍수터는 식물군집의 식생조각모음(모자이크) 형태로 식생되며 그 구성은 가용할 지표와 지하의 물과 홍수형태, 화재, 탁월풍, 토사 침착물(沈着物), 식생의 확립 기회 등에 따라서 다양하게 변한다.

광범위한 홍수터는 토양형태와 홍수특성(발생빈도, 수심, 지속시간)의 미세한 차이를 반영하는 복잡한 식생조각모음에서 상대적으로 다른 다양한 삼림군집을 지원한다. 이와는 대조적으로 어떤 하천들은 단지 몇몇의 나무종류들만 지원하는 경우도 있다.

하천연속성 개념 역시 일반적으로 강기슭 수변의 식생구성 분석에 적용할 수 있다. 강기슭 식생은 강기슭 횡단경사(계곡을 가로지른)와 강기슭 내부경사(종방향과 표고차)를 보여준다. 계곡부에서의 강기슭 식생의 성장은 고지대로부터 사면을 따라서 내려오는 차가운 습한 공기 때문에 발생하는 소위 "계곡 효과(canyon effect)"에 의해서 증가한다(그림 2.21). 차가운 공기는 계곡에 내려와서 주변의 경사면에서 발생하는 것에 비해서 보다 습기찬 미소 서식지를 형성한다. 이러한 계곡은 수로의 역할도 한다. 이러한 습기와 차가운 토양과 대기 조건들의 결합은, 가끔은 구분되는 뚜렷한 개체수를 보인다든지 또는 도저히 발생되리라고 는 판단이 되지 않는 보통고도보다 낮은 지역에서 사는 식물종과 동물종들에게 도움이 된다.

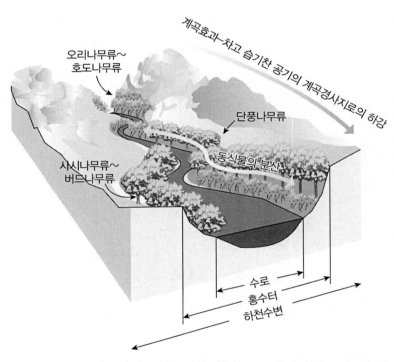

그림 2.21 계곡효과. 차고 습한 공기는 계곡에 내려 앉아 주변의 경사지에 미소서식지를 생성한다.

③ 식물군집

식물특성에 대한 동물군집의 민감성은 잘 알려져 있다. 수많은 동물 종류들이 특정한 식 물군집과 관련되어 있으며 많은 종류들은 이러한 식물군집들의 특정한 성장 단계를 선호하 며, 다른 일부는 이러한 식물군집 내의 특정한 서식요소들(물에 잠기는)에 의존하기도 한다. 강변 식물군집의 구조 역시 수생생물에 영향을 끼친다. 이는 적정한 유기물질들을 수생먹이 망(aquatic food chain → aquatic food web)에 공급하고, 물 표면에 그늘을 제공하며, 제방을 덮어주며, 더하여 나뭇조각 부유물을 공급함으로써 하도 내의 서식지 구조에 영향을 끼치기 때문이다(Gregory et al., 1991).

식물군집은 그들의 내부 복잡성으로부터 그것들을 들여다볼 수 있다(그림 2.22). 복잡성은 식생의 층수와 각 층을 이루는 구성 종들을 포함할 수 있다. 구성종들 간의 경쟁적인 관계와 깔짚이나 넘어지거나 부러져 떨어진 나무 조각들이나 쇄암질(碎岩質) 같은 요소들의 출현이다. 식생에는 나무, 어린나무(묘목), 키 작은 관목, 덩굴, 초본의 낮은 관목(풀−초원−활엽초본) 층을 포함한다. 정밀한 지형의 고저와 국지적인 연못으로부터의 물공급 가능성도 역시 구조적인 특성으로 인식되고 있다.

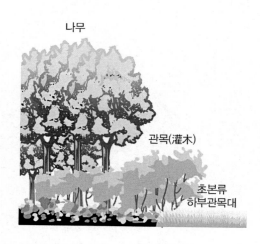

그림 2.22 연직 복잡성 : 복잡성은 식생층의 구성 수를 포함할 수 있다.

연직 복잡성은 서식 조류의 연구에 매우 중요하다. 연구결과를 보면 강기슭에 서식하는 새 종류의 다양성은 강기슭 식생의 잎의 무성함(군엽(群葉)의 높이)과 상당한 관계를 가지고 있다는 것이다. Short(1985)는 구조적으로 보다 다양한 식생의 서식은 보다 많은 식물군(群)(생장·영양 섭취 방법이 유사한 군집)을 이룬다는 점을 밝힌 것이다.

식생의 종류와 나이 구성 역시 중요성을 가지고 있다. 상층에 나무가 없거니 작은 나무가 없는 오래된 강기슭 나무들 같은 단순한 식생구조는 식물군과 서식 조류군이 매우 단순해진다. 서식군집이 적어지면 서식하는 종류도 적어지는 것이다. 식생의 질과 활성도는 야생생물의 먹이를 제공하는 과수와 씨앗과 새싹, 뿌리 그리고 기타 식생재료들의 생산성에 영향을 끼칠 수 있다. 활성도가 낮으면 먹잇감이 줄어들고 그 소비군(야생동물 등)도 줄어든다. 강변 식생의 형태에서 식생조각의 크기(면적)가 증가하고, 강기슭의 수목 수가 증가하고, 자생의 강기슭 식생형태가 증가하면 서식군의 수가 풍부해지고 양이 증가할 수 있으며 먹이풀이 풍부해진다.

어떤 동물 종에 대한 하천수변 내의 수평적 복잡성의 중요성 역시 잘 인지되어 있다. 식물 서식군은 홍수 수심, 지속시간, 발생빈도, 토양의 분포 그리고 배수조건과 관련하여 홍수터에 분포된다. 사시나무나 버드나무 그리고 은단풍 같은 일부 식물종류들은 홍수후반부(감수기) 동안에 새롭게 퇴적되는 토사에 특별한 형태로 정착한다. 이렇게 정착한 결과로 그 형태는 각기 다른 시간 간격으로 동일한 나이로 구성되는 식생군을 형성한다. 특히 하천의 활성 만곡부에서 그러한 현상이 뚜렷하다.

식물군집은 역동적이며 시간에 따라 변한다. 교란 후의 특정한 형태의 다른 식생을 이루기 위한 계획은 식물 연속성의 특성화된 형태를 이루게 한다. 이러한 형태는 지속적으로 발생한다. 하천수변 내에서 홍수, 수로이동, 어떤 종류에서는 화재 등이 자연적인 교란의 원인이다. 하천계획(공학)자들은 하천수변에서의 자연적인 연속성 형태를 이해해야 한다. 따라서 하천제방의 침식을 안정화시키기 위해서 빨리 정착하는 식물을 심음으로써 연속성 과정의 장점을 살려야 할 것이다. 한편 이러한 식물들을 대체하여 오래도록 생존하는 보다 연속성이 긴 종류들에 대한 계획도 필요한 것이다.

(3) 육서(陸棲) 동물군

하천수변은 어떠한 다른 서식물보다도 야생생물에 의해서 더 사용되며 야생생물 집단에게 물을 공급하는 주공급원이다. 특히, 많은 포유동물에게 물을 공급한다. 하천수변은 척추동물들의 생물학적 다양성을 유지하기 위해서 크나 큰 역할을 감당한다.

하천수변의 동물군 구성은 먹잇감과 물, 지표상태 그리고 공간적 배열의 함수이다(Thomas et al., 1979). 이러한 서식지 구성요소들은 다음과 같은 하천수변의 8가지의 서식지 특성들을 제공하기 위해서 상호작용한다.

• 지속적 물공급원의 존재

- 높은 기초적인 생산성과 생물자원
- 지표상태와 먹잇감공급에서의 공간적, 시간적 극단적 대조성
- 중요한 국지 미(微)기후
- 수평 및 연직의 서식지 다양성
- 가장자리 효과(edge effect)의 극대화
- 효율적인 계절별 이동로
- 식생조각들 사이의 높은 연결성

하천수변은 물공급원에의 근접성과 과즙, (버드나무·밤나무 등의) 유제(荑黃) 꽃차례, 새싹, 열매 그리고 씨앗 같은 먹잇감을 제공하는 단단한 나무들로 구성되는 생태학적 생물군집(群集) 때문에 많은 야생 생물들에게 최적의 서식지를 제공한다. 상류부에서의 물공급, 영양물공급 그리고 에너지 공급은 궁극적으로 하류부 지점들에는 유익한 것이다. 결과적으로 물고기와 야생생물들이 회귀하고 이들의 이동과 움직임 동안에 영양물들과 에너지가 대지와 습지로의 확산한다. 물은 건조지역에 사는 동물들에게는 극히 중요하다. 이 같은 상대적인 습윤환경은 강기슭의 생물군들의 생산성에 중대한 기능을 제공한다. 이러한 지역의 하천수변은 중요한 미(微)기후를 제공한다. 이는 대지의 온도와 수분의 극한값을 물과 그늘과 증발산, 그리고 지표피복을 통해서 개선하기 때문이다.

식생의 공간적 분포 역시 야생 생물에는 중요하다. 하천의 선형배열은 최대의 가장자리 효과를 발생한다. 이 가장자리 효과는 하나의 종은 지속적으로 한 종류의 피복(서식지)형태 이상으로 많이 증대시키며 그 자원을 활용하기 때문에 종의 풍부성을 증가시킨다(Leopold, 1933).

가장자리는 수생 서식지, 강기슭 서식지 그리고 대지 서식지를 포함하는 다중 서식지 형태를 따라서 발생한다.

서식지들 사이가 숲으로 연결되어 있다면 숲이 없는 공간으로 둘러싸일 수 있는 숲이 있는 臺地 간의 연속성을 확립할 수 있다. 이러한 작용은 식물들과 동물들의 재번식을 위한 공급선으로서의 역할을 하는 것이다. 따라서 이러한 연속성은 경관 기반에서 종류의 다양성과 유전적 특성을 유지하는 데 매우 중요하다. 하지만 서식지의 선형적 분포 또는 가장자리 효과는 모든 종류의 서식지들의 질을 평가할 수 있는 효과적인 지표는 아니다. 해양 섬들이

아닌 서식지 섬들에서의 섬생물지리학 연구에 의하면 보다 큰 서식지 섬들은 보다 많은 개체수와 보다 많은 종류들을 지원하는 것으로 밝히고 있다(Wilson and Carothers, 1979). 연속적 수변이 가장 바람직하지만 다음으로는 큰 섬들 사이의 최소간격과 더불어 강기슭 식생의 대형화 즉 최소의 단절이 바람직하다.

① 파충류와 양서류(兩棲類)

거의 모든 양서류들은 번식과 월동을 위해서는 수생 서식지가 필요하며 의존한다. 한편 물이 있어도 영향을 적게 받는 많은 파충류들은 주로 하천수변과 강기슭 서식지에서 발견되고 있다.

② 조류(鳥類)

조류는 강기슭 수변에서 관찰되는 가장 흔하게 볼 수 있는 지표면 야생생물이다. 국가적으로 보면 250종 이상의 조류들이 연중 강기슭 지역을 이용하는 것으로 보고되고 있다. 조류가 풍부하다는 것은 식생의 다양성과 수변의 폭을 반영하고 있음을 보이는 것이다. 이 같은 부화 조류들의 반 이상은 나뭇잎에 사는 곤충들을 찾아 숲이나 풀숲을 헤매거나 지표의 씨앗들을 찾아 풀밭을 헤매는 조류들이다.

다음으로 많은 것이 지표나 나무에 있는 벌레들을 먹는 종류들이다. 숲속 서식지에 있는 조류종류의 분포는 토양의 수분조건과 밀접한 관계를 가지고 있음을 Smith(1977)가 보고한 바 있다.

③ 포유동물

강기슭 지역의 지표, 물, 식량자원의 조합은 포유동물들을 위한 바람직한 서식지를 형성한다. 강기슭 지역은 보금자리, 물, 풍부한 먹잇감 등 키가 크고 밀도가 높은 지표를 제공한다.

강기슭 구역과 주변 대지(臺地)에서의 종의 다양성과 포유동물들의 번식 사이의 관계를 비교해보면 그 대비성이 건조지역과 준건조지역에서 특히 높게 나타난다.

하천수변은 어떤 동물들의 활동에 의해서 그들 스스로가 영향을 받는다. 예를 들면 비버(해리(海狸), beaver)는 하도나 홍수터 내에 댐을 만들어 저수한다. 이러한 저수지는 기존의 식생의 많은 부분을 죽게 하지만 다른 한편으로는 습지를 만들어내며 물고기와 이동하는 물새들을 위한 개방된 수면을 만들어준다. 만약 홍수터에 적정한 수목이 부족하다면 비버들은 나무를 자르는 활동영역을 대지 쪽으로 확대하여 강기슭과 하천수변을 상당하게 변화시킬 수 있다. 시간이 지나면서 이 연못은 개펄로 대체된다. 이는 결국 초지로 되며 결국은 수목지역으로 변한다. 비버는 가끔 새로운 위치에 댐을 조성하여 새로운 순환이 시작된다.

하천수변을 따른 연속적인 비버 댐들은 수문학적 과정과 토사퇴적, 그리고 광물질 영양물에 중요한 영향을 끼친다(Forman, 1995). 호우유출수는 비버 댐에 갖이게 되어 홍수조절 면에서 역간의 여유를 가지게 한다. 실트와 다른 미세질 토사들은 하류로 씻겨 내려가기보다는 비버 연못에 쌓이게 된다. 따라서 습지가 조성되고 수면이 댐의 상류부로 상승하게 된다. 이 연못은 느린 유속과 거의 일정한 수위를 유지하며 탁도(濁度)가 낮아서 물고기와 다른 수생 유기체를 지원한다. 조류들은 비버 연못을 광범위하게 이용한다. 홍수터에서의 수위변동과는 달리 습지는 상대적으로 거의 일정한 수위를 유지한다. 비버가 자르는 나무는 주로 느릅나무(elm)와 양물푸레나무(ash)로 이들의 풍부성을 사라지게 하지만 오리나무속(屬)의 식물, 버드나무, 포플러 같은 수목들을 급속히 풍부하게 한다.

2.4.2 수생생태계

(1) 수생 서식지

하천에서의 생물학적 다양성과 종의 풍부성은 가능한 서식지의 다양성에 따른다. 자연적인 기능에 따라서 안정된 하천시스템은 서식지의 다양성과 가능성을 조성한다. 이것은 하천의 복원활동에서 하천의 안정성과 자연기능의 복원을 항상 생각하는 기본적인 이유 중의 하나이다. 한 하천의 횡단면 모양과 크기와 경사 그리고 제한성, 하상토사들의 입경분포, 평면형태의 수평(水平)성은 수생 서식지에 영향을 끼친다. 덜 교란된 상황에서는 좁고 가파른 벽을 가진 하천단면에서는 넓고 덜 급한 사면을 가진 횡단면을 가진 하천에서보다 서식지를 위한 물리적 공간을 덜 제공한다. 하지만 넓고 얕은 하천수변에 비해서 깊은 물웅덩이에서는 생물학적으로 더 풍부한 서식지를 제공할 수도 있다.

가파르고 제한된(좁은) 하천은 서식지 발생이나 다양성과 안정성을 제한할 수 있는 높은 에너지 환경을 가지고 있다. 가파르고 빠른 흐름을 가진 많은 하천들에서는 높은 가치의 찬물 연어들이 살기에 적합하다. 제한이 되지 않은 하천들에서는 강기슭 서식지의 발달을 도울 수 있는 홍수가 자주 발생한다. 서식지는 하천의 사행성과 더불어 증가한다. 하상의 균등한 토사입경을 가진 하천은 입경이 다른 토사들로 분포된 하천에서보다 가능 서식지 다양성이 적게 제공된다.

서식지 하부 시스템은 하천 내에서 다른 규모로 발생한다(Frissell et al., 1986). (그림 2.23)

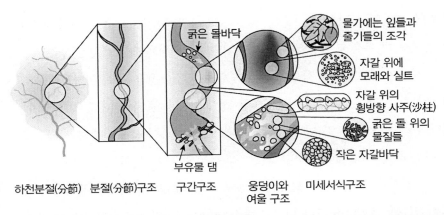

그림 2.23 하천시스템과 그 서식지 하부구조의 계통적 조직도 : 2차, 3차 산악하천에 적합한 근사적 선형공간규모

하천시스템 자체인 총체적 규모는 수천 m 단위로 측정되지만 하천 분절(分節)들은 수백 m 단위로 측정되며 하천 구간들은 수십 m 단위로 측정된다. 부유물 댐, 호박돌 구간, 급류부, 계단과 물웅덩이 배열, 물웅덩이와 여울 배열, 기타의 하상형태나 구조물 등을 포함하는 하천 구간 시스템은 대개 3 m 이하의 규모로 이루어진다. Frissell의 최소 규모 서식지 하부 시스템은 30 cm 또는 그 이하의 규모적인 특성을 가진다. 이러한 소규모 서식지는 나뭇잎이나 나뭇가지, 모래나 실트로 덮인 조약돌이나 굵은 재료들, 호박돌에 붙은 이끼들 또는 미세한 자갈밭 같은 것들을 포함한다.

하천경사가 급하면 하천에 계단과 물웅덩이 배열을 가끔 형성한다. 특히 조약돌 하천이나 호박돌 하천 그리고 기반암 하천에서 그러하다. 각 계단은 작은 경사의 안정화 구조물처럼 작용한다. 계단과 소는 이러한 급경사 하천시스템에서의 과다한 에너지를 분포시키기 위해 함께 작용한다. 계단과 소는 가능한 서식지의 다양성을 증시키기도 한다. 급하지 않은 경사를 가진 조약돌과 자갈 바닥의 하천은 역시 서식지 다양성을 증가시키는 소/여울 배열을 형성하기도 한다. 물웅덩이는 공간과 피복과 영양물을 물고기에게 제공하며 또한 호우발생 동안과 가뭄기간 그리고 다른 재난적 상황에서 물고기를 위한 안정된 장소를 제공한다. 연어과의 물고기들이 강 상류로 이동하는 데는 깊은 소에서의 휴식에 이은 얕은 지역에서의 빠른 이동을 포함한다(Spence et al., 1996).

(2) 습지(濕地)

하천수변 복원의 시작은 강기슭의 낮은 지대에 단단한 나무들로 조성하거나 강기슭의 습지 같은 습지의 복원을 포함할 수 있다. 하천수변 복원은 습지와 관련한 기능들의 보호나 복원을 설계하는 데서부터 시작해야 한다. 습지는 기질(基質)의 표면이나 가까이에서 지속적이거나 순환하는 얕은 범람 혹은 포화되는 생태계이다. 습지의 최소 기본특성은 표면이나 표면가까이서 순환 혹은 지속되는 범람이다. 또한 반복적으로 발생하는 지속적인 범람과 포화와 관련한 물리적, 화학적 및 생물학적 특성을 가져야 한다.

습지의 보편적인 특성으로는 습윤한 수생토(水生土, hydric soil)와 수생식생이다. 이러한 특성은 물리화학적, 생물학적 또는 인적인 요소들이 제거되거나 그들의 발전이 막아진 곳을 제외하고는 나타날 것이다(National Academy of Sciences, 1995). 습지는 하천이나 강기슭지역 그리고 하천수변의 홍수터에서 발생할 수 있다. 강기슭 구역은 습지와 비습지를 포함할 수 있다.

습지는 지표면과 수면이 표면 또는 가까이에 있는 곳 또는 육지가 얕은 물로 덮여 있는 수생시스템 간의 천이구간이다(Cowardin et al., 1979). 식생된 습지에서는 물속이나 과다한 함수 때문에 산소 부족이 주기적으로 발생하는 기질 위에서 자라는 습지생물들이 좋아하는 성장 조건을 만들어준다(Cowardin et al., 1979). 습지는 또한 수생토의 발달을 도와준다. 이 수생토는 성장기 동안에 상부 층에 혐기성 조건을 만들기 위해서 충분히 긴 동안 포화되거나 홍수에 잠기거나 연못화한다(National Academy of Sciences, 1995).

습지기능들은 물고기와 야생생물의 서식, 물 저장, 토사 포획, 홍수피해 저감, 수질개선/오염물 제어 그리고 지하수의 충진을 포함한다. 습지는 위험에 처한 물고기들과 야생생물 종류들을 위한 높은 생산성을 가진 서식지로 인식되어왔다. 습지는 위기에 처한 60~70%의 동물들의 서식지를 제공한다(Lohoefner, 1997).

(3) 수생 식생과 동물군

　하천 생물상(生物相)은 박테리아, 조류(藻類), 대형 수생식물, 원생(原生) 생물, 미세 무척추동물(microinvertebrates, 길이 0.02 inch 이하), 대형 무척추동물(macroinvertebrates, 길이 0.02 inch 이상), 그리고 척추동물(vertebrates)의 7가지로 분류한다(그림 2.24). 하천연속성 개념은 하천에서 발견되는 중요 생물군과 고차 하천에서부터 저차 하천으로 변하는 사이에 이러한 관계가 어떻게 변하는가에 대한 개관을 보여준다. 교란되지 않은 하천은 많은 종류의 생물들을 포함할 수 있다. 예를 들어, 독일의 소하천 Breitenbach의 2 km 구간에서 1,300종류 이상의 하천 생물상을 발견하였다. 하천 생물상의 밀도를 표 2.9에서 볼 수 있다. 수생식물은 보통 조류와 영구적인 하천 기질(基質)에 부착된 이끼들로 구성된다. 뿌리 내린 수생식물은 기질이 적합하고 고속흐름으로 인하여 하천바닥이 세굴되지 않는 곳에서 발생할 수 있다.

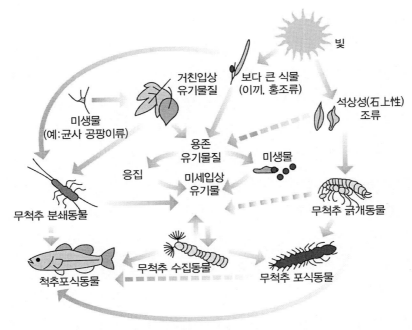

그림 2.24 하천 생물상. 하천에서 발견되는 전형적인 먹이 관계

표 2.9 선택한 하천 생물상의 흔히 볼 수 있는 밀도범위

생물 요소	밀도(개체수/mi^2)
조류(Algae)	$10^9 \sim 10^{10}$
박테리아(Bacteria)	$10^{12} \sim 10^{13}$
원생(原生)생물(Protists)	$10^8 \sim 10^9$
미소 무척추동물(Microinvertebrates)	$10^3 \sim 10^5$
대형 무척추동물(Macroinvertebrates)	$10^4 \sim 10^5$
척추동물(Vertebrates)	$10^0 \sim 10^2$

암상(岩床)이거나 하천흐름에 의해서 쉽게 움직이지 않는 바위들은 가끔 이끼들과 조류들, 그리고 다양한 형태의 미소/대형 무척추동물들로 덮여 있다. 부유식물(Planktonic plant)형태들은 보통 제한적이지만 호수, 연못, 홍수터 물이나 유속이 느린 구역을 가진 유역에서 나타날 수 있다(Odum, 1971). 하천의 물밑에 사는 무척추동물 군집(群集)은 박테리아, 원생(原生)생물(protists), 윤충(輪蟲, 민물 플랑크톤의 하나) (rotifers), 이끼 벌레류(동물) (bryozoans), 벌레(지렁이·털벌레·땅벌레·구더기·거머리·회충류, worms), 갑각류, 수생곤충 애벌레(유충), 홍합(마합류, mussels), 대합조개, 가재(왕새우, 대하, crayfish) 그리고 여타 형태의 무척추동물을 포함하는 다양한 생물상(相)을 포함할 수 있다. 수생 무척추동물들은 하천의 미세 서식지에서 발견된다. 이러한 미세 서식지는 식물, 나뭇가지 부유물, 암석, 단단한 기질이나 부드러운 기질들(자갈, 모래, 퇴비)의 틈새 공간, 등을 포함한다. 무척추 서식지는 전적으로 연직층에 존재한다. 이러한 연직층으로는 물표면, 물기둥, 바닥면, 하상간극수역(河床間隙水域, hyporheic zone, 일반 하천수와 지하수가 합류되는 지역으로 하상과 하천의 측면부분과 아래쪽에서 지표수의 흐름이 지하수로 유입되거나 지하수의 흐름이 지표수로 나오는 모든 지역)의 깊은 곳을 포함한다.

단세포 유기체와 무척추동물들은 하천에서 가장 수가 많은 흔한 생물상이다. 하지만 대형 무척추동물들도 군집 구조에 있어서 매우 중요하다. 왜냐하면 이들은 하천의 전체 무척추동물 생물자원에 크게 기여하기 때문이다. 나아가서 보다 큰 종류들은 가끔 생태계의 다른 요소들의 군집 구성을 결정하는 데 크게 역할을 한다. 예로서 날도래(caddisfly)유충의 초식(성) 활동, 달팽이, 가재 들은 하천의 조류(藻類)들과 부착 생물(수생식물체 표면에 부착하는 원생동물)의 풍부성과 분류학적 구성에서 지대한 영향을 가질 수 있는 것이다. 마찬가지로

강도래(낚시미끼용) 같은 대형 무척추포식동물은 무척추동물군집내의 다른 종류들의 풍부성에 영향을 줄 수 있다(Peckarsky, 1985).

종합적으로 미생물(조류와 박테리아)과 저생(底生) 또는 저서(底棲) 무척추동물들은 식물잎 같은 유기물질들의 분해를 촉진하며 일부 무척추동물들(곤충의 유충과 단각류(端脚類)동물들)은 나뭇잎들의 분쇄기 역할을 한다. 여타 다른 무척추동물들은 물속에 있는 보다 작은 유기물질들을 걸러주거나 표면에 붙은 물질들을 제거하거나 기질에 붙어 있는 물질들을 먹어 치우기도 한다(Moss, 1988). 이 같은 활동은 유기물질들을 분쇄하여 물고기가 먹는 무척추동물의 세포조직을 합성하는 데 더해진다. 수생곤충의 유충과 갑각류 같은 저서 대형 무척추동물들은 하천의 건강성과 조건을 나타내는 지표로 널리 사용되고 있다. 많은 물고기류들은 저생(底生)생물들을 돌아다니며 먹거나 하류로 떠내려 보냄으로써 먹이 공급원으로 저서 생물들에 의존한다.

물고기들은 하천 생태계에서 생태학적으로 중요한 역할을 한다. 물고기들은 보통 가장 큰 척추동물로서 수생시스템에서 정상(頂上)의 포식자이기 때문이다. 한 하천에서 물고기들의 수와 종의 구성은 지리적 위치와 발전(진화)의 역사와 고유의 요소들(물리적 서식요소들ー유속, 수심, 기질들, 여울/물웅덩이의 비율, 나뭇가지 조각들, 제방하부 세굴 등)과 수질(수온, 용존산소, 부유고형물, 영양물 그리고 독성화학물 등)과 생물들의 상호작용(개발, 벌채, 포식(捕食), 경쟁성)에 달려 있다.

하천에서의 물고기 종류의 구성은 상류로부터 하구에 이르기까지 상당한 변동성을 보이고 있다. 이는 수온, 용존산소, 경사, 유속 및 기질들을 제어하는 많은 수문학적 및 지리학적 요소들의 변동성에 기인하는 것이다. 이러한 요소들은 하천구간에서의 서식지들의 다양성 정도를 결정하기 위해 조합될 수 있다. 하류로 내려가면서 경사가 줄어들고 배수면적이 증가하면서 물고기 종류의 풍부성은 증가한다. 종의 풍부성은 일반적으로 하천상류구간에서 최저가 된다. 이는 하천경사의 증가와 하천규모가 줄어들어 환경기능들의 변동성의 발생빈도와 심각성이 증가하는 데 기인하는 것이다. 더하여 높은 경사와 지류들의 연계성이 줄어드는 것은 새로운 종류가 유입하여 성장할 잠재력을 감소시킨다. 종류의 풍부성은 중간과 낮은 차수의 하천구간들에서 증가한다. 이는 환경적 안정성과 잠재적 서식지 수의 증가와 번식자원 또는 중요 배수구역 간의 연계성이 증가하기 때문이다. 하류로 내려갈수록 물웅덩이와 여울의 흐름이 증가하고 미세한 바닥재료들을 증가시켜 대형저생식물상(大型底生植物床, macrophytic) 식생의 성장을 촉진하기 때문이다. 이러한 환경은 낮은 산소와 증가된 수온에 보다 잘 견딜 수 있는 물고기의 출현을 허용한다.

물고기들은 다양한 서식환경에서 생존하기 위해서 독특한 먹이체계와 번식을 한다. 대부분의 물고기들은 식충(食蟲) 동물을 먹으며, 다른 물고기를 먹는 육식성 동물, 초식동물, 잡식동물, 플랑크톤 식자(planktivores) 그리고 여타 소수의 다른 종들을 먹고사는 순서이다(Horwitz, 1978). 하지만 Allan(1995)은 물고기들이 물리적 및 생물학적 변화 조건들에 적응하기 위해서 서식지를 거치면서, 성장 단계별로, 계절별로 먹이습관을 수시로 바꾼다고 보고하고 있다. 물고기들은 작은 상류하천들에서는 먹이 범위가 식충(食蟲) 동물이나 특성화되는 한편 하류에서는 조건의 다양성에 적응하기 위해서 먹이습관이 일반화되고 먹이 범위가 넓어진다.

일부 물고기들은 이동성으로 알을 낳기 위해서 먼 거리를 이동하여 특정 위치로 회유한다. 또 다른 종류들은 상당한 고생을 하면서도 상류로 이동하면서 흐름을 거슬러 올라가며 폭포 같은 장애물도 극복한다. 많은 물고기들은 염수와 담수 사이에서 큰 삼투조절 능력을 요구하는 이동을 반드시 해야 한다(McKeown, 1984). 알을 낳기 위해서 바다환경으로부터 담수하천으로 돌아오는 종류들은 소하성(遡河性)종(연어처럼 산란을 위해서 강을 거슬러 올라가는 종류) (anadromous species)이라 한다.

번식을 위한 이동과 거동은 일조시간 길이의 증감과 결합된 민감한 열적 변화에 의해서 제어된다. 따라서 연어의 번식은 흐름과 온도 그리고 기질의 질적 변화를 포함하는 서식지의 열화형태와 관련하여 매우 민감하다. 많은 종류의 물고기들이 그 수를 감소시키고 있으며 위험에 처한 것으로 보고되고 있다. 그 원인은 기본적으로 서식지를 상실했기 때문이다. 이는 댐의 축조로 인한 물고기 통로의 변화, 농업용수의 취수와 관련한 유량의 감소, 토사퇴적과 벌채와 농업에 기인한 서식지의 상실과 과다한 어획과 양식을 포함하는 다른 물고기들과의 부정적인 상호작용에 원인이 있다. 토종물고기 수의 광범위한 감소는 물고기들의 서식지의 수와 질의 복원에 대한 관심이 필요한 상태이다. 그러나 복원 노력의 성공 여부는 매우 불분명한 상태이다. 물고기는 계절과 수명기간에 따라서 먹이, 휴식, 포식자를 피하기 위해 그리고 번식을 위해서 수많은 다른 서식지를 필요로 한다. 식생은 먹잇감의 공급원일 뿐만 아니라 포식자로부터의 피난처요 따뜻한 서식지요 생존과 성장을 위한 종합적 최적의 기회를 줄 수 있는 요소이다. Rabeni and Jacobson(1993)는 이러한 특별한 서식지와 하천수리와 지형을 형성하고 유지하고 있는 지형에 대한 이해들을 조합하는 것이 하천복원을 위한 핵심 요소임을 제안하고 있다. 물고기 군집의 복원에 대한 강조점은 생태적, 경제적 그리고 위락적 요소들에 기인하여 증가하고 있다. 물고기 목록은 가끔 공공의 가장 큰 주목을 받는다. 다른 수생생물상의 보존 역시 복원사업의 중요한 목적이 된다.

(4) 수생시스템에서의 무생물과 생물의 상호관계

하천 생물상의 공간적 및 시간적 변동성은 수질, 수온, 유량, 유속, 기질, 먹잇감과 영양물의 가용성 그리고 포식자와 먹잇감의 관계를 포함하는 무생물과 생물 요소들의 변동성을 반영하는 것이다. 이러한 요소들은 수생 유기체의 성장과 생존과 번식에 영향을 끼친다. 이러한 요소들이 다음에서 개별적으로 설명되지만 그들은 가끔 상호 의존적임을 아는 것은 중요하다.

① 흐름 조건

상류로부터 하류로의 물 흐름은 다른 생태계로부터 하천을 구분하게 한다. 흐름의 공간적 및 시간적 특성들, 예로서 빠름 대 느림, 깊음 대 얕음, 난류 대 매끈한 흐름(층류), 홍수 대 갈수는 이장의 앞부분에서 설명하였다. 이러한 흐름 특성들은 수많은 하천 생물종들의 미시적 및 거시적 분포형태에 영향을 미친다. 수많은 유기체들은 유속에 민감하다. 왜냐하면 유속은 먹잇감과 영양물을 배달하는 중요한 기구를 나타내며 또한 유기체가 하천구간에 남아 있을 수 있는 능력을 제한하기도 하기 때문이다. 어떤 유기체는 흐름의 일시적 변동에 민감하다. 이는 흐름이 하천수로의 물리적 구조를 변화시킬 수 있기 때문이다. 동시에 종들의 사망률을 증가시키며 가용자원을 수정하고 종들 간의 상호작용을 방해할 수 있기 때문이다. 하천유속은 살아남아 발육하여 스스로 지속할 수 있는 플랑크톤의 형태를 결정한다. 하천에서 느린 흐름일수록 물가와 바닥의 생물상(相)의 구성과 형태는 정지한(고여 있는) 물에서의 그것들에 더욱 가까워진다. 높은 유속은 일부 물고기들에게는 이동하고 알을 낳는 시기를 알려주는 신호로 여겨지며 또한 하상재료들을 청소하고 골라주며 물웅덩이를 만드는 세굴을 유발한다. 극단적인 느린 흐름은 어린 물고기의 생산을 제한하기도 한다. 왜냐하면 그러한 흐름은 가끔 원기회복과 성장기 동안에 발생하기 때문이다.

② 수온

수온은 하천시스템에서 주변공기온도, 고도, 위도, 물의 근원 그리고 태양 복사에너지의 함수로 매우 뚜렷하게 변동한다. 온도는 냉혈수생 유기체의 많은 생화학적 및 생리적 과정을 지배한다. 왜냐하면 그들의 체온은 주변의 수온과 같기 때문이다. 따라서 수온은 성장과 발육과 거동 형태를 결정짓는 중요한 역할을 한다. 예를 들면 하천의 곤충들은 하천의 따뜻한 구간이나 따뜻한 계절에 보다 빨리 성장하고 발육한다. 열적 차이가 현저한 곳(위도 또는 고도 경사를 따라서)에서는 따뜻한 곳에서 일부 종류는 연중 2회 이상의 세대를 완성할 수 있다. 이 같은 종류들은 보다 차가운 지역에서는 연중 1회 이하의 세대를 완성할 뿐이다 (Ward, 1992). 조류(藻類)와 물고기의 성장률은 비슷한 형태로 온도변화에 대응함을 보이고 있다(Reynolds, 1992). 온도와 성장과 발육과 거동 간의 관계는 일부 종류들의 지리적 범위에 영향을 충분히 줄 수 있음을 보이고 있다(표 2.10).

수온은 민물하천에서 물고기들의 분포를 결정짓는 가장 큰 영향을 끼치는 요소이다. 이는 직접적인 충격과 더불어 용존산소의 농도에 미치는 영향과 그늘이나 수심, 유속 같은 국지적 요소들에 의한 영향 때문이다. 많은 물고기 종류들은 매우 제한된 온도 범위에서만 생존할 수 있다.

표 2.10 선택한 물고기에 대한 성장을 위한 최고주간평균기온과 단기최고기온(°F). (Source: Brungs and Jones, 1977)

종류	성장을 위한 최고 주간 평균기온 (Juveniles)	단기 노출의 생존을 위한 최고기온 (Juveniles)	산란을 위한 최고주간 평균기온[a]	배아산란을 위한 최고기온[b]
대서양 연어(Atlantic salmon)	68	73	41	52
블루길(송어류) (Bluegill)	90	95	77	93
민물송어(Brook trout)	66	75	48	55
잉어(Common carp)			70	91
얼룩메기(Channel catfish)	90	95	81	84[c]
큰입 베스(Largemouth bass)	90	93	70	81[c]
무지개 송어(Rainbow trout)	66	75	48	55
작은입 베스(Smallmouth Bass)	84		63	73[c]
홍연어(Sockeye salmon)	64	72	50	55

a 종류별로 보고된 최적 또는 평균 산란온도
b 종류별로 보고된 성공적인 알품기와 부화를 위한 상한온도
c 산란을 위한 상한온도

③ (지표)덮개 효과

복원 목적으로 토피를 제거하거나 기저유출을 감소시키는 토지사용은 물고기가 견딜 수 있는 한계온도까지 하천수온을 상승시킬 수 있다. 따라서 정상의 보통 온도를 유지하거나 복원하는 것은 하천관리의 중요한 최종 목표의 하나가 될 수 있다.

강기슭식생은 하천에서의 빛과 온도의 감소에 중요한 요소이다. 직사광선은 하천을 상당히 따뜻하게 할 수 있으며 특히 흐름이 적은 기간 동안에 그러하다. 그러한 조건하에서는 숲을 통과한 하천흐름은 벌채된 지역으로 들어가면서 급속하게 따뜻해진다. 하지만 하천이 다시 숲으로 들어가면 어느 정도 차가워진다. 이러한 수온의 감소는 기본적으로 차가운 지하수의 유입에 의한 것이다.

열수지 모형들(Heat budget models)은 강과 하천의 수온을 비교적 정확하게 예측할 수 있다 (Beschta 1984, Theurer et al., 1984). 태양복사는 한 여름의 수온에 영향을 끼치는 가장 요소이며 그들은 소규모 유역에서의 강들의 전체적인 온도영역에 결정적인 역할을 담당한다.

④ 용존산소

산소는 대기로부터의 직접 흡수와 식물의 광합성에 의해서 물속으로 들어간다. 수심이 얕고, 넓은 표면이 공기에 노출되어 있으며, 지속적인 움직임으로 인해서 하천은 일반적으로 광합성에 의한 산소생산이 없어도 풍부한 용존산소를 가진다. 적당한 농도의 용존산소는 수생 유기체를 살아 있게 할 뿐만 아니라 그들의 번식과 활기와 발전을 지속하게 하는 데 필수적이다. 산소수준이 모자라는 상태의 스트레스를 받고 있는 유기체들은 종의 지속성 경쟁에서 약한 경쟁력을 보인다. 3.0 mg/L 이하의 용존산소 농도는 몇 가지 이유로 인해서 물고기 수에 장애를 유발하는 것으로 알려져 있다(Mackenthun, 1969). 용존산소의 결핍은 물고기를 포함한 수생 유기체의 죽음을 일으킬 수 있다. 물고기는 생물학적 및 화학적 과정에서 산소요구량이 재폭기(再曝氣)와 광합성에 의한 산소공급량을 초과하여 물고기가 질식상태일 때 죽게 된다. 산소결핍은 보통 느린 유속, 높은 온도, 뿌리가 있는 수생식물의 과다성장, 조류(藻類)의 과다발생(綠藻, algal bloom) 또는 유기물질의 고농도 발생 등과 관련되어 있다.

하천군집은 용존산소 공급을 줄이는 오염에 민감하다. 물에서 발견되는 산소량을 결정짓는 핵심요소는 온도, 압력, 풍부한 수생생물 그리고 대기와 접촉하여 발생하는 자연적인 흡기량 등이다. 물속의 용존산소 농도가 5 mg/L 수준이면 대부분의 물고기들이 정상적인 활동성을 보인다(Walburg, 1971). 송어가 살 수 있는 좋은 하천에서의 산소분석 결과를 보면 용존산소 농도 범위가 4.5~9.5 mg/L임을 보여주고 있다(Needham, 1969).

⑤ pH(수소이온농도)

수소이온농도의 배열을 기준할 때 수생유기체들은 중성값, 즉 ph 7 부근에서 가장 많이 존재하며 활성화한다. pH 값이 양쪽으로 접근할수록 근원적인 스트레스 수준이 증가하고 따라서 종의 다양성과 풍부성이 감소한다(그림 2.25).

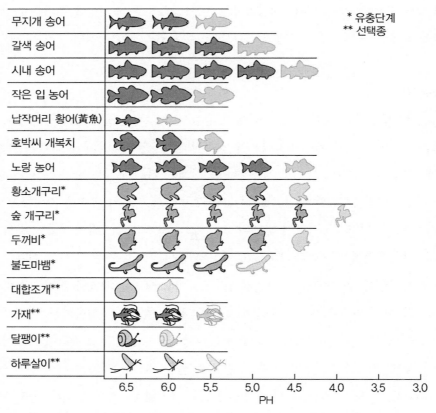

그림 2.25 일부 수생 생물에 미치는 산성비의 영향－호수와 하천의 산성도가 증가하면(즉 pH 값이 줄어들면) 일부의 종들은 사라진다.

pH 값의 변화에 따른 영향 가운데 널리 인식된 것 중의 하나는 산업지역과 도시의 바람 하류지역의 일부에서 빗물의 산성도가 증가한다는 점이다. 이와 관련하여 특이한 점은 산성을 중성화할 능력이 감소한 환경이라는 점이다. 이는 토양의 완화능력이 제한적이기 때문이다. 따라서 산성비는 산업지역과 대도시 동쪽에는 해로운 경우가 많다. 실례로 서울의 관악산 지역의 강우의 산성도가 높은 것으로 보고되고 있다. 이는 인천, 부천, 안산, 안양, 영등포 등의 관악산 서측에 위치한 산업지역과 도시들에서의 배출에 기인한 것으로 보고 있는 실정이다. 심지어 중국의 산동성 칭다오(山東城 Qingdao, 靑島) 지역의 산업화 영향까지도 거론되고 있는 실정이다. 이러한 산성비의 영향으로 낙엽이 부식되지 않고 쌓이는 현상까지도 보고되고 있으며, 이렇게 쌓인 낙엽들은 산불 진화에 크게 장애가 된다는 소방당국의 보고까지도 있는 실정이다. 물론 산성비는 유출수에까지도 영향을 미치는 것이다.

⑥ 기질(基質, substrate)

하천 생물들은 기질의 영향을 받는 무생물들과 생물들의 변수들에 반응한다. 예를 들면, 종의 구성과 풍부성에서 다름을 단일 하천구간에서의 나뭇가지들, 모래, 기반암, 조약돌 같은 데서 발견되는 대형 무척추동물 구성에서 볼 수 있다(Huryn and Wallace, 1987). 다른 기질과 관련한 조건들에 대한 이러한 선호는 해안지역이나 산록(山麓)지역, 그리고 산악하천들에서 발견되는 다양한 대형 무척추동물들의 구성을 가지는 대규모 공간 규모에서 발견되는 형태구성에 영향을 미친다(Hackney et al., 1992).

하천기질은 육서(陸棲)생물 시스템에서 토양의 동일한 기능적 능력에서도 발견된다. 즉, 하천기질은 물과 수생계의 하상간극수역(河床間隙水域, hyporheic zone : 하천수와 지하수가 합류되는 지역으로. 하상과 하천의 측면부분과 아래쪽에서 지표수의 흐름이 지하수로 유입되거나 지하수의 흐름이 지표수로 나오는 모든 지역을 말한다) 사이의 접촉면을 구성해준다. 하상간극수역은 기질부분으로 기질/물 접촉면 아래에 놓여 있으며 층의 규모(두께와 폭)는 작게는 몇 cm에서부터 충적 홍수터에서처럼 횡방향으로 하천수로에서부터 대규모로 지하환경으로 펼칠 수도 있다. 하천 상류(낮은 차수의 작은 하천)로부터 하류(높은 차수의 대하천)로 내려갈수록 간극수역의 중요도와 그 연속성의 정도는 처음에는 증가하다가 점차 줄어든다고 가정하였다. 작은 하천에서는 하상간극수역은 소규모 홍수터와 초지, 그리고 굵은 토사들이 기반암 위에 퇴적되는 하천 구간으로 제한되며 하상간극수역은 일반적으로 연속성이 약하다. 즉, 연속되지 않는다. 보다 넓은 홍수터를 가지는 중간 차원의 하천들(중류부)에서는 하상간극수역의 공간적 연속성이 증가된다. 높은 차수의 하천들(하류부)에서는 하상간극수역의 공간적 크기는 통상 가장 크기는 하지만 불연속성이 커진다. 이는 우각호수와 수로의 단절 같은 하천활동과 관련한 요인들과 지점, 중간 그리고 지역적인 지하수 시스템들의 복잡한 상호작용들과 관련한 특성들 때문이다(Naiman et al., 1994). (그림 2.26)

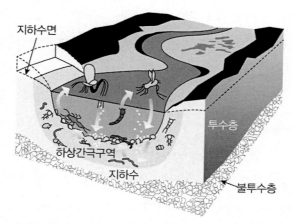

그림 2.26 하상간극구역(Hyporheic zone). 하천저서군집의 수에 의한 다양한 이동수단들의 요약

하천기질들은 점토, 모래, 지갈, 조약돌, 호박돌, 유기물질들 그리고 나뭇조각 부유물 같은 다양한 재료들로 구성된다. 기질들은 지표수와 간극수 흐름 형태를 수정하는 단단한 구조를 형성하며, 유기물질의 쌓임에 영향을 주고 생산과 분해와 다른 과정을 제공한다. 모래와 실트는 일반적으로 수생 유기체를 지원하는 데는 가장 좋지 않은 기질로 가장 적은 종들과 수를 지원한다. 평평한 잡석(雜石) 기질들은 밀도가 가장 크며 가장 많은 유기체들을 가진다(Odum, 1971). 이미 설명하였듯이 기질규모와 이질성(異質性), 홍수류와 기저흐름에 대한 안정성, 그리고 내구성은 하천 내에서 변하며 입자의 크기와 밀도, 그리고 흐름의 운동에너지에 의존한다. 무기성 기질은 하류보다는 상류에서 크며 물웅덩이보다는 여울에서 커지는 경향을 보인다. 마찬가지로 나뭇조각 부유물의 분포와 역할은 하천 크기에 따라 변동한다. 숲이 우거진 유역과 강기슭 수변에서 나무가 많은 강들에서는 강으로 떨어지는 대규모 나뭇

조각 부유물들은 기질과 수생 서식지들의 수와 다양성 혹은 범위를 증가시킨다. 부유물 댐은 부유물들과 토사들을 가로채지만 가끔은 댐 직하류부에서 세굴을 유발할 수 있다. 보통 부유물이 차단된 주변에서 제방세굴이 발생한다.

⑦ 유기물질

하천구간 내의 신진대사 활동은 토지고유성(토착화 정도, 자생성, autochthonous), 외래특성(이지성(異地性), allochthonous), 그리고 먹거리와 영양물들의 상류 공급원에 달려 있다(Minshall et al., 1985). 조류(藻類)와 대형 수생식물 같은 토지고유의 물질들은 하천수로 내에서 발생하며, 나무나 잎이나 용존 유기탄소 같은 외래종 물질들은 하천수로 밖에서 발생한다. 상류의 물질들은 하천의 자생종이거나 외래종의 기원이 되어 흐름에 의해서 하류 지점으로 이송된다. 계절적 홍수는 하천수로에 유기물질들의 외래종 공급원을 제공하며, 또한 유기물질들의 분해율을 상당히 높여준다. 하천의 기본적인 생산성 역할은 지리적 위치와 하천규모, 그리고 계절에 따라서 변한다. 하천연속성 개념(1.5절 참조, Vannote et al., 1980)은 기본적인 생산성은 그늘진 상류하천에서의 최소한의 중요도를 나타내지만 하천규모가 커지고 강기슭 식생이 부착생물(수생식물체 표면에 부착하는 원생동물)에게 더 이상 햇빛유입을 차단하지 않는다면 생산성은 상당히 증가한다고 가정하고 있다. 수많은 연구들에서 기본적인 생산성은 풀밭 하천과 (사막같이)건조한 생태계에서의 하천을 포함하는 어떤 생태계에서는 보다 큰 중요성을 가지는 것임을 보여주고 있다. 하천의 식물상(相)은 고산지대 하천에서의 규조류(珪藻類, diatoms)에서부터 완경사 하천에서의 조밀하게 서있는 대형 수생(水生)식물에 이르기까지 다양하다.

2.3절에서 설명하였듯이 하천에 질소와 인성분이 공급되면 부영양화(eutrophication)로 알려진 조류와 수생식물의 성장률이 증가되는 과정이 발생할 수 있다. 이 같은 과다 유기물의 분해는 산소결핍을 유발할 수 있으며 결과로 물고기들의 죽음과 수체(水體)에서의 심미적(審美的) 문제들을 낳을 수 있다. 호수와 저수지에서의 부영양화는 식물성 프랭크톤의 총량으로 흔히들 프랭크톤 엽록소 농도로 간접적으로 측정된다. 하지만 작은 하천에서는 식물성 프랭크톤 총량은 보통은 식물 총량의 지배적인 부분은 아니다. 이는 흐름이 왕성한 기간과 하천 바닥에서의 부착생물들과 대형 수생(水生)식물들의 발달을 선호하는 체적률(volume ratio)에

대한 높은 기질 때문이다. 하천의 부영양화는 과다한 조류 덩어리를 유발할 수 있으며 또한 흐름이 감소하고 수온이 높은 때에 산소결핍을 낳을 수 있다(그림 2.27). 나아가서 과다한 식물의 성장이 하천에서 질소와 인의 주변 농도가 확실하게 낮은 곳에서도 발생할 수 있다. 이는 하천 흐름이 식물세포 표면에서 영양물과 신진대사 폐기물의 효과적인 교환을 일으키기 때문이다. 많은 하천들에서 차광(遮光)이나 탁도는 조류성장과 주변 하천유역에서 발생한 나뭇잎이나 나무의 잔가지들 같은 외래유입 유기물질들에 의존도가 높은 생물(종류)상(相)에 필요한 빛을 제한한다. 나뭇잎이나 다른 외래유입 물질들이 일단 하천으로 유입하면 그들은 급격한 변화를 겪게 된다. 설탕 같은 용해성 유기복합체는 용탈(溶脫, 우려냄, 침출(浸出))에 의해서 제거된다. 박테리아와 균류(fungi)는 계속해서 나뭇잎 재료들의 군체를 형성하여 탄소공급원으로 그들을 신진대사시킨다. 미생물 총량의 출현은 나뭇잎들의 단백질 함량을 높여준다. 이것은 궁극적으로 무척추동물을 위한 양질의 먹잇감 자원을 나타내는 것이다.

그림 2.27 하천의 부영양화. 부영양화는 산소의 결핍을 낳을 수 있다.

미생물 분해와 무척추동물들의 분쇄물이나 부스러기들의 조합은 유기물들의 평균입경을 줄여주며, 결과로 호흡으로 빠져나간 CO_2와 보다 작은 입자가 된 유기입자로 하류로 이송됨에 따라 결국은 탄소의 감소결과를 가져오게 된다. 이러한 보다 작은 입자들은 한 하천구간에서 빠져나와 하류구간에서는 에너지원이 되는 것이다. 유수(流水) 또는 동수성(動水性)의 영양물들과 유기물질들의 이 같은 일방향 움직임은 잎더미, 부유물 더미, 무척추동물들 그리고 조류(藻類)들에서의 영양물들의 일시적 보류(保流), 저장 그리고 사용에 의해서 흐름 속도가 느려지게 된다.

유기물질들의 과정은 기본적인 생산성과 비슷하게 영양물 의존관계를 가짐을 보여주고 있다. 잎들과 유기물질의 다른 형태들의 분해는 질소나 인에 의해서 제한될 수 있다. 이러한 현상은 조류와 부착생물의 성장과 비슷하게 예측 가능한 $N:P$ 비율로 제한성을 알 수 있다. 잎의 분해는 미생물에 의한 분해와 무척추동물에 의한 분쇄와 물리적인 분해의 연속적 진행에 의해서 발생한다. 잎들과 유기물 자체는 일반적으로 단백질 값이 낮은 편이다. 하지만 박테리아와 균류에 의한 유기물질의 군체 형성은 미생물량에 포함된 단백질과 지질(脂質)의 축적에 기인하여 질소와 인의 내용물을 증가시킨다. 이 복합물은 바로 수생 무척추동물들의 중요 영양원이 되는 것이다. 부식하는 유기물질은 하천에서의 영양물의 중요 저장요소가 되며 동시에 먹이사슬에서 에너지와 영양물의 기본적인 통로가 된다. 궁극적으로 일시저장과 사용의 효율은 물고기 먹이사슬의 최상위에 있음을 나타낸다.

유기체들은 가끔 자생종과 외래종, 그리고 상류로부터의 공급의 변동성에 반응할 때가 있다. 예를 들면, 개방된 강기슭 덮개와 조류의 생산성이 높은 하천에서는 초식동물류가 상대적으로 보다 흔하며 이는 폐쇄적인 덮개와 기본적인 영양 공급원으로서 쌓인 잎들을 가진 하천에서와는 비교가 된다. 비슷한 형태가 동일한 하천에서의 종방향에서도 볼 수 있다.

2.4.3 하천수변 복원을 위한 지표와 수생생태계의 요소들

앞 절에서는 하천수변을 형성하고 있는 생물학적 요소들과 기능적 과정에 대해서 설명하였다. 육서(陸棲)생물과 수생환경을 단순하게 그리고 이해를 쉽게 하기 위해서 각각 분리하여 설명하였다. 이 방법은 환경복원에서 빈번히 택하는 동일한 기법이다. 마치 대지, 강기슭 지역 또는 수로 내부로 분리하여 일하는 것과 같은 것이다. 하천수변은 단일기능단위 또는 요소들 사이에서 수많은 연결과 상호작용을 하는 생태계로 보아야 하는 것이다. 성공적인 하천복원을 위해서는 이러한 기본적인 관계를 반드시 염두에 두어야 하는 것이다.

식생의 구조와 기능은 모든 규모에서 상호 연결되어 있으며 생태계의 역동성에 직접 연계되어 있는 것이다. 특정한 식생형태는 특성을 재생하는 전략이 필요하다. 어떠한 지리적 구성은 수문학적 주기적 또는 급격한 변화를 다른 곳보다 더 발생할 수 있게 하며 대규모의 부유물의 쌓임 구조를 낳을 수 있다. 하지만 하천수변의 생태계와 관련해서는 가장 기본적인 역동적 기능의 일부는 하천홍수와 수로이동과 관련된다.

하천 이동과 홍수는 하천구조 변화와 구성요소들의 변동성의 기본적인 공급원이다. 이는 대부분의 교란되지 않은 홍수터에서 식물서식군 내에서 분명하다. 하천들이 식물서식군에 복잡한 영향을 발휘하지만 식물은 하천시스템의 성질과 특성에 직접적으로 영향을 끼친다. 예를 들면 뿌리조직은 제방토사를 묶어주며 세굴과정을 완화시켜준다.

또한 홍수터 식생은 제방을 월류하는 흐름의 속도를 느리게 해서 토사의 퇴적을 유발한다. 하천수로로 떨어지는 나무들과 나뭇조각 부유물들은 흐름을 굴절시켜 어떤 곳에서는 세굴을 유발하고 다른 곳에서는 퇴적을 유발한다. 그뿐 아니라 물웅덩이의 분포를 변화시키며, 유기물질의 이송과 기타 과정들의 수도 변화시킨다. 홍수터와의 높은 상호작용을 하는 하천의 안정화는 하천수변 생태계의 구조와 기능을 제어하는 기본적인 과정들을 붕괴시킬 수 있어서 수변을 둘러싼 경관의 특성에 간접적인 영향을 끼친다.

2.5 하천의 기능들과 동적평형

지금까지 하천수변의 구조와 발생하는 물리적, 화학적 그리고 생물학적 과정에 대해서 설명하였다. 이러한 정보는 하천수변이 생태계로서 어떻게 기능을 하는지와 결과로 이러한 구조적 특성들과 과정들이 효과적으로 복원되기 위해서 어떻게 이해되어야 하는지를 보여주고 있다. 사실 구조를 재확립하는 일이나 특정한 물리적 또는 생물학적 과정의 복원은 복원이 추구하는 유일한 일은 아니다. 복원은 가치 있는 기능을 재확립하는 것을 목표로 한다. 생태학적 기능에 초점을 두는 것은 복원 노력이 스스로 지속가능한 생태계를 재확립하는 최상의 기회를 제공하는 데 있는 것이다. 하천의 지속가능성(sustainability)의 속성은 기능적으로 건강한 하천, 즉 정상적으로 제 구실을 하지 못할 정도로 망가져서 가치 있는 기능을 지속하지 못하며 유지관리에 비용과 부담을 많이 주는 하천으로부터 사람들과 자연환경에 많은 이득을 자유롭게 제공하도록 하는 것이다.

1.1절은 지점에서 지역에 이르는 공간 규모에서 물리적 구성의 가장 기본적인 구성단위로

식생 기반-식생조각-식생회랑-모자이크를 강조하였다. 생태적 기능 역시 기본적인 사항으로 요약 정리되었다. 이러한 중요한 기능들로는 서식(棲息, habitat), 통로(通路, conduit), 여과(濾過, filter), 장벽(障壁, barrier), 공급(供給, source) 그리고 소멸(消滅, sink)의 여섯 가지로 정리할 수 있다(그림 2.28).

서식-생물종이 살며 번식하고 먹이고 이동할 수 있는 환경의 공간구조

여과-물질, 에너지, 유기물들의 선택적 투과

장벽-물질, 에너지, 유기물들의 이동을 정지시킴

공급-물질, 에너지, 유기물들의 생산량이 공급량보다 많은 상태

통로-물질, 에너지, 유기물들을 이송하는 시스템의 능력

소멸-물, 에너지, 유기물, 물질들의 공급량이 생산량을 초과하는 상태

그림 2.28 하천의 중요한 6대 생태기능들

이 절에서는 앞 장에서 설명한 과정들과 구조에 대한 설명을 중요한 생태적 기능의 개념으로 다시 정리하고자 한다. 하천수변의 기능 운용에 특별한 중요성을 가지는 두 가지를 설명하기로 한다.

- **연결성**(connectivity)-연속성은 식생 기반과 식생회랑의 공간적 연속성이 어떻게 구성되는가에 대한 척도이다. 이는 식생회랑들 사이나 식생회랑과 인접한 토지사용 사이의

간격이나 떨어짐에 의해서 영향을 받는다(그림 2.29). 자연적인 서식군들 사이의 강한 연결성성과 더불어 하천수변은 물질과 에너지의 이송과 식물과 동물의 이동을 포함하는 가치 있는 기능을 진전시킨다. 일반적으로 연결성이 높을수록 기능수준이 높다.

• 폭(Width) - 하천수변에서 "폭"이란 하천을 가로질러 인접한 식생피복 구역까지의 거리를 말한다. 폭에 영향을 주는 요소들로는 가장자리, 서식군 구성요소, 환경 경사 그리고 사람들의 활동을 포함한 인근 생태계의 교란 영향들이다. 예를 들면, 폭의 측정은 평균 규모와 변동량, 좁은 폭의 수, 필요한 서식지의 변동성을 포함한다.

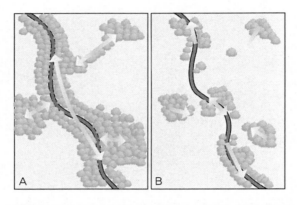

그림 2.29 높은 연결성(A)과 낮은 연결성(B)을 가진 경관들

폭과 연결성은 하천수변 전체 길이를 따라서 상호작용한다. 수변폭은 하천을 따라서 변동하며 간격들을 가질 수 있다. 수변을 가로지른 간격들은 연속성을 방해하며 감소시킨다. 연속성과 폭을 평가하는 것은 교란을 완화하는 복원 활동을 계획하는 일에 가장 중요한 통찰을 제공할 것이다. 다음 절에서는 연결성과 폭에 대한 개별 기능들과 일반적인 관계성을 서명할 것이다. 마지막 절에서는 동적평형과 하천수변의 복원에 미치는 동적평형의 관련성을 설명할 것이다.

2.5.1 서식(棲息)기능(habitat function)

서식지는 식물이나 동물(사람 포람)이 일상적으로 살며 성장하고 먹으며 번식하고 그들의 일생의 일부 기간을 존재하는 공간을 설명하는 것이다. 서식지는 유기물이나 유기물들의 서식군집의 존재에 필요한 공간, 물, 먹거리 그리고 안식처를 제공한다. 적정한 조건하에서는 많은 종들이 하천수변에서 살고, 먹거리와 물을 찾고, 번식하고, 생육이 가능한 개체군을 확립한다.

안정된 생물학적 서식 개체군은 개체수의 규모, 종의 수 그리고 발생(유전적) 변동성을 시간을 두고 기대하는 한계 내에서 변동시킨다. 변동하는 정도와 관련해서는 하천수변은 이러한 척도에 적극적으로 영향을 끼친다. 하천수변의 서식지로서의 가치는 수변이 여러 개의 작은 서식지들을 연결하여 보다 큰 수변 서식지들을 만들어내며 나아가서는 보다 큰 야생 동물 군집과 고차의 생물다양성을 가진 보다 복잡한 서식지 군집을 만들어낸다.

서식지 기능은 다양한 규모에 따라서 다르다. 그리고 다른 서식기능이 발생하는 규모에 대한 평가는 복원활동의 성공에 도움이 될 것이다. 대규모 서식지에 대한 평가는 생물학적 군집의 규모, 구성, 연결성 그리고 모양에 대해서 주의를 기울여야 한다.

경관규모에서는 식생 기반~식생조각~식생회랑~모자이크의 개념이 넓은 지역에서의 서식지를 설명할 때 가끔 사용되기도 한다. 하천수변과 대규모 하천 계곡은 상당한 서식지들을 제공한다. 하천수변과 자연적으로 식생된 다른 형태는 함께 숲의 이동과 이동 중에 잠시 들려 쉬고 먹는 서식지를 선호하는 강기슭 종을 제공하기도 한다. 흑곰 같은 대형 포유동물들 서식지역으로 넓은 연속된 야생 지대를 필요로 한다. 하지만 대형 동물들을 위한 연속된 대형 서식공간을 확보하는 일은 쉽지가 않다. 이와 관련하여 멧돼지를 위한 서식공간이 문제가 되면서 사람이 사는 공간(농장, 주택, 산업지 등)으로 돼지들이 출몰하여 문제를 유발하는 현상을 이해해야 할 것이다.

유역 내의 서식기능들은 약간 다른 관점으로 검토되어야 할 것이다. 유역 내의 서식지의 유형과 양태는 중요하며 이는 이웃한 유역과의 연결성의 문제이다. 유역 상류의 하천수변의 식생은 때로는 이웃한 유역의 수변과 유역 분계선 위의 수변으로부터 단절된다. 육서(陸棲) 생물이나 준수생하천수변 군집은 상류에서는 연결되며, 이러한 연결은 유역을 넘어 적정한 대안적 서식지를 제공하는 데 도움이 될 수 있다. 하천수변은 가끔 두 가지 일반적인 서식지 구조 형태, 즉 내부 구조와 가장자리 구조를 포함한다. 서식지 다양성은 대부분의 하천들에서 수변폭이 숲 내부의 새 종류 같은 대형 척추동물들을 위한 풍부한 내부 서식지를 제공하기에는 충분하지 못하지만 가장자리와 내부 조건들을 모두 포함하는 수변에 의해서 증가한다. 이러한 이유로 해서 때로는 내부 서식지를 증가시킴으로써 유역 규모의 복원 목적을 완성하는 것이다.

수변규모의 서식기능은 연결성과 폭에 의해서 큰 영향을 받는다. 하천수변을 따라고 가로질러서 연결성이 크고 폭이 클수록 일반적으로 서식지로서의 가치가 커진다. 하천계곡의 모양과 토양수분경사의 점진적 변화 같은 환경경사는 식물과 동물 서식군집의 변화의 원인이 될 수 있다. 일반적으로 좁고 균질하거나 분열정도가 큰 수변의 서식환경보다는 넓고 연속적이며 하천수변 내의 자연적인 식물 서식군집들의 다양한 조합이 있는 적정한 서식지 조건들에서는 보다 많은 종들이 발견된다. 수변 내의 서식지 조건들은 기후, 국지기후, 표고, 지형, 토양, 수문, 식생 그리고 사람들의 사용 등에 따라서 변한다. 복원수단을 계획하는 면에서 수변폭은 야생동물에게는 특별히 중요한 의미를 갖는다. 주어진 특별한 야생동물의 유지를 위한 계획에서는 수변의 규모와 모양은 이 종이 하천수변에서 개체수를 늘릴 수 있도록 하는 적정한 서식지를 충분히 수용할 수 있을 정도로 넓어야 한다. 너무 좁은 수변은 일부 종들의 이동에는 완전한 계곡처럼 장벽 역할을 하게 된다.

지역 규모에서는 하천수로를 가로막아 모인 대규모 목재부유물은 하천과 인근의 하천제방에 지형변화를 가져올 수 있다.

하천을 가로질러 떨어진 통나무들의 하류부에는 물웅덩이가 형성될 수 있으며, 그 상류부와 하류부의 흐름 특성들은 변하게 된다. 하천에서 대량의 목재 부유물에 의해서 형성된 구조는 대부분의 물고기들과 무척추동물들을 위한 수생 서식지를 개선한다.

가장자리와 내부 서식지에 더하여 강기슭 숲들은 그들의 덮개, 하부 덮개, 관목 그리고 초본류 층을 통해서 연직적인 서식지 다양성을 제공할 수 있다. 그리고 수로 자체 안에서는 여울과 소, 얕고 조용한 흐름 구역, 급속한 흐름 구역 그리고 배수구역(背水區域) 등 모두는 연직방향과 하상(河床)에 각각 다른 서식 조건들을 제공한다. 이러한 예는 모두 물리적 구조에 관한 것으로 구조와 서식지 기능의 강력한 관계성을 설명하고 있는 것이다.

2.5.2 통로(通路)기능(conduit function)

통로기능은 에너지, 물질 그리고 유기물의 흐름경로로서의 역할을 할 수 있는 능력을 말한다. 하천수변은 물과 토사들을 수집하고 이송하는 것에 의해서 또한 이송하기 위해서 형성된 모든 통로들 위에 있다. 더하여 수많은 다른 재료들과 생물체들의 이동이 통로 시스템에서 이루어진다.

하천수변은 유기체들과 물질들의 어떠한 방향으로의 이동과 더불어 종방향은 물론이고 횡방향 통로기능을 한다. 물질들이나 동물들은 하천수변을 가로질러 한 끝에서 다른 끝으로까지 더 멀리 이동할 수 있다. 새들이나 작은 포유동물들은 그들의 식생을 통과하는 이동에 의해서 하천을 가로지를 수 있다. 유기물 부유체들과 영양물들은 높은 데서 낮은 홍수터로 떨어져서 수변 내의 하천으로 들어가며 하천 무척추동물들과 물고기들의 먹이 공급에 영향을 준다.

이동하는 물질재료들은 그것들이 육상서식지와 홍수터와 대지 간의 연속성에 영향을 주는 것과 마찬가지로 수문현상, 서식지 그리고 하천의 구조에 영향을 주기 때문에 중요하다. 연속성과 폭의 구조적 속성 또한 통로기능에 영향을 끼친다.

이주나 회유 또는 이동성이 큰 야생동물들에게는 수변이 서식지 기능과 통로기능을 동시에 한다. 다른 적정한 서식지와 수변의 조합은 우는 새들에게 아열대 지방의 겨울 서식지로부터 이동하여 북쪽의 여름 서식지로까지 이동하게 할 수 있다. 많은 종류의 새들은 쉬고 먹으며 에너지를 재충전하기 전에는 제한된 거리만 날 수 있다. 하천수변이 이러한 새들을 위한 통로기능을 효과적으로 수행하기 위해서는 충분한 연결성과 폭을 가져서 필요한 (이동 생물들을 위한) 서식지들을 제공할 수 있어야 한다.

하천수변은 또한 여러 가지 형태로 발생하는 에너지의 통로가 될 수 있다. 중력에너지에 기인한 하천흐름은 지속적으로 땅 모양을 만들며 수정하고 있다. 수변은 햇빛으로부터의 열과 에너지를 수정하여 봄과 여름에는 시원하게 유지하며 가을에는 따뜻하게 유지한다. 하천계곡은 효과적인 (지역별로 나눈) 대기 분수계(分水界, airsheds)로 밤에는 높은 고도에서 낮은 고도로 차가운 공기를 이동시킨다. 수변의 매우 생산성이 높은 식물군집은 살아 있는 생물재료로 에너지를 축적하며, 나뭇잎의 떨어짐이나 유기파편덩어리 형태로 대량을 내보낸다. 높은 생산성과 영양물 흐름, 그리고 잎의 떨어짐 역시 수변에서의 분해력을 증가시켜 에너지와 물질들을 새로운 형태로 전환시킨다. 이 시점에서 다음 단계의 보다 큰 수체, 즉 증가된 물의 체적, 높은 온도, 토사, 영양물 그리고 유기물 등에 대한 하천의 생산물은 시스템 자체로부터 과다한 에너지로 나타난다.

수생 종류의 이동과 유역과의 상호작용에 대한 가장 잘 알려진 연구 예로는 산란을 위한 연어의 상류로의 회귀이다. 바다에서 성장한 후 이 물고기는 생물자원과 영양물이 풍부한 하천 상류의 산란을 위한 장소를 찾으려 회유한다. 따라서 연속성은 수생생물의 이동과 하천상류로부터 바다에 이르는 영양물의 이송에는 결정적인 요소가 된다.

하천들은 역시 식물들의 분포와 새로운 지역에서의 정착을 위한 통로역할을 한다. 흐르는 물은 씨앗들을 상당히 먼 거리까지 이송하고 침전시킬 수 있다. 홍수위에서는 성장한 식물들은 뿌리가 위로 향할 수 있으며 위치를 새로운 곳으로 옮겨 재정착하여 생존할 수 있다. 야생생물들 역시 수변의 다른 곳으로부터 씨앗들을 섭취하고 이송하여 식물들을 재배치하는 데 도움이 된다.

퇴적물, 즉 소류사(掃流沙)와 부유사(浮游沙) 역시 하천을 통해서 이송된다. 충적하천은 대륙에서의 토사의 공급과 이송에 달려 있지만 많은 물고기들과 무척추동물들은 너무 많은 미립토사들 때문에 오히려 해로울 수가 있다. 조건이 바뀌어버리면 하천은 토사가 부족하거나 아니면 토사로 하향경사가 막혀버린다. 하천에서 적정한 양의 토사가 부족하게 되면 제방하부에서 침식이 발생하거나 수로 세굴이 발생하여 새로운 평형상태를 유지하려는 시도가 발생한다. 적정한 구조를 갖춘 하천수변은 하천의 토사수송기능을 개선하기 위해서 토사의 공급과 적정한 시간을 최적화한다. 수변의 지점들은 지점 간에 이동하는 물질들의 흐름에 의존한다. 하상과 수생 시스템의 지역적 구조는 상류로부터의 토사와 수목성 재료들, 그리고 스스로 조절하고 안정하상을 만드는 데 달려 있다.

하천수변 폭은 대지로부터 하천 속으로 토사들과 생물자원들이 자연적으로, 대량으로 유입하는 곳에서는 특히 중요하다. 넓고 인접한 수변은 수변을 따라서 종횡방향으로 흐름을 허용하는 대규모 통로로서의 역할을 한다. 통로기능은 좁거나 조각난 수변에서는 제한적일 수가 있다.

2.5.3 여과(濾過) 및 장벽(障壁)기능(filter and barrier function)

하천수변은 에너지와 물질들과 유기물들을 이동을 막아주는 장벽기능이나 선택적으로 통과시키는 여과기능을 한다. 여러 가지 방법으로 전체 하천수변은 수질오염을 줄이고 토사이송을 최소화하는 여과 또는 장벽기능의 유용한 기능을 하며 가끔은 토지사용과 식물군집 그리고 덜 움직이는 일부 야생생물 종류들에 대한 자연적인 경계를 제공하기도 한다.

물질들과 에너지, 그리고 유기물들 하천수변으로 들어가면서 수변의 구조적 특성에 의해서 여과된다. 장벽과 여과기능에 영향을 주는 속성으로는 연속성(간격의 수)과 수변폭을 포함한다. 식생된 하천수변으로 들어가는 질소, 인, 기타 영양물 같은 용존 물질들은 마찰, 뿌리 흡수, 점토 그리고 토양유기물질에 의해서 수로로 들어가는 것이 제한된다(그림 2.30).

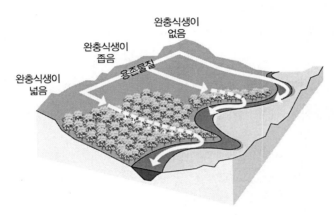

그림 2.30 여과와 장벽기능에 영향을 주는 식생완충구역의 폭(Adapted from Ecology of Greenways: Design and Function of Linear Conservation Areas. Edited by Smith and Hellmund. © University of Minnesota Press 1993)

하천수변 가장자리를 따라서 움직이는 요소들 역시 하천수변으로 들어가면서 여과된다. 이런 상황에서 가장자리의 모양은 직선이든 복잡하던 간에 여과기능에 크게 영향을 끼친다. 하천수변에 직각으로의 흐름이 가장 효과적인 여과기능과 장벽기능을 발휘한다.

물질들은 이송되고 여과되며 때로는 모두가 정지되는 바 이는 하천수변의 폭과 연속성에 의존한다. 대규모 하천계곡을 향한 물질들의 이동은 하천수변에 의해서 차단되거나 여과된다. 자연적인 식물군집의 구조 같은 속성은 하천시스템으로 들어가는 유출량에 생체흡수(uptake), 영양흡수 그리고 차단 같은 물리적 영향을 줄 수 있다.

수변의 식생은 영양물과 토사와 물의 지표흐름을 상당 부분을 여과할 수 있다. 큰 하천에서의 실트매몰(Siltation)은 하천수변 망을 통해서 과다한 토사를 여과시킴으로써 감소될 수 있다. 수변은 경관을 통해서 방해받지 않고 내려오는 많은 대지 물질들을 걸러낸다. 지하수와 지표수 흐름은 지표와 지하의 식물 부분들에 의해서 걸러진다. 화학 요소들은 수변 내의 동물군과 식물군에 의해서 차단된다. 넓은 수변에서는 보다 효과적인 여과기능이 발생하며 전체길이를 통해서 비슷한 수변기능들이 발생한다.

하천수변에서의 단속(斷續)은 가끔 그 지역으로 들어가는 손상과정의 깔때기 효과(effect of funneling)를 기대할 수 있다. 예를 들어 하천수변에 인접한 갈라진 틈은 그 지역으로의 증가된 유출량에 초점을 맞추면 여과기능을 감소시킬 수 있다. 이는 침식과 도랑을 유발할 수 있으며, 토사와 영양물들의 하천으로의 자유로운 흐름을 유발할 수 있다. 하천수변 경계에서의 가장자리는 여과 과정의 시작점이 된다. 급격형 가장자리는 보통 교란으로 발생하며 생태계 사이의 이동을 방해하고, 경계를 따른 이동을 조장한다. 초기 여과기능을 좁은 지역으로 집중시킬 수 있다. 점진형 가장자리는 보통 자연적으로 발생하며 모양이 다양하고 생태계 사이의 이동을 돕는다. 여과기능을 증가시키며, 보다 넓은 생태경사 속으로 확산한다(그림 2.31).

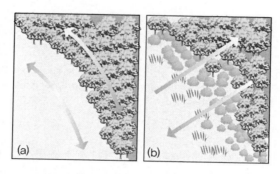

그림 2.31 가장자리는 (a) 급격형 또는 (b) 점진형으로 구분한다.

수변과 나란하게 이동하는 것은 균등하지 않은 수변 가장자리의 골짜기와 돌출부에 의해서 영향을 받는다. 이는 수변으로 흘러들어가는 물질들의 장벽이나 여과기능처럼 거동한다. 개별 식물들은 선택적으로 물질들을 포착한다. 가장자리 경계를 따라서 이동하는 초식동물들은 보호처가 될 만한 오목한 곳에서 쉬며 선택적으로 먹기 위해서 정지한다. 바람에 의해서 씨앗들이 수변 속으로 날아들 수 있으며 이 씨앗들은 조건이 맞으면 발아하여 개체수를 증가해간다.

2.5.4 공급(供給)과 소멸(掃滅)기능(source and sink function)

공급기능은 유기물, 에너지 또는 물질들을 주변의 경관에 공급한다. 소멸기능을 하는 지역은 유기물과 에너지 또는 물질들을 주변의 경관으로부터 흡수한다. 유입과 유출 구간(1.2절에서 설명)은 공급과 소멸기능의 전형적인 예다. 유입 또는 손실구간은 대수층에 대한 물의 공급원이며, 유출 또는 획득구역은 지하수를 잃어버리는 것이다. 하천수변 또는 수변 내의 특성은 환경물질들의 공급원 또는 소멸원으로 역할을 하며, 일부 하천수변들은 계절에 따라서 또는 수변 내의 위치에 따라서 양쪽기능 모두를 감당하기도 한다. 하천제방은 하천에 대한 토사 공급원이 되며, 때로는 홍수기간 중에는 제방에 새로운 토사의 퇴적으로 토사의 소멸기능을 감당하기도 한다. 경관규모에서 수변들은 그 경관 내의 다양한 다른 서식지들의 식생조각들과의 연결자 역할을 하며 경관 전체를 통해서 유전물질들의 공급원과 통로기능을 수행한다.

하천수변은 역시 지표수, 지하수, 영양물, 에너지 그리고 토사 등의 저장 같은 일시적으로 수변에 고정되는 소멸기능을 수행하는 것이다. 질소, 인 그리고 여타 영양물 같은 식생된 하천으로 들어오는 용해된 물질들은 마찰, 뿌리 흡수, 점토 그리고 토양 유기물질 등에 의해서 유입이 제한된다.

Forman(1995)은 홍수터 식생으로부터 유래하는 다음과 같은 세 가지 공급과 소멸 기능을 제안하고 있다.

- 홍수의 완화 또는 생체(生體) 흡수를 통한 하류부 홍수의 감소
- 홍수기 동안의 토사와 다른 물질들의 오염
- 토양유기물과 수생유기물의 공급

생물과 유전자원의 공급과 소멸 관계는 매우 복잡하다. 내륙숲새는 너무 작은 숲 식생조각에 둥지를 틀면 둥지기생(nest parasitism)에 취약하다. 이러한 종류들에게는 작은 숲 식생조각은 그들의 번식을 못하게 하는 원인들에 의해서 개체수와 유전적 다양성을 줄이는 소멸원으로 여겨진다. 상대적으로 충분한 내부 서식지를 가진 대규모 숲 식생조각은 성공적인 번식을 지원하며 개체수의 증가와 유전적 조합의 공급원이 될 수 있다.

2.5.5 동적평형(dynamic equilibrium)

앞에서 하천수변이 구조와 과정과 기능면에서 일관성 있는 형태를 보여주고 있지만, 이러한 형태는 자연적으로, 지속적으로, 심지어는 사람들의 교란이 없다 하더라도 변한다.

빈번한 변화에도 불구하고 하천과 하천수변은 안정성의 역동적 모습을 보여주고 있다. 하천수변처럼 지속적인 생태계 변화에서 안정성은 시스템 조건들의 범위 내에서 지속하는 능력인 것이다. 이러한 현상을 "동적평형"이라 한다.

동적평형을 유지하기 위해서는 하천수변 생태계 내에서 스스로 수정하는 기구(self-correcting mechanisms)의 활성화를 필요로 한다. 이러한 기구는 생태계가 외부 스트레스나 교란을 반응의 일정범위 내에서 제어할 것을 허용한다. 따라서 스스로 지속하는 조건들을 유지하는 것이다. 이러한 범위와 관련한 한계수준을 밝혀내고 계량화하는 일은 결코 쉬운 일이 아니다. 만약 한계를 넘으면 그 시스템은 불안정하게 되는 것이다. 따라서 수변들은 새로운 정상상태 조건들을 획득하기 위한 조정의 연속적 과정하에 놓이게 된다. 하지만 이에는 보통 장시간이 소요된다.

많은 하천시스템들은 상당한 교란들을 수용할 수 있으며, 교란의 공급원이 제어되거나 제거된 후 적정한 시간이 지나면 기능적 조건으로 되돌아간다. 수동적 복원은 외부 스트레스가 제거될 때 생태계는 그들 스스로를 치유하려는 경향에 기초하는 것이다. 가끔은 스트레스의 제거와 자연적인 복원에 필요한 시간을 주는 것은 경제적이고도 효과적인 복원 전략이 될 수 있다. 심각한 교란과 변화가 발생하면 하천수변은 스스로를 복원하는 데 수십 년이 요구될 수 있다. 그렇다 하더라도 복원된 하천은 본래의 가능성과 비교할 때 생태적 가치가 아주 사라진 매우 다른 형태의 하천으로 될 수가 있다. 복원전문가들의 분석이 장기적인 복원시간이 필요하다거나 하천복원 가능성이 의심스러울 경우, 그들은 능동적 복원 기법을 사용하기로 결정할 것이다. 이는 보다 기능적인 수로 형태와 수변구조, 그리고 생물학적 군집을 보다 짧은 시간 내에 정착시키기 위해서다. 능동적 복원의 가장 중요 이점은 보다 빨리 기능성을 얻는다는 점이다. 하지만 가장 큰 도전은 바람직한 동적평형 상태를 재확립하기 위한 계획과 설계와 정확한 실행이다.

이 같은 새로운 평형조건은 교란발생 전의 조건과는 다를 수 있다. 더하여 교란은 가끔 복원할 수 있는 자연능력 이상으로 많은 스트레스를 줄 수 있다. 이럴 경우 교란이나 스트레스의 원인을 제거하거나(수동적 복원) 혹은 하천수변 생태계의 구조와 기능에 대한 손상을 수정할 복원(능동적 복원)이 필요한 것이다.

2.5.6 가장자리 서식지와 내부 서식지

두 가지 중요한 서식지 특성으로 가장자리 서식지와 내부 서식지가 있다(그림 2.32). 가장 자리는 서로 다른 생태계 간의 상호작용이 이루어지는 중요한 선이다. 내부 서식지들은 일 반적으로 생태계가 오랜 기간 동안에 상대적으로 동일하게 유지되는 보다 안전하고 잘 보호 되는 환경이다. 내부 식물들과 동물들은 가장자리의 변동성을 즐겨하거나 인내하는 종류들 과는 상당히 다르다. 가장자리 서식지는 매우 변동성이 큰 환경경사(environmental gradients) 에 노출된다. 결과는 다른 종류의 구성과 내부 서식지에서 관찰되는 것보다는 더 큰 풍부성 이다. 가장자리는 내부 서식지에 대한 교란의 여과기로서의 역할을 하기 때문에 매우 중요 하다. 가장자리는 동물군과 식물군의 매우 큰 다양성과 더불어 다양한 공간으로 될 수 있다.

그림 2.32 식림용지(植林用地)의 가장자리와 내부 서식지

가장자리와 내부 공간은 규모와는 관계없는 공간이다. 내부 숲 종류로 알려진 대형 포유 동물들은 바람직한 서식지를 구하기 위해서 숲의 가장자리로부터 수 km의 폭을 필요로 한 다. 한편으로 곤충이나 양서류(兩棲類)들은 부식한 나무들 아래에 있는 미소 서식구역의 가 장자리와 내부에 민감할 수 있다. 따라서 하천수변의 가장자리와 내부는 고려하는 종류에 따라 다를 수 있다. 육지와 물의 경계면을 포함하고 또 가끔은 대지의 끝자락에서 자연적/인

위적 경계를 포함하는 길쭉하고 좁은 생태계일수록 하천수변은 가장자리의 풍부함을 가질 수 있으며, 생물들에게 뚜렷한 가장자리 효과를 나타낼 수 있다. 가장자리와 내부는 각각 다른 종류의 식물종들과 동물종들이 선호하며, 따라서 가장자리나 내부를 일관되게 "나쁜" 또는 "좋은" 서식특성으로 평가하는 것은 부적절하다. 어떤 경우에는 가장자리를 유지하거나 증가하는 것이 바람직하며, 다른 경우에는 내부 서식지를 선호할 수 있다. 일반적으로 사람들의 활동은 가장자리를 증가시키며 내부를 감소시키는 경향을 보인다. 따라서 특별한 관리를 위해서는 내부를 유지하거나 보호하는 것이 선호될 때가 자주 있다. 하천수변 경계에 있는 가장자리 서식지는 전형적으로 보다 많은 태양 에너지와 강수와 바람 에너지와 인접한 생태계로부터의 다른 영향들을 공급받는다. 하천수변의 가장자리에서의 환경경사의 차이는 다양해진 식물과 동물군집의 인접한 생태계와의 상호작용을 낳게 한다. 가장자리의 효과는 내부 서식지의 양이 최소화될 때 분명해진다. 내부 서식지는 요소들의 주변으로부터 훨씬 더 멀리서 발생한다. 내부는 생태계의 가장자리에서 발견되는 것보다 보다 안정된 환경입력이 많은 것으로 특징짓는다. 내부에서는 햇빛과 강우와 바람효과는 강도가 작다. 민감하거나 희귀종류들은 그들의 생존을 위한 덜 교란된 환경조건에 달려 있다. 따라서 그것들은 단지 내부 서식지 조건들에서만 견딜 수 있다. 이러한 내부 서식조건들을 만드는 데 필요한 주변으로부터의 거리는 종류별 요구사항에 따른다.

내부의 식물과 동물은 가장자리를 선호하거나 견디는 생물상들의 다양성과는 상당히 다르다. 가장자리에서의 풍부함과 더불어 수변은 가끔 가장자리만 선호하는 종류들을 가질 때가 있다. 대규모 생태계와 넓은 수변들은 현대의 경관에서는 쪼개짐이 증가하는 경향을 보이고 있어 가끔은 내부 종류들이 희귀해지며 따라서 복원의 대상이 되기도 한다.

내부 종류들의 서식지 요구사항(가장자리로부터의 거리의 관점에서)은 보다 큰 하천수변의 복원에서 서식지 형태와 지속가능한 군집의 다양성을 제공할 유용한 지침이 될 수 있다.

2.5.7 안정성(安定性), 교란(攪亂) 그리고 회복(回復)

생태계의 특성으로서 안정성은 저항성(resistance)과 탄력성(resilience) 그리고 회복성(recovery)의 개념들을 조합하는 것이다. 저항성은 원래의 모습과 기능을 유지하는 능력이다. 탄력성은 시스템이 교란 후에 안정된 조건으로 되돌아가는 율을 나타낸다. 회복성은 하나의 시스템이 교란 후에 원래의 조건으로 되돌아가는 정도를 나타낸다. 자연시스템은 회복과 안정성을 생산하기 위해서 교란에 대응하는 방법을 스스로 발전시킨다. 사람들의 행위들은 가끔 자연 시스템의 회복능력을 초과하는 추가적인 교란을 중첩시켜왔다. 변화가 일어난다고 해서 반 드시 시스템이 불안정해진다거나 나쁜 조건으로 된다는 것은 아니다.

식생조각모음의 안정성은 국지적인 변화가 여전히 자리집고 있는 보다 큰 시스템의 안정 성을 나타내기 위해서 사용된다. 식생조각모음 안정성은 지점별 특성을 결정함에서 경관의 상호관계의 중요성을 나타내는 것이다. 예를 들어 급격히 도시화된 곳에서는 100년 빈도의 홍수에 노출된 강변 시스템은 희귀 양서류의 개체수를 갈라놓고 격리시키는 이미 서식지가 감소된 위험하게 부서진 곳임을 나타낸다. 이와는 대조적으로 덜 개발된 지역에서 홍수에 노출된 동일한 강기슭 시스템에서는 희귀 양서류에 대한 지리적 장벽은 없을 것이나, 단지 제한되지 않은 자연적인 기능이 작동되는 하천에서 적정한 서식지와 부적정한 서식지 사이 를 지속적으로 옮겨 다니는 식생조각모음으로 역할을 할 것이다. 식생조각모음의 안정성이 있는 후자의 지역에서는 복원은 필요 없을 것 같으나, 전자의 지역에서는 식생조각모음의 안정성이 없으면 복원작업이 긴급히 필요할 것이다. 어떠한 하천수변에서도 성공적인 복원 을 위해서는 이 같은 핵심적인 근원적 개념의 이해를 필요로 한다.

CHAPTER 03

하천수변에 영향을 주는 교란(攪亂)

CHAPTER 03 하천수변에 영향을 주는 교란(攪亂)

    하천수변과 또 관련한 생태계에 변화를 가져오는 교란(攪亂, disturbance)은 자연적인 사상이거나 아니면 사람의 활동에 의한 것으로, 개별적이거나 복합적으로 발생한다. 개별적이든 복합적이든 간에 교란은 하천수변에 그 구조를 왜곡시키거나 핵심적인 기능을 하는 능력을 손상시키는 스트레스를 준다. 이러한 교란의 진짜 충격은 그 충격들이 생태계 구조와 과정들 그리고 앞 장에서 정리한 기능들에 어떻게 영향을 주는가를 이해하는 데 있다.

    하천수변 내에서 혹은 인근에서 발생하는 교란은 안정시스템의 특성들의 한 가지 또는 그 이상을 영구적으로 왜곡시킬 수 있는 효과들의 원인을 나타내는 고리들을 산출한다. 이러한 고리들에 대해서는 그림 3.1에 나타내었다(Wesche, 1985).

    교란은 하천수변과 또 관련한 생태계 내에서 어디서든지 발생할 수 있으며, 발생빈도와 기간과 강도는 다양하게 변할 수 있다. 단일교란 사상은 발생빈도와 기간과 강도와 위치가 다른 다양한 교란의 시작점이 될 수 있다. 직접 또는 간접 교란의 이러한 연속적인 형태는 각 단계별로 복원계획과 성공적인 결과를 낳을 수 있는 설계에서 반드시 반영되어야 한다. 이 장에서는 다양한 교란들이 어떻게 하천수변과 또 관련한 생태계에 영향을 끼치는가에 초점을 맞추고 있다. 어떤 교란이 시스템에 어떠한 스트레스를 주는가와 이러한 스트레스에 시스템이 어떻게 반응하는가를 이해하는 것은 하천수변 구조와 기능들을 복원하는 데 필요한 행동들을 결정하는 데 절대적인 도움이 될 수 있다.

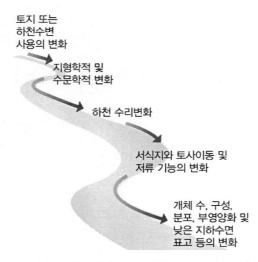

그림 3.1 교란으로 인한 사상들의 고리들. 하천수변 시스템에 대한 교란은 전형적으로 하천수변 구조와 기능들을 왜곡시키는 원인고리들의 결과를 낳는다.

3.1절(자연교란)에서는 광범위한 시·공 규모에서 가능한 자연교란 사상들을 소개한다. 가끔은 하천수변의 작동에서의 동적시스템과 발달과정의 일부로서 자연적인 재생과 복원과 자연적인 교란들의 원인들을 간략하게 제시한다.

3.2절(인적교란)에서는 전통적으로 하천수변의 이용과 관리는 사회의 건강성과 안정성 또는 물질적 풍부성에 초점을 맞추어옴에 따라 하천수변의 교란들과 생태학적 구조와 기능들에 미치는 효과들의 인적인 형태들이 흔하였기에 중요한 교란 활동과 그들의 잠재적 영향들을 간략하게 설명하기로 한다.

광범위한 시·공 규모에서의 변화를 보면, 교란은 공간적 규모와 시간의 변동 내에서 다양하게 발생한다. 작물의 교대재배 같은 변화는 토지사용과 관련하여 하천규모나 구간규모에서 단일 연도 내에서 발생할 수 있으며, 도시화 같은 변화는 수변규모나 하천규모 내에서 10여 년 걸릴 수도 있다. 또 장기적인 숲 관리 같은 변화는 경관규모 혹은 수변규모 내에서 몇십 년 걸릴 수도 있다. 지형변화나 기후변화는 수백, 수천 년 만에 일어나지만 기상변화는 매일 발생하는 것이다. 지질구조는 수백 년에서 수백만 년에 걸치는 동안, 즉 사람의 관찰한계를 넘어서는 동안에 경관을 변화시킨다. 지질구조는 지구표면의 표고를 수정할 수 있는 단층 조성이나 지진을 일으키는 것과 같은 산을 만드는 힘이나 지표의 경사를 변화시키는 힘을 가진다. 이러한 변화에 반응해서 하천은 하천단면이나 평면형태를 변화시킨다. 이와는 대조적으로 기후변화는 역사적으로, 심지어는 지질학적으로도 기록되어왔다. 강수의 양과 시간성과 분포는 식생과 토양과 유출의 변화 양상의 원인이 되고 있으며 하천수변은 강우유출과 토사유출의 변화에 따라 변화를 거듭한다.

3.1 자연교란(自然攪亂, natural disturbances)

자연교란은 천문교란, 기후(기상)교란, 지질교란 등을 포함하는 것으로 이들의 발생기구를 이해하고 그 생태학적 기능들을 이해하는 것이 중요하다. 다만 본서에서는 개념적으로 간단하게 요약하기로 한다. 조금 더 구체적으로 들여다보면, 태양흑점 폭발, 가뭄, 장마, 태풍, 지진과 화산, 혹서(폭염)와 혹한, 폭설, 농무, 황사와 미세먼지, 화재, 기후변화(기상의 극한 현상) 등이 생태계에 미치는 영향은 지대할 수 있다.

가뭄과 장마, 호우와 홍수, 태풍, 폭풍, 산불, 천둥번개, 화산폭발, 지진, 곤충과 질병, 산사태, 혹서와 혹한, 폭설 그리고 기후·기상 변화들은 하천수변의 구조와 기능들을 변화시키거나 교란시키는 많은 자연현상에 속하는 사상들이다. 생태계가 이러한 자연교란에 어떻게 반응하느냐 하는 것은 그들의 상대적인 안정성과 저항성과 탄력성에 따른다(그림 3.2). 많은 경우에서 복원 노력이 없이도 자연적으로 회복되었다.

그림 3.2-1 가뭄-자연적 교란 중의 하나   그림 3.2-2 바닥 드러낸 지방하천(2009년 겨울-봄 가뭄)

자연교란은 때로는 재생과 복원의 중요한 수단이 되기도 한다. 예를 들면, 어떤 강기슭 식물들은 그들의 생애주기에서 파괴적인 사상과 교차적인 홍수와 가뭄 같은 높은 에너지 교란을 경험하도록 하는 것이다. 일반적으로 강기슭 식생은 탄력성이 강하여 이 같은 교란에 적응력이 매우 높은 편이다.

3.2 인적교란(人的攪亂, human induced disturbances)

인적교란은 토지사용 활동에 의한 것으로 하천수변의 생태학적 구조와 기능에 대한 지속적인 변화를 주는 가장 큰 가능성을 가진 것이다(그림 3.3).

그림 3.3 농업활동. 토지사용 활동은 유역과 하천수변에 광범위한 물리적, 생물학적 및 화학적 교란을 유발할 수 있다.

화학적 교란 효과를 정의하면 농업활동(농약(살충제와 제초제 등)과 영양물(비료)), 도시활동(도시(생활)오염물질, 산업폐기물질) 그리고 광업활동(산성광물 배출수와 중금속) 등을 포함하는 많은 활동을 통해서 찾아볼 수 있다. 그것들은 하천에서의 자연적인 화학순환을 교란시킬 가능성을 가지기 때문에 결국은 수질을 퇴화시킬 것이다. 농업으로부터의 화학적 교란은 보통 광범위하며, 비점오염원이다. 도시와 산업 폐기물 오염원은 전형적으로 점오염원이며 가끔은 영향기간 면에서 만성적이다. 토사에 달라붙은 농업화학물과 토양염도의 증가를 포함하는 2차 효과는 물리적 활동(관개(灌漑)와 제초제의 과다사용 등)의 결과로 빈번히 발생한다. 이럴 경우 하천수변에서의 증상을 처리하는 것보다는 그 공급원 위치에서 물리적 활동을 제어하는 것이 보다 효과적이다.

생물학적 교란효과를 정의하면, 그것들은 종의 내부(경쟁과 상호포식 등)에서와 종들 사이(경쟁과 포식(捕食) 등)에서 발생한다. 이러한 교란들은 많은 생태계에서의 개체 규모와 군집(群集)의 조직을 결정하는 중요한 요소인 자연적인 상호작용이다. 생물학적 교란은 부적정한 방목(放牧)관리나 위락활동에 기인한 것으로 빈번히 발생한다. 외래종의 식물과 동물들의 출현은 광범위하게, 강도 높게, 또한 연속적인 스트레스를 토종생물군집에 가할 수 있다.

물리적 교란 효과는 경관규모와 하천수변규모로부터 하천규모와 구간규모에 이르는 어떤 규모에서도 발생할 수 있다. 그들은 발생지점으로부터 멀리 떨어진 지역 혹은 지점에서 충격의 원인이 될 수도 있다.

홍수조절, 숲 관리, 도로건설과 유지관리, 농업경작 그리고 관개(灌漑)는 물론, 도시의 잠식 같은 각종 활동은 유역의 지형과 수문현상은 물론 유역 내의 하천수변 형태에 극적인 효과를 발휘한다.

식물군집과 토양의 구조를 변경하면, 이러한 여러 가지 활동은 물의 침투와 이동에 영향을 줄 수 있어서 결국은 유출사상의 시간성과 규모를 변화시킨다. 이러한 교란은 구간규모에서도 발생할 수 있으며 하천수변 복원에서 포함될 수 있는 변화의 원인이 될 수도 있다. 하천 수리조건들의 수정은 하천시스템에 직접으로 영향을 줄 수 있어서, 홍수에 의한 교란의 강도를 증가시킬 수 있다.

3.2.1 보통(공통)교란

댐 건설, 수로화 그리고 외래종의 출현은 많은 곳에서 발견되는 교란의 형태를 보여준다. 따라서 잠재적으로 교란 가능성이 있는 토지사용 방법별로 구체적으로 설명하기로 한다. 토지사용의 변화는 수많은 사회적 이익을 유발한다. 여기서는 교란의 가능성에 초점을 두기로 한다.

(1) 댐 건설

하천토사로 축조한 소형임시 구조물에서부터 대형 다목적 구조의 댐에 이르기까지 댐은 하천수변에 깊고도 다양한 충격을 준다. 그 범위와 충격은 크게 댐의 목적과 하천흐름과 관련한 규모에 달려 있다(그림 3.4).

그림 3.4 관개용 댐(저수지)

댐으로부터 방류하는 유량변화는 하류부에 대한 효과의 원인이 된다. 수력발전용 댐의 유량은 첨두발전량 필요에 따라서 시간단위와 일단위로 크게 변하며 하류 지형에 영향을 준다. 유량변화율은 하천제방 침식과 뒤따르는 강기슭 서식처의 손실 증가에 심각한 요소가 된다. 댐은 유입수와는 다른 방출수를 내보낸다. 흐르는 하천은 느리며, 정체된 물속으로 들어가면서, 때로는 호수환경으로 된다. 용수공급 댐은 하천유속을 감소시킨다. 따라서 하천수변 모양과 식물군집 그리고 서식처를 변화시키거나, 역시 하천수변의 변화를 낳을 수 있는 흐름의 증대를 유발할 수도 있다.

댐은 하천수로에 있는 유기체들을 유지하게 하거나 이동시킬 수도 있다. 흐름이 방해를 받으면 수생유기체들의 통과나 이주를 막거나 느리게 한다. 이렇게 되면 하천수변기능과 더불어 먹이망에도 영향을 주게 되는 것이다(그림 3.5).

그림 3.5 댐의 생물학적 영향. 댐은 회귀성 어종들과 기타 수생 유기체들의 이주를 막을 수 있다.

유속이 빠르지 않으면 실트는 수생종류들이 알을 낳을 수 있는 자갈바닥으로부터 씻겨나가지 못한다. 상류의 물고기들의 이동은 상대적으로 작은 구조 속에 갇히게 된다. 하류로의 이동은 댐이나 저수지에 의해서 느리게 되거나 멈추게 된다. 하천흐름이 저수지에서 사라지게 되면 회귀성 물고기들의 2년생들(처음으로 바다로 나감)은 하류방향에 대한 감각을 상실하게 되거나 더욱 포식(捕食)대상이 되거나 변화된 수질화학이나 다른 영향의 대상이 될 수 있다.

댐은 또한 변화된 수질에 의해서 수생종들에게 영향을 줄 수 있다. 상대적으로 일정한 흐름은 일정한 수온을 유발할 수 있어서 번식이나 발육에 온도변화를 요구하는 종들에게는 영향을 미칠 수 있다. 관개용수가 저장되는 곳에서는 부자연스러운 느린 흐름이 발생할 수 있으며, 보다 쉽게 따뜻해지기도 하며 산소가 적은 상태로 되어 수생유기체에 스트레스를 유발하거나 죽이기도 한다. 마찬가지로 대규모 저류지는 수온이 낮은 물을 유지하며 방류하게 되어 하류부에 심각한 냉수해를 유발하여 자연물고기들이 생존하지 못하게 되거나 따뜻한 물을 선호하는 식물들(논 벼 같은 작물들)에게 냉해를 줄 수 있다.

댐은 역시 토사와 유기물질들의 흐름도 방행할 수 있으며, 특히 대규모 댐에서는 분명히 그러하다. 반면에 표고가 낮고 저수용량이 적은 댐들은 자연홍수와 이송주기를 단지 약간만 수정한다. 하천흐름이 느려짐에 따라서 토사량은 줄어들고 토사들은 하천으로부터 벗어나 저수지 바닥에 퇴적되게 된다. 하류부의 먹이고리에 필수적인 영양물을 공급하던 토사에 부유했던 유기물질들은 하천 생태계로 벗어나 사라지게 된다. 부유했던 토사가 줄어들면 하류부 하상과 제방의 세굴이 발생되어 평형하상토사(equilibrium bed load)가 이루어질 때까지 진행될 것이다. 세굴은 하상을 낮추며 하천제방과 많은 종류들의 필수 서식처인 강기슭 구역을 침식시킨다. 새로운 토사공급이 없다면 사주(沙柱)가 끝내는 없어진다. 더하여 하천 수로가 잘리게 되면 강기슭 하부의 수면도 역시 내려가게 된다. 따라서 수로절단은 하천수변 내의 식생군집 구성 내에서 역경사를 유발할 수 있다. 역으로 댐이 건설되어 홍수피해를 줄이도록 운영되면, 대규모의 홍수가 없어져 수로가 매적(埋積)작용을 일으키게 되어 좁아지며 2차 수로가 수로 내에 만들어진다.

(2) 수로화(水路化)와 분류(分流)

댐과 마찬가지로 수로화와 분류도 하천수변 변화의 원인이 된다. 하천 수로화와 분류는 어떤 수생 유기체의 생애주기 동안의 특정 시간에 필요한 여울과 소(沼)의 복잡성을 파괴시킬 수 있다. 수로화와 분류의 홍수소통 이점은 가끔은 증가된 하천유속과 감소된 서식처 다양성 의한 생태적 손실을 대신할 수 있다. 균일 통수단면과 수로보강 같은 수로의 수정정비는 하천토사에서 살아가는 유기물들의 서식처를 줄여준다(그림 3.6).

그림 3.6 하천수로화

고밀도의 대형 무척추동물들을 지원하던 대형 나뭇조각 부유물들이 제거되면 서식처 역시 상실하게 된다.

하천수변에 분류가 미치는 충격은 나눠지는 물의 시간성과 양은 물론 분류구조물의 위치와 설계 그리고 운영 또는 양수기 가동에 달려 있다(그림 3.7).

그림 3.7 하천분류(分流)시설. 분류시설은 수많은 물공급(농업용수, 산업용수, 식수공급 등) 목적의 시설이다.

하천흐름에 미치는 분류의 영향은 댐의 그것들과 유사하다. 제방의 영향은 위치와 설계와 유지수단에 달려 있다. 흙으로 만든 분류수로는 새기도 하며, 관개용수의 손실을 가져와서 습지를 만드는 경우도 있다. 누수는 식생회랑을 지원하게 되어 단순한 강변군집을 형성하거나 능수버들 같은 위성류(渭城柳)들의 외래종의 확산을 촉진할 수 있다.

분류는 또한 물고기들을 잡게 하여 산란을 없이 할 수 있으며 종들의 건강을 해칠 수 있으며 물고기들을 죽음에 이르게도 할 수 있다. 홍수피해저감 수단들은 다양한 전략들을 포함하나 그들 중 일부는 하천수변 복원 목적에 맞지 않을 수도 있다. 홍수방벽과 제방은 하천유속을 증가시킬 수 있으며, 하천의 고유량을 좁은 곳으로 국한시킴으로써 홍수위를 상승시킨다. 홍수방벽을 하천으로부터 멀리에 설치하면 그것들은 하천수변을 규정할 수 있으며, 일시적 홍수류 저장을 포함하여 홍수터의 자연적인 기능의 일부 또는 전부를 규정할 수 있다. 하천에 나란하게 설치된 제방은 강기슭 서식처를 대체하려는 경향이 있다. 나무의 상층부와 다른 강기슭 식생의 손실이나 사라짐은 그늘과 온도, 영양물의 변화를 가져올 수 있다.

(3) 외래종의 출현

하천수변은 자연적으로 흐름이 변하며 계절적인 리듬을 가진 환경 안에서 변한다. 자연 종들은 그러한 조건들이 없으면 생존할 수 없을 것 같은 그러한 조건들을 수용한다. 봄의 가뭄과 여름의 장마와 홍수 그리고 가을과 겨울의 갈수 환경에 자연스레 적응된 하천수변은 새로운 식물과 동물(베스, 황소개구리, 중국 꽃매미 등)의 연속시스템과 재래종의 감소 환경 을 만들어낼 수 있다.

외래종의 출현은 그것이 국제적이든 아니든 간에 포식(捕食) 체계, 교배에 의한 잡종번식, 질병의 출현 같은 급변의 원인이 된다. 재래종이 아닌 것들은 수분, 영양물, 햇빛 그리고 공간을 재래종과 경쟁하며, 새로운 식물과 먹거리 그리고 서식처의 확립률에 역효과를 발휘 할 수 있다. 어떤 경우는 외래식물종은 하천제방을 따라서 밀도 높은, 통과할 수 없는 잡목 숲을 만들게 되어 하천의 위락 가치를 손상시킬 수 있다(그림 3.8).

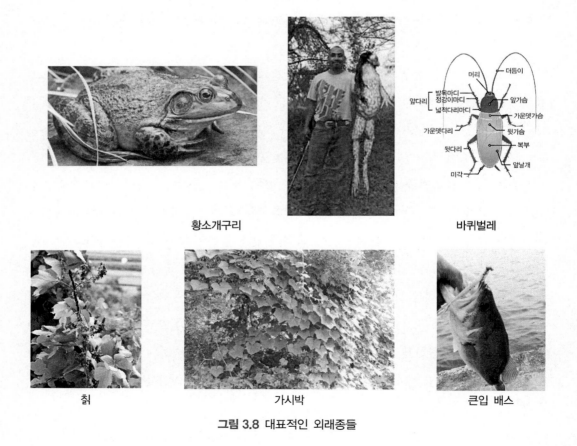

황소개구리　　　　　　　바퀴벌레

칡　　　　　　　가시박　　　　　　　큰입 배스

그림 3.8 대표적인 외래종들

외래종의 출현 효과에 대해 잘 알려진 예로는 베스, 황소개구리, 칡, 아카시아, 가시박, 재선충, 바퀴벌레 등을 들 수 있다. 이러한 종류들은 넓게 퍼지며 밀도가 높으며 생명 지속성이 커서 지속적으로 다른 생물군집에 스트레스를 가하고 있다.

3.2.2 토지사용 활동

(1) 농업

교란되지 않은 땅을 생산 농토로 전환하면 기존에 있던 동적평형 상태를 깨트린다. 경관규모, 유역규모, 하천수변규모, 하천규모 그리고 구간규모에서의 농업활동은 일반적으로 안정된 시스템에서 보통 발견되는 구조와 기능들의 혼합에 심각한 변화를 포함하는 하천수변의 잠식 결과를 낳는다(그림 3.9).

그림 3.9 중소하천수변의 농지, 산업시설, 도로, 주거지 이용 상태에 따른 하천수변의 변화

① 식생제거

농업활동으로부터의 가장 분명한 교란은 자연식생과 강기슭 식생 그리고 대지(臺地) 식생의 제거이다. 생산자(무기물에서 유기물을 만드는 녹색 식물 따위 생물의 총칭)는 생산적인 토지와 더불어 경제적 이득을 더할 수 있도록 경작되어야 한다. 따라서 식생은 경작지를 위해서 희생되는 것이다. 식생의 구조와 분포가 변화됨에 따라서 구조와 기능 간의 상호작용은 분해되는 것이다. 하천제방, 홍수터 그리고 대지로부터의 식생제거는 하천수변의 수문학적, 지형학적 기능들의 혼선을 낳기도 한다. 이러한 교란들은 박막(지표)침식, 실개천 침식, 도랑 침식, 침투의 감소, 대지의 지표유출 증가, 오염물질의 이송, 제방침식의 증가, 불안정 수로, 망가진 서식처 등의 발생을 유발할 수 있다.

② 수로 내부 수정

농업시스템을 보호하기 위해 채택된 홍수조절 구조와 수로수정은 하천수변과 인접한 대지의 지형학적 및 수문학적 특성들을 더욱더 붕괴시킬 것이다. 농업목적을 위해서 하천은 가끔 직선화되거나 보다 효율적인 생산을 위해서 사각형 모양으로 그리고 증가된 유출량에 맞추어서 새로운 단면과 기하학적 통수단면으로 재건설하는 방향으로 옮겨간다.

하천수변은 물고기 서식처 같은 단일목적으로 또는 국지화된 하천제방 침식 조건들을 관리하기 위해 수정되기도 한다. 이러한 변화에 기인한 일부 잠재적인 효과로는 대지나 홍수터 지표흐름과 지하흐름을 왜곡시키는 일이다. 예로서 수온과 탁도의 증가, pH와 잘린 수로의 증가, 지하수위의 저하, 제방의 실패 그리고 수생 및 지표 종을 위한 서식처의 손실 등이다.

③ 토양노출과 다짐

경작과 토양다짐은 토양의 분할 능력과 경관 내에서의 물흐름 조절능력을 방해한다. 또한 지표유출을 증가시키며 토양의 보수(保水)능력을 감소시킨다. 토양상층부를 통과하는 흐름(중간 유출)율과 체적의 증가가 자주 발생한다. 경작 역시 토양밀도를 증가시키며 물의 땅속으로의 이동을 제한하는 투수계수를 감소시킨다. 따라서 결과적으로 지표수와 지하수에서의 변화로는 수로를 단절되게 한다. 또한 경작으로 인한 토양노출은 토사유출을 증가시키는 경우가 많다. 특히 경사지에서 그러하다.

④ 관개(灌漑)와 배수(排水)

관개를 위해서 지표수를 나누는 것과 대수층의 고갈은 하천수변에 중요한 변화를 가져온다. 대수층은 양질의 지하수가 풍부하고 하천이나 호수 그리고 저수지보다도 확실한 공급원이기 때문에 농업용수의 바람직한 공급원으로 이용되어왔다. 지하수공급은 기후변화와 공급과잉으로 인해서 지하수위가 하강함에 따라 고갈의 위험상태에 있다.

습지토양을 농업생산이 가능하도록 전환을 허용하는 농업배수(農業排水)는 지하수면을 낮추고 있다. 토관(土管)배수시스템은 지하수유량을 한 점 공급원으로 모은다. 이는 보다 자연적인 유출량이 스며 나오거나 샘과 같은 확산공급원과는 대조적이다. 지표하 토관배수시스템과 건설된 수로와 배수도랑은 경관규모의 교란망을 구성한다. 이 같은 실행은 서식처와 유출속도를 줄이고 정화하는 데 필요한 자연여과 시스템을 제거하거나 조각내어버린다. 결과는 수문곡선을 심하게 변화시킨다.

• 배수와 하천제방 침식

많은 습지들이 경작지를 확보(증가)하기 위해서 배수되어왔다. 경지를 더 확보하고 농업활동의 편리성 증진을 위해서 자연농지에서 경지정리를 하면서 산재하던 늪지나 소택지, 웅덩이, 소규모 저수지 등을 모두 배수하거나 매립하여 없애버려 왔다. 이들은 모두 지표수를 저장하는 기능을 수행하여왔던 것이다. 결과로 농지에서 발생하는 토사, 특히 부유사들을 저장될 곳이 없어져서 모두 하천으로 직접 유출되게 된 것이다. 그뿐 아니라 작물에 이용되지 않은 비료들과 농약들(제초제와 살충제 등)이 하천으로 직접 유출하게 된 것이다. 이를 제어하기 위해서는 농장 하류부에 저습지를 조성하는 것이 필요하다는 주장까지 나오게 된 상황이다. 특히, 농장침식이 없는 지역에서의 하천제방 침식은 하천토사의 중요한 공급원이 된다고까지 주장하고 있다. 하천제방의 침식은 배수와 이어지는 유역에서의 유출형태의 변화의 결과로까지 인식되고 있다.

⑤ 퇴적물과 오염물질

농업과 관련한 토양의 교란은 토사로 오염된 유출수를 발생한다. 이는 오염물질의 중요한 비점공급원이다. 작물 성장기 동안에 뿌려진 농약과 영양물(주로 질소와 인과 칼륨)은 용해가 되든지 아니면 토립자에 흡착되어 지하수나 지표수 흐름 속으로 녹아 들어가 하천수변에 이른다. 공중살포를 하면 이 같은 동일한 화학제품은 하천수변으로 떠내려갈 수 있다. 집중 동물생산시설로부터의 동물쓰레기들의 부적절한 저장과 사용은 하천수변에 대한 화학적 및 박테리아 오염의 잠재적 공급원이 되고 있다.

토양염분은 홍수터와 젖은 토양, 호수 또는 얕은 지하수위 지역의 낮은 층에서 발견되는 자연스럽게 발생하는 현상이다. 이러한 지역으로 들어가는 지표수와 지하수에 녹은 염분은 얕은 지하수와 토양에 집중되어 소위 증발산으로 물이 제거된 상태가 된다. 이러한 곳에서의 농업활동은 식생형태의 변화나 관개용수의 적정한 배수가 없는 경우에 토양염화율(rate of soil salinization)을 증가시킬 수 있다.

작물들은 염분을 사용하지 않기 때문에 염분들은 토양 속에 축적이 된다. 4 millimhos/cm 이상의 염분 수준은 토양구조를 변화시킬 수 있으며, 물에 흠뻑 젖게 할 수 있어서 식물들에게 염분 독성의 원인이 될 수 있다. 따라서 식물들의 물을 빨아올리는 능력을 감소시킬 수 있다.

(2) 임업

임업활동과 관련한 세 가지 일반적인 활동은 나무제거와 수확한 목재의 운반에 필요한 활동과 제거한 지역에 재생을 위한 준비로 하천수변에 영향을 줄 수 있다.

① 나무의 제거

숲의 간벌(間伐, 솎음)은 다 자란 나무를 제거하거나 성장하고 있는 나무를 제거하여 남아 있는 나무들의 성장 가능성을 더하여 주는 것이다. 이러한 활동은 식생피복을 줄이는 것이다. 나무들의 제거는 유역에서의 영양물을 줄이는 것이다. 이는 나무에 있는 영양물의 약 반이 나무의 줄기(수간(樹幹))에 있기 때문이다. 수로에서의 영양물 수준은 수확기와 분해기간 동안에 하천 속으로 떨어지는 나뭇가지가 많을수록 증가한다. 반대로 나무를 제거하면 단기적으로는 영양물의 수준이 증가하지만 장기적으로는 감소한다.

나무제거는 하천흐름의 질과 양과 시간성에 지대한 영향을 준다. 이는 농업활동에서 식생을 제거할 때와 같은 이유이다. 유역의 많은 부분에서 나무들이 제거되면 지표유량은 증가할 수 있으며 전반적인 영향은 제거되는 나무의 양과 하천수변에 대한 근접성에 따른다. 하천의 가까운 곳에서 식생이 제거되면 첨두홍수량이 증가할 수 있다.

강기슭 식생손실의 장기적인 효과는 제방침식과 수로확대 그리고 폭/깊이 비율의 증가이다. 강기슭 지역의 그늘을 주는 나무들을 제거하면 여름 동안에는 수온이 증가하고 겨울동안에는 수온이 감소한다. 큰 나뭇가지들이 하천으로 떨어지고 하천흐름을 분류하면 흐름양상을 변화시키며 제방 또는 하상 침식의 원인이 된다. 나무들의 제거는 야생생물이 사용할 수 있는 구멍(공동)의 유효성을 감소시키며 생물시스템을 변화시킨다. 특히 대규모의 나무들이 제거되면 그 영향은 뚜렷하다. 물고기, 무척추동물, 수생 포유동물, 양서류, 조류 그리고 파충류 들을 위한 서식처들의 손실이 발생한다.

② 생산물(목재)들의 이송

삼림도로는 배어낸 원목들을 쓰러뜨린 곳으로부터 양질의 도로로 운반하여 제조(가공)시설까지 운반하기 위해서 건설된다. 상차지역까지 원목을 운반하기 위한 기계시설은 "미끄럼 틀(skid trail)"을 필요로 한다. 미끄럼 틀과 대부분의 삼림도로 시스템을 따라서 하천횡단이 필요하다.

지표토양의 제거와 토양다짐, 그리고 장비들과 원목의 미끄러짐에 따른 교란은 장기적인 생산성 상실과 공극의 감소, 토양침투능의 감소, 그리고 유출과 침식의 증가를 낳을 수 있다. 석유제품의 누출은 토양을 오염시킬 수 있다. 미끄럼 틀, 도로, 착지장은 지하수 흐름을 차단할 수 있으며 지표수로의 전환의 원인이 될 수 있다.

벌목장비에 의한 토양교란은 매우 다양한 양서류, 포유동물, 물고기, 조류, 파충류 등을 위한 서식처에 직접적인 물리적 충격이 될 수 있다. 동시에 물리적으로 야생생물체에 위해를 가할 수 있다. 지표, 먹거리 그리고 기타 필요들의 손실은 위험하게 할 수 있다. 토사는 물고기 서식처, 하폭증가 그리고 하천제방 침식의 가속화를 방해할 수 있다.

③ 벌목장소의 재생 준비

다음 세대를 위한 벌목장소의 준비는 바람직한(선호하는) 나무들이 자랄 세대를 위한 벌목지역의 재생을 위한 준비하는 일은 전형적으로 계획된 산불 또는 씨앗 상자를 준비하고 바람직하지 않은 종들과의 경쟁을 줄이는 다른 방법들을 포함한다. 경쟁종들을 완전히 제거하는 기계적인 방법들은 심각한 토양압밀(다짐)을, 특히 습지에서 유발하는 원인이 될 수 있다. 이러한 다짐은 침투능을 감소시키며 유출과 침식을 증가시킨다. 벌목잔유들을 더미로 쌓아 올리거나 말리기 위해서 쌓아놓는 것은 토양으로부터 중요한 영양물들을 제거할 수 있다. 사용한 방법에 따라서는 잔유물들을 쌓아놓은 장소로부터 심각한 토양제거가 발생할 수 있으며, 그 지점의 생산성을 감소시킬 수 있다.

집중적으로 계획된 산불은 중요한 영양물들을 휘발시킬 수 있으며, 느슨한 산불은 식물들의 신속한 섭취와 성장을 위한 영양물들을 이동시킬 수 있다. 산불의 사용은 또한 수용할 수 없을 정도의 영양물 양을 하천으로 방출할 수 있다.

심각한 다짐을 유발한다거나 침투능을 감소시킨 기계적인 방법들은 유출을 증가시키며 따라서 하천계로 유입하는 물의 양을 증가시킨다. 심각한 기계적 교란은 심각한 세굴과 토사를 유발할 수 있다. 반대로 덜 파괴적인 기계적인 방법들은 토양표면에 유기물질들을 증가시킬 수 있으며 침투능도 증가시킬 수 있다. 각 방법은 각각 장점들과 단점들을 가진다. 기계적인 방법이나 산불에 의해서 야생생물에는 직접적인 위해가 발생할 수 있다. 장소준비 과정에서 물리적으로 가장 경쟁적인 식생들을 제거하여버리면 서식처의 상실이 발생한다. 바람직한 수종과의 경쟁을 강력하게 제한하면 다양성의 상실을 발생시킬 수 있다. 기계장비의 부주의한 사용은 제방에 직접적으로 손상을 주며 세굴의 원인이 된다.

(3) 가축사육(목축업)

소, 돼지, 닭, 양, 말 같은 가축들의 사육은 전국적으로 흔하다. 하천수변은 여러 가지 이유로 해서 가축들에게는 특히 매력적이다. 가축들은 생산성이 매우 높으며 공범위한 먹거리를 제공한다. 하천수변에는 물이 가까이 있고, 가축사육 장소를 시원하게 해줄 그늘도 가능하며 경사도 대부분의 지역에서 35% 이하로 완만하다. 잘 관리하지 않으면 가축들은 이러한 지역을 과다하게 사용하게 되며 심각한 교란을 유발할 수 있다. 가축사육으로 인한 기본적인 충격은 가축들이 소모하거나 밟아버리는 피복식생의 손실과 가축의 출현으로 인한 제방세굴이다(표 3.1).

표 3.1 하천수변에 미치는 가축의 영향

충격
식물활력의 감소
생물자원의 감소
종의 구성과 다양성의 변화
나무종류의 감소나 제거
표면유출의 증가
침식과 하천으로의 이송
제방침식과 실패(붕괴)
수로불안정
수심에 대한 하폭 비율의 증가
수생종의 열화
수질의 저하

References : Ames(1977); Knopf and Cannon(1982); Hansen et al.(1995); Kauffman and Kreuger(1984); Brooks et al.(1991); Platts(1979); MacDonald et al.(1991)

① 피복식생의 손실

감소된 피복식생은 토양다짐을 증가시키며, 표토의 깊이와 생산성을 감소시킨다. 중간층과 상층의 식생 감소는 그늘을 줄이며 수온을 증가시킨다. 이러한 효과는 하천 폭이 증가하면 사라지게 된다. 대지로부터의 토사나 하천제방 침식으로부터의 토사는 탁도와 부착된 화학물질들 증가시키게 되어 하천수질을 열화시킨다. 동물의 밀도가 높은 곳에서는 배설물질이 표준 이상으로 영양물 부하를 증가시킨다. 또한 흔한 일은 아니지만 박테리아와 병원균을 출현시킬 수 있다. 수온이 높고 영양물이 풍부한 물에서는 용존산소의 감소가 발생할 수 있다.

유역과 하천수변에서의 과다한 피복식생의 손실은 침투를 감소시키고 유출을 증가시켜, 보다 많은 첨두유출과 추가적인 유출량을 발생시킨다. 피복식생이 줄어든 곳에서는 지표흐름이 증가되며 침투를 막아주어 추가적인 물이 하천수로로 급속히 흘러들어 첨두흐름이 보다 빨리 발생하게 되어 보다 급변하는 하천시스템으로 된다. 기저유출의 감소와 호우흐름의 증가는 상시하천을 간헐천이나 단명하천으로 만든다.

수로에서의 증가된 토사는 수로의 능력을 감소시키며 하폭/수심 비율을 증가시킨다. 물을 하천제방으로 밀어붙여서 제방침식을 유발한다. 이러한 현상은 수로의 불안정을 이끌게 되어 하천시스템의 조정을 유발한다. 비슷하게 과다한 물의 도달은 추가적인 토사유입이 없는 하천시스템에서는 증가된 하천에너지가 하천바닥을 침식시켜 수로를 절개함에 따라 수로의 하강을 일으킨다.

② 가축에 의한 물리적 충격

가축의 짓밟음, 가축몰이 그리고 비슷한 행동들은 물리적으로 하천수변에 충격을 준다. 토양에 가해지는 충격으로는 토양의 다짐(압밀)으로, 특히 토양수분에 의존한다. 그 영향은 토양의 종류와 토양수분에 따라서 현저하게 변한다. 아주 건조한 토양은 영향을 거의 받지 않으나 매우 습한 토양도 다짐에 다소 저항한다. 대부분의 토양은 전형적으로 다짐피해를 받는다. 어쨌든 간에 매우 습한 토양은 쉽게 변위된다. 방목하는 기간 동안에 토양수분을 조절하여 충격을 최소화시키면 많은 문제점들을 막아줄 것이다.

동물사육에 의한 토양다짐은 토양의 체적밀도(bulk density)를 증가시킬 것이며, 침투는 감소시키고, 유출은 증가시킨다. 모세관의 손실은 물의 연직이동과 수평이동 능력을 줄이게 된다. 토양수분이 감소되면 강기슭 의존 식물종류들과 보다 건조한 대지를 좋아하는 종류들의 현장능력을 감소시킬 수 있다.

동물몰이는 하천제방을 파괴할 수도 있으며, 제방실패의 원인이 되어 토사를 증가시킬 수 있다. 과다한 동물몰이는 도랑의 형성과 그에 따른 수로의 확장과 이동을 유발할 수 있다.

관리되지 않은 방목사육은 심각한 하천지형변화를 유발할 수 있다. 제방불안정과 증가된 토사는 수로확장과 수로 폭/수심 비율을 증가시킬 수 있다. 사행(蛇行)의 증가는 불안정을 더하게 할 수도 있다. 하천시스템으로의 침식 미세입자들의 유입은 하상의 구성을 변화시키며 토사이동관계를 변화시킬 수 있다.

과다한 가축의 사육은 강변식생의 파괴나 다른 물리적 손상을 일으킬 수 있다. 제방을 잡아주는 종류들의 손실과 제방하부절단은 물고기와 다른 수생종들을 위한 서식처를 감소시킬 수 있다. 과다한 토사는 하상자갈층을 가는 토사들로 메꾸게 되어 일부 물고기 알들의 생존을 줄이게 되며 산소부족으로 새롭게 부화한 어린 물고기들의 생존도 어렵게 한다. 과다한 하천수온은 수많은 물고기 종류들과 양서류들에게 치명적일 수가 있다. 선호하는 지표의 손실은 강기슭 의존 종류들과 특히 새들의 서식처를 줄이게 된다.

(4) 광업

석탄, 광물, 골재(모래와 자갈), 석재(石材) 채취 그리고 기타 재료(암석 등)의 탐사, 채굴, 처리, 이송은 세계적으로 하천수변에 깊은 영향을 끼쳐오고 있다(그림 3.10).

그림 3.10 노천(지표)광업의 결과 많은 하천들이 광업활동의 결과로 열화된 조건에 놓여 있다.

노천광업과 지하광업은 하천수변에 심각한 손상을 준다. 노천광업 방법으로는 걷어내기 (strip), 개착식(open-pit), 준설(dredging), 충적광상(沖積鑛床) (placer mining), 수력광업(hydraulic) 등을 포함한다. 이들의 일부는 더 이상 사용되지 않는 것들이다. 이러한 광업활동은 하천수 변을 완전히 파괴하는 경우도 있다. 오늘날에 와서는 일부 경우에 광업운영으로 인해서 여 전히 전체 유역을 완전히 또는 일부를 교란한다.

① 식생제거

광업은 가끔 광산지역, 수송시설, 처리공장, 광물 부스러기(광미(鑛尾)) 처리장 그리고 관 련활동 지역에서 대규모 식생지역을 제거하는 경우가 있다. 줄어든 그늘은 수생종류들에게 해로울 정도로 수온을 높일 수 있다. 지표식생의 손실, 수질관리의 불량, 가능한 먹거리의 변화, 이동방식의 와해 그리고 비슷한 어려움은 지표 야생생물들에게 심각한 영향을 줄 수 있다. 종의 구성은 보다 내력(耐力)이 있는 종류로의 심각한 변화를 가져올 수 있다. 개체수는 줄어들 것이다. 광업은 대부분의 야생생물 종류들에게는 긍정적인 이득이 없다.

② 토양교란

수송, 발판과 비계 설치, 상차(上車), 처리 등 비슷한 활동은 표토의 손실과 토양다짐을 포함하는 광범위한 토양변화를 유발한다. 설비건설을 위한 직접이동은 유역 내의 생산성 있는 토양의 상당수를 줄이게 된다. 토양을 광물 쓰레기(광미) 같은 재료로 덮어버리면 생산성이 있는 토양을 더욱더 줄이게 된다. 이러한 활동은 침투의 감소와 유출의 증가, 침식의 가속화 그리고 토사의 증가를 유발한다.

③ 수문현상의 변화

광업활동으로 인한 수문학적 조건들의 변화는 광범위하다. 노천광업은 아마도 도시화보다도 하천의 수문학적 영역을 변화시키는 능력이 매우 큰 토지사용일 것이다. 유출의 증가와 표면조도의 감소는 수문곡선에서 첨두발생시간을 앞당기며 상승부와 하강부의 경사를 급하게 한다(그림 1.6과 1.7 참조). 기저유출이 감소하게 되면 상시하천이 간헐천으로 되거나 단명하천이 될 수 있다.

유역을 떠나는 물의 양(유출량)의 변화는 유역 내의 불투수면적량이나 감소된 침투능에 직접 비례한다. 표토의 손실과 토양다짐, 식생의 손실 그리고 관련한 행위들은 침투를 감소시키고 유출을 증가시키며 호우흐름을 증가시키고 기저유출을 감소시킨다. 유역을 떠나는 전체 물의 양은 토양 내 저류가 줄어듦으로써 증가할 수도 있다. 하천지형은 사용하는 광업방식에 따라서 극적으로 변할 수 있다.

19세기 초에 사용하던 고압 호스방식과 함께 부상(浮上)식 준설과 수력식 광업은 하천수로를 완전히 바꾸어놓을 수 있다. 이러한 곳에서는 하천 원래의 모습(특성)은 찾아볼 수 없게 되었다. 하천은 완전히 광물 쓰레기 처리장 속으로 흐르는 곳도 있다. 원래 사행하던 하천들도 직선이나 도랑형태의 배수구 수로로 되어버린 곳도 있다. 좀 덜한 광업방법도 하상경사를 급하게 한다든지 아니면 하상경사를 완화하든지 또는 토사부하를 추가하든지 과다한 유량을 시스템에 더한다든지 아니면 유량을 줄임으로써 하천형태와 기능에 심각한 변화를 줄 수 있다.

④ 오염물질

물과 토양은 산성광물 배수(acid mine drainage, AMD)와 광업에 사용된 물질들에 의해서 오염된다. AMD는 널리 퍼져 있는 황철광(黃鐵鑛) 같은 황화광물의 산화로 형성된다. 많은 경암광물들은 황철광물 퇴적지역에 위치한다. 물과 공기에 대한 노출에 따라서 그러한 퇴적층은 철분, 독성금속(납, 구리, 아연) 그리고 과다한 산을 포함하는 부수물들의 방출과 함께 황화물의 산화를 겪게 된다. 광물로부터 금을 분리하기 위해서 수은이 사용된다. 따라서 수은 역시 하천으로 유실된다. 흡입식 준설방법을 사용하는 현대의 채광방법들은 가끔 상당량의 수은이 하상에 여전히 있음을 발견한다. 현재의 퇴적침출(堆積浸出, heap leaching) (쌓아올린 조광(粗鑛)광석 위에 침출액을 뿌려 하단까지 침투해오는 사이에 유용성분을 녹이는 침출법)은 시안화물(특히 청산칼리)을 사용하여 저질광물로부터 금을 추출하고 있다. 이럴 경우 운전이 주의 있게 관리되지 않는다면 특별한 위험을 유발할 수 있다.

독성 유출이나 강수는 강변식생을 죽이거나 광물질조건에 보다 잘 견디는 종으로의 변화를 일으킬 수 있다. 이것은 바로 많은 종들에게 필요한 피복, 먹잇감, 번식에 필요한 서식처들에 영향을 주는 것이다.

수생 서식처들은 여러 가지 요소들에 의해서 고통을 받는다. 산성광물 배출수(AMD)는 강바닥을 철분침전물로 덮을 수가 있다. 따라서 강바닥에 거주하며 먹고사는 유기체들의 서식처에 영향을 주게 되는 것이다. AMD는 역시 황산을 물에 가할 수 있어 수생 생명체를 죽일 수 있다. 낮은 pH는 유독하며 대부분의 금속은 높은 용해성을 보이며 산성조건에서 보다 높은 생물학적 이용성을 보인다. 침전물에 의한 강바닥 피복은 물고기 알들의 생존을 위한 장소들을 제거할 수 있다. 부화한 물고기들은 수질이 나쁘다거나 피복의 상실과 제한된 먹잇감 조건 같은 비우호적인 하천조건들을 맞이할 수 있다.

(5) 위락활동

위락활동과 관련한 충격의 양은 토양형태, 식생피복, 지형 그리고 사용강도에 달려 있다. 위락활동과 관련한 다양한 발의 모양과 자동차 교통에 따라 강기슭 식생과 토양 구조에 손상을 끼친다. 모든 탈것들은 침식을 증가시키며 서식처를 줄인다. 도보여행자(하이커)들과 여행자들이 과다하게 사용하는 곳에서는 토양의 다짐으로 침투의 감소와 그에 따르는 지표유출의 증가는 하천에 대한 토사하중을 증가시킬 수 있다(Cole and Marion, 1988). 도보 여행 코스가 하천을 가로지르거나 집중적으로 사용되는 곳에서는 수로폭의 증가도 유발할 수 있으며, 제방 식생을 파괴할 수도 있다(그림 3.11).

그림 3.11 트레일 안내판. 위락용 도보여행은 토양다짐의 원인이 되며 지표유출을 증가시킬 수 있다.

뱃놀이가 가능한 곳에서는 추가적인 충격의 취약성에 노출될 수 있다. 프로펠러에 의한 물의 뒤집힘은 강바닥에 퇴적된 토사의 재부상을 일으킬 수 있으며 바닥침식과 제방침식을 증가시킬 수 있으며, 따라서 수생종류들에게 방해나 상처를 줄 수 있다. 더하여 쓰레기 배출이나 사고로 인한 선박과 시설로부터의 기름성분의 누출은 하천시스템에 오염물질을 발생시킬 수 있다(NRC, 1992).

하천수변의 위락용 사용이 집중이 되었건 분산되었건 간에 교란과 생태적 변화는 있게 마련이다. 야영, 사냥, 낚시, 뱃놀이 그리고 다른 위락형태의 사용은 조류들에게는 심각한 교란이 될 수 있다. 생태적 손상은 기본적으로 위락용 상을 위한 접근성의 필요의 결과이다. 하천의 소(沼)는 여름에 수영이나 낚시에 적당하기 때문이며 낮은 제방은 뱃놀이를 위한 접근로가 될 수 있다. 어떤 경우이든 간에 접근로는 목적한 필요지점에 이르는 가장 가까운 또는 쉬운 곳을 따라 이루어진다. 추가적인 충격은 하천으로의 접근방식의 기능성에 따라 발생한다. 오토바이 타기와 승마는 보행보다는 식생에 훨씬 더 심각한 손상을 줄 수 있다.

(6) 도시화

유역에서의 도시화는 하천복원 실행에는 특별한 도전을 가진다. 최근의 연구에 의하면 도시유역의 하천들은 숲속이나 전원(田園) 혹은 농경지 하천들이 가지는 것들과는 근본적으로 다른 특성들을 가진다. 유역의 불투수 피복면적은 이러한 차이가 얼마나 심각한지를 예측할 수 있는 지표가 될 수 있다. 많은 유역들에서 유역의 불투수 피복면적의 최소 10%는 하천 열화와 관련되어 있다. 이러한 열화는 불투수피복의 증가와 더불어 더욱더 심각해진다. 불투수피복은 호우 기간 동안에 극적인 지표유출을 증가시킴으로써 도시하천에 직접적으로 영향을 끼친다(그림 3.12).

유역의 불투수식생의 정도에 따라서 호우유출수의 연간 총유출체적은 개발 전의 유출량보다 2~16배까지 증가할 수 있다. 그에 비례해서 지하수 충진은 줄어드는 것이다(Schueler, 1995).

도시하천의 독특한 특성은 하천수변을 위한 독특한 복원전략을 요구한다. 예를 들면, 시행자는 대지의 기 개발정도나 예정 개발정도를 반드시 고려해야 한다는 점이다. 대부분의 계획에서 상류에서 개발 전의 수문량의 일부를 재저장할 수 있는 일시저류(detention)나 지표유출억제(저감) (retention) 시설이 유역 내에서 가능한지를 조사할 것을 요구한다. 도시하천에서의 핵심변화에서 특별한 관심을 끄는 일부를 설명하고자 한다.

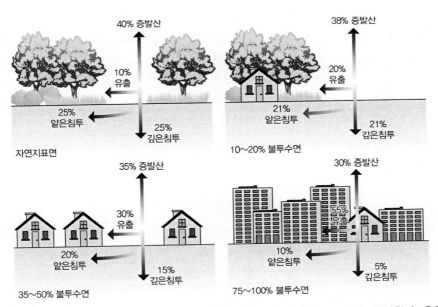

그림 3.12 불투수피복과 지표유출의 관계. 유역의 불투수피복은 지표유출의 증가를 유발한다. 유역의 최소 10%의 불투수피복은 하천열화를 유발할 수 있다.

특히 도시유역에서의 수문량 산정에 널리 사용되는 합리식 방법과 유출계수에 대해서 설명하기로 한다.

합리식 방법(Hromadka, et. al., 1987);

유역의 첨두유출량을 추정하기 위해 가장 널리 사용되는 수문 모형은 합리식 방법이다. 현재 이 방법은 일반적으로 다양한 크기의 작은 도시지역에서 유출률을 추정하는 데 사용되고 있다. 이 방법의 일부 이전 버전은 수 평방마일(mi^2)을 초과하는 크기의 유역에 직접 적용되어 왔다. 이 방법의 최신 버전은 일반적으로 유역 크기를 약 1평방마일로 제한하고 있다. 합리식 방법은 강우강도, 유출계수 그리고 직접유출에 관련된 배수면적 크기를 관계 맺는 것이다. 이 관계식은 다음의 식 (3.1)과 같이 표현된다.

$$Q = CIA \tag{3.1}$$

여기서,

Q = 집중 지점에서의 첨두유출률(cfs)

C = 강우율에 대한 유출의 유역면적 평균된 비율을 나타내는 유출계수

I = 유집시간에 해당하는 단위시간당의 강우량으로 나타낸 시간평균 강우강도(in/hour)

A = 배수유역 면적(acres)

유출계수와 강우강도의 값들은 유출면적의 유형과 상태 및 유집시간과 같은 배수지역의 특성에 대한 연구를 기반으로 한다. 이러한 요인들과 합리식 방법의 한계성은 다음 절에서 논의한다.

합리식 방법으로 첨두유출량 계산에 필요한 자료는 다음과 같다. (1) 특정 지속시간 및 선택된 재현빈도의 호우에 대한 강우강도; (2) 배수면적의 크기, 모양, 경사의 특성; 그리고 (3) 직접유출로 나타나는 강우량을 반영하는 토지이용 지수이다. 배수면적은 지류 유역 지역의 적절한 지형도를 평면 측정하여 결정될 수 있다. 합리식 방법에서 요구되는 호우의 지속시간은 지류 배수면적의 유집시간을 기반으로 한다. 강우강도 (I)는 원하는 재현빈도의 지점

강우강도~강우지속시간 관계 곡선에 따라 결정된다. 1 acre-inch/hour가 1.008 cfs이기 때문에 합리식 방법은 일반적으로 cfs 단위의 첨두유출률을 추정하는 것으로 가정된다.

특정 지역에 대한 강우강도~강우지속시간 곡선은 전대수(log-log) 용지를 사용하여 개발할 수 있으며, 1시간 동안 지역 평균 강우량 값을 도시하고, 이 1시간 값을 통해 직선(회귀선)을 구하면 더 짧은 지속시간에 대한 강우강도를 구할 수 있다.

유출계수;

유출계수 (C)는 전체 유출(배수) 면적이 유출지점의 집적에 기여하는 평균 강도의 강우율에 대한 유출의 첨두율(첨두유출률)의 비율이다. 유출계수의 선택은 배수면적, 경사, 식물피복의 유형과 양, 토양 침투능의 분포와 크기 및 기타 여러 요인들에 달려 있다.

계산 목적을 위해 유출계수는 (1) 토양피복 유형 및 품질에 따라 일정한 값 또는 (2) 강우강도, 토양피복 유형 및 품질의 함수로 정의되는 것이 가장 일반적이다. 표 3.2는 합리식 방법과 함께 사용하기 위한 일반적인 C 값을 나열하고 있다.

표 3.2 합리식과 수문학적 토양그룹과 경사범위별 유출계수

토지사용	A 0-2%	A 0-6%	A 6%+	B 0-2%	B 2-6%	B 6%+	C 0-2%	C 0-6%	C 6%+	D 0-2%	D 2-6%	D 6%+
경작지	$0.08^{1)}$	0.13	0.16	0.11	0.15	0.21	0.14	0.19	0.26	0.18	0.23	0.31
	$0.14^{2)}$	0.18	0.22	0.16	0.21	0.28	0.20	0.25	0.34	0.24	0.29	0.41
목초지	0.12	0.20	0.30	0.18	0.28	0.37	0.24	0.34	0.44	0.30	0.40	0.50
	0.15	0.25	0.37	0.23	0.34	0.45	0.30	0.42	0.52	0.37	0.50	0.62
초지	0.10	0.16	0.25	0.14	0.22	0.30	0.20	0.28	0.36	0.24	0.30	0.40
	0.14	0.22	0.30	0.20	0.28	0.37	0.26	0.35	0.44	0.30	0.40	0.50
숲	0.05	0.08	0.11	0.08	0.11	0.14	0.10	0.13	0.16	0.12	0.16	0.20
	0.08	0.11	0.14	0.10	0.14	0.18	0.12	0.16	0.20	0.15	0.20	0.25
150평 규모의 주거지역	0.25	0.28	0.31	0.27	0.30	0.35	0.30	0.33	0.38	0.33	0.36	0.42
	0.33	0.37	0.40	0.35	0.39	0.44	0.38	0.42	0.49	0.41	0.45	0.54
300평 규모의 주거지역	0.22	0.26	0.29	0.24	0.29	0.33	0.27	0.31	0.36	0.30	0.34	0.40
	0.30	0.34	0.37	0.33	0.37	0.42	0.36	0.40	0.47	0.38	0.42	0.52

1 토지사용 유형별 25년 이하의 재현기간 호우에 대한 유출계수
2 토지사용 유형별 25년 이상의 재현기간 호우에 대한 유출계수

표 3.2 합리식과 수문학적 토양그룹과 경사범위별 유출계수 (계속)

토지사용	A			B			C			D		
	0–2%	0–6%	6%+	0–2%	2–6%	6%+	0–2%	0–6%	6%+	0–2%	2–6%	6%+
400평 규모의 주거지역	0.19	0.23	0.26	0.22	0.26	0.30	0.25	0.29	0.34	0.28	0.32	0.39
	0.28	0.32	0.35	0.30	0.35	0.39	0.33	0.38	0.45	0.36	0.40	0.50
600평 규모의 주거지역	0.16	0.20	0.24	0.19	0.23	0.28	0.22	0.27	0.32	0.26	0.30	0.37
	0.25	0.29	0.32	0.28	0.32	0.36	0.31	0.35	0.42	0.34	0.38	0.48
1200평 규모의 주거지역	0.14	0.19	0.22	0.17	0.21	0.26	0.20	0.25	0.31	0.24	0.29	0.35
	0.22	0.26	0.29	0.24	0.28	0.34	0.28	0.32	0.40	0.31	0.35	0.46
산업지역	0.67	0.68	0.68	0.68	0.68	0.69	0.68	0.69	0.69	0.69	0.69	0.70
	0.85	0.85	0.86	0.85	0.86	0.86	0.86	0.86	0.87	0.86	0.86	0.88
상업지역	0.71	0.71	0.72	0.71	0.72	0.72	0.72	0.72	0.72	0.72	0.72	0.72
	0.88	0.88	0.89	0.89	0.89	0.89	0.89	0.89	0.90	0.89	0.89	0.90
거리	0.70	0.71	0.72	0.71	0.72	0.74	0.72	0.73	0.76	0.73	0.75	0.78
	0.76	0.77	0.79	0.80	0.82	0.84	0.84	0.85	0.89	0.89	0.91	0.95
개방공간	0.05	0.10	0.14	0.08	0.13	0.19	0.12	0.17	0.24	0.16	0.21	0.28
	0.11	0.16	0.20	0.14	0.19	0.26	0.18	0.23	0.32	0.22	0.27	0.39
주차장	0.85	0.86	0.87	0.85	0.86	0.87	0.85	0.89	0.87	0.85	0.86	0.87
	0.95	0.96	0.97	0.95	0.96	0.97	0.95	0.96	0.97	0.95	0.96	0.97

1 토지사용 유형별 25년 이하의 재현기간 호우에 대한 유출계수
2 토지사용 유형별 25년 이상의 재현기간 호우에 대한 유출계수

유출계수 표현의 두 번째 것은 C 값을 강우강도와 관련시키는 것이다. 도시설계 목적으로 사용되는 한 가지 방법은 유역의 손실률이 침투 용량 곡선의 한계값에 해당하는 침투 손실률과 같다고 가정하는 것이다.

설계호우 조건의 경우 불투수면적의 유출률은 강우강도와 무관하며 투수면적 침투 손실률은 식 (3.9)와 같은 식으로 결정되는 상수로 정의할 수 있다. 도시설계 연구에서 유출계수는 때때로 불투수 및 투수면적 분율, 투수면적 분율의 특성 침투율(F_p), 그리고 유역의 수로망을 따라 첨두유출의 유집시간 산정에 영향을 주는 투수면적 분율의 유역 저류효과에 따라 결정된다. 따라서 유출계수에 대한 추정은 다음과 같은 관계식 (3.2)를 사용하여 개발된다.

$$C_m = 0.85(A_i + (I - F_p)A_p/I) \tag{3.2}$$

여기서,

C_m =수정 유출계수

A_i =불투수면적 분율

I =강우강도(inch/hour)

F_p =투수면적 분율의 침투율

A_p =투수면적 분율

0.85 =강우와 유출 빈도의 상관계수(검증 또는 가정된)

투수면적에 대한 침투율(F_p)은 토양 유형, 덮개(피복) 및 선행 습윤조건들의 다양한 조합에 대해 추정할 수 있다. 가장 일반적인 유형의 도시개발 및 토양피복에 대해, 식 (4.9)에 기초하여 SCS 토양군 A~D별로 구한 전형적인 유출계수 곡선들이 그림 3.13(a)~(d)에 각각 나와 있다.

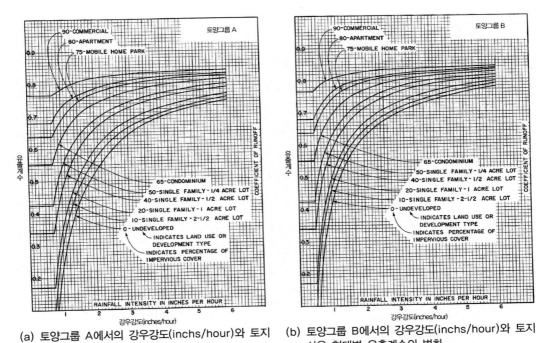

(a) 토양그룹 A에서의 강우강도(inchs/hour)와 토지 사용 형태별 유출계수의 변화

(b) 토양그룹 B에서의 강우강도(inchs/hour)와 토지 사용 형태별 유출계수의 변화

그림 3.13 토양그룹 A~D에서의 강우강도(inchs/hour)와 토지사용 형태별 유출계수의 변화

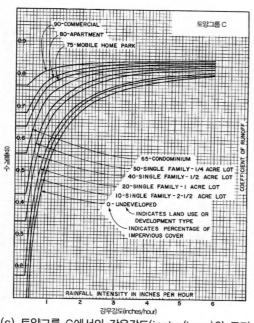 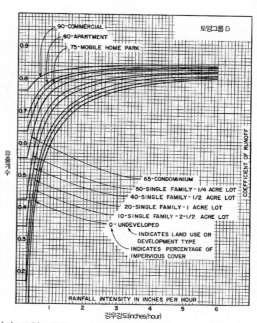

(c) 토양그룹 C에서의 강우강도(inchs/hour)와 토지 사용 형태별 유출계수의 변화

(d) 토양그룹 D에서의 강우강도(inchs/hour)와 토지 사용 형태별 유출계수의 변화

그림 3.13 토양그룹 A~D에서의 강우강도(inchs/hour)와 토지사용 형태별 유출계수의 변화 (계속)

배수구역이 여러 유형의 유출수면으로 구성되어 있는 경우, 다음의 예제와 같이 면적평균 유출계수가 개발될 수 있다.

예제. 면적평균 유출계수

유역은 3.5에이커의 주차장 포장도로와 관련한 거리 망, 35.5에이커의 콘도미니엄 개발 지역 및 12.5에이커의 아파트 단지로 구성되어 있다. 면적평균 유출계수는 각 면적 분율의 기여도를 도표화하여 추정된다.

A(면적, acres)	유출표면형태	C	CA
3.5	콘크리트 포장	1.0	3.50
35.6	콘도미니엄	0.67	23.85
12.5	아파트	0.77	9.63
51.6 (합계)			36.98

면적평균 유출계수 C=36.98/51.6=0.72

합리식 방법의 한계성;

합리식으로 표현된 관계는 특정 가정이 합리적으로 정확하고 제한이 준수되는 경우에만 유효하다. 4가지 기본 가정은 (1) 호우 유출 빈도는 유출수를 생성하는 강우의 재현 빈도와 동일하다는 것(즉, 25년 재현 기간 강우량으로 인해 25년 재현 기간 호우 유출이 발생한다는 것, (2) 배수지역의 모든 부분이 유출수에 기여할 때 첨두유출수가 발생한다, (3) 설계강우는 집중 지점(유출지점)에 기여한 유역 전 지역에 걸쳐 균일하다, (4) 강우강도는 집중 시간(홍수도달 시간)과 동일한 호우 지속시간 동안에 기본적으로 일정하다. 즉, 합리식 방법은 강우강도가 호우지속 기간 동안 배수 구역에 일정한 비율로 균일하게 분포한다고 가정할 수 있는 경우에만 적용할 수 있다. 이러한 가정은 약 $1 \text{ mi}^2(=2.59 \text{ km}^2)$ 미만의 작은 배수 구역에 상당히 잘 적용된다. 이 한도를 초과하면 강우 분포는 강우량 등치선 지도에서 주어진 지점의 값과는 상당히 다른 분포를 보인다.

유출계수의 선택은 방법의 또 다른 주요한 제한 요소이다. 작은 도시지역의 경우, 유출계수는 현장조사와 항공사진 분석으로부터 합리적으로 추정할 수 있다. 보다 큰 지역의 경우, 유출계수의 결정은 식생 유형, 피복 밀도, 토양의 침투능 및 배수 구역의 경사에 기초해야 한다. 더 큰 지역의 경우, 유출계수의 추정치는 배수면적 특성의 변화, 유역 저장 및 수리적 흐름 특성의 중요성으로 인해 훨씬 더 큰 오차가 발생할 수 있다. 증발, 증산, 요면저류 및 수로 저장에 의한 강우 손실 등은 적절하게 평가될 수 없으며 유역의 첨두 유출량 추정에 상당한 영향을 줄 수 있다.

① 수문현상의 변화

제방만수 흐름과 관련한 첨두유출량, 즉 1.5~2.0년 재현 호우에 대응한 유출량은 도시하천에서는 규모가 급격하게 증가한다. 더하여 수로는 매년 보다 자주 제방만수 홍수를 경험하게 되며, 보다 긴 시간 동안 심각한 침식유속에 노출된다.

불투수피복이 강우가 땅속으로 침투하는 것을 막기 때문에 보다 적은 양의 흐름이 지하수로 충진된다. 따라서 장기간 비가 없으면, 도시하천에서는 기저유출 수준이 감소하게 된다.

② 수로변화

　개발 전 수로의 기하학적 특성을 규정짓는 수문학적 현상은 보다 자주, 보다 많은 유량으로 비가역적으로 변한다. 도시하천의 증가된 유량흐름 사상은 개발 전보다 더 효율적으로 토사를 이송한다. 도시하천의 통상 반응은 늘어난 유량을 수용하기 위해서 통수단면적이 늘어나는 것이다. 이는 하상을 아래로 깎거나(침식 또는 세굴) 제방을 깎아서 수로를 넓히거나, 또는 둘 다 일어남으로써 이루어진다. 도시하천 수로는 가끔 그 통수단면적을 2~5배까지 확대하기도 한다. 이는 상류유역의 불투수피복률과 개발연륜에 따라서 변한다(Macrae, 1996).

　하천수로는 도시화에 따라서, 폭과 깊이의 조정뿐만 아니라 경사와 사행의 변화까지에도 반응한다(Riley, 1998). 도시하천수로는 또한 하천제방의 침식이나 홍수로부터 주변지역을 보호하기 위해서 광범위하게 수정이 된다. 상류수(上流水) 또는 근원수(根源水) 하천은 호우 배수동안에 자주 막히거나 아니면 수로화나 수로선형이 변하든지 아니면 무거운 돌덩이로 쌓이게 된다. 도시하천에 나타나는 또 다른 독특한 수정은 하천수로에 나란하게 또는 밑으로 하수관거를 설치하는 것이다.

　하천의 윤변(潤邊)은 건기 동안에 유수가 흐르는 전체 유수단면적의 비율, 즉 유수단면적 가운데 물과 접촉하고 있는 수로단면 부분으로서 도시하천의 서식처 열화의 중요한 지표로 사용된다. 도시하천에서 큰 수로단면적을 가진 수로가 개발되었다 하더라도 기저유출률이 줄어들면 윤변길이도 줄어드는 것이다. 따라서 많은 도시하천은 수심이 매우 얕은 천수(淺水)흐름이 되고, 저수로부는 매우 넓은 하상에서 이리 저리로 움직이며 호우에 따라서 횡방향 유로변화가 심하다.

③ 토사와 오염물질

　도시하천에서의 매우 큰 수로침식률은 활동적인 건설현장으로부터의 토사침식과 더불어 발생하여 도시하천으로의 토사배출량을 증가시킨다. 조사연구의 결과들을 보면 수로침식은 전체 토사수지의 75%까지에 이른다는 것이다(Trimble, 1997). 도시하천은 최소한 초기의 활성수로확장기 동안에는 비도시하천에서의 토사배출보다도 높은 토사배출을 보이는 경향이 있다. 호우기간 동안의 도시하천의 수질은 지속적으로 불양하다. 도시호우유출수는 상당량의 토사, 탄소, 영양물, 미량 금속, 탄화수소, 염소 그리고 박테리아 등을 포함하고 있다.

오염된 호우유출수는 수생유기체들에게는 실재로 독성을 나타내며 하상에 퇴적되는 오염물질들은 하천 군집들에게 바람직하지 않은 충격을 준다는 것은 대부분의 연구자들이 모두 동의하고 있다.

④ 서식처와 수생생명체

도시하천은 수로서식처 질이 불량한 것으로 보통 평가하고 있다. 서식처열화는 소와 여울구조의 손실, 하상퇴적물의 묻힘, 얕은 흐름, 제방의 침식과 불안정화 그리고 빈번한 하상의 뒤집힘의 전형이다. 대규모 나뭇가지 부유물(large woody debris, LWD)은 많은 저차(低次)하천시스템의 중요한 구조 요소이며, 복잡한 서식처 구조를 만들어내며 일반적으로 하천의 습기를 더욱 보존하는 기능을 한다. 도시하천에서는 수로에서 발견되는 LWD의 질이 강기슭 숲 피복의 손실, 호우로 인한 세척유실, 수로유지활동 등에 기인하여 저하된다(Booth et al., 1996, May et al., 1997).

도시개발의 많은 형태들은 자연(도로, 하수관거, 상수와 가스공급 관로 등)과 하천수로를 가로질러서 선형적이다. 하천을 가로지르는 시설물의 수는 불투수피복과 더불어 비례하여 증가하고 있으며(May et al., 1997), 많은 횡단물들은 상류로 이동하는 물고기들에게는 부분적인 혹은 전면적인 장벽이 될 수 있다. 특히, 하상침식이 표고가 고정된 암거(暗渠)나 관로 아래로 진행되는 경우에 그러하다. 강기슭 숲의 하천 생태계에서의 중요한 역할은 도시유역에서는 가끔 사라져버린다. 이는 개발진행과 더불어 하천을 따라서 나무피복이 부분적으로 혹은 완전히 제거되기 때문이다(May et al., 1997). 하천의 완충기능이 있다 하더라도 제방쌓기는 가끔 유효하폭을 줄이고 재래종이 외래종의 나무들이나 토양피복에 의해서 밀려나게 한다. 도시유역에서의 불투수표면, 연못 그리고 빈약한 강기슭 피복은 여름의 평균하천수온을 높일 수 있다. 온도는 하천에서의 생물과 무생물의 반응의 율과 시간성에 대한 중심적 역할을 한다. 온도의 상승은 하천에 역효과를 준다. 일부 지역에서는 여름하천의 더워짐은 찬물하천을 미지근한 물 하천 또는 따뜻한 물 하천으로 돌이킬 수 없는 상태로 변화시킬 수 있다. 도시하천은 물고기와 무척추동물의 다양성에 적정하거나 열악한 상태이다. 개발 전 상태로의 물고기 구성이나 수생종의 다양성은 탄소공급, 온도, 수문현상, 수로서식처 구조의 결핍, 자연적인 개체 수 늘리기의 제한 장벽 같은 비가역성 요소들에 의해서 제약을 받는다.

(7) 토지사용 활동의 잠재적 효과의 요약

표 3.3은 대규모 토지사용과 관련한 교란활동과 그에 따른 하천수변기능 변화의 잠재성을 정리하고 있다. 교란의 잠재적 효과의 많은 부분은 누적성이나 상호작용적이다. 복원한다고 해서 모든 교란요소들을 제거하는 것이 아니다. 하지만 한두 가지의 교란활동을 밝힘으로써 남아 있는 충격들을 극적으로 줄여줄 수 있다. 경작지나 강기슭 지역에 대한 가축들의 접근을 잘 관리한 곳에서의 보존용 완충 띠의 사용 같은 관리상의 단순변화는 바람직하지 않은 누적효과나 상호작용적인 효과를 상당히 극복할 수 있게 한다.

표 3.3 대규모 토지사용 활동의 잠재적 영향들

잠재적 영향들 \ 토지사용 활동	식생제거	수로화	하천제방 강화	하상교란	물의 재거(취수)	댐	제방	토양노출또는다짐	관개 및 배수	오염물질	표면경화	관입복축	도로와 철도	트레일	외래종	시설물 통과	홍수터 축소	광물준설	토지경사 조정	교량	목재부유물 제거	관목방제(홍수제어)
경관요소들의 균질화	●	●	○	○	○	○	○		●	○	○	●	○	○	●	○	●	●	○	○	○	
점오염원	○	○	○	○	○	○	○	○	●	●	●	●	●	○	○	●	○	●	○	○	●	
비점오염원	●	●	○	●	○	○	○	●	●	●	●	●	●	○	○	●	○	○	●	○	●	●
고밀도 다짐 토양	●	○	○	●	○	○	○	●	○	○	●	●	●	●	○	●	○	○	○	○	○	●
대지의 표면유출 증가	●	○	○	○	○	○	○	●	●	○	●	●	●	○	○	●	○	○	●	○	○	●
얇은 흐름, 표면침식, 실개천 흐름, 도랑 흐름 등의 증가	●	○	○	○	○	○	○	●	●	○	●	●	●	○	○	●	○	○	●	○	○	○
하천수변의 미세토사 및 오염물질 수준 증가	●	●	○	●	○	○	○	●	●	●	○	●	●	●	●	●	●	●	●	●	●	●
토양염분 증가	○	○	○	○	●	●	○	○	●	○	○	○	●	○	○	●	○	○	○	○	○	○
첨두홍수위 증가	●	●	●	○	●	●	●	●	●	○	●	●	●	○	○	●	●	○	●	●	○	●
홍수에너지 증가	●	●	●	○	●	●	●	●	○	○	●	●	●	○	○	●	●	○	●	●	○	●
지표유출의 침투 감소	●	○	○	○	○	○	○	●	○	○	●	●	●	○	○	●	○	○	○	○	○	●
중간유출 및 지표하 흐름 감소	●	●	●	○	●	●	○	●	○	○	●	●	●	○	○	●	○	○	○	○	○	●●
지하수 충진과 대수층 체적 감소	●	○	○	○	●	●	○	●	●	○	●	●	●	○	○	●	○	○	○	○	○	●
지하수까지의 깊이 증가	●	●	○	○	●	○	○	●	●	○	●	●	●	○	○	●	○	○	○	○	○	●
하천으로의 지하수 흐름 감소	●	●	●	○	●	●	○	●	●	○	●	●	●	○	○	●	●	○	○	○	○	●
유속 증가	●	●	●	○	●	○	○	●	○	○	●	●	●	○	○	●	●	○	●	●	○	●
하천 사행 감소	○	●	●	●	●	●	●	○	○	○	○	○	●	○	○	●	●	●	●	●	○	○
하천안정성 증가 또는 감소	●	●	●	●	●	●	●	●	○	○	○	●	●	○	○	●	●	●	●	●	●	●
하천 이동 증가	●	○	○	●	●	●	●	●	○	○	○	○	●	○	○	●	●	●	●	●	●	●
수로확장 및 제방하부 침식	●	●	●	●	●	○	○	●	○	○	●	●	●	○	○	●	●	●	●	●	●	●
하천경사의 증가와 에너지 소산 감소	○	●	●	●	●	●	●	●	○	○	○	●	●	○	○	●	●	●	●	●	●	○
흐름발생빈도의 증가 또는 감소	●	○	○	○	●	●	●	●	●	○	○	●	●	○	○	●	●	○	●	○	○	●
흐름지속시간 감소	●	●	●	○	●	●	○	●	●	○	●	●	●	○	○	●	●	○	●	●	○	●
홍수터와 대지의 물질과 에너지의 누적과 저장, 여과 능력 감소	●	○	○	○	●	●	●	●	○	○	○	●	●	○	○	●	●	○	●	○	●	●
하천에 도달하는 토사와 오염물질의 수준 증가	●	●	○	●	○	●	○	●	●	●	○	●	●	●	○	●	●	●	●	●	●	●
하천의 물질과 에너지의 누적과 저장, 여과 능력 감소	○	●	●	●	●	●	●	●	○	○	○	●	●	○	○	●	●	○	●	○	●	●
하천의 영양물/농약 흡수능력 감소	●	●	○	●	○	●	○	●	●	●	○	●	●	○	○	●	●	○	●	○	●	●
서식처 개발 기회가 적은 제약하천	○	●	●	●	○	●	●	○	○	○	○	●	●	○	○	●	●	○	●	●	○	●
제방침식과 하천세굴의 증가	●	●	●	●	●	●	●	●	○	○	○	●	●	○	○	●	●	●	●	●	○	●
제방 실패 증가	●	●	○	●	○	●	●	●	○	○	○	●	●	○	○	●	●	●	●	●	○	●
수로 유기물질의 손실과 관련한 분해의 손실	●	○	○	●	○	●	○	○	○	○	○	○	○	○	●	○	○	○	○	○	●	○
수로토사, 염도, 탁도 증가	●	●	○	●	○	●	○	●	●	●	○	●	●	●	○	●	●	●	●	●	○	●
수로의 영양물 풍부성 증가, 실트화, 부영양화로 가는 오염물질의 증가	●	○	○	●	○	●	○	●	●	●	●	●	●	●	●	●	●	○	●	○	●	●

표 3.3 대규모 토지사용 활동의 잠재적 영향들 (계속)

잠재적 영향들 \ 토지사용 활동	식생제거	수로화	하천제방 강화	하상교란	물의 재거(취수)	댐	제방	토양노출또는다짐	관개 및 배수	오염물질	표면경화	과잉방축	도로와 철도	트레일	외래종	시설물 통과	홍수터 축소	관광휴양설	토지경사 조정	교량	목재부유물 제거	관로배출과출구제어
서식처와 가장자리 효과의 선형적 분포의 감소로 하천수변의 고도 조각화	●	●	●	○	●	●	○		○	○		●	●	○	●	○	○	●	●	●	●	○
가장자리와 내부 서식처의 손실	●	●	●	●	○	○	●	○	○	○		●	●	●	○	●	○	●		●	○	○
수변 내부와 관련한 생태계의 연결성과 폭의 감소	●	●	●	●	○		●		○	○		●	●	●	●		●	●		○	○	
계절별 이동, 분산, 개체수를 위한 동물종 과 식물종의 이동 감소	●	●	●	●	○	●	●		○	○		●	●	●	●		●	●		○	○	
기회 감염성(질병 등으로 사람의 면역체계가 약해져 있을 때 해가되는) 종, 육식 동물, 기생종의 증가					○	○				●					○	○	○	●				●
태양복사, 극한 기후와 기온에의 노출 증가	●	●	●	●	●		●	●		○		●	●		●		○	●			●	○
수변 전체에 걸친 기온과 습기의 확대	●	○	○	○	○		●	○				●	●		●			●			●	○
강기슭 식생의 손실										○	○	●	●					○		○	●	○
수변 그늘, 쇄암(碎岩), 먹거리, 피복 등의 공급원 감소	●	●	●	●	●	●	●		○			●	●		●			●			●	○
식생구성, 구조, 높이 등의 다양성 상실	●	●	●		○		●		○	●	●	●	●		●			○			○	○
수온의 증가	●	●	●	●					○	○		●		●	○		●	○		○	●	
수생생태계의 다양성 불량화	●	●	●	●	●				○	●		●			○		●	○		●	●	○
하천의 무척추동물 개체수의 감소	●	●	●	●	●				○	●		●			○		○	○		●	●	○
물의 저장, 토사잡이, 충진 그리고 서식처를 포함하는 관련한 습지기능의 상실	○	●	○	●	●	●	●		○			●	●		○		●	○		●	○	○
수로의 산소농도 감소	●	●	●	●	●				○	●		●			○		○	○		●	○	●
외래종의 침입	●	●	●	●	●							●			●		○	○		●	○	○
재래종의 분산과 우점화를 위한 유전자 풀의 감소	●	●	●	●								●			●		○	○		●	●	
종의 다양성과 생물체 의 감소	●	●	●	●	○	●	●	●	●	●		●			●		●	●		●	●	○

● : 직접적인 잠재적 충격이 있는 활동, ○ : 간접적인 잠재적 충격이 있는 활동

CHAPTER 04

하천수변 상태의 분석

CHAPTER 04 하천수변 상태의 분석

하천수변 기능들은 작은 지역이나 큰 규모의 지역에서나 인식이 가능하며 규정할 수 있다. 이 장은 "어떻게(how to)?" 장이다. 앞 장들에서의 이해를 바탕으로 현상 조건들의 분석을 어떻게 할 것이며, 설계를 어떻게 하여, 수변의 구조와 기능들을 회복할 것인가를 보여주고 자 한다.

이 장에서는 수변의 조건들에 대한 측정과 분석을 설명하고자 한다. 분석은 규모와 과정 들에 의해서 세분하는 것이다.

- 물리적 과정, 구조 그리고 기능들
- 지형학적 과정과 수문학적 과정
- 수질화학
- 생물학적 분석

이러한 분석은 하천수변 조건들을 보다 선명한 초점으로 볼 수 있게 해주는 "그림"을 보여주는 것이다. 이는 지도와 항공사진 등의 규모에서부터 하상까지 볼 수 있게 해준다.

4.1 수문 및 수리학적 과정

물이 어떻게 수변으로 들어가고 통과하는지를 이해하는 것은 매우 중요하다. 얼마나 빠르게, 양은, 수심은, 얼마나 자주, 언제 흐르는 가는 적정한 의사결정을 위해서 반드시 답이 구해져야 하는 기본적인 질문들이다.

4.1.1 하천흐름의 분석

하천구조와 기능의 복원을 위해서는 흐름특성에 대한 이해가 필요하다. 최소한으로, 하천이 상시하천인지, 간헐하천인지, 아니면 단명하천인지를 아는 것은 도움이 된다. 그리고 연간 유출에서 기저흐름과 호우유출 흐름이 차지하는 정도를 알아야 한다. 그뿐 아니라 하천흐름이 기본적으로 강우에 의한 것인지, 융설(融雪)에 의한 것인지, 아니면 이 두 가지의 조합에 의한 것인지를 알아야 한다. 다른 정보로는 그 지점에서의 극한 흐름(극대(홍수)와 극소(가뭄)의 흐름)의 발생주기와 발생기간, 그리고 특정한 흐름(수위)이 지속기간을 알아야 한다. 극한 흐름에 대해서는 보통 "빈도 해석(frequency analysis)"이라는 통계적 과정을 통해서 설명되며, 다양한 흐름 수위가 나타나는 시간은 "흐름지속시간 곡선(flow duration curve)"으로 설명이 된다. 끝으로 수로형성(또는 지배) 유량(즉, 자연하천수로를 형성하고 유지하는 데 가장 효율적인 유량)을 산정하는 것이 바람직하다. 수로형성유량은 복원계획에서 수로의 재건설이 포함될 경우에는 설계에 사용된다. 하천흐름 특성의 산정은 하천복원계획에 필요하며 하천측정 자료들로부터 구해진다. 측정지점에서의 홍수와 저수 흐름의 지속시간 특성과 발생규모와 발생빈도에 대해서 설명하기로 한다. 산정과정은 일평균유량과 연첨두유량(매년 최대유량) 자료를 사용하여 예시한다.

대부분의 하천수변복원계획은 체계적인 하천측정 자료가 없는 하천이나 하천구간에서 시작한다. 따라서 흐름지속기간의 산정과 극한흐름의 빈도 해석은 인근지역의 수문학적 분석으로부터의 간접적인 방법에 의존한다. 연평균흐름과 홍수 특성의 산정을 위한 여러 가지 방법이 있으나, 저수흐름(갈수흐름)과 일반적인 흐름의 지속기간 특성을 분석하기 방법은 몇 가지에 지나지 않는다.

역사적 흐름자료를 사용한 통계적 분석에는 자료기록기간 동안에 발생할 수 있는 유역의 변화를 고려해야 하는 주의가 필요하다. 많은 유역들에서는 상당한 도시화와 개발, 상류지역에서의 저수지, 댐 그리고 호우관리를 위한 시설물 그리고 제방이나 수로의 수정 같은 변화를 경험하고 있다. 이러한 점들은 첨두흐름 자료와 갈수흐름 자료, 그리고 흐름지속기간의 통계적 분석에 직접적인 영향을 준다. 유역의 변화들과 분석기법에 따라서는 상당한 시간과 노력이 필요하게 된다.

(1) 하천흐름의 지속기간

  하천에서 특정한 흐름(수위 또는 유량)이 유지되는 시간길이를 그 흐름의 흐름지속기간 (flow duration)이라 한다. 이러한 흐름지속기간곡선은 주어진 기간 동안에 흐름이 특정한 그 유량과 같거나 초과할 시간의 비율(%)을 나타낸다. 흐름지속기간곡선은 보통 일유량 자료(매일의 평균유량 자료)를 기초로 하며, 이는 발생 순서를 고려하지 않으며, 유량의 범위 내에서 하천의 흐름 특성을 나타낸다. 하나의 흐름지속기간 곡선은 모든 일 흐름 자료 집단의 누적그래프(히스토그램)이다. 흐름지속기간곡선의 작성은 Searcy(1959)에 의해서 소개되었다. Searcy는 25~35개의 잘 분포된 등급간격을 가진 자료를 사용해서 하천흐름 누적그래프를 작성할 것을 제안한 바 있다.

  그림 4.1은 34개 등급으로 컴퓨터 프로그램으로 작성한 흐름지속곡선이다(Lumb et al., 1990). 곡선을 보면 1,100 cfs의 일평균유량은 전체시간(혹은 일유량 관측기간)의 약 20%를 넘는 기간 동안에 지속되었음을 보이고 있다. 이 유역에 대한 장기적인 일평균유량(관측기간 동안의 평균유량)은 623 cfs임을 알 수 있다. 따라서 지속기간곡선은 이 장기적인 일평균유량이 전체시간의 약 38% 이상을 유지하는 것임을 보이고 있는 것이다.

  미계측지점에서의 흐름지속곡선의 산정은 보통 수문학적 특성이 비슷한 이웃 유역에서의 계측지점에서 작성한 자료를 조정하여 사용한다. 계측지점으로부터의 흐름지속기간 특성은 배수유역의 단위면적당의 값(즉, cfs/mi^2 또는 cms/km^2)으로 나타낸다. 따라서 미계측지점에서는 그 배수면적을 곱하여 그 지점에서의 유량을 구할 수 있다. 산정과정에서의 정밀도는 두 지점 사이의 상사성(닮은 정도)에 직접적으로 관련되어 있다. 일반적으로 계측 지점과 미계측 지점에서의 배수면적은 비슷해야 하며, 하천흐름 특성들도 양 지점에서 비슷해야 한다. 더하여서 유역의 평균고도와 지형학적 및 물리적 특성들도 양 지점에서 비슷해야 한다. 국지적인 호우유출이 강하게 나타나거나 토지사용이 심각하게 다른 경우에는 이러한 과정은 사용하지 않는 것이 좋다.

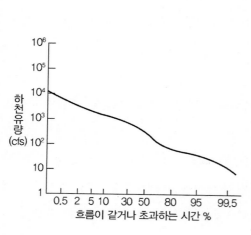

유량(cfs)	흐름이 같거나 초과하는 시간(%)	유량(cfs)	흐름이 같거나 초과하는 시간(%)
0	100	270	55.03
1	100	380	49.03
1.4	100	530	42.05
2	100	760	31.41
2.8	100	1,100	20.75
4	100	1,500	11.95
5.7	99.96	2,200	5.1
8.1	99.76	3,100	2.25
11	99.68	4,300	1.2
16	99.43	6,100	0.68
23	98.7	8,700	0.35
33	96.89	12,000	0.16
46	94.2	17,000	0.06
66	85.02	25,000	0.04
93	74.54	35,000	0.01
130	65.98	50,000	0
190	60.15	71,000	0

그림 4.1 흐름지속기간곡선과 관련자료(Lumb et al., 1990)

(2) 하천흐름 발생빈도 해석

계측지점에서의 홍수와 갈수 유량의 발생빈도는 매년 발생한 최대 유량과 최소 유량 자료의 연 단위 시계열 자료를 분석해서 구해진다(2장의 흐름빈도 해석 참조).

흐름발생빈도는 주어진 연도에서 발생하는 유량이 주어진 유량을 초과하거나 초과하지 않을 확률 또는 기회(%)로 정의하고 있다. 흐름발생빈도는 "재현기간(recurrence interval)"으로도 나타낸다. 재현기간은 발생유량이 주어진 특정유량을 초과하거나 초과하지 않을 평균적인 연수이다. 예를 들면, 100년 재현기간을 가진 주어진 홍수유량은 평균적으로 임의의 100년 동안에 단 한 번 이상 발생할 것으로 기대된다. 즉, 어떤 주어진 해에 발생할 연 최대 홍수량이 100년 홍수량을 초과할 기회가 1% 혹은 0.01의 확률을 가진다. 초과확률(p)과 재현기간(T)은 서로 간에 반비례한다. 즉, $T = 1/p$의 관계이다. 계측지점에서의 홍수와 갈수의 발생빈도 결정의 통계적 과정은 다음과 같다. 이미 앞에서도 언급하였지만 대부분의 계획지점은 체계적인 측정자료가 없는 상태이다. 따라서 흐름지속기간 특성과 극한의 홍수와 갈수유량의 발생빈도 산정은 반드시 지역의 수문학적 분석으로부터 간접적인 방법들에 의해서 수행되어야 한다.

① 홍수발생빈도 해석

특정 지점에서 하천유량 자료를 사용하여 홍수의 발생빈도를 결정하기 위한 지침서가 IACWD(Interagency Advisory Committee on Water Data)의 수문분과위원회에 의해서 잘 정리되었다(IACWD 1982, Bulletin 17B). 이 지침은 물 관련 계획과 또 관련한 토지자원 사용 계획에서 미국의 모든 연방기관들에 의해서 사용된다. 이 지침에 의하면, Pearson III형의 빈도분포를 표본 통계치(평균, 표준편차, 왜곡도)와 더불어 연 최고 유량자료의 대수값에 적용하여 분포모수들을 산정할 것을 제안하고 있다. 또한 이상값(outlier)의 발견과 조정, 역사적 자료의 조정, 일반화된 왜곡도(skew)의 개발, 지점별 가중치를 위한 과정들이 제공하고 있다. 지점별 왜곡도는 관측된 첨두유량으로부터 산정되며, 일반화된 왜곡도는 지역화된 산정값으로 지역의 여러 지점에서 장기적인 관측값으로부터 산정된 값들로부터 결정된다. 미국 육군공병단(US ACE)도 홍수발생빈도 해석(flood frequency analysis)을 위한 상세한 매뉴얼을 제공하고 있다(Report CPD-13, 1994). 이는 홍수발생빈도 분포모수를 산정하는 데 도움이 될 수 있다. NRCS도 좋은 매뉴얼을 발행하여 홍수발생빈도 분포를 결정하는 데 많이 사용되고 있다(National Engineering Handbook, Section 4, Chapter 18). (USDA-SCS, 1983)

계측지점들에서의 홍수발생빈도 산정은 기후특성과 유역의 특성들과의 상관해석이 되어야 한다. 결과로 구해지는 회귀식들은 미계측 유역에서의 다양한 재현기간별 홍수규모를 산정하는 데 사용된다(Jennings et al., 1994). 하수관거나 도로관거 그리고 농촌지역의 소규모 교량의 개구부 크기를 산정하는데도 사용되고 있다.

미계측지점에서의 첨두유량의 발생빈도의 산정은 지역빈도회귀식으로 구해지며, 계측지점과 미계측지점의 기후적 특성과 물리적 및 지형적 특성들이 유사한 지점에서 제공된다. 사용자들은 한 지점에서 홍수규모를 산정하기 위해서 단지 연평균 강수량, 배수면적, 호수와 습지의 저류량, 토지사용, 중요토양형태, 하천경사, 지형도 같은 제한된 정보들만 필요로 한다. 산정과정의 정밀도는 직접으로 두 지점(계측지점과 미계측지점) 사이의 수문학적 상사성에 달려 있다. 많은 지점들에서 비슷하게 계측지점들로부터의 홍수빈도산정은 수로의 기하학적 특성치들로 상관해석된다. 이러한 상관해석을 통해서 보통 활성수로폭 같은 수로의 특성치와 홍수규모 간의 회귀식을 다양한 재현기간에 대해서 구할 수 있다. 이러한 회귀식들에 대한 검토가 Wharton(1995)에 의해서 이루어진 바 있다. 그러나 이러한 산정에서 표준오차가 상당히 크게 나타날 수 있다.

홍수발생빈도에 관한 정보를 얻기 위한 산정과정이나 선택한 정보에 관계없이 1.5, 2. 5. 10, 25 그리고 기록이 허락하는 한, 50년과 100년 홍수자료는 표준의 양대수 확률지 또는 반대수 확률지(standard logprobability paper)에 도시할 수 있다. 이를 바탕으로 자료 점들 간에 평활화(平滑化) 곡선(smooth curve)을 구할 수 있다(이 곡선들은 각각 확률이 67, 50, 20, 10, 4. 2 그리고 1%를 가진 홍수사상을 나타낸다). 이 그림이 고려하고 있는 지점에서의 홍수발생빈도 관계곡선이다. 이는 수로를 따라서 지표면과 식생군집의 침수의 발생빈도 정보를 제공해주는 것이다.

• 홍수발생빈도 산정

홍수발생빈도 산정은 강수자료를 사용해서 유역의 유출 발생 모형(예 : HEC-1, TR-20, TR-55)을 이용하여 분석할 수도 있다. 다양한 재현기간을 갖는 호우사상에 대한 강수기록자료들을 유역유출 모형에 사용하여 그 호우사상의 유역의 유출수문곡선과 첨두유출을 발생시킬 수 있다. 역사적인 자료나 가정된 강수의 시간분포로부터 구해진 강우자료를 사용할 수도 있다(예 : 2년 빈도의 24시간 강우 사상). 이러한 발생홍수의 빈도산정 방법은 유출사상의 재현기간과 강수의 재현기간이 동일하다는 가정을 전제로 하고 있다. 즉 2년 빈도의 강우사상은 2년 빈도의 첨두유출을 발생시킨다는 것이다. 이러한 가정의 정당성은 선행습윤조건(antecedent moisture conditions, AMC)과 유역의 규모, 그리고 기타의 요소들에 달려 있다.

② 저수(갈수)발생빈도 해석

저수발생빈도 해석을 위한 지침은 홍수발생빈도 해석 방법들과 같이 표준화되지는 않고 있다. 단일의 발생빈도 분포나 곡선적합화(평활화) 기법이 없다. Vogel and Kroll(1989)이 관련연구에 대한 요약을 제공한 바 있다. USGS와 USEPA에서 사용한 방법들에 대해서 다음에 정리하기로 한다. 그림 4.2와 같은 가상의 일 수문곡선은 많은 지역에서 발생하고 있다. 이러한 곳에서는 연 최고유량은 늦여름에 발생한다.

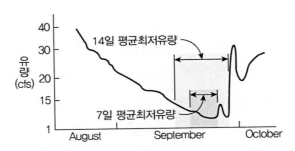

그림 4.2 저수흐름을 보여주는 연간 수문곡선. 연간 수문곡선의 가장 낮은 부분에서 나타나는 일평균유량은 7일간과 14일간의 저수흐름의 평균으로 나타나 있다.

저수분석에는 수년(水年, water year)보다는 기후년(氣候年, climatic year) (4월 1일부터 다음해 3월 31일까지)을 사용하는 것이 한 해 안에 전체 저수기간을 포함하기 때문에 편리하다. 저수발생빈도 해석에 사용되는 자료들은 특정 연속기간(일) 동안의 연 최저평균유량 자료이다. 연 최저 7일 연속 저유량과 연 최저 14일 연속 저유량 자료가 그림 4.2에 예시되어 있다. 예를 들어 연 최저 7일 연속 저유량은 7일 연속 평균 저유량값의 연 최저값을 의미한다. USGS와 USEPA는 연 최저 d일 연속 갈수량 자료의 대수값에 Pearson III형 분포를 사용하여 비초과확률(p) (혹은 재현기간 $T = 1/P$)을 가지는 갈수량을 구할 것을 권장한다. Pearson III형 갈수량 산정은 다음의 관계식으로 구해진다.

$$X_{d, T} = M_d - K_T S_d$$

여기서,

$X_{d, T}$ = 연 최저 d일 갈수량의 대수값으로, 갈수량이 T년 동안에 1회 이상을 초과하여 발생하지 않는 것(갈수량) 또는 어떤 주어진 연도에 발생할 갈수량이 비초과확률 $p = 1/T$를 가지는 것(갈수량)이다.

M_d = 연 최저 d일 갈수량의 대수값들의 평균값

S_d =연 최저 d일 저수량의 대수값들의 표준편차

K_T =Pearson III형 빈도계수

바람직한 분위수(分位数), $Q_{d,T}$는 이 방정식의 역대수를 취하면 구해질 수 있다.

7일 연속, 10년 빈도 갈수량, $Q_{7,10}$은 배출수를 받는 물(하천수)의 수질관리를 위해서 미국의 경우 규제기관들의 반 이상이 이 갈수량을 사용하고 있다(USEPA 1986, Riggs et al., 1980).

다른 기간과 발생빈도의 갈수량을 사용하는 기관과 나라들도 있다. 일평균유량자료를 이용하여 갈수량 분석을 하는 컴퓨터 소프트웨어도 발표되어 있다(Hutchison, 1975 and Lumb et al., 1990). 갈수량 빈도곡선의 예를 그림 4.3에 제시하였다.

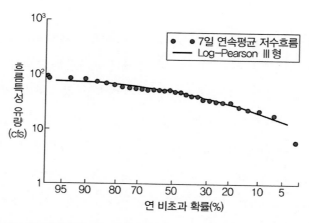

그림 4.3 연 최저 7일 갈수량 빈도곡선. 이 그래프의 $Q_{7,10}$은 약 20 cfs이다. 이 지점에서는 7일 평균 연 최저값은 약 10%이다.

그림 4.3으로부터 $Q_{7,10}$은 약 20 cfs임을 알 수 있다. 이 값은 99%의 초과 확률을 가지는 것이다(일평균유량이 99% 이상의 시간 동안에 발생한다는 의미이다). (그림 4.1 참조)

다른 많은 연구들의 결과를 보면 $Q_{7,10}$은 99% 지속유량과 거의 비슷하다는 것이다(Fennessey and Vogel, 1990).

③ 수로형성흐름(channel-forming or dominant discharge)

수로형성 또는 지배 흐름은 이론적인 것으로 충적(沖積)수로에서 장기간 동안에 지속적으

로 유지된다면 장기적인 자연적인 수문곡선에 의해 형성되는 동일한 수로형상을 만들어 유지하는 것이다. 수로형성유량은 가장 빈번하게 사용하는 독립적인 단일 변수로 수로의 형상을 지배하는 것이다. 하지만, 적어도 상시하천(습하고 온화한 지역)과 아마도 단명하천(반건조지역)에서는 대부분의 하천 기술자들과 과학자들이 개념의 장점에는 동의하지만 수로형성 유량을 수로의 기하학적 모양을 설계하는 데 사용하는 것은 광범위하게 수용되는 기법은 아니다. 국지적인 고강도의 호우에 의해서 유출이 발생하며 식생이 없는 건조지역의 수로에서는 중요 홍수가 발생하면 그에 따라 수로가 조정되며 수로형성 유량 개념은 일반적으로 적용이 되지 않는다.

자연적인 충적하천에서는 넓은 범위의 유량들이 발생하여 다양한 규모의 홍수사상에 따라 수로바닥이나 제방토사까지 이동하는 수로형태의 조정도 자주 발생한다. Wolman and Miller(1960)이 "수로형상은 단일 유량보다는 유량의 범위에 따라 영향을 받는다고 가정하는 것이 논리적이다"라고는 하였지만, 이는 토목기술자들이 먼저 주장했던 "지배이론(regime theory)"과 일치하는 개념이다. 지배이론은 수로형성 유량은 전체적으로 동일한 수로형상과 규격을 자연적인 발생사상에 따라서 만들어내는 정상류 흐름이다(Inglis, 1949). Wolman and Miller(1960)는 "적정한 발생빈도(moderate frequency)"를 "적어도 1년에 한 번 또는 2년에 한 번은 발생하고, 많은 경우에는 매년 여러 번 발생하는 사상"으로 정의하였다. 또 이들은 주어진 흐름에 의해서 이송되는 토사부하량도 고려하였다. 그들의 결론은 기후나 물리적, 지리적 조건들이 다르다 해도 전체 토사부하량의 50% 이상을 재앙적인 홍수보다는 적정한 유량에 의해서 운반된다는 것이다. 전체 토사부하량의 90%는 재현기간이 5년 이하인 홍수사상에 의해서 운반된다. 소규모 유역애서는 대규모 유역에서 보다 더 넓은 폭의 유량범위를 경험한다. 이러한 경향은 빈번하지 않은 홍수사상(대규모 홍수)에 의해서 토사부하량이 증가함을 의미한다. 수로형성 유량에 대한 이론들의 종합적인 검토는 Richards(1982), Knighton(1984) 그리고 Summerfield(1991)에서 찾아볼 수 있다.

수로형성 유량을 표현하기 위해서는 여러 가지 유량 수준을 사용할 수 있다. 가장 대표적으로 사용하는 유량 수준은 (1) 만수유량(bankfull discharge), (2) 연 최고유량 또는 부분계열 자료(partial duration series) 빈도곡선으로부터 특정한 재현기간을 가지는 유량, (3) 유효유량(effective discharge)이다. 이러한 방법들은 빈번하게 사용되어 많은 경우에서 비교적 잘 맞는 수로형성 유량을 근사적으로 생성하여왔다. 하지만 다음에 설명하겠지만 이 세 가지 방법들에는 상당한 불확실성이 내재되어 있다. 관련한 정보는 뒤에 소개한다.

주어진 지역 내에서의 공간적 변동성 때문에 그 지역 내의 어떠한 특정한 하천수변의 반응은 기대했던 반응과는 대체적으로 다를 수 있다. 이것은 배수면적이 적은 하천에서 미계측 지역에서는 특히 중요한 문제이다. 따라서 미계측 지역에 대한 일관성 있는 수로형성 유량의 기대치는 한 가지 방법 이상으로 산정하여야 한다.

④ 만수유량(bankfull discharge)

만수유량은 안정한 충적수로에서 활성 홍수터까지의 수위로 가득 찬 유량을 발한다. 많은 자연수로에서는 이 유량은 바로 제방을 넘치지 않으면서 유수단면적을 가득 채운 유량이다. 따라서 이 유량은 수로형성과 홍수터 형성의 과정에서 중지점 역할을 하기 때문에 지형적으로 중요성을 가진다 하겠다. 안정한 충적수로에서는 만수유량은 유효유량과 수로형성유량과 밀접하게 반응한다.

그림 4.4에 나타낸 "수위~유량" 곡선(rating curve)은 가상의 하천에서 각각 다른 수위(또는 표고)별로 유량을 산정하여 나타낸 것이다. 만수유량보다 많은 유량은 활성홍수터로 퍼져 나가며 수위는 유량이 증가함에 따라 만수위 이상으로 점차 증가한다. 흐름이 수로 내로 제한되면 수위는 만수위 아래에 놓이게 된다.

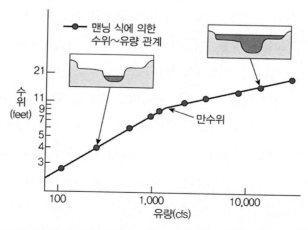

그림 4.4 수위~유량 곡선으로부터의 만수유량 결정. 처음으로 변곡점이 생기는 수위에 해당하는 유량이 만수유량이다.

만수위와 만수유량을 구하는 다른 방법으로는 "수위~수면폭과 수면적의 비율" 그래프를 구하여 최저값으로 결정하는 방법이 있다. 만수유량의 발생빈도는 그림 4.1과 같은 발생빈도 그래프에서 결정할 수 있다. 만수위는 활성홍수터에서의 흔적으로부터 결정할 수 있다. 따라서 상응하는 만수유량은 수위~유량관계곡선에서 구할 수 있다.

⑤ 만수유량의 현장 흔적

다양한 현장 흔적으로부터 만수유량과 관련한 수위 표고를 결정할 수 있다. 먼저, 평평한 퇴적면을 이용할 수 있으나, 현장에서 평평한 퇴적면을 인식하는 일이 쉽지는 않으며 오판할 수 있어서 훈련된 정밀한 경험이 필요하다. 일단 만수위가 결정되면 "수위~유량" 관계곡선으로부터 만수유량을 구할 수 있다. 그러나 단층하천 같은 절개된 하천(예 : 한탄강)에서는 사용될 수 없다. 절개된 하천에서는 제방의 상부는 테라스 즉 단지(段地, 경사지를 계단 모양으로 깎은, 혹은 계단 모양의 뜰 또는 극히 완만한 계단 모양의 광장(언덕) 즉 대지(臺地)) 형태이다. 이는 더 이상 사용이 되지 않는 홍수터이기도 하다. 또한 활성홍수터의 흔적은 기존의 제방상단보다 훨씬 아래에서 찾아볼 수 있다. 이런 경우에는 수로형성유량의 표고 (수위)는 제방상단보다 상당히 아래에 위치하게 된다. 더하여 보통 사용하는 만수위와 지형학적 만수위 사이의 차이는 중요한 소통문제를 낳을 수 있다.

만수위의 현장인식은 어려울 수 있으나 보통 최저 수면폭/수심 비율(Wolman, 1955)과 퇴적이나 식생 특성의 변화 같은 수로제방의 불연속성의 판정에 근거해서 결정할 수 있다. 다른 사람들은 만수유량을 다음과 같이 정의한 바 있다.

- Nixon(1959)은 만수위를 수로 내에서 홍수터나 주기적으로 침수되는 토지로 물을 흘려 보내지 않는 하천의 최고수위로 정의하였다.
- Wolman and Leopold(1957)은 만수위를 활성 홍수터의 표고로 정의하였다.
- Woodyer(1968)는 만수위를 여러 차례의 월류(越流) 수위를 경험한 하천의 제방 중간표고 (middle bench)로 제안하였다.
- Pickup and Warner(1976)는 만수위를 수면폭/수심 비율이 최소로 되는 표고로 정의하였다.

만수위는 지형학적 요소들로부터 다음과 같이 정의하기도 한다.

- Schumm(1960)은 만수위를 나무 같은 상시식생(常時植生, perennial vegetation)의 하한계(下限界) 표고로 정의하였다.
- 유사하게 Leopold(1994)는 만수위는 초본류나 잔디, 그리고 키 작은 관목(灌木) 같은 식생들의 변화위치(표고)로 나타난다고 서술하고 있다.
- 끝으로, 만수위는 수로의 사주(沙柱)들의 평균높이의 표고로 정의하기도 한다(Wolman and Leopold, 1957).

만수위 지표의 현장인식은 어려운 과제로 반드시 안정된 충적수로의 구간단위로 이루어져야 한다(Knighton, 1984). 만수위 결정을 위한 추가적인 지침은 Wharton(1995)에서 찾아볼 수 있다. 불안정한 하천에서는 만수위 지표는 가끔 사라져버리거나 발달이 덜 되거나 아니면 결정하기가 어렵다. 만수위에서의 유량을 직접으로 결정하는 것은 하천 계측지점이 관심구간에 가까이 있으면 가능하다. 그렇지 않으면 만수유량은 배수(背水)곡선계산 기법 같은 것을 사용하여 계산하면 된다. 이 기법은 수로의 조도계수 산정을 필요로 한다.

편리성 때문에 만수유량은 수로형성유량으로 널리 사용된다. 만수위나 만수유량에 대한 일관성 있는 일반적인 정의는 없다. 따라서 하천의 만수규모를 결정하는 일관된 방법도 없는 것이다. 하천계획이나 설계 시에 만수유량을 사용하는 경우는 만수조건과 관련하여 설명을 반드시 하는 것이 필요하다.

⑥ 재현기간별 수로형성유량의 결정

만수유량의 현장 결절과 관련한 문제점들을 피하기 위하여 특정한 재현기간을 가지는 유량으로 수로형성유량을 가정한다. 일부 연구자들은 이러한 대표 유량을 만수유량과 등가로 생각한다. 만수유량은 수로형성유량과 동의어로 사용될 수 있다. 초기의 수로형성유량은 연평균유량으로 정의되었다(Leopold and Maddock, 1953). Wolman and Leopold(1957)는 수로형성유량의 재현기간을 1~2년으로 제안한 바 있다. Dury(1973)는 수로형성유량은 1.58년 발생빈도유량의 약 97% 혹은 발생확률이 가장 높은 연 유량(연 최고발생빈도 유량)으로 결론지은 바 있다. Hey(1975)는 영국의 자갈바닥을 가진 세 하천에서 연 최고유량 계열자료에서 1.5년 발생빈도의 유량이 각 하천들의 수로에서 측정한 만수유량 자료들 사이로 통과

하는 것을 확인한 바 있다. Richards(1982)는 부분계열자료에서 만수유량은 1년 재현기간을 가진 연 최고 발생빈도 유량과 같다고 제안하였다. Leopold(1994)는 만수유량 재현기간을 1.0~2.5년으로 종합화하였다. Pickup and Warner(1976)는 만수재현기간은 연시계열자료에서 4~10년으로 정한 바 있다. 하지만 많은 경우에서 만수유량이 이 범위를 벗어난다. 예를 들어, Williams(1978)는 그가 분석한 51개 하천들의 약 75%가 만수유량의 재현기간이 1.03~5.0년의 범위임을 확정한 바 있다. Williams는 그의 분석에서 만수홍수위의 표고로 활성홍수터의 표고 또는 활성홍수터가 명확하게 정의되지 않는 구간에서는 계곡의 평지 표고를 사용하였다. 그는 이 하천들이 평형상태인지에 대해서 확인하지 않았기 때문에 하천 제방표고를 만수표고로 사용한 것은 의문으로 남는다. 특히 계곡의 평지 표고를 사용한 것에 대해서는 그러하다. 이러한 점은 만수유량의 재현기간으로 그가 보고한 범위(1.02~200년)가 광범위함을 설명하고 있다. 이는 활성홍수터와 계곡평지를 동시에 사용했기 때문이다. 활성홍수터를 가진 28개 하천 중 19개 하천에서의 만수유량의 재현기간은 1.01~32년이었다. 나머지 9개 하천에서는 1.0년 이하였다. 단지 3개 하천에서만 재현기간이 4.8년이 넘는다. 활성홍수터를 가진 하천구간의 약 1/3이 1.5년 정도의 재현기간을 가진다.

수로형성유량의 재현기간이 1~3년을 가진다는 가정이 예비단계의 분석에는 충분함에도 불구하고 자료수집과 정밀한 분석이 이루어지기까지는 설계에 사용될 수 없다. 특히 많은 수정이 이루어진 도시하천이나 광산지역 하천, 그리고 건조지역과 준건조지역의 단면하천에서는 사실이다.

⑦ 유효유량

유효유량은 일정 기간(연 단위) 동안 토사량의 가장 많은 부분을 이송시키는 유량의 증가분으로 정의한다(Andrews, 1980). 유효유량은 Wolman and Miller(1960)가 설명한 원칙 즉, 수로형성유량은 발생사상의 규모와 그것의 발생빈도의 함수라는 원칙과 결합된다. 유효유량을 사용하는 장점은 현장 측정으로 결정되는 것이 아니라 계산으로 결정된다는 점이다. 유효유량은 유량지속 곡선, (A)와 토사이송률 곡선, (B)를 수치적으로 적분하여 계산된다. 토사이송과 이송발생빈도, 그리고 유효유량 사이의 관계를 그림 4.5에 도시하였다. 곡선 C의 첨두점은 토사이송에서 가장 효율적인 유량점을 나타낸다. 따라서 수로형성에서 가장 많은 일을 하는 것이다. 안정된 충적수로에서는 유효유량은 만수유량과 매우 높은 상관성을 가진다. 여러 규모의 유량들(지배유량, 만수유량, 유효유량)과 수로 형태를 상관하여 보면 유효유량이 직접으로 계산될 수 있음을 확인할 수 있다.

유효유량은 토사체적단위로 이송하는 유량이기 때문에 기하학적 의미를 가진다. 유효유량은 일정 기간 동안에 토사이동의 대부분을 발생하는 단일 유량 증가를 나타낸다. 하지만 연간 토사량의 대부분을 이송하는 유효유량에는 상하로 범위가 있다.

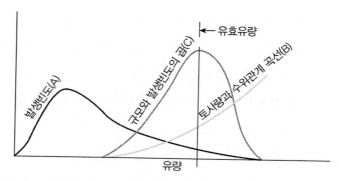

그림 4.5 토사이송곡선과 유량지속곡선 으로부터의 유효유량 결정. 곡선 C의 첨두점은 토사이송에서 가장 효율적인 유량을 나타낸다(Wolman and Miller, 1960).

Biedenharn and Thorne(1994)은 미시시피 하류강에서 이송된 토사의 누적백분율과 유량 사이의 도식적 관계를 사용하여 토사이송의 대부분을 차지하는 유효유량의 범위를 구하였다. 결과로 그들은 전체 토사의 약 70%가 50만 cfs~120만 cfs 범위 안에서 이동하는 것을 발견하였다. 이는 각각 이송시간의 40%와 3%에 해당하는 흐름에 의한 것이다. Thorne et al.(1996)도 유효유량의 범위를 찾기 위해서 비슷한 방법을 사용한 바 있다. 각기 다른 지점에서의 결과들의 비교를 확인하기 위해서는 유효유량의 결정을 위한 표준적인 과정이 사용되어야 한다. 실용적으로는 이미 가용할 측정된 자료지점에 기초하거나 아니면 단지 제한된 추가적인 정보와 계산절차가 요구되어야 한다.

유효유량 계산을 위한 기본적인 요소들로는 (1) 흐름지속기간 자료와 (2) 유량의 함수로 구해진 토사량이다. 유효유량 결정을 위한 가장 보편적인 방법으로는 각 흐름에 의해서 흐름지속기간 동안에 이송된 전체 하상물질토사량(tons)을 계산하는 것이다. 즉 "그 흐름의 발생빈도(dyas)×1일 토사이송량(tons/day)"으로 구해진다. 이 값들 중에서 가장 큰 값을 가지는 흐름이 유효유량인 것이다. 이 방법은 간편성이라는 장점이 있지만 유효유량의 산정의 정밀성은 채택한 과정에 달려 있다.

일평균유량값들은 흐름지속곡선 산정에 사용된다(그림 4.1). 흐름이 매우 단명한 하천 (flashy streams)에서는 일평균값은 높은 유량의 영향을 과소평가할 수 있다. 따라서 유량평균 기간을 24시간(일평균)에서 1시간 또는 15분까지도 줄일 필요가 있다.

"유량~토사량" 관계곡선(sediment rating curve, 토사곡선)은 특정 지점 또는 계측지점에서 특정한 유량에 의해서 운반된 토사량의 관계를 구한 것이다(그림 4.6). 이를 이용하여 유효유 량을 구할 수 있다.

유효유량 산정에는 하상물질 부하량을 사용하여야 한다. 이러한 토사량은 계측자료 혹은 적정한 토사이송 방정식을 이용하여 계산할 수 있다. 만약 측정된 부유사 자료를 사용한다 면 세척량은 반드시 제거해야 하며 단지 부유사 가운데 부유하상물질량만 사용하여야 한다 (표 2.4 참조). 만약 하상토사량의 비중이 크다면 적정한 토사이송 방정식을 사용하여 계산한 후 부유하상토사량에 더하여 전체 하상물질량을 산정한다. 하상토사량 측정이 가용하다면 그 값들도 사용이 가능하다. 흐름과 토사량 자료를 사용하여 유효유량을 결정하는 방법에 대한 보다 자세한 내용은 Wolman and Miller(1960)과 Carling(1988)을 참조하는 것이 좋겠다.

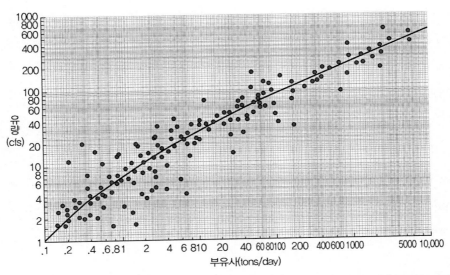

그림 4.6 "유량~토사량" 관계곡선(sediment rating curve)은 특정 지점에서 특정 하천유량에 의해서 운반된 토사량의 관계를 보여준다.

• 설계유량과 생태학적 기능

수로형성(또는 지배) 유량이나 우세유량이 중요하기는 하지만 가끔은 수로복원 사업에는 충분하지 않은 경우가 있다. 사업의 기능적 목적에 필요한 유량을 조사하여 평가할 필요가 있는 것이다. 예를 들면, 저수 시의 서식처 조건을 목표로 하는 복원사업일 경우에는 저수 시의 수로의 물리적 조건들을 고려해야 하는 것이다.

• 만수유량과 연평균유량 사이의 지역적 관계

하천의 계측점마다의 연평균유량은 국토부에서 계측하여 관리하고 있기 때문에 만수유량과 연평균유량 사이의 지역적 관계를 분석하는 용이하다. 따라서 어떠한 미계측 지점에 대해서도 만수유량의 산정과 비교가 가능하다. 하지만 지역곡선들은 높은 오차를 내포하고 있어서 복원될 특정 지점 또는 구간에 대해서는 넓은 유의수준을 가진다는 점은 반드시 기억해야 할 것이다.

⑧ 유역의 여타 변수들로부터의 수로형성유량 결정

유효유량을 계산하기 위한 만수유량을 현장에서 결정할 시간도 자원도, 자료도 없을 경우, 지역의 수문학적 분석에 기초한 간접적인 방법이 사용될 수 있다(Ponce, 1989). 수문학적 균질성이 유지되는 지역에 대한 적용성이 있는 회귀식 형태의 간편한 경험식을 개발할 수 있다. 예를 들어 유량 대신에 유역의 면적을 사용할 수 있다(Brookes 1987, Madej 1982, Newbury and Gaboury, 1993). 배수면적과 만수유량 간의 지역적 관계는 수로형성유량을 결정하는 데 좋은 시작점이 될 수 있다.

수문학적으로 균질한 지역에서는 유출은 해당면적에 따라 변한다. 즉 유출은 유역의 배수면적에 비례한다. Dunne and Leopold(1978) and Leopold(1994)는 광범위한 개별지역별로 만수유량과 배수면적 간의 평균적인 관계식을 개발한 바 있다(그림 4.7). 그림 4.7로부터 중요한 두 가지 점을 발견할 수 있다. 첫째로, 습기가 많은 지역에서는 다양한 호우가 발생하며 단위 배수면적당의 만수유량은 높은 편이다. 반면에 준 건조지역에서는 국지적으로 강도가 큰 호우가 발생한다. 두 번째로는 만수유량과 배수면적을 상관 회귀시키면 일반적인 관계식은 다음과 같다.

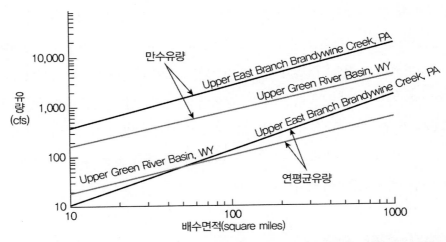

그림 4.7 배수면적의 함수로 표시한 만수유량과 연평균유량의 지역적 관계. 연평균유량은 정상적으로 만수유량보다 적다(Dunne and Leopold, 1978).

$$Q_{bf} = aA^b$$

여기서, Q_{bf}는 만수유량(cfs), A는 배수면적(mi^2), a와 b는 회귀계수이다. 이 계수 값의 예를 표 4.1에 수록하였다.

표 4.1 회귀계수 값

하천유역	a	b
Southeastern, PA	61	0.82
Upper Salmon River, ID	36	0.68
Upper Green River, WY	28	0.69
San Francisco Bay Region, CA	53	0.93

관심 있는 다른 하천에서의 비슷한 모수들의 관계를 평가하는 것은 매우 유용할 것이다. 하천수변으로 배수되는 상류유역은 지도나 디지털 지형자료로부터 쉽게 결정될 수 있기 때문이다. 일단 배수면적이 결정되면 기대하는 만수유량은 위의 식으로부터 구할 수 있다.

⑨ **연평균유량**
경험적 회귀식으로 구해지는 수로형성유량을 대체할 다른 방법으로는 연평균유량이 있

다. 연평균유량, Q_m은 모든 연속적으로 측정한 유량의 체적과 동일한 양을 생성하는 일정한 유량과 등가이다. 만수유량의 경우와 마찬가지로, Q_m은 수문학적 동질성이 유지되는 유역 내에서 배수면적에 비례한다. Q_{bf}와 Q_m은 배수면적, A,에 비슷한 종속함수 관계를 보이고 있다. 동일한 지역 내에서는 이 유량들 사이에서는 일관된 비례특성을 보일 것이다. Leopold(1994)는 Q_{bf}/Q_m 비율의 지역별 평균값들을 제시한 바 있다. 즉 미국 California주 해안지역의 21개 관측소에서의 평균값으로 29.4, Colorado주의 20개 관측소에서의 7.1 그리고 미국 동부 13개 관측소에서의 8.3을 제시하고 있다.

4.1.2 "수위~유량" 관계

하천수로단면을 측정하는 것은 수로 형상과 기능과 과정을 분석하는 데 유용하다. 유량과 기하학적 특성과 다양한 수리학적 특성 간의 관계를 구하기 위해서 측정한 자료를 사용하는 것은 다양한 응용에 대한 정보를 제공한다. 수위~유량 곡선이 수로단면적 자료들로부터 계산되기도 하지만, 사용자들은 언제라도 가능할 때 직접 측정한 유량자료들과 계산결과를 비교 검증하여야 한다.

하천수로의 기하학적 특성과 수리학적 특성에 대한 정보는 수로의 설계와 강기슭 지역 복원과 수로 시설물 설치에 유용하다. 이상적으로는 일단 수로형성유량이 규정되면 수로는 그 유량을 수용할 수 있도록 설계되며, 더 큰 유량은 홍수터로 흘러넘치는 것을 허용하는 것이다. 이 같은 주기적인 홍수는 사주(沙柱)나 만곡수로의 곡률(曲律) 같은 거시적 특성의 형성에 매우 중요한 역할을 한다. 그뿐 아니라 강기슭 식생의 종류를 확정하는 데도 맹우 중요하다. 단면적 특성 분석은 또한 최적설계와 관거와 물고기 서식 구조물 같은 것들의 설치에 도움이 될 수 있다.

더하여서, 유량과 수로의 기하학적 특성과 수리학적 특성 간의 관계에 대한 지식은 특별한 흐름(유량)과 관련한 조건들의 형성에 유용하다. 예로서, 많은 수로안정분석에서 하상물질의 이동과 하천력의 측정자료나 평균하상전단응력을 상관시키는 것이 일반적이었다. 만약 유량과 어떤 수리변수(예로서, 평균수심과 수면경사) 간의 관계가 알려져 있다면 하천력과 평균하상전단응력이 유량의 함수로 산정할 수 있다. 따라서 단면적 분석은 하천유량의 수준별로 기질(基質, 효소의 작용을 받는 물질) 이동의 조건들을 산정할 수 있도록 가능하게 해준다.

(1) 연속방정식

한 단면에서의 유량은 간편한 연속방정식으로 계산된다.

$$Q = A V$$

여기서, Q는 유량, A는 흐름의 단면적(유수단면적), V는 흐름의 하류방향으로의 평균유속이다.

유수단면적의 계산은 기하학적인 문제이다. 관심 있는 면적은 수로단면과 물표면(표고)으로 경계지어 있다(그림 4.8). 단면적에 더하여 수면폭, 윤변(潤邊)길이, 평균수심 그리고 수리반경들이 설정한 수위에 대해서 산정된다. 등류방정식을 이용하면 평균유속을 단면적의 수리 모수들의 함수로 구할 수 있다.

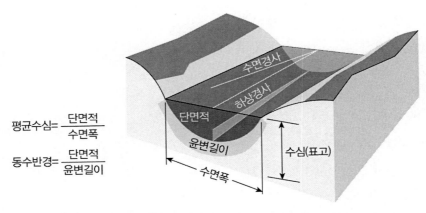

그림 4.8 수리 모수들. 하천은 특정한 단면과 길이 방향 특성을 가지고 있다.

(2) Manning의 조도계수 식

Manning의 식은 수면곡선과 에너지곡선이 수로바닥과 나란한 등류(uniform flow)에 대해서 개발된 것으로, 이 경우는 단면적, 수리반경, 평균수심이 계산구간 내에서 일정하게 유지된다. 에너지경사선(EGL)은 이론적인 선으로 그 표고는 하상보다 높으며, 흐름의 운동에너지와 수면표고의 합으로 나타내는 선이다(Chow, 1959). 에너지선의 경사는 난류와 경계에서의 마찰력에 의한 에너지 소모율을 나타낸다. 수면경사와 에너지경사선이 수로바닥과 나란할 때 에너지경사선의 경사는 수면경사와 같다고 본다. 에너지경사선의 경사가 알려지면 다양한 저항공식들이 단면평균유속을 구할 수 있게 된다.

Manning 식의 중요성은 수리적 조도계수가 다른데 따른 흐름의 유속과 표고의 차이들을 계산할 수 있도록 하는 데 있다. 계획하는 목적에 따라서 직접적으로 방해한다든지 아니면 하천의 식생과 조도를 변화시켜 흐름특성을 변화시킬 수 있다. Manning의 식은 만수위 때의 만수유량을 결정하는데도 유용하다.

Manning의 식은 자연수로에서의 점변류(gradually varied flow)의 에너지 손실도 산정할 수 있다. 이 경우 한 단면에서 시작하여 이어지는 다음 단면으로 점진적으로 계산이 진행되어 각 단면에서의 수리 값들을 계산된다. HEC-2 같은 계산 모형들은 이러한 계산을 위해서 광범위하게 사용되고 있으며, 해석적 기법들도 광범위하게 사용되고 있다.

평균유속 V(ft/sec 또는 m/sec)에 대한 Manning의 식은 다음과 같다.

$$V = \frac{k}{n} R^{2/3} S^{1/2}$$

여기서 ,
$k = 1.486$(영국단위계) 또는 1.0(국제단위계)
$n = $Manning의 조도계수
$R = $수리반경(ft 또는 m)
$S = $에너지 경사(수면경사)

Manning의 조도계수는 하천에너지를 소산시키는 수로의 조도(거칠기)를 나타내는 특성치이다. 표 4.2는 다양한 경계물질에 따른 조도계수값의 범위를 보여주고 있다. 자연하천에서는 Manning의 조도계수를 산정하기 위한 두 가지 방법이 제시되어 있다. 즉 Manning의 식으로부터 n을 직접 구하는 직접해법과 다른 수로들에서 계산된 n 값들과 비교하여 산정하는 비교방법이 있다. 각 방법은 각각의 한계점과 장점을 가지고 있다.

표 4.2 다양한 경계에 대한 Manning의 조도계수(출처 : Ven te Chow, 1964)

경계	Manning의 조도, n 계수
매끄러운 콘크리트	0.012
보통 콘크리트 lining	0.013
유리모양 점토	0.015
숏크리트(Shot concrete), 미장이 안 된 최상조건의 흙수로	0.017
양호한 상태의 직선 흙수로(운하)	0.020
양호한 상태의 약간의 식물 성장이 있는 하천과 흙수로	0.025
불량한 상태의 상당한 이끼가 있는 구불어진 자연하천과 운하	0.035
암석하상의 산악하천과 단면변동이 심하고 제방을 따라 식생이 어느 정도 있는 하천	0.040~0.050
식생이 없고 모래하상인 충적수로	
1. 하류부	
여울	0.017~0.028
모래언덕	0.018~0.035
2. 씻겨나간 모래언덕 또는 천이구간	0.014~0.024
3. 상류구간	
평평한 하상	0.011~0.015
고립파	0.012~0.016
반모래언덕	0.012~0.020

① Manning의 n을 구하기 위한 직접해법

자연수로에서는 부등류흐름을 찾기는 약간 어렵지만 Manning의 조도계수 n을 찾기 위한 직접해법은 완전한 등류흐름을 요구하지는 않는다. Manning의 n 값은 복단면을 가진 구간에서 수면표고와 유량만 있으면 계산이 된다. 각각 다른 n 값을 가진 수면형이 구해지고, 계산된 수면형은 측정된 수면형과 비교되어 가장 잘 맞는 수면형을 찾으면 주어진 특정한 유량에서 그 하천구간에서의 n 값으로 판단하는 것이다.

② 다른 수로에서 측정한 Manning의 n 값의 사용

n 값을 구하기 위한 두 번째 방법은 Manning의 n 값을 이미 산정한 구간과 새롭게 구할 구간과의 비교를 통해서 구하는 방법이다. 이 과정은 가장 흔하게 사용하는 방법으로 가장 빠르게 n 값을 구하는 방법이다. 자연수로 구간의 사진과 함께 측정한 n 값을 제시한 표를 사용하는 것이다. 다양한 자연수로구간과 인공수로구간에서 측정한 n 값이 수리학 분야의 여러 문헌에서 찾아볼 수 있다(Chow 1959, Van Haveren 1986, 표 4.3). 하천구간의 사진과 함께 산정한 n 값도 정리되어 있다(Chow 1959, Barnes 1967). 산정은 여러 수위별로 이루어

져야 하며 "수위~n"의 관계가 흐름범위에서 규정되어야 한다.

조도계수가 이러한 표값들로부터 산정할 때는 선택한 값(n_b)은 기본 값으로 추가적인 저항 특성에 따라서는 수정되어야 할 것이다. 수로의 불규칙성과 식생과 장애물 그리고 만곡성을 고려한 수정에는 여러 가지 과정들이 문헌에 제시되어 있다(Chow 1959, Benson and Dalrymple 1967, Arcement and Schneider 1984, Parsons and Hudson 1985).

가장 대표적으로 많이 사용하는 수정과정은 Cowan(1959)이 제시한 다음의 공식이다.

$$n = (n_b + n_1 + n_2 + n_3 + n_4)m$$

여기서,

n_b = 직선, 균등, 자연재료의 균질한 하천구간에서의 기본 값

n_1 = 표면의 불규칙성에 대한 수정계수

n_2 = 단면의 크기와 모양의 변화에 대한 수정계수

n_3 = 장애물에 대한 수정계수

n_4 = 식생과 흐름조건의 변화에 대한 수정계수

m = 수로의 만곡도에 대한 수정계수

표 4.3은 Aldridge and Garrett(1973)의 문헌에서 발췌한 것으로 위의 각 수정계수들을 평가하여 최종으로 n 값을 구하는 데 사용될 수 있을 것이다.

표 4.3 "n" 값 조정계수(Aldridge and Garrett, 1973)

	수로조건	n값 조정계수[1]	예
불규칙성(n_1)	부드러움	0.000	주어진 하상재료에서 구할 수 있는 가장 부드러운 수로와 비교해서
	미소	0.001~0.005	양호한 조건에서 주의 있게 준설하였으나 양측 사면이 약간은 침식되거나 세굴된 수로와 비교해서
	중간	0.006~0.010	중간 정도에서부터 상당한 정도까지의 하상 조도계수를 가진 준설되고 경사면이 중간 정도로 진흙창이거나 침식된 수로와 비교해서
	심각	0.011~0.020	제방이 매우 진흙탕 상태이거나 부채모양으로 내려앉은 자연하천; 경사면이 심하게 침식되었거나 부채모양으로 내려앉은 운하 또는 배수로; 모양을 갖추지 못하고, 고르지 못하며, 불규칙한 표면을 가진 암석수로

표 4.3 "*n*" 값 조정계수(Aldridge and Garrett, 1973) (계속)

	수로조건	*n*값 조정계수[1]	예
수로단면의 변동성(*n₂*)	점진적	0.000	수로 단면의 크기와 모양이 점진적으로 변하는 수로
	교대적으로 이따금씩	0.001~0.005	크고 작은 횡단면들이 가끔씩 교대로 나타나거나 주 흐름이 교차 단면 모양의 변화로 인해 때때로 좌우로 이동하는 수로
	교대적으로 빈번히	0.010~0.015	크고 작은 횡단면이 자주 번갈아 가며, 또는 주 흐름이 단면 형상의 변화로 인해 자주 좌우로 이동하는 수로
장애물 영향(*n₃*)	무시할 정도	0.000~0.004	횡단면의 5% 미만을 차지하는 파편 퇴적물, 나무 그루터기, 노출된 뿌리, 통나무, 교각 또는 고립 된 돌이 포함 된 몇 가지 흩어져 있는 장애물이 있는 수로
	미소	0.005~0.015	장애물은 단면적의 15% 미만을 차지하며, 장애물 사이의 간격은 한 장애물 주변의 영향권이 다른 장애물 주위의 영향권으로 확장되지 않는다. 또한 곡선형의 부드러운 표면을 가진 물체는 날카로운 각진 모서리를 가진 물체에서 사용되는 것보다 적은 양의 조정이 사용된다.
	상당한 정도로 분명함	0.020~0.030	장애물은 횡단면의 15~20%를 점유하거나, 장애물 사이의 공간은 여러 장애물의 영향을 부가적으로 일으키기에 충분할 정도로 횡단면의 상당 부분을 차단한다.
	심각	0.040~0.050	장애물은 횡단면의 50% 이상을 점유하거나 장애물 사이의 공간은 대부분의 단면에 난류가 발생하기에 충분하도록 작다.
식생량(*n₄*)	적음	0.002~0.010	유연한 잔디의 고밀도 성장 또는 평균 흐름 깊이가 식물 높이의 적어도 두 배인 곳에서 자라는 잡초; 평균 유동 깊이가 식물 높이의 적어도 3배인 유연 재배와 같은 유연한 나무 모종
	중간 정도	0.010~0.025	흐름의 평균 깊이가 식물 높이의 1~2배인 거친 잔디 성장, 흐름의 평균 깊이가 식생의 2~3배인 적당히 조밀한 줄기의 풀, 잡초 또는 나무 묘목의 성장, 수리반경이 60 cm를 초과하는 수로 바닥을 따라 분명한 식생이 없고 제방을 따라 자라는 휴면기의 1~2년생 버드나무와 비슷한 딱딱하고 밋밋한 식물들의 성장
	대규모	0.025~0.050	흐름의 평균 깊이가 식물 높이와 거의 같은 거친 잔디가 성장하는 곳, 수리반경이 60 cm를 초과하는 일부 잡초와 줄기식물이 교차하는 8~10년 된 버드나무 또는 미루나무가 자라는 곳, 측면경사면(잎이 만발한 모든 식물)을 따라 잡초가 자라며 수리반경이 60 cm 이상인 수로 바닥에는 의미 있는 식물이 없는 곳으로 약 1년 된 덤불 같은 버드나무가 자라는 곳
	매우 대규모	0.050~0.100	흐름의 평균 깊이가 초목 높이의 절반 이하인 거친 잔디가 성장하는 곳, 약 1년 된 버드나무 덤불이 우거지고 측면 경사면에 모든 잡초의 잎이 만개한 상태 또는 수로 바닥을 따라 자라는 부들이 빽빽하게 자라는 곳, 또한 잡초와 줄기 식물의 잎이 만개한 곳
사행정도(*m*)[1] (조정값은 수로에 한정된 흐름에 적용되며 하향 방류가 사행을 통과하는 경우 적용되지 않음)	미소함	1.00	수로 길이 대 계곡 길이의 비가 1.0~1.2인 곳
	상당한 정도로 분명함	1.15	수로 길이 대 계곡 길이의 비가 1.2~1.5인 곳
	심각함	1.30	수로 길이 대 계곡 길이의 비가 1.5보다 큰 곳

[1] 불규칙 정도, 횡단면의 변화 정도, 방해물의 효과 및 초목은 사행에 대한 조정으로 곱하기 전에 기본 n 값에 추가된다.

• 수로바닥 형상과 관련한 Manning의 n 값

Manning의 n 값이 수위의 변동, 수로의 불규칙성, 장애물, 식생, 만곡성 그리고 하상물질의 크기 분포에 따라서 상당히 변하는 것처럼 n 값은 역시 수로의 바닥 형상에 따라서도 변한다. 유속, 하천력 그리고 Froude 수가 유량과 함께 증가하는 것처럼 모래질과 이동상 (移動牀) 수로의 수리현상은 수로바닥의 형상을 변화시킨다. Froude 수는 무차원(無次元) 수로서 중력(重力)에 대한 관성력의 비율로 구해진다. 유속과 하천력이 증가하면 바닥형상은 여울에서 모래언덕, 씻겨나간 모래언덕, 평탄한 바닥, 반(反)모래언덕(antidune), 도랑 그리고 웅덩이로 변화한다. 정지된 평탄한 바닥, 여울, 모래언덕은 Froude 수(장파방정식)가 1.0보다 작을 때(상류, subcritical flow) 발생하며, 씻겨나간 모래언덕은 Froude 수가 1.0일 때(한계류(限界流)) 발생한다. 그리고 이동 중인 평탄한 바닥, 반 모래언덕, 물길 그리고 웅덩이는 Froude 수가 1.0보다 클 때(사류) 발생한다. Manning의 n 값은 모래언덕 바닥이 나타날 때 최고치에 도달하며, 여울과 평탄한 바닥이 나타날 때 최저치에 이른다(Parsons and Hudson, 1985).

• 등류(Uniform Flow)

폭, 수심, 단면적 그리고 유속이 일정한 흐름에서는 수면경사와 에너지경사선은 수로바닥경사에 근접한다. 이러한 상태를 "등류"조건이라 한다. 등류의 한 특성은 유선들이 나란하며 직선이다(Roberson and Crowe, 1996). 완전등류는 자연수로에서는 거의 보기 힘들지만 수로단면의 기하학적 특성이 그 구간 내에서는 상대적으로 일정한 일부 구간에서는 등류조건에 근접하여 발생한다.

등류조건을 파괴하는 조건으로는 수로의 휘어짐, 단면의 기하학적 특성의 변화, 사주나 큰 바위, 나무 부유물 혹은 다른 특성에 의한 수로의 좁아짐, 넓어짐, 흐름의 가속이나 감속의 원인이 되는 매우 큰 조도 요소에 의한 흐름에 대한 장애 요소들이 있다(그림 4.9).

부등류(점변류) 조건을 풀기 위해서는 저항방정식들을 사용할 수 있다. 하지만 에너지 전환에 대한 교려(배수곡선 계산)가 반드시 분석에 포함되어야 한다. 이러한 과정은 다중의 횡단면을 사용하는 모형이 필요하다. 예로서, HEC2, WSP2 같은 모형이 있다. HEC2는 수면을 계산하는 모형으로 미국 육군공병단 수문공학 센터(HEC)에서 개발한 것이다. WSP2는 유사한 프로그램으로 미국 농무성 자연자원보존청(USDA, NRCS)에서 개발한 것이다.

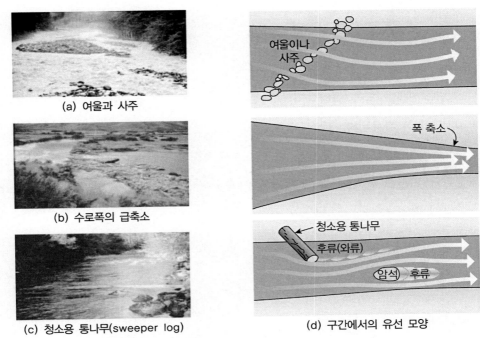

(a) 여울과 사주

(b) 수로폭의 급축소

(c) 청소용 통나무(sweeper log)

(d) 구간에서의 유선 모양

그림 4.9 수축이나 장애물이 있는 수로에서의 흐름 통과

(3) 에너지 방정식

에너지 방정식은 연속된 상대적으로 비슷한 두 단면 사이의 수면의 표고차를 계산하는
데 사용된다.

이 식의 가장 간편한 형태의 식은 다음과 같다.

$$z_1 + d_1 + V_1^2/2g = z_2 + d_2 + V_2^2/2g \ + h_e$$

여기서,

z = 각 단면에서의 하상의 최소 표고

d = 각 단면에서의 흐름의 최대 수심

V = 각 단면에서의 평균유속

g =중력가속도

h_e =두 단면 사이의 에너지 손실

하첨자 1은 상류단면에서의 값

하첨자 2는 하류단면에서의 값

이 단순 방정식은 두 단면 사이의 수리적 조건들이 비슷할 때(점변류)와 수로경사가 작을 때(0.18 이하) 사용된다.

두 단면 사이의 에너지 손실은 수로의 경계 조도와 앞에서 설명한 다른 요소들에 의해서 발생한다. 여기서 조도는 Manning의 조도계수로 가름할 수 있으며 에너지 손실은 Manning의 식을 사용하여 계산할 수 있다.

$$h_e = L[Qn/kAR^{2/3}]^2$$

여기서,

L =두 단면 사이의 거리

Q =유량

n =Manning의 조도계수

A =수로단면적

R =수리반경(단면적/윤변장)

k =1(SI 단위) 또는 1.486(ft-lb-sec 단위)

홍수터를 포함하는 보다 복잡한 단면을 가진 수로에서도 이러한 계산을 할 수 있는 HEC2 같은 컴퓨터 모형들을 가용하며, 조도가 단면의 횡방향을 따라서 변하는 경우에도 계산이 가능하다(USACE, 1991).

① 배수(背水)효과

완전한 등류흐름의 직선수로구간은 자연에서는 극히 드물지만 대부분의 경우, 변하는 정도의 문제이다. 만약 일정한 단면적과 모양을 가진 수로구간이 여의치 않다면 약간의 구간 축소조정이 가능하며 이는 심각한 배수효과를 초래하지는 않는다. 배수는 "수위~유량" 관계가 관심구간의 하류부의 기하학적 조건에 의해서 지배받을 때 발생한다. 예를 들면 유량이 작을 때 여울 흐름이 상류의 소의 흐름 조건을 강하게 지배할 때 배수가 발생한다. Manning의 식은 등류흐름조건을 가정하고 있다. Manning의 식은 단일 단면에 적용된다. 따라서 배수구역에 정확한 "수위~유량" 관계를 산정하는 것은 아니다. 더하여서, 계산구간의 확장은 피하는 것이 좋다. 왜냐하면 구간확장과 더불어 추가적인 에너지 손실이 더해지기 때문이다.

등류조건에 알맞은 혹은 근접한 구간이 구해지지 않는다면 구간별 수리량의 분석을 위해서 HEC2 같은 다중횡단구간 모형이 필요하다. 주어진 유량에 대한 표고의 제한이 있다면 (예, 홍수조절 요구), 전체구간에 대한 수면형상이 요구되며 따라서 다중횡단구간(배수곡선) 모형의 사용이 요구된다.

② 표준단계 배수계산(standard step backwater computation)

HEC2 같은 많은 컴퓨터 프로그램이 수면형을 계산하기 위해 개발되어 있다. Chow(1959)의 표준단계법은 축차근사해법으로 구간의 상류단에서의 수면표고(수심)를 계산하는 데 사용될 수 있다. 이 방법은 에너지를 만족하는 수면표고를 결정하기 위해서 초기 시산(가정) 수면표고를 사용한다. 그리고 계산구간의 끝단면에 대한 Manning의 식을 사용한다. 이 방법을 사용함에 있어서 단면들이 선택되어야 하며 유속들이 구간을 통해서 연속적으로 증가 또는 감소되어야 한다(USACE, 1991).

(4) 합성 및 복합 단면의 해석

자연수로단면은 완벽하게 균일하지 않으며 매우 불규칙한 단면(복합단면)에 대해서 수리적 분석이 필요하다. 하천은 한쪽 혹은 양쪽 제방을 넘쳐 수위가 높은 동안에 물을 월류시킨다. 월류(越流) 수로와 제방안쪽의 면적은 월류된 물을 다양한 수위로 홍수를 일으켜 수리학적 특성이 본(本) 수로의 그것과는 아주 다른 양상을 보인다. 이러한 면적을 별개의 부(副) 수로로 취급한다. 그리고 이러한 부 수로에서의 유량은 별개로 계산되어 본 수로의 유량에 더해 전체유량을 구하게 된다. 이러한 과정에서는 횡방향의 운동량 손실을 무시한다. 이것은

n 값을 과소평가하게 되는 요인이 된다.

합성단면은 단면의 횡방향으로 변하는 조도를 가진다. 하지만 평균유속은 등류방정식을 사용하여 단면을 분할하지 않아도 여전히 계산될 수 있다. 예를 들면, 하천은 식생이 잘 성장한 제방을 가질 수 있으며, 바닥이 거친 호박돌로 구성될 수도 있으며, 작은 버드나무들로 식생된 모래 사주로도 될 수 있다. 표준적인 교과서들(Chow 1959, Henderson 1986, USACE 1991 등)에서 다양한 조건의 단면들과 다양한 수심에서의 합성 n 값을 구하는 방법을 찾아볼 수 있다.

(5) 구간선택

단면분석의 의도적인 사용은 구간과 단면의 위치를 정하는 데 중요한 역할을 하게 된다. 단면들은 수리적 특성들의 변화가 큰 짧은 구간이나 어느 정도 큰 면적을 대표하는 구간에 위치를 정할 수 있다. 변화에 가장 민감한 구간이나 중요한 조건에 부합한다고 판단되는 구간은 한계구간으로 판단된다.

일단 구간이 선택되면 Manning의 식에서 요구하는 등류조건을 만족하는 가장 적합한 위치에서 수로단면을 측정하여야 한다. 등류요구조건은 구간 내에서 수로폭, 수심, 유수단면적이 상대적으로 일정하게 유지되며, 수면경사와 에너지경사선이 수로바닥 경사에 근접하는 단면을 정하면 된다. 이러한 이유로 인해서 수로의 기하학적 변화가 뚜렷한 위치나 흐름의 불연속성이 분명한 위치(계단, 폭포, 도수(跳水)발생 위치)는 단면을 선정하는 데서 제외하여야 한다. 일반적으로, 단면은 선택한 구간 내에서 유선들이 제방과 서로 간에 나란해야 한다. 등류조건이 만족되지 못하면 배수계산은 수로형상이 변하는 모든 점에서 계산되어야 한다.

(6) 현장절차

선정한 구간에서 분석을 위해 획득해야 할 기본적인 자료는 수로단면의 측량과 수면경사와 하상물질의 입경분포, 그리고 유량측정이다. 미국 산림관리국(U.S. Forest Service)은 현장측량을 위한 좋은 기술 안내서를 발행한 바 있다(Harrelson et al., 1994).

① 단면측량과 수면경사

단면은 흐름에 지각인 면으로 정의되며 단면상의 점들은 알려진 혹은 임의로 설정한 수준

점 표고에 대한 상대적인 높이로 측정한다. 단면상의 각 점들은 거리/표고의 쌍으로 여러 가지 방법으로 측정될 수 있다. 단면분석을 위해서는 수면경사도 필요하다. 수면경사의 측정은 단면측정보다는 훨씬 복잡하며, 단면의 위치점(예, 소(沼) 또는 여울 등)에서 수면의 경사는 전체구간에서의 보다 일정한 경사와는 다르게 구분되어야 한다. 개별 수로구간에서의 수면경사는 수위와 유량에 따라서는 상당히 변할 수 있다. 따라서 현장에서 수면경사를 측정할 때는, 저수경사는 단면이 길이 방향으로 수로폭의 약 1~5배 정도에 위치한 개별 수로 단위애서의 표고차로 근사할 수 있다. 반면에 고수경사는 훨씬 더 긴, 길이 방향으로 수로폭의 15~20배 정도의 거리의 구간단면에서의 수면표고차로 근사화할 수 있다.

② 하상물질 입경분포

Thorne and Zevenbergen(1985)이 제안한 상대적인 조도에 기초한 저항방정식을 이용한 평균유속의 계산은 하천의 하상물질의 입경분포의 평가를 필요로 한다. 현저한 수로보강이 없고 하상물질이 중간 크기보다 작은 하천에서는 하상물질 표본채취기(예, Federal Interagency Sedimentation Project, FISP 1986)를 사용하여 하상물질 표본을 구할 수 있으며, 표준의 채분석을 통해서 다양한 입경재료의 무게 백분율을 결정할 수 있다. 따라서 설정한 규격보다 가는 물질의 누적 백분율을 결정할 수 있다.

입경 자료는 d_i 단위로 보고된다. 여기서 i는 분포의 백분율을 나타낸다. d_i는 입경으로 단위는 통상 mm를 사용하며, 무게를 기준으로 전체 표본의 i%가 가늘다는 의미를 가진다. 예를 들면 전체 표본의 84%가 d_{84} 입경보다 가늘다는 의미이다. 추가적으로 모래하상 하천에서의 하상물질 표본채취에 대해서는 Ashmore et al.(1988)을 참고할 것을 권한다.

중간규격의 자갈 한계를 갖는 FISP 표본기보다 큰 기질을 가진 급경사 산악 하천에서의 유속 산정을 위해서는 최소한 100개 이상의 호박돌(하상물질 입자)을 모아서 규격을 측정하여 사용하면 된다(Wolman, 1954).

단면에서의 각 측점에서는 입자들은 하상으로부터 채취되어 중간축(장축과 단축이 아닌)의 규격을 측정한다. 측정은 발생하는 규격의 입자 수를 사전에 결정한 규격간격 표에 기록하고 전체 개수에 대한 백분율을 각 규격간격에 기록한다. 다시 설명하면, 각 규격구간별의 백분율은 누적되어서 입경분포를 나타낸다. 추가적으로 거친하상물질의 표본채취에 대해서는 Yuzyk(1986)를 참조할 것을 권장한다. 보강층이나 포장층이 있는 곳에서는 하상토사의 특성을 분석하기 위해서 표준기법인 Hey and Thorne(1986)의 기법을 사용하는 것이 좋다.

③ 유량측정

광범위한 범위에서 유량을 측정하면, 수위와 유량의 관계와 기타 수리요소들이 직접으로 결정될 수 있다. 단 한 번의 유량측정만이 이루어진다면, 저수기간 동안에 측정하는 것이 유용하여 "수위~유량" 곡선의 아랫단을 결정하는 데 사용될 수 있겠다. 두 번 측정한다면, 저수측정과 고수측정이 바람직하여 "수위~유량" 곡선의 양단을 결정하는 데 유용하며, Manning의 n과 수위의 관계를 결정하는 데 유용하다. 고수유량이 직접으로 측정될 수 없다면 고수유량에 대한 n 값을 구하기 위한 다른 방법이 필요하다.

미국 내무성 개척국의 수리측정 매뉴얼(USDI, Bureau of Reclamation, Water Measurement Manual, 1997)이 수로 측정과 유량 측정에 매우 우수하게 사용될 수 있는 것으로 권장한다. Somers(1969)와 Rantz et al.(1982)도 역시 유량측정에 대한 상세기술을 제공하고 있다. 장비들이 정상적으로 잘 작동하고 표준절차를 정확하게 따른다면, 참값의 5% 이내의 오차 범위에서 유량을 측정할 수 있다. 미국지질조사국(USGS)은 5% 내외의 오차를 가진 측정은 "적정(good)"으로, 3% 이내의 오차범위는 "우수(excellent)" 유량측정으로 판단하고 있다.

4.2 지형학적 과정

이 절은 기본적인 수문학적 과정과 물리적 혹은 지형학적 기능과 특성들을 조합하고 있다. 하천을 통한 물 흐름은 수로 내와 홍수터와 대지(臺地)의 토양의 종류와 충적특성에 따라서 영향을 받는다. 하천에 의해서 운반되는 토사의 양과 종류와 토사규격, 형태 등은 평형특성에 따라 결정된다. 능동적(직접으로 하천거동에 개입)인 복원이든 수동적(단지 교란요소들만 제거)인 복원이든 간에, 복원은 물과 토사가 어떻게 수로를 형성하며 기능하는가, 또 수로의 변화에 어떠한 과정이 내포되는가에 대한 이해에 달려 있다.

하천계획 시에는 하천지형과 수로과정이 토지 안에서 어떤 형태로 어떻게 진행되는지에 대한 이해가 절대 필요하다.

하나의 수로시스템에서 하천지형과정에 대한 상세연구는 "지형평가"로도 불린다. 이러한 지형평가는 과정 중심으로 유역의 역동성의 과거와 현재를 규정하게 한다. 또한 어떤 복원계획의 결과에 대한 통합적 해를 구할 수 있게 해준다. 지형평가는 일반적으로 자료수집과 현장조사, 그리고 수로안정성에 대한 평가를 포함한다. 이는 단일구간의 개선계획이든 유역 전체에 대한 종합계획이든 간에 분석과 설계의 기초를 형성하며 설계과정의 필수적인 첫 단계이다.

4.2.1 하천구분(분류)

어떠한 하천분류시스템이든 그 시스템은 하천들과 그 유역들 사이의 복잡한 관계를 단순화시키려는 것이다. 분류는 소통수단으로 그리고 전체적인 복원계획 과정의 한 부분으로 사용될 수 있지만, 분류시스템의 사용은 평가, 분석 그리고 하천복원설계에 반드시 필요한 것은 아니다. 하지만 복원설계는 위치 중심의 공학적 분석과 생물학적 기준을 요구한다.

복원설계는 단순한 것에서부터 복잡한 것, 즉 실행이 필요 없는 것, 단순관리기법들, 직접조작, 혹은 이상의 기법들의 조합 같은 것들이 사용되는 복잡한 것까지의 범위를 가질 수 있다. 최근에는 종합적인 하천분류시스템을 개발함에 있어, 지형학적 형태와 수로와 계곡바닥의 과정과 배수망에 초점을 두는 방향으로 가고 있다. 분류시스템은 토사이송과정에 기초한 시스템과 변동성에 대한 수로의 반응에 기초한 시스템으로 크게 구분할 수 있다.

하천분류 방법들은 기본적인 변수들과 하천을 형성하는 과정에 관계되어 있다. 하천은 충적하천이냐 아니면 비충적 하천이냐로 구분된다. 충적하천은 유역의 토사량 변화에 반응해서 수로폭, 깊이 그리고 경사 같은 규격변수들을 자유롭게 조정할 수 있는 하천이다. 충적하천의 바닥과 제방은 현재의 흐름 조건하에서 하천에 의해서 이송된 재료들로 구성된다. 반대로, 비충적하천은 기반암(基盤岩) 제어수로처럼 조정이 자유롭지 않은 하천이다. 다른 조건들로는 고산지대 하천흐름 같이 매우 거친 퇴적재료(빙하작용에 의한 것일 수도)에서의 흐름이나 넘어진 목재들에 의해서 흐름이 상당히 제어되는 하천들은 비충적 하천으로 구분될 수도 있다.

하천들은 상시하천, 간헐하천 혹은 단명하천으로도 구분할 수 있다. 상시하천은 항상 흐름을 유지하는 하천이다. 간헐하천은 연속적인 흐름을 가질 수 있는 잠재력은 있으나 전체 흐름이 바닥물질에 의해서 흡수되어버리는 때도 있는 하천이다. 이러한 현상은 자연적인 계절적 현상일 수도 있다. 단명하천은 강우사상 후에만 흐름이 있는 하천이다. 흐름이 지속되는 동안에는 간헐하천과 단명하천 모두는 상시하천과 매우 유사한 특성들을 가진다.

(1) 하천분류시스템의 장점들

다음은 하천분류시스템의 장점들을 요약한 것이다. 분류시스템은 다양한 다른 분야에서 훈련받은 사람들 사이의 소통을 조성한다.

- 각 하천등급의 몇 개 수로에서 수집된 자료들을 확대(외삽)하여 보다 광범위한 공간의 수로에서의 자료로의 사용이 가능하게 한다.
- 분류는 복원계획 실행자들로 하여금 토지공간 상황을 생각하게 하고, 수로규모, 형상, 형태와 하상과 제방의 재료와 관련한 모수들의 변동범위를 결정할 수 있게 한다.
- 하천분류는 특정위치에서 수로형성 또는 지배 과정활동을 해석할 수 있게 하며, 설계과정 시작의 기초를 제공한다.
- 분류된 기준구간은 안정된 구간으로 혹은 바람직한 형태 구간으로 사용될 수 있다.
- 분류시스템은 복원될 하천형태의 합리적인 범위 내에서 하폭/수심 비율, 만곡성 등에 대한 선택한 설계값을 교차검증을 중요한 수단을 제공한다.

(2) 하천분류시스템의 한계성

모든 하천분류시스템은 접근방법과 자료요구와 적용범위에 있어 근본적인 한계를 가지고 있다. 표준설계기법은 하천분류만으로는 바뀔 수 없다. 분류시스템의 한계는 다음과 같다. 즉 만수홍수량 수심이나 수로형성유량 수심의 결정은 어렵거나 부정확하며, 현장흔적은 난해하거나 없을 수 있으며 하천이 불안정하거나 충적하천이 아니면 확실성이 결여된다.

- 하천의 동적 조건은 대부분의 분류시스템에서는 나타나지 않으며, 하천이 안정하냐, 바닥이 쌓이느냐, 아니면 바닥이 깎이느냐 혹은 지형학적 한계상태로 근접하느냐에 대한 지식은 성공적인 복원 시행을 위해서 중요하다.
- 변동성이나 복원활동에 대한 하천의 반응은 분류시스템만으로는 결정되지 않는다.

- 하천의 생물학적 건강성은 하천분류시스템으로는 직접 결정되지 않는다.
- 분류시스템은 복원활동의 형태나 위치나 목적을 결정하는 데는 단독으로 사용될 수 없으며, 이러한 것들은 계획단계별로, 또 설계과정에서 결정되는 것이다.
- 하천분류 결과가 계획이나 설계에 사용될 때는 현장자료의 수집이 필수적으로, 수문학, 수리학, 육서(陸棲)생물학, 수생생태학, 토사이송, 하천공학 분야의 경험 있는 전문가들에 의해서 진행되어야 한다. 제한적으로 훈련된 인사들로만 현장자료를 수집하는 것은 신뢰를 얻지 못한다. 특별히 만수유량 흔적과 수로의 불안정성 경향을 현장에서 평가하는 것은 특히 그러하다.

(3) 하천분류시스템

① Strahler의 하천차수

Strahler(1957)의 방법을 사용하여 하천차수를 결정하는 것은 1차 하천을 결정하는 데 사용하는 지도의 축척(縮尺)에 달려 있다. 축척이 다른 지형도로부터 구한 두 하천 유역의 지형학적 특성들의 직접적인 비교는 어렵다. Horton(1945)과 Yang(1971)이 정의한 기본적인 지형학적 관계는 사용한 지도의 축척에 관계없이 주어진 하천유역에서는 유효하다(Yang and Stall 1971, 1973).

Horton(1945)은 기본적인 경험적 하천지형관계를 개발한 바, 하천차수와 평균하천경사와 평균하천길이 사이의 관계로, 반대수 방안지에서 직선관계를 보이는 Horton의 법칙이라 한다.

Yang(1971)은 열역학 법칙에 근거해서 평균하천낙차이론(theory of average stream fall)을 유도한바 있다. 이 이론은 주어진 하천유역에서 어떤 두 개의 하천차수 사이의 평균낙차(하상표고의 변화) 비율은 1.0이라는 것이다. 이 이론의 결론은 평균낙차비율이 0.995인 미국의 14개 하천유역의 자료들로부터 증명이 되고 있다.

Yang and Stall(1973)은 Rogue강 유역자료를 사용하여 평균하천길이, 경사, 낙차 그리고 하천의 수 사이의 관계를 분석하였다. 생물학적 활동의 수준을 구분하기 위한 하천연속성 개념(Vannote et al., 1980)에서도 하천차수를 사용하였다. 하지만 하천차수는 계획자들이나 설계자들이 수문학적 및 지형학적 기능들을 하천수변에 복원하기 위한 실마리를 찾는 데는 약간의 도움만 주고 있을 뿐이다.

② Schumm의 분류시스템

다른 분류방법으로는 토사이송의 좋은 모형들과 지형학적 기준을 조합하고 있다. Schumm (1977)은 직선수로와 사행수로, 그리고 갈라진 수로들을 밝히고, 수로형상과 토사이송 모형과 관련한 수로의 안정성을 상관시켰다(그림 4.10). Schumm은 우세한 부유사와 점착성 제방 재료들을 가진 상대적으로 안정된 직선수로와 사행수로들을 인지하였다.

다른 한편으로는 상대적으로 불안정한 갈라진 수로들은 우세한 바닥토사이송(소류사 이송)과 넓고 비점착성 제방재료들을 가진 모래질이 특성으로 인지되었다. 중간조건은 일반적으로 사행의 혼합 토사수로임을 나타낸다.

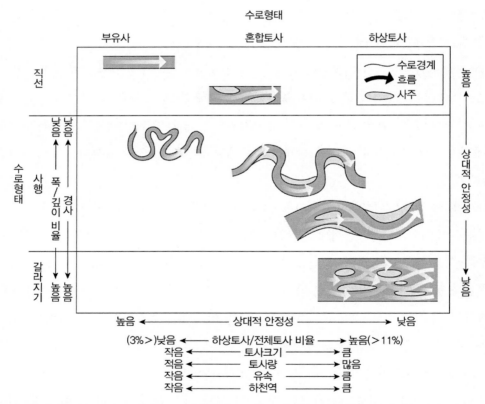

그림 4.10 충적수로의 분류. Schumm의 분류시스템은 수로의 안정성과 토사의 종류와 수로형태를 관련지어 준다(Schumm, The Fluvial System, 1977).

③ Montgomery와 Buffington의 분류시스템

Schumm의 분류시스템은 기본적으로 충적수로에 적용되는 것이다. Montgomery and Buffington

(1993)은 미국의 북서부 태평양 연안의 배수망을 통한 토사유입에 대한 수로의 반응이 있는 충적(沖積)수로와 붕적(崩積)수로, 그리고 암상(岩床)수로에 대해서 비슷한 분류시스템을 제안하였다. Montgomery와 Buffington은 충적수로를 6가지 등급으로 나누었다. 이 6가지는 계단형(cascade), 계단식 소(沼) (step-pool), 평바닥(planebed), 여울－소(riffle-pool), 안정하상 구간(regime) 그리고 갈라진 수로(braided)로 구분하였다(그림 4.11).

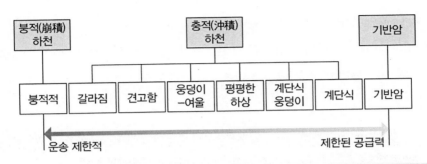

	갈라짐	견고함	웅덩이 － 여울	평평한 하상	계단식 웅덩이	계단식	기반암	붕적적
전형적 하상물질	변동	모래	자갈	자갈, 돌멩이	돌멩이, 표석(漂石)	표석(漂石)	자료 없음	변동
하상형상	횡방향으로 진동	다층	횡방향으로 진동	없음	연직으로 진동	없음	이동	변동
구간형태	반응	반응	반응	반응	이동	이동	이동	공급
우세적 조도요소	하상형태 (사주와 웅덩이)	사행성, 하상형태 (모래언덕, 여울, 사주) 제방	하상형태 (사주, 웅덩이), 하상입자, 큰 목재부유물, 사행성, 제방	하상입자, 제방	하상형태 (계단, 웅덩이), 하상입자, 큰 목재부유물, 제방	하상입자, 제방	경계 (하상과 제방)	하상입자, 큰 목재부유물
우세적 토사공급원	하천유사, 제방실패, 부유물 흐름	하천유사, 제방실패, 비활성 수로	하천유사, 제방실패, 비활성 수로, 부유물 흐름	하천유사, 제방실패, 부유물 흐름	하천유사, 경사면, 부유물 흐름	하천유사, 경사면, 부유물 흐름	하천유사, 경사면, 부유물 흐름	경사면, 부유물 흐름
토사저장요소	제방위, 하상	제방위, 하상, 비활성 수로	제방위, 하상, 비활성 수로	제방위, 비활성 수로	하상	흐름 장애물의 흐름방향과 반대방향		하상
전형적 경사 (m/m)	S<0.03	S<0.001	0.001<S 그리고 S<0.02	0.01<S 그리고 S<0.03	0.03<S 그리고 S<0.08	0.08<S 그리고 S<0.030	변동	S>0.20
전형적 제한요소	무제한	무제한	무제한	변동	제한	제한	제한	제한
웅덩이 간격 (수로 폭)	변동	5 to 7	5 to 7	없음	1 to 4	<1	변동	변동

그림 4.11 미국 북서부의 하천들에 대해 제안된 하천분류시스템. 비충적 하천에 대한 분류시스템도 포함되어 있다(Montgomery and Buffington, 1993).

하천의 형태는 토사유입에 대한 수로의 반응에 기초해서 구분된다. 즉, 증가된 토사량을 이송하는 동안 수로의 형태를 그대로 유지하는 가파른 수로(cascade와 step-pool)와 수로형태의 조정을 통해서 증가된 토사량에 반응하는 완경사 수로(regime과 pool-riffle)가 있다. 일반적으로 계단형 수로는 완경사반응 수로와 함께 토사생산구역들을 연결하는 토사배송관로처럼 거동한다.

④ Rosgen 하천분류시스템

가장 많이 사용되는 하나의 종합적인 하천분류시스템으로 Rosgen(1996)이 제안한 지형학적 특성에 기초한 방법이 있다(그림 4.12).

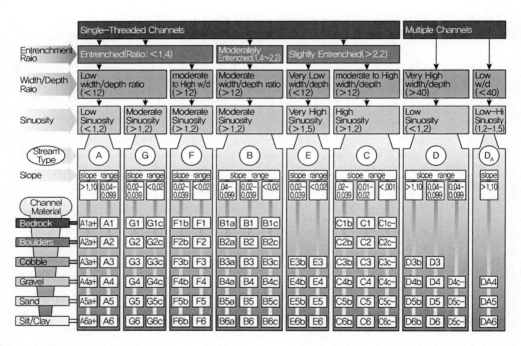

그림 4.12 Rosgen의 하천수로 분류시스템(Level II). 이 분류시스템은 수로형태의 특성과 하천과 홍수터 간의 관계에 대한 인식을 바탕으로 한다(Rosgen, 1996).

Rosgen(1996)의 시스템은 6가지 지형학적 측정을 자료를 기반으로 하천구간들을 분류하고 있다. 즉, 정착성(entrenchment), 수면폭/평균수심 비(width/depth ratio), 만곡성(sinuosity), 수로들의 수(number of channels), 경사(slope) 그리고 하상물질 입경(bedmaterial particle size)

의 6가지 지형변수이다. 이러한 기준들은 약 100개의 하천형태를 가진 8개의 중요 하천으로 분류하고 있다.

Rosgen은 만수유량을 하천형성 유량이나 수로구간형성 흐름으로 사용하였다. 만수유량은 모든 지형학적 관계에 관련되어 있기 때문에, 이 분류시스템을 사용하는 데 이 흐름조건(만수유량)이 사용되고 있다. 예를 들면, 만수표고에서의 수면폭과 수심은 현장에서 측정되어야 한다.

정착성과 수면폭/수심 비(둘 다 만수수심의 결정에 따른다)를 제외하고는 사용되는 다른 모수들은 상대적으로 간편한 측정량들이다.

만수심을 결정하는 데서의 문제점들은 1장에서 설명한 바 있다. 수면폭/평균수심 비는 만수위에서 측정되는 비율이다. 만곡성은 계곡길이에 대한 하천길이의 비율 혹은 대안으로, 하천경사에 대한 계곡경사의 비율이다. 분류에서 사용하는 하상물질입경은 가장 우세한 하상물질의 입경으로 현장에서 조약돌 계수방법(pebble-count procedure) (Wolman, 1954)으로 결정한다. 혹은 모래와 보다 작은 입자들에 대한 수정 방법으로 결정한다. 하천경사는 최소한 20개 폭 길이의 수로구간에서 측정된다.

정착성은 하천과 그 계곡의 관계를 설명하는 것으로, 그 하천의 연직방향 확장성과 계곡 바닥에서의 절개 정도로 정의한다. 따라서 정착성은 홍수터가 하천에 어떻게 근접하는가에 대한 척도이다. Rosgen의 분류시스템에 사용되는 굴착비율은 계곡의 홍수터 넓이를 수로의 만수위 폭으로 나눈 값이다. 홍수터 폭은 만수로에서의 최대수심과 그 만수위에서 측정한 계곡폭에 의해서 결정된다. 만약, 홍수터 폭이 만수폭의 2.2배 이상일 때는 그 하천은 약간 굴착되었거나 굴착이 제한되었다고 보며, 그 하천은 홍수터로 근접하기에 좋다고 본다. 하천의 홍수터 폭이 만수위 폭의 1.4배 이하일 때는 굴착되었다고 분류한다. Rosgen 분류시스템에서 자료를 모으고 하천을 분류하는 하나의 작업표(worksheet 또는 job ticket)가 그림 4.13에 예시되어 있다. 참고구간에서 정보를 모으는 야장(field book)이 가용한다(Leopold et al., 1997).

STREAM CLASSIFICATION WORKSHEET

Party:_____ Date:_____
State:_____ County:_____
Stream:_____

Bankfull Measurements: Lat/Long _____
    Width _____ Depth _____ W/D _____
Sinuosity (Stream Length/Valley Length) or (Valley Slope/Channel Slope):
    Strm. Length _____ Valley Slope _____
    Valley Length _____ Channel Slope _____
          $\frac{S_L}{}$ $\frac{V_s}{}$
    Sinuosity V_l _____ Sinuosity C_s _____
Entrenchment Ratio (Floodprone Width/Bankfull Width):
    Floodprone width is water level at 2x maximum depth in bankfull cross-section,
    or width of intermediate floodplain (10-50 yr. event)
    Bankfull Width _____ Floodprone Width _____
    Entrenchment Ratio _____
        Slight = 2.2+   Moderate + 1.41-2.2   Entrenched = 1.0-1.4
Dominant Channel Soils:
    Bed Material _____ Left Bank _____ Right Bank _____
    Description of Soil Profiles (from base of bank to top)
    Left: _____
    Right: _____
Riparian Vegetation:
    Left Bank: _____ Right Bank _____
    % Total Area (Mass) L _____ R _____
    % Total Ht w/Roots L _____ R _____
    Ratio of Actual Bank Height to Bankfull Height _____
Bank Slope (Horizontal to Vertical): L _____ R _____

STREAM TYPE _____ Remarks _____

PEBBLE COUNT		Site														
Metric (mm)	English (inches)	Particle	Count	Tot #	% Tot	% Cum	Count	Tot #	% Tot	% Cum	Count	Tot #	% Tot	% Cum
<.062	<.002	Silt/Clay												
.062-0.25	.002-.01	Fine Sand												
0.25-.5	.01-.02	Med Sand												
.5-1.0	.02-.04	Coarse Sand												
1.0-2.0	.04-.08	Vy Coarse Sand												
2-8	.08-.32	Fine Gravel												
8-16	.32-.63	Med Gravel												
16-32	.63-1.26	Coarse Gravel												
32-64	1.26-2.51	Vy Coarse Gravel												
64-128	2.51-5.0	Small Cobbles												
128-256	5.0-10.1	Large Cobbles												
256-512	10.1-20.2	Sm Boulders												
512-1024	20.2-40.3	Med Boulders												
1024-2048	40.3-80.6	Lg Boulders												
2048-4096	80.6-161	Vy Lg Boulders												

그림 4.13 Rosgen 분류시스템에 사용된 작업표의 예(출처 : NRCS 1994(worksheet) and Rosgen 1996 (pebble count). Published by permission of Wildland Hydrology)

(4) 수로발달모형(channel evolution models : CEM)

수로변화에 대한 개념적 모형들은 어떤 교란이 발생한 후 이루어지는 하천의 순차적 변화를 묘사하고 있다. 여기서 변화는 하천의 수로폭/수심 비율이 증가하기도, 감소하기도 하며, 홍수터의 변경도 포함하는 것이다. 이러한 변화의 순서는 예측 가능하며, 따라서 변화의 현재 상태가 인지되면 적정한 대응계획이 가능하다는 점이 중요하다.

Schumm et al.(1984), Harvey and Watson(1986), and Simon(1989)은 제방붕괴로 인한 수로변화 모형들을 제안하고 있다. 이들의 모형개념은 관심위치의 하류부 조건들은 관심위치에서의 조건들을 시간적으로 "진행"하는 것으로, 그리고 상류부 조건들은 관심위치에서의 조건들을 시간적으로 "따라"가는 것으로 해석하는 "시간에 대한 공간" 개념에 기초하고 있다. 따라서 한 유역의 중앙에 위치한 구간은 교란 전에는 수로상류의 조건들과 비슷하게 보이든 것들이 교란 후에는 하류조건들처럼 보이는 것으로 변화한다. Downs(1995)는 수로의 횡방향과 연직방향의 조정과정을 해석하기 위해서 여러 개의 분류방법을 검토한바 바닥이 쌓이는 것(퇴적)과 파이는 것(세굴), 그리고 곡유로의 이동과 사주의 발달과정에 대한 해석이었다.

이러한 조정과정이 발생과정의 특정한 차수에서 이루어질 때, 수로발달모형이 발달될 수 있는 것이다.

몇 개의 CEM 모형들이 제안되어 있기는 하지만 두 개의 모형(Schumm et al., 1984과 Simon 1995)이 점착성이 있는 제방을 가진 수로에 일반적으로 적용할 수 있는 모형으로 널리 수용되고 있다. 두 개의 모형은 교란 전의 조건들에서 시작되고, 수로는 잘 식생되어 있으며, 홍수터와의 빈번한 상호작용이 있는 상태이다. 하천시스템에서의 변동성, 즉 수로화나 토지사용의 변화는 보통 교란된 구간에서의 과다한 하천력의 결과로 수로바닥이 낮아지는 결과가 발생한다. 수로바닥의 낮아짐은 결국 제방의 과다경사화되는 결과를 낳으며, 한계제방높이를 넘어서면 제방의 실패를 유발하며, 대규모 파괴적인 토석이동(흙과 암석의 일시적인 이동)은 수로폭의 확장을 유발한다. 수로확장과 대규모 파괴적 토석이동이 상류로 진행되면 수로바닥이 높아지는 과정이 뒤 딸아 발생한다. 이 과정에서 새로운 저수흐름의 수로가 시작되어 토사퇴적이 형성된다. 이러는 동안 상류부의 제방은 여전히 불안정상태를 지속하게 된다.

수로발달과정의 최종단계는 퇴적된 충적토 내에서 교란 전과 비슷한 규격과 능력을 가진 수로의 발달이다(Downs, 1995). 새로운 수로는 보통 교란 전의 수로보다 낮게 형성되며, 옛 홍수터는 기본적으로 계단형태의 기능을 하게 된다. 일단 하천제방이 제방하부절개(침식)나 홍수터에서의 퇴적으로 인해 높아지면, 침식과 대규모 토석이동 때문에 제방은 무너지기 시작한다. 수로는 흐름수심이 탈락한 제방 재료들을 이동하는 데 필요한 충분한 수심에 이르기까지는 확장을 지속하게 된다. 제방기초부에서의 탈락한 재료들은 식생의 근거지가 된다. 이렇게 증가된 조도는 제방기초부에서의 퇴적을 증가시키는 데 도움이 된다. 그리고 이러한 새로운 작은 능력의 수로는 안정된 토사퇴적을 하게 된다. 수로발달의 최종단계는 새로운 만수수로를 만들게 되며, 새로운 낮은 표고에서의 새로운 활성 홍수터를 조성하게 된다. 본래의 홍수터는 수로의 절개나 과다한 토사퇴적으로 인해서 사라지게 되며, 이를 하안단구(terrace)라 한다(그림 4.14).

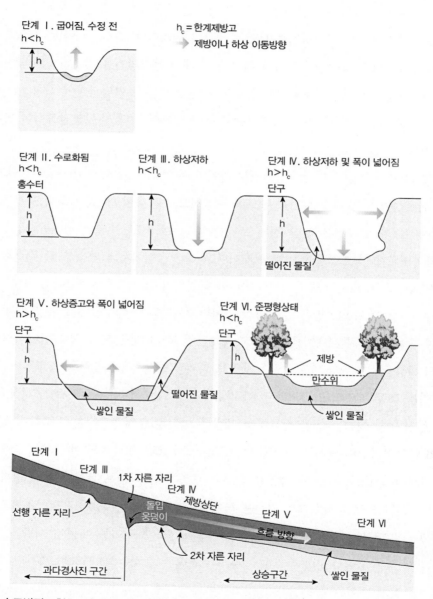

그림 4.14 수로발달모형. 교란되거나 불안정한 하천은 길이 방향(혹은 종방향)으로 비평형 수위의 변동성을 보인다. 수로발달모형은 이론적으로 상류나 하류의 서식처의 변화와 지형적 변화를 예측하게 해준다(출처 : Simon 1989, USACE 1990).

Schumm et al.(1984)은 수로발달의 기본개념을 Mississippi강의 불안정 수로화 하천문제에 적용하였으며, 또한 Simon(1989)은 Tennessee강에서의 수로화된 하천 연구에서 Schumm의 연구 성과를 확대한 바 있다. Simon의 CEM은 6단계로 구성되어 있다.

두 모형은 수로의 발달과정에서의 특정한 수위에 대한 횡단면, 길이(종)방향 단면, 지형학적 과정을 사용한다. 양 모형은 점성재료를 가진 제방을 가진 우세적 하천들에 의한 경관들에 대해서 발달되었다. 하지만 비점성 제방을 가진 하천에서도 동일한 물리적 과정이 일어날 수 있으나 앞에서처럼 잘 정리된 동일한 수위별 자료가 반드시 필요한 것은 아니다. 표 4.4와 그림 4.15는 Simon의 수로발달의 각 단계별 과정을 보여주고 있다.

표 4.4 우세한 사면경사와 수로 내의 과정, 특성 횡단면과 하상형상, 수로발달과정 단계별 식생조건(Simon, 1989)

등급 번호	등급 이름	우세한 과정 하천	우세한 과정 경사지	특성형태들	지표식물 증거
I	수정 전	토사이송-완속상 승; 곡유로부 바깥 에서의 기본적인 침 식; 곡유로부 안쪽 에서의 퇴적		안정, 교차적인 수로 사주 발달, 볼록한 제방상단형; 제방 상단에 대한 흐름선의 영향 이 큼; 직선수로 또는 사행	흐름선에 나란한 제방 식 생발달
II	건설 후			사다리형 단면; 선형적인 제방표면; 제방상단에 대 한 흐름선의 영향이 작음	식생의 제거
III	하상 하강	하강; 제방에서의 기본적인 침식	돌출부 실패	제방의 높아짐과 가팔라 짐; 교차적인 사주 침식; 제방상단에 대한 흐름선 의 영향이 작음	흐름선에 대한 강변식생의 영향이 큼과 그 영향이 수 로 쪽으로 미칠 수 있음
IV	한계 상황	하강; 제방에서의 기본적인 침식	판(슬래브), 회전 및 돌출부 실패	대규모 부채꼴 형성과 제 방퇴각, 연직면과 제방상부 면 발달; 제방상단에서의 실 패블럭; 제방각도의 일부 축소; 제방상단에 대한 흐 름선의 영향이 매우 작음	흐름선에 대한 강변식생의 영향이 큼과 그 영향이 수 로 쪽으로 미칠 수 있음
V	하상 상승	상승; 사행유심선 의 발달; 교차적인 사주의 초기 퇴적; 실패한 재료들이 제 방하부에서 재작동	판(슬래브), 회전 및 돌출부 실패; 기실 패한 재료들의 낮은 각도 미끄러짐	대규모 부채꼴 형성과 제 방퇴각; 연직면과 제방상 부면; 진구렁 선의 발달; 제 방각도의 평평해짐; 제방상 단에 대한 흐름선의 영향이 작음; 새로운 홍수터의 발달	강변식생의 기울어짐과 낙 하; 진구렁 선에 식생 재활; 진구렁 선 식생의 뿌리 그 루터기에 물질들의 퇴적
VI	재안 정화	상승, 사행유심선의 지속적 발달; 교차 적 사주의 지속적 퇴 적; 실패한 재료들의 재작동; 곡유로부 외 측의 홍수터와 제방 표면의 퇴적이 일부 기본적인 침식	낮은 각도의 미끄러 짐; 흐름선 부근의 일부 돌출부 실패	안정, 교차적 수로 사주; 제 방상단에서 볼록하고도 짧 은 연직면 발달; 제방각도 의 평평해짐; 새로운 홍수 터의 발달; 제방상단에 대 한 흐름선의 영향이 큼	재정착한 식생이 진구렁 선 을 넘어 제방상단까지 확 대; 진구렁 선의 뿌리 그 루터기와 제방상단의 식생 위에 물질들 퇴적; 사주에 도 일부 식생 정착

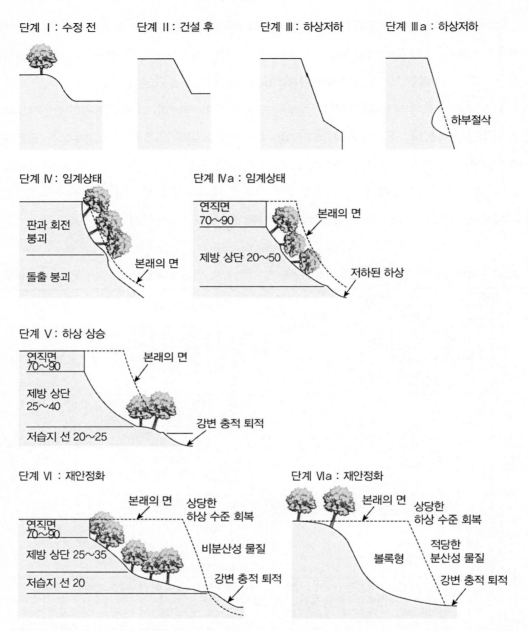

단계 Ⅰ: 수정 전 　　　단계 Ⅱ: 건설 후 　　　단계 Ⅲ: 하상저하 　　　단계 Ⅲa: 하상저하

하부절삭

단계 Ⅳ: 임계상태 　　　　　　　　　단계 Ⅳa: 임계상태

판과 회전 붕괴

돌출 붕괴

본래의 면

연직면 70~90

본래의 면

제방 상단 20~50

저하된 하상

단계 Ⅴ: 하상 상승

연직면 70~90

본래의 면

제방 상단 25~40

저습지 선 20~25

강변 충적 퇴적

단계 Ⅵ: 재안정화 　　　　　　　　　단계 Ⅵa: 재안정화

본래의 면　상당한 하상 수준 회복

연직면 70~90

제방 상단 25~35

비분산성 물질

저습지 선 20

강변 충적 퇴적

본래의 면　상당한 하상 수준 회복

볼록형

적당한 분산성 물질

강변 충적 퇴적

그림 4.15 하천제방 형상과 관련한 Simon의 수로발달 단계. 하천제방의 단면 형태는 발달 단계를 보여주는 좋은 지표가 될 수 있다(Simon, 1989).

(5) 수로발달모형의 장점

CEM은 다음과 같은 면에서 하천수변복원에 유용하다. Simon(1989)의 6단계 CEM에 근거).

- CEM은 분산된 수로나 건설된 수로에서 현재 경향의 방향성을 확립하는 데 도움이 된다. 예를 들면, 하천의 한 구간이 발달 단계에 있다면(그림 4.14), 보다 안정된 구간이 하류에서 반드시 발생하며, 불안정한 구간이 상류에서 반드시 발생한다는 것이다. 하천에서 하향절삭(침식세굴)이 일어나면(3단계), 그 절삭상단(headcut)은 상류로(단단한) 토질층이 저항하는 곳까지 진행되며, 배수면적이 줄어들어 침식을 유발할 유출이 너무 적어지거나, 하천이 절삭하단(downcut)까지 도달할 만큼 충분한 에너지를 발생하지 못하는 점까지 경사가 완만해진다. 4단계와 5단계는 절삭상단이 상류로 진행하는 데 따라 진행된다.
- CEM은 하천수정이 계획된 복원활동의 우선순위를 부여하는 데 도움이 될 수 있다. 경사조절수단을 가진 초기 3단계에서 하천구간이 안정화되면 그 구간과 상류구간들에서는 잠재적인 하상하강은 막아질 수 있다. 3~4단계에서의 복원노력 강도보다는 5~6단계에서의 복원노력 강도는 작아질 수 있다.
- CEM은 문제에 맞는 해결을 구하는 데 도움이 될 수 있다. 3단계에서의 하향절삭은 건설이나 2단계에서의 초기 절삭에 의해서 만들어진 하천능력이 보다 클 때 발생한다. 3단계에서의 하향절삭은(의도적으로) 바닥불안정의 원인이 될 수 있는 요소들을 수정하려는 목적으로 바닥경사를 조절하는 것 같은 처리를 필요로 한다. 제방불안정 문제들은 4단계와 5단계에서 두드러지게 나타난다. 따라서 요구되는 안정화에 대한 접근은 3단계에서의 그것들과는 다르다. 1단계와 6단계는 전형적으로 유지관리 활동만 요구한다. CEM은 복원목표를 제공하는 데 도움을 주거나 복원을 위한 모형들을 제공하는 데 도움을 줄 수 있다. 1단계와 6단계의 하천구간들은 잘 정리된 하천들이며 그들의 종횡단면 형태와 양식은 불안정한 구간들을 복원하는 모형에 사용될 수 있다.

(6) 수로발달모형의 한계성

하천복원에 CEM을 사용함에 있어 가장 중요한 한계성은 다음과 같은 두 가지 점이다.

- 기본적인 표고와 유역에서의 물과 토사의 생산량에 대한 미래의 변화는 수로의 반응을 예측할 때 고려되지 않고 있다.
- 하천에 의해서 동시에 이루어지는 여러 가지의 조정들은 예측하기가 어렵다.

(7) 지형학적 분석의 응용

하천분류시스템들과 수로발달모형들은 자원조사와 하천의 특성들과 집단화하려는 분석에서 함께 사용될 수 있다. 많은 하천분류시스템들이 지형학적 요소들에 근거하고는 있지만, 수로발달 모형들은 조정과정들에 기초하고 있다. 하천특성에 대한 상호보완적인 두 개의 기법이 있다. 이 두 기법은 조사하고 있는 하천구간의 현재의 조건들을 보여주고 있지만, 조사구간의 추가적인 상류구간과 하류구간의 특성들에 대해서 전체적인 추세들을 이해할 수 있는 범위에서 제공할 수 있다.

하천분류시스템과 하천발달모형들도 하천수변 내에서 발생하는 안정문제의 유형들과 복원을 위한 가능한 기회들에 대한 자세한 내용을 제공해준다. 하향절삭이 발생하는 협곡형 수로들은 조속한 경사의 안정화가 필요하며, 제방의 안정화나 홍수터의 복원을 위한 재정이 필요하다. 유사하게 횡방향으로 불안정한 절삭된 수로들은 수로폭이 넓어지는 초기상태를 보이게 되며, 이는 평형조건을 이루기 전에 반드시 수반하는 과정이기도 하다. 수로폭의 확장은 하향절삭된 수로의 복원에는 반드시 동반되어야 한다는 논쟁이 있기는 하지만, 어떤 경우, 예를 들어, 인접한 토지사용의 가치와 수변의 구성의 우선순위에 따라서는 수로확장이 허용되지 않는 곳도 있다. 한편, 새로운 내부수로(저수로부) 확장하고 홍수터를 조성하기에 충분한 공간을 가진 하향절삭 수로는 식생관리에 훌륭한 조건을 가지며, 이러한 수로들은 이미 새로운 안정을 확보할 것이며 강변식생의 조성을 가속할 것이다.

연평균유량에서의 수로폭/수심 비(F)와 수로구간(상하)경계에서의 실트와 점토의 비율(M)은 수로시스템의 체계적 조정결정에 유용한 진단요소가 된다. 이 변수들은 Schumm(1960)의 곡선표(수로폭/수심 비~실트와 점토의 비율 관계($F=255M^{-1.08}$))에 표시하면 안정성을 분석할 수 있다(그림 4.16).

Schumm의 수로폭/수심 비는 만수수로에서의 수면폭과 최대깊이를 사용한다. 여기서 M은 $M=[(S_cW)+(S_b2D)]/(W+2D)$로 정의된다. 이 식에서, S_c는 하상물질의 실트와 점토의 백분율(%)이다. S_b는 제방(물질)재료의 실트와 점토의 백분율(%)이다. 또 W는 수로폭, D는 수심이다.

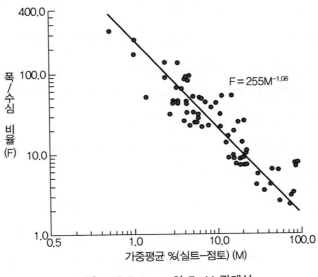

그림 4.16 Schumm의 F~M 관계선

바닥이 쌓이는 하천에서의 자료들은 일반적으로 적합선보다 위에 놓인다. 반면에 바닥이 세굴되는 하천에서의 자료들은 일반적으로 적합선 아래에 놓인다. Schumm의 그래프는 굴삭되거나 최근에 교란된 수로에서의 수로폭/수심 비율의 적정한 값의 선택의 지침이 될 수 있겠다.

끝으로 분류시스템과 발달모형은 복원을 위한 처리의 기준의 선택을 안내할 수 있을 것이다. 연직과 수평 불안정성이 있는 제방에서의 식생에 대한 성공 여부를 보장할 방법은 없다. 이러한 제방은 깊은 경사를 가진 불안정의 구조이다. 반대로 지속적으로 잔디와 나무 같은 식생을 조성하고 관리하는 것은 이미 적정하게 기능을 하고 있는 하천의 보호에 매우 중요하다.

4.2.2 적정기능조건(proper functioning condition : PFC)

미국 토지관리국(The Bureau of Land Management : BLM)은 하천수변이 수문학적, 지형학과 토질학적, 수로특성 그리고 식생 면에서 적정한 기능을 수행하는지 여부를 긴급히 평가할 수 있는 지침서와 절차를 개발한 바 있다(Prichard et al., 1993, rev. 1995). 이 평가를 흔히 PFC라 하며, 이는 하천조건과 물리적 기능 분석의 기저선(基底線)으로서의 역할을 한다. 또한 이는 유역분석에서도 유용하게 사용될 수 있다.

복원계획을 개발하고 사용할 복원기법들을 선택하기 전에 하천수변과 유역 조건들에 대한 분석을 할 때 필수적인 요소요 과정이다. 잘못된 기법을 선택하여 하천복원 노력이 완전히 실패로 돌아가 복원비용과 노력을 낭비하는 경우가 많이 있다. 많은 경우에서, 특히 야지(野地)의 경우 자연적인 과정과 토지사용의 제어를 통한 복원이 보다 유리하며 비용/효율 면에서도 가장 유리하다. 만약 배수구역 내에서 수문학적 조건들이 급격히 변하는 경우에는 평형이 이루어질 때까지는 복원계획을 세우지 않는 것이 가장 현명한 것일 수가 있다.

하천을 따라서 수변지역이 적정한 기능 조건을 수행하지 못하는 하천과 배수구역을 밝혀내는 것과 기능을 상실해서 위험상황에 있는 하천과 배수구역을 밝혀내는 것은 복원 분석에서 가장 중요한 첫 번째 과정이다. 수변구역에서의 물리적 조건들은 하천이나 상류의 배수구역에서 일어나는 일들의 좋은 지표로 삼을 수 있다.

PFC 분석 결과와 더불어, 하천수변과 배수구역의 복원의 필요성과 우선순위를 결정하는 작업을 시행할 수 있다. PFC 결과는 보다 자세한 자료들의 추가적인 수집이 필요한지 여부를 결정하는 데도 도움이 된다.

PFC는 수변습지지역의 물리적 기능을 평가하는 방법론으로 수변생태계의 "건강성"을 결정하는 중요한 정보를 제공한다. PFC는 무생물과 생물 요소들 모두를 수변지역의 물리적 기능에 관계되어 있는 것으로 보아 고려한다. 하지만 생물 요소들은 서식처 요구에 관계되어 있는 것으로 고려하지 않고 있다. 서식처 분석을 위해서는 다른 기법을 사용해야 한다.

PFC 절차는 BLM의 하천과 수변 조사측량에 대한 현재의 표준적인 평가 기저선이다. 또한 PFC는 미국 산림청에서도 사용하고 있다. PFC는 유역분석에 유용한 기술이다. 분석이 하천구간 기준으로 이루어지기는 하지만 평가등급은 유역규모에서 모아지고 분석된다. 다른 유역과 서식처 조건정보들과 함께 PFC는 유역의 "건강성"을 잘 보여주고 있으며, 유역의 건강성에 영향을 끼치는 요인들도 잘 보여준다.

PFC의 사용은 유역규모의 문제점들을 밝히는 데 도움이 되며, 회복을 위한 관리방법을 제시해주고 있다.

다음은 TR 1737-9에 정리된 "적정기능"에 대한 정의들이다.

① 적정기능조건(PFC)―수변습지는 적정한 식생과 지형 또는 큰 나무 부유물들이 있을 때 적정한 기능을 발휘한다.

- 높은 유량과 관련한 하천에너지의 소산으로 침식을 감소시키고 수질을 개선함
- 토사를 걸러주고 하상물질들을 잡아줌으로써 홍수터가 조성(발달)되는 데 도움
- 홍수류 지체를 개선하며 지하수 저장을 개선함
- 하천제방을 절삭활동으로부터 보호하여 안정을 구하는 뿌리덩어리를 발달시킴
- 다양한 저수공간과 수로특성을 발달시켜 서식처와 수심, 지속기간 그리고 물고기들의 생산, 물새들의 부화, 그리고 기타 다양한 사용에 필요한 수온을 제공
- 보다 큰 생물다양성 지원

② 위험상황에서의 기능성―수변습지구역은 나름으로 어떤 기능 상태에 있기는 하지만, 기존의 토양과 물 또는 식생들의 속성은 스스로가 열화에 민감해지기 쉽다.

③ 비기능성―수변습지구역은 분명히 적정한 식생과 지형 또는 큰 나무 부유물들을 제공하지 못한다. 따라서 높은 유량과 관련한 하천에너지를 소산시키지 못하여, 침식을 줄이지도, 수질개선도 못하며, 적정기능에 대한 앞에서 정의한 여러 기능들을 수행하지 못한다. 있어야 할 홍수터 같은 물리적 속성이 없다는 것은 비기능성을 나타내는 지표가 된다.

PFC 기법과 더불어 기능성을 평가하는 것은 수변습지구역의 능력을 결정하는 것과 잠재력 그리고 잠재력과 현재의 조건과의 비교하는 과정을 포함한다.

PFC 절차가 홍수터를 제외하고 하천을 비기능적으로 규정하지만, 절삭이나 침식으로 홍수터를 상실한 많은 하천들은 여전히 생태학적 기능들을 유지하고 있다. 홍수터의 중요성은 지점별 수생과 수변 생물군집(群集)의 관점에서 평가되어야 한다.

PFC 기법을 사용할 때 "적정기능"과 "바람직한 조건"을 등가로 두지 않는 것이 중요하다. "적정기능"은 하천수로와 또 관련한 수변구역이 상대적으로 안정하고 자가지속이 가능한 조건의 상태를 설명하기 위한 의도적인 것이다. 적정하게 기능을 하고 있는 하천들은 중간 규모의 홍수(25~30년 발생빈도의 규모)에 대응해서 기존의 가치에서 큰 손상 없이 견딜 수 있기를 기대한다. 적정기능조건은 수변의 연속성이 둥지를 짓는 새들을 위한 관목지대

서식처를 제공하기 전에 잘 개발되기도 한다. 다른 면으로 보면 적정기능조건은 바람직한 조건의 다양성에 대한 선행조건이기도 하다.

과학적인 면에서 보면 PFC의 현장기술은 정량적이지 못하다. 이 기법의 한 장점은 다른 기법에 비해서 측정이 필요 없다는 점으로 인해서 시간이 적게 든다는 점이다. 절차는 여러 분야의 집단들이 모여서 수문학, 식생 그리고 침식/퇴적 특성들로 구성된 17개 항으로 구성된 점검평가표(checklist evaluating)를 완성함으로써 수행된다. 이 기법에는 훈련이 필요하다. 하지만 어려운 것이 아니다.

4.2.3 수리기하(水理幾何) : 단면적 속의 하천

하천복원사업은 빈번히 수로를 부분적으로 혹은 전면적으로 재건설하는 경우가 있으나, 이는 하천을 심각하게 열화시키는 경우가 대부분이었다. 수로의 재건설 설계는 수로규모와 배열에 대한 기준이 필요하다. 다음의 자료는 수리기하이론에 대한 개관을 보여주고 있으며, 만수유량에 대한 수리기하학적 관계를 제공해주고 있다. 또한 안정된 충적하천수로의 평면적 특성(예로서 사행특성 같은 것)과 만수유량과 수로폭과의 상관성을 설명하고 있다.

수리기하이론은 수로와 흐르는 물과 토사 사이의 근사적 평형을 이루어가는 하천시스템 개념에 기초하고 있다(Leopold and Maddock, 1953). 이 이론은 전형적으로 유역면적 혹은 유량 같은 독립변수 혹은 유도된 변수들과 수로폭, 수심, 하천경사 그리고 유속 같은 종속변수들 간의 관계를 맺어준다. 수리기하관계는 하상물질 크기나 다른 요소들에 따라서 분류되기도 한다. 이러한 관계들은 경험적으로 유도되었으며, 상대적으로 많은 자료가 필요하다.

그림 4.17은 만수유량보다는 연평균유량에 근거한 수리기하관계를 보여주고 있다.

많은 수로단면들에서의 수리특성치들의 측정을 통해서 유량에 대응해서 도시하면 관심유역에 대해 결정할 수 있다. 이때 측정은 많은 수로단면들에서의 수리특성치들을 포함하며 유량에 대응해서 도시하면 유사한 수리기하관계를 구할 수 있다. 이러한 그림들은 계획과 예비설계 단계에서 조심스럽게 사용될 수 있다. 최종 설계에서 수리기하관계의 단독으로 사용하는 것은 권장하지 않는다.

안정수로조건들과 수로형성유량, 그리고 하상과 제방특성을 규정하는 데는 자료수집에서 세심한 주의가 요구된다. 수로단면을 결정하는 데 있어서 유량의 기본적인 역할은 분명하지

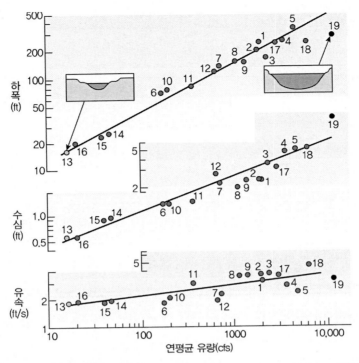

그림 4.17 연평균유량과 수로형태 : 연평균유량의 변화와 관련한 수로폭, 수심 그리고 유속의 변화(Wyoming 과 Montana의 19개 하천에서) (Leopold and Maddock, 1953)

만 토사량이나 제방 재료, 그리고 식생 같은 2차적인 요소들과 관련하여서는 아직도 합일된 견해가 부족하며, 특히 수로폭과 관련하여서는 분명한 합일점이 결여되어 있는 상태이다. 토사이동을 고려하지 않는 수리기하학적 관계는 상대적으로 적은 하상물질량을 가진 수로 에만 적용이 가능하다(USACE, 1994).

수리기하학적 관계는 특정한 하천, 유역 또는 지리학적 특성치가 비슷한 하천들에서 개발 할 수 있다. 관련한 자료들은 동일한 하천구간에서도 흩어지는 것이 일반적이다. 이 흩어진 자료들을 해석하여 대표적 경향성분의 모델 식을 개발하는 것이다. 하물며 모양이나 특성치 들이 다른 하천이나 유역에서의 자료들은 더욱더 흩어지는 경향을 확실하게 보일 것이다. 이 같은 자료들의 흩어짐은 안정수로의 형상 범위를 나타낸다는 점을 인식할 필요가 있다는 것이다. 이는 지질, 식생, 토지사용, 토사량과 크기배열, 유출 등의 특성에 기인하는 것이다. 그림 4.18과 4.19는 수리기하 곡선의 좋은 예를 보여주고 있다((Emmett, 1975).

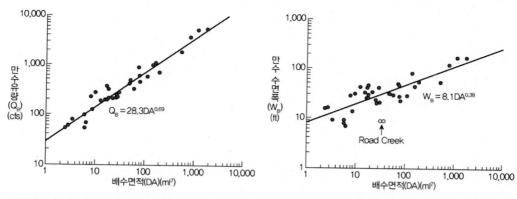

그림 4.18 만수유량~배수면적(Emmett, 1975) **그림 4.19** 만수 수면폭~배수면적. 만수 수면폭의 국
지적 변동성이 현저하다.

그림으로부터 한 유역의 안정하천구간에서의 자료의 분산(흩어짐)을 보면, 유역면적이
$10\,mi^2(25\,km^2)$에 대해서는 만수유량이 $100\sim250\,cfs(2.83\sim7.08\,cms)$ 정도인 것으로 추정되
며, 또한 수로폭은 $10\sim35\,ft(3.0\sim10.5\,m)$ 정도의 범위를 가지는 것을 알 수 있다. 이러한
관계는 상대적으로 균질한 유역에서 구해진 것으로 자료에 있어서 자연적인 변동성이 있는
것으로 판단된다.

자료의 통계적 해석(상관분석)에 따른 상관계수와 신뢰구간에 대한 해석이 필요하다. 하
천과 유역의 특성과 관련하여 자연적인 변동성이 확인되면 수리기하학적 관계를 활용하여
복원계획에 사용할 수 있을 것이다. 수로가 불안정한 경우에는 이러한 자료의 활용은 불가
능하게 될 것이다. 따라서 다음으로 선택할 수 있는 것은 유역의 특성이 비슷한 유역에서의
자료들을 원용하는 것이다. 물론 세심한 주의가 필요하다.

통계적으로 보면 수로형성유량은 배수면적보다는 수리기하 관계를 구하는 데 보다 더
확실한 독립성을 가지고 있다. 이는 수로형성유량의 크기가 관찰하는 수로의 기하적 상태를
결정하는 데 더 큰 역할을 하기 때문이며, 배수면적은 유량에만 관계하기 때문이다. 전형적
으로 수로형성유량은 수로폭에 가장 큰 영향을 끼치기 때문이다. 수심과의 상관성은 덜 확
실한 편이다. 더해서 수로경사와 유속에 대한 상관성은 가장 확실성이 낮은 편이다.

• 안정하상론(Regime Theory)과 수리기하

안정하상론은 20C 초반에 인도와 파키스탄에서 관개(灌漑)수로 분야에서 일하던 영국
기술자들에 의해서 개발되었다. 수로는 유지관리가 쉬웠던 것으로 "안정영역(in regime)"

이라 불렀다. 이는 장기간에 걸쳐 평균적으로 변하는 수로폭, 수심 그리고 경사를 가진 수로가 동적평형상태에서 "부과된(일정한) 물과 토사량"을 운송하는 것이라는 의미이다. 이 기술자들은 유지관리가 적게 소요되는 기하학적 구성과 설계유량에 대한 경험공식들을 개발하였다. 이 개발과정에서 거의 일정한 유량을 운송하는 상대적으로 직선적인 수로에서 구한 자료들을 회귀분석하여 구한 것이다(Blench, 1957, 1969; Simons and Albertson, 1963). 일부의 하천들은 재건되어서 인공수로처럼 보이고 거동하도록 하였기 때문에 안정이론 관계가 나타나지 않는 것이다.

약 50년 후에 안정이론 관계와 비슷한 수리기하적 공식들이 안정한 자연하천을 연구하던 지형학자들에 의해서 개발된 것이다. 물론 이러한 하천들은 직선이 아니었으며 유량은 변하였던 것이다. 이러한 수리기하적 관계의 예가 다음에 표 4.5로 예시되어 있다.

표 4.5 안정하상 지배공식들(regime formulas)을 유도할 때 사용한 자료들의 한계성(Hey 1988, 1990)

참고자료	자료 출처	하상물질 평균입경 (mm)	제방	유량 (cfs)	토사농도 (ppm)	경사	하상형태
Lacey 1958	Indian canals	0.1~0.4	점착성~ 약점착성	100~ 10,000	< 500		
Blench 1969	Indian canals	0.1~0.6	점착성	1~ 100,000	< 30[1]	특정 않음	사주~ 모래언덕
Simons and Albertson 1963	U.S. and Indian canals	0.318~0.465	모래	100~ 400	< 500	.000135 ~ .000388	사주~ 모래언덕
		0.06~0.46	점착성	5~ 88,300	< 500	.000059 ~.00034	사주~ 모래언덕
		점착성, 0.029~0.36	점착성	137~ 510	< 500	.000063 ~ .000114	평탄
Nixon 1959	U.K. rivers	자갈		700~ 18,050	측정 않음		
Kellerhals 1967	U.S., Canadian, and Swiss rivers of low sinuousity, and lab	7~265	비점착성	1.1~ 70,600	무시할 정도	.00017 ~.0131	평탄
Bray 1982	Sinuous Canadian rivers	1.9~145		194~ 138,400	이동상	.00022 ~.015	
Parker 1982	Single channel Canadian rivers		약간의 점착성	353~ 211,900			
Hey and Thorne 1986	Meandering U.K. rivers	14~176		138~ 14,970	Q_s 114까지 계산됨	.0011 ~.021	

[1] Blench(1969)는 토사농도 30~100 ppm까지 조정계수를 제공하고 있음.

일반적으로 이러한 공식들의 형태는 다음과 같다.

$$w = k_1 Q_2^k D_{50}^{k_3}$$

$$D = k_4 Q_5^k D_{50}^{k_6}$$

$$S = k_7 Q_8^k D_{50}^{k_9}$$

여기서 w와 D는 구간평균의 수로폭과 수심이다(ft 단위). S는 구간평균의 경사, D_{50}은 하상토사의 평균입경이다(mm 단위), Q는 만수유량이다(cfs 단위). 이러한 공식들은 수로폭에 대해서는 상당한 신뢰성을 가지나 수심에 대해서는 신뢰성이 낮으며, 경사에 대해서는 신뢰성이 가장 낮다.

(1) 수리기하와 안정성 평가

주어진 수로구간에서의 안정성 평가에 대한 수리기하관계의 사용에는 두 가지가 요구된다. 첫째로는 유역과 문제의 하천수로구간의 특성들이 수리기하관계를 구할 때 사용한 자료들과 같거나 유사하여야 한다. 둘째로는 수리기하 관계식을 구할 때 자료들의 분산특성이 반드시 알려져야 한다는 것이다.

특정구간에서의 자료가 유사한 유역에서의 안정구간에 대한 자료의 합리적인 분산 범위를 벗어나면, 문제의 그 구간은 불안정해지려는 이유를 가지는 것이다. 이것은 하나의 지표일 뿐이다. 다른 요소들(지질, 토지이용, 식생 등)의 변동성이 원인이 되어 주어진 구간에 대한 자료들이 관계식의 합리적 분산 범위를 넘어서는 바깥에 표시되는 것이다. 예를 들면, 그림 4.19에서 Road Creek 소유역의 자료들은 합리적인 분산 범위를 밑도는 위치에서 표시되는 것을 볼 수 있다. 이러한 구간들이 불안정한 것은 아니다. 이들 구간은 보다 작은 유량에 대응해서 보다 좁은 수로폭을 가지도록 설계된 것이다. 정리하면, 수리기하 관계의 사용은 실재 자료가 필요하며 통계적 계수들을 알게 된다. 수리기하 간계는 하천구간에서의 안정성 여부를 판단하는 사전 판단지침으로 사용할 수 있다. 하지만 자료의 광범위한 자연적인 변동성 때문에 다른 기법으로 반드시 검정하여야 한다.

(2) 지역곡선

　Dunne and Leopold(1978)는 만수수로 크기와 유역면적 간의 관계를 맺어주는 지역곡선들을 찾기 위해서 수많은 유역들에서의 자료들을 수집하여 분석하여 비슷한 관계를 찾았다(그림 4.20). 이러한 곡선들을 사용하면 만수위 상태의 하폭과 수심이 유역의 배수면적과의 관계를 근사적으로 구해질 수 있게 된다.

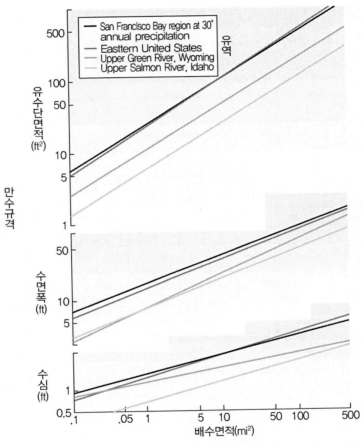

그림 4.20 만수수로에 대한 지역곡선 대 배수면적 관계곡선. 곡선들은 한 지역에서의 배수면적과 관련한 수로규모들을 보여주고 있다(Dunne and Leopold, 1978).

　지형학적, 지질학적 그리고 수문학적 영역이 다를 경우에는 분명하게 이러한 곡선들이 보다 많이 필요하게 된다. 따라서 특정 관심지역에 대해서 추가적인 지역적 관계의 자료가 필요하게 된다.

지역곡선들은 하천복원사업 지역에서만 수로의 기하학적 형태를 밝히기 위한 지표로서만 사용되어야 한다. 이는 대부분의 자료집단이 갖는 자연적인 변동성의 폭이 크기 때문이다. 출판된 수리기하 관계들은 안정되고, 단일의 충적수로들에 대한 것들이다. 복합수로에서는 훨씬 복잡한 양상을 가진다.

수리기하공식들의 멱(冪)지수와 상수들은 특정한 하천이나 유역에 대한 자료들로부터 구할 수 있다. k_2, k_5 그리고 k_8의 멱(冪)지수 값들이 광범위한 상황들을 나타내는 것에 비해서 상대적으로 작은 변동 폭을 가지는 것은 인상적이다. 수리기하공식들을 만들기 위해서 사용되는 자료들의 극한치들이 표 4.6과 표 4.7에 제시되어 있다.

표 4.6 선택한 수리기하공식들의 계수값들

저자	연도	자료	영역	k_1	k_2	k_3	k_4	k_5	k_6	k_7	k_8	k_9
Nixon	1959	U.K. 하천	자갈하상천		0.5		0.545	0.33		$1.258n^{2b}$	-0.11	
Leopold et al.,	1964	미국 중서부		1.65	0.5			0.4			-0.49	
		미국 반건조지대의 단명하천			0.5			0.3			-0.95	
Kellerhals	1967	현장(미국, 캐나다, 스위스) 실험실	Kellerhals 1967 포장하상과 작은 하상물질 농도를 가진 자갈하상천	1.8	0.5		0.33	0.4	-0.12^a	0.00062	-0.4	0.92a
Schumm	1977	미국 대평원 호주 New South Wales 하천들	표 6에 있는 특성을 가진 모래하상천	$37k_1*$	0.38		$0.6k_4*$	0.29	-0.12^a	$0.01136k_7*$	-0.32	
Bray	1982	캐나다 하천	자갈하상천	3.1	0.53	-0.07	0.304	0.33	-0.03	0.00033	-0.33	0.59
Parker	1982	Alberta 하천 단일 수로	자갈하상천, 약한 점착성을 가진 제방	6.06	0.444	-0.11	0.161	0.401	-0.0025	0.00127	-0.394	0.985
Hay and Thorne	1986	영국하천	자갈하상천으로 다음의 성질을 가짐									
			나무나 관목대가 없는 잔디제방	2.39	0.5		0.41	0.37	-0.11	$0.00296k_7**$	-0.43	-0.09
			1~5%의 나무와 관목대 피복	1.84	0.5		0.41	0.37	-0.11	$0.00296k_7**$	-0.43	-0.09
			5~50% 이상의 나무와 관목대 피복	1.51	0.5		0.41	0.37	-0.11	$0.00296k_7**$	-0.43	-0.09
			50% 이상의 관목대 피복이나 절삭홍수터	1.29	0.5		0.41	0.37	-0.11	$0.00296k_7**$	-0.43	-0.09

[a] Kellerhals 방정식의 하상 재질 크기는 D_{90}이다.
[b] n=n=맨닝의 n값
$k_1* = M^{-0.39}$, 여기서, M은 0.074mm보다 미세한 제방 재료의 비율이다. 이 방정식에 사용된 유출량은 제방 만수유량이 아닌 연평균 유량이다.
$k_4* = M^{0.432}$, 여기서, M은 0.074mm보다 미세한 제방 재료의 비율이다. 이 방정식에 사용된 유출량은 제방 만수유량이 아닌 연평균 유량이다.
$k_7* = M^{-0.36}$, 여기서, M은 0.074mm보다 미세한 제방 재료의 비율이다. 이 방정식에 사용된 유출량은 제방 만수유량이 아닌 연평균 유량이다.
$k_7** = D540.84 Qx0.10$, 여기서, Qx = 유 Q에서의 하상 물질 운반율 (kg/s)이고, D54는 하상물질을 나타내고 mm 단위이다.

표 4.7 사행기하 방정식들(Williams, 1986)

Eqn. No.	Eqn.	적용범위	Eqn. No.	Eqn.	적용범위
	사행 특성들 간의 상호 관련성			**사행 특성들과 수로 크기와의 관계**	
2	$L_m = 1.25 L_b$	$18.0 \leq L_b \leq 43{,}600$ ft	26	$L_m = 21 A^{0.65}$	$0.43 \leq A \leq 225{,}000$ ft
3	$L_m = 1.63 B$	$12.1 \leq B \leq 44{,}900$ ft	27	$L_b = 15 A^{0.65}$	$0.43 \leq A \leq 225{,}000$ ft
4	$L_m = 4.53 R_c$	$8.5 \leq R_c \leq 11{,}800$ ft	28	$B = 13 A^{0.65}$	$0.43 \leq A \leq 225{,}000$ ft
5	$L_b = 0.8 L_m$	$26 \leq L_m \leq 54{,}100$ ft	29	$R_c = 4.1 A^{0.65}$	$0.43 \leq A \leq 225{,}000$ ft
6	$L_b = 1.29 B$	$12.1 \leq B \leq 32{,}800$ ft	30	$L_m = 6.5 W^{1.12}$	$4.9 \leq W \leq 13{,}000$ ft
7	$L_b = 3.77 R_c$	$8.5 \leq R_c \leq 11{,}800$ ft	31	$L_b = 4.4 W^{1.12}$	$4.9 \leq W \leq 7{,}000$
8	$B = 0.61 L_m$	$26 \leq L_m \leq 76{,}100$ ft	32	$B = 3.7 W^{1.12}$	$4.9 \leq W \leq 13{,}000$ ft
9	$B = 0.78 L_b$	$18.0 \leq L_b \leq 43{,}600$ ft	33	$R_c = 1.3 W^{1.12}$	$4.9 \leq W \leq 7{,}000$ ft
10	$B = 2.88 R_c$	$8.5 \leq R_c \leq 11{,}800$ ft	34	$L_m = 129 D^{1.52}$	$0.10 \leq D \leq 59$ ft
11	$R_c = 0.22 L_m$	$33 \leq L_m \leq 54{,}100$ ft	35	$L_b = 86 D^{1.52}$	$0.10 \leq D \leq 57.7$ ft
12	$R_c = 0.26 L_b$	$22.3 \leq L_b \leq 43{,}600$ ft	36	$B = 80 D^{1.52}$	$0.10 \leq D \leq 59$ ft
13	$R_c = 0.35 B$	$16 \leq B \leq 32{,}800$ ft	37	$R_c = 23 D^{1.52}$	$0.10 \leq D \leq 57.7$ ft
	수로 크기와 사행특성치들 간의 관계			**수로 폭, 수로 깊이 및 수로 사행도 간의 관계**	
14	$A = 0.0094 L_m^{1.53}$	$33 \leq L_m \leq 76{,}100$ ft	38	$W = 12.5 D^{1.45}$	$0.10 \leq D \leq 59$ ft
15	$A = 0.0149 L_b^{1.53}$	$20 \leq L_b \leq 43{,}600$ ft	39	$D = 0.17 W^{0.89}$	$4.92 \leq W \leq 13{,}000$ ft
16	$A = 0.021 B^{1.53}$	$16 \leq B \leq 38{,}100$ ft	40	$W = 73 D^{1.23} K^{-2.35}$	$0.10 \leq D \leq 59$ ft and $1.20 \leq K \leq 2.60$
17	$A = 0.117 R_c^{1.53}$	$7 \leq R_c \leq 11{,}800$ ft			
18	$W = 0.019 L_m^{0.89}$	$26 \leq L_m \leq 76{,}100$ ft	41	$D = 0.15 W^{0.50} K^{1.48}$	$4.9 \leq W \leq 13{,}000$ ft and $1.20 \leq K \leq 2.60$
19	$W = 0.026 L_b^{0.89}$	$16 \leq L_b \leq 43{,}600$ ft			
20	$W = 0.031 B^{0.89}$	$10 \leq B \leq 44{,}900$ ft		하천–사행 및 수로 크기 특성들에 대한 경험 방정식들	
21	$W = 0.81 R_c^{0.89}$	$8.5 \leq R_c \leq 11{,}800$ ft		$A =$ 만수 수로 횡단면적	
22	$D = 0.040 L_m^{0.66}$	$33 \leq L_m \leq 76{,}100$ ft		$W =$ 만수 수로 폭	
23	$D = 0.054 L_b^{0.66}$	$23 \leq L_b \leq 43{,}600$ ft		$D =$ 만수 수로 평균 깊이 $L_m =$ 사행파장	
24	$D = 0.055 B^{0.66}$	$16 \leq B \leq 38{,}100$ ft		$L_b =$ 수로 곡류부 길이 $B =$ 사행 띠 폭	
25	$D = 0.127 R_c^{0.66}$	$8.5 \leq R_c \leq 11{,}800$ ft		$R_c =$ 곡률 반경 $K =$ 수로 사행도	

공식들의 계수값들이 변하기 때문에 수리기하 관계 자료들을 응용하는 것은 유사한 수로에 국한하는 것이 필요하다. 이러한 원칙은 Lacey, Blench 그리고 Simons and Albertson 공식들의 사용에서 특히 주의할 필요가 있다. 이는 이들의 공식들이 운하에서의 자료들을 기반으로 하여 개발되었기 때문이다. 더해서 수리기하 관계식들은 대부분의 경우 개발되지 않은

하천들에서 개발되었기 때문이다. 따라서 도시하천 유역에서는 적용해서는 안 된다.

표 4.5에서 보인 것 같이 자갈바닥 하천에 대한 수리기하 관계는 모래바닥 하천에 대한 것들보다 훨씬 더 많다. 자갈바닥 하천에서의 관계는 제방의 토질과 식생에 따라 조정되어 왔다. 반면에 모래바닥 하천에서의 관계는 실트질 점토를 포함한 제방에 대해서 수정되어왔 다(Schumm, 1977). Parker(1982)는 무차원 변수에 기초한 지배이론 관계를 선호하는 논쟁을 보인 바 있다. 따라서 Parker 공식의 초기 형태는 무차원 변수에 기초한 것이었다.

(3) 평면형태와 사행기하 형태 : 하천수로의 형태

사행기하 변수들이 그림 4.21에 나타내어 있다. 수로의 평면형태 요소들은 현장에서 측정 되거나 항공사진으로부터 구해질 수 있으며, Box 속에 있는 것 같은 출판된 자료들과 비교될 수 있다. 관심지역에 대한 지역관계를 개발하거나 계수들을 찾아내는 것은 출판된 자료들을 사용하는 것이 편리하다. 그림 4.22는 Leopold(1994)가 구한 평면기하관계를 보여주고 있다. 예측한 관계범위를 벗어나는 사행기하 특성은 하천의 불안정성을 나타내는 것으로 복원계 획에 사용하고자 할 때는 주의가 필요하다.

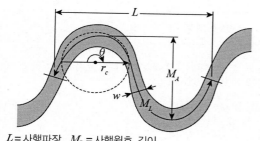

L = 사행파장, M_L = 사행원호 길이
w = 만수유량일 때의 평균폭, M_A = 사행파 진폭
r_c = 곡률반경, θ = 원호각도

그림 4.21 사행기하 변수들(Williams, 1986)

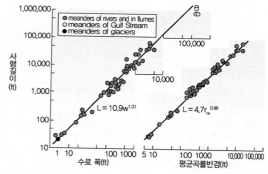

그림 4.22 평면형태의 기하학적 관계. 예측한 기하학적 관계를 잘 표현하지 못하는 것은 하천의 불 안정성을 나타내는 것이다(Leopold, 1994).

• 사행기하 공식

Nunnally and Shields(1985, 표 3)와 Chitale(1973)에 의한 사행기하 공식들에 대한 검토

결과를 제시하였다. 또한 Ackers and Charlton(1970)는 사행파장(L)과 만수유량(Q in cfs) 간의 관계를 실험실 자료들을 사용하여 전형적인 공식을 개발하여 광범위한 다양한 크기의 하천들에 적용, 검정하였다.

$$L = 38\,Q^{0.467}$$

이러한 회귀식에 대해서 자료들은 상당한 분산을 보이고 있다. 다른 공식들로는 Schumm(1977)이 제안한 것들로 하상토사 입경이나 수로면(윤변면(潤邊面))에 있는 실트질 점토의 함유 비율을 고려한 공식들이 있다.

$$L - 1890\,Q_m^{0.34} / M^{0.74}$$

여기서, Q_m은 평균유량(cfs), M은 수로의 윤변에 포함된 실트질 점토의 포함률이다. 이러한 관계식들은 복원될 지역에서의 자료들로부터 개발될 때 가장 유효하게 사용될 수 있다. 곡률반경(r_c)은 일반적으로 수로폭(w)의 1.5~4.5배 정도이나 보다 일반적으로는 2~3배 정도이다. 반면에 사행진폭(M_A)은 사행파장(L)의 0.5~1.5배이다(USACE, 1994). 경험공식들(Apmann, 1972, Nanson and Hickin, 1983)과 해석적 해(Begin, 1981)들은 평균하폭(w)의 2~4배의 곡률반경을 가진 곡유로부에서는 횡적이동률이 최고에 이른다는 것을 보이고 있다.

4.2.4 하천의 역동성

하천관리와 복원에는 유역과 하천의 과정들 사이에서 발생하는 일들에 대한 복잡한 많은 지식을 필요로 한다. 예를 들면 경계에서 발생하는 토사 유출입 문제, 제방과 홍수터에서의 식생 문제, 수로불안정의 가능한 원인들을 밝히고, 수로조정의 규모와 분포에 대한 지식 등은 다음을 위해서 매우 중요하다.

• 장래의 수로변화에 대한 평가

- 적정한 완화수단의 개발
- 하천수변의 보호수단

하천 전체 시스템에 영향을 끼치는 조정과정은 수로의 절삭(시간의 경과에 따라 하상이 낮아짐), 매적(埋積) 작용(시간의 경과에 따라 하상이 높아짐), 평면형상(기하)의 변화, 수로의 넓어짐이나 좁아짐, 그리고 토사량의 규모와 형태의 변화 등을 포함할 수 있다. 이러한 과정들은 국지화된 과정들, 예로서 규모와 확장성이 제한적인 세굴과 채움과는 다르다.

이와는 대조적으로, 수로절삭과 매척과정들은 장거리의 하천구간이나 하천 전체에 영향을 끼칠 수 있다. 수로절삭, 매적 그리고 수로확대 같은 장기적인 조정과정들은 국지적인 세굴 문제들을 악화시킬 수 있다. 국지세굴이나 수로 절삭에 기인한 하상침식은 일어날 수 있으며, 충분한 하상 저하가 발생할 수 있어서 제방불안정과 수로형상을 변화시키는 원인이 될 수 있다.

문제가 되는 구간의 상, 하류에서의 조사를 확장하지 않고서는 국지적인 과정과 하천시스템 전체에서의 과정을 구분하기가 어려울 때가 있다. 이는 시, 공상에서의 수로이동이 앞에서 교란되지 않은 구간들에 영향을 줄 수 있기 때문이다. 예로서는 통나무 등으로 막힌 위치에서의 초기 침식은 흐름을 굴절시키는 원인이 될 수 있다. 하지만 대규모의 목재 부유물들이 모이게 되면 상류구간에서의 하상세굴이 일어날 수 있으며 대규모의 하천불안정과 관련될 수 있다.

4.2.5 하천의 불안정성 판단 : 국지적인 문제인가 아니면 시스템 전체적인 문제인가?

수로발달의 단계는 교란되거나 새롭게 건설된 하천의 수로안정 문제가 국지적인 것인지 아니면 하천시스템 전체의 문제인지를 판단(구분)하는 기본적인 판단 기준변수가 된다. 유역 전체의 조정 동안에는 수로발달의 단계는 수로상류의 거리에 따라 체계적으로 변한다. 하류구간에서는 하상이 상승하며 수로가 넓어지는 경고 단계에 이른다. 반면에 상류구간에서는 진행 중인 상태로 수로가 널어지며 완만한 하상저하가 발생한다. 더 상류까지 조사하게 되면 안정된 교란 이전의 상태(조건)를 보일 것이다(그림 4.23).

그림 4.23 제방불안정. 불안정이 국지적인지 아니면 시스템 전체적인 문제인지를 판단하는 것은 정확한 시행을 위해 필수적인 것이다.

단계별 순서에 따라서 시스템 전체의 불안정성을 밝힐 수 있으며, 하천분류체계도 유사한 방법으로 자연하천에 적용할 수 있다. 하천의 형태도 전체 시스템의 불안정성을 밝히는 데 사용될 수 있으며, 복원사업의 수단은 가끔 실패할 수 있다. 이는 구조적인 설계상의 부적절성 문제뿐만 아니라 오히려 설계자가 현재와 장래의 수로지형을 설계에 제대로 반영하지 못한 데서 기인하는 바가 크다. 이러한 이유로 해서, 설계자는 하천의 일반적인 과정들에 대한 이해가 반드시 필요하며, 선택한 복원수단들이 현재와 장래의 하천조건들과 조화를 이룰 것인지를 생각해야 하는 것이다. 이것은 설계자로 하여금 특정 지점에서의 조건들이 국지적인 불안정 과정에 의한 것인지 아니면 전체 유역에 영향을 줄 수 있는 시스템적 불안정성의 결과인지를 판단하게 하는 이유이다.

(1) 하천시스템 전체의 불안정성

하천시스템의 평형상태는 여러 가지 요인들에 의해서 붕괴될 수 있다. 일단 평형상태가 붕괴되면 하천은 종속변수들의 조정을 통해서 평형상태를 다시 구하려고 한다. 물리적 과정을 바탕으로 하는 이러한 조정들은 하상의 상승, 하강 또는 평면형태특성(사행파장, 사행정도 등)의 변화 같은 것들에 반영된다. 변화의 규모와 유역특성들(하상과 제방 물질들, 수문, 지질, 인공제어물들 그리고 토사공급원 등)과 관련하여 이러한 조정은 유역 전체를 넘어 이웃한 유역에까지 전파된다.

이러한 이유로 해서, 평형상태의 이러한 형태의 붕괴는 시스템 불안정성이라 한다. 시스템 불안정이 발생하거나 예측이 되면, 제방의 안정화나 수로서식처의 개발 이전에 복원활동이 이러한 문제점들을 고려하는 것은 필수적인 것이다.

(2) 국지적 불안정성

국지불안정성이란 유역에서 불균형상태(즉 시스템 불안정성)의 전조현상이 아닌 국지적인 침식과 퇴적과정을 말한다. 국지불안정의 가장 대표적인 형태는 자연적인 사행과정의 일부로 발생하는 사행곡부의 오목한 제방에서의 침식일 것이다. 국지불안정은 또한 수로건설이나 흐름 장애물(어름, 부유물, 구조물 등) 또는 지반공학적 불안정의 결과로 분리된 위치에서도 발생할 수 있다.

국지적 불안정 문제들은 국지 제방보호에 필수적이다. 국지불안정성은 심각한 시스템 불안정성이 있는 수로에서도 있을 수 있다. 이러한 상황에서는 국지불안정성 문제들은 시스템 불안정성으로 인해서 가속될 것이며, 보다 종합적인 처리계획이 필요할 것이다.

한 지점에서 국지적인 처리만 시행되는 경우에는 주의하여야 한다. 상류구간이 안정하고 하류구간이 불안정한 경우에는 시스템적 문제가 예상된다. 이러한 불안정 문제는 유역수준에서의 불안정 문제의 근원이 해소될 때까지 혹은 그 지점이나 그 하류부의 수로의 안정화가 이루어질 때까지는 상류로 전파될 것이다.

국지수로의 불안정성은 부유물, 구조물 혹은 상류로부터의 접근각도에 의해서 흐름방향을 바꿀 수 있게 한다. 중규모와 대규모의 흐름 시에는 장애물들로 인한 와류와 2차 흐름이 발생하여 수로바닥에 미치는 영향이 가속되기도 한다. 이는 결과적으로 국지적 하상 세굴과 제방 기초부분의 침식, 그리고 궁극적으로는 제방의 붕괴로 이어질 수 있다. 부유물이 쌓이거나 교량에 의한 수로단면의 축소는 배수(背水)효과를 상류로 전파하게 하며, 축소를 통한 흐름과 세굴의 가속화를 유발할 수 있다.

(3) 하상의 안정성

불안정한 수로에서는 하상표고와 시간(연 단위)의 관계는 비선형함수로 나타낼 수 있다. 교란에 따른 변화는 초기에는 급격하게 발생하지만 차차 변화속도가 느려져서 시간축에 점근한다(그림 4.24). 시간대별 하상표고의 도시는 하상표고의 조장을 평가할 수 있게 하며, 수로절삭의 진행 상태를 볼 수 있게 한다. 한 지점에서 하상표고의 조정특성과 장래의 예측을 보기 위한 다양한 수학적 형태들이 사용된다. 이러한 기법은 역시 측정한 지점에서의 수로의 안정성 경향을 볼 수 있게 한다.

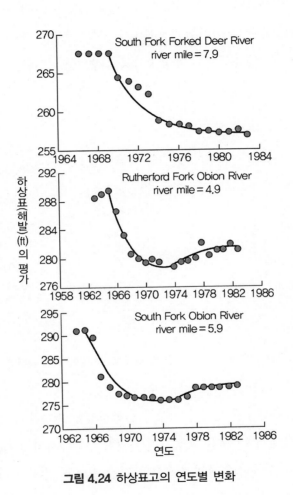

그림 4.24 하상표고의 연도별 변화

① 특정계측 분석

하천공학자나 지형학자들에게 있어서 하천시스템의 역사적 안정성을 확인하기 위한 가장 효율적인 방법으로는 특정한 계측기록일 것이다. 특정계측기록은 특정한 계측 위치에서 특정한 유량에 대한 수위를 시간대별 기록이다(Blench, 1969). 수로는 특정계측기록이 시간에 따라서 늘어나거나(하상의 상승) 줄어드는(하상의 저하) 일관성을 보일 때 평형상태에 있는 것으로 판단된다. 특정계측기록의 한 예를 그림 4.25에서 볼 수 있다. 특정계측분석의 첫 단계는 분석하려는 기간 동안에 계측지점에서 "수위~유량 관계"를 확립하는 것이다. 수위~유량 관계 곡선은 기록기간 동안에 매년 작성되어야 한다. 자료들에 대한 회귀곡선이 분석되어야 한다. 일단 수위~유량 관계의 회귀곡선이 개발되면, 특정계측기록에 사용될 유량이 선택되어야 한다. 이러한 선택은 연구, 분석의 목적에 따른다. 보통은 관측한 유량 전체를 포함한 가운데서 선택하여야 한다. 시간대별 주어진 유량에 대응한 수위를 나타내는 그림을 개발해야 한다.

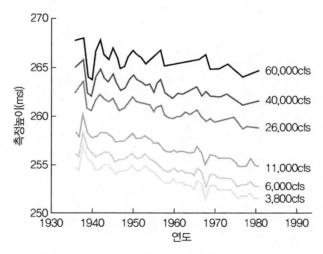

그림 4.25 특정계측 그림의 예(Biedenharn et al., 1997)

특정계측기록들은 특정한 위치에서 역사적 불안정성을 판단할 수 있는 우수한 수단이 될 것이다. 하지만, 특정계측기록은 특정한 계측위치 부근에서의 조건들만 포함해야 하며 계측지점과 거리가 먼 상류나 하류의 반응을 포함할 필요는 없다. 따라서 하천공학자들이 사용할 가장 가치 있는 수단 중의 하나이기는 하지만 대상구간의 조건들을 평가하거나 하천의 장기적인 반응을 예측하기 위한 다른 평가 기법들과 연계하여야 한다.

② 비교측정과 도면화
수로변화의 직접평가를 위한 가장 좋은 방법 중의 하나는 수로측정(유심선과 단면) 자료와 비교하는 것이다.

유심선의 측정은 수로를 따라서 단면에서 가장 깊은 점을 따라서 측정한다. 시간에 따라서 각각 다른 점들에서 측정한 유심선을 비교하면 기술자들이나 지형학자들이 시간에 따른 하상표고의 변화를 도표화할 수 있게 한다(그림 4.26).

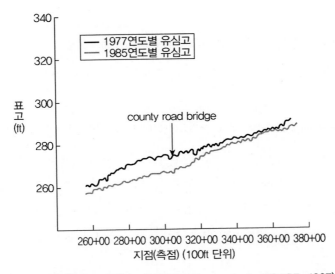

그림 4.26 (종단)유심선의 비교(Biedenharn et al., USACE, 1997)

하천시스템에서의 측정을 비교하는 데는 주의가 필요하다. 종단유심선을 비교할 때는 어려울 때가 있다. 특히 대하천에서 하상의 매적현상이나 하강현상의 뚜렷한 경향을 결정하고자 할 때, 특히 곡유로부에서 대규모 세굴 구멍이 있는 경우에 그러하다. 매우 깊은 국지세굴 구멍이 있는 경우는 유심선의 변동이 완전히 분명하지 않은 일시적인 변동일 수가 있다. 이러한 문제는 소(沼)단면을 무시하고 횡단위치에만 관심을 줌으로써 극복할 수 있다. 따라서 매적작용이나 하강 추세를 보다 쉽게 파악할 수 있다.

종단유심선이 편리한 도구이기는 하지만 이는 오로지 수로바닥의 거동만 보여주고 있으며, 전체로서의 수로에 대한 정보는 제공하지 않는다는 점을 인식하여야 할 것이다. 이러한 이유로 해서 수로단면의 수로폭, 수심, 단면적, 윤변길이, 동수반경 그리고 특정한 단면에서의 통수능 같은 기하학적 변화를 연구하는 것을 추천하고 있다.

수로단면이 영구적인 위치에서 측정된다면, 다른 시간대에서 측정한 단면들을 직접 비교할 수 있다. 각기 다른 시간대에서의 단면들을 중첩하여 그리면 쉽게 비교할 수 있다. 시간 (연 단위)이 지났음에도 꼭 같은 단면을 보이는 것은 극히 드물다. 이러한 문제로 해서 단면 기하 요소들의 하천구간 평균값을 비교하는 것이 권장되고 있다. 이는 대상공간을 지형학적 특성이 뚜렷이 구분되는 하천구간으로 구분하는 것이 필요하다. 다음으로는 각 단면에서 단면 요소들을 계산하고 전체구간에 대해서 평균값을 구하는 것이다. 그리고 나서 구간평균 값들을 비교하는 것이다.

곡유로부(소(沼))와 횡단부(여울) 사이의 단면 변동성은 시간적 변동성을 이해하는 데 장애가 된다. 따라서 장기적인 수로변화의 경향을 분석하고자 할 때는 횡단구간의 단면만 사용할 것을 권장하기도 한다.

시대별로 구해진 지도를 비교하면 하천의 평면적 불안정성을 볼 수 있다. 수로이동(제방 함몰(陷沒))의 율과 규모, 자연적 및 인적 절개지의 위치, 수로폭과 평면 기하학의 시간적 및 공간적 변화들은 지도로부터 결정될 수 있다. 이러한 형태의 자료들과 가해진 조건들에 대한 수로의 반응은 기록으로 정리될 수 있으며, 제안된 대안들에 대한 미래 수로의 실증적 예측에 사용될 수 있다. 평면자료는 항공사진, 지도 그리고 현장조사들로부터 구해질 수 있다.

③ 하상하강에 대한 회귀식

시간경과에 따른 하상조정을 나타내는 두 가지의 수학 함수가 사용되어왔다. 이 두 개의 함수는 교란에 대한 수로의 반응을 예측하는 데 사용될 수 있다. 다만 아래에 서술한 주의가 필요하다.

첫 번째는 멱함수이다(Simon, 1989a).

$$E = at^b$$

여기서,

$E =$ 하상표고(ft),

$a =$ 회귀계수로 하상의 수정 전의 표고(ft)를 나타낸다.

$t =$ 조정과정 시작 후의 경과 시간(연 단위)으로, $t_0 = 1.0$(조정과정 시작 전의 연수).

$b =$ 무차원 회귀지수로 수로바닥 변화의 비선형 율을 나타낸다(−값은 하상강하, +값은 하상 상승(매적)을 나타낸다).

두 번째 함수는 무차원 형태의 지수함수이다(Simon, 1992).

$$z/z_0 = a + b \ e^{(-kt)}$$

여기서,

$z =$ 시간 t에서의 하상표고,

$z_0 =$ 시간 t_0에서의 하상표고,

$a =$ 무차원 회귀계수로, 이 식이 점근할 때는 무차원 표고(z/z_0)값과 같아진다. $a > 1 =$ 하상 상승, $a < 1 = =$하상 저하,

$b =$ 무차원 회귀상수로 이 식이 점근할 때는 무차원 표고(z/z_0)의 전체 변화와 같아진다.

$k =$ 회귀계수로 단위시간 동안의 수로바닥 변화율을 나타낸다.

$t =$ 조정과정이 시작되기 전해부터의 경과시간(연 단위)

따라서 수로바닥의 장래 표고는 하상표고에 방정식을 적합시켜 관심기간에 대해서 해를 구할 수 있다. 어느 방정식이든지 간에 수용할만한 결과를 제공할 수 있느냐 하는 문제는 적합시킨 관계가 통계적으로 얼마나 적정(통계적 유의성)한가에 달려 있다. 적합시킨 곡선의 통계적 유의성은 차료가 추가될수록 개선될 수 있다. 동일한 위치에서의 하상하강과 상승 곡선은 개별적으로 적합시킨다. 하강위치에서는 두 방정식들은 시간이 길어질수록 최소표고를 예측할 것이며, 이러한 결과 값을 홍수터 표고에서 제하면 최대의 제방 높이를 예측할 것이다. 하상변화의 초기시간을 모를 때는 하상조정 경향의 범위는 이 방정식에서 다른 시작시간을 사용함으로써 구할 수 있다. 이러한 방정식들의 사용은 어떤 지역에서는 측정자료의 한계 때문에 제한적이다.

④ 하상상승(매적(埋積))에 대한 회귀식

일단 최저 하상표고가 구해지면, 그 표고는 새로운 시작표고로 사용될 수 있으며, 수로확장동안에 발생하는 2차 매적(하상 상승) 상태까지 사용할 수 있다. 2차 매적은 하상하강이 수로경사와 하천력을 감소시킨 후의 지점에서 발생하며, 상류의 하상하강구간으로부터 운반되어온 토사량이 더 이상 전달되지 않는 범위까지만 발생한다(Simon, 1989a). 2차 매적을 산정하기 위한 Simon의 멱함수의 계수값들은 기존자료들을 내삽하여 구하거나 하상저하 상태에 대해서 구한 값들보다 약 60%가 적은 값을 선택하면 된다.

하천수로를 따라서 거리별로의 회귀계수 a와 b의 변동성은 충분한 곳들로부터 자료가 제공되면 하상표고 조정에 대한 경험모형으로서 사용될 수 있다. 두 가지 방정식을 이용한 예가 그림 4.27에 예시되어 있다. 미계측 위치에서의 시간에 따른 하상변동의 산정은 내삽한 계수 a와 t_0를 사용하여 구할 수 있다. 심각한 지류토사유입이 없는 댐 하류부의 수로에 대해서 a 값 곡선의 모양은 비슷할 것이나 반전(反轉)된 것이다. 최대 하상저하(최소 a 값)는 댐 직하류부에서 발생할 것이며 하류로 갈수록 비선형적으로 감쇄할 것이다. 다만 주의할 점은 만약 위의 공식들 중의 하나가 장래의 하상표고를 예측하기 위해서 사용되었다면, 필요한 조건으로는 새롭게 수로의 변화를 발생할 새로운 교란이 없어야 한다는 것이다. 하류부 수로화, 댐의 건설, 수로의 막힘이나 홍수류를 가로막는 대규모 유목의 형성 등은 하천의 급격한 변화(교란)를 유발할 수 있는 새로운 시점이 될 수 있다. 회귀함수들을 사용하여 하상 저하나 상승 추세를 예측하는 것은 경험적인 것이며 계획의 초기에 사용할 수 있는 것이다. 하지만 이러한 과정에는 물과 토사의 공급과 이동의 균형은 전혀 고려하지 않고 있다. 따라서 복원 과정의 상세설계에서는 수용되지 않는다.

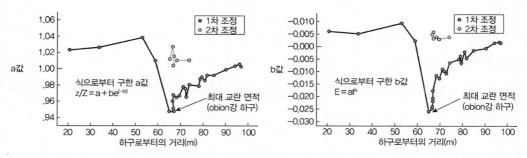

그림 4.27 하천길이 방향 거리별 하상표고 조정을 산정하기 위한 함수의 회귀계수 a와 b값. 장래의 하상표고는 경험식들을 이용해서 구할 수 있다(Simon 1989, 1992).

(4) 토사이송 과정

하천복원에서 매우 중요한 토사의 이동과정과 분석에 대한 충분한 자료를 공급하지는 못하지만, 이러한 과정에는 침식과정, 유입과정, 이송과정, 퇴적과정 그리고 다짐과정이 포함되어 있다. 관련한 많은 우수한 참고문헌들을 정리하기로 한다(Vanoni(1975), Simons and Senturk(1977), Chang(1988), Richards(1982), and USACE(1989a)).

(5) 하상 상승(퇴적)과 하강(세굴) 예측을 위한 수치분석과 모형

HEC-6같은 수치분석과 모형들은 수로에서 하상의 상승과 하강(절삭)을 예측하기 위해 사용된다. 보다 자세한 것은 다음 장에서 논의될 것이다.

(6) 제방 안정

하천제방은 움직이는 물에 의해서 토립자를 제거하여 침식되거나 붕괴된다. 붕괴나 질량 실패는 제방재료의 강도(인장력, 마찰력)가 중력에 저항하기에는 너무 약할 때 발생한다. 붕괴하거나 붕괴하려는 제방들은 지반공학적 불안정성이 있는 것으로 평가된다(그림 4.28). 제방재료들의 물리적 특성들은 가능성 있는 안정문제들을 특성화와 제방불안정의 지배적인 발생기구를 밝히기 위해서 충분히 설명되어야 한다.

그림 4.28 하부절삭에 의한 제방 침식

지반공학적 조사의 강도 수준은 계획과 설계에 따라서 다양하다. 계획 동안에는 충분한 정보가 수집되어서 다양한 대안들의 가능성을 확인할 수 있어야 한다. 예를 들면, 계획기간 동안에 구해지는 제방의 층별 질적 설명은 분석구간의 제방실패 형태를 밝히는 데 충분하다 판단된다. Thorne(1992)은 하천의 예비조사 과정을, 특별히 하천제방 자료와 관련한 기록과정을 상세하게 설명하고 있다.

① 제방 안정의 질적 평가

자연제방들은 제방재료들의 퇴적 역사를 반영하는 뚜렷이 구분되는 층들로 구성되어 있다. 따라서 각 개별 퇴적층들은 물리적 특성들에 따라서 반응할 것이다. 중력에 기인한 실패와 관련하여 하천제방의 안정성은 제방단면의 기하적 특성과 제방재료의 물리적 특성에 따르기 때문에 결정적인 실패기구들은 제방의 각 층들의 특성이나 층간의 연결성에 따르는 경향이 있다(그림 4.29).

점착성 또는 시멘트 혼합토양의 균등한 층으로 구성된 급경사 제방은 일반적으로 제방배열선과 나란한 제방상단에서 인장균열이 발생한다. 흙의 무게가 토양 속의 알갱이들의 접촉강도를 초과할 때 평판(平板) 실패(Slab failures)가 발생한다. 점토물이나 시멘트 재료가 줄어들고, 제방기울기가 줄어들면 연직실패면들은 보다 평평해지고 평면실패면들이 발달된다. 회전형 실패는 제방토양들이 점착성이 강할 때 발생한다. 블록형 실패는 약한 토양층이 침식되어 나가버리고 약한 층 위의 층이 구조적 지지력을 잃어버릴 때 발생한다.

중력실패과정이 그림 4.29에 설명되어 있으며, 이는 제방이 강수나 높은 하천 수위로 인해서 포화된 후에 발생한다. 물은 토양에 하중을 가하게 되며 토양 알갱이 사이의 접촉이 줄어들고 공극압력이 증가되는 반면 점착력은 줄어든다. 공극압력은 공극에서의 토양수가 위에 놓인 토양과 물로부터 압력을 받을 때 발생한다. 따라서 공극압력은 토양질량에 대한 내부압력인 것이다. 하천이 만수되면 흐르는 물은 하천제방을 지지하는 힘도 발휘한다. 하천수위가 내려가기 시작하면 내부공극압력은 제방내부로부터 바깥으로 미는 힘을 발휘하여 제방실패의 잠재력을 증가시킨다. 그림 4.29에서 마지막으로 설명하는 것은 지하수의 sapping(집중으로 스며드는 물에 의한 수평적 사면 침식붕괴) 또는 piping 현상이다. sapping 또는 piping은 흐르는 지하수에 의한 표면 아래의 토립자들의 침식현상으로 Sapping은 수평현상이고 pipping은 연직상향 현상이다.

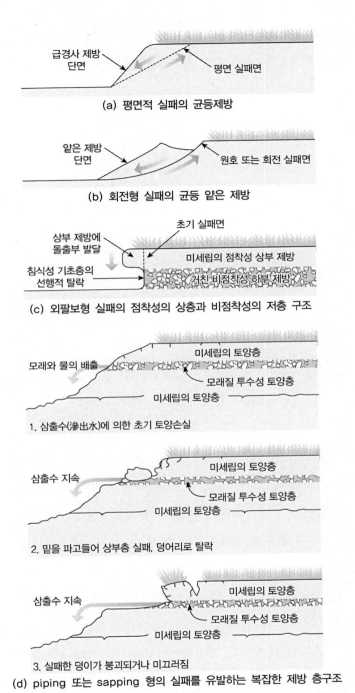

(a) 평면적 실패의 균등제방

(b) 회전형 실패의 균등 얕은 제방

(c) 외팔보형 실패의 점착성의 상층과 비점착성의 저층 구조

1. 삼출수(滲出水)에 의한 초기 토양손실

2. 밑을 파고들어 상부층 실패, 덩어리로 탈락

3. 실패한 덩이가 붕괴되거나 미끄러짐

(d) piping 또는 sapping 형의 실패를 유발하는 복잡한 제방 층구조

그림 4.29 제방실패의 우세기구와 관련한 제방 층별 특성 간의 관계(출처 : Hagerty 1991. In Journal of Hydraulic Engineering. Vol. 117 Number 8. Reproduced by permission of ASCE)

② 제방 안정성의 양적 평가

복원설계에서 토양정보에 대한 보다 많은 자료를 필요로 할 때, 수집해야 할 추가적인 상세 자료를 그림 4.30에 수록하였다.

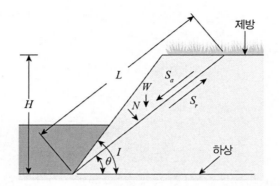

설명 : H=제방높이, L=제방실패면 길이, c=점착력, ϕ=마찰각, γ=체적단위중량, W=실패블록의 중량, I=제방사면각도, $S_a = W\sin\theta$=가해지는 힘, $S_r = cL + N\tan\phi$=저항력, $N = W\cos\theta$, $\theta = 0.5I = 0.5\phi$=실패면 각도, $S_a = S_r$인 한계상황 경우에는 $H_c = \dfrac{4c \ \sin I \ \cos\phi}{\gamma(1-[I-\phi])}$

가정 : 공극수압은 없다. 제방 안정분석은 제방재료의 힘과 제방 높이와 각도 그리고 함수조건들과의 관계를 맺어준다.

그림 4.30 수로제방에 가해지는 힘들

제방재료들의 점착성, 마찰각도 그리고 단위무게는 정량화되어야 한다. 공간적 변동성, 세심한 표본채취와 시험 과정이 필요하다. 이는 개별 층의 물리적 특성들의 평균치 또는 전체 제방의 체적평균치를 정확하게 구하기 위한 자료수를 최소화하기 위함이다.

토양 특성치를 정확하게 밝히는 것은 측정 때뿐만 아니라 제방실패가 기대되는 "최악의 경우"를 위해서도 필요한 것이다(Thorne et al., 1981). 단위중량, 점착성 그리고 마찰각도는 함수율에 따라 변한다. "최악의 조건"하에서 제방재료를 직접 측정한다는 것은 보통 불가능하다. 이는 불안정 위치에서의 위험성 때문이다. 숙련된 지반공학자 또는 토양공학자들이 이러한 요소들을 평가해야 할 것이다. 제방불안정성에 대한 양적 분석은 "힘과 저항"에 관한 것이어야 한다. 제방재료의 전단력은 중력에 의한 침식에 대응하는 경계의 저항을 나타낸다. 전단력은 점착력과 마찰력으로 구성된다. 단위 길이당의 평면실패에 대해서는 Coulomb의 식이 적용될 수 있다.

$$S_r = c + (N - \mu)\tan\phi$$

여기서,

S_r =전단력, psf =pounds per square foot; c =점착력, psf; N =수직응력, psf; μ =공극압력, psf; ϕ =마찰각(°), 또한 $N = W \cos \theta$, 여기서, W는 실패한 블록의 무게, psf; θ는 실패한 평면의 각도(°).

제방에 가해지는 중력의 크기는 $S_a = W \sin\theta$이다.

침식저항(S_r)을 줄이는 요소인 포화상태 이상의 과잉공극수압, 연직인장균열의 발달 등이 제방불안정을 유발한다. 비슷하게 수로바닥의 절삭에 기인한 제방높이의 증가와 제방하단의 침식절삭에 의한 제방사면의 각도가 증가하는 것도 중력요소를 증가시켜 제방실패를 일으킬 수 있다. 이와는 대조적으로, 제방의 식생은 일반적으로 보다 건조하며 개선된 제방 배수를 제공하여 제방의 안정성을 강화한다. 식물뿌리는 토양의 인장력을 제공하게 되어, 적어도 식물 뿌리깊이까지는 대규모 실패에 저항하게 흙을 강화시킨다(Yang, 1996).

③ 제방의 불안정성과 수로의 확장

수로확장은 가끔 제방재료들의 한계치 이상의 조건들을 넘어선 제방높이의 증가에 기인하여 발생하기도 한다. Simon and Hupp(1992)는 하상저하량과 수로확장량 사이의 상관성을 밝힌 바 있다. 질량 소모과정에 의한 수로폭의 조정은 연간 수백 미터에 이르는 규모로 발생하는 수로조정과 충적하천의 에너지 소모의 중요한 과정을 보여준다(Simon, 1994).

현재와 장래의 제방 안정은 다음 과정을 통해서 분석할 수 있다.

- 현재의 수로기하와 제방의 전단강도 측정
- 장래의 수로기하 평가와 최악의 경우에 대한 공극수압조건들, 그리고 평균전단강도 특성들의 평가

세립토양에 대해서는 점착성과 마찰각 자료는 표준실험실검정법(3축 전단 또는 1축 압축 시험) 또는 현장에서의 시초구멍 전단검정 장비로 구할 수 있다(Handy and Fox, 1967,

Luttenegger and Hallberg, 1981, Thorne et al., 1981, Simon and Hupp, 1992).

조립의 비점착성 토양에 대해서는 마찰각의 평가는 참고문헌들로부터 구할 수 있다. 이러한 자료들과 장래의 하상고 평가를 조합하여 제방 안정성 평가도표를 사용하면 상대적인 제방 안정도를 평가할 수 있다.

④ 제방 안정성 분석도표

다음에 제시한 것과 같은 제방 안정성 평가 도표를 구하기 위해서는, 제방(사면)안정방정식을 단순화한 안정지수(N_s)를 사용한다. 안정지수는 제방재료의 마찰각(ϕ)과 제방사면각(i)의 함수이며, Chen(1975)이 개발한 안정성 도표로부터 구할 수 있다(그림 4.31). 또는 Lohnes and Handy(1968)의 다음 식으로부터도 구할 수 있다.

$$N_s = \frac{4 \ \sin i \ \cos\phi}{1 - \cos \ (i - \phi)}$$

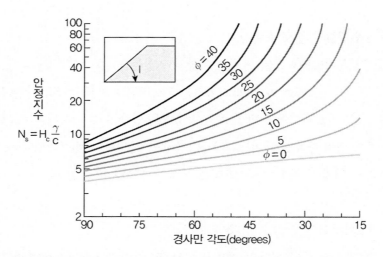

그림 4.31 제방뿌리끝을 통과하는 실패면에 대한 제방각도(i)의 함수로 나타낸 안정지수(N_s). 최악의 조건에 대한 한계제방높이를 구할 수 있다(Chen, 1975).

주어진 전단력과 기하조건에 대해서 가해지는 구동력(S_a)과 저항력(S_r)이 같아지는 점에 대한 제방의 기하, 즉 한계제방 높이를 구할 수 있다(Carson and Kirkby, 1972)

$$H_c = N_s\,(c/\gamma)$$

여기서,

c = 점착력, psf,

γ = 토양의 체적단위중량,

pcf = pounds per cubic foot

이 방정식들을 사용하여 평균 또는 주변의 토양습윤 조건들을 사용하여 비포화된 상층부의 주변현장조건까지 제방각도별로 해를 구한다. 최악의 조건들(포화제방과 하천경사의 급격한 하강)에 대한 한계제방높이는 ϕ와 전단력 가운데 마찰성분이 0.0으로 되는 가정(Lutton, 1974)과 포회된 체적단위중량을 사용하여 이 방정식들을 풀면 된다. 그 결과는 포화된 하부층을 나타내는 것이다.

3개의 안정상태(불안정, 위험상태 그리고 안정상태)에 대한 제방실패의 발생빈도는 경험자료에 기본을 두고 있다(그림 4.32).

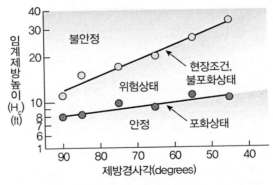

그림 4.32 한계제방 높이(H_c)를 구하기 위한 제방 안정 도표의 예 : 기성 제방의 안정성을 평가할 수 있으며, 또한 가능한 안정 설계높이와 각도도 구할 수 있다.

불안정한 하천제방은 적어도 매년 그리고 수로제방이 포화되는 중요 홍수흐름 다음에는 실패할 것이 기대된다. 이는 주어진 해에 중대한 하천흐름(홍수)이 적어도 한 번은 있을 것이라는 가정을 기반으로 한다. 위험조건은 매 2~5년 사이에 제방실패가 발생할 수는 확률을 가지는 상태이다. 이 역시 제방을 포화시키고 제방하단(뿌리부분) 재료를 침식시킬 수 있는 중대한 하천흐름(홍수)이 적어도 한 번은 있을 것이라는 가정을 기반으로 한다. 안정한 제방은 질량소비과정에 의한 제방실패가 없는 제방을 말한다. 사행곡유로부의 바깥제방은 제방 뿌리부분의 침식을 자주 경험하게 된다. 이는 제방단면이 과다하게 가파르게 되며 결국은 제방을 깎아내는 경험을 하게 되는 것이다.

한계제방높이(H_c)와 사면각도들의 일반화는 점착강도의 변동성에 대한 지식을 통해서 일반화할 수 있다. 수로제방의 평균 점착강도는 그림 4.33에서처럼 5개로 분류될 수 있다. 평균저수위 이상의 한계제방 높이와 포화조건들은 그림을 구하는 데 사용될 수 있다. 이는 제방실패가 전형적으로 첨두유량 발생 동안 아니면 발생 후(하강 시)에 발생하기 때문이다.

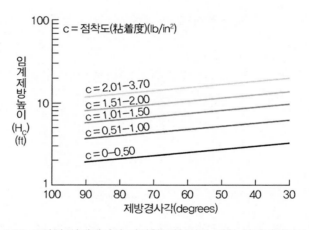

그림 4.33 포화된 상태에서의 다양한 점착력에 대한 한계제방경사 형태

결과의 도표는 제방사면 각도와 점착강도 범위에서 하천수위가 급격하게 기울어지는 동안의 포화상태 같은 최악의 조건들에 대한 안정제방을 평가할 수 있는 한계제방높이를 구할 수 있게 한다. 예를 들면, 55도의 사면각도와 1.75 psi의 점착강도를 가진 포화된 제방은 제방 높이가 약 10 ft를 초과하면 불안정하게 된다는 것이다.

⑤ 제방 안정과 수로폭의 예측

제방 안정 도표는 다음을 결정하는 데 사용할 수 있다.

- 일반적인 제방의 불안정성(하상저하와 제방높이의 증가) 시작 시간 추정
- 제방 안정화(매적작용과 제방높이의 감소)의 시작 시간 추정
- 습윤조건의 범위에서 제방 안정화에 필요한 제방높이와 사면각도

장래의 수로확대를 평가하는 것은 일정 기간(연 단위) 동안의 수로폭 측정자료들에 대한 비선형 적합식을 구함으로써 시행할 수 있다(그림 4.34). Williams and Wolman(1984)는 다음과 같은 무차원 쌍곡선 함수를 사용하여 댐 하류부의 수로의 확장을 평가하였다.

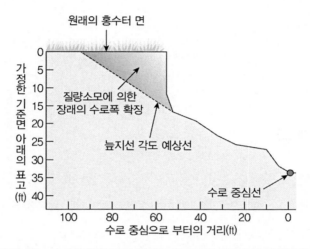

그림 4.34 수로 한쪽의 장래(10~20년) 확장성 평가방법. 궁극적인 제방폭은 하천형태가 가시화될 때 예측할 수 있다.

$$W_i / W_t = j_1 + j_2(1/t)$$

여기서,

W_i = 초기의 수로폭(ft)

$W_t = W_1$ 이후 t년 때의 수로폭(ft)

t = 연 단위의 시간

j_1 = "$W_i / W_t \sim 1/t$" 자료의 적합 직선의 절편(截片)

j_2 = "$W_i / W_t \sim 1/t$" 자료의 적합 직선의 경사

Wilson and Turnipseed(1994)는 멱함수를 사용하여 수로화 후의 수로폭의 확장성을 설명하고 장래의 수로폭을 산정하였다.

$$W = xt^d$$

여기서,
W = 수로폭(ft)
x = 회귀분석 계수로, 초기수로폭
t = 연 단위의 시간
d = 회귀분석 계수로, 수록확장률

4.3 화학적 특성

하천수변의 수질은 복원의 기본적인 목적으로, 바람직한 조건으로 개선하든지 아니면 지속하든지 하는 문제이다. 복원의 발의는 하천수변의 기능들과 과정들에는 분명하지 않을 수는 있지만 물리적 및 화학적 특성들을 반드시 고려해야 한다. 특정 특성에 대한 화학적 조작은 보통 경관이나 수변의 요소들에 대한 관리나 대안들을 포함한다.

하천복원 발의에서 물화학의 평가는 복원작업의 성공 여부를 결정하는 일이다. 주어진 시스템의 화학에 대한 기본적인 이해는 적정한 자료의 수집과 분석에 결정적인 요소가 된다. 자료수집과 분석이 상호 의존적이기는 하지만 각각은 각각의 요소들을 가지고 있다. 물론 자료수집과 분석 전에 수문학적 및 수질과정에 대한 이해를 필요로 한다. Averett and Schroder(1993)는 자료수집과 분석 프로그램을 결정할 때 필요한 기본적인 개념에 대해서 논한 바 있다.

4.3.1 자료수집

(1) 성분선택

수백 가지의 화학성분들이 수질을 나타내는 데 사용될 수 있다. 주어진 시스템에서 관심 있는 모든 화학성분들을 분석하는 것은 비용이 많이 들며 시간이 소요되는 것이다. 특정한 성분을 선택하는 데 더하여, 분석기법도 반드시 고려해야 한다. 또 다른 고려사항으로는 성분요소의 화학 자체이다. 예를 들어, 화학성분들은 보통 용해된 상태 혹은 토사에 흡착된 상태로, 비용은 물론 표본채취와 분석에는 근본적인 차이를 가지고 있다.

다른 변수들을 나타내는 매개변수를 사용하는 것이 효과적일 때가 있다. 예를 들면, 용존산소와 온도 측정은 하천시스템에서 많은 물리적 및 화학적 과정에 미치는 영향들을 집적하는 것이다. 다른 한편으로 용해반응성 인의 농도는 부착된 조류(藻類)들의 성장 가능성을 나타내는 지표가 될 수 있다. Averett and Schroder(1993)는 표본으로 택할 성분선택에 필요한 추가적인 요소들에 대해서 논한 바 있다.

(2) 표본채취 빈도

필요한 표본채취의 빈도는 관심 있는 항목들과 관리목적에 따른다. 예를 들면, 수로 내의 평균적인 영양물 농도 관리를 위해서는 일정한 간격으로 관찰할 필요가 있다. 반면에 여름의 고온기와 갈수기의 적정한 용존산소 유지관리를 위해서는 특정한 기간에만 필요하다. 일반적으로 수질성분은 시간과 공간상에서 매우 다양하게 변하기 때문에 보다 빈번하게 측정을 해야 적정한 특성을 유지할 수 있다. 많은 경우에 있어서, 수질성분 농도는 흐름조건에 달려 있다. 예를 들면, 입자성 물질에 강하게 흡착되는 소수성(疎水性) (공수병) 농약의 농도는 세굴이 발생할 정도의 흐름일 때나 침식물이 발생할 때 최고농도가 된다. 반면에 상대적으로 정상상태의 흐름에서의 용존화학물의 농도는 극심한 최저유량일 때 최고의 농도를 보인다. 사실, 현장에서의 표본채취와 수질분석은 시간이 많이 소요되며, 비용도 많이 들어 빈번한 자료 수집을 결정하기에는 일정과 예산의 제약을 받는다. 이러한 제약들은 획득한 정보의 가치를 극대화하기 위한 자료수집계획을 설계하는 데는 매우 중요하게 작용한다. 표본채취 빈도를 결정하는 데는 가끔 통계적 기법들이 사용되기도 한다. 단순한 무작위 표본채취 같은 통계적 기법들은 무작위 표본채취를 계층화했다. 2단계 표본채취 기법과 체계적 표본채취 기법은 Gilbert(1987), Averett and Schroder(1993)가 잘 설명하고 있다. 또한 Sanders et al.(1983)도 표본채취 빈도결정방법에 대해서 설명하고 있다.

(3) 위치 선정

표본채취 위치를 선정하는 일은 표본채취를 설계하는 일에 있어서 세 번째로 중요한 사항이다. 대부분의 표본들은 공간상의 특정 위치들에서 발생하는 사안들에 대한 정보만 제공하는 것이다. 위치 선정의 주목적은 하천의 특정구간에서의 조건들을 나타내는 정보를 구할 수 있는 위치를 선정하는 것이다. 대부분의 수문학적 시스템은 매우 복잡하기 때문에 관심지역에 대한 기본적인 이해를 가지는 것은 매우 필수적이다.

외부로부터의 유입, 예를 들어 지류유입이나 관개(灌漑)용수의 하천유입, 마찬가지로 지하수로의 충진 같은 배출 등은 하천구간을 따라서 수질을 급격하게 변화시킨다. 특정한 위치로부터의 자료해석에 대한 이해가 수문학적 시스템에서는 필수적이라는 점 때문이다. 예를 들어 상당한 횡방향 오염부하 유입이 있는 위치의 하류부에서는 용존성분들이 수로에서는 균등하게 분포할 수도 있다. 특정한 물질들은 전형적으로 층상을 이룰 수도 있다. 따라서 입자상물질들에 흡착된 성분들의 분포는 균등하지 않을 수도 있다. Averett and Schroder(1993)는 지표수와 지하수의 표본위치를 선정하는 다른 방법들을 논한 바 있다. Sanders et al.(1983)과 Stednick(1991) 역시 위치 선정에 대해서 논한 바 있다.

끝으로 표본수집에서는 실용성을 고려하는 것이 중요하다. 표본위치는 접근성이 용이해야 하며, 다양한 유량상태와 기상조건들이 있어야 한다. 이러한 이유로 인해서 표본채취는 보통 교량이 횡단하는 지점에서 시행된다. 다만 인위적인 수로 형태임을 고려해야 한다. 끝으로, 성분별 부하량과 농도가 관심이 되는 경우에는 흐름이 정확하게 측정되는 위치들을 잘 배열하여야 한다.

4.3.2 표본채취 기법들

이 절에서는 하천복원 노력을 위한 수질 표본채취와 자료수집 기법들에 대한 개관을 제공하기로 한다.

(1) 물과 토사의 표본채취 원칙

① 수동식 표본채취와 집계식 표본채취
② 자동 표본채취

③ 이산표본 대 복합표본

(2) 수질표본의 현장분석

① pH(수소이온농도)

② 수온

③ 용존산소(DO)

(3) 수질표본 준비와 실험실 분석 취급

① 표본의 보존, 취급 그리고 저장

② 표본 분류 표시

③ 표본의 포장과 운반

④ 관리연속성(Chain of Custody)

(4) 토사질 표본의 채집과 취급

① 표본 수집기법들

② 퇴적물 분석

(5) 자료관리

(6) 품질보증과 품질관리(QA / QC)

① 표본 및 분석 품질관리

② 현장 품질보증

등에 관련한 상세하고도 핵심적인 참고 자료로는 미국 지질조사국(USGS-U.S. Geological Survey)의 것들이 있다(Horwitz et al., 1994). 또한 국가수질평가 프로그램(National Water Quality Assessment program(Shelton 1994, Shelton and Capel, 1994)), USGS 수자원조사기법 (Techniques for Water-Resource Investigations), Field Methods for Measurement of Fluvial

Sediment(Guy and Norman, 1982) 등을 참고하는 것이 좋다.

4.4 생물학적 특성

하천수변을 이용하거나 그 속에서 살거나 일시적으로 방문하는 물고기, 야생 생물, 식물 및 인간은 개체수의 증가 또는 개체 다양성의 증가 측면에서뿐만 아니라 일반적인 복원 노력의 기본적인 목표 중의 하나인 측면에서 고려해야 할 핵심 요소들이다. 물의 흐름, 퇴적물의 이동 방법, 그리고 지형학적 특성들과 과정이 어떻게 진화하는지에 대한 철저한 이해가 중요하다. 그러나 성공적인 복원의 전제 조건은 시스템의 살아 있는 부분(생명체)에 대한 이해와 물리적 및 화학적 과정이 하천수변에 어떻게 영향을 미치는지에 있는 것이다. 생물자원의 상태를 평가하기 위한 거의 모든 분석절차는 하천수변 복원에 사용될 수 있다. 그러나 이러한 절차는 규모와 초점 및 적용에 필요한 가정, 지식 및 노력이 다른 것이다. 이러한 절차는 크게 두 그룹으로 나눌 수 있다. 즉 시스템 조건의 종합적인 합성측정과 목표 대상종 또는 종 그룹의 수명 내역 요구사항을 시스템이 얼마나 잘 충족하는지에 대한 분석의 두 가지 광범위한 그룹으로 나눌 수 있다. 이러한 분류 간의 가장 중요한 차이점은 하천수변 시스템을 관리하거나 복원하는 데 적용되는 논리에 있는 것이다. 이 장에서는 생물학적 조건의 측정 기준에 초점을 맞추고, 예를 들어, 유기체를 세는 실제 현장방법은 생략한다.

4.4.1 시스템 조건의 종합적 측정

시스템 상태의 합성 측정은 특정 시점에서 시스템의 구조적 또는 기능적 상태에 대한 일부 측면을 요약하는 것이다. 하천수변 시스템의 상태에 대한 완전한 측정이나 존재하는 모든 종에 대한 완전한 조사는 실현 불가능한 것이다. 따라서 시스템 상태에 대한 좋은 지표는 시스템에 대한 모든 것을 측정할 필요 없이 전체 시스템의 건전성 상태를 요약한다는 점에서 효율적인 것이다.

하천 관리나 복원에서 시스템 상태에 대한 지표종들의 사용은 다른 시스템이나 다른 시간대에서 관찰한 지표종의 값과 완전히 비교되는 것이다. 따라서 열화된 하천수변에 대한 지표의 현재 값은 수변에 대한 이전에 측정된 값, 즉 영향을 받기 전의 값들과 수변에 대해 희망하는 미래의 값, 또 "영향을 받지 않은" 기준 지점에서 관찰된 값, 다른 시스템에서 관찰된 값의 범위, 또는 하천분류시스템에서 하천수변의 해당 등급에 대한 규범적 값들과 비교될 수 있다. 그러나 지표종 자체와 지표종의 값을 설정하는 분석은 시스템이 지표종에 대한 특정한 값을 가지는 원인에 대한 직접적인 정보를 제공하지는 않는다.

지표종의 가치를 향상시키기 위해서 시스템에서 무엇을 변화시킬지를 결정하는 것은 한 시스템에서 관측된 다양한 관리 활동과 관련한 지표종의 변화에 대한 시간적 분석 또는 다른 시스템의 지표종의 가치와 가능성 있는 제어 변수의 다른 값과의 상관관계에 대한 공간적 분석에 달려 있다. 두 경우 모두 특정한 요인들과 지표종 변수 간의 일반적인 경험적 상관관계를 나타내는 것은 아니다. 따라서 시스템 상태의 합성 측정에 기반을 둔 관리 또는 복원은 지표종 변수에 대한 반복적 관찰과 시행착오적 관찰 또는 적응 관리 방법에 대한 반복적 관찰에 크게 의존하는 것이다. 예를 들어, 민감한 종의 존재 유무에 근거한 종의 구성 지표는 일반적으로 수질과 상관이 있을 수 있지만, 지표 자체는 수질 개선 방법에 대한 정보를 제공하지 않는 것이다. 그러나 수질 개선에 있어서 관리 활동의 성공은 지수의 반복 측정을 통해 추적되고 평가될 수 있다.

시스템 상태의 합성 측정은 적용 가능성을 결정하는 여러 가지 중요한 차원에 따라 다른 것이다. 특정 상황에서 한 종은 하천수변 시스템의 일부 측면에서는 좋은 지표종일 수 있다. 그러나 다른 면에서는 다양성과 같은 군집(群集) 단위에 더 적합할 수 있는 것이다. 일부 지표종에는 물리적 변수가 포함되어 있으나 다른 지표종에는 그렇지 않은 경우도 있다. 기본적인 생산성(출산율, 부화율, 번식률) 및 수로의 사행율과 같은 과정과 율의 측정은 일부 시스템에 통합되기도 하나 다른 시스템에서는 통합되지 않는 것이다. 각 지표종은 가장 적절한 지표종을 결정하기 위해 복원 노력의 목표와 관련하여 평가되어야 하는 것이다.

❖ 하천의 시각적 평가규약

하천의 건강성을 평가하기 위한 기본적인 수준의 평가를 제공하는 또 다른 평가도구인 것이다. 이는 하천복원계획을 용이하게 하는 평가규약의 네 부분으로 구성된 계층구조의 첫 번째 단계가 되도록 고안된 것이다. 점수는 계획자가 다음에 대해 할당한다.

- 수로조건

- 수문학적 대안

- 강기슭 너비

- 제방의 안정성

- 피복상태

- 물

- 영양물의 풍부성

- 퇴비상태

- 염분

- 물고기 이동 장애물

- 물고기 서식상태

- 소(沼)

- 여울의 품질

- 서식 무척추동물

- 관찰된 대형 무척추동물

계획의 평가는 관측된 문제점들에 대한 추정원인들을 서술하거나 계획과정에서 권장사항들을 추가하여 기술함으로써 결론을 지을 수 있다(USDA-NRCS, 1998).

(1) 지표종(指標種) : 깃대종

Landres et al.(1988)은 지표종을 다른 종이나 관심 있는 환경 조건들을 측정하기에는 너무 어렵거나 불편하거나 비용이 많이 드는 속성들의 지표로 사용할 수 있는 특성(존재 유무, 개체 밀도, 분산, 번식 성공 등)을 가진 유기체로 정의하고 있다. 생태학자들과 관리기관들은 수중 및 육상 지표종들을 평가도구로 오랫동안 사용해왔다. 특히, 1970년대 후반과 1980년대 초가 최고 관심 기간이었다. 그 기간 동안 서식지 평가절차(habitat assessment procedures, HEP)가 미국 야생동물 보호국(Fish and Wildlife Service)에 의해 개발되었으며, 미국 산림청의 관리지표종의 사용은 1976년 국립 산림경영조례(National Forest Management Act) 통과와 관련하여 법으로 제정되었다. 그 이후 많은 저자들이 위의 정의에서 표현된 기대치를 충족시키기 위한 지표종의 능력에 대한 우려를 표명해왔다. 그중에 가장 주목할 만한 것은, Landres et al.(1988)은 척추동물 종의 생태 지표로서의 사용에 대한 비판적 평가를 하고 그 개념을 사용하기 전에 엄격한 정당성과 평가가 필요하다고 제안한 바 있다. 아래의 지표종에 대한 논의는 주로 그들의 논문을 기반으로 하고 있다.

① 지표종들의 좋은 점과 나쁜 점

지표종들은 환경오염, 개체의 추세 및 서식지 품질을 예측하는 데 사용되어왔으나, 이 절에서는 수질 평가에는 사용되지 않는다. 지표들을 사용하는 데 있어서, 암묵적인 가정은 서식처가 그 지표종에 적합하면 다른 종(보통은 생태적 유사 생물군(群)임)에도 적합하고, 따라서 야생 생물군은 서식환경을 반영한다는 것이다. 하지만 각 종마다 고유한 생애요건이 있기 때문에 지표와 그 유사 종 간의 관계는 완전히 신뢰할 수는 없는 것이다. 이런 점에서 문헌들은 일관성이 없는 것이다(아래의 "강기슭 반응 유사종(Riparian Response Guilds)"의 하위 절을 참조할 것).

하나의 지표가 나타낼 것으로 기대되는 종의 군(群)을 선택할 때 개체수를 제한할 수 있는 모든 요소들을 모두 포함한다는 것도 어려운 것이다. 예를 들어, 포식(捕食)률, 질병 또는 겨울 서식지의 차이가 실제로 개체수를 제한할 때, 지표종과 그 이웃들 간의 번식 서식지들의 유사점들이 종을 분류하는 것처럼 보일 수 있다.

일부 관리기관에서는 서식지 상태의 변화를 추적하거나 선택한 종에 미치는 서식지 변화의 영향을 평가하기 위해 척추동물 지표종을 사용하기도 한다. 서식지에 대한 종의 반응을 측정하기 위해서 선택한 측정방법(척도)은 조사 결과에 영향을 미칠 수 있기는 하지만, 서식지 적합성 지수 및 기타 서식지 모형들이 종종 이 목적으로 사용되기도 한다. Van Horne(1983)이 지적했듯이, 서식지 밀도 및 기타 풍부도는 서식지 품질에 대한 오도된 지표일 수도 있다. 서식지 품질을 평가하기 위해 종의 다양성 및 기타 지표들을 사용하면, 측정값의 변화가 극한값을 나타내지 않을 수도 있는 지표의 평균값만을 산출할 때는 문제를 발생시킬 수 있다.

② 지표종의 선택

Landres et al.(1988)은 지표를 사용하기로 할 때, 선택 과정에서 고려해야 할 몇 가지 요소가 중요하다고 제안했다.

- 평가되는 환경의 속성에 대한 종의 민감도. 가능한 경우, 인과 관계를 나타내는 자료가 상관성이 있는 것이 좋다(지표가 상관 변수가 아닌 관심 변수를 반영하도록 보장).
- 지표는 측정된 효과에 정확하고 정밀하게 응답한다. 변동성이 높은 통계값들은 효과를 감지하는 능력을 제한하게 되는 것이다. 일반 종은 더 민감한 풍토병뿐만 아니라 변화를 반영하지는 않는다. 그러나 특정 종들은 대개 개체수가 적기 때문에 표본채취의 비용~효율 면에서 적합하지 않을 수 있다. 관찰의 목적이 현장 조건을 평가하는 것이라면 현장 내에서만 발생하는 지표를 사용하는 것이 합리적이다. 그러나 상주 종들이 지역 상황을 더 잘 반영한다 할지라도 많은 강기슭 복원 노력의 목표는 철새 서식지를 제공하는 것에 있는 것이다. 이 경우 홍관조나 딱따구리와 같은 거주 종들은 이동 종들을 위한 좋은 지표로는 적합하지 않을 수 있다.
- 지표종의 주거범위의 규모. 가능하다면, 평가공간 내에서의 다른 종보다 주거범위가 더 커야 한다. 관리기관은 가끔 높은 수준의 사냥용 종이나 위협 받고 멸종 위기에 처한 종을 지표종으로 사용하도록 요구받기도 한다. 사냥용 종은 종종 개체수가 사냥활동에 의한 사망률에 크게 영향을 받아 환경영향을 감추는 경향이 있어서 지표종으로는 적당하지 않은 경우가 많다. 개체수가 적거나 멸종 위기종과 같이 표본채취에 제한을 주거나 예산제약으로 인해 적절한 지표종으로 될 수 없는 것들도 있다. 예를 들어, Verner(1986)는 무작위로 추출한 딱따구리 개체군의 10% 변화를 탐지하는 데 드는 비용이 연간 백만 달러를 초과한다는 것을 발견한 바 있다.
- 환경적 스트레스 요인들에 대한 지표종들의 반응은 확증적인 연구 없이는 다양한 지리적 위치 또는 서식지에서 일관될 것으로는 기대할 수 없는 것이다.

③ 강기슭 응답 생물군(群)

강기슭 생태계의 복원 성공 지표로 척추동물 응답 생물군의 사용은 가치 있는 관찰 도구일 수는 있지만 앞에서 제시된 것과 동일한 주의사항과 함께 사용해야 한다. Croonquist and Brooks(1991)는 펜실베이니아 수로를 따라 작은 포유동물들과 새들에 대한 인위적인 교란의 영향을 평가한 바 있다. 그들은 습지 의존성, 영양 수준, 종의 상태(멸종 위기종, 위락종, 토착종, 외래종), 서식처 특이성, 계절성(새) 등 5가지 다른 대응 생물군에서 종을 평가했다. 그들은 생물군집(群集) 계수 지수가 종의 풍부성 지수보다도 더 좋은 지표라는 것을 발견했다. 조류에 대한 서식지 특이성과 계절성 반응 생물군(群)은 영향을 받지 않았거나 혜택을 입은 종 가운데서 교란에 민감한 종을 구별할 수 있는 최상의 방법이었다.

철새와 특정 서식지 요건을 가진 종들이 교란을 예견하는 가장 좋은 요인 이었다. 가장자리 종과 외래종은 교란된 서식지에서 풍부하게 존재했으며 좋은 지표종으로 역할을 할 수 있을 것이다. 계절성 분석에 따르면 이주성 번식종들은 Verner(1984)가 제안한 대로 교란되지 않은 지역에서 더 일반적이었으며, 생물군 분석이 현지 영향을 구별할 수 있는 능력을 나타내었다.

포유동물의 대응 생물군은 교란에 대한 민감도를 나타내지 않아서 지표로는 부적절한 것으로 간주되었다. 이와는 대조적으로, Mannan et al.(1984)는 검증된 5종의 조류 생물군 중 오직 한 종류만이 관리되고 교란되지 않은 숲에서 조류밀도가 일정하다는 것을 발견했다. 달리 말하면, 복원에 대한 개체수 반응은 다른 지표 생물군 간에 일관성이 없을 수도 있다는 것이다. 또한 복구단계에서 보다 민감한 종을 배출한 일반 종들을 기록하기 위해서는 주기적으로 복원계획을 관찰해야 한다.

④ 수생 무척추동물

수생 무척추동물은 오랫동안 하천 및 강기슭의 건강 지표로 사용되어왔다. 아마도 다른 어느 분류군보다도 수생 서식지와 강기슭 서식지 모두에 밀접한 관계가 있는 것이다. 그들의 생활주기는 보통 수유, 출산, 번데기화, 출현, 짝짓기, 알 낳기를 위한 강기슭 식물과의 관계와 함께 물 안팎의 기간을 포함한다(Erman, 1991).

지표군으로서 수생 무척추동물 전체를 관찰하는 것이 중요하다. 하천에 미치는 영향은 다양성을 감소시키지만 일부 종의 개체수가 증가할 수 있으며, 영향을 받는 첫 번째 종의 규모는 더욱 클 수 있다(Wallace and Gurtz, 1986).

요약하면, 좋은 지표종은 신속하게 대응할 수 있는 먹이사슬에서 하위 종이어야 하고, 변화에 대한 좁은 내성이 있어야 하며 상주 종이어야 한다(Erman, 1991).

(2) 다양성과 관련한 지표

생물학적 다양성은 구역 또는 지역의 종의 수를 의미하며 각 종의 상대적 풍부성을 고려한 생물군 내의 다양한 종의 척도를 포함한다(Ricklefs, 1990). 다양성을 측정할 때, 생물학적 목표 즉 시스템의 어떤 속성이 중요한지, 왜 그런지를 명확히 정의하는 것이 중요하다(Schroeder and Keller, 1990).

다양성에 대한 다양한 측정은 다양한 수준의 복잡성, 상이한 분류학적 그룹 및 구분되는 공간 규모에서 적용될 수 있다. 하천수변의 복원을 위한 시스템 조건의 척도로서 다양성을 사용할 때 몇 가지 요소를 고려해야 한다.

① 복잡성의 수준

다양성은 유전요인, 개체수/종, 생물군/생태계, 및 경관과 관련한 몇 가지 수준에서 측정될 수 있다(Noss, 1994). 서로 다른 과학적 또는 관리적 문제가 다른 수준에 집중되기 때문에 사용할 수 있는 단일의 정확한 수준의 복잡성이란 없는 것이다(Meffe et al., 1994). 특정 하천수변 복원사업을 위해 선택되는 복잡성 수준은 사업의 생물학적 목표를 신중하게 고려하여 결정되어야 한다.

② 관심사의 부분 집합

특정 수준의 복잡성 내에서의 전반적인 다양성은 종 또는 서식처의 특정 하위 집합의 다양성보다 덜 우려할 수 있다. 전반적인 다양성에 대한 측정은 관심 있는 모든 요소를 포함하지만 특정 요소들의 출현에 대한 정보는 제공하지 않는다. 예를 들어, 모든 종의 다양성의 척도는 개별 종이나 관리 종의 존재에 대한 정보를 제공하지는 않는다.

다양성의 중요한 하위 집합은 생물학적 목적을 설정하는 과정에서 기술되어야 한다. 생물군집(群集) 차원에서, 관심 종의 하위 집합은 상주 종, 지역의 특성종, 국지적으로 희귀하거나 위협받는 특정 생물군(예 : 구덩이 사용 종) 또는 분류군(예 : 양서류, 번식 조류, 거대 무척추동물)을 포함할 수 있다. 육상 경관 수준에서 다양성의 하위 집합은 산림 유형 또는 천이단계를 포함할 수 있다(Noss, 1994). 따라서 특정 하천수변 사업의 경우, 다양성 측정은 특별한 관심 대상 군으로 제한될 수 있다. 이러한 방식으로, 다양성 수준의 비교가 보다 의미 있게 되는 것이다.

③ 공간적 규모

다양성은 단일 생물군집(群集) 범위 내에서, 생물군집 경계를 넘어서 또는 많은 생물군집을 포괄하는 넓은 지역에서 측정될 수 있다. 상대적으로 동질적인 생물군집 내의 다양성은 알파 다양성으로 알려져 있다. 서식지 기울기에 따른 차별화된 양으로 묘사되는 생물군집 간의 다양성을 베타 다양성이라고 한다. 매우 넓은 경관에서의 총 다양성은 감마 다양성이다. Noss and Harris(1986)는 알파 다양성에 대한 관리가 지역 종의 풍부함을 증가시킬 수 있는 반면, 지역적 경관(감마 다양성)은 전반적으로 보다 동질적이면서 덜 다양할 수 있다고 지적하고 있다. 그들은 자연적인 상대적 풍부성을 가지도록 지역 종을 유지하는 목표를 권고하고 있다. 관심분야의 특정 규모는 다양성 목표가 수립될 때 정의되어야 한다.

④ 다양성의 측정

Magurran(1988)은 다양성 측정의 세 가지 주 범주, 즉 풍부성 지수, 풍부성 모형 및 비례적 풍부성에 기초한 지표들을 설명하고 있다. 풍부성 지수는 특정 표본 단위에서 종(또는 다양성의 다른 요소)의 개체수를 측정한 것으로 가장 널리 사용되는 지표이다(Magurran, 1988).

풍부성 모형은 종 분포의 균등성(equitability)을 설명하고, 기하급수, 대수급수, 대수 정규 분포 또는 깨진 막대기 급수 같은 알려진 모형에 다양한 분포를 맞추고 있는 것이다. 종의 비례 풍부성에 근거한 지표는 풍부하고도 균등함을 단일 지표로 결합되는 것이다. 그러한 지표의 다양성이 존재하는데, 그중 가장 일반적인 것으로는 Shannon-Weaver 다양성 지수가 있다(Krebs, 1978).

$$H = -\sum_{i-=}^{s} p_i \ \log_e \ p_i$$

여기서,

H = 종 다양성의 지수

S = 종의 수

p_i = i 번째 종에 속하는 총 표본의 비율

다양성 지수를 사용하는 대부분의 연구 결과는 사용된 특정 지표에 상대적으로 둔감한 것으로 나타나고 있다(Ricklefs, 1979). 예를 들어, 267개의 번식 조류 관찰에서 조류 종 다양성 지수는 조류 종 풍부도의 단순계수와 높은 상관관계(r = 0.97)를 보인 바 있다(Tramer, 1969). 종 수준에서 풍부성에 대한 간단한 측정은 보전 생물학 연구에서 가장 자주 사용되고 있다. 왜냐하면 대부분의 시스템을 특징짓는 많은 희귀종들이 일반적으로 다양성 지수에서 지배적인 보통의 공통 종보다 더 관심이 있으며, 정확한 개체수 밀도 추정치가 없기 때문이다(Meffe et al., 1994). 그러나 종 풍부성의 간단한 측정은 한 지역의 실재 종 구성에 민감하지 않다. 두 개의 다른 지역에서의 비슷한 풍부성 값들은 매우 다른 종들의 집합을 나타낼 수도 있는 것이다. 이러한 측정의 유용성은 앞에서 언급한 것처럼 가장 고려하는 종의 특정 하위 집합을 고려함으로써 증가될 수 있다. Magurran(1988)은 단일 다양성 측정의 사용을 넘어서 종 풍부성 분포의 모양을 조사할 것을 동시에 권장하고 있다. 미국 오하이오주의 18헥타르 (ha) 강기슭의 낙엽수 서식지에서의 번식조류 조사자료(Tramer, 1996)는 이러한 다양한 표현 방법들을 설명하는 데 사용될 수 있다(그림 4.35). 이 강기슭 서식지에서 번식조류 종의 풍부성은 38이었다. Pielou(1993)는 지상(육지) 시스템의 다양성을 적절히 평가하기 위해서 다음과 같은 세 가지 지표를 사용할 것을 권장하고 있다.

• 식물 종 다양성의 척도

• 서식지 다양성의 척도

• 지역의 희귀성 척도

다양성의 다양한 측면을 측정하는 데 사용되는 다른 지표로는 잎 높이의 다양성 같은 식생 척도(MacArthur and MacArthur, 1961)와 프랙탈 차원과 단편화 지수, 그리고 병렬배치

(juxtaposition, 竝列配置) 같은 경관 척도(Noss, 1994)가 포함된다.

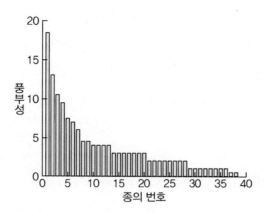

종의 번호	종류	18 ha 면적에서의 풍부성	종의 번호	종류	18 ha 면적에서의 풍부성
1	American robin	18.5	20	Rose-breasted grosbeak	3
2	House wren	13	21	Downy woodpecker	2
3	Gray catbird	10.5	22	Great crested flycatcher	2
4	Song sparrow	9.5	23	Black-capped chickadee	2
5	Northern cardinal	7.5	24	Carolina wren	2
6	Baltimore oriole	7	25	European starling	2
7	Warbling vireo	6	26	Yellow warbler	2
8	Wood thrush	4.5	27	Brown-headed cowbird	2
9	Common grackle	4.5	28	American goldfinch	2
10	Eastern wood-pewee	4	29	Wood duck	1
11	Red-eyed vireo	4	30	Ruby-throated hummingbird	1
12	Indigo bunting	4	31	Red-beilled woodpecker	1
13	Red-winged blackbird	4	32	Hairy woodpecker	1
14	Mourning dove	3	33	Tree swallow	1
15	Northern filcker	3	34	Blue-gray gnatcatcher	1
16	Blue Jay	3	35	Prothonotary warbier	1
17	Tufted titmouse	3	36	Common yellowthroat	1
18	White-breasted nuthatch	3	37	Eastern phoebe	1
19	American redstart	3	38	N.rough-winged swallow	1

그림 4.35 번식조류 조사표. 강변 낙엽성 숲에서의 종의 풍부성을 보여준다(Tramer, 1996).

⑤ 관련된 무결성 지수(Integrity Indices)

Karr(1981)은 수생 생물군의 다양성과 건강성을 평가하기 위해서 생물무결성(Biotic Integrity)
지수를 개발하였다. 이 지수는 수생군집의 현재 상태를 평가하기 위해 고안된 것으로, 어류 생물군의 종 구성, 종 풍부성 그리고 생태학적 요인과 관련한 매개변수를 사용하여 구하는 것이다. 종 구성 및 풍부성 매개변수는 내약성(열세) 종의 출현, 특정 종 그룹의 풍부성 및 구성(예 : 담수어 종류) 또는 특정 그룹(예 : 잡종 개체)의 비율을 포함할 수 있다. 생태학적 매개변수들에는 최고 육식 동물의 비율, 개체수 또는 질병 또는 기타 이상값들과의 비율이 포함될 수 있다. 주요 매개변수는 관심 있는 하천시스템용으로 개발되며 각 매개변수에는 등급이 지정된다. 하천의 전체 등급은 수중 생물군의 품질을 평가하는 데 사용된다.

⑥ 신속한 생물 평가

신속한 생물학적 평가 기법은 복원 목표가 특정한 것이 아니라, 전체 수생 생물군을 개선하거나 하천수변에 보다 균형 있고 다양한 생물군을 구성하는 것과 같은 광범위한 경우에 가장 적합하다. 생물평가는 생물 지표 또는 구성 분석의 사용(Ohio EPA, 1990)과 Plafkin et al.(1989) 이 문서화한 것과 같은 급속생물평가 프로토콜(RBP)을 참조하는 것이 좋다(표 4.8).

표 4.8 급속 생물평가 조서(調書) (RBP) 5단계(Plafkin et al., 1989)

수준	유기물 그룹	노력의 상대적 수준	분류수준 / 시행할 곳	필요한 전문성 수준
I	저서 무척추동물	낮음 : 장소당 1~2시간 소요(표본채취의 표준이 없음)	목(目), 과(科) / 현장	한사람의 잘 숙련된 전문 생물학자
II	저서 무척추동물	중간 : 장소당 1.5~2.5시간 소요(현장에서 모든 분류가 이루어 짐)	과(科)/현장	한사람의 잘 숙련된 전문 생물학자와 한사람의 기능인
III	저서 무척추동물	가장 엄격함 : 장소당 3~5시간 소요(실험실 분류를 위해 2~3시간 소요)	속(屬) 또는 종(種)/실험실	한사람의 잘 숙련된 전문 생물학자와 한사람의 기능인
IV	물고기	낮음 : 장소당 1~3시간 소요(현장작업은 없음)	N/A	한사람의 잘 숙련된 전문 생물학자
V	물고기	가장 엄격함 : 장소당 2~7시간 소요(자료분석을 위해 장소당 1~2시간 소요)	종(種)/현장	한사람의 잘 숙련된 전문 생물학자와 한두 사람의 기능인

오하이오 EPA는 무척추동물군집의 구조적 특성을 강조하는 무척추동물군집 지수(ICI)를 사용하여 생물학적 무결성을 평가하고 표본 생물군집 또는 대조군과 비교하였다. ICI는 거대 무척추동물군집 내에서 서로 다른 분류와 공해내성 관계를 설명하는 10가지 측정기준을 기반으로 하고 있다. USEPA(Plafkin et al., 1989)에 의해 개발된 RBP는 비용 효과적인 생물학적 평가를 수행하는 데 필요한 기술정보를 주에 제공하기 위해 개발되었다. RBP는 거대

무척추동물용 3가지, 어류용 2가지로 구성한 5가지 프로토콜 세트(RBP I ~ V) 로 구성되어 있다.

⑦ 조류(藻類, Algae)

Plafkin et al.(1989)이 상세하게는 설명하지 않았지만 조류군집은 생물학적 평가에 매우 유용하다. 조류는 일반적으로 수명이 짧고 재생산 속도가 빠르기 때문에 단기 영향평가에 유용하다. 상주 생물군에 대한 표본 영향은 미미하며 수집에는 큰 노력이 필요하지 않다.

조류의 일차 생산성은 물리적 및 화학적 손상의 영향을 받는다. 조류군집은 다른 수생군집에 눈에 띄게 영향을 주지 않는 일부 오염물질에 민감하다. 조류군집은 지표종, 다양성 지수, 분류군의 풍부성, 생물군집의 호흡과 일시적 이주율을 조사할 수 있게 한다.

생물자원과 엽록소 같은 다양한 비분류적 평가방법들이 사용될 수 있으며 이에 대해서는 Weitzel(1979)이 잘 요약하고 있다. Rodgers et al.(1979)는 영양물 풍부성의 효과를 평가하기 위해서 조류 군집의 일차 생산성과 호흡과 같은 조류 군집의 기능적 측정을 기술한 바 있다.

하천에서 조류를 수집하는 데는 거의 노력이 필요하지 않지만 다양성 지수와 분류상의 풍부성 같은 지표를 확인하는 데는 많은 노력이 필요할 수 있다. 일일 및 계절별 생산성 변동을 기록하기 위해서는 많은 노력이 필요할 수 있다.

⑧ 저서(底棲) 대형 무척추동물

급속 저서 생물 평가의 목적은 전반적인 생물학적 상태를 평가하고, 저서 생물체 군집이 시간이 지남에 따라 통합 환경 영향을 반영할 수 있는 능력을 최적화하는 것이다. 저서 대형 무척추동물을 이용하는 것은 다음과 같은 이유로 유리하다.

- 그것들은 지역화된 조건들을 나타내는 좋은 지표이다.
- 그들은 단기 환경변수들의 효과를 통합한다.
- 저하된 조건들을 쉽게 감지한다.
- 표본채취가 비교적 쉽다.
- 그들은 상업적 또는 위락적으로 중요한 여러 가지 어류들에게 먹이를 제공한다.

- 대형 무척추동물들은 일반적으로 풍부하다.
- 많은 나라들에서는 이미 많은 자료들을 가지고 있다.

앞에서 언급한 바와 같이, RBP는 대형 무척추동물들을 위한 세 가지 프로토콜 세트(RBP I에서 III)로 구분된다.

RBP I은 추가 조사가 필요한 잠재적으로 영향을 받는 지역에서 손상된 지점들과 손상되지 않은 지점들을 분명히 구별하는 데 사용되는 "스크리닝" 또는 "정찰" 수준의 분석이다. RBP II와 III는 미국 오하이오주에서 사용되는 ICI와 유사한 분류법과 생물군집 구조에 기반을 둔 일련의 측정 기준을 사용한다. 둘 다 RBP I보다 노동 집약적이며 현장 표본채취를 통합한다. RBP II는 과(科) (order 또는 (목(目))와 genus(속(屬))의 중간) 수준의 분류를 사용하여 하천의 생물학적 무결성을 설명하는 데 사용되는 다음과 같은 일련의 메트릭스를 결정한다.

- 분류군의 풍요함
- Hilsenhoff 생물학적 지수(Hilsenhoff 1988)
- 수집기와 여과 수집기의 비율
- 하루살이 목(Ephemeroptera) / 강도래 목(Plecoptera) / 날도래 목(모시류(毛翅類) Trichoptera) (EPT)의 구성 비율과 깔따구(chironomid)의 풍부성
- 지배적인 분류군의 기여도 백분율
- EPT 지수
- 생물군집 상사지수
- 전체 개체 수에 대한 파쇄기(shredders)의 비율

RBP III은 생물학적 손상 수준을 추가로 정의하며 본질적으로 종 수준 분류법을 사용하는 RBP II의 강화된 버전이다. ICI와 마찬가지로 지점의 RBP 측정은 제어 또는 참조 지점의 측정과 비교된다.

⑨ 어류

Hocutt(1981)은 "아마도 가장 강력한 생태학적 요인은 구조적으로나 기능적으로나 다양한 물고기 군집이 직접적으로나 간접적으로나 모든 국지적 환경변동성을 생물군집 자체의 안정성에 통합된다는 점에서 수질 증거를 제공하는 것이다"라고 서술한 바 있다. 생체지표로서 어류를 사용하는 이점은 다음과 같다.

- 그것들은 장기간의 영향들과 넓은 서식처 조건들에 대한 좋은 지표이다.
- 물고기 군집은 다양한 영양(營養) 수준을 나타낸다.
- 물고기는 수생 먹이사슬의 맨 위에 있으며 인간에 의해 소비된다.
- 물고기는 비교적 쉽게 수집하고 식별할 수 있다.
- 수질기준은 종종 어업 측면에서 특징지어진다.
- 멸종위기에 처한 척추동물 종과 아종의 거의 3분의 1은 물고기이다.

생체지표로 물고기를 사용하는 단점은 다음과 같다.

- 비용
- 통계적 타당성을 달성하기 어려울 수 있다.
- 결과를 해석하기가 어렵다.

전기 낚시는 가장 일반적으로 사용되는 현장기술이다. 각 수집 장소는 연구구간을 대표하고 표본을 채취한 다른 구간과 유사해야 하며, 구간들 사이의 노력은 동일해야 한다. 포획종뿐만 아니라 모든 어종은 어류 군집 평가를 위해 수집되어야 한다. Karr et al.(1986)는 분류학 및 영양 구성 및 조건과 풍부한 어류를 사용하여 생물학적 무결성을 평가하기 위해서 12개의 생물학적 측정 기준을 사용했다.

Karr에 의해 개발된 생물학적 무결성 지수(IBI)는 미국 중서부의 작은 하천을 위해서 설계되었지만, 큰 강에서의 사용을 위해서 많은 지역에서 수정되었다(Plafkin et al., 1989).

⑩ 비교의 표준 수립

하천복원 활동을 통해 제안된 관리조치에 대해 원하는 최종 조건을 선택하는 것이 중요하다. 미리 정해진 비교 표준은 진행 상황을 측정하기 위한 기준지표(벤치 마크)를 제공한다. 예를 들어, 선택된 다양성 측정치가 토착종의 풍부성이라면, 비교 표준은 정의된 지리적 영역과 기간 동안에 예상되는 최대 토착종의 풍부성일 수 있다.

지역의 역사적 조건들은 비교 표준을 수립할 때 고려되어야 한다. 하천수변의 현재 상태가 악화된 경우, 보다 자연스럽고 바람직한 조건을 나타내는 과거의 표준을 수립하는 것이 가장 좋다. Knopf(1986)는 일부 미국 서부 하천의 경우 홍수터의 수문학적 변화와 토착종과 외래종 침입으로 인한 강기슭 식생의 변화로 인해서 역사적 다양성이 현재보다 작을 수 있다고 지적한 바 있다. 따라서 비교 표준을 설정하기 전에 어떤 조건들이 필요한지에 동의하는 것이 중요하다. 또한 지역의 지리적 위치와 크기를 고려해야 한다. 다양성의 패턴은 지리적 위치에 따라 다르며 큰 영역은 일반적으로 작은 영역보다 다양하다.

IBI는 전문적 판단이나 경험적 자료를 통해 결정된 비교 표준으로 조정되며 이러한 지수는 다양한 흐름에 대해 개발되었다(Leonard and Orth 1986, Bramblett and Fausch 1991, Lyons et al., 1996).

⑪ 선택한 지표의 평가

가설적인 하천복원사업을 위해 다음의 생물 다양성 목표가 개발될 수 있다. 이 지역의 주요 관심사는 토착 양서류를 보전하고 있으며, 386 mi^2 면적의 유역에서 30종의 양서류가 역사적으로 발생하는 것으로 알려져 있다. 과업의 목적은 30종의 양서류에 적합한 서식지를 제공하고 유지하기 위해 하천수변을 관리하는 것이다.

하천수변의 복원 노력은 다양성을 원하는 수준으로 높이기 위해 관리할 수 있는 요인들에 대해 방향을 설정해야 하는 것이다. 이러한 요소들은 하천수변의 물리적 및 구조적인 특징일 수도 있고, 아마도 생물군집에서의 침입 외래종의 존재일 수도 있다. 중요한 요인들에 대한 지식은 기존 문헌이나 지역 전문가와의 토론을 통해서 얻을 수 있다.

다양성은 직접적으로 측정되거나 다른 정보로부터 예측될 수 있다. 직접측정은 연구 영역에서 양서류 수를 세는 것과 같이 다양성 요소의 실제 조사를 필요로 한다. IBI는 어종의 수와 구성을 결정하기 위해서 어류 개체수의 표본을 필요로 한다. 특정 동물군의 풍부성에 대한 측정에는 많은 계수가 필요하다. 생물군집에서 종의 수를 결정하는 것은 짧은 기간 동안 많은 변화가 있을 수 있기 때문에 장기적인 노력으로 가장 잘 수행할 수 있다. 변동성은 관찰자의 차이, 표본의 설계 및 종의 존재에서의 시간적 변화로부터도 발생할 수 있다.

다양성에 대한 직접 측정은 서로 다른 위치를 비교할 수 있는 기본 정보가 제공될 때 가장 유용하다. 그러나 다양한 미래 조건에 대한 종의 풍부함이나 다양한 종의 개체수와 같은 특정 속성을 직접 측정하는 것은 불가능하다. 예를 들어, IBI는 관리행의에 따른 예측된 하천수변 상태에 대해 직접 계산될 수는 없는 것이다. 복원 또는 관리와 같은 다양한 미래 조건에 대한 다양성 예측은 예측 모형의 사용을 필요로 한다. 하천수변의 복원 노력의 다양성 목표는 토착 양서류의 풍부성을 최대화하는 것이라고 가정하는 것이다. 서식지, 수질 또는 경관 구성에 대한 요구사항을 포함하여 종의 생활사에 대한 지식을 바탕으로 이러한 필요를 충족시키기 위해서 하천수변을 복원할 계획을 세울 수 있다. 계획에는 양서류의 풍요로움을 최대화하기 위해 포함되어야 하는 특정 기능을 설명하기 위한 일련의 기준 또는 모형이 포함될 수 있다. 다양성을 평가하는 간접적 방법의 예로는 서식지 모형들(Schroeder and Allen 1992, Adamus, 1993)과 누적 영향평가 방법들(Gosselink et al., 1990, Brooks et al., 1991)이 있다. 모형으로 다양성을 예측하는 것은 일반적으로 직접적으로 다양성을 측정하는 것보다 빠르다. 또한 예측방법은 특정 복원계획을 구현하기 전에 대체 미래조건을 분석할 수 있는 수단을 제공한다. 다양성 모형들의 신뢰성과 정확성은 사용하기 전에 확립되어야 한다.

(3) 분류체계

분류는 수문학, 지형학, 호소(湖沼)학, 식물 및 동물 생태계와 같은 하천수변과 관련된 많은 과학 분야의 중요한 구성요소이다. 표 4.9는 하천복원 활동을 확인하고 계획하는 데 유용한 분류체계의 목록이다. 모든 분류체계를 철저히 검토하거나 하나의 권장 분류체계를 제시하는 것이 이 절의 의도는 아니다. 오히려 복원계획을 위한 분류시스템의 사용, 특히 생물학적 조건의 척도로서의 분류시스템의 사용에서 고려해야 할 분류시스템과 요인 사이의 주요 차이점에 초점을 맞추고 있다. 대부분의 실제 하천복원 프로그램에서는 여러 시스템이 유용할 수 있는 것이다.

표 4.9 강과 강기슭의 분류시스템 선정. 분류시스템은 생물학적 조건들을 특성화하는 데 유용하다.

분류시스템	주제 내용	지리적 위치	인용
Yampa,San Miguel / Dolores River Basins 강변식생	식물군집	Colorado	Kittel and Lederer (1993)
Arizona and New Mexico 강변과 관목지(灌木地) 생물군집(群集)	식물군집	Arizona and New Mexico	Szaro(1989)
Montana 강변과 습지대 분류	식물군집	Montana	Hansen et al., (1995)
통합 강변평가 지침	수문학, 지형학, 토양, 식생	Intermountain	U.S. Forest Service (1992)
하천유량 집단 분석	어류와 무척추동물과 상관한 수문학	국가단위	Pott and Ward (1989)
하천연속체	수문학, 하천차수, 수질화학, 수생생물군	국제단위, 국가단위	Vannote et al., (1980)
전 세계 하천분류	수문학, 수질화학, 기질, 식생	국제단위	Pennak(1971)
Rosgen의 하천분류	수문학, 지형학 (하천과 계곡 형태)	국가단위	Rosgen(1996)
수문지형 습지분류	수문학, 지형학, 식생	국가단위	Brinson(1993)
수로화 다음의 회복 등급분류	수문학, 지형학, 식생	Tennessee	Hupp(1992)

분류시스템의 공통 목표는 변형(화)을 구성하는 것이다. 하천분류시스템의 다른 중요한 차원은 다음과 같다.

- 지리적 영역 : 분류되는 부지(위치)의 범위는 세계의 강에서 단일 하천의 한 구간 내에서 식생조각(patch)의 구성 및 특성들의 지역적 차이에 이르기까지 매우 다양하다.
- 고려하는 변수들 : 일부 분류는 수문학, 지형학 및 수생 화학의 비생물학적 변수로 제한된다. 다른 생물군집의 분류는 종 조성의 생물학적 변수와 제한된 수의 분류군에 제한되어 있다. 많은 분류에서는 비생물적 및 생물학적 변수가 모두 포함된다. 순전히 비생물학적 분류체계라 할지라도 비생물적 구조와 생물군집 구성 사이의 중요한 상관관계(예 : 물리적 서식처의 전체 개념) 때문에 생물학적 평가와 관련이 있다.
- 시간적 관계의 통합 : 일부 분류는 위치들 간의 상관관계 및 유사성을 설명하는 데 초점을 맞추고 있다. 또 다른 분류는 예를 들어, 분류 간의 생물군집의 연속성 또는 지형의 변화 같은 명백한 시간적 전이를 식별한다.
- 구조 변화 또는 기능적 거동에 중점을 둔다. 일부 분류는 분류 변수들의 관찰된 편차에

대한 간략한 설명을 강조한다. 다른 분류들은 분류 변수를 사용하여 다른 거동을 가진 유형을 식별하기도 한다. 예를 들어, 식생 분류는 주로 종의 동시 발생 형태에 기초하거나, 서식지 가치에 대한 식물의 기능적 효과의 유사성에 기초할 수 있다.

- 관리 대안 또는 인간 행동이 분류 변수로 명시적으로 고려되는 범위 : 이러한 변수가 분류 자체의 일부인 경우, 분류시스템은 관리 조치의 결과를 직접 예측할 수 있다. 예를 들어 방목 강도에 근거한 식생 분류는 방목 관리의 변화에 따라 한 종류의 식생에서 다른 종류로의 변화를 예측할 수 있게 한다.

생물학적 조건의 복원을 위한 분류체계의 사용

복원노력은 여러 나라와 지역의 분류체계를 하천유역 지점 또는 관심지에 적용할 수 있는데, 이는 이들이 기본적인 부지 서술 및 목록 정보를 요약하는 효율적인 방법이며, 다른 유사한 시스템으로부터 기존 정보의 이전을 용이하게 할 수 있기 때문이다. 대부분의 분류시스템은 일반적으로 인과 관계를 식별하는 데는 약점이 있다. 분류시스템은 다양한 수준에서 기존 조건들을 효율적으로 설명하는 변수를 식별하고 있다. 드물게는 변수가 실제로 관찰된 조건을 유발하는 방법에 대한 확실한 보증을 제공하지는 않는다. 효율적이고도 효과적인 복원작업 계획은 일반적으로 제어 변수의 변화가 원하는 응답 변수값을 어떻게 변화시키는지를 훨씬 더 기계적으로 분석해야 하는 것이다.

두 번째 한계는 분류시스템의 적용이 목표 설정이나 설계를 대신하지는 않는다는 점이다. 저하된 시스템과 실제로 영향을 받지 않는 참조 지점의 분류시스템의 이상적인 유형 또는 유사한 시스템의 범위와의 비교는 저하된 시스템의 원하는 상태를 명확히 하기 위한 얼거리를 제공할 수 있게 한다. 그러나 시스템의 원하는 상태는 궁극적으로 시스템 변동성의 분류 외부에서 오는 관리목표인 것이다.

4.4.2 종의 요구사항 분석

종의 요구사항 분석에는 서식지를 결정하기 위해 변수가 상호작용하는 방식 또는 시스템이 어류 및 야생 생물 종의 생존 요건을 얼마나 잘 제공하는지에 대한 명시적인 서술이 포함된다. 그러나 하천수변 시스템에서 모든 관련 변수와 모든 종 사이의 관계를 완전하게 명세하는 것은 불가능한 것이다. 따라서 종의 요구사항에 기반을 둔 분석은 하나 이상의 표적 종 또는 종의 군에 초점을 맞추는 것이다. 간단한 경우, 이런 유형의 분석은 한 종에 뛰어나게 적합한 서식지(번식하기에 가장 적합한 곳)와 불량한 서식지(좋은 곳이 발견되지 않거나 재생산이 잘 안 되는 곳)를 구별하는 물리적 요소에 대한 명시적인 설명에 근거할 수 있다. 보다 복잡한 경우, 그러한 접근법은 식량이나 생물학적 구조를 제공하는 다른 종, 경쟁자 또는 육식 동물로서의 다른 종 또는 출현 가능성의 공간적 또는 일시적인 패턴을 포함하여 순전히 물리적 서식지의 것 이상의 변수를 포함해야 한다.

종의 요구사항에 기초한 분석은 "원인"변수와 원하는 생물학적 속성 사이의 관계를 명시적으로 포함한다는 점에서 시스템 조건의 합성측정과는 다르다. 이러한 분석을 통해서 어떤 복원작업이 원하는 결과를 얻을 것인지를 결정하고 제안된 복원작업의 결과를 평가할 수 있는 것이다. 예를 들어, 서식지 평가절차를 사용한 분석은 다람쥐 개체군을 제한하는 요소로서 깃대종(mast production) (동물의 식량 공급원으로 작용하는 생산적인 과실시기의 견과류 축적)을 나타낼 수 있다. 다람쥐가 우려되는 종이라면 적어도 하천복원 노력의 일부로는 증가하는 깃대종(mast production)으로 향해야 한다. 실제로 이러한 논리적인 힘은 서식처 요구사항에 대한 불완전한 지식에 의해 종종 손상되기도 한다. 이러한 방법의 복잡성은 개체수에 적합한 서식처 적합성 예측과, 단일 장소와 단일 시간 대 공간적으로 복잡한 요구사항의 시간 순서에 대한 분석, 그리고 단일 목표 종 대 여러 목표 종, 상충 관계가 있는 표적 종 등에 대한 분석을 포함하는 여러 가지 중요한 차원에 따라 다양하게 변한다. 각각의 규모는 당면한 문제에 적합한 분석절차를 선택할 때 신중하게 고려해야 하는 것이다.

(1) 서식지 평가절차(Habitat Evaluation Procedures, HEP)

서식지 평가절차(HEP)는 영향 평가, 완화 그리고 서식지 관리를 포함한 여러 유형의 서식지 연구에 사용될 수 있다. HEP는 두 가지 일반적인 유형의 서식지 비교에 대한 정보를 제공한다. 즉, 같은 시점의 서로 다른 영역의 상대적 가치와 다른 시점의 동일한 영역의 상대적인 가치에 대한 정보를 제공하는 것이다. 제안된 사업으로 인한 야생물(수생 및 육상 서식지)의 잠재적인 변화는 이 두 가지 유형의 비교를 결합하는 것을 특징으로 한다.

① 기본개념

HEP는 두 가지 기본 생태계 원칙에 기반을 두고 있다. 서식처는 야생물 개체군을 지원하거나 생산하기 위한 정의된 수행능력 또는 적합성을 가지고 있으며(Fretwell and Lucas, 1970), 주어진 야생종의 서식지 적합성은 식물, 물리적, 화학적 특성에 따라 달라진다. 주어진 종에 대한 서식지의 적합성은 서식지 적합성 지수(HSI)가 0(부적합한 서식지)과 1(최적의 서식지) 사이로 제한되어 설명된다.

HSI 모형은 미국 Fish and Wildlife Service(Schamberger 외 1982, Terrell and Carpenter, 언론보도)에서 개발 및 출판되었으며, USFWS(1981)는 특정 사업에 대한 HSI 모형을 개발하는 데 사용하기 위한 지침을 제공한다.

HSI 모형은 종, 유사생물군(群) 및 생물군집을 포함하여 이전에 설명한 많은 측정 기준을 위해 개발될 수 있다(Schroeder and Haire, 1993). HEP의 기본 측정 단위는 다음과 같이 계산된 서식지 단위이다.

$$HU = AREA \times HSI$$

여기서, HU는 서식지 개수, AREA는 서식지 면적, HSI는 서식지 적합 지수이다. 개념적으로 HU는 서식지의 양과 질을 하나의 척도로 통합하며, 하나의 HU는 최적 서식처의 한 단위와 동일하다.

② 서식지 변화를 평가하기 위한 HEP의 사용

HEP는 하천복원사업과 같이 제안된 향후 조치로 인한 HU 수의 순수 변화에 대한 평가를 제공한. HEP 응용 프로그램은 기본적으로 특정 사업 대안에 대한 미래 HU를 계산하고 기본조건과 비교하여 순수변화를 계산하는 두 단계 과정으로 구성된다.

HEP를 관리 사업에 사용하고 적용하는 단계는 USFWS(1980a)에 자세히 설명되어 있다. 그러나 초기계획 결정 중 일부는 HEP 연구의 가장 중요한 부분 임에도 불구하고 주의를 기울이지 않는 경우가 있다. 이러한 초기 결정에는 연구팀 구성, 연구 경계의 정의, 연구 목표 설정 및 평가 종 선택 등이 포함된다. 연구팀은 일반적으로 여러 기관과 관점을 달리하는 개인들로 구성된다. 팀원 중 한 명은 일반적으로 사업의 수석기획 기관 출신이며, 다른 구성원들은 영향을 받는 자원에 관심이 있는 자원 대행사 출신으로 구성된다.

팀의 첫 번째 과제 중의 하나는 연구영역의 경계를 묘사하는 것이다. 연구 지역 경계는 새로운 저류공간으로서의 홍수터와 흐름이 변화되거나, 탁도가 증가하거나 아니면 수온이 올라갈 수 있는 하천 하류구간과 같은 2차 영향 영역과 강기슭이나 위락지역으로의 사용 증가와 같은 토지이용에 따른 변화를 가져올 수 있는 상류구간(대지) 같은 직접 영향을 받는 모든 영역을 포함하도록 작성되어야 한다. 상류 산란지와 같은 지역도 영향을 받을 수 있으므로 연구 지역에 포함되어야 한다.

팀은 또한 사업기획에서 가끔은 무시되는 사업목표를 수립해야 한다. 목표는 사업에서 수행해야 할 작업을 명시하고 사업의 끝점을 지정해야 한다. 목표설정의 통합된 측면은 HEP 분석에서 HU가 계산될 특정 야생물 자원인 평가 종을 선택하는 것에 있다. 이들은 종종 개별 종이지만, 반드시 그런 것만은 아니다. 사업목표에 따라, 종의 생애 단계, 종의 생애 단계별 필수품(예 : 산란 서식지), 유사 식물군(群) (예 : 새끼 둥지 새) 또는 생물군집(예 : 강변 산림의 조류 풍부함)을 사용할 수 있다.

③ 유량 증가 방안

하천유량 증가 방법론(IFIM)은 주어진 하천의 공간적 및 시간적 서식지 특징을 설명하기 위해 연결된 모형 라이브러리로 구성된 적응형 시스템이다. IFIM은 5장에서 복원 대안 선택을 위한 지원 분석에서 설명된다.

(2) 물리적 서식지 모의발생

물리적 서식지 모의발생(PHABSIM) 모형은 미국의 물고기 및 야생물 관리기관(US FWS)에 의해 주로 하천흐름 분석을 위해 설계된 것이다(Bovee, 1982). 이것은 5장에 제시된 어류 서식지를 고려한 유량관리에 통합하기 위한 더 큰 하천흐름 증분 방법론의 서식처 평가 요소를 나타내는 것이다. PHABSIM은 여러 가지 다른 어종의 다양한 생애단계에 대한 연구 범위 내에서 이용 가능한 서식지를 평가할 수 있는 컴퓨터 프로그램 모음이다. 모형의 두 가지 기본적인 구성요소는 측정된 단면자료를 기반으로 하는 수리모형과 측정되지 않은 유량 지점에서의 수위와 유속을 예측하기 위한 몇 가지 표준적인 수리학적 방법(예:수위~유량 관계, Manning 방정식, 배수계산)들이다. 서식지 모의 발생은 수심, 유속 및 기질에 대한 수종 및 수명 단계별 서식지 적합성 곡선을 수리자료들과 통합하는 것이다. 결과의 출력은 관심 종 및 생애 단계에 대한 유량 대비 사용 가능 공간 가중치(WUA)의 관계곡선이다(그림 4.36). 하천수리 요소들은 하천단면의 특정 위치에서 관측되지 않은 흐름에서 수심과 수위를

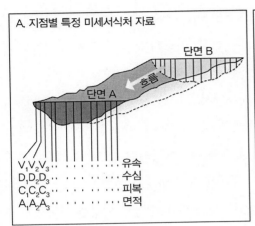

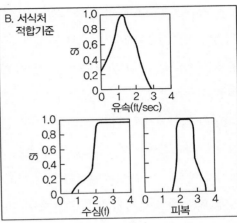

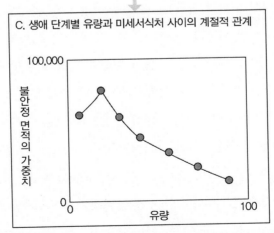

그림 4.36 PHABSIM 이 유량의 함수로 서식지 값을 계산하는 방법에 대한 개념화 과정
   A. 우선, 주어진 유량에 대한 수심(Di), 유속(Vi), 피복조건(Ci) 및 면적(Ai)을 측정하거나 모의발생한다.
   B. 적합성 지수(SI) 기준은 유량 배분을 위한 각 셀의 면적을 가중하는 데 사용된다. 연구구간 범위내의 모든 셀에 대한 서식지 값은 합산되어 유량에 대한 단일 서식지 값을 얻는 것이다.
   C. 이 절차는 유량 범위에 대해 반복된다.
   Nestler et al.(1989)로부터 수정

예측하게 한다. 하천단면의 특정 표본 위치에서의 수심, 유속, 기질 및 덮개의 현장 측정은 서로 다른 관찰 가능한 흐름에서 수행되는 것이다. 수면표고와 같은 수리관측 자료들은 현장에서 측정되어 수집되는 것이다. 이 자료들은 수리적 모의발생 모형을 보정하는 데 사용되며, 그런 다음에 모형은 측정 지점과는 다른 지점의 흐름에서 수심과 유속을 예측하는 데 사용되는 것이다. 서식처 구성요소는 각 서식지 속성(수심, 유속, 기질, 피복)에 대해 0과 1 사이의 상대적인 값을 할당하는 색인을 사용하여 각 하천 셀에 가중치를 부여하며, 고려 중인 수명 단계에 해당하는 속성이 얼마나 적합한지를 나타내는 것이다.

이러한 속성지수는 일반적으로 서식지 적합성 지수라고 불리며, 생애 단계에서 가장 자주 사용되는 속성을 직접 관찰하거나, 생애 요건이 무엇인지, 또는 그 조합에 대한 전문가의 견해로부터 개발되는 것이다. 이러한 적합성 자료에서 모아진 편향성분들을 분석하기 위해서 다양한 접근방법들이 취해지지만 적합성의 가중치로 사용되는 지표로 남아 있는 것이다. 서식처 구성요소의 마지막 단계에서, 서로 다른 유량 수준에서의 수심 및 유속의 수리학적 추정치가 이러한 속성의 적합성 값과 결합되어 모의된 유량에서 각 셀의 면적을 가중시키는 것이다. WUA를 생성하기 위해 모든 셀의 가중치가 합산된다. 앞에서 언급한 기본적인 접근법에는 다양한 물관리(첨두발전 및 독특한 산란 서식지 요구와 같은) 또는 특별한 서식지 요구(예 : 평균 유속 대신에 바닥 유속)에 맞게 조정된 특정 분석에 대응해서 많은 변형이 있을 수 있다(Milhous et al., 1989). 그러나 수리 및 서식지 모형의 기본 사항은 동일하게 유지되어야 WUA 결과와 유량함수 결과를 동일하게 발생하는 것이다. 이 함수는 적절한 수문학적 시계열 자료(물의 가용성)와 결합되어 어떠한 생애 상태가 가용한 서식지의 손실 또는 증가로 그리고 한 해의 어떤 시기에 영향을 받을 수 있는지에 대한 아이디어를 개발해야 하는 것이다. 시계열 분석은 이러한 역할을 하며, 대안을 평가할 수 있도록 물 관리에 대한 물리적 및 제도적 제약 요소 또한 고려한다(Milhous et al., 1990).

PHABSIM에 관해 몇 가지를 기억해야 한다. 첫째, 미세 서식지의 가용성 지표를 제공한다. 이것은 수생 미생물에 의해 실제로 사용되는 서식지의 척도는 아니다. 다만, 고려 대상 종들이 경쟁 및 포식의 특정 환경에서 수심, 유속, 기질 재료, 피복 또는 기타 예측 가능한 미세 서식 특성에 대한 문서화된 사항을 나타내는 경우에만 사용할 수 있다. PHABSIM의 전형적인 적용은 수심과 유속이 선택된 시간 간격 내에서 비교적 안정적이도록 상대적으로 일정한 유동 조건을 가정한다. PHABSIM은 수로 변경에 미치는 흐름의 영향을 예측하지는 않는다. 마지막으로 현장자료 및 컴퓨터 분석 요구사항은 상대적으로 클 수 있다.

① 2차원 흐름 모형

PHABSIM에서 사용되어온 1차원 수리모형의 단순성에 대한 우려로 인해서 물고기 서식지 분석에 사용하기 위한 수심 및 유속의 물리적 조건을 모의발생하기 위해 보다 정교한 2차원 수리모형의 사용에 대한 연구에 관심이 집중되고 있다. 2차원 수리모형은 수생 서식지의 규모와 다른 현장 자료의 다양성을 나타내기 위해 공간적으로 조정될 수 있는 것이다. 예를 들어 어류 서식지의 사용을 고려할 때 서로 다른 수생 서식지 유형 간의 물리적 관계가 주요 매개변수가 되는 경우가 많은 것이다. 2차원 흐름모형의 공간적 특성은 이러한 관계의 분석을 허용한다. 모형은 또한 간헐적인 흐름 수로의 건조 및 습윤 현상을 고려할 수 있다.

Leclerc et al.(1995)는 캐나다 Quebec의 Moisie River에서 어린 대서양 연어의 서식지에 수자원 분류(分流) 효과를 연구하기 위해 2차원 흐름모형을 사용한 바 있다. 전통적인 1차원 모형과 비교할 때 평균모형의 오류가 감소했다. 2차원 모형의 결과는 유한요소 계산 기법을 사용하여 서식처 적합성 지수와 결합되었다. 분석 결과에는 수심, 유속 및 서식지 적합성 간격의 공간 분포를 나타내는 지도가 포함되어 있다. 이 모형을 위한 물리적 자료 수집은 집중적이다. 유량 관계와 함께 수로 윤곽 및 하상 물질의 분포에 대한 자료가 필요하며, 각 연구구간의 상하류 경계 자료가 필요하다. 다양한 유량에 대한 유속과 수면 측정이 모형 검정에 필요하다. 2차원 모형이라고 해서 동수력학 및 흐름 모형과 관련한 모든 문제를 해결하지는 못하는 것이다. 이동상 시스템과 Manning 계수의 변동성은 이러한 모형을 사용하는 데 여전히 문제로 남아 있다(Leclerc et al., 1995). 이 방법에 가장 적합한 것은 안정된 하상이 있는 중규모 및 대형 하천이다.

(3) 하천생물군집 서식지 평가 및 복원 개념 모형(RCHARC)

수생 서식지 복원에 대한 또 다른 모형 방법으로 하천생물군집 서식지 평가 및 복원(RCHARC) 개념이 있다. 이 모형은 복원된 하천 구간에서의 수생 서식지가 대상 수로의 수심과 유속의 2변수 빈도분포가 수생 서식지가 좋은 기준구간과 유사하면 자연조건을 가장 잘 모방한다는 가정에 기반을 둔다. 연구구간 및 참조구간 자료는 컴퓨터 모형을 사용하여 측정하거나 계산할 수 있다. 제안된 설계 구간과 참조구간의 유사성은 3차원 그래프와 통계로 표현된다 (Nestler et al., 1993, Abt 1995). RCHARC는 미국 Missouri강과 Alabama-Coosa- Tallapoosa Apalachicola-Chattahoochee-Flint 유역의 유량 관리 연구에서 환경 분석을 위한 주요 도구로 사용되었던 것이다.

(4) 시계열 모의발생

상대적으로 적은 수의 적용이 어류 개체수에 대한 시계열 모의발생이나 하천서식지 변화에 대응한 개별 어류의 반응에 대해서 이루어졌다. 이들 중 대부분은 수리모형 개발, 검증 및 수리학적 모의발생을 수행하기 위해 PHABSIM을 사용했지만, 일부는 서식처 적합성 곡선 개발 및 검증, 서식처 적합성 모형에 대한 개별 또는 개체수 응답에 대한 시계열 모의발생으로 대체되었다. PHABSIM은 표적 어류 및 무척추동물의 생애단계 또는 물 관련 위락활동에 대한 적합성에 대한 서식지 적합성과 수리학적 평가(수심과 유속)와 측정치(기질 및 피복) 간의 관계를 정량화한다. 상대적으로 안정된 흐름(정류)이 하천의 수자원을 지배하는 주요 결정 요인일 때 유용하다. PHABSIM의 사용은 일반적으로 용존산소, 부유 침전물, 영양분 부하, 수질의 다른 화학적 측면 및 종간 경쟁이 관심 대상 인구에 주요한 제한을 두지 않는 하천시스템으로 제한된다. PHABSIM의 사용에 대한 이러한 제한은 개별 어류 또는 어류 개체군의 반응을 모의하는 모형으로 완화되거나 제거될 수 있다.

① 개별 기반 모형

어류 개체수의 보상 메커니즘(CompMech)에 관한 전력연구소(EPRI) 프로그램은 증가된 사망률, 서식지 감소 및 독성 물질 방출에 대한 어류 개체수 응답의 예측을 향상시키는 목표를 가지고 있다(EPRI, 1996). 이 기법은 유입, 충돌 또는 어획; 물 흐름 변화; 서식처 변화(예: 열 방출, 수위 변동, 수자원 전환, 외래종) 및 생태 독성 등으로 인한 직접 사망과 관련된 평가에서 공공사업 및 자원관리 기관에 의해 적용되었다. 보상은 개체수에 남아 있는 개별의 성장, 번식 또는 생존율을 증가시킴으로써 개체수의 개별적으로 감소된 성장이나 번식 또는 생존을 스스로 완화할 수 있는 개체수의 수용력으로 정의된다. 지금까지의 CompMech

방식은 개별 물고기의 일일 성장, 번식 및 생존의 기본이 되는 과정(즉, 개별 기반 모형으로 분류)을 모의발생 모형에 표시한 다음 개별을 개체군수 수준으로 통합하여 집계하는 것이었다. 이 모형은 중요한 생애 단계에서 생존, 성장, 서식지 이용 및 소비에 대한 단기 예측을 하는 데 사용할 수 있다. 장기적으로 이 모형은 완화가 필요한 임계치 아래로 떨어질 위험을 평가하기 위해 개체수의 풍부도를 시간을 통해 계획하는 데 사용될 수 있다.

하천 상황에서 PHABSIM의 수리학적 모의 방법을 개별 기반의 생식 모형과 연중 생리학 모형과 직접 연결하여 PHABSIM의 서식지 기반 구성요소에 대한 의존도를 제거하는 여러 가지 CompMech 모형들이 개발되었다(Jager et al., 1993).

다른 물리적 서식지 분석은 대체 흐름 패턴의 이점을 평가할 때 모집단 모형을 보완하기 위해 사용된다. 이러한 서식지 평가는 하천류 연구에서 얻은 자료를 기반으로 한다. 연어에 대한 허용 가능한 한도 내에서 하류 온도를 유지하는 데 필요한 흐름을 추정하기 위해 하천 온도 모형이 사용되기도 한다.

② SALMOD 모형

연어 개체군 모형(Salmonid Population Model, SALMOD)의 개념적 및 수학적 모형은 Chinook 연어를 위해 워크샵 환경에서 지역의 하천과 어류 종에 대한 전문가들을 활용하여 캘리포니아 Trinity강에서의 12년간의 흐름 평가 연구와 함께 개발되었다(Williamson et. al., 1993, Bartholow et al., 1993). SALMOD는 또한 1976년부터 1992년까지 매년 Lewiston 저수지에서의 방류량 계획(저수지 유입량, 저류량 및 방류량 제한에 대한 관측 여부에 상관없이)이 발표될 것으로 가정하여 매년의 연어 생산량을 모의발생하기 위해 사용되었다.

SALMOD의 구조는 공간 해상도가 없는 일반적으로 큰 영역에 대한 코호트(cohort, 분류상 통계 인자를 공유하는 집단)/규모를 추적하는 고도로 집약된 고전적 개체수 모형과 일반적으로 작은 영역에 대한 세부 수준에서 개별을 추적하는 개별 기반 모형 사이의 중간 정도의 모형이다. 이 개념적 모형은 어류의 성장, 이동 및 생존율이 물리적인 수리 서식환경과 수온과 직접적으로 관련이 있으며, 이는 차례로 조절된 하천 흐름의 시기와 양과 관련되어 있음을 명시하고 있다. 서식지 용량은 모형의 공간계산 단위인 개별 거시서식처의 수리 및 열 속성으로 특징지어진다.

모형과정에는 산란(적색 중첩), 성장(성숙 포함), 이동(생식 유발, 서식지 유발, 계절성 유발) 및 생존율(기저, 이동 관련 및 온도 관련)이 포함된다. 이 모형은 생후 9개월 동안 담수 서식지로 제한된다. 강어귀 및 해양 서식지는 포함되어 있지 않다. 서식지 면적은 경험적으로 개발된 흐름/서식지 면적함수로부터 계산된다. 각 생애 단계의 서식지 용량은 이용 가능한 서식지 단위당 고정된 최대 숫자이다. 따라서 각 계산단위에 대한 개체의 최대 수는 유량과 서식지 유형에 따라 각 시간 단계에 대해 계산된다. 서식지 수용력을 육성하는 것은 이용 가능한 서식지 면적과 관찰된 개별 어류의 수 사이의 경험적 관계로부터 도출된다.

부분적으로는 가뭄상태로 인한 평가유량 대안의 대부분은 유량평가 연구 중에는 실제로 발생하지 않았다. 어류 개체군에 대한 유량 대안의 영향을 직접 관찰하고 평가할 수 있는 기회가 충분하지 않을 때, SALMOD는 제안된 방류량 일정이 저수지나 분류수로 같은 제어시설에 의해 방출되거나 제어될 때 발생할 수 있는 치어 생산을 모의하는 데 사용할 수 있다.

다른 물리적 서식지 분석을 사용하여 대체 흐름 패턴의 이점을 평가할 때 개체수 모형을 보완할 수 있다. Trinity 하천 흐름 분석에서는 하천 온도 모형은 하류 온도를 연어에 대해 허용 가능한 한도 내에서 유지하는 데 필요한 유량을 추정하는 데 사용되고 있다. ORCM(FERC, 1996)과 SALMOD 모형은 모두 어린 치누크 연어의 부화, 성장, 이동 및 폐사율에 집중되었지만 기계적 입력이나 공간 해상도 및 시간적 정밀도는 아니다.

(5) 식생~수리기간 모형(Vegetation-Hydroperiod Modeling)

대부분의 경우 강기슭 지역을 주변의 고원지대(대지)와 구분 짓는 지배적인 요인과 강기슭 지역의 변화를 구조화하는 데 있어 가장 중요한 기울기는 수분조건 또는 수리기간이다 (그림 4.37).

수리기간은 침수심, 지속 기간 및 발생빈도로 정의되며 수목지역의 다양한 위치에서 식물이 발견될 가능성을 결정짓는 강력한 요소이다. 이 관계를 식생~수리기간(hydroperiod) 모형으로 공식화하면 수변식물의 기존 분포를 분석하고, 시간의 경과에 따라 대체 분포에 맞춰 예측하고, 새로운 분포를 설계할 수 있는 강력한 도구를 제공할 수 있다. 다양한 식물 종에 대한 부지 조건의 적합성은 동물들에 대한 서식처 적합성을 모형화하는 데 사용된 것과 동일한 개념적 접근법으로 설명될 수 있다. 식생~수리기간 모형의 기본 논리는 간단하다. 지점이 얼마나 젖는지는 식물이 일반적으로 지점에서 자라는 것과 매우 관련이 있다. 지점이 얼마나 젖었는지는 측정할 수 있으며, 더 중요한 점은 지점이 하천과 지점의 관계를 기반으로 얼마나 젖어 있는지를 예측할 수 있다는 점이다. 이로부터 어떤 초목이 현장에서 발생할 가능성이 있는지를 추정할 수 있는 것이다.

그림 4.37 식생/물의 관계. 토양함수 조건은 수변지역의 식물군을 결정하는 중요 요소다.

① 식생~수리기간 모형의 구성요소

식생~수리기간 관계의 두 가지 기본 요소는 다양한 위치에서의 수분 습분의 물리적 조건과 다양한 식물 종에 대한 그 현장의 적합성이다. 기존 형태를 설명하는 가장 간단한 경우, 현장 습기 및 초목을 여러 위치에서 직접 측정할 수 있다. 그러나 식생~수리기간 모형을 사용하여 새로운 상황을 예측하거나 설계하려면 새로운 수분 조건을 예측할 필요가 있다. 가장 유용한 식생-수리기간 모형은 다음 세 가지 구성요소를 가지고 있다.

• 수문학적 특성 또는 하천유량의 형태: 이는 흐름의 특정 순서, 흐름지속시간이나 홍수 발생빈도 곡선과 같은 다양한 흐름이 발생하는 빈도 또는 제방만수유량 또는 연평균유량과 같은 대표적인 흐름량 값의 형태를 취할 수 있다.

- 강기슭 지역의 하천유량과 수분 사이의 관계 : 이 관계는 다양한 유량에서의 수위로 측정할 수 있으며, 수위~유량 관계곡선으로 요약된다. 또한 수로의 기하학적 특성과 조도(거칠기)계수 또는 흐름에 대한 저항 변수를 고려하여 수위와 유량을 관련시키는 여러 가지 수리모형으로 계산할 수 있다. 경우에 따라서는 수로 바닥의 단순한 높이(표고)의 차이가 범람유량의 차이를 합리적으로 근사하는 역할을 할 수 있다.
- 현장 수분조건과 실제 또는 잠재적인 초목분포 사이의 관계 : 이 관계는 현장에서의 수분조건에 따라 식물 종 또는 피복 유형에 대한 현장의 적합성을 나타내는 것이다. 수분조건이 알려진 다양한 현장에서 식생의 분포를 표본채취한 다음, 현장에서의 수분조건이 주어지면 현장에서 식물을 발견할 확률분포를 도출하여 결정할 수 있다. 많은 종들에 대한 일반적인 관계는 많은 문헌에서도 찾아볼 수 있다.

이러한 구성요소들의 특성과 복잡성은 크게 다를 수 있으며, 여전히 유용한 모형을 제공한다. 그러나 구성요소들은 모두 일관된 단위로 표현되어야 하며 모형에 대해 묻는 질문에 적절한 적용 영역을 가져야 한다(즉, 모형은 질문에 대답하기 위해 변경해야 하는 사항을 변경할 수 있어야 한다). 많은 경우에서 수로의 안정성, 어류 서식처 적합성 또는 퇴적물의 역동성과 같은 다른 분석을 위해 개발된 하천 수문학적 및 수리학적 표현을 사용하여 식생~수리기간 모형을 공식화하는 것이 가능할 수 있다.

② 비평형상태의 식별

변화되거나 악화된 하천시스템에서 강기슭 지역의 현재 수분 상태는 현재, 역사적으로 또는 원하는 하천의 식생을 위해 극단적으로 부적합할 수 있다. 식생의 분포를 식생의 적합성 분포와 비교함으로써 몇 가지 조건들을 비교적 쉽게 규명할 수 있다.

- 하천의 수문학적 상태는 변경되어왔다. 예를 들어 하천흐름이 분수(分水)되거나 홍수감쇠에 의해 감소한 경우, 강기슭 지역은 더 건조해질 수 있으며 이전의 수문학적 조건하에서 확립된 현재의 장수 식생들이나 역사적인 식생들에는 더 이상 적합하지 않을 수 있다.
- 강기슭 지역에서의 계획된 침수유량의 변화는 더 이상 그 현장의 수분조건과 동일한

관계를 갖지 않도록 한다. 예를 들어, 제방과 수로의 개조 및 제방 관리는 강변 지역에서의 침수계획에 필요한 유량을 증가시키거나 감소시킬 수 있다.

• 강기슭 지역의 식생은, 예를 들어 개간이나 식재를 통해서 직접 변경되면 계획된 식생들이 더 이상 해당 계획에 적합한 자연식생에 해당되지 않을 수 있게 된다.

많은 악화된 하천시스템에서 이러한 모든 일이 발생했다. 계획된 수분상태가 현재 시스템의 식생과 어떻게 일치하는지, 그리고 복원된 시스템에서 어떻게 대응하는지를 이해하는 것은 합리적인 복원목표를 수립하고 설계 계획을 수립하는 데 중요한 요소가 된다.

③ 시스템의 변경에 대한 식생 효과

식생~수리기간 모형에서 식생의 적합성은 강기슭 구간에서 하천흐름과 계획된 침수(범람)유량에 의해서 결정된다. 이 모형은 여러 가지 유형의 식생형태에 대한 강기슭 지대의 적합성에 대한 하천흐름의 변화 효과 또는 계획된 수분조건들에 대한 하천 흐름의 관계를 예측하는 데 사용할 수 있다. 따라서 흐름변화 효과와 하천복원계획의 일부로 제안된 수로 변경이나 수로 및 바닥 지형의 변화 효과를 여러 식물 종에 대한 수변 지대의 다양한 위치에서의 적합성의 변화로 조사될 수 있다.

• 다양한 식물 종들의 침수 허용 범위

다양한 식물 종의 범람 허용범위에 대한 많은 문헌 정보가 있다. 이 문헌들의 요약은 Whitlow and Harris(1979)와 나무가 많은 강기슭과 습지 생물군집에 대한 수위 변화의 다중 영향(Teskey and Hinckley 1978, Walters et al., 1978, Lee and Hinckley 1982, Chapman et al.,)에 잘 정리되어 있다. 이러한 유형의 정보는 강기슭 지역의 침수(범람) 유량에 대한 산정 유량값 또는 홍수빈도분석을 적용하여 예측한 현장 수분조건과 결합할 수 있다. 결과적인 관계는 다양한 식물 종에 대한 부지의 적합성을 기술하는 데 사용될 수 있는데, 예를 들어 상대적으로 범람원 부지는 상대적으로 홍수에 견딜 수 있는 식물을 가질 것이다. 침수 유량은 홍수터 내의 상대적인 표고와 밀접한 관련이 있다. 다른 것들은 동일하다(즉, 한정된 지리적 지역 내에서, 그리고 대략 동등한 수문 체계와 함께),

제방만수유량 또는 연평균유량의 수위와 같은 대표적인 수면 표고에 대한 상대적인 표고는 위치의 수분 조건에 대한 합리적인 값을 제공할 수 있다. 국지적으로 결정된 식생 적합성은 다양한 표고 구역의 가능성 있는 식생을 결정하는 데 사용될 수 있다.

(6) 극한사상과 교란 요구사항들

시간적 변동성은 많은 하천 생태계에서 특히 중요한 특징이다. 생물학적 요구사항의 정기적인 계절적 차이는 서식지 적합성 및 시계열 모의를 기반으로 한 생물학적 분석에 종종 포함되는 시간적 변동성의 예이다. 일시적인 극한적 사상에 대한 필요성은 무시하기 쉽다. 왜냐하면 이러한 것들은 생물체와 건설된 하천특성을 모두 파괴적인 것으로 만든다고 널리 인식되기 때문이다. 그러나 현실적으로 이러한 극한적인 사상은 물리적인 수로 유지와 교란 의존 종에 대한 하천 생태계의 장기적 적합성에 필수적인 것처럼 보인다. 씨를 심어서 사시나무(미루나무)류를 재생하는 것은 일반적으로 텅 비어 있고 축축한 곳으로 제한된다. 이러한 장소를 생성하는 것은 수로 이동(사행, 협소화, 분열지(홍수 등으로 인한 토지의 전위(轉位)로 생긴 토지)) 또는 높은 표고에서의 새로운 홍수 퇴적에 크게 의존한다. 그러나 일부 건조지역의 강변 시스템에서는 수로 이동과 퇴적이 홍수와 관련하여 자주 발생하지는 않는 경향이 있다. 이러한 사상은 또한 나무들을 파괴하는 책임이 있기도 하다. 따라서 기존의 상태에 대한 양호한 조건을 유지하거나 구조적 조치(수단)로 하천 제방의 위치를 고정하는 것은 하천시스템 전체에서 이러한 교란 종속 종의 재생 잠재력과 장기적인 중요성을 감소시키는 경향이 있다.

- 식생의 대상(帶狀) 분포화(지역화)

  극한사상의 발생빈도와 규모(크기)를 산정하고(앞의 홍수발생빈도 분석 단원 참조) 수문학적 변이의 다양한 양상을 기술하기 위한 많은 통계적 절차가 있다. 이러한 흐름 특성의 변화는 유기체들의 분포와 풍부성의 일부 측면을 변경시킬 가능성이 있다. 보다 구체적인 생물학적 변화를 분석하려면 일반적으로 표적종의 요구사항들을 정의해야 한다. 즉 그들의 식량원, 경쟁자 및 육식 동물의 요구사항들에 대한 정의들과 이러한 요구사항들이 일시적인 교란 사건의 영향을 어떻게 받는지에 대한 것들을 고려해야 한다.

CHAPTER 05

복원설계와 시행

생태하천공학

CHAPTER 05

복원설계와 시행

설계는 표현된 필요(요구)를 충족시키기 위해 물질, 에너지 및 과정을 의도적으로 형성하는 것으로 정의할 수 있다. 계획과 설계는 재료들의 교환, 에너지의 흐름, 토지이용과 관리의 선택을 통해서 자연적인 과정과 문화적 필요를 연결하는 것이다. 성공적인 하천수변 설계에 대한 한 가지 중요한 검증은 확인된 요구를 수용하면서 복원된 시스템이 시간이 지남에 따라 얼마나 잘 유지되는지(지속가능성)에 대한 것이다.

성공을 위해 다양한 토지이용 계획 설정에서 복원설계 및 구현을 수행하는 사람들은 인접한 생태계에 영향을 미치고 영향을 받는 "작동하는 생태계(working ecosystems)"의 복합체인 하천수변, 유역 및 경관을 이해해야 한다. 이러한 공간적 복잡성 전체에 걸쳐 장기적이고도 자립적인 기능을 달성할 확률은 이러한 관계의 이해, 표현을 위한 공통 언어 및 후속 응답과 함께 증가하는 것이다. 하천 또는 수변별 해답을 구상하기 위한 설계는 문제를 해결하거나 경관 내에서의 기회를 인식하지 못하게 할 수도 있다.

하천수변 복원설계는 여전히 대부분 실험 단계에 있는 상태이다. 그러나 복원설계는 현장 특유의 또는 지역의 조건을 성공적으로 고려해야 한다는 것이 알려져 있다. 즉, 설계기준, 표준 및 사양(시방서)은 특정한 물리적, 기후 및 지리적 위치의 특정 사업에 대한 것이어야 한다. 그러나 이러한 사업은 중요한 시스템인 대형 시스템과 상충하는 것보다는 상충하지 않으면서 작동해야 하는 것이다. 이러한 방법은 다음과 같은 여러 가지 이점들을 제공한다.

- 경관 전체를 통해서 건강하고도 지속가능한 토지이용 형태
- 향상된 자연자원의 질과 양
- 복원되고 보호된 하천수변 관련 생태계
- 고유 식물과 동물의 다양성
- 내구성, 질병 저항성 및 적응력을 촉진시키는 유전자 풀
- 개인 토지 소유자와 공공 토지 소유자들의 관리자 의식
- 협소하고 집중적이지 않은 토지 처리를 피하는 개선된 관리 조치

앞에서 제시된 정보를 바탕으로 이 장에서는 주요 교란으로 인한 변경 사항을 해결하고 하천수변 구조 및 기능을 원하는 수준으로 복원하기 위한 설계지침 및 기술이 포함되어 있다. 이는 설계가 하천수변 생태계에서 발생할 수 있는 대규모 영향으로 시작하여 주로 하천수변 및 하천규모에서 설계지침을 제공하고 토지이용 시나리오로 결론을 맺고 있다.

5.1절(계곡 형태, 연결성 및 규모)에서는 하천수변 및 경관규모에서 우위를 차지하는 구조적 특성을 복원하는 데 중점을 두고 있다. 5.2절(토양특성)에서는 하천수변의 구조 및 기능에 중요한 토양특성의 복원이 다루어진다. 5.3절(식물군집)에서는 기능상의 하천수변의 가시적이며 필수적인 구성요소인 식생군집의 복원에 대해서 논의한다. 5.4절(서식지 측정)에서는 일부 서식지 측정에 대한 설계지침을 제시한다. 이들은 종종 하천수변의 구조 및 기능의 필수적인 부분이다. 5.5절(하천수로 복원)에서는 하천수로의 구조와 기능을 복원하는 것은 종종 하천수변을 복원하는 기본 단계이다. 5.6절(하천제방 복원)에서는 하천제방의 안정화를 위한 설계지침과 관련 기술에 중점을 두고 있다. 이는 하천으로의 지표유출량과 토사이동량을 줄이는 데 도움이 될 수 있다. 5.7절(수중 서식지 복원)에서는 수중 서식지의 구조와 기능을 복원하는 것은 종종 하천수변 복원의 핵심 구성요소이다. 5.8절(토지사용 계획)에서는 주요 토지이용 계획의 맥락에서 광범위한 설계 개념을 제공한다. 5.9절(복원의 실행, 모니터링, 관리)에서는 복원의 시행, 모니터링 그리고 관리에 필요한 여러 요소들에 대해서 서술하고 있다.

"그대로 두시오 / 스스로 낮게 하시오"

"Leave It Alone / Let It Heal Itself"

손상된 하천을 회복하기 위한 새로운 강조점이 있다. 이와 관련해서 사람들은 단순히 하천 지점들에 대한 생각자로서의 역할이 아니라 하천유역에 대한 책무를 주기적으로 생각해야 한다. 예를 들면, 원래 상태의 하천들은 인위적으로 능동적인 복원방법에 의한 "개선"이 되지 않아야 한다. 다른 한편으로는, 특히 하천수로 밖의 활동에 의한 하천 열화(劣化)가 발생한 곳에서는 하천관리를 위한 최상의 해결책은 문제의 원인을 제거하는 것일 것이며, 하천 스스로 치유하게 하는 것일 것이다. 불행하게도 심각하게 열화된 하천에서는 이러한 과정은 시간이 오래 걸릴 수 있다. 따라서 "그대로 버려두세요"라는 개념은 받아들이는 사람들에게는 가장 어려운 방법일 수가 있다(Gordon et al., 1992).

5.1 계곡 형태, 연결성, 그리고 규모

이 절은 하천수변과 경관규모에서 흔히 사용되는 복원구조의 특성에 초점을 두기로 한다. 계곡 형상, 연결성 그리고 규모는 다중규모의 기능들 간의 상호관계성을 결정짓는 구조특성 변수들이다. 지류하천수변을 가진 계곡 교점들(합류점), 계곡면들의 경사, 그리고 홍수터 경사들은 수많은 기능에 영향을 끼치는 계곡 형상의 특성치들이다(그림 5.1).

(a)   (b)

그림 5.1 하천수변. (a) 하천계곡 경사면과 (b) 범람원(홍수터) 경사가 하천수변의 기능에 영향을 미친다.

연결성에 대한 광의의 개념은 다중규모를 통틀어서 서식지, 종, 군집 그리고 생태학적 과정들의 연결들을 포함한다(Noss, 1991).

규모는 폭, 선형성 및 가장자리 효과를 포함하며, 이들은 하천수변 내에서 종, 물질 및 에너지의 이동에 중요하며, 주변 경관의 생태계로 또는 생태계에 중요한 것이다. 그러므로 설계는 이러한 대규모 특성과 그 기능에 대한 영향을 다루어야 한다.

5.1.1 계곡 형태

일부의 경우, 전체 하천계곡은 지형 경계를 모호하게 하는 지점으로 변경되어 하천수변 복원을 어렵게 만들기도 한다. 화산, 지진 및 산사태는 계곡 형태의 변화를 초래하는 자연교란의 예이다. 범람원(홍수터)의 잠식과 성토(채움)는 계곡모양을 변형시키는 인적교란 중의 하나이다.

5.1.2 하천수변의 연결성과 규모

하천수변의 연결성과 규모는 설계 관련 일련의 결정을 제시한다. 수변은 얼마나 넓어야 하는지? 수변은 얼마나 오래 있어야 하는지? 수변에 간격이 있다면 어떨런지? 등 이러한 구조적 특성은 수변 기능에 중요한 영향을 미치는 것이다. 예를 들어, 기존 또는 잠재적인 하천수변 식생의 폭, 길이 및 연결성은 수변 및 인접한 생태계 내에서 서식지 기능에 매우 중요한 것이다. 일반적으로 서식, 통로, 여과 및 기타 기능 들을 달성하는 가장 넓고도 가장 인접한 하천수변은 생태학적으로 유도된 복원 목표가 되어야 한다. 각 기능에 대한 임계값은 다양한 수변폭에서 발견될 수 있다. 적정한 폭은 토양 유형에 따라 다르며, 가파른 경사면은 여과기능을 위해서 넓은 수변이 필요하다. 효과적인 수변폭에 대한 보수적인 지표는 하천수변이 유출수에 포함된 화학오염물질이 하천에 도달하는 것을 현저하게 방지할 수 있는지의 여부이다.

1장에서 설명한 바와 같이 수변은 하천과 그 제방, 범람원 및 계곡 경사면을 가로질러 연장되어야 한다. 또한 기능적 무결성을 유지하기 위해서는 전체 하천 길이에 대한 일부 대지를 포함하도록 해야 한다(Forman and Godron, 1986). 그러나 경쟁적인 토지사용이 심한 경우, 특히 인접한 넓은 하천수변을 확보할 수는 없다. 이러한 경우, 범람원을 가로지르고 고지대(대지)까지 연결하는 자연 서식지의 사다리꼴 형태는 홍수 동안 퇴적물의 포착을 촉진하고 하천시스템을 위한 유수저장 및 유기물을 제공할 수 있는 것이다.

그림 5.2는 이러한 연결의 예를 보여주고 있다. 사다리꼴 형태 내의 열린 영역은 경쟁적 토지이용으로 인해서 복원에는 사용할 수 없는 영역을 나타내고 있는 것이다.

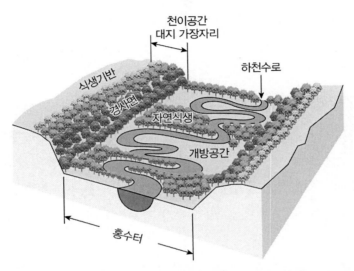

그림 5.2 하천수변을 가로 지르는 연결 "Greenways의 생태학 : 선형 보존 지역의 설계와 기능"(Smith and Hellmund 편집, 미네소타 대학, 1993)

토지 소유 경계를 넘는 수변의 기능을 담당하는 혁신적인 관리 기법은 토지 소유자가 복원을 지지하는 경우에 종종 처방될 수 있다. 토지 피복을 변경하고, 화학물질 투입을 줄이며, 신중하게 시기를 정한 풀배기 및 기타 관리 기법을 적용하면 수변의 장애를 줄일 수 있는 것이다. 실용적인 고려사항으로는 하천에 인접한 사전에 정의된 폭의 영역으로 복원을 제한할 수 있다. 불가피한 경우도 있지만, 이러한 제한은 하천 전면의 생물군집과는 다른 식생을 지원하는 오래된 수로바깥 환경을 과소 표현하는 경향이 있다. 하천수변의 좁은 부분에 대한 복원을 제한하는 것은 대개 넓은 범람원의 완전한 수평적 다양성을 회복시키지 못하며, 수생 생물에 의한 범람원의 사용과 같은 홍수 시에 발생하는 기능을 충분히 수용하지 못하는 것이다.

광범위한 지하 수문학적 연결이 존재하는 범람원에서는 하천수로 밖의 강변완충지대로부터 상당한 거리에까지 상당한 양의 에너지, 영양물 전환 및 무척추동물들의 활동이 발생할 수 있기 때문에 복원을 강변완충지대로 제한하는 것은 권장되지 않는다(Sedell et al., 1990). 마찬가지로 수로 이동이나 주기적 비버(beaver)의 활동을 예측하지 못하면 근본적인 역동적인 과정을 수용하지 못하는 수변이 생길 수 있다(Malanson, 1993).

앞에서 논의한 바와 같이 생태학적으로 효과적인 하천수변을 복원하려면 수로와 범람원에 인접한 고지대를 고려해야 한다. 경사면은 홍수터 습지대를 유지하는 물의 근원지, 암반은 수로에 대한 토사의 원천지, 그리고 높은 경사의 하천에 유기물 파편의 주요 원천이 될 수 있다.

이러한 고려사항에도 불구하고 하천수변은 종종 수로와 인접한 식생완충지로만 구성되어 있는 것으로 잘못 보고 있는 것이다. 완충지대의 폭은 농업 유출수의 통제 또는 특정 동물 종의 서식지 요구사항과 같은 특정 목표에 의해 결정된다. 이러한 좁은 정의는 분명히 하천수변의 기능 범위를 완전히 수용하지는 못하지만, 수변이 움직일 수 없는 자원으로 인해 제한을 받는 곳에서는 종종 복원전략의 일부가 되는 것이다.

❖ 수변폭 변수

생태학적 기준에 기초한 하천수변의 최소 폭을 그림 5.3에서 볼 수 있다. 하천시스템에서 하천으로의 침투로 진행되는 다섯 가지 기본 상황이 확인되어 있다. 최소 수변폭을 결정하는 핵심 변수는 각각 그림 5.3의 내용과 같다.

(1) 인지적 방법 : 참조 하천수변

앞에서 정의한 대로 이상적인 하천수변폭은 복원설계에서 항상 달성 가능한 것은 아니다. 국지적인 참조 하천수변이 복원설계를 위한 규모를 제공할 수 있는 것이다.

경관형태를 조사하는 것은 참조 하천수변을 확인하는 데 매우 유용하다. 그 기준은 간격 폭, 지형, 종의 요구사항, 식생의 구조 및 하천수변의 경계 특성에 대한 정보를 제공해야 한다.

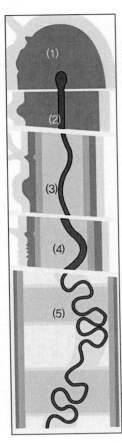

(1) 누출(Seepage)
1. 수문 흐름에 대한 흡수효과, 하류 범람을 최소화
2. 식생 기반(matrix)으로부터의 용존물질 유입 제어

(2) 1차 하천
1. 누출과 동일

(3) 2차~4차 하천(닫힌 피복을 가짐)
1. 고지 내부 종의 통로 : 범람원을 쉽게 건너는 하천 양측의 종들은 대체 통로를 가지고 있다.
2. 식생 기반으로부터의 용해된 물질 유입의 조절
3. 비버 활동이 홍수터의 물을 유지하고 경사면의 식생을 변경시키는 하천 및 범람원의 종들을 위한 통로
4. 경사면의 침식을 최소화
5. 하류의 범람을 최소화하면서 수문 흐름에 대한 흡수 효과
6. 하류의 퇴적을 최소화하는 마찰 효과
7. 범람원의 서식지 다양성과 종 풍부성 보호

(4) 2~4차 하천(열린 피복을 가짐)
1. 밀폐된 피복을 가진 2~4차 하천과 동일
2. 이동하는 열린 하천이 열린 서식지로 되는 사면과의 교차를 통해서 종의 통로를 위한 내부 서식지를 제공한다.

(5) 5~10차 하천
1. 하천의 양쪽 고지대 내륙 종을 위한 통로, 거의 범람원을 건너지 않는 종은 양측에 통로를 가지고 있다.
2. 이동하는 열린 하천이 열린 서식지로 되는 사면과의 교차를 통해서 종의 통로를 위한 내부 서식지를 제공한다.
3. 경사면 침식을 최소화
4. 그늘과 통나무는 경사면에 인접한 하천의 어류 서식지를 제공한다.
5. 하천 먹이 사슬의 중요한 기반인 토양 유기물의 공급원이다.
6. 그늘과 통나무는 강이 범람원을 가로 질러 이동할 때 물고기 서식지를 제공한다.
7. 서식지 연속성을 이용하여 가끔씩 범람원을 건너는 고지대 종의 유전적 이득을 제공한다.
8. 하류의 범람을 최소화하면서 수문 흐름에 대한 흡수 효과를 발현한다.
9. 하류 퇴적을 최소화하는 마찰 효과를 발현한다.
10. 범람원의 높은 서식지 다양성과 종 풍부성을 보호한다.
11. 고지대 가장자리 부분인 하천수로자원 식생 기반에 의존하는 반수생물 및 기타 유기체를 위한 통로기능을 한다.

식생 기반
고지대의 수변 가장자리 부분
고지대의 수변 내부 부분
경사면
홍수터(범람원)
사행곡부
자연홍수터 식생조각의 내부
다른 생태학적으로 호환이 가능한 토지이용 공간으로 자연 범람원 식생조각의 가장자리

그림 5.3 최소 수변폭을 결정하기 위한 요소. 하천수변 기능은 수변폭에 의해 직접 영향을 받는다(Forman, 1995, Cambridge University Press).

복원 목표는 복원설계에서 지정한 원하는 수준의 기능을 결정한다. 유사한 경관 설정 및 유사한 토지이용 변수를 가진 인근의 하천수변이 이러한 기능을 적절히 제공하면, 설계의 일부가 되어야 하는 연결성 및 폭의 속성을 나타내는 데 사용할 수 있다.

(2) 분석적 방법 : 표적종의 기능적 요구사항

복원계획의 목표는 하천수변의 복원을 위한 규모를 결정하는 데 사용될 수 있다. 예를 들어 특정 종에서 수변이 내부 서식지를 제공하도록 요구하는 경우, 수변폭이 필요한 서식지를 제공할 수 있는 크기가 되는 것이다. 가장 민감한 종의 요구사항은 일반적으로 최적 수변 규모에 사용된다. 이러한 규모가 복원에 사용할 수 있는 토지 기반을 넘어 확장되면 인접한 토지이용을 관리하여 수변을 사업의 매개변수보다 효과적으로 넓히는 도구가 되는 것이다.

인접한 토지에 대한 관리 권한을 가진 개인 및 단체와의 협력을 통해서 최적의 수변규모를 얻을 수 있다. 규모에는 수변의 경계와 관련한 가장자리 효과 폭과 수변 내부의 형태 변형, 수변 내부의 최대 허용 간격 폭, 그리고 수변의 단위 길이 당의 최대 간격 수를 포함한다.

5.1.3 배수 및 지형 설계

하천수변은 특성들과 기능들을 유지하기 위해 하천과의 상호작용에 의존한다. 그러므로 가능한 한도 내에서 복원 과정은 인공적 배수 시스템의 막힘, 인공 제방의 제거 또는 뒤로 물림, 범람원 지형의 자연적 형태의 복원을 포함해야 한다. 지형학적으로 복잡한 홍수터가 강우량의 미소한 저류와 지하수 차단의 결과로 식물군집과 생태계 기능의 조합을 지원하여 자연홍수가 감소되거나 축소되는 경우, 미세지형의 복원은 특히 중요하다. 미세지형의 복원은 자연 습지대, 제방, 우각호 및 버려진 수로와 같은 범람원 내의 역사적인 특징을 선택적으로 발굴하여 수행할 수 있다. 항공사진 및 원격 감지 자료뿐만 아니라 기존 수변에서의 관측은 전형적인 범람원의 미세지형의 분포 및 규모를 나타낸다.

❖ 미세지형(微細地形, microrelief, micro-topography)

미세지형은 토양경계선이 되는 지형 단위보다 작은 규모의 특징적 형상을 가진 지표면을 말한다. 즉 일반적 의미의 지형은 경관의 일부를 이루면서 자연적으로 생긴 일정한 모양의 지표면을 말하며, 그 크기는 수 km 또는 수백, 수십 m 규모인 반면에, 미세지형은 그 규모가 불과 몇 m 정도이다. 예를 들면 조그마한 등성이, 계단식 논둑, 웅덩이, 둔덕, 개미둔덕, 결빙토 지대의 구조토 등이 모두 미세지형에 해당한다(출처 : 토양사전, 2000. 10., 서울대학교 출판부).

5.2 토양특성

하천수변 기능은 하천수변의 연결성 및 규모뿐만 아니라 토양 및 관련 식생에도 의존한다. 하천수변을 가로 지르거나 연하는 토양 변수의 성질은 다양한 식물군집을 초래한다. 하천수변 복원 조치를 설계할 때, 다양한 토착 식물과 동물 군집을 지원하기 위한 토양과 그 잠재력과 한계점을 신중히 분석하고 수로 재건을 포함하는 복원을 시행하는 것이 중요하다.

원래의 범람원 토양이 그대로 남아 있는 곳에서는 토양조사를 통해 기본적인 부지 조건과 비옥도를 결정하고 복원 예정 식물 종의 적정성을 검증해야 한다.

미세하고 정제된 충적토가 있는 대부분의 부지에는 보충 시비(施肥)가 필요하지 않거나, 비료는 초기에만 필요할 수 있는 것이다. 이러한 경우에 과도한 비료화는 경쟁하는 잡초 종이나 외래종을 도와주게 된다. 토양은 비료 설계 권장 사항을 만들기 전에 항상 검정을 받아야 한다.

토양 조사는 공학적 한계나 적합성과 같은 기본 정보를 제공할 수 있다. 현장 토양시료는 하천 재건을 포함한 대안들이 복원에 포함될 때 수집되고 시험되어야 한다.

유출수와 하천의 구조와 기능 사이의 연결과 순환고리는 2장에서 설명되었다. 토양의 기능과 토양의 질, 유출수 및 수질 간의 연관성 또한 2장에서 설명되었다. 이러한 연결은 모든 수변 복원계획 및 설계에서 확인되고 고려되어야 한다. 모든 토지이용에 있어, 토양의 질과 토양의 4가지 주요 기능을 수행할 수 있는 능력을 향상시키는 토지보전 처리를 실행하는 데 중점을 둘 필요가 있다. 토양의 4가지 주요 기능은 다음과 같다.

- 물의 흐름 조절 및 배분 – 통로와 여과기능
- 영양물과 기타 화학 물질의 저장 및 순환 – 소멸과 여과기능

- 유기물과 무기물을 여과, 완충, 분해, 고정 및 해독−여과, 소멸 및 장벽기능
- 경관에서의 생물학적 활동 지원−공급과 서식지 기능

이와 관련한 현장 기술지침서(USDA-NRCS)와 같은 참고문헌은 보존 관행의 계획 및 선정에 대한 지침을 포함하며, 대부분의 자치단체에서 이용할 수 있다.

5.2.1 다짐(압축)

줄뿌림 작물이 있어 온 토양이나 심한 장비 통행(건설과 관련된 것)이 있는 토양은 물의 이동과 뿌리 침투를 제한하는 상대적으로 불투과성인 압축층을 유발할 수 있다. 그러한 토양은 부수기 위해서 때로는 효과가 없어 보이는 깊은 쟁기질(심경, 深耕)이나 식생을 깊이 심는 실행을 필요로 할 수도 있다. 깊은 쟁기질은 일반적으로 노력과 비용이 들지만, 적어도 다져진 층까지 침투할 수 있는 종의 심기가 유일하게 가능한 선택이 아닌 경우에만 사용해야 한다.

5.2.2 토양 미생물

새롭거나 교란된 기질 또는 줄뿌림 작물재배 지역에서는 필수 토양 미생물(특히 진균류)이 존재하지 않을 수가 있다. 이들은 가장 효과적으로 곰팡이가 접종되거나 자연적으로 감염된 뿌리 식물을 사용하여 대체될 수 있다. 식재 전에 토양을 저장하고 표토를 다시 기질에 섞는 것도 효과적이다. 특히 큰 나무나 나무 그루터기 주변 및 아래의 토양은 다양한 미생물을 재확립할 수 있는 원천이기 때문에 특별한 주의를 기울여야 한다. 예방 접종은 자연 감염 식물 재고가 없을 때 특정 종의 토양 공극 균류를 복원하는 데 유용할 수 있다.

5.2.3 토양 염분

토양의 염분 축적은 식물 성장과 강변 종의 확립을 제한할 수 있기 때문에 토양 염분도는 복원의 또 다른 중요한 고려사항이다. 높은 토양 염분은 연간 홍수로 과도한 염분을 제거하는 건강한 강변 생태계에서는 흔하지 않다. 토양 염분도는 관개(灌漑)로 토양단면을 통해서

염분을 침출함으로써 변경될 수 있다. 댐 건설로 인한 농업 배수 및 변경된 흐름으로 인해, 염분 축적은 종종 강변 식물 군락의 감소에 기여한다. 20에이커(81,000 ㎡) 미만의 지역에서도 염분은 홍수터에 따라서는 다를 수 있으므로 복원 현장을 통한 토양표본이 필요할 수 있다. 염분이 문제라면 염분 토양 환경에 적합한 식물 재료를 선택해야 한다.

5.3 식물군집(群集)

식생은 하천수변 기능의 기본적인 제어 요소이다. 서식, 통로, 여과/장벽, 공급 및 소멸 기능은 모두 식물의 바이오 매스 양, 품질 및 상태와 밀접하게 관련되어 있다. 복원설계는 기존 토착 식물을 보호하고 식물 구조를 복원하여 연속적이고도 연결된 하천수변을 만들어야 한다.

복원 목표는 일반적으로 한 지역을 기준(목표) 상태로 되돌리는 것 또는 특정 종의 서식지를 복원하는 것이다(Anderson and Laymon, 1988). 그러나 복원의 현재 경향은 다중 종 또는 생태계 기법을 적용하는 것이 추세이다.

5.3.1 강기슭 완충지대

강기슭 시스템의 관리자는 다음과 같은 이유로 완충지대의 중요성을 오랫동안 인식해왔다(USACE, 1991).

- 수온을 낮추는 그늘을 제공한다.
- 퇴적물 및 기타 오염물질의 침전(즉, 여과)을 야기한다.
- 하천의 영양물 부하를 줄여준다.
- 식생과 더불어 하천제방을 안정시킨다.
- 제어되지 않은 유출로 인한 침식을 줄인다.
- 강기슭 야생 생물 서식지를 제공한다.
- 물고기 서식지를 보호한다.
- 수생 먹이사슬을 유지한다.

- 시각적으로 매력적인 녹지대(그린벨트)를 제공한다.
- 위락 기회를 제공한다.

완충지대의 가치는 잘 알려져 있지만 크기조정 기준은 다양하다. 도시하천수변에서는 넓은 산림완충지대가 모든 보호 전략의 필수적인 요소이다. 그 중요한 가치는 장래의 교란 또는 잠식으로부터의 하천수로에 대한 물리적 보호를 제공하는 것이다. 완충지대의 네트워크는 하천 우회로의 역할을 하며 하천 생태계의 필수적인 부분으로 기능한다.

종종 경제적 및 법적 고려사항이 생태적 요인보다 우선시되기도 한다. 그러나 경우에 따라서는 폭이 좁은 완충공간(30 m 너비 정도)이라도 위에서 열거된 많은 기능을 제공하기에 적합할 수 있다(USACE, 1991). 도시환경에서 완충지대 규모 기준은 경제적, 법적 및 생태적 요인뿐만 아니라 기존의 현장 관리를 기반으로 할 수 있다. 도시 완충지대의 크기 조정과 관리를 위한 실제 성능 기준은 아래의 "도시하천 완충지대 설계" 부분에 표시되어 있다. 그러나 분명하게도 모든 경우에 적합한 권장 사항은 하나도 없는 것이다.

주변의 고지대에 비해 홍수터(범람원)나 강변 서식지는 종종 작을 수가 있기 때문에 종, 유사한 생물군(群) 또는 군집(群集)의 최소 면적 요구를 충족시키는 것이 특히 중요하다. 최소 면적은 예상되거나 적절한 사용을 뒷받침하는 데 필요한 서식지의 양이며 종이나 계절에 따라 크게 다를 수 있다.

❖ 도시하천 완충지대 설계

도시하천 완충 장치가 많은 이익을 실현할 수 있는 능력은 그것이 계획, 설계 및 유지관리되는 정도에 달려 있는 것이다. 완충지역의 크기, 관리 및 횡단 방법을 관리하기 위해 10가지 실제 성능 기준이 제공되어 있다. 그 주요 기준은 다음과 같다.

① 기준 1 : 전체 완충지대의 최소 너비

대부분의 국지적 완충지대 기준은 개발이 하천수로 내에서 고정되고 균등한 거리로 되돌아가도록 요구하고 있다. 미국의 경우, 전국적으로 도시 유역의 완충지대는 36개 지역 완충 프로그램에 대한 조사에 따라 하천의 양측에서 6~60 m의 폭을 가지며, 중앙값은 30 m이었다(Schueler, 1995). 일반적으로 적절한 하천 보호를 제공하기 위해서는 최소한 30 m 이상의 최소 바닥 너비가 권장되고 있다.

② 기준 2 : 3구역 완충 시스템

효과적인 도시하천 완충 대는 3개의 횡방향 구역, 즉 흐름 측면, 중간부 그리고 외곽 구역을 갖는 구조다. 각 영역은 다른 기능을 수행하며 다른 너비, 식생 표적 및 관리 체계를 가지고 있다. **흐름 측면 구역**은 하천 생태계의 물리적 및 생태학적 무결성을 보호한다. 식생 표적은 그늘, 잎 깔짚, 나무 파편 및 강에 대한 침식 보호를 제공할 수 있는 성숙한 강기슭 숲이다. **중간 구역**은 하천측면 구역의 바깥 경계로부터 연장되며 하천차수와 100년 발생빈도 범람원의 넓이, 인접한 가파른 경사면 및 보호된 습지대 지역에 따라 폭이 변한다. 주요 기능은 고지대 개발과 하천 간의 더 먼 거리를 제공하는 것이다. 이 구역의 식생 표적은 물론 성숙한 산림이지만, 호우유출수 관리, 접근성 및 위락 용도로 일부 식생을 제거하여 사용할 수 있다. **바깥(외곽) 구역**은 완충지의 "완충지"로 중간 구역의 바깥쪽 가장자리에서부터 가장 가까운 영구 구조 방향으로 물린 추가의 7.5 m 정도의 구간이다. 대부분의 경우, 그것은 주거공간 뒷마당이다. 바깥쪽 지역의 식생 표적은 대개 잔디밭이지만, 소유주가 나무와 관목을 심는 것이 좋다. 따라서 완충 대의 전체 너비가 증가한다. 이 영역에서는 거의 사용이 제한되지 않는다. 정원 가꾸기, 퇴비 더미, 마당 폐기물 및 기타 일반적인 주거 활동이 이 바깥구역에서 종종 발생한다.

③ 기준 3 : 개발 전 식생 표적

도시하천 완충지대의 궁극적인 식생 표적은 개발 전 강기슭 식생 군집, 즉 일반적으로 성숙한 산림으로 지정해야 한다. 일반적으로 식생 표적은 기준 강 유역에서 결정된 대로 홍수터에 존재하는 자연 식생군집을 기반으로 해야 한다.

④ 기준 4 : 완충지대의 확장과 축소

많은 생물군집에서는 특정 조건에서 완충지대의 최소 너비를 확장해야 한다. 특히, 중간 구역의 평균 너비는 다음을 포함하도록 확장되어야 한다.

- 100년 발생빈도 범람원의 전체 범위
- 모든 개발이 불가능한 가파른 경사면 : 25% 이상
- 가파른 경사 : 5~25%의 경사지, 5% 이상의 경사에서 1% 증가당 1.2 m 추가 또는
- 인접한 경계 습지 또는 중요 서식지

⑤ 기준 5 : 완충지대 묘사

완충지대의 경계를 묘사할 때는 세 가지 주요 결정을 내려야 한다. 즉 어떤 축척에서 하천이 정의되는지? 하천은 어디서 시작되고 완충지대는 어디서 끝나는가? 그리고 완충지대의 내부 가장자리를 측정하는 지점은? 명확하고도 실행 가능한 묘사 기준을 개발해야 한다.

⑥ 기준 6 : 완충지대 횡단

하천 완충지대의 주요 목표는 강기슭 숲의 끊어지지 않는 수변을 유지하고 하천 유역의 상류 및 하류 어류의 통로를 허용하는 것이다. 그러나 실용적인 관점에서 하천완충지대 망을 따라 어디에서나 이러한 목표를 달성할 수 있는 것은 아닌 것이다. 도로, 교량, 항로, 지하 공동구, 밀폐된 호우 배출구 또는 유출 통로와 같이 하천이나 완충지를 가로 질러야 하는 선형 형태의 개발을 위해서는 약간의 준비가 이루어져야 한다.

⑦ 기준 7 : 호우유출수

완충지대는 개발 현장의 빗물 처리 시스템의 중요한 구성요소가 될 수 있다. 그러나 유역 내에서 발생한 모든 유출수를 처리할 수는 없는 것이다. 일반적으로 완충 시스템은 유역 유출수의 10% 미만까지만 처리할 수 있다. 그러므로 유역의 나머지 90% 유출수의 양과 질을 처리하기 위해서는 어떤 종류의 구조적 BMP가 설치되어야 한다.

⑧ 기준 8 : 계획 검토 및 건설 중의 완충지대

하천완충지대 시스템의 한계와 용도는 초기계획검토에서부터 건설단계에까지 개발과정의 각 단계에서 잘 정의되어야 한다.

⑨ 기준 9 : 완충지대 교육 및 집행

완충지대 시스템의 미래 무결성에는 강력한 교육 및 집행 프로그램이 필요하다. 따라서 완충지대를 지역사회에 "가시적"으로 만들고 지역민들에 대한 완충지대 인식과 관리자의 의무를 장려하는 것이 중요하다. 몇 가지 간단한 단계를 수행하여 이를 실행할 수 있다.

- 허용 사용 한계를 설명하는 영구 표지판으로 완충지대 경계를 표시한다.
- 완충지대 소유자들에게 유인물, 하천 산책 및 주택소유자 협회의 회의를 통해서 완충지대의 이점과 용도에 대해 교육한다.
- 새로운 완충지대 소유주가 부동산 매매 또는 양도 시 완충지대의 한계와 용도에 대해서 충분히 알도록 한다.
- 조림 및 뒷마당 "완충기" 프로그램을 포함하는 완충지대 관리책임 프로그램에 주민을 참여시킨다.
- 완충지대 잠식을 확인하기 위해 매년 완충지대 보행을 실시한다.

⑩ 기준 10 : 완충지대의 유연성

대부분의 지역에서 수십 m의 완충지대는 사용 또는 생산이 중단된 특정 유역의 전체 토지면적의 약 5%를 차지한다. 이것은 유역규모에서 상대적으로 저렴한 토지 예비를 구성하지만, 하천에 인접한 토지 소유자들에게는 심각한 어려움이 될 수 있다. 많은 공동체는 하천완충지대 요구사항이 보상되지 않는 사유 재산 취득(수용)을 나타낼 수 있다고 합법적으로 우려하고 있다. 이러한 우려는 완충지대 프로그램을 관리할 때 공정성과 유연성을 확보하기 위한 몇 가지 간단한 조치를 지역사회에 포함시키면 제거될 수 있다.

일반적으로 완충지대 프로그램의 목적은 하천 전체적인 강도가 아닌 하천과 관련하여 개발 위치를 수정하는 것이다. 완충지대 조례의 유연한 조치에는 다음이 포함될 수 있다.

- 개인 소유의 완충지대 유지
- 완충지대의 평준화
- 완충지대 밀도의 보정

- 변동성
- 보존의 용이성

5.3.2 기존 식생

기존의 토착식물은 나무 조각들과 나무 그루터기처럼 가능한 범위까지 유지되어야 한다. 서식지와 침식 및 퇴적을 제어하는 것 외에도, 이러한 기능은 위에서 설명한 대로 종자원을 제공하고 다양한 미생물들을 보유한다. 들판에 있는 오래된 울타리, 식물 덩어리 및 암석 더미와 목초지의 고립된 그늘나무는 지배적인 식물종이 토착 식물이거나 토착 식물(과일 나무 등)의 식생 기반에서 경쟁자가 될 가능성이 없는 한 복원설계를 통해서 유지되어야 한다.

비토착 식물은 바람직한 토착종의 정착을 방해하거나 하천수변 식생의 원치 않는 영구적 구성요소가 될 수 있다. 예를 들어, 칡(kudzu)은 다른 식물을 죽일 것이다. 일반적으로 농지에 심은 산림종은 목초지와 잡초를 그늘지게 할 수 있으나 나무를 확보하기 위해서는 초기 제어~원반형태의 조직화(disking), 잔디 깎기, 불태우기 등의 방법이 필요할 수도 있다.

5.3.3 식물식생군

하천수변 복원사업의 목표는 하천수변 내 식물식생군 분포의 자연적 형태를 복원하는 것일 수 있다. 많은 출판물들은 다양한 지형 및 유동조건(예: Brinson et al., 1981, Wharton et al., 1982)에 대한 일반적인 분포 형태를 기술하고 있으며, 관계당국의 토양조사는 일반적으로 특정 토양에 대한 토착 식물을 기술하고 있다. 보다 상세하고도 현장 특유의 식물식생군 묘사는 미국의 각 주의 자연 유산 프로그램(Natural Heritage Programs)과 자연보존(The Nature Conservancy)의 여러 장 또는 다른 자연자원 기관 및 단체에서 이용할 수 있다.

그러나 참조 하천수변의 조사는 종종 식물군집 구성 및 분포에 대한 정보를 개발하는 가장 좋은 방법이 될 수 있다. 기준 식물군집이 정의되고 나면 설계는 해당 군집을 복원하는 데 필요한 조치를 상세히 시작할 수 있다. 특정 지역에 적절한 종의 완전 보충 식재는 거의 불가능하거나 바람직하지 않을 수 있다. 오히려 보다 전형적인 방법은 지배적인 종 또는 그 지역에 쉽게 입식(入植)할 가능성이 없는 종을 심는 것이다.

보다 가벼운 씨앗과 그늘에 잘 견디는 종은 숲이 적절하게 다양하다는 것을 보장하기에 충분한 속도로 현장에 침입할 것으로 추정된다. 이 과정은 종자 분산을 촉진하기 위해서 복원 지역을 가로 질러 오리나무나 사시나무 같은 급성장 종의 회랑을 만들어 심음으로써 가속될 수 있을 것이다.

대규모 복원사업에는 때로는 멸종위기에 놓인 종의 서식지의 필수 구성요소를 제공하는 것과 같은 특정 목표를 충족해야 할 필요가 있는 경우, 비파괴 식물 종의 재배가 포함되는 것이다. 그러나 복원 지역이 열려 있는 경우, 햇볕에 잘 견디지 못하는 비파괴 수종을 확립하기는 어렵다. 특정 비파괴 식물 종들이 수년 동안 스스로를 확립하지 못하는 곳에서는 인접한 숲 지대에 도입하거나 초기 수목 재배가 적절한 조건을 만들기에 충분히 성숙한 후에 심을 수 있다. 이것은 또한 풍부한 햇볕에서 생존하지 못할 수도 있는 특정 과잉 종을 도입하기 위한 적절한 접근법일 수도 있다.

제한된 그룹의 숲의 상층형성수(樹)에 대한 복구 조치에만 집중하는 것은 하층 및 다른 과잉 종의 배제에 대한 것 때문에 비판을 받아왔다. 참나무와 같은 종을 선호하는 이유는 복원된 강가 및 범람원 지역에 지배종이 될 수 있는 종에 의해 지배되지 않도록 보장하고, 특정 종과 관련된 야생 동물 기능 및 목재 가치가 가능한 한 빨리 나타날 수 있도록 하는 것이었다. 참나무와 같은 무거운 씨앗을 심은 종은 심어 놓지 않는 한 속도가 느릴 수 있지만 (미국 TVA 홍수터 복원(식림) 사업-50년 후의 결과(Tennessee Valley Authority Floodplain Reforestation Projects-50 Years Later) 참조), 차별화된 식재는 다른 여러 종을 배제할 수 있음이 입증되었다. 확실하게 가능한 다양한 종류를 도입하는 것이 바람직할 것이다. 그러나 비용 및 수년간 보충 식목을 하는 것이 어려울 경우 대부분의 경우에 이러한 접근법은 배제할 수 있다.

식물 종은 미세한 현장 조건에 세심한 주의를 기울여 복원 현장에 분배되어야 한다. 더하여, 하천의 사행 거동 또는 세굴 흐름이 축소된 경우, 자연스러운 확립을 위해 일반적으로 그러한 거동에 의존하는 식물군집을 유지하기 위한 특별한 노력이 필요하다. 여기에는 우각호와 저습지 식물군집(관목 습지 등)뿐만 아니라 새로 퇴적된 토양의 특징적인 식물군집이 포함될 수 있다. 재생이 더 이상 작동하지 않는 곳에 식생을 심는 것은 일시적인 조치이며, 생태계의 기능을 유지하려면 장기적인 관리와 주기적인 재식재가 필요하다는 것을 인식하는 것이 중요하다.

과거에는 하천수변 식재 프로그램에 종종 급속한 성장 속도, 토양 결합 특성, 야생 동물을 위한 풍요로운 과일 생산 능력 또는 토착종을 능가하는 다른 이점들 때문에 선택된 비토착종을 포함하였다. 이러한 상황은 종종 의도하지 않은 결과를 초래하며 극히 해로운 것으로 드러난 바 있다(Olson and Knopf, 1986). 결과적으로 많은 기관들은 습지 또는 하천변 완충지대 내에 외래종을 심는 것을 금지하거나 권장하지 않는다. 하천수변 복원설계는 현지 출처의 토종 식물 종을 강조해야 한다. 어떤 경우에는 국지적으로 적응된 개체수가 현장에서 유지되도록 보장하기 위해 지역 종자의 성공을 장려하는 복원 조치에 초점을 맞추는 것이 가능할 수도 있다(Friedmann et al., 1995).

식물확립 기술은 현장 조건과 종의 특성에 따라 크게 다르다. 건조한 지역에서는 쉽게 싹이 나는 나무토막이나 삽수(꺾꽂이)를 건기에도 습기가 있는 토양과의 접촉을 보장하는 깊이까지 심기를 강조하고 있다(그림 5.4). 지하수면이 급격히 낮아지는 곳에서는 깊은 보강과 임시적인 관개(灌漑)를 이용해서 꺾꽂이(삽목)나 뿌리를 낸 삽목 또는 용기에서 재배한 식물을 이용한다. 강수량이나 지하수가 식생을 유지하기에 충분한 환경에서는 장기간 동안의 관개수 공급은 일반적이 아니며, 특히 싹이 잘 나지 않는 삽목 종을 대상으로 나무 껍질에서 싹을 내거나 용기 재배 식물이 자주 사용된다. 특정 지역 및 종에 대한 가장 안정적이고 효율적인 식물 확립 방식을 결정하고 예상되는 문제점을 파악하기 위한 현지 경험을 찾아야 한다. 식물확립 기간 동안 가축, 비버 같은 양서류 동물, 사슴, 작은 포유류 및 곤충으로부터 식목을 보호하는 것이 중요하다.

그림 5.4 살아 있는 삽목을 깊이 심은 재식생. 건조지역에서는 토양수분이 있는 깊은 곳까지 쉽게 발아할 수 있는 종류의 삽목을 심는다.

❖ 저수(低水) 가용성(low water availability)

수위가 낮은 지역에서는 인공식재는 뿌리가 포화 구역에 도달할 수 없는 경우는 생존하지 못한다. 관개시스템과 결합하여 심은 나무들은 식재 후 2시즌 동안 관개할 때 지표 아래 3 m의 지하수에 도달할 수 있다(Carothers 외, 1990). 저지대 지역이 범람과 홍수피해를 입기 쉽기는 하지만 2차 수로, 함몰 지역 및 물이 모이는 낮은 지점과 같은 지하수에 가장 가까운 곳이 심기 위한 최상의 후보지이다. 또한 많은 수변 종의 뿌리는 잠겨 있거나 장시간 침수되면 죽을 수도 있다(Burrows and Carr, 1969).

5.3.4 수평적 다양성

공중에서 볼 때 하천의 수변 식물들은 하천 구석의 한쪽 고지에서 계곡의 경사면 아래로, 범람원을 가로 질러, 그리고 고지대의 반대편 경사 위로 올라가는 다양한 식물군집의 식생 조각모음(mosaic)으로 나타난다. 이러한 넓은 규모의 범위로 인해 식생의 변화 가능성이 커질 수 있다. 이러한 변형의 일부는 이 장의 후반부에서 논의될 수문학 및 하천 동역학의 결과이다. 식물의 수평적 다양성의 세 가지 중요한 구조적 특징은 연결성, 틈바구니 및 경계이다.

(1) 연결성과 틈

앞에서 논의한 바와 같이, 연결성은 서식지, 통로 및 여과 / 장벽의 과정들을 용이하게 하는 하천수변 기능의 중요한 평가 매개변수이다. 하천수변 복원설계는 생태계 기능 간의 연결을 극대화해야 한다. 서식지 및 통로 기능은 중요한 생태계를 방향성과 근접성을 강조하는 설계를 통해서 수변과 연결함으로써 향상시킬 수 있다. 설계자는 비어 있거나 버려진 땅, 희귀한 서식지, 습지 또는 초원, 다양하거나 독특한 식물군집, 샘, 생태학적으로 혁신적인 주거 지역, 동식물을 위한 이동 회랑 또는 관련한 하천시스템과 같은 기존 또는 잠재적 기능에 대한 기능적 연결을 고려해야 한다. 이것은 물질과 에너지의 이동을 허용하여 통로 기능을 증가시키고 지리적 근접성을 통해 효과적으로 서식지를 증가시킨다.

일반적으로 틈이 평범하기는 하지만 인접한 식물 피복이 있는 길고 넓은 하천수변이 선호된다. 가장 취약한 생태계 기능은 수용할 수 있는 틈의 수와 크기를 결정한다.

넓은 틈은 작은 육상 동물군과 토착 식물종의 생육에 장벽이 될 수 있다. 수생 동물군은 틈의 규모나 빈도에 의해 제한될 수도 있다. 따라서 틈의 폭과 빈도는 계획된 하천수변 기능에 따라 설계되어야 한다. 교량은 강과 습지의 흐름을 물리적 및 화학적으로 연결하여 동물의 이동을 허용하도록 설계되어왔다. 예를 들어 지하도는 종의 이동을 위한 통로 역할을 하기 위해 도로 아래에 건설된다. 네덜란드에서는 특정 종에 이익을 주기 위해 다양한 종류의 육교와 지하도를 실험한 바 있다(그림 5.5). 전형적으로 틈이 없는 교란되지 않은 하천수변의 크기는 동일하지는 않지만, 이러한 조치는 서식지 및 통로로서 기능을 하도록 허용한다.

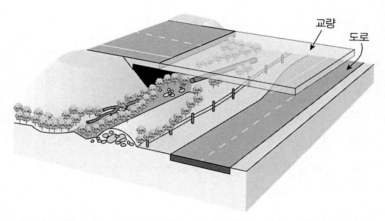

그림 5.5 지하통로 설계, 지하통로는 차량 교통과 작은 동물군의 이동을 수용할 수 있도록 설계되어야 한다.

하천수변의 여과 능력은 연결성 및 틈에 의해 영향을 받는다. 예를 들어, 지표의 얇은 막 흐름에서 지표를 흐르는 영양분과 유출수는 집중되어 실개천을 형성하는 경향이 있다. 이러한 실개천은 종종 도랑을 형성한다. 식생의 틈은 육상 흐름을 늦추거나 침투를 허용할 수 있는 기회를 제공하지는 않는다. 기준 치수가 유사하고 이전 가능하다면, 복원된 식물군집은 기준 하천수변과 유사한 구조적 다양성과 피복 덮개를 나타내도록 설계되어야 한다. 기준 하천수변은 식물 종과 그 발생빈도 및 분포에 관한 정보를 제공할 수 있다. 설계는 수변의 폭과 길이의 간격을 최소화하여 하천수변의 여과 능력을 유지하는 것을 목표로 해야 한다.

다양한 종의 이동 경로와 둥지 서식지에 대한 적합성을 포함하여 야생 동물의 서식지 품질에 영향을 미치기 때문에 완충 장치의 모양과 구성도 주목을 받고 있다. 경관 요소들 간의 연관성의 재확립은 많은 종들에게 결정적으로 중요할 수 있다(Noss 1983, Harris 1984).

그러나 앞에서 언급했듯이 기본적인 고려사항에는 특정 식물 유형이 인접한 수변에 존재했는지 여부와 기존의 교란된 수변이 좁은지 또는 넓은 범람원 숲의 일부인지 여부가 포함된다. 부적절하고 좁은 수변의 확립은 국지적 및 지역적 규모에서 순수한 해로운 영향을 미칠 수 있다(Knopf et al., 1988). 지역 야생 동물 관리 우선순위는 이러한 문제를 다루는 완충지대 폭과 기준을 개발할 때 평가되어야 한다.

(2) 경계

하천수변과 인접한 경관 사이의 가장자리 초목의 구성은 서식지, 통로 및 여과기능에 영향을 미친다. 교란되지 않은 환경에서 두 생태계 사이의 전환은 일반적으로 넓은 지역에서 발생한다. 하천수변과 인접한 경관 사이의 경계는 직선 또는 곡선일 수 있다. 직선 경계는 가장자리를 따라 상대적으로 방해받지 않는 이동을 허용하여 두 생태계 간의 종 상호작용을 감소시킨다. 반대로, 수변의 둥근 돌출부와 서로 인접한 지역의 돌출부를 가진 곡선 경계는 경계를 넘나드는 이동을 조장하여 상호작용을 증가시킨다. 경계의 모양은 이러한 상호작용을 통합하거나 억제하여 서식지, 통로 및 여과기능에 영향을 줄 수 있도록 설계할 수 있다.

종 상호작용은 사업 목표에 따라 바람직하지 않을 수도 있다. 복원계획의 경계는 예를 들어 종자를 포획하거나 종자를 운반하는 동물들을 통합하도록 고안될 수 있다. 그러나 어떤 경우에는 이러한 상호작용이 인접 생태계의 기능적 요구사항(예 : 농업 분야의 장비들의 허용범위)에 의해 결정된다.

5.3.5 연직 다양성

하천수변 내의 이질성은 중요한 설계 고려사항이다. 하천수변과 그 형태(초본류, 관목, 작은 나무, 큰 나무)를 구성하는 식물들과 그 다양성은 기능에 영향을 미친다. 특히 구간과 부지 규모에 영향을 미친다. 식물의 층구조화는 바람, 음영, 조류 다양성 및 식물 성장에 영향을 미친다. 일반적으로 하천수변의 가장자리에 있는 초목들은 수변의 내부에서 발생하는 초목들과는 매우 다른 성질을 보인다. 수변의 지세, 양상, 토양 및 수문은 여러 자연적으로 다양한 층과 종류의 초목을 제공하는 것이다.

가장자리와 내부 식생 구조의 차이는 중요한 설계 고려사항이다(그림 5.6). 하천수변으로부터 인접한 생태계로 점진적으로 변하는 가장자리는 환경 기울기를 약화시키고 관련된 교란을 최소화한다. 이러한 전환 지역은 종의 다양성을 촉진하고 다양한 영양물질과 에너지 흐름을 완충시킨다. 인간의 개입으로 인해 가장자리가 급격하게 변해도 자연적으로 발생하는 가장자리 식물의 상태는 설계를 통해서 복원될 수 있다. 식물군집과 복원된 가장자리 지형은 참조 하천수변에서 발견되는 구조적 변화를 반영해야 한다. 좁은 간격의 가장자리에서 연결되고 인접한 식물 덮개를 유지하려면 키 큰 초목이 틈을 통해 계속되도록 설계되어야 한다. 틈이 가장 크거나 가장 넓은 식물에 의해 깰 수 있는 것보다 더 넓으면, 보다 점진적인 가장자리가 적절할 수 있다.

그림 5.6 가장자리 식생구조. 가장자리의 특성은 급격하거나 완만한 구성변화를 보인다. 생태시스템 간의 관계(상호작용)를 보다 강화하는 방향으로 점진적인 경계를 이룬다.

수변 내부의 연직 구조는 가장자리의 연직 구조보다 덜 다양하다. 이는 전형적으로 식림용지(植林用地)에 진입할 때 관찰되는 것이다. 가장자리 식물은 수풀이 많고 여기저기로 옮겨 다니기가 어렵다. 반면 내부의 그늘진 조건은 이동이 쉬운 산림 지대를 만든다. 꺾어진 가지나 넘어진 나무는 중요한 서식지 기능을 제공할 수 있다. 하천수변 식생의 내부 조건을 복원하기 위해 설계할 때 가장자리에 사용된 식생구조보다 덜 다양한 식생구조가 사용되어야 한다. 참조 하천수변은 설계의 이러한 측면에 대한 중요한 정보를 제공하고 있다.

5.3.6 수문학적 및 하천 수리학적 영향

자연 범람원 식물군은 주로 하천 이동과 홍수의 조직화 영향으로부터 그들의 특징적인 수평적 다양성을 유도한다(Brinson et al., 1981). 앞에서 논의한 바와 같이, 하천의 수변식생 복원을 설계할 때, 인근의 기준 조건들은 일반적으로 적정한 식물 종과 식생군집을 확인하기 위한 모형으로 사용된다. 그러나 원래의 덮개와 더 오래된 기존의 나무들은 하천관리 또는 유역의 흐름과 퇴적물 특성에 영향을 주는 다른 변화 이전에 수립되었을 수도 있다.

범람원 내에서 적절하게 복원된 식물군집을 설계하기 위해서는 현재의 홍수와 계획된 홍수에 대한 충분한 이해가 필요하다. 수자원 관리 및 계획 기관은 그러한 자료의 가장 좋은 출처이다. 야생 지역에서는 하천 계측자료가 이용 가능할 수도 있고, 또는 수로 준설이나 수생동물의 활동 또는 기타 원인으로 홍수터 수문현상이 변경되었는지 여부를 판단하기 위해 지형 및 식생의 현장 해석이 필요할 수 있다. 지역 주민과의 토론 및 항공사진 검사를 통해 물의 우회, 지하수의 고갈 및 지역 수문학의 유사한 변화에 대한 정보를 얻을 수 있다.

식생~수문기간 모형은 강기슭 식물의 분포를 예측하는 데 사용될 수 있다(Malanson, 1993). 이 모형은 강기슭 지역의 여러 지역에서의 침수 유량과 원하는 식물에 대한 수분조건의 적합성을 확인한다. 예를 들어, 주어진 유량에 의해 침수된 면적을 변경하여 특정 홍수발생 빈도 및 홍수지속시간과 관련된 식생에 적합한 면적을 증가시키도록 조정할 수 있다. 식생~수문기간 관계에 중점을 두면 다음과 같은 사실을 알 수 있다.

- 강기슭 지역의 식생을 구조화할 때 수분 조건의 중요성
- 하천유량에 의한 침수구역의 산정과 저지대 바닥의 기하학적 형태를 계산하기 위한 합리적인 물리적 모형의 존재
- 기능이 저하된 하천시스템에서 유량과 침수유량이 변경되거나 복원작업의 일부로 수정될 가능성

일반적으로 하천유량과 침수유량이 변하지 않은 개간하지 않은 지점에서 지역의 역사적인 식생을 대체하는 것과 같은, 바람직한 식생에 적합한 수분조건이 있는 지점에서 식생을 복원하려고 할 때, 심는 노력은 더 쉬워질 것이다. 수분의 적합성 계산은 설계를 지원한다. 때로는 복원 목적이 자연적으로 새로운 흐름 조건이 지원하는 것보다 원하는 식물을 더 많이 복원하는 것일 수도 있다. 식물심기를 직접 조장하거나 경쟁종을 심어 제어하는 것은

원하는 종의 생리적 허용 내성(耐性) 내에서 원하는 결과를 생성할 수 있다. 어느 정도는, 이 지역의 식물은 수분조건과 균형이 맞지 않을 수 있으며 지속적인 유지관리가 필요할 수 있다. 식생의 관리는 보다 바람직한 상태로 승계성을 가속화할 수 있다.

장기 보충 급수가 필요한 사업은 유지 보수 비용이 높고 성공 가능성이 낮기 때문에 피해야 한다. 반대로, 수로 근처에서 초목, 특히 수목성 식생의 부재가 요구되는 경우가 있을 수 있다. 하천유량이나 침수유량의 변화는 이들 지역의 수분 조건을 수목성 식생에 적합하지 않게 만들 수 있다.

식물 종에 대한 부지 적합성의 일반적인 개념은 침수로 결정된 수분 조건에서 식물 분포를 결정하는 다른 변수로 확장될 수 있다. 예를 들어, Ohmart and Anderson(1986)은 건조한 하천시스템의 토착 하천 식생 복원은 부적절한 토양 염분에 의해 제한될 수 있다고 제안한 바 있다. 많은 건조한 상황에서는 지하수 깊이가 실제 범람보다 강기슭에서의 하천흐름의 수분 영향을 보다 직접적으로 측정할 수 있게 한다. 침수유량과 지하수 깊이는 둘 다 표고와 관련이 있다.

그러나 지하수 깊이는 이러한 침수가 드문 지역에서는 보다 적절한 원인 변수일 수 있으며, 따라서 유역의 지하수 수위가 하천 흐름에 의존하는 물리적 모형이 지표 수위의 수리모형보다 더 중요할 수 있다.

일부 하천수변 식물 종은 성장 단계별로 다른 요구사항을 가지고 있다. 예를 들어, 확장된 침수를 허용하는 성장한 식물은 정착을 위해 침수위 저하를 요구할 수 있으며, 상대적으로 높고 건조한 지역에서 번성하는 성장한 식물은 수면 가장자리 부근의 지표면에서만 형성될 수 있다. 이것은 적절한 수분 조건을 구성하는 것을 복잡하게 할 수 있으며, 정착 요구사항을 별도로 고려해야 할 수도 있으며, 시간이 지남에 따라 위치가 어떻게 변할 수 있는지를 고려해야 할 수도 있다.

식물 구성이 시간에 따라 어떻게 변할 것인가에 대한 명확한 규칙 세트를 기반으로 한 식물 역동성 모의발생 모형의 적용은 상이한 식물 성장 단계에서 서로 다른 요구사항에 대한 보다 복잡한 세부사항이 부지 적합성 평가에 통합되면서 필요할 수 있다. 이러한 유형의 보다 정교한 식물 반응 모형의 예로는 대초원 습지 종에 대한 van der Valk(1981)의 모형과 강변저지대의 목재 종에 대한 Pearlstine et al.(1985)의 모형이 개발되어 있다.

5.3.7 홍수터와 대지(臺地)의 토양생체공학

토양생체공학은 사면 안정화, 침식 감소 및 식생 설치를 위해 자연 및 합성 지지 재료와 함께 살아 있는 식물과 죽은 식물 재료들을 사용하는 것이다. 많은 토양생체공학 시스템이 있으며, 적절한 시스템의 선택은 성공적인 복원에 매우 중요하다. 토양생체공학의 원리를 이해하고 적용하기 위해서는 참고문헌들을 참고하는 것이 좋다. NRCS의 현장 핸드북의 제 650 편 제16장, 하천제방 및 해안선 보호(USDA-NRCS, 1996) 및 제18장, 대지 경사면 보호 및 침식 감소를 위한 토양생체공학(USDA-NRCS, 1992)은 이러한 기술의 적용을 위한 배경 및 지침을 제공하고 있다. 토양생체공학 시스템에 대한 더 자세한 설명은 "하천제방 복원" 절과 부록 B에서 제공된다.

5.4 서식지 측정

[내용의 이해]
강기슭과 육지 서식지 복구를 보장하는 데 사용할 수 있는 특정 도구 및 기법은 무엇인가?

구조와 기능을 제공하기 위해 여러 가지 다른 방법들이 사용될 수 있다. 그것들은 일반적으로 서식지 개선 또는 특정 종을 위한 별도의 조치 또는 복원계획의 필수 부분으로 수행될 수도 있다. 이러한 조치는 전체 복원 결과가 원하는 서식지를 제공하는 데 필요한 성숙 수준에 도달할 때까지 단기 서식지를 제공할 수도 있다. 물론 이러한 조치들은 또한 공급이 부족한 서식지를 제공할 수 있다. 나무가 있는 저수지, 둥지 구조 및 먹거리를 제공하는 식생구조는 좋은 세 가지 예다. 양서류 동물도 복원 수단으로 제시된다.

5.4.1 나무가 있는 저수지

나무의 성장이 정지된 기간 동안의 저지대 경목의 단기간 침수로 인해 일부 종(예 : 물새)들이 야생 기장과 잡초와 같은 하류 양식 식물을 먹을 수 있는 조건이 향상된다. 도토리는 오리, 사냥감이 아닌 새와 포유류, 칠면조, 다람쥐, 사슴을 포함하여 다양한 동물군의 하천수변에서의 주요한 먹거리이다. 나무가 있는 저수지는 얕은 제방을 만들고 배출구 구조를 설치하여 만들어진 수심이 얕고 숲이 있는 범람원 저수지이다(그림 5.7). 배수는 키 큰 경목의 피해를 예방한다. 나무가 있는 저수지의 범람은 설계상 자연홍수 체계와는 다르다. 나무가 있는 저수지는 일반적으로 자연상태에서 보통 발생하는 홍수보다 더 일찍 침수되고 수심이 깊게 된다. 시간이 지남에 따라 자연홍수 상태의 변화가 발생하여 식생변화, 번식의 결여, 깃대종의 생산 감소, 수목의 사망 및 질병이 발생할 수 있다. 나무가 있는 저수지의 적절한 관리를 위해서는 지역 시스템, 특히 자연홍수에 대한 지식과 시스템 요구사항에 부합하는 관리목표의 통합이 필요하다. 나무가 있는 저수지의 적절한 관리는 연간 기준으로 우수한 서식지를 제공할 수 있지만 관리계획은 건설에서부터 물새 관리까지 잘 설계되어야 한다.

그림 5.7 나무가 있는 저수지

5.4.2 둥지구조

하천수변에서의 강기슭 서식지나 육지 서식지의 손실은 둥지를 짓기 위한 나뭇가지와 새가 쉴 수 있는 나무(홰) 구멍을 사용하는 많은 수의 조류와 포유류가 감소하는 결과를 낳고 있다. 나무구멍 둥지를 치고 있는 새들에 대한 가장 중요한 제한 요소는 대개 살아 있는 나무(Sedgwick and Knopf, 1986) 에서 걸러지거나 죽은 가지 형태로 쌓인 재료들(von

Haartman, 1957)의 이용 가능성이다. 둥지 구조에 필요한 나뭇가지는 강풍에 의해서거나 나무껍질 또는 나무의 꼭대기 부분을 사용하여 만들 수 있다. 인공 둥지 구조는 많은 조류 종들이 둥지 상자 또는 다른 인공 구조물을 쉽게 사용할 수 있기 때문에 적절한 서식지에서 자연적 위치의 부족을 보완할 수 있다. 예를 들어, 강을 따라 둥지 나무가 부족한 곳에서는 전주를 사용하여 2중 볏이 달린 가마우지를 위한 인공 둥지 구조가 세워진 바 있다(Yoakum 외, 1980). 많은 경우, 번식 조류 밀도의 증가는 그러한 구조물을 제공함으로써 발생한다(Strange et al., 1971, Brush 1983). 인공 둥지 구조는 또한 새끼들의 생존을 개선할 수 있다(Cowan, 1959). 둥지구조는 목표 종의 생물학적 요구를 충족시키도록 적절하게 설계되고 배치되어야 한다. 또한 내구성이 강하고 약탈자가 없으며 경제적이어야 한다. 둥지 상자의 설계 사양에는 구멍 직경 및 모양, 상자 내부 체적, 상자 바닥에서부터 개구부까지의 높이, 사용된 재료의 유형, 내부 사다리(계단)가 필요한지 여부, 설치 높이 및 상자를 설치할 서식지의 형태를 포함해야 한다. 다른 유형의 둥지 구조에는 물새와 맹금류를 위한 둥지 기판이 포함된다. 비둘기, 올빼미 및 물새를 위한 둥지 바구니; 거위를 위한 둥지 구조, 다람쥐를 위한 타이어 보금자리를 포함한다. 강기슭과 습지 중첩 종의 둥지 구조에 대한 명세서—다수의 딱따구리류, 참새종류, 물새 및 맹금(猛禽)류는 Yoakum et al.(1980), Kalmbach et al.(1969) 등 다양한 야생 동물 보호 기관 및 보존 관련 출판물에서 찾아볼 수 있다.

5.4.3 먹잇감 식생조각

먹잇감 식생조각 재배는 종종 비싸고 항상 예측 가능하지는 않지만 대부분의 물새를 위해 습지대나 강기슭 시스템에서 수행될 수 있다. 이 지역 고유의 식량 식물의 환경적 요구사항, 도입 연도의 적절한 시기, 수위 관리 및 토양 유형을 모두 고려해야 한다. 습지에 서식하는 중요한 식량 식물 중에는 가래속(屬)의 수초, 버들여뀌류의 잡초, 오리 감자풀, 사초속(屬)의 각종 식물(쐐기풀), 오리물풀, 붕어마름(金魚藻), 알칼리 부들(골풀)류, 그리고 다양한 풀 들을 포함한다. 일반적으로 심은 두 종류의 종에는 야생 벼와 야생 기장이 포함된다. 이들 종의 심기를 위한 제안된 기술에 대한 세부사항은 Yoakum et al.(1980)에서 찾아볼 수 있다.

5.5 하천수로의 복원

예를 들어, 지표 채광 활동, 극심한 기상 현상 또는 주요한 고속도로 건설에서처럼, 하천수로에 대한 일부 교란들은 너무 심해서 원하는 시간 내에 복원하려면 새로운 수로를 완전히 재건설해야 한다. 이러한 재구성된 수로에 대한 규모(하폭, 수심, 단면모양, 경사 및 정렬)를 선택하는 것은 아마도 하천복원설계에서 가장 어려운 요소일 것이다. 하천수로 재건설의 경우, 하천수변 복원설계는 다음과 같은 두 가지 광역 경로 중 하나를 따라 진행될 수 있다.

1. 특정 생물 종의 생애 단계별(예 : 무지개 송어의 산란기) 서식지 요구사항에 중점을 둔 단일 종 복원으로, 현존하는 시스템은 표적종과 생애 단계를 위한 수용 가능한 서식지의 주어진 양을 제공하는 데 필요한 것을 기준하여 분석되고 지적된 모든 결함을 개선하기 위한 설계가 진행된다.
2. 하천수변의 화학적, 수문학적 및 지형학적 기능에 대한 설계자원을 집중시키는 "생태계 복원" 또는 "생태계 관리"접근법으로, 이 접근법은 하천수변 구조와 기능이 적절하다면 생물군집이 지속가능한 수준으로 회복될 것으로 가정하고 있다. 이 접근법의 강점은 생물과 그들 환경의 전체적인(복합적인) 상호 의존성을 인식하는 것에 있다.

수생 서식지에 대한 처리와 관련된 단일 종 복원설계 방법은 이 장의 다른 곳에 포함되어 있지만, 이 절에서는 두 번째 방법을 강조하고자 한다.

5.5.1 수로재건을 위한 과정들

유역의 토지이용 변화 또는 다른 요인으로 인해 토사량 발생률이나 수문학적 변화가 발생하면 역사적인 수로 상태로의 복구는 권장되지 않는다. 이러한 경우 새로운 수로설계가 필요하다. 이를 위해서 다음의 절차가 제안될 수 있다.

1. 유역의 물리적 측면을 기술하고 수문학적 반응을 특징짓는다. 이 단계는 앞에서 설명한 대로 계획 단계에서 수집된 자료를 기반으로 해야 한다.
2. 구간 및 관련 제약 조건을 고려하여, 복원된 하천수로수변에 대한 예비 우회 경로를

선택하고 계곡 길이와 계곡 경사를 계산한다.

3. 새로운 수로에 대한 대략적인 하상재료 크기분포를 결정한다.

아래에 설명되는 많은 수로설계 절차에서는 설계자가 하퇴적물 크기를 제공해야 한다. 과업을 통해서 하상퇴적물이 수정될 가능성이 없다면, 기존 수로의 하상 물질은 앞에서 검토한 절차를 사용하여 표본을 채취할 수 있다. 교란 전의 조건들이 기존 수로의 조건과 다르다면, 그리고 그러한 조건을 복원해야 한다면, 관련한 퇴적물 크기 분포를 반드시 결정해야 한다. 이는 근처의 유사한 하천으로부터 하상퇴적물의 대표 표본을 모아서 수행할 수 있다. 이는 교란 전의 하상을 찾아내기 위하여 굴착하거나 또는 역사적인 자원에서 정보를 얻는 방법으로 시행할 수 있다. 유속과 수심과 마찬가지로, 자연 하천에서의 하상퇴적물 크기는 시공간적으로 연속적으로 변화한다. 특히 성가신 것은 모래와 자갈의 이분법 혼합물인 퇴적물 크기 분포를 갖는 하천이다. 전체 분포의 중앙 값(D_{50})은 사실상 하상에서 사라질 수 있다. 그러나 흐름조건이 잘 발달된 견고한 하상층을 유발할 수 있는 경우, 하상재료의 크기 분포를 나타내기 위해서 중앙값보다 높은 백분위 값(예: D_{75})을 사용하는 것이 적절할 수 있다. 어떤 경우에는, 비응집성 물질의 다질 혼합물 속으로 굴착된 새로운 수로가 견고한 하상층을 발달시킬 것이다. 이 경우, 설계자는 견고한 층의 재료 크기를 예측해야 한다. Helwig(1987)와 Griffiths(1981)가 제시한 방법들은 그러한 상황에서 도움이 될 수 있을 것이다.

4. 수문과 수리 분석을 수행하여 설계유출량 또는 유출량 범위를 선택한다.

지금까지의 수로설계는 특정 표고 또는 그 이하에서 일정 유출량을 통수하는 수로 규모를 선택하는 것을 중심으로 발전해왔다. 설계유출량은 대개 홍수의 발생빈도나 지속기간 또는 운하의 경우 하류부의 유량공급 필요성에 근거한다. 반면에 수로복원은 유사한 유역 환경에서 자연적으로 발달할 수 있는 수로와 유사한 수로를 설계하는 것을 의미한다. 따라서 복원을 위한 설계유량 선택의 첫 번째 단계는 홍수방호를 위한 제어 표고를 결정하는 것이 아니라, 어떤 유량이 수로의 크기를 제어하는지를 결정하는 것이다. 이는 가끔 1~3년의 재현기간 유량이나 그 근사치가 될 것이다. 수로형성유량, 유효유량 및 설계유량에 대한 설명은 이 책의 앞부분을 참조할 것을 바란다. 계측 및 비계측 지역에 대한 유량해석에 관한 추가 지침도 앞 장에 제시되어 있다. 설계자는 하천시스템에 따라 적절하게 유효유출량이나 제방만수유량을 산출해야 한다.

효과적인 유출량을 결정하기 위해서는 흐름지속곡선과 통합할 토사량 곡선을 개발해야 한다. 효과적인 유출량 계산에서 수로를 형성하는 데 기여하는 토사부하량(하상물질 부하량)을 사용해야 한다. 이 토사부하는 측정된 자료로부터 결정되거나 적절한 토사량 수송 방정식을 사용하여 계산될 수 있다. 측정된 부유토사 자료가 사용될 수 있다면, 일반적으로 0.062 mm 미만의 입자로 구성된 세척부하(wash load)를 제거하고 부유사 부하의 부유된 하상토사만을 사용하여야 한다. 하천에서 하상하중이 전체 하상물질 하중의 작은 비율이라면 유효유출 계산에서 측정된 부유물질 하중을 단순히 사용하는 것이 허용될 수 있다. 그러나 하상하중이 전체 하중의 상당 부분이라면 적절한 토사이송 함수를 사용하여 계산한 다음 부유하상물질 하중에 추가하여 전체 하상물질 하중의 추정치를 제공해야 한다. 드물지만 하상부하량 측정이 가능하다면, 관찰된 자료를 사용할 수 있다.

홍수의 원인이 되는 흐름 수위와 발생빈도 또한 나머지 하천수변에서의 하천복원 측정을 계획하고 설계하는 데 도움이 되도록 확인되어야 한다. 홍수관리에 제한이 있다면 추가적인 요소가 설계에 적용되어야 한다. 홍수조절 수로의 환경적 특성들은 Hey(1995), Shields and Aziz(1992), USACE(1989a), 그리고 Brookes(1988) 같은 다른 자료들에서 설명되어 있다.

수로개조 및 하천수변 복원은 준설된 하천에서 가장 어려우며 수문학적 분석은 몇 가지 추가적인 요소를 고려해야 한다. 준설된 수로는 일반적으로 수로형성 유량을 전달하는 데 필요한 것보다 훨씬 크다. 준설된 수로의 복원은 범람원의 범람 흐름과 생태 기능을 복원하기 위해 하상을 높이는 것을 포함할 수 있다. 이러한 유형의 복원에서는 복원된 범람원 수문학과 기존의 토지이용과의 호환성 또는 적합성을 고려해야 한다. 준설된 수로를 재구성할 때는 두 번째 선택으로 한측 또는 양측을 굴착하여 홍수터와 더불어 새로운 만수수로를 만드는 것이다(Hey, 1995). 다시 말하면 인접한 토지이용은 새로운 굴착한 범람원과 수로를 수용할 수 있어야 한다.

세 번째 선택은 준설한 수로를 제 위치에서 안정화시키고 환경이익을 위해서 저유량(低流量) 수로를 향상시키는 것이다. 범람원의 생성은 하천복원의 일부로서 필요하지 않거나 가능하지 않을 수도 있다.

수로의 규격, 수정 또는 재배치가 필요한 경우 또는 구조적으로 연직 또는 수평적 안정성을 강화해야 하는 경우에는 복원설계가 미래에 예상되는 유량 범위를 고려하는 것이 중요하다. 도시화 유역에서 미래의 조건은 기존의 조건과는 상당히 다를 수 있으며 첨두유량이 커지고 도달시간이 짧아진 뾰족한 흐름이 될 수 있다.

복원 목적을 달성하기 위해 특정 하천 유량 수준이 요구되는 경우 현재 및 원하는 조건에 대한 철저한 이해를 토대로 이들 유량을 정량화해야 한다. 우수한 설계 기법은 또한 설계 조건보다 크거나 적은 유량 시의 하천수리 및 안정성을 점검해야 한다. 다음에 설명하는 안정성 검사는 매우 단순하거나 매우 정교할 수 있다. 수문학적 분석과 수위~유량 곡선 관계의 개발에 관한 추가 지침도 제시되어 있다.

5. 안정된 평면형태－직선, 사행 또는 편조형(編組形, 그물형)을 예측한다.

수로 평면형태는 직선형, 편조형(그물형) 또는 사행형으로 분류될 수 있지만, 수로형식은 직선형에서 사행 단일 수로형으로 또는 여러 갈래로 연결한 그물형으로 연속적으로 변할 수 있기 때문에 범주 간에 임계값은 임의적이다. 자연적으로 직선적이고 안정적인 충적 수로는 드물지만 사행형과 그물형 수로는 흔하며 다양한 측면 및 연직 안정성을 나타낼 수 있다.

수로경사, 유량, 하상물질 크기에 기초한 수로평면형태의 예측을 가능하게 하는 관계(Chitale 1973, Richards 1982)가 제안되었지만, 때로는 신뢰할 수 없으며(Chitale 1973, Richards 1982), 사행과 그물형 사이의 경계를 이루는 하상경사의 예측값이 너무 광범위하게 나타나고 있다. Dunne(1988) 이 지적한 바와 같이, "하천의 평면형태 양상은 예측하기가 가장 어렵다."라고 USACE(1994)가 말한 것은 이용 가능한 분석기술이 주어진 수로 수정이 제방 식생과 토사의 응집력과 같은 정량화하기 어려운 요소들에 민감한 사행발달을 신뢰성 있게 결정하지 못하기 때문이다.

안정한 하상경사는 토사량과 침식에 대한 제방 내성을 포함한 여러 요인들의 영향을 받는다. 첫째로, 복원설계자는 유사한 유역의 안정적인 참조 수로와 유사한 수로 평면형태를 취할 수 있다. 안정적인 수로와 그 계곡에 관한 자료를 기준 구간에서 수집함으로써 복원 지역에 안정적인 구성 형태가 무엇인지에 대한 통찰력을 얻을 수 있다. 이러한 하천유형의 형태는 설계자가 선택한 평면형식이 적합한지를 인정하거나 추가적인 수정을 위한 수렴선을 제공할 수도 있다.

이상과 같은 5단계를 처음으로 완료한 후에는 여러 경로 중 하나를 최종 설계로 선택할 수 있다. 표 5.1에는 세 가지 접근 방식이 요약되어 있다. 시행착오적으로 반복하는 과정이 종종 필요하기 때문에 작업이 항상 순차적으로 실행되는 것은 아니다.

표 5.1 최종 설계를 달성하기 위한 세 가지 접근 방식 : 교재에 설명된 초기 5단계를 수행한 후 복원설계에 대한 최종 단계의 변형이 있다.

방법 A		방법 B(Hey 1994)		방법 C(Fogg 1995)	
과업	도구	과업	도구	과업	도구
사행의 기하형태와 수로 정렬 결정[1]	사행 파장에 대한 경험식과 교란 전의 조건이나 거의 교란되지 않은 구간에서의 측정치를 수용하여 적응	설계 유량에서 설계수로에 의해 운반할 하상물질 배출량을 결정하고, 하상물질 토사량의 농도를 산정	측정된 자료를 분석하거나 적정한 토사이동 함수[2] 및 설계 구간의 상류에 있는 수리학적 특성을 사용	설계유량에 대한 평균유량, 폭, 깊이와 기울기를 계산[3]	지역계수가 있는 영역(Regime) 또는 수리기하 공식을 이용
만곡도(사행도), 수로길이 및 기울기를 계산	수로길이＝만곡도×계곡길이 수로경사＝계곡경사／만곡도	설계유량[4]에 대한 평균유량, 폭, 깊이 및 기울기 계산	지역계수가 있는 영역 또는 수리기하 공식 또는 해석적 방법들(예를 들어 White, et al. 1982, Copeland 1994)[3]	설계유량에서의 흐름저항계수를 계산하거나 추정	수심과 하상물질 입경, 그리고 예상한 만곡도와 제방／비탈면 식생에 근거하여 수정한 저항계수 사이의 적정한 관계
설계 유량에서 평균유량 폭과 수심을 계산[4]	지역계수가 있는 영역 또는 수리기하 공식 또는 해석적 방법들―예로서 소류력, Ikeda and Izumi, 1990 또는 Chang, 1988)	만곡도와 수로길이의 계산	만곡도＝계곡경사／수로경사 수로길이＝만곡도×계곡길이	설계유량을 통과시키는 평균수로경사와 수심의 계산	등류방정식(예 : Manning, Chezy), 연속방정식, 그리고 설계수로단면형상; 등류방정식 대신에 수치수면경사 모형을 사용할 수도 있음
소(沼)의 간격 계산자갈 하상인 경우)과 설계에 상세를 추가	경험적 공식들, 유사한 하천의 관찰, 서식지 기준	사행 기하와 수로 배치 조정	사행 호(弧)의 길이가 수로폭의 4〜9배까지 다양하게, 수로길이에 맞게 조정된 것을 지도에 배치	설계유량에서의 유속과 경계 전단응력을 계산	수로 경계재료에 기반을 둔 허용유속이나 전단응력 기준
수로의 안정성을 점검하고 필요에 따라 반복	안정성 점검	소(沼)의 간격 계산―자갈 하상인 경우)과 설계에 상세를 추가	경험적 공식들, 유사한 하천의 관찰, 서식지 기준	만곡도와 수로길이를 계산	만곡도＝계곡경사／수로경사 수로길이＝만곡도×계곡길이 수로 점검 확인

표 5.1 최종 설계를 달성하기 위한 세 가지 접근 방식 : 교재에 설명된 초기 5단계를 수행한 후 복원설계에 대한 최종 단계의 변형이 있다. (계속)

방법 A		방법 B(Hey 1994)		방법 C(Fogg 1995)	
과업	도구	과업	도구	과업	도구
		수로의 안정성을 점검하고 필요에 따라 반복	안정성 점검	만곡도와 수로길이의 계산	사행 호의 길이가 수로폭의 4~9배까지 다양하게 수로길이에 맞게 조정된 것을 지도에 배치
				수로의 안정성을 점검하고 필요에 따라 반복	안정성 점검

1 사행 평면이 안정적이라고 가정하고, 만곡도와 만곡 호의 길이도 알려져 있다..
2 측정된 자료에 대해 보정하지 않고 토사이동량을 계산하면 특정 수로에 대해 매우 신뢰할 수 없는 결과가 발생할 수 있다－USACE, 1994, Kuhnle, et al., 1989).
3 나열된 두 가지 방법은 직선 수로를 가정한다. 만곡의 영향을 허용하려면 조정이 필요하다.
4 설계유량에서의 평균 흐름 폭과 수심은 설계유량이 만수 상태이기 때문에 수로의 규모(치수)를 제공한다. 일부 상황에서는 여유고를 허용하는 데 따라 수로를 확장할 수 있다. 영역 이론과 수리기하 공식을 검토하여 평균폭인지 상단 폭인지를 확인해야 한다.

5.5.2 정렬과 평균경사

어떤 경우에는 복원 목적을 위해 직선수로를 사행으로 정렬된 수로 속으로 돌리는 것이 바람직할 수 있다. 다음에는 사행 설계를 위한 세 가지 접근 방식이 요약되어 있다.

설계수로가 소량의 하상물질 부하만을 전달하는 경우, 부유토사의 퇴적을 방지할 수 있을 정도로 충분히 빠르지만 하상의 침식을 방지하기에는 충분히 작은 속도로 설계유량을 운반할 수 있도록 하상경사와 수로 규모를 선택할 수 있다. 이 방법은 고정되어 있거나 매우 드물게 움직이는 하상이 있는 수로(일반적으로 안정된 조약돌과 자갈 하상)에만 적합하다. 일단 평균 수로경사를 알면, 수로길이는 직선 하향거리에 계곡경사 대 수로경사의 비율(만곡도)을 곱하여 계산할 수 있다 . 그런 다음 사행 호 길이 L-수로를 따라 변곡점 사이의 측정 거리)이 수로폭의 4~9배, 평균 7배가 되도록 지도에 배열할 수 있다. 사행은 균일하지 않아야 한다.

영국의 Norfolk에 있는 블랙 워터 강의 절개(준설)된 직선 수로는 폭이 약 15~20 m(50~65 ft) 크기의 새로운 저지대 범람원을 굴착하고 그 속에 폭 5 m(16 ft), 깊이 90 cm(3 ft) 정도의 사행수로를 포함하는 형태로 복원된 바 있다(Hey, 1995). 예비 계산에 따르면 수로의 하상은 만수유량에서 약간의 이동성이 있었으며 토사 부하는 낮은 편이었다.

5.5.3 수로규격

수로규모의 선정에는 폭과 수심의 평균값을 결정하는 것이 포함된다. 이러한 선정은 부과된 물(유량)과 토사유출량, 토사 크기, 제방 식생, 저항요소, 그리고 평균하상경사에 기초하는 것이다. 그러나 폭과 수심은 위치 요소에 의해 제한될 수 있으며, 설계자는 안정성 기준을 충족하면 반드시 고려해야 한다. 수로폭은 사용 가능한 수변폭보다는 작아야 하며, 수심은 인접한 상류부와 하류부의 제어 수위, 저항요소 그리고 인접한 지표 높이(표고)에 따라 달라진다. 경우에 따라서는 제방이나 홍수방호벽이 부지 제약과 수심 요구사항을 맞추기 위해 필요할 수도 있다. 이 단계에서 결정되는 평균 치수는 균일하게 적용되어서는 안 된다. 대신에 아래에 설명되는 세부설계 단계에서 수렴과 발산 흐름 및 그에 따른 물리적 다양성을 생성하기 위해서 비균일 경사(부등류 경사)와 단면을 특정해야 한다.

자연수로의 평균 단면형상은 유량, 유입 토사량, 지질, 거칠기(조도), 하상경사, 제방 식생, 그리고 하상과 제방의 재료에 달려 있다. 아래에 제시된 경험적 도구의 일부를 사용할 때 제방 식생이 고려되지만, 많은 해석적 접근법은 제방 재료와 식생들의 영향을 고려하지 않거나 비현실적인 가정(예 : 제방은 하상 재료와 동일한 재료로 구성된다는 것)을 하고 있다 이러한 도구들은 주의해서 사용해야 한다. 평균 수로폭과 수심을 초기 선정한 후에 설계자는 이러한 규모와 참조구간들의 그것들과의 호환성을 고려해야 한다.

(1) 참조구간들

아마도 수로폭과 수심을 선정하는 가장 간단한 방법은 유역의 다른 곳이나 지역의 유사한 구간에서 안정적인 구간(참조구간)의 치수를 사용하는 것이다. 그러나 이러한 방법의 어려움은 적정한 참조구간을 찾는 것이다. 참조구간은 과업구간의 설계기준을 개발하는 데 사용되는 과업구간 밖의 하천구간이다.

안정적인 수로설계를 위해 사용되는 참조구간은 그것이 안정적이고 바람직한 형태와 생태적 조건을 갖추었는지가 평가되어야 한다. 또한 참조구간은 원하는 과업구간과 충분히 유사해야 비교가 유효하다. 참조구간은 수문학적으로 토사량 부하, 하상과 제방 재료 면에서

원하는 과업구간과 유사해야 한다. 참조구간이라는 용어에는 여러 가지 의미가 있다. 앞에서 사용한 것처럼 참조구간은 복원된 수로의 외면적 형태에 대한 본보기로 사용될 구간이다. 참조구간의 폭, 수심, 경사, 그리고 평면 특성은 정확하게 또는 과업구간과는 특성이 약간 다르더라도(예 : 배수면적이 약간 변하더라도) 그에 맞도록 해석적 또는 경험적 기법들을 사용하여 설계구간으로 이관된다.

복원작업이 있는 유역의 정확한 복제본을 찾는 것은 불가능하며, 주관적인 판단이 유사성을 결정하는 데 중요한 역할을 할 수 있다. 많은 안정된 구간들을 고려할수록 관련된 불확실성의 수준을 낮출 수 있으며, 참조 하천들을 분류함으로써 폭과 수심 자료를 하천 유형별로 그룹화하면 지역분석에 내포된 분산을 줄일 수가 있는 것이다.

참조구간이라는 용어의 두 번째 일반적인 의미는 다양한 복원 선택사양을 비교할 때 목표로 삼는 원하는 생물학적 조건을 가진 구간이다. 예를 들어, 도시화된 지역의 하천에서는 영향을 받지 않는 가까운 유역에서 비슷한 규모의 유역을 갖는 하천이 과업구간 범위에서 어떤 유형의 수생 및 강기슭 식생군집이 가능할 수 있는지를 보여주는 참조구간으로 사용할 수 있다. 도시하천은 도시개발전의 조건으로 되돌릴 수는 없지만, 참조구간의 특성을 사용하여 어떤 방향으로 나아갈지를 나타낼 수는 있다. 이러한 용어의 사용에서, 참조구간은 안정적인 수로 기하적 구조보다는 바람직한 생물학적 및 생태학적 조건을 정의하고 있다. IFIM과 RCHARC와 같은 모형 도구는 참조구간의 서식지 조건을 복제하는 데 가장 가까운 복원 선택사양을 결정하는 데 사용할 수 있다(선택사양 중에는 어느 것도 정확히 일치하지는 않을 수도 있음).

❖ 사행 설계

사행 설계에 대한 다섯 가지 접근법이 무작위로 아래에 설명되어 있다. 처음 네 가지 방법은 평균 수로경사가 사행 기하학에 의해 결정되도록 되어 있다. 이러한 접근법은 하천수로의 제어 인자들(물과 토사유입량, 하상물질의 크기 구성, 그리고 제방침식 저항요소)이 참조구간의 그것들과(교란 전 또는 교란되지 않은 복원구간) 유사할 것이라는 가정에 기초하고 있다. 다섯 번째 방법은 먼저 수로 기울기를 결정해야 하는 것이다. 만곡도(사행도, sinuosity)는 수로 경사와 계곡 경사의 비율을 따르며, 원하는 만곡도를 얻기 위해서 사행 기하(그림 5.8)가 개발되어 있다.

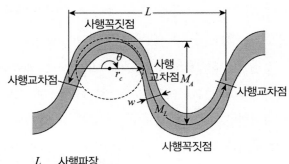

L　사행파장
M_L　사행원호길이
w　만수유량 평균폭
M_A　사행진폭
r_c　곡률반경
θ　원호각도

그림 5.8 사행을 설명하고 설계하는 데 사용되는 변수 : 일관되고 명확한 용어들이 사행 설계에 사용되고 있다(Williams, 1986).

① 교란 이전에 발견된 것과 똑같은 사행을 대체(복사)하는 방법이다. 이 방법은 수문과 하상물질이 교란 전의 조건과 매우 비슷하거나 동일하다면 적절할 수 있다. 오래된 수로는 종종 응집성 토양으로 채워지며 응집성 경계를 가질 수 있다. 따라서 수로의 안정성은 이전의 수로 정렬에 따라 향상될 수 있다.

② 수로폭이나 유량에 기초하여 사행 파장(L)과 진폭을 산정할 수 있는 경험적 관계를 사용한다. Chang(1988)이 사행 파장과 수로폭 / 깊이의 비, 그리고 마찰계수 사이의 그래픽 관계와 대수적 관계를 제시한 바 있다. 또한 사행 파장과 사행 수로의 정렬은 사행 곡률반경과 사행 수로의 진폭 또는 수로경사를 필요로 한다. Hey(1976)는 또한 L이 일반적으로 수로폭이나 유량에 의해 일관되게 결정되지는 않는다고 제안한 바 있다. Rechard and Schaefer(1984)는 사행 복원설계를 위한 지역공식의 개발 사례를 제공하였다. 지역자료들로부터 개발된 다수의 사행 기하학적 관계를 포함하고 있다. Newbury and Gaboury(1993)는 홍수터 계단 사이에 맞도록 사행 진폭을 선택함으로써 직선화된 수로를 위한 사행을 설계한바 있다. 사행 파장은 수로폭의 12.4배(문헌들 범위에서의 상한선)로 설정되었고, 곡률 반경은 수로폭의 1.9~2.3배 범위였다.

③ "합리적으로 지질학적 제어가 자유로운" 지역에서의 기본적인 파장, 평균 곡률 반경 및 사행 벨트 폭을 결정하기 위한 유역 전체 분석 방법이 있다. 이 방법은 미국 서부의

반습지 유역에서 지표 채광에 의해 파괴된 하천의 재건에 사용되었다. 또한 수치지도 자료를 사용하여 기본적인 사행 파장을 결정하는 Fourie 분석 방법도 사용될 수 있다 (Hasfurther, 1985).

④ 교란되지 않은 구간을 설계 모형으로 사용 : 복원 대상 구간이 교란되지 않은 사행 수로에 의해 밀접하게 경계되어 있다면, 이 교란되지 않은 구간의 규모(치수)를 복원 구간에 사용하기 위해 연구할 수 있겠다(그림 5.9). Hunt and Graham(1975)은 미국 몬타나주의 고속도로 건설을 위한 하천 재배치의 일환으로 2개의 사행천 설계와 건설을 위한 모델로서 교란을 받지 않은 구간의 성공적인 사용에 대해 기술한 바 있다. 또한 Brookes(1990)는 비슷한 면적, 지질 및 토지이용을 가진 인접한 유역에 있는 강의 규모 (치수)를 사용하여 확인한 "자연적인" 구간 하류에서의 수로폭, 깊이 및 경사를 사용한 덴마크의 Elbaek강의 복원 과정을 기술하고 있다.

그림 5.9 하천의 자연적인 사행 : 하천 사행은 길이를 늘이고 기울기를 줄인다. 하천복원은 수로를 이전의 사행 상태로 재구성하거나 참조구간에서의 사행을 "복사"하려고 시도한다.

⑤ 수로경사를 먼저 : Hey(1994)는 사행수로는 수리기하학 공식에 기초한 평균 수로경사를 먼저 선택하여 설계해야 한다고 제안한 바 있다. 그러나 영역의 수로경사 공식의 상관계수는 수로폭이나 수심 관련 공식의 상관계수보다 항상 작아서 전자(수로경사 공식)가 덜 정확하다는 것을 나타내고 있다. 수로경사는 또한 설계유량과 토사유출량을 전달하는 데 필요한 값을 계산하여 결정할 수 있다(White et al. 1982, Copeland 1994).

이 방법의 주된 단점은 하상물질 토사유출량은 해석적 분석 기법이 요구되며 경우에 따라서는 수리기하학 공식이 요구된다는 점이다(Hey and Thorne, 1986). 보정을 위한 측정 자료 없이 계산된 토사유출량은 신뢰할 수 없는 것이다.

이러한 분석 기법을 적용한 결과 설계에 대한 확신을 얻으려면 현장별 하상물질 표본과 수로형상이 필요하다.

(2) 안정하상론(영역이론)과 수리기하 방법의 적용

일반적인 영역이론과 수리기하 관계는 앞장에 제시되어 있다. 이러한 공식들은 폭에 대해서는 가장 신뢰할 만하며, 깊이에 대한 신뢰도는 낮고, 경사에 대한 신뢰성은 가장 낮은 편이다.

수리기하 공식의 지수와 계수는 일반적으로 같은 하천, 같은 유역, 비슷한 유형의 하천 또는 같은 지형학적 지역에 대한 자료로부터 결정된다. 공식 계수가 다양하기 때문에 주어진 수리기하 또는 영역이론 관계 집합의 적용은 검정 현장과 유사한 수로로 제한되어야 한다. 하천을 분류하는 것은 영역이론 관계를 정련하는 데 유용할 수 있다.

알려진 수리기하 관계는 일반적으로 안정적인 단일 세류 충적수로를 기반으로 한다. 참조 구간의 하천분류를 통해 결정된 수리기하 관계는 하천복원을 설계하는 데에도 유용할 수 있다. 수리기하~유량 관계는 다중 세류수로에 대해서는 더욱 복잡하다. 전체 하천 흐름 대신 부분적인 제방만수유량이 사용되는 경우 개별 세류 관계에 적합할 수 있다. 또한 자갈 하상 하천에 대한 수리기하 관계는 모래하상 하천의 그것보다 문헌이 훨씬 더 많다.

수로 속성들(평균폭, 깊이 및 기울기)의 시험 세트는 여러 세트의 영역 및 수리기하 공식들을 사용하고 결과를 비교하여 평가할 수 있다. 가장 큰 가중치는 과업구간과 유사한 위치를 기반으로 한 수식에 주어져야 한다. 논리적인 두 번째 단계는 가장 적합한 수식 세트에서 여러 가지 유출 수준을 사용하는 것이다. 수리기하적 관계는 낮은 하상물질 토사량을 가진 단일의 모래 하천과 자갈 하천에 가장 잘 호환되기 때문에 불안정한 수로(하상이 높아지거나 낮아지는 종단면을 가진)에서는 알려진(출판된) 관계로부터 크게 벗어날 수 있다.

복원된 수로의 크기를 결정하기 위한 수리기하 공식에 대한 참조 문헌은 풍부하다. 캘리포니아주 오클랜드의 도시유역 유출수를 배수하는 Seminary 개천의 복원된 수로의 폭과 깊이에 대한 초기 추정치는 지역의 수리기하 공식을 사용하여 결정된 바 있다(Riley and MacDonald, 1995). Hey(1994, 1995)는 복원설계를 위해 영국의 자갈하상 하천에서의 자료를 회귀분석하여 결정된 수리기하 관계의 사용에 대해 논의한 바 있으며, Newbury and Gaboury(1993)는 배수구역을 기반으로 하는 지역 수리기하 관계를 사용하여 Manitoba의 복원된 수로의 폭과 깊이를 조사하였다.

복원노력에서 하천수로의 크기를 결정하기 위한 수리기하 공식은 사용과 관련된 몇 가지 함정이 있으므로 주의해서 사용해야 한다.

- 수식들은 제방만수유출량 또는 연평균 유출량에서의 수리기하량을 나타낸다. 설계자는 수리기하 관계를 사용할 때 하상퇴적물(입자) 크기를 설명하는 단일 통계를 선택해야 한다(그러나 표 4.5의 기울기에 대한 Hey and Thorne(1986) 공식에 대한 세부사항을 기록해야 한다).
- 하류부 수리기하 공식들은 일반적으로 만수유량을 기반으로 하며, 연직으로 불안정한 수로에서는 수위를 식별하기가 극히 어려울 수 있다.
- 설계를 위해 선택된 지수 및 계수는 설계된 것과 유사한 경사, 하상퇴적물 및 제방 재료가 있는 하천을 기반으로 해야 한다.
- 수로 모양은 단지 하나 또는 두 개의 변수에만 의존한다는 전제가 있다.
- 수리기하 관계는 멱함수로 바람직한 공학적 설계에는 너무 큰 값을 나타내는 큰 산포도가 있는 식이다. 이러한 산포도는 자연적인 변동성과 수로기하(구조)에 대한 다른 변수들의 영향을 나타내는 것이다.

요약하면 수리기하 관계는 설계 수로 특성의 예비 또는 시험 선택에 유용하다. 복원을 위한 최종 설계에는 수리분석과 토사이송 분석이 권장된다.

(3) 수로 규모(크기)에 대한 해석적 방법

하천수로를 설계하기 위한 해석적 방법은 수로 시스템이 한정된 수의 변수로 설명될 수 있다는 생각을 기반으로 한다. 가장 실용적인 설계 문제에서, 현장 조건들(예: 계곡 경사와 하상 재료의 크기)에 따라 몇 가지 변수가 결정되어 최대 9개의 변수가 계산된다. 그러나 설계자는 연속성, 유수 저항(Manning, Chezy, Darcy-Weisbach의 식과 같은) 및 토사(유사) 수송(예 : Ackers-White, Einstein, Brownlie의 식과 같은)과 같은 세 가지 지배 방정식 만 사용 할 수 있다. 방정식보다 미지수가 더 많으므로 시스템은 불확정적이다. 안정적인 수로설계 문제의 불확정성은 다음과 같은 방식으로 해결되었다.

- 경험적 관계를 사용하여 일부 미지수(예 : 사행매개 변수들)를 계산한다.
- 하나 이상의 미지변수에 대한 값을 가정한다.
- 구조물 제어를 사용하여 하나 이상의 미지수를 일정하게 유지한다(예 : 제방 보강(호안, 護岸)으로 폭을 제어).
- 수로 시스템을 단순화하여 미지변수를 무시한다. 예를 들어, 단일 토사입경은 때때로 모든 경계를 기술하는 데 사용되며, Hey(1988)에 의해 제안된 바와 같이 평균 수심과 최대수심보다는 수심을 기술하기 위해 단일 수심을 사용하기도 한다.
- 움직일 수 있는 하상과 제방, 즉 이동상 하천의 특성들에 근거한 추가 지배 방정식을 채택 한다. "극단 가설(extremal hypotheses)"에 기반을 둔 설계 방법들이 이 범주에 속한다. 이러 한 방법들은 이동 하상이 있는 수로에 대한 해석적 방법으로 아래에서 설명하고 있다.

표 5.2는 모래하상과 자갈하상 수로에 대한 해석적 설계 절차의 6가지 예를 열거하고 있 다. 이러한 절차들은 자료 집약적이며 고위험 또는 대규모 수로 재건 작업에 사용될 수 있다.

표 5.2 안정수로 설계를 위해 선정된 분석 절차

안정수로 설계법		영역	저항공식	토사수송공식	제3의 관계
Copeland	1994	모래하상	Brownlie	Brownlie	설계자의 판단에 맡김
Chang	1988	모래하상	Various	Various	최저 하천력
Chang	1988	자갈하상	Bray	Chang(Parker, Einstein과 형식 유사)	최저 경사
Abou-Saida and Saleh	1987	모래하상	Liu-Hwang	Einstein- Brown	설계자의 판단에 맡김
White et al.	1981	모래하상	White et al.	Ackers-White	최대토사수송
Griffiths	1981	자갈하상	Griffiths	Shields entrainment	경험적 안정지수

❖ 소류력(掃流力, tractive stress) (고정상)

소류응력 또는 소류력 분석은 무시할 수 있는 하상물질 배출량($Q_s \approx 0$)과 특정 단면 형상을 갖는 직선형, 프리즘 형 수로를 가정하면 위에서 언급한 변수들과 지배 방정식들의 불평등성이 제거된다는 아이디어에 기반을 둔다. 자세한 내용은 안정적인 수로설계를 다루는 많은 교과서들에서 제공된다(예: Richards 1982, Simons and Senturk 1977, French 1985). 이 방법은 물리 법칙을 기반으로 하기 때문에 영역 또는 수리기하 공식보다는 덜 경험적이고 지역 특성적이다. "운동 시작에 필요한 힘"의 값을 지정하려면 설계자는 퇴적물의 크기와 임계 전단응력 간의 경험적 관계에 의존해야 한다. 실제로 설계 안정성 분석을 위한 소류응력 접근법과 허용응력 접근법 간의 유일한 차이점은 전자의 경우 단면 형상(특히 제방의 경사각도)의 효과가 고려된다는 점이다. 난류와 2차류의 영향은 이 접근법에서는 잘 나타나지 않는다. 소류응력 접근법은 일반적으로 일정한 유량, 하상물질 이동량이 없는 상태, 그리고 직선형 프리즘 수로를 가정하며, 따라서 하상물질 이동이 있는 수로에는 적합하지 않은 것이다. 소류응력 설계 접근법의 추가적인 한계는 Brookes(1988)와 USACE(1994)에 의해 논의된 바 있다. 소류응력 접근법은 움직이지 않을 것으로 예상되는 암석 또는 자갈 하상(인공여울, 옹벽 등)으로 만들어진 수로를 설계하는 데 적합한 것이다.

❖ 이동하상과 하상경사를 아는 수로

하상물질 유출이 있는 수로를 설계하기 위한 보다 일반적인 해석적 방법은 일정한 상수값(사다리꼴 단면 형상 또는 퇴적물 크기 분포와 같은)을 가정하고 극한 가설에 기초한 새로운 방정식을 추가함으로써 변수의 수를 줄일 수 있다(Bettess and White, 1987). 예를 들어, 소류응력 접근법의 개선에서, Parker(1978)는 안정된 자갈 수로는 하상과 제방 사이의 연결 지점에서만 임계 조건에 의해 특징지어지는 것으로 가정했다. 그의 분석에서 이 가정을 사용하고 유체 난류로 인한 종 방향 운동량의 측면 확산을 포함하여 그는 하상이 움직이는 동안 제방의 점들은 임계값보다 적게 강조된다는 것을 보여주었다. Parker의 연구에 이어 Ikeda et al.(1988)은 비점착성 물질로 구성된 식생이 없는 제방을 가진 자갈 수로의 안정된 폭과 깊이(주어진 기울기와 하상 물질의 점진적 구성)에 대한 방정식을 도출했다. 수로는 교차적 사주가 없는 사다리꼴 횡단면을 갖는 거의 직선형(사행도 < 1.2)으로 가정되었다. 후속 연구

에서 Ikeda and Izumi(1990)는 견고한 제방 식생의 영향을 포함하도록 유도를 확장했다.

극한가설은 안정수로는 두 가지 지배방정식(예 : 토사수송과 유수저항)에 의해 제약을 받는 일부 양의 최소화 또는 최대화를 가져 오는 차원을 채택할 것이라고 말하고 있다. Chang(1988)은 흐름의 연속성을 갖는 토사수송과 유수저항 공식과 각 단면에서의 하천력의 최소화와 흐름과 토사이동의 수치 모형을 생성하기 위한 구간을 결합했다. 만곡부에서의 흐름과 횡방향 토사수송에 대한 특수 관계도 도출되었다. 이 모형은 다양한 입력 변수를 가진 다양한 수로형태를 반복적으로 계산하는 데 사용되었다. 분석 결과들은 주어진 만수 Q, S 및 D_{50}에 대해서, d(제방만수 깊이)와 w(제방만수 폭)를 산출하는 설계곡선군을 구성하는 데 사용되었다. 모래와 자갈 하상 하천에 대한 별도의 곡선군도 제공되고 있다. 표 5.3에서 볼 수 있듯이 영역 유형의 공식들이 곡선에 적합되었다. 이러한 관계들은 적절한 수로 치수가 선택되었다는 설계자의 확신을 높이는 수렴 자료를 개발하기 위해 소류응력 분석과 함께 사용해야 하는 것이다. Thorne et al.(1988)은 자갈 하천을 따라 제방 식생의 영향을 설명하기 위해 이러한 공식들을 수정했다. 표 5.3에 있는 Thorne et al.(1988) 공식들은 Hey and Thorne(1986)이 제시한 자료들에 근거한 것들이다.

❖ 이동하상과 알려진 토사농도를 가진 수로

White et al.(1982)은 Ackers and White의 토사수송 방정식, 동반하는 유동 저항 관계 및 특정 토사 농도에 대한 토사 수송의 극대화에 기초한 해석적 접근법을 제시하고 있다. 표 5.3(White et al., 1981)은 사용자가 이 절차를 수행하는 것을 돕기 위해 이용 가능하다.

이 표에는 토사 크기가 0.06~100 mm, 토사량이 35,000 cfs까지, 토사농도가 10~4,000 ppm의 범위를 가진다. 그러나 이 절차는 자갈하상 수로에는 권장되지 않는다(USACE, 1994). 또한 제방만수유량에서의 토사농도가 입력변수로서 필요하며, 이는 이 절차의 유용성을 제한하고 있다. 토사유출량 Q_s 계산 절차는 요약되어 있다. Copeland(1994)는 White et al.(1982)의 수로설계 방법은 점착성 하상재료, 인위적인 크기 조정 및 불균형 토사수송에는 확실성이 보장되지 않음을 발견하였다. 이 방법은 불안정하고 고 에너지의 단명 모래하상 하천에서도 부적절한 것으로 나타났다(Copeland, 1994). 그러나 Hey(1990)는 영국의 18개 홍수 통제된 수로의 안정성을 분석하는 데서 Ackers-White의 토사수송 공식이 잘 수행됨을 발견했다.

표 5.3 하천 폭과 깊이를 위한 공식들

저자	연도	자료	사용범위	k_1	k_2	k_4	k_5
Chang	1988		사행 또는 갈라진 모래하상 하천				
		등간격의 사주 하천과 안정운하	$0.00238 < SD_{50}^{-0.5}Q^{-0.51}$ and $SD_{50}^{-0.5}Q^{-0.55} < 0.05$	$3.49k_1*$		$3.51k_4*$	0.47
		직선으로 꼬인 하천	$0.05 < SD_{50}^{-0.5}Q^{-0.55}$ and $SD_{50}^{-0.5}Q^{-0.51} < 0.047$	알려지지 않음			
		꼬인 사주와 넓게 굽은 사주 하천; 상한선 이상으로 가파르게 꼬인 하천	$0.047 < SD_{50}^{-0.5}Q^{-0.51} <$ 상한선 불명확	$33.2k_1**$	0.93	$1.0k_4**$	0.45
Thorne et al.	1988	Thorne and Hey (1986)과 동일	자갈하상천	$1.905 + k_1***$	0.47	$0.2077 + k_4***$	0.42
		제방 식생을 위한 조정	나무나 관목이 없는 잔디 제방	$w = 1.46\,w_c - 0.8317$		$d = 0.8815\,d_c + 0.2106$	
			1~5% 나무와 관목 덮개	$w = 1.306\,w_c - 8.7307$		$d = 0.5026\,d_c + 1.7553$	
			5~50% 나무와 관목 덮개	$w = 1.161\,w_c - 16.8307$		$d = 0.5413\,d_c + 2.7159$	
			50% 이상의 나무와 관목 덮개 또는 홍수터 속으로 절삭된 하천	$w = 0.9656\,w_c - 10.6102$		$d = 0.7648\,d_c + 1.4554$	

하폭과 수심을 결정하기위한 Chang의 방정식. 방정식 $w = k_1 Q^{k_2}$와 $d = k_4 Q^{k_5}$의 계수값들; 여기서, w는 평균 만수폭(ft), Q는 만수유량 또는 지배유량(ft³/s), d는 평균 만수 수심(ft), D50은 하상 물질의 중간 크기(mm), S는 경사(ft/ft). a 이 방정식들의 w_c 와 d_c는 "자갈층 강"이라고 표시된 행의 지수들과 계수들을 사용하여 계산된다.

$k_1* = (S\,D_{50}^{-0.5} - 0.00238\,Q^{-0.51})^{0.02}$
$k_4* = \exp[-0.38(420.17 S\,D_{50}^{-0.5}\,Q^{-0.51} - 1)^{0.4}]$
$k_1** = (S\,D_{50}^{-0.5})^{0.84}$
$k_4** = 0.015 - 0.025\,\ln Q - 0.049\,\ln(S\,D_{50}^{-0.5})$
$k_1*** = 0.2490[\ln(0.0010647\,D_{50}^{-1.15} / S\,Q^{0.42})]^2$
$k_4*** = 0.0418\,\ln(0.0004419\,D_{50}^{-1.15} / S\,Q^{0.42})$

Copeland(1994)가 기술한 방법은 Brownlie(1981)의 유동 저항과 토사수송 관계를 소프트웨어 패키지 "SAM"의 형태로 사용하는 것을 특징으로 한다(Thomas et al., 1993). 추가 기능으로는 하상 기울기, 사다리꼴 단면, 하상 재료의 입경 구성 및 유량으로 표시되는 상류의 "공급 구간"에 대한 수리학적 모수로부터 토사농도를 계산하여 입력 하상재료 농도를 결정하는 기능이 있다. 제방과 하상의 거칠기는 전체 단면에 대한 거칠기를 얻기 위해서 등속도 법(Chow, 1959)을 사용하여 합성된다. 유동 저항과 토사수송 관계를 만족시키는 경사~폭 해법 군이 계산된다. 설계자는 경사~폭 곡선상의 점으로 표현되는 수로 특성의 조합을 선택한다. 선택은 최소 하천력, 가능한 최대 경사, 흐를 수 있는 폭에 대한 제약 또는 최대 허용 깊이에 기초할 수 있다. Copeland 절차의 현재(1996) 버전은 사다리꼴 단면을 갖는 직선 수로를 가정하고 토사유출량을 계산할 때는 측면 경사 위의 단면 부분을 생략한다. 할당된 거칠기 계수에서 제방 식생의 효과가 고려된다.

Copeland 절차는 미국 루이지애나에 있는 Big and Colewa Creeks와 뉴 멕시코에 있는 Rio Puerco의 두 가지 기존 수로에 적용하여 시험되었다(Copeland, 1994). 상당한 전문적 판단이 입력 매개 변수의 선택에 사용되었다. Copeland 방법은 Big and Colewa Creeks(모래-점토질 하상이 있는 상대적으로 안정된 상시 하천)에는 적용할 수 없지만 Rio Puerco(안정적인 종단면과 불안정한 제방이 있는 고에너지의 단명 하천)에는 적용할 수 있었다. 현재까지 개발된 모든 안정적인 수로설계 방법은 충적하천(비점착성 또는 암반 하상)을 추정하는 것이기 때문에 이 결과는 놀랄 일이 아니다.

5.5.4 설계 검증을 위한 수로 모형의 사용

일반적으로 모형은 유사한 시스템의 특성을 예측할 수 있는 시스템으로 구상될 수 있다. 이러한 정의는 일반적이며 수리(물리적)와 계산(수학) 모형 모두에 적용된다. 컴퓨터 모형의 사용 및 작동은 하천수리에 대한 지식과 정교한 디지털 제어 및 자료 수집 시스템의 개발로 인해 최근에 많은 향상이 이루어졌다.

모든 하천수변 복원설계는 하천시스템에 대한 장기간의 영향을 예측하기가 쉽지 않으므로 주의 깊게 조사해야 한다. 건전한 엔지니어링은 종종 제안된 설계의 유효성을 확인하기 위해 컴퓨터 모형 또는 물리적 모형의 사용을 요구한다. 대부분의 실무자들은 물리적 모형의 기능에 쉽게 접근할 수 없어서 컴퓨터 모형이 훨씬 더 널리 사용되고 있다. 컴퓨터 모형은 자료가 거의 없는 질적 모드로 실행되거나 보정 및 검증을 위한 많은 현장 자료로 매우 정량적인 모드로 실행될 수 있다.

컴퓨터 모형을 사용하여 다양한 범위의 조건이나 다양한 대체 수로 구성에 대한 복원설계의 안정성을 쉽고 저렴하게 시험할 수 있다. "모형"은 사용되는 모형, 자료 입력, 필요한 정밀도 및 모형화되는 구간의 길이와 복잡성에 따라 수백 달러에서 수십만 달러에 이르는 비용이 다를 수 있다. 적절한 모형이 무엇인지에 대한 결정은 토사수송을 배경으로 하는 수리 공학자가 해야 한다.

모형화 비용은 실패로 인한 재설계 또는 재구성 비용보다 적을 수 있다. 프로젝트 실패의 결과로 치명적인 손상이나 사망 위험이 높아지고 위치별 조건으로 인해 컴퓨터 모형을 적용할 때 용인할 수 없는 수준의 불확실성이 발생하는 경우에는 물리적 모형이 설계에 적합한 도구일 때도 있다.

(1) 물리적 모형들

경우에 따라서는 복원설계가 사용 가능한 계산 모형의 기능을 능가할 정도로 충분히 복잡해질 수 있다. 다른 상황에서는 시간이 본질적 문제일 수 있으므로 새로운 계산 모형화 기능의 개발을 방해할 수 있다. 이러한 경우 설계자는 확인을 위해 물리적 모형을 사용해야 한다.

상사성(相似性, similitude)을 달성하기 위해 사용된 규모의 기준에 따라 물리적 모형은 왜곡(歪曲), 고정하상(固定河床) 또는 이동하상(移動河床) 모형으로 분류될 수 있다. 물리적 모형화의 이론과 실행에 대해서는 French(1985), Jansen et al.(1979), Yalin(1971) 등이 상세하게 설명하고 있다. 컴퓨터 모형과 같이 물리적 모형도 전문 지식과 상당한 경험이 필요한 기술이다. 미 육군 수로 실험 센터(Vicksburg, Mississippi)는 하천의 물리적 모형을 설계하고 적용하는 기술을 광범위하게 개발해왔다.

(2) 컴퓨터 모형들

컴퓨터 모형은 물리적 모형과 동일한 방식으로 구조화되고 작동된다(그림 5.10). 코드의 한 부분은 수로 평면도, 수심자료와 운송된 토사의 구성요소의 재료 특성을 정의한다. 코드의 다른 부분은 물리적 모형의 제한 벽과 흐름 제어를 대신하여 경계에서의 조건을 만든다.

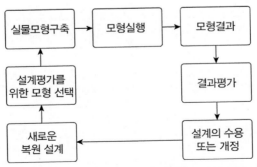

그림 5.10 설계 평가를 위한 모형들의 사용. 모형화는 대체 설계의 경제성과 효율성을 평가하는 데 도움이 된다.

컴퓨터 코드의 핵심에는 물 흐름과 토사수송의 해를 구하는 솔버(solver)가 있다. 이 솔버를 "켜는 것"은 실제 물리적 모형을 실행하는 것과 같다. 모의 실행이 끝나면 새로운 수로 수심도와 형태가 모형의 출력으로 구해진다. 이 절에서는 하천수변 복원설계 평가에 유용한 계산 수로 모형을 요약하기로 한다. 기존의 모든 모형을 사용 가능한 공간에 모두 포함시킬 수 없기 때문에 여기서 논의된 모형은 일부 선택된 모형으로 제한된다(표 5.4).

표 5.4 계산모형의 예들

Model	CHARMA	Fluvial-12	HEC-6	TABS-2	Meander	USGS	D·O·T	GSTARS
Discretization and formulation :								
Unsteady flow | stepped hydrograph	Y | Y	Y | Y	N | Y	Y | Y	N | Y	Y | Y	N | Y	N | Y
One-dimensional | quasi-two-dimensional	Y | N	Y | Y	Y | N	N | N	N | N	N	Y | Y	Y | Y
Two-dimensional | depth-average flow	N	N	N	Y	Y	Y | Y	N	N | Y
Deformable bed | banks	Y | N	Y | Y	Y | N	Y | N	Y | N	Y | N	Y | Y	Y | Y
Graded sediment load	Y	Y	Y	Y	Y	N	Y	Y
Nonuniform grid	Y	Y	Y	Y	Y	Y	Y	Y
Variable time stepping	Y	N	Y	N	N	N	N	Y
Numerical solution scheme :								
Standard step method	N	Y	Y	N	N	N	Y	Y
Finite difference	Y	N	Y	N	Y	Y	Y	Y
Finite element	N	N	N	Y	N	N	N	N
Modeling capabilities :								
Upstream water and sediment hydrographs	Y	Y	Y	Y	Y	Y	Y	Y
Downstream stage specification	Y	Y	Y	Y	Y	N	Y	Y
Floodplain sedimentation	N	N	Y	N	N	N	N	N
Suspended | total sediment transport	Y | N	Y | N	N | Y	Y | N	N | N	N | Y	N | Y	N | Y
Bedload transport	Y	Y	Y	N	Y	N	N	Y
Cohesive sediments	N	N	Y	Y	N	Y	N	Y
Bed armoring	Y	Y	Y	N	N	N	Y	Y
Hydraulic sorting of substrate material	Y	Y	Y	N	N	N	Y	Y
Fluvial erosion of streambanks	N	Y	N	N	N	N	Y	Y
Bank mass failure under gravity	N	N	N	N	N	N	Y	N
Straight | irregular nonprismatic reaches	Y | N	Y | N	Y | N	Y | Y	N | N	N | N	Y | Y	Y | Y
Branched | looped channel network	Y | Y	Y | N	Y | N	Y | Y	N | N	N | N	N | N	N | N
Channel beds	N	Y	N	Y	Y	N	Y	N
Meandering belts	N	N	N	N	N	Y	N	N
Rivers	Y	Y	Y	Y	Y	Y	Y	Y
Bridge crossings	N	N	N	Y	N	N	N	N
Reservoirs	N	Y	Y	N	N	N	N	Y
User support :								
Model documentation	Y	Y	Y	Y	Y	Y	Y	Y
User guide | hot-line support	N | N	Y | N	Y | Y	Y | N	N | N	Y | N	N | N	Y | N

Note: Y=Yes; N=No.
CHANIMA : Holly et al., 1990,
TABS-2 : McAnally and Thomas 1985,
D·O·T : Darby and Thorne 1996,
GSTARS : Molinas and Yang 1996,
FLUVIAL-12 : Chang 1990,
MEANDER : Johannesson and Parker 1985
Osman and Thorne 1988
GSTARS 2.0 : Yang et al., 1998
HEC-6 : HEC of COE

더하여 Garcia et al.(1994)은 사행 만곡선 이동의 수학적 모형을 검토한 바 있다. 이러한 모형들은 특정 클래스의 문제에 일반적으로 적용되는 것으로 특징지어지며 일반적으로 DOS 운영체제를 사용하여 개발되었으나 이제는 모두 Window 운영체제 개인 컴퓨터에서 사용할 수 있다. 그들의 개념적이고 수치적인 산정방법은 현장 적용에서 입증된 견고하며 코드는 핵심 계산 기술에 대한 상세한 지식이 없는 사람도 성공적으로 사용할 수 있도록 되어 있다. 이러한 모형들과 기능들의 예가 표 5.4에 요약되어 있다. GSTARS 2.0은 향상된 GSTARS PC 버전이다. HEC-6, TABS-2, 그리고 USGS 모형들은 미국 연방정부에서 개발한 공공용 모형들이다. 반면에 CHARIMA, FLUVIAL-12, MEANDER 그리고 D·O·T 모형들은 학문적인 개인 소유의 모형들이다.

MEANDER를 제외하고는, 위의 모든 모형들은 각 계산 노드에서 부분 토사량 부하와 하상 상승 또는 하강 속도를 계산하고 수로의 지형을 업데이트한다. 일부 모형들은 하상 표면의 강화와 하부 기질(基質) 재료의 수리적 분급(혼합)을 모의발생할 수 있다. CHARIMA, FLUVIAL-12, HEC-6 및 D·O·T는 모래와 자갈들의 수송을 모의발생할 수 있다. TABS-2는 점착성 토사(점토와 니토)와 물에 잘 섞인 모래 토사에 적용될 수 있으며, USGS는 자갈 하상의 수송을 위해 특별히 설계되어 있다. FLUVIAL-12와 HEC-6는 저수지 퇴적연구에 사용할 수 있으며, GSTARS 2.0은 제방 실패를 모의발생할 수 있다. National Research Council(1983), Fan(1988), Darby and Thorne(1992) 그리고 Fan and Yen(1993)의 보고서에서 이러한 수로 모형들과 기타 기존의 수로 모형들의 기능 및 성능에 대한 전반적인 검토가 제공되어 있다.

5.5.5 상세 설계

(1) 수로형상

자연하천의 폭은 길이 방향으로 연속적으로 변화하며, 깊이, 하상경사 및 하상재료의 크기는 평면을 따라 연속적으로 변한다. 이러한 변화는 수생 생태계에 중요한 자연적 이질성과 유속 및 퇴적물 크기 분포 패턴을 야기한다. 설계 중에 계산된 폭, 깊이 및 경사를 구간 평균값으로 채택하고 복원된 수로를 비대칭 단면으로 구성해야 한다(Keller 1978, Iversen et al., 1993, MacBroom 1981, 그림 5.11). 마찬가지로 사행 평면도 호의 길이와 반지름의 평균값에 대해 만곡부(구부러진 부분)에서 다음 만곡부까지 다양해야 한다. 재건된 범람원은 완벽하게 평평해서는 안 된다(그림 5.12).

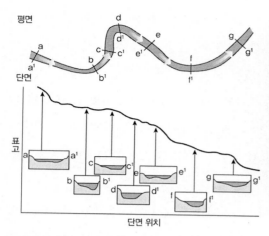

그림 5.11 자연적으로 만곡된 하천의 계획 및 단면도 예. 수로 단면은 폭, 깊이 및 경사에 따라 다르다.

그림 5.12 하천 사행과 상승된 홍수터. 자연홍수터는 사행교차점과 사행꼭짓점 사이에서 약간 상승된다.

(2) 수로 종단면과 여울 간격

상당한 양의 자갈($D_{50} > 3\ mm$)이 있는 하천의 경우(Higginson and Johnston 1989), 여울은 사행 변곡점 근처의 급경사 지대와 연결되어야 한다. 여울은 미세한 재료의 하상이 있는 수로에서는 없다. Keller and Melhorn(1978)이 수행하고 Hey and Thorne(1986)에 의해 확인된 연구는 "웅덩이(소(沼))∼여울 간격"이 수로폭의 3∼10배, 그리고 암반 수로에서도 수로폭의 약 6배 사이에서 변함을 보이고 있다. Roy and Abrahams(1980)와 Higginson and Johnston(1989)의 최근 연구에 따르면 "웅덩이∼여울 간격"은 주어진 수로 내에서 크게 달라진다. 평균적인 여울 간격은 종종 사행 변곡점 또는 교차에서 여울이 발생하기 때문에 사행길이의 반(반드시 그러한 것은 아님) 정도이다. 여울은 군집형태 또는 클러스터 형태로 나타나는 경우가 종종 있다. Hey and Thorne(1986)은 영국의 자갈 하상 하천에서 62개 지역의 자료를 분석한 결과, 여울 간격이 수로폭의 4∼10배로 다양함을, 이때 최소 자승 적합도가 수로폭의 6.31배임을 발견했다. 여울 간격은 보다 급한 경사에서는 수로폭의 4배에 가까워지며, 점진적인 경사에서는 수로폭의 8∼9배에 가까워지는 경향이 있다. Hey and Thorne(1986)은 또한 여울 폭, 평균 깊이 및 최대 깊이에 대한 회귀 공식을 개발하였다.

5.5.6 안정성 평가

침식 또는 퇴적으로 인해 복원된 수로가 손상되거나 파괴되는 위험은 거의 모든 복원작업에서 중요한 고려사항이다. 복구된 하천의 설계자는 다소 높은 수준의 불확실성에 직면하게 된다. 경우에 따라서는 설계자는 과업수명 기간 동안의 설계가정의 실패확률, 설계 방정식의 부정확성 및 극한 수문 사상의 발생의 복합확률을 계산함으로써 실패 위험을 계산하는 것이 현명한 방법일 수 있다. 좋은 설계는 또한 설계조건들의 설계유량의 상당한 위아래에 대해 수로 성능을 검정해야 한다. 설계된 하천의 연직(하상) 안정성과 수평(제방) 안정성을 확인하는 데는 여러 가지 방법을 사용할 수 있다. 이러한 안정성 검사는 설계과정의 중요한 부분이다.

(1) 연직(하상) 안정성

하상 안정성은 일반적으로 제방 안정성을 위한 전제 조건이다. 하상이 상승하는 수로는 모래톱의 성장에 따라 횡방향 이동을 촉진시키거나 가속화한다. 제방 높이와 경사가 제방의 토질 유형과 관련된 임계값을 초과하면 하상하강이 급격하게 증가한다. 상류의 수로 침식을 안정화시키거나 유역의 침식을 제어하거나 퇴적 트랩, 연못(Haan et al., 1994) 또는 부유물 저류공간(USACE 1989b)을 설치하면 하상 상승을 해결할 수 있다. 하상 상승이 주로 미세한 토사의 퇴적으로 인한 경우, 협소한 수로가 보다 높은 제방 안정화를 필요로 할 수 있지만, 수로를 협소화하여 해결할 수 있다.

하상하강이 발생하거나 발생될 것으로 예상되는 경우, 그리고 개조가 계획된다면, 복원계획은 유량 변화, 하상경사제어 조치 또는 에너지 경사 또는 흐름의 에너지를 감소시키는 다른 접근법을 포함해야 한다. 하상경사 제어 구조에는 여러 가지 유형이 있다. 특정 복원 유형에 대한 특정 유형의 구조의 적용 가능성은 수문 조건, 토사의 크기 및 토사량, 수로 형태, 범람원 및 계곡 특성, 건설 자재의 가용성, 생태학적 목표 및 시간 및 자금 조달 제약 조건과 같은 여러 요인들에 따라 달라질 수 있다. 다양한 구조 설계에 대한 보다 자세한 내용은 Neilson et. al.(1991)을 참고하기 바란다. 이 문헌은 하상경사 제어 구조에 대한 포괄적인 문헌 고찰을 제공하고 있다. 준설한 호박돌이 하상경사 제어 구조로 사용할 수 있다. 실 예로 미국 콜로라도주 덴버에 있는 South Platte River 수변의 성공적인 복구에 핵심 요소였다(McLaughlin Water Engineers, Ltd., 1986).

감세지의 하상경사 제어 구조는 심하게 저하된 따뜻해진 하천에서 가치 있는 서식지가 될 수 있다(Cooper and Knight 1987, Shields and Hoover 1991). Newbury and Gaboury(1993)는 하상 저하 조절 장치 역할을 하는 인공 여울의 구조를 기술하고 있다. 또 Kern(1992)은 다뉴브 강의 사행복원 사업에서 하상하강을 제어하기 위해서 "하천 경사로(river bottom ramps)"를 사용했다. 그리고 Ferguson(1991)은 하천 서식지와 미적 자원을 개선하는 하상경사 제어 구조에 대한 독창적인 디자인을 검토한 바 있다(그림 5.13).

그림 5.13 경사제어 구조 : 제어 조치는 서식지 복원 기능 및 미적 기능을 배가할 수 있다.

(2) 수평(제방) 안정성

홍수터(범람원) 토지이용이나 건설된 제방이 "오랫 동안 다져진" 것보다 침식이 쉽기 때문에 복원된 수로들에서 제방 안정화가 필요할 수 있지만 생태계 복원이 목표라면 이상적이지는 않다. 범람원 식물군집은 물의 횡방향 이동과 관련된 침식과 퇴적을 포함하는 물리적 과정에 의해 다양성을 보이고 있다(Henderson, 1986). 제방 침식제어 방법은 지배적인 침식기구를 염두에 두고 선택되어야 한다(Shields and Aziz, 1992).

제방 안정화는 일반적으로 1) 간접 방법, 2) 표면강화 방법 및 3) 식생 방법의 세 가지 범주 중 하나로 분류할 수 있다. 표면강화는 하천제방과 직접 접촉하는 보호 재료이다.

표면강화 재료로는 석재, 자력 조절 기능이 있는 재료(자루, 블록, 잡석 등), 단단한 재료(콘크리트, 토질 시멘트, 회반죽으로 주입한 쇄석(碎石) 등) 및 유연한 매트리스(돌망태, 콘크리트 블록 등)로 분류할 수 있다. 간접 방법은 하천수로로 확장하여 수로 경계에서의 수리력이 비침식 수준으로 감소되도록 흐름방향을 재조정하는 것이다. 간접 방법은 둑(투과성 및 불투과성)과 곡선형 위에, 하천 수중제방(stream barb or submerged groynes, 제방으로부터 상류방향으로 돌출되게 얇게 선형으로 돌로 축조하여 흐름방향을 조정하거나 제방침식을 방지한다) 등이 있다. 수중제방은 제방보호는 물론 제방 식생을 도와주며 세굴구멍을 만들어 물고기 서식을 위한 휴식공간을 제공하며 수생종의 다양성을 증가시킨다. 또 아이오와 날개(Iowa vanes)와 같은 다른 흐름 변류기로 분류할 수 있다. 식생방법은 강화 기능 또는 간접 보호 기능을 할 수 있으며 일부 응용에서는 동시에 둘 다 기능할 수 있다. 네 번째 범주로는 지반공학적 불안정으로 인한 문제를 해결하기 위한 기술로 구성된다.

제방보호 조치의 선택과 설계에 관한 지침은 Hemphill and Bramley(1989)와 Henderson(1986)에 의해 제공되어 있다. Coppin and Richards(1990), USDA-NRCS(1996) 및 Shields et al.(1995)는 식생 기술의 사용에 대한 추가적인 세부사항을 제공하고 있다. 새로 건설된 수로는 식생의 영향, 강화조치 및 제방에 퇴적한 점토의 영향으로 유사한 유입류와 기하 구조를 가진 기존 수로보다 제방 침식에 더 취약하다(Chow, 1959). 대부분의 경우, 복원되거나 새로 건설된 사행천의 외부 제방은 보호가 필요할 것이다. 즉각적인 안정성이 요구된다면 구조 기술이 필요하다(예, Thorne et al., 1995). 그러나 이것들에는 살아 있는 구성요소들을 포함할 수 있다. 시간이 허락한다면, 새로운 수로는 "건조한 상태"로 건설될 수 있으며 수목성 식생으로 심어진 제방일 수 있다. 식생이 성장하는 몇 계절을 허용한 후에는 하천이 기존 수로에서 우회될 수 있다.

(3) 제방 안정성 점검

사행하천의 바깥 제방은 침식되며 침식률은 하천에 따라서 그리고 만곡부에 따라 크게 달라진다. 사업 하천과 유사 구간에 대한 관찰과 전문적 판단이 결합되어 제방 보호의 필요성을 결정할 수 있다. 또한 침식은 만곡부 이동률과 관련된 기하적 형태와 관련한 연구를 통해서 단순하게 평가할 수 있다(예: Apmann 1972와 Odgaard 1987). (그림 5.14)

그림 5.14 수로는 횡방향 이동을 가속화하고 있음을 보이고 있다.

주어진 하천제방의 침식률의 보다 정확한 평가(예측)는 현재의 기술 수준 이상이다. 표준적 방법은 아직 없지만 최근에 개발된 여러 도구들을 사용할 수 있다. 그러나 이들 중 어느 것도 매우 다양한 설정 조건에서 사용되지 않았으므로 사용자는 신중하게 선택해야 한다. 제방침식을 예측하기 위한 도구는 크게 두 가지 그룹으로 나눌 수 있다. (1) 하천제방 표면에서 물의 작용으로 침식을 예측하는 방법과, (2) 지표면 아래의 지반공학적 특성에 초점을 맞추는 방법이 있다.

전자의 경우에는 비상 방수로의 현장 관측에 기초한 하천제방 침식가능성 지표가 있다 (Moore et al., 1994, Temple and Moore 1997). 유속, 깊이 및 굴곡 기하도에 기반을 둔 동력수 (power number)가 하천 제방 재료 속성의 표로 작성된 값에서 계산된 침식가능성 지수를 초과하는 곳에서는 침식이 예측된다.

또한 이 그룹에는 Odgaard(1989)가 개발한 것과 같은 해석적 모형들이 포함되어 있는데, 이 모형들은 다소 정교한 흐름(유동장) 표현을 포함하지만 토양 및 식생 특성을 정량화하기 위한 경험상수의 입력이 필요하다. 이 모형들은 한계조건들을 신중하게 고려하여 적용해야 한다. 예를 들어, Odgaard의 모형은 "큰 곡률"이 있는 만곡부에는 적용하면 안 된다.

두 번째 그룹의 예측 도구는 지반공학적 과정으로 인해 대규모 실패를 겪는 제방에 초점을 맞추고 있다. 깊은 수로의 측면 경사면은 지반공학적으로 불안정하고 중력의 영향을 받아 실패할 정도로 높고 가파를 수 있다. 이러한 상황에서의 하천과정은 그림 5.15에서 볼

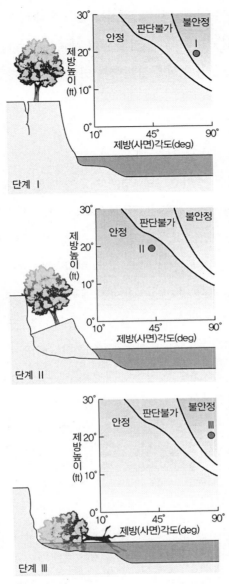

그림 5.15 실패(붕괴) 과정, 제방의 안정성은 제방높이, 사면각도 그리고 토양조건에 따라 안정에서부터 불안정까지 변한다.

수 있듯이, 주로 제방 하부 끝단에서 파손된 재료 블록을 제거하여 다시 경사면을 가파르게 하는 방향으로 진행되어 제방 단면은 새로운 실패 주기를 초래할 수 있다. 절개된 수로를 따르는 제방 실패 과정에 대한 연구는 주어진 토질 조건에 대한 제방형태의 안정성과 관련 시키는 절차를 이끌어냈다(Osman and Thorne, 1988). 제안된 설계 수로의 제방이 약 3 m 이상인 경우는 안정성 분석을 수행해야 한다. 이러한 분석에 대해서는 다음에 자세히 설명하고 있다. 제방의 높이 추정치는 만곡부의 바깥을 따른 세굴을 허용해야 한다. 높고 가파른 제방은 내부 세굴이나 파이핑(분사) 현상을 유발하기 쉽고 동시에 하천제방 토사의 높은 확산율 초래할 수 있다.

(4) 허용유속 점검

Fortier and Scobey(1926)는 주어진 수로 경계 재료에 대한 최대 비세굴 유속에 관한 표를 출판한 바 있다. 이 표들의 다른 버전은 Simons and Senturk(1977) 및 USACE(1991)와 같은 많은 후속 문서에 나타나 있다. 이 표들의 적용 가능성은 상대적으로 직선적인 실트질 및 모래 하상의 수로에서 90 cm 미만의 수심과 매우 낮은 하상 재료 하중을 갖는 수로에 국한한다. 유속의 조정은 명시된 상황에서 벗어난 상황에 대해서 제안되었다. 지금까지 약간의 미세한 조정이 이루어졌지만, 이 자료는 여전히 허용 가능한 유속 접근법의 기초를 형성하고 있다. 그림 5.16은 이 표들을 요약하고 수심, 토사농도, 흐름 발생빈도, 수로곡률, 제방 경사 및 수로 경계 토질 특성들에 대한 보정계수의 선택에 도움이 되는 일련의 그래프를 포함하고 있다.

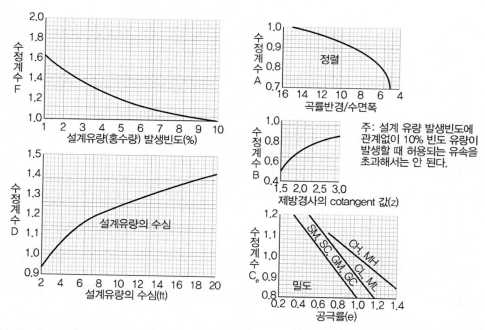

그림 5.16 비보호된 토질 수로에 대한 허용유속 : 곡선은 안정된 토질 수로 설계에 대한 실질적인 경험을 반영하고 있다(USDA SCS, 1977).

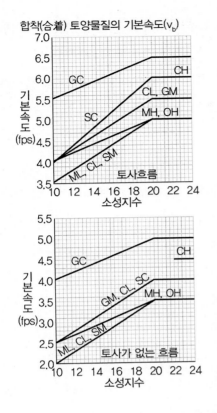

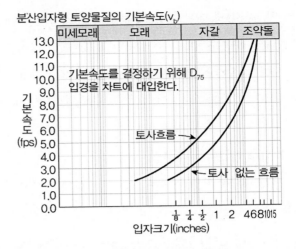

비보호된 토양물질 수로에 대한 허용속도	
수로경계물질	허용속도
이산입자	
토사가 있는 흐름	
$D_{75} > 0.4\,mm$	기본속도표의 값×D×A×B
$D_{75} < 0.4\,mm$	20 fps
토사가 없는 흐름	
$D_{75} > 0.2\,mm$	기본속도표의 값×D×A×B
$D_{75} < 0.2\,mm$	20 fps
합착(合着) 토양물질	
PI > 10	기본속도표의 값×D×A×F×C_e
PI < 10	20 fps

그림 5.16 비보호된 토질 수로에 대한 허용유속 : 곡선은 안정된 토질 수로 설계에 대한 실질적인 경험을 반영하고 있다(USDA SCS, 1977). (계속)

허용 가능 유속 접근법의 사용은 1 mm 이상의 보다 큰 상당한 하중을 전달하는 수로에 대해서는 권장하지 않는다. 그러나 복원설계는 수리적 조도(거칠기)의 영향과 식생에 의한 보호를 고려해야 한다. 아마도 이러한 단순성 때문에 허용 가능 유속법이 많은 복원 응용 분야에서 직접 또는 약간 수정된 형태로 사용되어왔다.

Miller et al.(1983)은 토사가 없는 물을 지속적으로 방출하는 댐의 바로 하류에 위치한 사람이 만든 자갈 여울을 설계하기 위해 허용 가능 유속 기준을 사용했다. Shields(1983)는 하천 서식지 구조로 사용하기 위해 수로에 배치된 개별 표석(漂石. 호박돌)들의 크기를 결정하기 위해 허용 가능 유속 기준을 사용하도록 제안한 바 있다.

Tarquin and Baeder(1983)는 지표 채광에 의해 교란된 와이오밍 주의 경관에서의 낮은 차수의 단명하천에 대한 허용 가능 유속에 기초한 설계방법을 제시하였다. 설계사상(10년 재현기간)의 유속은 수로 길이(따라서 기울기), 너비 및 거칠기를 조정하여 조정되었다.

수로 거칠기는 사행과, 관목 식생과, 거친 하상 재료를 추가하여 조정되었다. 수로폭~수심 비율 설계는 채광 전의 수로 구성을 기반으로 했다.

(5) 허용 전단응력 점검

경계 전단응력은 침식을 유발하는 힘의 척도로서 유속보다 더 적절하기 때문에, 허용 전단응력에 대한 그래프도 개발되어 있다. 개수로의 등류에 작용하는 평균 경계 전단응력(τ)은 물의 단위중량(γ) - kg, lb/ft³)과 수리반경(R)의 곱에 하상 기울기(S)를 곱한 값으로 주어진다. 즉

$$\tau = \gamma RS$$

그림 5.17은 허용 전단응력 기준의 예를 그래프로 나타낸 것이다. 허용가능 전단응력 기준에 대한 가장 유명한 그래픽 표현은 무차원 변수로 표시한 평탄한 하상의 직선 수로에서 비점착성 입자의 초기 이동에 필요한 조건을 묘사하는 Shields 다이어그램이다(Vanoni, 1975).

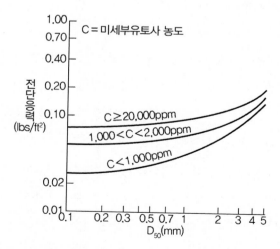

그림 5.17 하상토사 운반을 무시할 수 있는 5 mm 이상의 비점착성 물질로 경계를 이룬 수로에서의 평균 허용전단응력. 부유토사의 농도가 증가하면 전단응력은 사라진다.

Shields 곡선과 기타 허용가능 전단응력 기준(예 : Henderson 1966의 그림 10.5, Simons and Senturk 1977의 그림 7.7)은 실험실 및 현장 자료를 기반으로 하고 있다. 가장 단순한 형태에서 수로 안정성에 대한 Shields 기준은 다음과 같다(Henderson, 1966).

$$RS/[(S_s - 1)D_s] < a \ constant \ for \ D_s > \sim 6 \ mm$$

여기서 S_s는 토사의 비중, D_s는 특성 하상물질 크기로, 통상 넓은 폭의 크기들로 구성된 하상재료의 중앙값인 D_{50}이다. 차폐상수(Shields constant)가 무차원 이려면 수리반경 R과 특성 하상물질 크기 D_s는 동일한 단위를 사용해야 한다. 무차원 상수는 측정값을 기반으로 하며 이를 결정하는 데 사용된 자료들과 사용자의 판단에 따라 0.03~0.06의 범위를 갖는다 (USACE 1994). 이 상수값들은 평평한 하상을 가진 직선수로(모래 언덕이나 다른 형태의 하상은 없음)에 대한 값이다. 자연하천에서는 보통 이러한 하상형태가 존재하며, 하상물질의 유입을 유발하는 데 필요한 이 무차원 상수값은 0.06보다 클 수 있다. 하상물질 유입은 수로의 침식을 의미하지 않는다는 것을 알아야 한다. 침식은 상류로부터의 토사공급이 흐름에 의해 하상토사가 이송되어 나간 양보다 적은 경우에만 발생하는 것이다. 그러나 Andrews(1984)는 콜로라도의 Rocky Mountain 지역에서의 24개의 자갈하상 하천을 연구한 결과, 안정된 자갈하상 수로는 약 0.080보다 큰 Shields 상수값에서는 유지될 수 없다고 결론 내린 바 있다. 작은 Shields 상수값은 수로세굴에 대해서는 보다 보수적이지만 퇴적에 대해서는 보수적이지 않다. 만약 S_s =2.65이고 Shields 상수를 0.06으로 가정하면 위의 방정식은 $D_{50} =$ 10.1 RS로 단순화된다. 허용 전단응력 기준은 모래 또는 미세한 재료가 지배적인 하상이 있는 수로의 설계에는 그다지 유용하지 않다. 모래하상은 일반적으로 설계유량에서는 움직이고, 모래 언덕을 가지고 있으며, 따라서 전단응력값은 평면하상에서의 초기움직임을 위한 Shields 기준에 표시된 것보다 훨씬 크다. 점착성 물질에 대한 허용 전단응력 자료는 모래와 자갈보다 더 많은 산란을 보였으며(Grissinger et al., 1981, Raudkivi and Tan 1984), 지방의 수로들에서의 경험과 관찰 결과들은 Chow(1959)에 제시된 것보다 더 선호된다. 점착성 토질의 침식 모형은 모형 매개변수나 상수들의 현장 또는 실험실 평가가 필요하다. 실험실 수로에서의 결과를 현장 조건으로 확대하는 것은 어렵고, 현장 시험조차도 현장 특성에 영향을 받는다. 점착성

토질의 침식성은 토질, 토질수 및 하천의 화학적 조성, 다른 요소들에 의해 영향을 받는다. 그러나 지역적인 전단응력 기준은 모래와 점토 하상이 있는 수로에서의 관측으로부터 개발될 수 있다. 예를 들어 USACE(1993)는 Mississippi 북서부의 Coldwater 하천유역에서의 구간들은 수로 형성 유량(2년 발생빈도)에서 $0.4 \sim 0.9 \, \text{lb/ft}^2$의 평균 경계전단응력을 가져야 안정해진다고 결정했다. Shields 상수의 값은 또한 하상재료의 크기 분포, 특히 포장된 하상 또는 강화된 하상에 따라 다르다. Andrews(1983)는 다음과 같이 표현할 수 있는 회귀관계를 유도했다.

$$RS / [(S_s - 1)D_i] < 0.0834(D_i/D_{50}) - 0.872$$

위 식의 왼쪽이 오른쪽과 같을 때, 크기 D_i의 토사 입자는 운동 초기 임계값에 있게 된다. 위의 식에서 D_{50} 값은 지표면 아래의 물질의 중앙 크기이다. 따라서 $D_{50} = 30 \, \text{mm}$이면 위 방정식의 왼쪽이 0.029를 초과하면 100 mm 직경의 입자가 유입된다는 것이다. 이 방정식은 자연적으로 자갈과 조약돌 하상 재료로 자체적으로 형성된 하천을 위한 것이다. 방정식은 $0.3 \sim 4.2$ 사이의 D_i / D_{50} 값을 유지하고 있다. 위 방정식의 왼쪽에 있는 R과 D_i는 같은 단위로 표시해야 한다.

❖ 허용전단응력

하상재료 크기분포의 모양은 모래와 자갈이 혼합된 하상에서 개별 토사 크기의 움직임의 임계값을 결정하는 중요한 매개변수이다. 모래와 자갈의 단봉형(입자 크기 분포는 다음의 최대치를 보이지 않음) 혼합물로 구성된 하상은 하상 표면에 존재하는 모든 크기의 입자에 대해 좁은 폭의 집중된 전단응력 범위를 갖는 것으로 밝혀진 바 있다. 단일 모달 하상의 경우, 중간 크기의 입자 크기에 대해 Shields 곡선을 사용하여 하상 위의 모든 크기의 입자들의 움직임 임계값이 적절하게 계산된 것으로 나타나는 것이다. 모래와 자갈의 혼합물로 구성된 2중 모달(2정점 – 입자크기 분포는 두 번째 최댓값을 나타냄)로 구성된 토사는 Shields 곡선에 의해 예측된 것보다 훨씬 적지만 입자 크기의 함수인 임계 전단응력을 갖는 것으로 밝혀졌다. 2중 모달 크기 분포를 갖는 하상재료의 경우 중간 크기보다 큰 개별 입자 크기에 대한 Shields 곡선을 사용하면 운동 임계값을 과대평가하고, 중간 크기보다 작은 입자 크기에 대한 운동 임계값을 과소평가하고 있다. 자갈이 단단히 결합되거나 함몰되어 있으면 자갈층에 대한 임계 전단응력이 높아질 수 있다.

Jackson and Van Hasren(1984)은 허용전단응력을 기반으로 복원된 수로를 설계하기 위한 반복기법을 제시하고 있다. 수로 바닥(하상)과 제방에 대한 별도의 계산이 수행된다. 수로설계는 제방 식생의 발달과 제방의 응집력과 침식 저항이 증가함에 따라 점진적으로 수로를 좁힐 수 있는 조항을 포함하고 있다. Newbury and Gaboury(1993)는 Lane(1955)의 허용소류력 그래프를 사용하여 조약돌과 자갈층이 있는 Manitoba주의 수로복원계획의 안정성을 확인한 바 있다.

실용적인 관점에서 경계 전단응력은 속도보다 측정하고 개념화하기가 더 어려울 수 있다(Brookes, 1995). 허용 전단응력 기준은 평균 깊이를 매개변수로 포함하여 허용속도로 변환될 수 있다. 계산된 전단응력 값은 해당 구간의 평균값이다. 평균값은 예를 들어 만곡부 외부의 점에서는 초과되는 것이다.

(6) 실용적 지침 : 허용 유속과 전단응력

허용 유속과 전단응력 접근법의 적용을 위한 실제 지침은 이전에 미국 토양보존국(SCS)(1977)이던 ─ 농무부)자연자원보전국(USDA NRCS)과 미국 육군공병단(USACE, 1994)에 의해 제공되어 있다(그림 5.16 참조).

사구, 식생, 수목 파편 및 하천의 거대한 지질학적 특성으로 인한 거칠기가 에너지를 소모하기 때문에, 하상 안정성을 위한 허용전단응력은 실험실 수로 자료 또는 균일한(등류) 수로에서의 자료보다 높을 수 있다. 하나의 설계조건보다는 유량 범위에 대한 횡단면 평균유속 또는 전단응력과 제방 재료의 내침식성의 계절적 변화를 계산하는 것이 중요하다. 침식을 일으키는 유량의 발생빈도와 지속시간은 안정성 결정에 중요한 요소이다. 굵은 자갈 또는 호박돌 하상 하천에서의 하상이동은 때로는 재현기간이 몇 년인 유량에서만 발생한다.

유량으로부터 유속 또는 전단응력을 계산하려면 설계단면, 경사 및 유수저항 자료가 필요하다. 설계수로가 극히 균일하지 않은 경우, 오히려 짧은 수로구간에 대한 일반적인 또는 평균 조건을 고려해야 한다. 만곡이 있는 수로에서 평균 전단응력값이 허용한도 내인 경우에도 단면을 가로지르는 전단응력의 변화로 인해 세굴과 퇴적이 발생할 수 있다. NRCS-이전의 SCS) (1977)는 매우 제한된 자료에 기초한 그래픽 형태의 수로 곡률에 대한 조정요소를 제공하고 있다(그림 5.16 참조). 복단면 수로에 대한 유속분포와 수위~유량 관계는 복잡하다(Williams and Julien 1989, Myers and Lyness 1994).

횡단면 평균조건(USACE 1994)이 아닌 제방월류(overbank flow) 흐름이 있는 복단면에 대한 수로 내 흐름에 허용되는 유속 또는 전단응력 기준을 적용해야 한다. 일정한 흐름저항 값보다는 유량과 수위 변화에 따라 변화하는 조건을 허용하는 수로 흐름저항 예측이 사용되어야 한다.

기존 수로가 안정적이라면, 현재와 제안된 시스템이 유속 대 유량 곡선이 일치하도록 설계된 수로 기울기, 단면 및 조도를 조정할 수 있다(USACE, 1994). 이 접근법은 허용유속 개념에 기반을 두고 있지만, 다른 하천에서 수집된 경험적으로 공개된 경험값과는 본질적으로 다른 결과 값을 나타내고 있다.

(7) 허용 하천력 또는 경사

Brookes(1990)는 하천복원계획의 안정성 기준으로 만수유속과 전단응력의 곱을 제안하였다. 이는 단위 하상면적 당의 하천력과 동등하다. 이것은 덴마크와 영국의 모래 제방, 빙하 세척 모래 하상, 그리고 제한된 범위의 만수유량－~15~70 cfs)에 대한 여러 복원사업에서의 경험을 기반으로 하고 있다. 이 자료는 그림 5.18에서 정사각형, 삼각형 및 원으로 표시되어 있다.

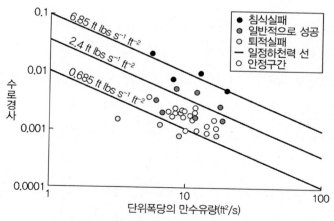

그림 5.18 Brookes의 하천력 안정성 기준 : 하천력은 만수유속과 전단응력의 곱이다.

Brookes는 2.4 ft−lb/sec/ft²의 하천력 값이 안정수로와 불안정수로를 잘 구분한다고 제안했다. 약 10 ft−lb/sec/ft² 미만의 하천력을 갖는 사업은 퇴적 때문에 실패했지만, 약 3.4 ft−lb/sec/ft² 이상의 하천력을 갖는 사업은 침식 때문에 실패했다. 이러한 기준은 제한된 수의 위치에서 관찰한 결과이므로 다른 유형의 하천(예 : 자갈층 하천)으로의 적용은 피해야 한다. 그러나 관심 있는 유역에 대해 유사한 기준이 개발될 수 있다.

Brookes의 하천력 기준은 여러 지역별 안정성 시험 중 하나로 다른 것들은 기울기와 전단 응력에 근거한 기준을 포함하고 있다. 미국 육군공병단(US COE)은 경험적 자료와 관찰을 사용하여 미시시피 북서부의 다양한 유역에 대한 경사와 배수면적 사이의 관계를 발전 시켰다(USACE, 1989c). 예를 들어, 3개 유역에서 안정된 구간들은 회귀선 주위에 밀집된 경사를 가짐을 보이고 있다.

$$S = 0.0041 A^{-0.365}$$

여기서 A는 배수면적(mi²)이다. 보다 더 가파른 경사를 가진 구간들은 하상이 낮아지는 경향이 있는 반면, 보다 점진적인 경사를 가진 구간들은 하상이 높아지는 경향이 있다. Downs(1995)는 영국의 템스강 유역에서 전적으로 경사에만 기초를 두고 수로구간들의 안정성 기준을 개발했다 . 즉 20세기 동안 직선화된 수로는 경사가 0.005보다 작으면 퇴적하는 경향이었고 경사가 더 크면 침식성인 것으로 나타남을 보였다.

(8) 토사 산출량(産出量)과 이송(移送)

① 토사이송

만약 수로가 경험적 방법이나 견인력(tractive stress) 기법으로 설계되었다면, 토사이송능력의 계산은 퇴적문제를 검정해야 한다. 토사이송관계는 개발과 관련된 자료에 깊이 관련되어 있다. 하천형태와 문제의 하상토사 규격과 관련한 이송함수기법을 사용함으로써 정확성의 문제를 줄일 수 있다. 검정할 자료가 있으면 신뢰성을 더할 수 있다. 기존의 수로가 합리적으로 안정화되어 있다면, 설계자는 기존과 제안된 수로에 대해서 동일한 토사이송함수를 사용하여 계산하고 두 개의 곡선이 가능한 한 가까워질 때까지 시산으로 접근시켜 "토사유량 대 하천유량" 관계를 계산할 수 있다(USACE, 1994).

새로운 수로로 들어가는 토사유입량에 대한 정보가 가능하다면, 다년간의 토사수지(土砂 收支, sediment budget)가 계산될 수 있으며, 침식이 되는지 아니면 퇴적이 되는지에 대한 것을 판단할 수 있으며, 따라서 가능한 유지관리의 필요성을 예측할 수 있다. 토사량은 수리 적 특성과 상류의 공급 구간에서 공급되는 하상물질의 구성과 적당한 토사이송함수에 따라 서 계산이 가능하다. 미국 육군공병단(USACE)의 SAM(Copeland, 1994) 프로그램은 등류를 계산하며, 직선수로의 단일단면에 대한 토사량을 13개의 각각 다른 토사이송함수를 사용하 여 계산할 수 있다. 단면들은 복잡한 형태를 가질 수도 있으며 경계물질(조도계수 관련)도 단면을 따라 다르게 복잡할 수 있다. 결과의 출력은 토사량을 구하기 위해서 수문곡선이나 흐름지속곡선과 조합될 수 있다.

HEC-6(USACE, 1993)는 1차원의 이동상 개수로 흐름 수치 모형으로 적정한 시간 동안(통 상 연 단위)에 세굴과 퇴적의 결과로 구해지는 하천단면의 변화를 모의할 수 있다. 물론 단일 홍수사상에 대해서도 적용 가능하다. 연속적인 유량기록은 변동유량과 지속시간의 정 상흐름 계열로 나눌 수 있다. 각 유량에 대해서, 수면형은 계산되어 에너지 경사와 유속과 수심 그리고 다른 변수들을 각 단면에서 제공하고 있다. 잠재적인 토사이송률은 각 단면에 서 계산된다. 이 토사이송률은 흐름지속기간과 결합되어 각 구간에서의 토사의 체적산정을 가능하게 한다. 따라서 각 단면에서의 세굴량과 퇴적량은 계산된다. 그리고 단면의 기하학적 구조는 변화된 토사량에 적응하여 조정이 가능하다. 계산은 다음 흐름에 대해서 차례로 진 행되며 조정된 단면을 사용하여 순환이 반복된다.

토사계산은 입경별로 이루어진다. HEC-6는 설계자들로 하여금 예측된 물과 토사공급에 대한 수로의 장기적인 반응을 산정하게 한다. 근본적인 한계는 HEC-6는 1차원이라는 점이 다. 즉 단면의 기하학적 조정은 단지 연직방향으로만 이루어진다는 점이다. 수로의 폭이나 평면 방향으로의 변화는 모의할 수 없다. 다른 토사추적 모형으로는 GSTARS 2.0(Yang et al., 1998)이 있다. GSTARS 2.0은 준2차원 방법으로 상류(常流)와 사류(射流)의 흐름을 중단 없이 계산할 수 있다. 토사추적에서 유관(流官, stream tube) 개념의 사용은 GSTARS 2.0으로 하여금 준3차원 흐름에서 수로의 기하학적 변화를 모의할 수 있게 한다.

하천수로로 공급되는 토사의 양과 종류는 복원계획에 중요한 고려사항이다. 왜냐하면 토사는 수로의 안정을 결정짓는 균형(예, 에너지와 물질량 사이의)의 일부분이기 때문이다. 하천력, 전단응력 혹은 흐름에너지(이송능력 지수)에 비해서 토사가 부족하면 보통 충적 수로의 경계(바닥과 측면 등)로부터 토사의 침식 결과를 낳는다. 반대로, 흐름의 이송능력에 비해서 토사가 과잉으로 공급되면 하천의 그 구간에서는 토사의 퇴적이 발생한다.

하상물질토사 이송분석은 사행파장의 2배를 넘는 하천구간에서 복원이 이루어지는 경우에는 꼭 필요하다. 단면의 규격을 조정하거나 사행파장의 2배를 넘는 하천구간에서 만곡성을 조정하는 경우에는 상류의 토사량이 수정되는 구간을 통해서 이송되어 최소한으로 퇴적할 것인지 아니면 침식할 것인지를 분석해야 한다. 그리고 다양한 호우사상과 연평균 이송 하상물질도 역시 분석되어야 한다.

② 토사량 함수

적정한 유량 공식의 선택은 하천에서 토사량을 예측하려고 할 때 중요한 고려사항이다. 수많은 토사량 공식들이 제안되었으며, 광범위한 요약을 Alonso and Combs(1980), Brownlie(1981), Yang(1996), Bathurst(1985), Gomez and Church(1989), and Parker(1990)에서 찾아볼 수 있다.

토사량율은 유속과 에너지 경사, 수온 그리고 하상물질과 부유사 입자들의 크기, 크기 구성, 비중, 입자의 모양 그리고 수로모양과 형태, 거친 재료들로 덮여 있는 바닥 표면의 범위, 세립물질들의 공급률, 그리고 바닥의 모양에 달려 있다. 수문학적, 지질학적, 그리고 기후적 조건 같은 대규모 변수들도 토사이송률에 영향을 끼친다. 변수들의 범위와 수 때문에 고려해야 할 모든 조건들을 만족하는 토사이송 공식을 선택한다는 것은 불가능하다. 특정한 공식이 특정한 하천에서 정확하다고 해서 다른 하천에서도 그러하리라는 보장은 없다.

토사이송공식의 선택은 반드시 다음 사항들을 고려해야 한다(Yang, 1996).

- 가용할 또는 시간과 예산, 그리고 작업시간의 한계 내에서 측정 가능한 현장 자료의 형태
- 가용할 자료로부터 결정할 독립변수
- 공식과 현장조건의 한계성

하나의 공식 이상이 사용될 경우, 토사량율은 각각의 공식을 사용하여 계산되어야 한다. 가용할 측정된 토사량과 가장 잘 일치하는 공식들은 실재 측정이 되지 않을 때의 흐름조건 동안의 토사량율을 계산하는 데 사용되어야 한다.

비교를 위한 어떠한 측정된 토사량 자료도 없는 경우에는 다음의 공식들을 고려할 수 있겠다.

- Meyer-Peter and Muller(1948) 공식 – 하상물질이 5 mm 이상인 경우
- Einstein(1950) 공식 – 전체 토사량의 상당 부분을 bed load가 차지할 때
- Toffaleti(1968) 공식 – 대규모 모래바닥 하천
- Colby(1964) 공식 – 수심이 3 m 이하이고 하상물질의 중앙값이 0.8 mm 이하인 하천
- Yang(1973) 공식 – 세립~거친 모래바닥의 하천
- Yang(1984) 공식 – 대부분의 하상물질이 2~10 mm일 때의 자갈이송
- Ackers and White(1973) 또는 Engelund and Hansen(1967) 공식 – 상류(常流)흐름을 가진 모래바닥 하천
- Laursen(1958) 공식 – 모래나 거친 실트를 가진 얕은 하천

측정소로부터의 가용할 토사자료는 만족할 만한 토사량 공식이 없는 경우 경험적 토사량 곡선을 개발하거나 선택한 공식으로부터 토사량 추세를 증명하는 데 사용될 수 있다. 측정된 토사량 혹은 농도는 하천유량, 유속, 경사, 수심, 전단응력, 하천력 또는 단위하천력에 대응해서 도시화되어야 한다. 최소 분산과 체계적인 편차를 가진 곡선을 선택하면 바로 그 측점에서의 토사율 곡선(또는 유량~토사량 곡선, sediment rating curve)으로 구할 수 있다.

③ 토사수지(土砂收支)

토사수지는 유역에서의 토사발생을 정산하는 것이다. 유역에서의 침식, 이송, 퇴적의 정량화 과정이다. 유역의 모든 공급원으로부터의 침식량은 다양한 과정을 통해서 산정된다. 다양한 공급원으로부터의 침식량(tons)은 토사배달률을 곱하면 실재로 하천으로 유입되는 침식된 토사량을 구할 수 있다. 하천으로 배달된 토사는 유역을 통과해서 수로를 따라 흘러내린

다. 토사추적과정은 하천의 끝인 호수나 저수지 혹은 습지, 홍수터 혹은 하천 자체에 얼마나 퇴적될 것인가를 평가하는 것을 포함한다. 침식과정에 의한 토양조직의 분석은 하천으로 배달된 토사량을 실트, 점토, 모래, 자갈의 분량으로 환산하는 데 사용될 수 있다. 토사이송과정은 토사추적분석 동안에 어떤 결정을 하는 데 도움이 될 수 있다. 최종 결과는 유역의 출구에서의 토사 산출량이거나 계획구간의 시전에서의 토사 산출량이다. 표 5.5는 한 유역에서의 결과적인 토사수지표이다. 이 표에서의 정보는 측정한 값일 수도 있고, 유사한 유역의 자료에 기초한 산정치일 수도 있으며, 혹은 모형들(NRCS의 AGNPS, SWRRBWQ, SWAT, WEPP, RUSLE 등)의 결과물일 수도 있다. 토사배달률은 유역의 배수면적에 대해서 토사측정 자료와 저수지 토사 측량에 기초해서 결정된다.

표 5.5 한 유역에서의 토사수지의 예

보호수준	침식공급원	에이커 혹은 마일	평균침식률 (tons/acre/year or tons/bank mile/year)	연간 침식량 (tons/year)	토사 전달 비율 (%)	하천으로의 토사량	대지와 홍수터에서의 토사퇴적량	호수로 전달된 토사량 tons/year	%
	막흐름, 실개천, 단명도랑								
적정	경작지	6000	3.0	18,000	30	5400	14,380	3620	33.7
부적정	경작지	1500	6.5	9750	30	2930	7790	1960	18.3
적정	목초지	3400	1.0	3400	20	680	2940	460	4.3
부적정	목초지	600	6.0	3600	20	720	3120	480	4.5
적정	산림대	1200	0.5	600	20	120	520	80	0.7
부적정	산림대	300	5.5	1650	20	330	1430	220	2.1
적정	공원용지	700	1.0	700	30	210	560	140	1.3
부적정	공원용지	0	0	0	30	0	0	0	0.0
적정	기타	420	2.0	840	20	170	730	110	1.0
부적정	기타	0	0	0	20	0	0	0	0.0
	배수구 (도랑)	N/A	N/A	600	40	240	440	160	1.5
	제방								
	약간(경미)	14	50	100	700	5400	140	560	5.2
	중간	10.5	150	1580	100	1580	320	1260	11.7
	심각	3.5	600	2100	100	2100	420	1680	15.7
전체 침식량				43,520	호수에 유입된 전체 토사량				10,730

유역은 다시 토사퇴적이 심각하게 발생하는 점들과 하천횡단이 수로와 홍수터의 축소를 가져오는 교량점이나 도로 성토점과 저수지, 호수, 심각한 홍수범람지역 등을 기준으로 소유역으로 분할된다. 표와 비슷한 토사수지들이 각 소유역에 대해서 작성되어서 퇴적점에 대한 토사산출량을 정량화할 수 있다. 토사수지는 처리를 위한 토사공급원을 인식하는 데 등 많은 용도를 가지고 있다. 복원활동의 목표가 유역으로부터의 토사감축에 있다면 어떤 형태의 침식이 가장 많은 토사를 생산하는지와 어디에서 그 침식이 발생하는지를 아는 것은 결정적인 것이다. 하천수변의 복원에서 하천과 홍수터에 대한 토사산출량은(양과 평균입경 면에서) 산정이 되어야 하고 설계에 반영되어야 한다. 수로의 안정조사에서는 유역으로부터 수로로 유입하는 모래와 자갈 토사의 양은 하상물질 이송계산을 위해서 반드시 규정되어야 한다.

④ 토사수지의 예

현장상황에서의 토사이송방정식의 단순한 적용 예는 토사수지의 사용을 잘 보여주고 있다. 그림 5.19는 복원계획이 실행되기 전에 분석대상 하천구간의 안정성을 평가하기 위한 하천구간을 보여주고 있다. 5개(A, B, C, D, 그리고 E)의 대표구간이 측량되었다. 각 단면의 위치는 지류하천들(단면 D와 E)이 구간으로 유입하는 위치의 상하점을 나타내도록 선정되었다. 만약 A, B, C, D 혹은 E의 하천이 구간의 전형적인 단면이 아니라면, 추가적인 단면이 측량되어야 할 것이다. 적정한 토사이송방정식이 선택되면, 각 단면에서의 하상물질에 대한 이송능력이 동일한 흐름조건들에 대해서 계산된다. 그림 5.19는 하천에서의 토사량과 각 단면점에서의 이송능력을 보여주고 있다.

각 점에서의 이송능력은 각 점에서의 토사량과 비교하여야 한다. 만약 하상물질량이 이송능력을 넘어서면 퇴적을 의미한다. 만약 하상물질 이송능력이 거친 토사량을 넘어서면 하상이나 제방의 침식을 의미하게 된다. 그림 5.19는 구간 내에서 토사량과 이송능력을 비교하고 있다. 하천은 퇴적으로 인해서 B점 아래에서는 안정하지 않을 수 있다. 50 tons/day의 퇴적은 하천의 전체 하상물질량의 10% 이하이다. 이같이 적은 토사량은 분석에서 불확실한 지역 내에서의 것으로 판단된다. C점 이하의 하천은 과다한 에너지, 즉 과다한 이송능력 때문에 불안정할 것으로 판단되며, 제방이나 바닥에서 침식이 발생할 수도 있다.

주 : 수치는 하천에서의 하상물질
부하량(tons/day)이다.

하상물질 추적계산

A지점에서의 하상물질 이송능력	400 tons/day
B지점에서의 하상물질 이송능력	500 tons/day
C지점에서의 하상물질 이송능력	900 tons/day
D지점에서의 하상물질 이송능력	150 tons/day
E지점에서의 하상물질 이송능력	250 tons/day

A지점에서의 이송능력	400 tons/day
B지점을 향한 부하량	A로부터 400 tons/day 이송＋D로부터 150 tons/day 이송
B지점에서의 이송능력	500 tons/day
B지점 아래의 50 tons 퇴적	B지점 아래에서 50 tons/day 퇴적
C지점을 향한 부하량	C지점을 향해서 B지점 아래로부터 500tons/day 이송＋ 지류 E로부터 250tons/day 이송＝750tons/day 이송
C지점에서의 이송능력	900 tons/day
C지점 아래의 150 tons/day 침식	(750－900＝－150)

그림 5.19 토사수지. 하천구간은 복원계획을 개발하기 전에 안정성 평가를 해야 한다.

이러한 분석이 완성된 후에는 토사가 쌓이는 곳이나 침식이 발생할 곳을 조사해야 한다. 만약 이러한 문제지역과 계산결과의 예측과 일치하지 않으면, 토사이송방정식이 적정하지 않거나 토사수지, 수문자료 또는 하천측량이 정밀하지 않은 것으로 판단된다.

⑤ 단일호우 토사량 대 연평균 토사량

앞의 예에서는 하나의 유량에 대해서 1일 동안에 발생할 것으로 기대되는 침식량과 퇴적량을 예측하였다. 하상물질 이송방정식은 아마도 단일 입경 토사를 사용한 것 같다. 그러나 실재로는 변동하는 시간길이 동안에 다양한 흐름이 발생하여 토사입경이 다양하게 된다. 단일호우사상 동안 혹은 연간유출에 대한 하천에 의해서 이송된 하상물질토사량의 양을 예측하기 위해서는 두 가지의 다른 방법이 사용되어야 한다.

단일호우사상 동안에 하천에 의해서 이송된 토사량을 계산하기 위해서는 그 호우사상의 수문곡선에서 시간을 등간격으로 나누고, 각 분할된 시간에서의 첨두흐름이나 평균유량을 결정한다. 표 5.6과 같은 정산표를 만들어 각 분할된 시간마다 유량을 기록한다.

표 5.6 수문곡선의 분할 구간마다의 토사량. 한 구간에서 호우유출기간 동안의 시간대별 배출된 토사량

Column 1 수문곡선	Column 2 유량분할 (ft³/s)	Column 3 이송능력 (tons/day)	Column 4 분할 시간 (days)	Column 5 실질 이송량 (tons)	
A	100	150	.42	62	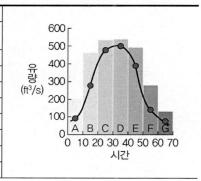
B	280	1700	.42	708	
C	483	6000	.42	2500	
D	500	6500	.42	2708	
E	390	4500	.42	1875	
F	155	530	.42	221	
G	80	90	.42	38	
호우 기간 동안의 전체 토사이동량(톤)				8112	

각 유량에 대한 토사량 곡선(그림 5.20)으로부터 이송능력은 3열에서 볼 수 있다. 이송능력이 tons/day 단위이기 때문에 4열은 수문곡선의 분할된 시간을 나타내기 위하여 시간 길이를 포함해야 한다. 4열의 분할 시간에다 3열의 이송능력을 곱하여 5열의 수문곡선의 분할 시간 동안에 이송될 토사량을 구할 수 있다. 제5열을 모두 합치면 그 호우사상으로 발생할 하상물질의 전체 이송량을 구할 수 있는 것이다.

하천에서의 연평균 토사이송은 호우예측과 매우 유사한 과정으로 결정된다. 토사량 곡선은 예측곡선이나 물리적 측정으로부터 개발될 수 있다. 연간 흐름지속곡선이 분할된 수문곡선에 사용될 수 있다. 앞에서 설명한 것과 비슷한 정산표가 사용될 수 있다. 역시 마지막열의 합은 연간 토사이송능력을 나타내는 것이다(예측 식에 의해서). 혹은 토사량 곡선이 실측으로 구해진다면 실재의 연간 토사이송능력을 보이는 것이다.

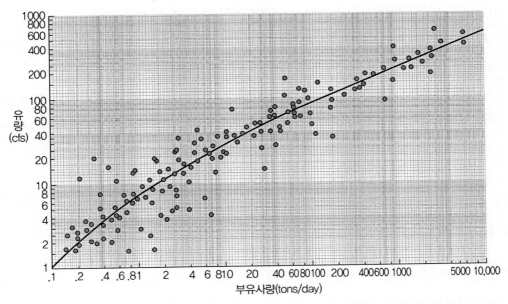

그림 5.20 "토사~유량" 관계곡선. 특정 지점 또는 계측 지점에서의 특정유량에 의해서 운반된 토사량의 관계를 보여준다.

⑥ 복원 후의 토사량

토사이송 분석결과가 현장조건이 잘 예측되었다는 것을 검증하기 위한 현장점검이 이루어진 후에는 새롭게 만들어지는 하천이나 구간의 새로운 단면들과 경사에 대해서 동일한 분석이 반복되어야 한다. 두 번째 분석에서 심각한 퇴적이나 침식이 수정된 구간에서 발생할 가능성이 있을 때는 계획과 설계는 수정되어야 한다. 잠재적인 복원지점의 상류 유역에서의 유출이나 토사생산량의 잠재적 변화가 예측되면 토사이송분석은 새로운 잠재적 변화 조건에 기초해서 다시 해야 한다.

5.5.7 안정성 제어

복원된 수로가 침식이나 퇴적에 의해서 손상을 입거나 파괴될 위험은 경제성이 허락하는 한 제어수단을 설치하면 줄일 수 있다. 제어수단은 사행의 이동 같은 복원구간에서는 받아들일 수 없는 자연적인 수준의 수로 불안정성의 경우에도 필요하다.

많은 경우들에서, 제어수단은 서식지 복원 도구들이나 심미적 특성에 더해진다(Nunnally

and Shields 1985, Newbury and Gaboury 1993). 제어수단들은 바닥안정화 도구, 제방 안정화 도구 그리고 수문학적 수단으로 구분할 수 있다. 이러한 안정화 수단들에 대한 검토는 Vanoni(1975), Simons and Senturk(1977), Petersen(1986), Chang(1988) and USACE(1989b, 1994)에서 찾아볼 수 있으며, 여기서도 간단하게 설명하고자 한다. Haan et al.(1994)은 소규모 유역에서 토사제어를 위한 설계지침서를 제공하고 있다. 모든 경우들에서 토사제어시스템은 마음에 두고 있는 유역의 지형학적 평가와 더불어 계획하고 설계해야 한다.

5.6 하천제방 복원

하천들이 상대적으로 자연적인 흐름과 홍수의 패턴을 유지하는 경우에도 하천수변 복원은 홍수터의 식생이 회복되는 동안 하천제방이 일시적으로(수년에서 수십 년까지) 안정화될 것을 요구할 수 있다. 그러한 경우에도 목적은 식생이 되지 않은 제방과 관련하여 가속화된 침식을 중지시키고, 하천시스템 및 환경에 적합한 침식률을 감소시키는 것이다. 이러한 상황에서 초기제방보호는 기본적으로 필요에 따라 식물, 나무 및 암석으로 주로 제공될 수 있다 (부록 B 참조). 다른 경우로는 토지개발 또는 변형된 흐름은 영구적인 하천 안정성을 보장하기 위해 경질 구조물의 사용을 제시할 수 있으며 식생은 주로 수로 음영 부족과 같은 특정 생태학적 결점을 해결하기 위해 사용된다. 두 경우 모두(영구 또는 임시적 제방 안정화), 앞에서 설명된 대로 유출량 예측을 사용하여 충분한 성능을 얻기 위해 더 많은 내성물질(천연 섬유, 목재, 암석 등)로 식물을 보충해야 하는 정도를 결정한다. 과도한 침식의 원인은 토지이용, 가축관리, 범람원 복원 또는 수자원 관리의 변화를 통해서 되돌릴 수 있다. 어떤 경우에는 인접한 개발로 인해 정상적인 제방침식 및 수로이동조차 허용되지 않는 것으로 간주될 수도 있으며, 식생은 "단단한" 제방 안정화 조치 부근의 일부 서식지 기능을 회복하기 위해 주로 사용될 수 있다. 두 경우 모두, 토양, 토종식물 종의 사용과 관련하여 위에서 논의된 고려사항은 제방 구역 내에서 적용 가능하다. 그러나 식물을 확립하고 서식 환경을 개선하는 데 도움이 되는 일련의 전문 기술을 사용할 수 있다.

이 장의 앞부분에서 논의했듯이 하천의 침식제어 사업에서 독립적으로 또는 다른 천연재료와 조합하여 목본식물 자르기를 통합하는 것을 일반적으로 토양생체공학(soil bioengineering)

이라고 한다. 토양생체공학 기반의 제방 안정화 시스템은 특정 흐름조건하에서 일반적인 적용을 위해 표준화되지 않았으며, 이들을 사용할지 여부 및 사용 방법에 대한 결정은 다양한 요인들을 신중하게 고려해야 한다. 큰 흐름이나 침식이 심한 곳에서는 토양, 생물학, 식물과학, 조경 건축, 지질학, 공학 및 수문학에 대한 전문지식을 포함하는 팀의 노력이 효과적인 접근 방법이다.

토양생체공학 방법은 보통 쉽게 살아나는 종의 살아 있는 나뭇가지를 절단 또는 기둥의 형태로 사용하여 제방 깊숙이 삽입하거나 여러 가지 다른 방법으로 정착시킨다. 이것은 초기 정착 기간 동안에 식물의 씻김에 저항하고, 동시에 줄기의 물리적 저항으로 인한 즉각적인 침식보호를 제공하는 이중 목적을 수행한다. 일부 하천 또는 일부 제방 지역에서는 식물재료만으로도 충분하지만, 침식력이 커지면 암석, 통나무 또는 잡목 및 자연 직물과 같은 다른 재료들과 결합할 수 있다. 어떤 경우에는 흘러온 나뭇조각들이 조합되어 제방 및 제방에 가까운 수로 지역의 서식지 특성을 개선하기도 한다. 제방 실패의 방식과 제방 안정화 작업의 구성요소로서 식생의 사용 가능성을 결정하기 위해 예비 현장조사와 공학적 분석을 완료해야 한다. 흐름과 토양의 기술적 분석 외에도 예비 조사는 접근로, 유지관리, 긴급성 대비 및 재료의 이용 가능성을 고려해야 한다. 수위와 유속과 관련된 일반화는 다양한 제방 안정화 사업에서 보고된 경험지표로서만 취해져야 한다. 식생이 어떻게 이용될 수 있는지 또는 사용할 수 없는지를 결정하기 위해 특정 장소를 평가해야 한다. 토양 응집력, 자갈렌즈(제방재료 속의 자갈 뭉치)의 존재, 얼음 축적 패턴, 제방에 도달하는 햇빛의 양 및 방목을 방지할 수 있는 능력은 제방 안정화를 달성하기 위한 식생의 적합성을 평가할 때 고려해야 할 사항이다. 또한 수정된 흐름 패턴은 유속과 지속시간보다는 부적절한 침수시기로 인해 제방의 일부를 식생에 부적절하게 할 수 있다(Klimas, 1987). 침식에 대한 보호를 확대하는 것뿐만 아니라 측면보호도 중요한 설계 고려사항이다. 5.5절에서 언급했듯이, 하천제방 안정화 기술은 일반적으로 강화법, 간접적인 방법 또는 식생 방법으로 분류할 수 있다. 적절한 안정화 기술의 선택은 매우 중요하며 아래에서 논의되는 요소로 표현될 수 있다.

5.6.1 기술의 효과

주어진 제방 안정화 기술의 특성 및 제안된 작업장의 물리적 특성에 내재된 요인들은 그 위치에서 해당 기술의 적합성에 영향을 미친다. 효과는 기술의 적합성과 타당성을 나타낸다. 많은 기법들이 침식력과 지반공학적 파괴에 저항하여 특정 제방 안정성 문제를 적절히 해결하도록 설계될 수 있다. 어떤 기술이 공격 강도에 대한 보호 강도와 일치하는지 확인하는 것이 가장 어렵다. 따라서 가장 강력한 침식과정과 가장 중요한 실패기구를 통해서 시험할 때 가장 효율적으로 수행된다. 환경 및 경제적 요소가 선택과정에 통합되면 일반적으로 토양생체공학 방법을 매우 매력적으로 만든다. 그러나 선택된 해결방법은 먼저 제방 안정화의 효과적 요건을 충족시켜야 한다. 그렇지 않으면 환경적 및 경제적 속성이 부적절하게 된다. 토양생체공학은 하천제방 침식을 통제하는 데 유용한 도구가 될 수 있지만 만병통치약으로 간주되어서는 안 된다. 수로과정, 생물학 및 하천제방 안정화 기술에 경험이 풍부한 인력이 적절한 방법으로 수행해야 한다.

5.6.2 안정화 기법들

식물은 종자에 대한 전통적 기법을 사용하거나 맨 뿌리 및 용기 재배 식물을 재배하여 제방 상부와 범람원 지역에 심어 확립할 수 있다. 그러나 이러한 방법은 흐름에 대한 초기 저항이 거의 없으며 완전히 식수가 되기 전에 높은 수위의 물을 받으면 식재가 파괴될 수 있다. 쉽게 자라나는 종(예 : 버드나무)에서 채취한 삽목, 장대 수목 및 살아 있는 가지들은 침식에 더 강하며 제방의 보다 낮은 곳에서 사용할 수 있다(그림 5.21). 또한 삽목과 장대 수목 재배는 고밀도로 심어 놓으면 유속의 즉각적인 완화를 제공할 수 있다. 가끔은 적절한 토양수분과의 접촉을 유지하기에 충분히 깊게 위치하면 물주기의 필요성을 제거할 수 있다. 신뢰할 수 있는 싹트는 특성, 빠른 성장 및 버드나무와 여타 종들의 삽목이 가능하면 특히 제방의 재식생 사업에 사용하기에 적합하며, 여기에 설명된 통합적 제방보호 방법 대부분에서 사용될 수 있다.

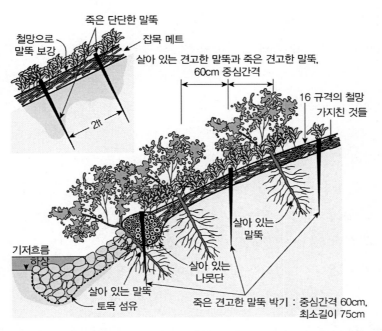

그림 5.21 삽목 시스템. 잡목 메트리스 기법의 상세도(예). (USDA-NRCS 1996a) 살아 있는 식물 재료의 뿌리와 잎이 있는 조건은 설치 시의 조건은 아니다.

(1) 고정된 삽목(揷木) 시스템

많은 수의 삽목들이 층이나 다발로 배열되며, 일부는 하천제방에 고정시키고 부분적으로 묻을 수 있는 몇 가지 기술들이 있다. 이러한 시스템이 어떻게 배치되어 있느냐에 따라 침식류에 대해 직접적인 보호를 제공하고 상향 수역의 침식을 방지하며 토사의 포집을 촉진하고 조밀한 뿌리와 발아를 신속하게 촉진할 수 있다. 잡목 메트리스 및 직조 매트는 일반적으로 제방 앞면에 사용되며 나란히 놓인 삽목으로 구성되며 황마 줄 또는 와이어로 고정시킨다. 잡목층은 제방에 단지(段地)를 만들어 묻은 삽목들로 매장된 부분의 가지 끝들이 제방에서 확장되도록 묻는다. 나뭇단 또는 초벽은 함께 묶인 삽목 뭉치로 제방면에 수평으로 배열된 얕은 도랑에 배치되고 부분적으로 묻혀서 제자리에 고정된다. 갈대말이라고 불리는 유사한 시스템은 적절한 서식지에 초본 종을 수립하기 위해 토양 및 뿌리 재료 또는 뿌리 싹으로 채워진 부분적으로 묻혀 있거나 걸려 있는 삼배말이를 사용한다. 새롭게 건설된 자갈 범람원 지역의 수로에 직각으로 설치되어 수로 에너지를 분산시키고 토사퇴적을 증가시키기 위해 생생한 삽목뭉치가 설치되기도 한다(Karle and Densmore, 1994).

(2) 토목섬유 시스템

토목섬유는 도로 제방 및 기타 고지대 설정에서 침식 제어용으로 사용되며, 일반적으로 씨뿌리기와 함께 또는 직물의 찢어진 틈을 통해 배치된 식물과 함께 사용되고 있다. 스스로 유지되는 하천제방의 경우, 황마 또는 코코넛 섬유와 같은 천연의 생분해성 물질만 사용한다(Johnson and Stypula, 1993). 하천제방에서의 이러한 물질의 전형적인 사용은 식생지오그리드의 건설에 있다. 이 방법은 제방의 재건을 허용하고 상당한 내침식성을 제공한다. 천연섬유는 또한 특수 용도로 판매되는 "섬유~광산"에도 사용되고 있다. 이들은 원통형 섬유다발이며, 재료를 통해서 또는 재료 안으로 삽입된 자르거나 뿌리박은 식물로 제방에 걸릴 수 있도록 되어 있다. 식물성 플라스틱 지오그리드 및 기타 비분해성 물질은 지반공학적 문제가 배수 또는 추가 강도가 필요한 곳에서도 사용할 수 있다.

5.6.3 통합시스템

하천제방 안정화에 대한 구조적 접근방식의 사용에 대한 주요 관심사는 물과 직접 인접한 지역에 식생이 부족하다는 것이다. 식생이 석재 호안(護岸)을 불안정하게 만든다는 오랫동안의 우려가 있음에도 불구하고, 그에 대한 증거는 거의 없다(Shields, 1991). 통수능의 손실을 고려한다손 치더라도 구조물에 식생을 추가하는 것이 고려되어야 한다. 이것은 건설 중 삽목을 배치하거나 기존 구조물의 돌 사이에 삽목들을 끼워 넣거나 나무기둥을 삽입하는 것과 같은 작업을 할 수 있다. 목재 방틀이나 뒤채움 토양에 삽목이나 뿌리박은 식물들을 심을 수 있다.

(1) 나무와 통나무

목재호안은 제방과 나란히 놓은 소나무 가지 같은 나무줄기들을 말뚝이나 묻혀 있는 고정체에 연결하여 만든다. 이들 나뭇가지들은 흐름을 방해하며 토사들을 잡기도 한다. 이 시스템의 주요 문제는 다량의 연결 줄을 사용하고 빠져나온 나뭇가지가 하류부의 손상을 일으킬 수 있는 가능성이다. 일부 사업에서는 수중 서식지의 개선뿐만 아니라 제방보호를 제공하기 위해 돌과 함께 대형 나무를 성공적으로 사용한 바 있다. 손상되지 않은 뿌리 잔여물이 있는 큰 통나무를 제방 끝단에 설치한 도랑을 따라 심으면 제방면을 넘어 연장될 수 있다(그림

5.22와 그림 5.23).

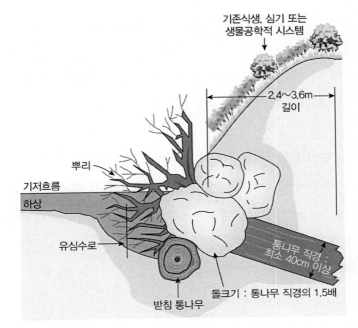

그림 5.22 호안 시스템, 뿌리 잔여물 이용 기술의 세부사항(USDA-NRCS 1996a)

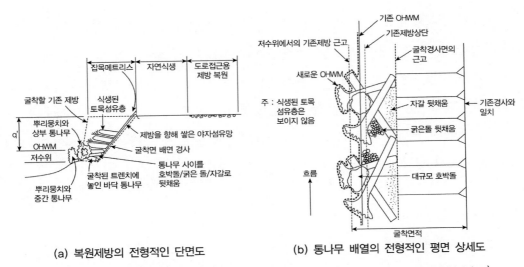

(a) 복원제방의 전형적인 단면도　　(b) 통나무 배열의 전형적인 평면 상세도

그림 5.23 복원 제방 축조 상세도(예) (King County Surface Water Management Division)

통나무는 안정성을 보장하기 위해 돌로 중첩 또는 보강되며 돌출된 뿌리 잔여물은 제방 끝단(근고)에서 유속을 효과적으로 감소시킨다. 이 방식의 가장 큰 장점은 유기물질을 포획하고 무척추동물과 서식하는 물고기들에게 서식지를 제공하는 역동적인 제방환경을 조성하여 하천에서의 큰 나뭇조각들의 자연적인 역할 중의 하나를 재확립한다는 점이다. 결국 통나무가 부식하여 더 자연스러운 제방이 되는 것이다. 이 호안은 목재성 식물이 성숙될 때까지 제방을 안정화시키며, 이럴 때 수로는 보다 자연스러운 패턴으로 되돌아갈 수 있는 것이다.

대부분의 경우, 제방 안정화 사업은 위에서 설명한 통합 기법을 사용한다. 제방 끝단 보호에는 종종 석재의 사용이 필요하지만 큰 통나무도 사용할 수 있는 경우 석재의 양을 크게 줄일 수 있다. 마찬가지로, 제방면을 석재로 덮는 것은 지오그리드로 대체하거나 삽입 식재 재료를 보충할 수 있다. 대부분의 제방 상부구간은 고정 시스템이 필요할 수도 있지만 일반적으로 초목만으로도 안정화될 수 있는 것이다.

5.7 수로 서식지 복원

제2장에서 설명한 바와 같이, 서식지는 개체군(個體群)이 살고, 살아 있는 구성요소들과 살아 있지 않은 구성요소들을 포함하는 장소이다. 예를 들어, 어류 서식지는 단일 어류, 개체군 또는 어류 집합체가 적합한 수질, 통과 경로 등을 포함하여 생활에 필요한 물리적, 화학적 및 생물학적 특징을 찾을 수 있는 장소 또는 집합이다. 산란 장소, 먹이 및 휴식 장소, 포식자와 악조건으로부터의 피난처이기도 하다. 이용 가능한 수생 서식지의 품질을 제어하는 주요 요소는 다음과 같다.

- 하천흐름 조건들
- 수로의 물리적 구조
- 수질(예 : 수온, 수소이온농도(pH), 용존산소, 탁도, 영양물, 알칼리도)
- 강기슭 구역
- 기타 생활 요소들

하천수변 내의 기존 서식지 상태는 계획 단계에서 평가되어야 한다. 수로, 구조 또는 복원 기능의 설계는 제안된 설계에서 제공되는 서식지의 품질과 양을 평가함으로써 지침을 세우고 조정할 수 있다. 수생 서식지의 양과 질을 평가하기 위한 추가 지침은 4장에서 제공되어 있다.

그림 5.24 수로 서식지. 작당한 수질, 통로, 산란장은 물고기 서식지의 특성들이다.

이 절에서는 물리적인 수생 서식지의 질과 양을 향상시키기 위한 수생 서식지의 설계에 대해 논의한다. 그러나 서식지 복구에 대한 최선의 접근법은 잘 관리된 유역 내에서 기능이 풍부하고 식생이 잘된 하천의 수변을 복원하는 것이다. 사람이 만든 구조는 지속가능성이 낮고 안정적인 수로만큼 효과가 거의 없다. 장기적으로 설계는 양질의 수생 서식지를 제공하기 위해 홍수터 식생 및 목재성 부유물과 상호작용하는 자연적인 하천공정에 의존해야 한다. 구조물은 물리적 서식지가 아닌 다른 요인에 의해 제한을 받는 개체군에 거의 영향을 미치지 않는다.

5.7.1 수로 서식지 특성

수로 서식지를 복원하기 위한 다음 절차는 Newbury and Gaboury(1993)와 Garcia(1995)에서 채택되었다.

❖ 하천의 선택

어류수용능력의 실제(낮은)와 잠재력(높은) 사이의 가장 큰 차이를 가지며 자연회복 과정에 대한 능력이 가장 큰 구간에 우선순위를 부여한다.

❖ 어류 개체군과 그 서식지의 평가

특별한 관심을 가지는 서식지와 종에 우선권을 준다. 이것이 생물학적, 화학적 또는 물리적인 문제인지? 만약 물리적인 문제라면,

❖ 물리적 서식지 문제의 진단

- 배수유역 : 지형 및 지질도에서 유역 분계선을 추적하여 표본 및 재활 수계를 확인한다.
- 단면 : 주 수로와 지류의 종단면을 스케치하여 하천의 특성(폭포, 이전의 기준 수준 등)을 분석하여 급변화를 시킬 수 있는 불연속성을 확인한다.
- 흐름분석 : 가능한 경우 기존 또는 인근의 기록(홍수빈도, 최소유량, 기록된 유량곡선)을 사용하여 재활 범위에 대한 흐름 요약을 준비한다. 배수면적 차이를 보정한다. 산란 및 부화기간 중에 발생하는 유량규모와 지속기간을 연중 발생 강도 자료와 비교하여 성공적인 재생산에 필요한 최소 및 최대 유량을 결정한다.
- 수로 형상 검사 : 수로 기하와, 배수면적, 만재 수로형성 유량 사이의 관계를 설정하기 위해 표본 구간을 선택하고 조사한다. 설계유량에 대한 흐름 모수들을 정량화한다.
- 재활구간 조사 : 수로단면 및 시공도면을 준비하고 측량기준을 설정하기에 충분할 정도로 자세히 재활구간을 조사한다.
- 선호하는 서식지 : 지역의 참고자료와 조사를 사용하여 생물학적으로 선호되는 구간들에 대한 서식지 요소들을 요약을 준비한다. 가장 우려되는 생물 종과 생애 단계에 대한 여러 제한 요소를 확인한다. 가능한 경우 국지적 유량 조건, 기질, 피난처 등을 확인하기

위해 입증된 개체군이 있는 참조 하천 구간을 조사한다.

❖ **서식지 개선 계획**

수리량 변화, 서식지 개선 및 개채군 증가 측면에서 원하는 결과를 정량화한다. 요구되는
수로유량에 대한 재활 작업의 선택 및 규모 조정을 통합한다.

- 기존의 흐름 동역학 및 기하학에 의해 강화될 잠재적인 계획 및 구조의 선택 : 다음 절은
  서식지 구조의 사용에 대한 추가 세부사항을 제공한다,
- 최소 및 최대 유량에 대한 설계를 검정하고 과거의 유량곡선에서 유도한 중요 기간에
  대한 목표유량을 설정한다.

❖ **계획된 조치의 이행**

현장 위치 및 표고 조사의 준비와 하천에서의 세부사항을 마무리하는 데 필요한 조언을
제공한다.

❖ **결과의 평가**

수로 길이가 길어짐에 따라 설계를 개선하기 위해 재활 구간 및 참조구간에 대한 주기적
인 조사를 마련한다.

5.7.2 수로 서식지 구조

수생 서식지 구조(하천 구조물 및 하천 개선 구조물이라고도 함)는 하천수변 복원에 널리
사용되고 있다. 일반적인 유형에는 위어, 얕은 제방, 무작위 암석, 제방 덮개, 기질 복원,
어류 통과 구조물 및 수로 밖의 연못과 후미가 포함된다. 복원에 대한 제도적 요인은 보다
전체적인 접근법보다 더 선호된다. 예를 들어 강변이나 유역의 토지이용에 영향을 주는 것
보다는 수로에서 일하기 위한 권한과 재정을 확보하는 것이 더 쉬운 것이다. 서식지 구조는
따뜻한 물줄기보다 연어 어업을 뒷받침하는 찬 물줄기를 따라 더 많이 사용되었으며 많은
문헌들이 찬 물줄기에 집중되어 큰 비중을 두고 있다. "하천 서식지 개선 평가 사업(Stream

Habitat Improvement Evaluation Project)"라는 제목의 1995년 연구에서 일반 구조의 유효성, 주어진 구조 유형과 관련된 서식지 품질 및 어류에 의한 구조물의 실제 사용에 따라 1,234개의 구조물을 평가한 바 있다(Bio West, 1995). 이 연구는 구조물의 약 18%가 유지 보수가 필요하다고 판단했다. 부적절한 흐름과 과도한 토사 전달이 발생하는 곳에서는 구조물의 수명이 짧고 서식지 개선 측면에서 제한적이다. 또한 이 연구는 하천 서식지 구조가 일반적으로 어류 서식지를 증가시켰다고 결론지었다. 구조적 서식지 기능이 하천수변 복원설계에 추가되기 전에 사업 관리자는 실제 필요를 충족시키고 적절한지 여부를 신중하게 결정해야 한다. 주요 주의사항은 다음과 같다.

- 구조물들은 좋은 강변과 고지대 관리를 대신할 수는 없다.
- 구조물과 부지 선택의 생태학적 목적을 정의하는 것은 건설기법만큼 중요하다.
- 세굴과 퇴적은 어류 서식지를 조성하기 위해 필요한 자연적 하천 과정이다. 따라서 과잉 안정화는 서식지의 잠재력을 제한하는 반면, 적절하게 설계되고 배치된 구조물은 생태적 회복을 가속화할 수 있다.
- 현지재료(석재와 목재)의 사용을 강력히 권장한다.
- 구조물의 정기적인 유지관리가 필요하며 사업계획에 통합되어야 한다.

5.7.3 수로 서식지 구조설계

수생 서식지 구조는 아래에 제시된 단계에 따라 진행되어야 한다(Shields, 1983). 그러나 이 과정은 반복적인 것으로 간주되어야 하며 상당한 단계의 반복이 예상되어야 한다.

- 평면계획
- 구조형식의 선정과 구조의 크기 결정
- 수리학적 효과의 조사와 토사이송 영향의 고려
- 재료의 선정과 구조설계

각 단계는 아래에 설명되어 있으며 건설과 모니터링 후속 활동 등이 수반되어야 한다.

(1) 평면계획

각 구조물의 위치를 선택해야 한다. 교량, 강변 구조물 및 기존 서식지 자원(예: 목본식물)과의 충돌을 피하도록 해야 하며 구조물의 빈도는 하천형태와 물리적 특성의 맥락 내에서 이전에 결정된 서식지 요구사항을 기반으로 해야 한다. 기저흐름 중에 물속에 있는 구조물을 배치하는 데 주의를 기울여야 한다. 구조물은 일정한 조건의 큰 영역을 피하기 위해 간격을 두어야 하는 것이며 웅덩이를 생성하는 구조는 수로폭의 5~7배만큼 떨어져 있어야 한다. 시리즈로 배치되는 위어는 하류 구조물의 배수(backwater) 구역 내에는 위어를 배치하지 않도록 조심스럽게 간격을 두고 크기를 조정해야 한다. 이는 여울이나 얕은 간섭하는 구간이 없는 일련의 웅덩이(소)를 생성하기 때문이다.

(2) 구조형식의 선정

서식지의 주요 유형은 위어(weir), 낮은 제방(그림 5.25, 돌출부 등), 무작위 암석 및 제방피복 등이 있다. 물고기 통로 구조 및 수로 밖 연못과 후미도 널리 사용되고 있다. 이러한 기술에 대한 정보는 부록에 나와 있으며 수많은 설계 웹 사이트를 이용할 수 있다(Seehorn 1985, Wesche 1985, Orsborn 외 1992, Orth and White 1993, Flosi and Reynolds 1994). 환경목표를 보다 잘 충족시키고 서식지 다양성을 개선하기 위해 광범위한 제방과 하상 안정화조치(예: 콘크리트 경사제어 구조, 균질의 쇄석 토대)에 대한 전통적인 설계기준을 기능적손실 없이 수정할 수 있음을 보여주는 증거들이 있다. 표 5.7은 구조 유형과 서식지 요구사항을 연관시키는 일반적인 지침으로 사용될 수 있다. 위어는 일반적으로 변류기보다 실패하기쉽다. 변류기와 무작위 암석은 유량이 많은 흐름에서도 구조물 근처의 세굴 구멍을 생성하기에는 충분한 국지 속도를 생성하지 않는 환경에서는 최소한의 효과를 발휘할 뿐이다. 무작위 암석은 모든 유형의 석조 구조물이 유사한 문제를 겪고 있지만 특히 모래하상 수로에설치될 때는 세굴과 매몰에 취약하다. Rosgen(1996)은 다양한 형태의 하천 유형에 대한 다양한 어류 서식지 구조의 일반적인 적합성을 평가하기 위한 추가 지침을 제공하고 있다. Seehorn(1985)은 미국 동부의 작은 하천에 대한 지침을 제공하고 있다. 이 지침 중 하나를 사용하려면 최종 설계를 위해 하상상승과 및 하상절개 추세를 비롯한 흐름의 상대적인 안정성을 고려해야 한다.

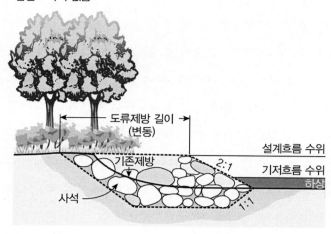

단면 : 축척 없음

도류제방 길이
(변동)

설계흐름 수위

기존제방

2:1

기저흐름 수위

하상

사석

1:1

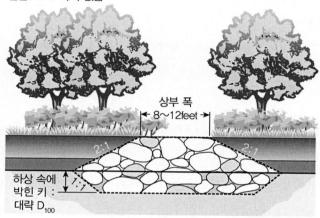

전면표고 : 축척 없음

상부 폭
8~12feet

2:1

2:1

하상 속에
박힌 키 :
대략 D_{100}

1:1

그림 5.25 수로 서식지 구조(USDA- NRCS, 1996a)

표 5.7 어류서식지 개선구조-하천에 대한 적합성(Rosgen, 1996)

수로 형태	낮은 검정 댐	중간 검정 댐	호박돌 설치	제방에 호박돌 설치	단일 날개 변류기	이중 날개 변류기	수로 축소	제방 덮개
A1	N/A	N/A	N/A	N/A	N/A	N/A	N/A	N/A
A2	N/A	N/A	N/A	N/A	N/A	N/A	N/A	N/A
B1-1	Poor	Poor	Good	Excellent	Poor	Poor	Poor	Good
B1	Excellent	Excellent	N/A	N/A	Excellent	Excellent	N/A	Excellent
B2	Excellent	Good	Excellent	Excellent	Excellent	Excellent	Excellent	Excellent
B3	Fair	Poor	Poor	Good	Poor	Poor	Poor	Poor
B4	Fair	Poor	Poor	Good	Poor	Poor	Poor	Poor

표 5.7 어류서식지 개선구조－하천에 대한 적합성(Rosgen, 1996) (계속)

수로 형태	낮은 검정 댐	중간 검정 댐	호박돌 설치	제방에 호박돌 설치	단일 날개 변류기	이중 날개 변류기	수로 축소	제방 덮개
B5	Fair	Poor	Poor	Good	Poor	Poor	Poor	Poor
C1-1	Poor	Poor	Fair	Excellent	Poor	Poor	Poor	Good
C1	Good	Fair	Fair	Excellent	Good	Good	Fair	Good
C2	Excellent	Good	Good	Excellent	Good	Excellent	Excellent	Good
C3	Fair	Poor	Poor	Good	Fair	Fair	Fair	Good
C4	Fair	Poor	Poor	Good	Poor	Poor	Poor	Fair
C5	Fair	Poor	Poor	Good	Poor	Poor	Poor	Poor
C6	N/A	N/A	N/A	N/A	N/A	N/A	N/A	N/A
D1	Fair	Poor	Poor	Fair	Fair	Fair	Fair	Poor
D2	Fair	Poor	Poor	Fair	Fair	Fair	Fair	Poor

수로 형태	반 통나무 덮개	부동식 통나무 덮개	잠긴 피난처		이동 장벽	자갈 덫		자갈 설치
			사행	직선		V 자형	통나무	
A1	N/A	N/A	N/A	N/A	Excellent	Good	Poor	Poor
A2	N/A	N/A	N/A	N/A	Excellent	Excellent	Excellent	Poor
B1-1	Good	Good	Good	Excellent	Fair	Good	Good	Fair
B1	Good	Excellent	Excellent	Excellent	Excellent	Excellent	Excellent	Fair
B2	Excellent	Excellent	Good	Excellent	Good	Good	Good	Good
B3	Poor	Fair	Fair	Fair	Poor	Poor	Poor	Poor
B4	Poor	Fair	Fair	Fair	Poor	Poor	Poor	Poor
B5	Poor	Fair	Fair	Fair	Poor	Poor	Poor	Poor
C1-1	Good	Good	Good	Excellent	Poor	Fair	Fair	Fair
C1	Good	Good	Good	Excellent	Poor	Fair	Good	Fair
C2	Good	Excellent	Excellent	Excellent	Poor	Good	Excellent	Excellent
C3	Fair	Good	Fair	Good	Poor	N/A	N/A	N/A
C4	Poor	Good	Fair	Good	Poor	Poor	Poor	Poor
C5	Poor	Good	Fair	Good	Poor	Poor	Poor	Poor
C6	N/A	N/A	N/A	N/A	Poor	Poor	Fair	Fair
D1	Poor	Poor	Poor	Poor	Poor	Poor	N/A	Poor
D2	Poor	Poor	Poor	Poor	Poor	Poor	N/A	Poor

Key
Excellent : 구조물 배치 또는 설계의 특수 수정에 대한 제한이 없음.
Good : 대부분의 조건에서 매우 효과적임. 설계나 배치를 약간만 수정함.
Fair : 배치 위치, 설계 수정 또는 안정화 기술로 극복할 수 있는 심각한 한계성. 잠재적인 불리한 결과를 상쇄하고 효과가 감소할 확률이 높기 때문에 일반적으로 추천하지 않음.
Poor : 하천 유형의 형태론적 특성과 성공 가능성이 매우 낮기 때문에 권장하지 않음.
N/A(Not Applicable) : 서식지 구성요소가 제한적이지 않기 때문에 일반적으로 고려되지 않음.
Note : A3, A3-a, A4, A4-a, A5, A5-a 제한된 물고기의 가치로 인해 수로 유형이 평가되지 않음.

(3) 구조의 규모

구조물은 기저유량에서부터 제방만수유량까지 일반적인 흐름 범위에서 원하는 수생 서식지를 생산할 수 있는 크기여야 한다. 수문학적 분석은 정상적인 유량 범위(예 : 유량지속곡선)뿐만 아니라 현장에서 예상되는 극한의 높은 흐름과 낮은 흐름의 추정치를 제공할 수 있다. 일반적으로 구조물은 저수위일 때 수면형상에 미치는 영향이 미미할 정도로 충분히 낮아야 한다. 구조 유형별 세부 지침은 부록에 나와 있다. 비공식적인 설계를 위해서는 Heiner(1991)에 의해 제시된 것과 같은 경험적 식들을 사용하여 위어와 제방에서 세굴 깊이를 대략적으로 추정할 수 있다.

(4) 수리학적 영향의 조사

설계 흐름에서의 수리조건은 원하는 서식지를 제공할 수 있도록 해야 한다. 그러나 성과는 더 높거나 낮은 흐름에서도 평가되어야 하며 극히 얕은 흐름구간이나 높은 흐름에서도 물에 잠기지 않는 낙차구조물과 같은 흐름 장벽구조물은 피해야 한다. 수로의 통수능이 문제가된다면, 높은 유량 단계에서 제안된 구조물의 영향을 조사해야 한다. 구조는 표준 배수 계산 모형에 수축, 낮은 위어 또는 증가된 유슈저항계수(Manning 계수)로 포함될 수 있지만 증가량은 하천시설기준에 의해 판단되거나 제한된다. 세굴구멍에 수두손실의 대부분이 발생하기 때문에 세굴구멍은 위어와 제방의 하류 수로 구조에 포함되어야 한다. 수리학적 분석에는 구조에 의해 경험되는 속도 또는 전단 응력의 추정 또는 계산이 포함되어야 한다.

(5) 토사수송에 미치는 영향 고려

수리학적 분석이 "수위~유량" 관계의 변화를 나타내면 복원된 구간의 토사량 곡선도 역시 변할 수 있어서 퇴적 또는 침식으로 이어진다. 모형화 분석은 일반적으로 서식지 구조 설계 노력에 비용 효과적이지는 않지만, 제방만수유량에서 유속과 토사유출량 사이의 가정된 관계에 기반을 둔 비공식 분석은 잠재적인 문제를 발견하는 데 도움이 될 수 있다. 국지적 세굴과 퇴적의 위치와 규모를 예측하기 위한 노력이 이루어져야 한다. 심각한 세굴과 퇴적이 예상되는 지역은 시공 후 육안 모니터링을 위한 주요 장소가 되어야 한다.

(6) 재료 선정

수생 서식지 구조에 사용되는 재료는 석재, 철재 그물망, 기둥 및 나무를 포함한다. 자연 상태에서 현장에서 발생하는 재료에 우선순위를 부여해야 한다. 경우에 따라서는 수로 축조 또는 기타 사업에서 발생하는 암석이나 통나무로 구조를 만들 수도 있다. 통나무는 지속적으로 잠길 경우 긴 수명기간을 제공한다. 연속적으로 잠기지 않는 통나무조차도 부식 저항성 종에서 선택된다면 수십 년의 수명 기간을 유지할 수 있다. 통나무와 목재는 볼트 또는 철근과 함께 단단히 고정되어야 하며 제방과 하상에 잘 고정되어야 한다. 석재 크기는 설계 유속 또는 전단응력을 기준으로 선택해야 한다.

5.8 토지이용 계획

앞에서 논의된 바와 같이, 대부분의 하천수변의 퇴화(열화)는 생태계 기능의 근본적인 붕괴를 일으키는 토지이용 관행 및 수계 변화에 직접적으로 기인한다(Beschta et al., 1994). (그림 5.26)

역설적이게도, 수문학적 개조를 포함한 토지이용 관행은 이러한 동일한 퇴화된 하천의 수변을 복원할 기회를 제공할 수 있다. 실행 가능한 경우, 복원설계의 목적은 시간이 지남에 따라 동적평형을 회복할 수 있도록 파괴적인 영향을 제거하거나 완화하는 것이다(NRC, 1992).

전통적 상습적인 토지이용이 하천 또는 강변 시스템에 미치는 영향을 통제하거나 완화할 수 없거나 하천망의 일부 요소(예 : 상류 수원)가 복원설계에 포함되지 않은 경우 장기간에 걸쳐 복원 활동의 효과가 제한될 수 있음을 인식해야 한다.

복원 조치는 특정 부지 특유의 결함(침식제방, 서식지 특징)을 다루기 위해 고안될 수 있지만 자가 유지 과정과 하천수변의 기능을 복원하지 못하면 생태계 복원보다는 집중된 "수정"을 고려할 수 있다. 토지이용 관행이 하천수변 열화(퇴화)의 직접적인 원인이고 경관 상태가 지속적으로 하강하는 추세인 경우에는 문제 자체보다는 문제의 증상을 해결하기 위해 자원을 사용하는 것은 거의 중요하지 않은 것이다(DeBano and Schmidt, 1989).

농장
■ 오염물질
■ 토양 다짐
■ 표면 고형 처리
■ 외래종

하천 수변
■ 식생 청소
■ 수로화
■ 토양 다짐
■ 토양 노출
■ 배수
■ 출구 제어
■ 외래종
■ 목재 부유물 제거

풀이 무성한 수로

계단형 단구들

고지대(대지)
■ 식생 청소
■ 토양 다짐
■ 토양 노출
■ 배수
■ 출구 제어
■ 외래종
■ 오염물질

경관/유역
■ 분열
■ 균질화
■ 오염물질
■ 외래종 침입

그림 5.26 가상조건. 이러한 농업환경에서 변화를 일으키는 활동들

5.8.1 보통의 효과를 위한 설계기법

농업, 임업, 방목, 광업, 위락휴식 및 도시화는 하천의 수변 구조와 기능을 교란시킬 수 있는 중요한 토지이용 중의 일부이다. 유역분석은 복원활동의 우선순위를 정하고 조정하는 데 도움이 될 것이며(Platts and Rinne 1985, Swanson 1989), 하천의 수변 안팎에서 교란을 일으키는 한계상태나 만성적인 토지이용 활동을 나타낼 수 있다. 복원계획과 설계에서 이들을 다루는 것은 복원작업의 효과와 성공을 크게 향상시킬 수 있는 것이다.

이러한 효과에 대응하여 고안된 복원 조치는 토지이용과 유사할 수 있다. 예를 들어, 도시, 농업 및 산림 환경에서의 토사와 영양물 관리는 완충대를 사용해야 할 수도 있다. 완충대에는 많은 공통된 설계 특성이 있지만 각 설정에는 위치별 특정 요소가 있는 것이다.

(1) 댐

댐은 물, 토사, 유기물 및 영양물의 흐름을 변화시켜 방류수와 하류부 하천변과 범람원 지역에서 직접적인 물리적 및 간접적인 생물학적 영향을 초래한다. 댐 아래의 하천수변은 댐 운영 및 관리 방법을 수정하여 부분적으로 복구할 수는 있다. 지표 수질과 수생 및 강기슭 서식지에 대한 댐의 운영 영향을 평가하고 개선 가능성을 평가해야 한다. 가능한 경우 적절하게 설계되고 적용된 최상의 관리 기법의 적용과 결합된 운영 방법의 수정은 강 하류 및 범람원 서식지에 대한 댐으로 인한 영향을 줄일 수 있는 것이다. 최적의 관리기법은 저수지 뿐만 아니라 하류부의 수질 및 수생 서식지를 보호하고 개선하기 위해 개별적으로 또는 조합하여 적용될 수 있다. 저수지와 유출수의 용존산소(DO), 온도 및 다른 성분의 수용 가능한 수준을 향상시키거나 유지하기 위한 몇 가지 방법이 고안되어왔다. 양수기, 공기 확산기 또는 공기 주입기를 사용하여 산소가 부족하지만 차가운 심층수(深層水)를 산소가 풍부하지만 따뜻한 표층수(表層水)로 순환 및 혼합시켜 DO가 증가한 보다 열이 균일한 저수지를 만들 수 있다. 송어 어업에 대한 유출수에서 수질을 개선하기 위한 또 다른 설계방법으로 수력발전 댐에서 터빈을 통과하는 물과 공기 또는 산소를 혼합하여 DO 농도를 향상시키는 방법도 있다. 저수지의 물은 또한 터빈을 통하여 대기로 배출시키거나 압축공기를 터빈 챔버에 주입함으로써 폭기될 수 있다(USEPA, 1993). 댐의 유입구, 월류부 또는 방수로(放水路)의 변경은 또한 방류수의 온도 또는 DO 수준을 개선하도록 설계될 수 있다. 댐의 하류부에 여러 유형의 위어를 설치하면 유사한 결과를 얻을 수 있다. 이러한 설계 관행은 교반기와 난류에 의존하여 저수지 배출을 대기 중 공기와 혼합하여 DO 수준을 높이는 것이다(USEPA, 1993). 댐, 우회로 및 기타 장애물 주변의 적절한 어류 통과시설은 건강한 어류 개체군을 이전에 악화된 강과 하천으로 복원하는 데 매우 중요한 요소가 될 수 있다. 부록 B의 사설 자료는 어류 통과시설에 대한 예를 보여주고 있다. 어류 통과 시설의 종류와 운영에 필요한 흐름은 일반적으로 현장에 따라 다르다. 어류 통과 기술에 대한 자세한 내용은 다른 참고문헌에서 찾을 수 있다. 일부 댐에서 작업 절차를 조정하면 저수지 유출 및 하류부 상태의 품질이 향상될 수 있다. 댐 아래의 하천수변을 부분적으로 복원하는 것은 자연 수문곡선 또는 수문곡선의 바람직한 측면을 모방한 작업 절차를 설계함으로써 얻을 수 있다. 수정에는 방류일정 계획 또는 방류중단 기간, 최저 흐름의 유지 절차 수립, 웅덩이의 수위 조절 및 수위강하율의 변화 및 변동시기 등이 포함될 수 있다(USEPA, 1993). 적절하게 고안된 최상의 관리기법의 적용과 함께 운영 및 관리 방법을 수정하는 것은 댐 아래의 하천수변을 부분적으로 복구하는 효과적인 방법이 될 수 있다. 하지만 댐 제거가 자연 상태로 물줄기를 완전히 복원하기 시작하는 유일한 방법이다. 그러나 충분한 연구와 모형화 및 상당한 비용으로 매우 조심스럽게 성취하지 않으면, 댐을 제거하면 동적평형 상태에 도달할 때까지 댐이 현재 초래하고 있는 것보다 하류(그리고 상류)에 더 많은 피해를 줄 수 있음에 주의하는 것이 중요하다. 댐 제거는 상류의 지류 수위를 낮추어 수로의 젊어 짐, 하상과 제방의 불안정성 및 토사 부하 증가를 유발할 수 있다. 댐 제거는 또한 저수지와 지류 삼각지에서 습지와 서식지의 손실을 초래할 수 있다. 완전한 제거, 부분적 제거 및 단계적 제거라는 세 가지 선택을 고려해야 한다. 이러한 선택은 댐의 상태와 완전히 제거되지 않은 경우에 필요한 미래의 유지보수 및 댐 상류에 저장된 퇴적물을 처리하는 최선의 방법에 따라 선택되어야 한다. 퇴적물 관리에는 다음 요소가 고려되어야 한다.

- 어류의 통과를 복원하고 안전을 보장하기 위해 필요한 댐의 기능 제거
- 저수지 지역의 재식생
- 토사운송 및 하천수로 지형, 수질 및 수생 생태계의 장기적 모니터링
- 농업용수, 도시용수와 공업용수의 장기간 보호
- 장기간의 수로상승으로 인한 홍수충격 완화
- 독성 또는 기타 질이 낮은 토사의 측방 및 연직 발생의 확인을 포함하는 토사의 품질

수질문제는 주로 부유사의 농도와 탁도(濁度)와 관련되어 있다. 이것은 수생 개체군과 마찬가지로 도시용수, 산업용수 및 민간 용수 사용자에게 중요하다. 수질은 주로 저수지에서 배출되는 실트와 점토 및 하류의 자연적 토사들에 의해 영향을 받을 것이다. 댐을 제거하고

호수를 배수하는 동안, 식생이 없는 저수지 바닥이 노출될 것이다. 호수바닥에는 큰 나무파편들과 다른 유기 물질들이 있을 것으로 예상된다. 먼지와 지표 유출수 및 침식을 통제하고 서식지와 미적 가치를 복원하기 위해서는 재식생 프로그램이 필요하다. 종합 토사관리 계획은 다음 사항을 해결하기 위해 필요하다.

- 토사부피와 물리적 특성
- 토사의 품질 및 관련 처분 요건
- 저수지 및 하류 수로의 수리적 및 생물학적 특성
- 토사관리를 위한 대안. 하류부 환경과 수로의 수리에 대한 영향
- 적절하고 경제적으로 토사를 관리하기 위한 권장 조치

토사관리의 목적에는 홍수조절, 수질, 습지, 수산업, 서식지 및 강변관리권이 포함되어야 한다.

수력발전 댐의 경우, 가장 단순한 해체 프로그램은 터빈 발전기를 해체하고 댐과 물 보충 구조물을 제자리에 두고 물 통로를 봉인하는 것이다. 토사가 저수지에 남아 있고 강과 저수지의 수리학적 및 물리적 특성이 본질적으로 변하지 않기 때문에 아무런 조치도 취해지지 않는다. 이러한 접근법은 물 관련 구조물에 결함(예 : 댐의 부적절한 월류 용량 또는 안정성에 대한 부적절한 요소)이 없다면 장기간 유지 보수가 보장되는 경우에만 실행 가능하다. 일부 경우 해체에는 물 관련 구조물의 부분적 제거가 포함될 수 있다. 부분적으로 제거하는 것은 댐의 일부를 분해하여 더 이상 물 관련 구조 기능을 하지 않도록 하는 것이다. 추가 정보는 1997년 미국 토목학회(ASCE)의 수력설비 퇴직 지침에서 상세하게 찾아볼 수 있다.

(2) 수로화와 우회로

수로화와 흐름 우회는 대부분의 주요 토지이용과 관련된 수문학적 수정의 형태를 나타내며, 그 효과는 모든 복원 노력에서 고려되어야 한다. 경우에 따라 복원설계에는 기존의 생태 및 흐름 특성을 복원하기 위한 수로 수정의 제거 또는 재설계가 포함될 수 있다. 운영과 유지 보수 또는 관리를 포함하여 기존 프로젝트를 수정하면 기존 혜택을 변경하거나 추가

문제를 만들지 않고도 일부 부정적인 영향을 개선할 수 있다. 제방은 하천수변을 보다 잘 정의하고 일부 또는 전부의 자연 범람원 기능을 재개하기 위해 하천수로로부터 물러설 수 있다. 물러선 제방은 홍수터와 습지와 같은 지역과 지표수가 접촉하는 월류제방 범람을 허용하도록 구축될 수 있다. 균일한 단면 또는 수로화나 우회로와 관련된 보강과 같은 수로 내부의 변형을 제거할 수 있으며, 보다 자연스러운 수로 특성을 재구성하기 위해서 사행곡선의 설계 및 배치를 사용할 수 있다. 그러나 많은 경우에 기존의 토지이용은 기존의 수로 제거나 홍수터 변경을 제한하거나 방지할 수 있다. 이러한 경우 복원설계는 수변과 유역에서 기존 수로 개조 또는 흐름 전환의 효과를 고려해야 한다.

(3) 외래종

외래종은 하천수변 복원과 관리의 또 다른 공통적인 문제이다. 일부 토지이용은 통제되지 않은 외래종을 실제로 도입한 반면, 다른 토지이용은 외래종을 확산하기 위한 기회를 만들어주는 것일 뿐이다. 다시 말하면, 외래종의 통제는 토지이용에 있어 공통적인 측면을 가지고 있지만, 설계 접근법은 각 토지이용마다 다르다는 것이다. 어떤 상황에서는 외래종을 통제하는 것이 극히 어려울 수 있으며 대규모 농장이나 잘 확립된 개체수가 관련되어 있는 경우는 실용적이지 않을 수 있다. 제초제의 사용은 많은 습지와 하천 환경에서 엄격히 규제되거나 배제될 수 있으며, 일부 외래종에 대해서는 넓은 지역에서 쉽게 시행할 수 있는 효과적인 방제 조치가 없다(Rieger and Kreager 1990). 공격적인 외래종이 존재하는 경우, 불필요한 토양교란 또는 손상되지 않은 토종식물의 파괴를 피하기 위해 모든 노력을 기울여야 하며 새로 확립된 외래종 개체군은 박멸되어야 한다. 외래종과 잡초를 제어하는 것은 확립된 토종식물, 지배적인 식생 및 복원작업에서 인위적으로 심은 식생과의 잠재적인 경쟁 때문에 중요할 수 있다. 외래종은 수분, 양분, 햇빛 및 공간을 놓고 경쟁하며 새로운 식목의 확립 비율에 악영향을 미칠 수 있다. 재식생의 효율성을 높이기 위해 외래식물은 식재하기 전에 제거해야 한다. 또한 비토작종의 성장 또한 재배 후 통제되어야 한다. 외래종과 잡초를 제어하기 위한 일반적인 기술은 기계적(예 : 껍질벗기기 또는 갈아엎기), 화학제제(제초제) 및 불태우기이다. 처리방법과 장비에 대한 검토는 미국 산림청 자료(U.S. Forest Service, 1965)와 Yoakum et al.(1980)을 참고하기 바란다.

5.8.2 농업

미국의 개인 토지와 관련한 "희망의 지리(A Geography of Hope)" (USDA-NRCS, 1996b) 개념은 우리 모두에게 "공간(장소)에 대한 우리의 감각을 되찾고 개인 토지 소유자와 공공 토지에 대한 우리의 헌신을 새롭게 하자(regain our sense of place and renew our commitment to private landowners and the public.)"고 도전하고 있다. 우리가 환경의 복잡성에 대해 더 많이 알게 되면, 모든 풍경에 걸쳐 나타나는 생태학적 과정과의 조화는 이상적인 것보다 더 긴급한 것이 된다는 것이다. 또한 1996년 농장 법안의 보존 조항과 국가 완충공간 보존 보고서 구상(USDA-NRCS, 1997)과 같은 노력은 이전과 같이 토지를 관리할 수 있는 유연성 을 제공하고 있다. 다음의 토지이용 시나리오 예는 하천수변 복원을 포함한 포괄적이고 지 역 중심의 보전 활동의 맥락에서 이러한 유연성을 표현하려고 시도하고 있다. 이 시나리오 는 하천수변 복원의 잠재적 결과가 형성되기 시작할 수 있는 가설적인 농업환경에 대해 간략하게 소개하고 있다. 컴퓨터로 생성된 모의발생은 복원작업과 관련된 포괄적인 농장 내 보전 계획과 관련된 잠재적인 변화를 그래픽으로 보여주기 위해 사용되고 있다. 그것은 개념상 토지이용과 관련된 가장 파괴적인 활동으로 식생제거, 하천변형, 토양노출 및 다짐, 관개 및 배수, 토시 또는 오염물에 초점을 맞추고 있다. 미국 중서부의 전형적인 농업지형이 선택되었지만 설명을 위해 표시된 개념이 다른 농업환경에도 적용될 수 있다는 것이다.

(1) 가상의 기존 조건

3장에서 논의된 매우 파괴적인 농업활동을 상기시키는 그림 5.26은 생산 농업에 주로 초 점을 둔 가설적인 조건을 보여주고 있다. 기능적으로 고립된 등고선형의 계단식 농경지와 수로가 인근 농경지에 설치되어 있지만 장면은 생태학적으로 박탈된 풍경을 묘사하고 있다. 잠재적 교란활동과 3장에서 개략적으로 설명된 많은 변화들이 떠오른다. 도표에 가상으로 반영된 것은 표 5.8에 강조 표시되어 있다.

표 5.8 잘 알려진 농업 관련 교란 활동 및 잠재적 영향의 요약

잠재적 효과	기존의 교란행위들* 1	2	3	4	5	6	7
경관 다양성 감소	■	■	△	△	△	△	△
점오염원	△	△	△	△	■	△	■
비점오염원	■	■	■	△	■	■	■
고밀도 토양 다짐	■	△	△	■	△	△	△
고지(대지) 표면 유출의 증가	■	△	△	■	△	△	△
실개천과 도랑 흐름에 의한 표면 침식으로 박막흐름 증가	■	△	△	■	△	△	△
하천수변의 미세 퇴적물과 오염물질 수준 증가	■	■	■	■	■	■	■
토양 염도 증가	△	△	△	△	■	△	△
첨두홍수 수위 증가	■	■	△	■	△	■	■
홍수 에너지 증가	■	■	■	■	■	■	■
표면 유출의 침투 저하	■	△	△	■	△	△	△
하천수변으로 그리고 하천수변 내에서 중간 유출과 지하수 유출의 감소	■	■	△	■	△	■	■
지하수 재충진량과 대수층 체적의 감소	■	△	△	■	△	△	△
지하수까지의 깊이 증가	■	△	△	■	△	△	△
하천으로 향한 지하수 흐름 감소	■	△	△	■	△	△	△
유속 증가	■	■	■	■	△	■	■
하천 사행 감소	△	■	■	△	■	■	■
하천 안정성의 증가 또는 감소	■	■	■	△	■	■	■
하천 이동 증가	■	■	■	△	■	■	■
수로 폭의 넓어짐과 깊어짐	■	■	■	△	■	■	■
하천 경사의 증가와 에너지 감쇄의 감소	△	■	■	△	△	■	■
흐름 발생빈도 증가	■	△	△	■	△	△	■
흐름지속시간 감소	■	■	■	■	■	■	■
홍수터와 대지의 역량 감소	■	△	△	■	■	△	■
토사량과 오염물질의 증가	■	△	△	■	■	■	■
하천역량 감소	△	△	△	△	△	■	■
영양물/살충제를 흡수하는 하천역량 감소	■	■	■	■	■	■	■
서식지 개발을 위한 기회가 거의 없는 제한된 수로	△	■	■	■	■	△	△
하천제방 침식과 수로 세굴의 증가	■	■	■	■	△	■	■
제방 실패 증가	■	■	■	△	■	△	■
수로 내의 유기물의 손실과 관련한 분해의 손실	■	■	■	△	■	■	■
수로 내의 토사, 염도, 또는 탁도의 증가	■	■	■	△	■	■	■
부영양화로 이어지는 영양물의 풍부, 퇴적 및 오염물질들의 증가	■	△	■	■	△	■	■
서식지와 가장자리 효과의 선형분포가 감소된 고도로 단편화된 하천수변	■	■	△	△	△	■	△
가장자리와 내부 서식지의 손실	■	■	■	△	△	■	△

표 5.8 잘 알려진 농업 관련 교란 활동 및 잠재적 영향의 요약 (계속)

	기존의 교란행위들*						
	1	2	3	4	5	6	7
수변과 관련 생태계 내 연결성 및 규모 (폭) 감소	■	■	■	△	△	△	△
계절 이동, 분산 재분배를 위한 동식물 종의 이동 감소	■	■	■	△	△	■	△
영양물/살충제를 흡수하는 하천역량 감소	■	■	■	■	■	■	■
기회주의적 종들과 육식 동물 증가	■	■	△	△	■	△	■
태양 복사, 기상 및 온도에 대한 노출 증가	■	■	■	■	△	△	△
수변의 온도와 수분의 극단화가 확대	■	■	△	△	■	△	△
강기슭 식물의 손실	■	■	■	■	△	△	■
수로 내의 그늘, 부스러기, 음식 및 덮개의 자원 감소	■	■	■	△	■	■	■
가장자리의 다양성 손실	■	■	■	△	△	△	△
수온의 증가	■	■	■	■	△	△	■
수생 서식처의 손상	■	■	■	△	△	△	△
무척추 개체군의 감소	■	■	■	△	■	△	■
습지 기능 상실	△	■	■	△	△	△	△
수로 내의 산소 감소	△	■	■	△	■	△	■
외래종의 침입	■	■	■	△	△	△	△
유전자 풀 감소	■	■	■	△	△	△	■
종 다양성 감소	■	■	■	■	△	△	■

* 기존의 교란 활동
1. 식물 청소
2. 수로화
3. 하상 교란
4. 토양 노출 또는 다짐
5. 오염물
6. 목재 부유물 제거
7. 관로 배출 / 연속적인 배출구

■ 활동은 직접적인 영향을 미칠 수 있다.
△ 활동은 간접적인 영향을 미칠 수 있다.

(2) 가상의 복원 반응

앞에서는 하천수변의 중요한 구조적 속성으로서 연결성과 규모(너비)를 확인했다. 영양물과 물의 흐름, 홍수 동안의 토사 포집, 물 저장, 동식물의 이동, 종 다양성, 내부 서식환경 및 수중 생물군에 대한 유기물 공급은 이러한 구조적 특성에 의해 영향을 받는 몇 가지 기능적 조건으로 묘사되었다. 가능한 가장 넓은 하천수변을 가로 지르는 지속적인 토착 식물 덮개는 일반적으로 가장 넓은 범위의 기능을 수행하는 데 가장 도움이 되는 것으로 확인되었다. 이러한 논의는 연속적인 식물성 덮개가 있는 길고 넓은 하천수변이 선호되는 전반적인 특성임을 제안하기 위해 계속되었다. 그러나 토지사용이 경쟁적으로 우세한 곳에서는 연속적이고도 넓은 하천수변을 달성할 수 없다. 나아가서 교란(장비 통과지점, 고속도로 및 접근 차선, 홍수, 바람, 불 등)으로 인한 간극이 보편적이다.

복원설계는 하천수변 내외의 기능적 연결을 확립하도록 해야 한다. 강변식생, 초지 또는 숲 등이 다양하거나 독특한 식물 군락을 나타내는 경관 요소; 생태기능을 지원할 수 있는 생산적인 토지; 예비 또는 버려진 땅; 관련 습지 또는 초원; 이웃하는 샘물과 하천 시스템; 생태학적으로 혁신적인 거주 지역; 동식물을 위한 이동 통로(들판 경계, 방풍림, 수로, 풀이 있는 단지(段地) 등)는 이러한 연결 고리를 형성할 수 있는 기회를 제공한다. 하나의 토지이용에서 다른 토지이용으로 점진적으로 변하는 가장자리(천이 구역)는 환경 경사를 완화시키고 교란을 최소화하는 것이다.

앞 절에서 설명한 이러한 설계지침과 광범위한 설계지침을 염두에 두고 그림 5.27

그림 5.27 가상의 복원 반응. 하천수변 복원의 가능한 결과들이 이 그림에 담겨 있다.

은 가상의 복원 결과에 대한 개념적 컴퓨터 생성 그림을 보여주고 있다. 표 5.9는 하천수변과 주변 경관의 복원 조건에 대한 잠재적인 영향을 가정한 것이다.

표 5.9 잘 알려진 복원 조치 및 잠재적인 결과의 효과에 대한 요약

잠재적 결과 효과	복원 조치들*						
	1	2	3	4	5	6	7
경관의 다양성 증가	■	■	■	■	■	■	■
하천차수 증가	△	△	△	△	△	■	△
점오염원 감소	■	△	△	△	△	△	△
비점오염원 감소	■	■	■	■	■	■	■
토양 파쇄성 증가	△	△	△	△	△	△	■
고지(대지) 표면유출수 감소	△	△	△	■	■	△	■
박막 흐름, 폭, 표면 침식, 실개천 및 도랑 흐름의 감사	△	■	△	△	■	△	■
하천수변의 미세 퇴적물과 오염물질 수준의 감소	■	■	■	■	■	■	■
토양 염도 감소	△	△	■	△	■	△	■
첨두홍수 수위 감소	■	■	■	■	■	■	■
홍수 에너지 감소	■	■	■	■	■	■	■
표면 유출의 침투 증가	■	■	■	■	■	■	■
하천수변을 향하거나 수변 내의 중간 유출 및 지하수 흐름의 증가	■	■	△	△	■	■	■
지하수 재충진과 대수층 체적의 증가	■	■	■	■	■	■	■
지하수까지의 깊이 감소	■	■	■	■	■	■	■
하천으로의 지하수 유입 증가	■	■	■	■	△	■	■
유속 감소	■	■	■	■	■	■	■
하천 사행 증가	△	△	△	△	△	■	△
하천 안정성 향상	■	■	■	△	■	■	■
하천 이동 감소	■	■	■	■	■	■	■
수로 확장과 하상 절삭 감소	■	■	■	■	■	■	■
하천 경사의 감소와 에너지 소산의 증가	■	■	△	△	△	■	■
흐름 발생빈도의 감소	■	■	■	△	■	△	■
흐름지속시간의 증가	■	■	■	■	■	■	■
범람원과 고지대의 능력 증가	■	■	■	■	■	△	■
토사량과 오염물질 감소	■	■	■	■	■	△	■
하천 능력 증가	■	■	△	△	△	■	△
영양물과 살충제를 흡수할 하천 능력 증가	■	■	△	△	■	■	△
서식지 개발을 위한 더 많은 기회가 있는 하천 수로 강화	■	■	△	△	△	■	△
하천 제방 침식과 수로 세굴 감소	■	■	△	△	△	■	■
제방 실패 감소	■	■	△	△	△	■	△
유기 유기물 및 그 분해의 획득	■	■	△	△	△	■	△
하천 퇴적물(토사), 염분 또는 탁도 감소	■	■					
부영양화로 이어지는 수로 내의 영양물 풍부, 침니(沉泥) 및 오염물질의 감소	■	■	■	■	■	■	■
서식지와 가장자리 효과의 선형 분포가 증가된 연결된 하천수변	■	■	△	△	■	■	■

표 5.9 잘 알려진 복원 조치 및 잠재적인 결과의 효과에 대한 요약 (계속)

	복원 조치들*						
	1	2	3	4	5	6	7
가장자리와 내부 서식지의 획득	■	■	■	■	■	■	■
하천수변 및 관련 생태계 내 연결성 및 규모(폭) 증가	■	■	■	■	■	■	■
계절성 이동, 분산성 재분배를 위한 동식물 종의 이동 증가	■	■	■	■	■	■	■
기회주의 종의 포식자 감소	■	■	△	△	■	■	■
일사량, 기상 및 온도에 대한 노출 감소	■	■	■	■	■	■	■
하천수변의 온도와 습기의 극단화가 낮아짐	■	■	■	■	■	■	■
강기슭 식물의 증가	■	■	△	△	■	■	■
수로 내의 그늘, 잔해물, 영양물 및 덮개의 오염원 증가	■	■	△	△	■	■	■
가장자리의 다양성 증가	■	■	■	■	■	■	■
물온도 감소	■	■	■	■	■	■	■
수생 서식지의 풍부	■	■	△	△	△	■	△
무척추동물군의 개체수 증가	■	■	△	△	△	■	△
습지기능 증가	■	■	△	△	■	■	■
수로 내의 산소 증가	■	■	■	△	△	■	■
외래종의 감소	■	■	△	△	■	△	■
유전자 풀의 증가	■	■	■	■	■	■	■
종의 다양성 증가	■	■	■	■	■	■	■

* 복원 조치들
1. 습지
2. 강기슭 서식지
3. 고지(대지) 주변
4. 방풍 / 방호
5. 토착 식물 피복
6. 하천 수로 복원
7. 농업을 위한 고지(대지) BMP(최적관리)

■ 이 조치는 결과에 직접적으로 기여한다.
△ 이 조치는 결과에 거의 기여하지 않는다.

5.8.3 산림

하천수변은 많은 양의 목재 원천이다. 강변의 목재 수확 및 관련 산림 관리 관행은 종종 하천수변 복원을 필요로 한다. 산림관리는 지속적인 토지용과 복구노력의 일부가 될 수 있다. 그럼에도 불구하고 목재 획득과 수확은 다음과 같은 다양한 방법으로 하천에 영향을 미친다.

- 토양 조건의 변경
- 숲 덮개 제거
- 대형 유기물(목재) 조각들의 잠재적 공급 감소

(1) 산림도로

목재수확에 필요한 복원설계의 대다수는 대개 토양상태의 가장 큰 변화가 발생하는 도로 시스템에 사용된다. 부적절한 배수로, 부적절한 위치, 배수구의 부적절한 크기와 유지관리, 도로 측면과 절개면과 성토면과 도랑 사면에 대한 침식제어 조치의 부족 등은 빈약한 도로 설계의 공통적인 문제이다(Stoner and McFall, 1991).

가장 극단적인 도로 시스템 재활은 완전한 전체 도로 폐쇄가 필요하다. 전체 도로 폐쇄는 배수관을 제거하고 횡단하는 하천을 복원하는 것을 포함한다. 그것은 또한 식생복원을 허용 하기 위해 도로 표면을 찢어내거나 경작을 포함할 수 있다. 자연식물이 노출된 토양영역을 침범하지 않았다면 심기나 뿌리기가 필요할 수 있다. 다른 용도로 사용할 수 있도록 도로가 필요한 경우 완벽한 도로폐쇄가 실행 가능한 대안이 아닐 수도 있다. 이러한 상황에서는 통행을 제한하는 설계가 적절할 수 있다.

자발적인 통행제어는 대개 신뢰할 수 없기 때문에 출입문, 울타리, 혹은 흙제방과 같은 통행 장벽이 필요할 수 있다. 통행량이 제한되더라도 도로는 기존 또는 잠재적인 유지관리 요구사항에 대해 정기적인 검사가 필요하다. 검사를 위한 가장 좋은 시간은 대규모 폭풍이 나 융설 도중 또는 직후이므로 배수구와 도로배수 시설의 효과를 직접 목격할 수 있다. 설계 는 도로경사조정, 도랑 청소, 수구 청소, 침식제어 식생 설치 및 식생 관리와 같은 정기적인 유지관리 활동을 다루어야 한다.

(2) 산림 완충대

산림이 있는 완충대는 일반적으로 식생 여과대(VFS)보다 하천수변에서 토사와 화학물 부하를 줄이는 데 더 효과적이다. 그러나 이들은 집중된 흐름과 관련한 유사한 문제에는 역시 취약하다. 보존 시스템의 일부로 구성된 완충대는 효율성을 증가시킨다. 뻣뻣한 줄기 를 가진 잔디 울타리를 VFS나 강가의 산림 완충대의 위쪽으로 심을 수 있다. 뻣뻣한 줄기를 가진 잔디 울타리는 완충대에서 토사를 유지하고 완충대를 통해 얕은 박막 흐름을 증가시킨다.

대부분의 BMP는 강변의 "완충대"(하천변 관리 구역 또는 하천변 보호 구역이라고도 함)의 산림 관리 활동을 위한 제한에 관한 특별 항목을 가지고 있다.

Budd et al.(1987)은 태평양 연안 북서부 미국에서의 단일 유역 내 하천에 대한 완충대 폭을 결정하기 위한 절차를 개발한 바 있다. 그들은 주로 물고기와 야생 동물의 서식지 품질(하천 온도, 먹거리 공급, 하천 구조, 토사 제어)의 유지에 초점을 맞추었고, 인접한 고원 지대의 경사, 습지 분포, 토양과 식생 특성 그리고 토지이용에 따라 유효한 완충대 폭을 찾아내었다. 그들은 이러한 분석을 이용하여 실제적으로 하천 완충대를 결정할 수 있다고 결론을 내렸지만 사람의 요구를 만족시키면서 서식지 유지를 제공하는 일반적인 완충대 폭은 존재하지 않는다는 것이 분명하다. 완충대 폭의 결정은 생태 기능과 토지이용을 통합하는 광범위한 관점을 포함하는 것이다. 이 장의 시작 부분에 있는 공통 효과에 대한 설계 접근법 절에는 하천 완충대 폭에 대한 일부 논의가 포함되어 있다. 하천수변은 다양한 차원을 지니고 있지만 하천 완충대는 국가에 따라 법적 차원이 다르다(표 5.10).

완충대는 수변의 일부일 수도 있고 모든 수변일 수도 있다. 위락휴식 기능이나 방목 목적으로 하천수변을 설계하는 것과는 달리, 목재 수확과 관련 산림 관리 활동을 위한 설계는 법률과 규정에 의해 상당히 정비되어 있다. 특정 요구사항은 나라마다 다르다. 국가 삼림 관리당국(산림청)은 규제 문제에 대한 지침을 제공할 수 있다. 미국 농무부(USDA) 자연자원 보전국(NRCS)과 토양 및 수질 보존 지구 사무소는 이와 관련한 정보의 원천이다. Belt et al.(1992) 및 Welsch(1991)에서 강변 완충대 설계, 기능 및 관리에 대한 지침을 제공하고 있다. Salo and Cundy(1987)는 어업에 대한 임업 효과에 대한 정보를 제공하고 있다.

표 5.10 미국의 주법으로 요구하는 완충대의 규모

주	하천등급	요구하는 완충대의 규모		
		폭	그늘이나 덮개	남아 있는 나무 수
Idaho (ID)	등급 I*	최소 75 ft (22.5 m)	현재 그늘의 75%[a]	하폭에 따라 1000 ft(300 m) 당의 나무 수[b]
	등급 II*	최소 5 ft (1.5 m)	규정 없음	규정 없음
Washington (WA)	형태 1, 2, 3*	하폭에 따라 변동 5~100 ft(1.5~30 m)	온도가 60°F(16°C) 이상 이면 50%, 75%	하폭과 하상물질에 따라 1000 ft(300 m)당의 나무 수
	형태 4**	규정 없음	규정 없음	1000 ft당 25그루, 직경 6 inch(15 cm)
California (CA)	등급 I과 등급 II*	경사와 하천등급에 따라 변동 (50~200 ft) (15~50 m)	경사와 하천등급에 따라 50%의 상층수 또는/혹은 하층수	덮개의 밀도에 따라 수가 결정됨
	등급 III**	규정 없음[b]	하층수 50%[c]	규정 없음[e]
Oregon (OR)	등급 I**	변동, 하폭의 3배 (25~100 ft) (7.5~30 m)	기존 덮개의 50% 기존 그늘의 75%	하폭에 따라 1000 ft당의 나무 수와 기초구역 수
	등급 II 특별보호**	규정 없음[f]	기존 그늘의 75%	규정 없음

* 사람을 위한 공급 또는 어업 사용
** 토사수송(CA) 또는 다른 영향(ID와 WA)이 있거나 하류에 상당한 영향(OR)이 가능한 흐름.
a ID에서는 그늘 요구 조건이 하천 온도를 유지하도록 설계되었다.
b ID에서는 남은 나무 요건은 큰 수목성 파편을 제공하도록 설계되었다.
c 목재수확은 종류에 따라서는 300 ft(100 m)까지에 이른다.
d 현장조사에 의해서 결정한다.
e 잔류식물은 하류의 유익한 용도의 저하를 막기에 충분해야 한다.
f 동부 OR에서는, 운영자는 "하류의 1 등급 하천으로의 토사 세척을 방지하기에 충분한 정도의 관목대의 안정화 공간을 남겨두도록" 요구하고 있다.

5.8.4 방목장

자연생태 과정이 기능할 수 있도록 생태계를 관리할수록 복원 전략이 성공적으로 수행된다. 방목으로 인해 심하게 퇴화된 하천수변에서는 식생복원을 위해 방목 관리부터 시작해야한다. 식생복구는 종종 구조물을 설치하는 것보다 효과적이다. 식생은 영속적으로 그 자체를유지하고, 인공 구조물이 복제할 수 없는 방식으로 기능을 할 수 있게 하며, 강변 시스템이다양한 환경 조건을 견딜 수 있는 탄력성을 제공한다(Elmore and Beschta, 1987).

방목 후 식생 회복을 촉진시키는 설계는 여러 가지 면에서 유용하다. 수목 종들은 수로침식에 대한 저항성을 제공하고 수로 안정성을 개선하여 다른 종을 확립할 수 있도록 한다. 식생이 확립됨에 따라 토사들이 수로 내부와 제방을 따라 퇴적됨에 따라 수로 표고가 증가

하고 수위가 상승하여 전에는 계단형태이던 곳 또는 범람원에서 식물의 뿌리 영역에까지 도달할 수 있다. 수로의 상승과 상승하는 수면은 우기 동안 더 많은 물이 저장되도록 함으로써 가뭄 기간 동안에도 물의 흐름을 연장시킨다(Elmore and Beschta, 1987). Kauffman et al.(1993)은 강변 지역 밖에서 울타리를 치고 가축을 키우는 것이 식생복원을 가장 잘 할 수 있으며 강변 기능을 가장 잘 개선하는 일관된 유일한 방목 전략임을 관찰했다. 그러나 울타리는 매우 비싸고 유지관리가 많이 필요하며 야생동물들의 서식기능이나 통과기능에 부정적인 영향을 주는 등 야생 동물의 접근을 제한할 수 있다. 일부 특별한 방목 전략으로 장기간 동안 가축을 제외시키지 않고 강변과 습지 지역에 심각한 충격을 덜 주는 복구 약속을 유지하는 것도 있다. 어업 요구와 관련한 다수의 방목 전략의 효율성이 표 5.11과 표 5.12에 요약되어 있다(Platts, 1989).

주로 식생반응에 대한 방목시스템 및 하천시스템 특성의 영향을 요약하고 있으며, 주로 미국의 서부 반 건조지대 관점에서 정리하고 있다. 전략을 선택하기 위한 몇 가지 일반적인 설계 권장 사항은 다음과 같다(Elmore and Kauffmann, 1994).

- 각 전략은 특정 하천 또는 하천구간 범위에 맞게 조정되어야 한다. 생태계의 관리 목표와 구성요소들의 임계 값을 확인해야 한다(즉, 나무 종의 복원, 제방의 복원, 증가된 서식지 다양성 등). 확인되어야 하는 다른 정보에는 현재의 식생, 복구 지점의 잠재력, 원하는 미래 조건들의 상세, 그리고 서식지 훼손 또는 복구에 제한적인 현재의 요소들을 포함해야 한다.
- 강변 복원을 위한 생태과정들의 기능들 간의 관계를 기술해야 한다. 현재 상태에 영향을 미치는 요소들(즉, 관리적 스트레스와 자연적 스트레스)과 하천의 자연적 기능을 다시 확립하는 데 필요한 조건들을 평가할 필요가 있다. 하천의 열화를 야기시키는 인위적 요소가 확인되어야 하며 변경되어야 한다.
- 설계와 실현은 원하는 구조와 기능을 할 수 있는 달성 가능한 목표, 목적 그리고 관리 활동에 의해 주도되어야 한다.
- 실현은 관리를 평가할 모니터링 계획을 포함해야 한다. 필요에 따라서는 수정 또는 변경할 수 있어야 하며 강력한 준수와 감독 프로그램을 사용해야 한다.

표 5.11 방목시스템, 하천시스템 특성, 그리고 강변식생반응 사이의 일반적 관계

방목 시스템		가파른 낮은 토사 부하	가파른 높은 토사 부하	보통의 낮은 토사 부하	보통의 높은 토사 부하	평평한 낮은 토사 부하	평평한 낮은 토사 부하
방목 없음	관목	+	+	+	+	+	+
	초본류	+	+	+	+	+	+
	제방	0	0 to +	0	+	+	+
겨울이나 휴면기	관목	+	+	+	+	+	+
	초본류	+	+	+	+	+	+
	제방	0	0 to +	+	+	+	+
초기 생장기	관목	+	+	+	+	+	+
	초본류	+	+	+	+	+	+
	제방	0	0 to +	+	+	+	+
연기되거나 늦은 계절	관목	−	−	−	−	−	−
	초본류	+	+	+	+	+	+
	제방	0 to −	0 to −	0 to +	+	+	+
3 목초지 휴식 순환	관목	−	−	−	−	−	−
	초본류	+	+	+	+	+	+
	제방	0 to −	0 to −	0 to +	+	+	+
지연된 순환	관목	−	−	−	−	+	+
	초본류	+	+	+	+	+	+
	제방	0 to −	0 to −	+ to 0	+	+	+
조기 순환	관목	+	+	+	+	+	+
	초본류	+	+	+	+	+	+
	제방	0 to −	0 to −	+ to 0	+	+	+
순환	관목	−	−	−	−	−	−
	초본류	+	+	+	+	+	+
	제방	0 to −	+	0 to +	+	+	+
긴 계절	관목	−	−	−	−	−	−
	초본류	−	−	−	−	−	−
	제방	0 to −	0 to −	−	−		
봄과 가을	관목	−	−	−	−	−	−
	초본류	−	−	−	−	−	−
	제방	0 to −	0 to −	−	−	− to 0	0 to +
봄과 여름	관목	−	−	−	−	−	−
	초본류	−	−	−	−	−	−
	제방	0 to −	0 to −	−	− to 0	− to 0	0 to +

참고 : − =감소; + =증가; 0 =변화하지 않음
  하천 경사 : 0~2% = 중간; > 4%=가파름
  제방은 제방의 안정성을 나타냄

표 5.12 방목전략의 평가와 등급

전략[a]	강기슭 식물이 일반적으로 사용되는 수준	동물 분포 통제 (할당)	하천제방의 안정성	(덤불) 종의 조건	제철 식물 재성장	강기슭 재활 잠재력	어업 요구 평가[b]
연중 계속(소)	Heavy	Poor	Poor	Poor	Poor	Poor	1
소작 (양 또는 소)	Heavy	Excellent	Poor	Poor	Fair	Poor	1
단기간-높은 강도(소)	Heavy	Excellent	Poor	Poor	Poor	Poor	1
3 무리-4 목초지(소)	Heavy to moderate	Good	Poor	Poor	Poor	Poor	2
전체적 (소 또는 양)	Heavy to light	Good		Poor		Poor to excellent	2-9
지연식(소)	Moderate to heavy	Fair	Poor	Poor	Fair	Fair	3
계절 적정성(소)	Heavy	Good	Poor	Poor	Fair	Fair	3
지연 순환(소)	Heavy to moderate	Good	Fair	Fair	Fair	Fair	4
더듬는 지연 순환(소)	Heavy to moderate	Good	Fair	Fair	Fair	Fair	4
겨울 (양 또는 소)	Moderate to heavy	Fair	Good	Fair	Fair to good	Good	5
휴식-순환 (소)	Heavy to moderate	Good	Fair to good	Fair	Fair to good	Fair	5
이중 휴식-순환 (소)	Moderate	Good	Good	Fair	Good	Good	6
계절적 강기슭 우선(소나 양)	Moderate to light	Good	Good	Good	Fair	Fair	6
Riparian pasture (cattle or sheep)	As prescribed	Good	Good	Good	Good	Good	8
강기슭 초지(소나 양)	None	Excellent	Good to excellent	Good to excellent	Good	Excellent	9
계절별 선호도에 따라 휴식-순환(양)	Light	Good	Good to excellent	Good to excellent	Good	Excellent	9
휴식-패쇄 (소나 양)	None	Excellent	Excellent	Excellent	Excellent	Excellent	10

a Jacoby(1989)와 Platts(1989)는 이러한 관리 전략을 정의한다.
b 1(저조한 양립성)~10(어업 요구와의 호환성이 높음)을 기준으로 한 등급 매김

방목시스템을 선택하기 위한 핵심 고려사항은 방목시기와 높은 유출 시기 사이의 적정한 식물 생장시기를 가지는 것에 있다. 모든 하천수변에서 손쉬운 방목 전략을 제공하는 것은 불가능하다. 설계는 각 위치마다, 각 하천마다, 각 관리자 마다 관리자가 직접 정해야 한다. 단순하게 가축의 수를 줄이는 것이 강변 조건을 저하시키는 대한 해결책은 아닌 것이다. 오히려 이러한 저하된 영역을 복원하려면 가축들을 방목하는 기본적인 방식을 변화시키는 것이 필요하다(Chaney et al., 1990).

강변식생군집의 기능적 요구사항들을 포함하지 않는 방목시스템의 계속적인 사용은 분명하게 강변 문제들을 지속시킬 뿐이다(Elmore and Beschta, 1987). Kinch(1989)와 Clary and Webster(1989)는 강변 방목지 방목 관리에 대한 세부사항들을 제공하고 대안적인 방목 전략을 고안하고 있다. Chaney et al.(1990)은 흥미로운 방목 복원사례 연구의 여러 사진 자료와 이용 가능한 방목 전략의 단기 결과를 제시한 바 있다.

5.8.5 광업

하천수변의 채광(採鑛) 후 개발은 제대로 작동하는 수로의 복원으로 시작해야 한다. 교란 전 수로와 관련한 지질학적 및 지형학적 제어의 많은 부분이 채광 작업에 의해 제거되었을 수 있기 때문에 채광 후 수로의 설계는 종종 교란 전의 조건을 모방하는 것 이외의 접근법을 필요로 한다. 수로 정렬, 기울기와 규모는 동일하거나 매우 비슷한 수문 및 지형 환경(예: Rechard and Schaefer 1984, Rosgen 1996)의 다른 하천에서 개발된 경험적 관계를 기반으로 결정될 수 있다. Hasfurther(1985) 같은 다른 사람들은 재생된 수로의 설계에 경험적 방법과 이론적 방법의 조합을 사용했다. 하천수로의 총체적 재구성은 5.5절에서 상세하게 다루어진다. 이 장의 다른 부분은 하천제방의 안정화, 범람원과 계단형 지형에서의 식생과 수생 및 육상 서식지의 복원을 다룬다. 추가적인 지침은 Interfluve, Inc.(1991)에서 이용할 수 있다.

지표 채광은 일반적으로 기여 유역의 대규모 교란과 연관되어 있기 때문에 광산 전후 조건에 대한 엄격한 수문학적 분석이 교란된 시스템의 하천수변 복원에 중요하다. 수문학적 분석은 체광 후의 경관에서 수로 성능을 평가하기 위해 극한의 높은 흐름과 낮은 흐름의 빈도분석을 포함해야 한다.

유역 지질, 토양, 식물 및 지형이 채광 작업에 의해 완전히 변경될 수 있기 때문에 수문학적 모형은 채광 후 수요에 대한 유출수문곡선을 생성하는 데 필요할 수 있다. 따라서 수로 설계와 안정성 평가는 유역의 예상 조건을 반영한 유출률을 기반으로 한다. 채광 후 복원을 위한 수문분석은 또한 개발한 후의 경관에서 발생할 토사발생을 다루어야 한다. 토사수지는 식생이 정착되는 시기와 최종 식생조건 모두에 필요할 것이다.

수문학적 분석은 복원설계자에게 복원설계에 필요한 흐름과 토사 특성을 제공한다. 분석은 또한 식생이 이루어지는 기간 동안 적어도 유출수의 임시 저류와 토사 저감의 필요성을 나타낼 수 있다. 그러나 채광 후의 수로는 완전히 개발된 경관과 장기 평형을 유지하도록 설계되어야 한다.

수질 문제(예 : 산성광물 배출수)는 채굴 지역의 하천복원 가능성을 제어하기 때문에 설계 시 반드시 고려해야 한다.

5.8.6 위락휴식

하천수변을 집중적으로 혹은 분산하여 위락휴식 공간으로 사용하면 손상과 생태 변화가 발생할 수 있다. 생태적 손상은 주로 위락휴식 공간 사용자를 위한 통로의 필요성에서 비롯된다. 통행로는 흔히 하천에 접근할 수 있는 가장 짧은 경로 또는 가장 쉬운 경로를 따라 전개된다. 추가적인 자원 손상은 하천에 접근하는 방법에 따른 기능일 수 있다, 예로서 오토바이와 말은 보행자보다 식생과 산책로에 더 많은 피해를 준다. 개발된 위락휴양지에서의 하천제방 통로의 통제는 복원설계의 일부이어야 한다. 개발되지 않은 위치나 관리되지 않는 위치에서는 이러한 제어가 더 어렵지만 여전히 필요하다(그림 5.27). 심각하게 열화된 위락휴식 지역의 재활은 적어도 일시적인 사용 제한이 필요할 수 있다. 능동적으로 침식하는 통행로, 야영장 그리고 하천 출입로는 일시적 부지 폐쇄 및 토양과 식생의 복원을 통해서 안정화될 수 있다. 문제의 근본적인 원인을 해결하지 않고 통행로가 복원되면 출입로 폐쇄는 장기적인 해결책을 제공하지 않는다. 오히려 새로운 통행로와 위락휴식 장소는 식생 능력, 토양 한계 및 기타 물리적 현장 특성을 기반으로 하여 선정되고 건설되어야 한다. 기본적으로 성공적인 설계의 열쇠는 다음과 같다.

• 초기 손상에 대한 저항력이 가장 큰 곳을 찾아 사용한다.

- 방문자의 이용에 영향을 준다.
- 사용 영역을 강화하여 내구성을 높인다.
- 폐쇄된 위치를 복구한다.

5.8.7 도시화

일부 토지이용은 유역을 시골에서 도시로 전환하는 만큼 배수에서 물과 토사의 양을 바꿀 수 있는 능력을 가지고 있다. 따라서 일부의 토지이용은 하천수변의 자연 환경에 영향을 크게 미칠 가능성이 있다.

수문학적 분석의 첫 번째 단계로서 설계자는 기존의 수문학적 반응의 특성과 향후 물과 토사 생산량의 변화 가능성을 특성화해야 한다. 초기에 건설 활동은 하류의 수로와 범람원에 퇴적될 수 있는 과도한 토사를 생성한다. 불투수(不透水) 피복(被覆)이 증가함에 따라 첨두(尖頭)흐름(유량)이 증가한다. 조경이나 불투수성 재료로 덮인 지역이 많아질수록 물이 더 깨끗해진다. 증가된 흐름(유량)과 깨끗한 물은 수로를 확대시켜 하류의 토사 부하를 증가시킵니다.

유역이 (a) 완전히 도시화되었는지, (b) 도시화의 새로운 단계를 거치고 있는지, (c) 도시화의 초기 단계에 있는지(Riley, 1998)를 결정한다.

유역에서 불투수 피복의 양이 증가하면 첨두 흐름이 증가하고 결과적으로 수로 확대가 발생한다. 연구에 따르면 유역의 10~15%에 불과한 불투수성 피복이라도 수로 조건에 심각한 악영향을 미칠 수 있다는 것이다(Schueler, 1996). 수로형성 또는 제방만수 홍수사상(전형적으로 1~3년의 재현기간)의 규모가 현저히 증가하고, 1년에 한 번 또는 2번 발생했던 홍수사상은 한 달에 한두 번 발생할 수도 있게 된다.

도시화된 유역에서의 하류 토사량 부하의 연속적인 증가로 인한 하천의 확대는 복원 처리의 설계에 예상되고 수용되어야 한다.

첨두유량을 산정하는 절차는 앞 장에서 설명되었으며, 첨두유량의 규모에 대한 도시화의 영향을 분석에 반영해야 한다. Sauer et al.(1983)은 미국의 56개 도시와 31개 주에 있는 199개의 도시 유역을 분석함으로써 첨두유량에 대한 도시화의 영향을 조사했다. 분석의 목적은 도시화로 인한 첨두유량의 증가를 확인하고, 미계측 도시유역에서의 100년 발생빈도 또는

1%의 연간 발생확률을 가지는 홍수와 같은 설계 홍수량을 추정하기 위한 회귀 방정식을 개발하는 것이었다. Sauer et al.(1983)은 미계측 도시유역에 대한 2, 5, 10, 25, 50, 100 및 500년 발생빈도의 도시지역의 연간 첨두유출량을 추정하는 데 사용할 수 있는 유역, 기후 및 도시 특성을 기반으로 하는 회귀 방정식을 개발했다. 예를 들어 100년 빈도 홍수량(UQ_{100}, ft³/sec)에 대한 방정식을 예시로 아래와 같이 제공하고 있다.

$$UQ_{100} = 2.50A^{0.29}SL^{0.15}(RI2+3)^{126}(ST+8)^{-0.52}(13-BDF)^{-0.28}IA^{0.06}RQ_{100}^{0.63}$$

이 식에서 설명 변수로는 배수면적(A, mi²), 수로경사(SL, ft/mi), 2년 발생빈도, 2시간 지속 강우량($RI2$), 유역의 저장률(ST, %), 유역의 배수시스템의 개발범위를 나타내는 척도인 유역개발 요소(BDF, 무차원 값으로, 0~12 범위), 불투수면적 비율(IA, %), 시골지역의 등가 첨두유량(RQ_{100}, ft³/sec)이다.

Sauer et al.(1983)은 각 변수의 허용 범위를 제공하고 있다. 방정식에서 도시화의 두 지표는 BDF와 IA로, 이들은 시골 첨두유출량 RQ_{100}(평가되거나 관측된 것)을 도시조건에 맞게 조정하는 데 사용할 수 있다.

Sauer et al.(1983)은 위의 방정식과 재현기간 x =2, 10, 100년에 대한 시골 첨두유량에 대한 도시지역의 첨두유량 비율(UQx / RQx)을 나타내는 그래프를 제시하였다. 2년 첨두유량 비율은 BDF와 IA의 값에 따라 1.3~4.3을, 10년 첨두유량 비율은 1.2~3.1을, 100년 첨두유량 비율은 1.1~2.6까지 다양하다. 이러한 비율은 도시화는 일반적으로 높은 재현기간의 홍수에는 영향을 덜 미친다는 것을 나타내고 있다. 이는 큰 홍수기에는 유역의 토양이 보다 높은 수준으로 포화되고 홍수터의 물 저장이 보다 크게 되기 때문이다.

컴퓨터 모형의 사용, 지역 회귀 방정식 및 계측자료의 통계 분석을 포함하여 위의 것보다 더 정교한 수문분석이 종종 사용된다. HEC-1이나 TR-20과 같은 수문 모형들이 일부 도시유역에 대해 이미 개발되었다.

하천의 홍수특성이 도시화를 위해 조정되면 새로운 평형수로 규모는 유사한(토양, 경사, 도시화 정도) 유역 또는 기타 해석적 분석방법에서의 안정된 충적수로의 자료를 사용하여 개발된 수리학적 기하 구조 관계로부터 추정될 수 있다. 복원된 수로설계에 대한 추가 지침은 이 장 앞부분의 수로 재구성 절에서 제공되어 있다.

유역의 도시화로 인한 홍수의 변화는 호우유출을 제어하기 위해 고안된 관행을 통해서 도시계획 중에 완화시킬 수 있다. 이러한 관행은 수질을 유지하거나 복원하고 첨두유출수를 줄이기 위해 식생과 생명공학 기술뿐만 아니라 구조적 방법의 사용을 강조하고 있다. 유출을 제어하기 위한 전략은 다음과 같다.

- 유출수를 줄이고 오염물질을 제거하기 위해 강우량과 하천흐름의 침투를 증가시킨다. 첨두유량을 줄이고 토사퇴적을 유도하기 위해서 지표저장과 지표하 저장을 증가시킨다.
- 부유(浮游)하고 용해되는 오염물질의 여과 및 생물학적 처리(습지 건설)
- 산림된 강기슭 완충지대의 확립 및 / 또는 강화
- 교통망으로부터의 배수관리
- 다양한 복원 목적을 위한 나무, 관목 등의 식재

물의 양적 변화와 더불어 유역의 도시화는 종종 토사배출량의 변화를 일으킨다. 습한 기후에서는 도시화 이전의 식생 덮개는 토양자원을 보호하고 자연침식을 최소화하기에 충분하며, 완전히 도시화된 유역의 불투수지역과 식생의 조합은 토사발생량을 최소화하는 데 적합할 수 있다. 그러나 도시화가 진행되는 동안 건설과정에서 식생이 제거되고 토양이 노출됨에 따라 토사발생량은 크게 증가한다. 더 건조한 기후에서는 도시유역의 토사 생산량은 조경과 관련된 불투수지역 및 식생으로 인한 농촌유역의 토사발생량보다 실제로 낮을 수 있지만 도시화(즉, 건설) 기간은 여전히 토사발생량이 가장 큰 시간이다.

토사배출에 대한 도시화의 영향은 실 예로 미국 워싱턴 DC 북쪽의 Rock Creek 및 Anacostia강 유역의 32 ㎡ 지역에 있는 9개의 소 유역의 자료를 모아 그림 5.28에 표시하여 설명하였다(Yorke and Herb, 1978). 자료수집 기간(1963~1974) 동안 세 개의 소유역은 거의 시골 상태였고 나머지는 도시 개발을 받았다. 1974년에, 도시 토지는 9개의 소유역에서 토지 이용이 0에서 60%를 차지했다. 이 자료는 부유토사량과 건설 중인 토지의 비율 사이의 관계를 발전시키기 위해서 사용되었다. 이 관계는 건설 중인 토지면적이 10%를 가진 유역에서 부유토사량은 약 3.5배 증가했음을 보이고 있다. 그러나 건설지역의 50%에 대해서 토사제어

(주로 토사 저류지)가 사용된 유역에서는 부유토사량이 제어가 없는 지역의 약 1/3에 불과했다. 제어 효과를 그림에서 볼 수 있다. 세 가지 곡선은 토사제어가 증가하는 3개 기간에 대한 성장기 자료를 제시하고 있다. 1963~1967년 건설 현장에서 토사제어가 사용되지 않았을 때, 1868~1871년 토사제어가 의무적일 때, 그리고 1972~1974년에는 토사제어가 의무적이었고 시군 공무원의 검사를 받을 때였다. 또한 호우유출은 호우토사유출에 미치는 유일한 요소가 아닐 뿐만 아니라 각 관계에 대한 심각한 분산을 보여주고 있다. 토사 유역에 더하여 침식과 토사관리를 위한 관리 기법은 다음과 같은 목표에 중점을 둔다.

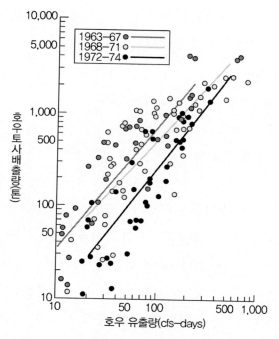

그림 5.28 호우기의 토사이송 곡선. 토사량에 미치는 도시화의 영향을 보여주고 있다(83 km²의 면적에서 측정한 자료임).

- 고속도로, 도로 및 거리를 따라 중요한 영역을 안정화
- 토사 이동 장벽을 배치하고 설치
- 민감한 지역으로부터 흐름을 전환하거나 제외하는 조치의 설계 및 위치 지정
- 수로와 유출부 보호
- 하천과 수변의 보호와 강화

이러한 목표들은 토사제어를 위한 식생의 사용을 강조하고 있다. 도시유역의 유출과 토사를 제어하기 위한 BMP에 관한 추가 정보는 기술 부록에서 찾아볼 수 있다. 이론적으로, 지역 유역관리 계획은 도시개발의 누적 효과로부터 하천수변을 보호하는 가장 좋은 도구일 수 있다. 그러나 실제로 이러한 목표를 실현한 계획은 거의 없었다(Schueler, 1996). 성공하기 위해서는 그러한 계획이 건설 중에 노출된 땅의 양과 유역개발 도중 및 이후에 있을 불투수 지역의 양을 다루어야 한다. 더 중요한 것은, 성공은 유역계획을 사용하여 개발결정을 안내하는 데 달려 있다.

(1) 도시하천 복원설계의 핵심 기술들

도시화 이전에 열화된 하천들에 대한 복원설계는 사전에 있던 제어수단과 복원목적에 미치는 그들의 영향을 고려해야 한다. 도시하천 복원을 위한 다음과 같은 일곱 가지 복원 도구를 적용할 수 있다(Schereler, 1996). 이러한 도구들은 이전의 유역 도시화로 인해 소멸되거나 열화된 하천 기능과 과정을 보완하기 위한 것들이다. 다음 도구를 함께 적용하면 최상의 결과를 얻을 수 있다.

① **도구 1.** 개발이전의 수문학적 체계를 부분적으로 복구한다. 주된 목적은 기여 유역의 제방만수유량의 발생빈도를 줄이는 것이다. 이것은 방류되기 전에 최대로 24시간 동안 증가된 호우유출수를 포착하여 저장할 수 있는 상류의 호우유출수 저장시설을 건설함으로써 이룰 수 있다(즉, 연장된 저류). 연장된 저류를 위한 일반적인 설계호우는 1년 발생빈도의 24시간 호우사상이다. 호우유출수 일시 저장시설은 종종 중소 하천의 복원에는 유용하지만 큰 하천에서는 비실용적일 수 있다.

② **도구 2.** 도시오염물질을 줄인다. 도시하천 복원에서 두 번째 필요 사항은 하천에서의 영양염류, 박테리아 및 유독물의 농도를 줄이는 것뿐만 아니라 과도한 토사 부하를 포획하는 것이다. 일반적으로, 호우유출 일시저장시설 또는 습지 건설, 유역 오염방지 프로그램 운용, 그리고 호우 하수관거망에 대한 불합리적이거나 불법적인 위생관로 연결의 제거와 같은 도시하천에 대한 오염물질 유입을 줄이기 위한 세 가지 도구가 적용될 수 있다.

③ **도구 3.** 수로형태를 안정시킨다. 시간이 지남에 따라 도시의 하천수로는 규모가 커지고 심각한 제방과 하상의 침식 영향을 받는다. 따라서 수로를 안정화하고 가능한 경우 평형수로형상을 복원하는 것이 중요하다. 또한 물고기 서식지를 개선하기 위해 제방 아래의 절개나 제방상부의 피복을 제공하는 것도 유용하다. 하천차수, 유역의 불투수성 면적 및 침식된 제방의 높이와 사면 각도에 따라 수로를 안정화시키고 더 많은 침식을 방지하기 위해 일련의 다양한 도구를 적용할 수 있다. 제방 안정화 조치에는 근고공 겹치기, 잡목묶음, 버드나무 말뚝 및 통나무 같은 토양생물공학적 방법, 벙커구조물, 및 나무뿌리 공법 등이 포함될 수 있다. 경사 안정화 조처는 이장의 앞부분과 부록 B에서 설명하고 있다.

④ **도구 4.** 수로 내의 서식지를 복원한다. 대부분의 도시하천은 하천 서식지 구조가 열악하고, 종종 더 넓고 불안정한 호우수로 내에서 불분명하고 얕은 저유속 수로로 대표된다. 목표는 침식성 홍수로 흘러가버린 서식지 구조를 복원하는 것이다. 핵심 복원 요소로는 웅덩이와 여울의 생성과 낮은 흐름 수로의 고정과 깊이를 더하는 것 그리고 하상을 가로 질러 더 큰 복잡한 구조를 제공하는 것을 포함할 수 있다. 일반적인 도구로는 하천수로를 따라서 통나무를 가로 놓아 수위를 증가시키는 방법, 돌덩이에 의한 흐름의 변동구조와 호박돌 무덩이 등의 설치가 포함된다.

⑤ **도구 5.** 강변 덮개 재건. 강변 덮개는 도시하천 생태계의 필수 구성요소이다. 강변 덮개는 제방을 안정시키고, 큰 목재조각들과 잔해물을 제공하고, 물줄기를 맑게 한다. 따라서 다섯 번째 도구는 하천망을 따라 강변 덮개 식물군체를 재확립하는 것이다. 이는 자생종의 활발한 재식림, 외래종의 제거 또는 점차적인 승계를 허용하는 깎기 작업의 변화를 수반할 수 있다. 하천수변은 넓은 도시하천 완충지로 보호되어야 하는 경우가 있다.

⑥ **도구 6.** 임계 흐름 기질(基質)을 보호한다. 안정되고 잘 구성된 하상은 어류 산란 및 수생곤충에 의한 2차 생산에 중요한 요소가 된다. 그러나 도시하천의 하상은 종종 매우 불안정하고 미세한 토사퇴적물로 인해서 막혀 있다. 하천수로를 따라 하천 기질의 품질을 복원하기 위한 도구를 적용해야 하는 경우가 종종 있다. 가끔 도시 호우유출수의 에너지는 이중날개 변류기와 흐름집중 장치와 같은 도구를 사용하여 보다 깨끗한 기질

을 만드는 데 사용할 수 있다. 하상에 토사가 두껍게 퇴적되면 기계적으로 침전물 제거가 필요할 수 있다.

⑦ **도구 7.** 하천 생물군집의 재구성을 허용한다. 하류의 어류 장벽이 자연적인 재식림을 방지하면 도시 지역에서 어류군집을 재확립하는 것이 어려울 수 있다. 따라서 마지막 도시하천 복원 도구는 하류부에 어류 장벽이 존재하는지 여부, 제거 가능성 여부 또는 하천에 재배치하기 위해 토착종 어류의 선택적인 저장이 필요한지 여부를 결정하기 위한 어류 생물학자의 판단을 필요로 한다.

5.9 복원 실행, 모니터링, 관리

[내용의 이해]

• 복원에서 수동형(passive forms)이란 무엇이며, 어떻게 실행되는가?

• 복원수단에는 어떠한 행동들이 포함되는?

• 복원수단들이 실행될 때 수로와 수변에 미치는 영향을 최소화시키는 방법은?

• 하천수변에서 건설 활동이 있을 경우 고려해야 하는 요소들은? 그리고 건설 활동의 품질평가와 영향 평가는?

• 각종 계측과 관찰 방법과 평가 방법은?

하천수변의 복원을 실행하기 전에 마지막으로 해야 할 일은 복원사업에 대한 상세한 계획이 완성되어야 한다. 이러한 계획에는 최소한 다음의 사항들이 포함되어야 한다.

• 일정의 결정

• 필요한 허가의 취득

• 실행 전에 필요한 회의의 진행

• 관련 부동산 소유주들에 대한 통보

• 부지 접근권과 지역권(地役權)을 확인

• 기존 시설과 유용품들의 위치 확인

• 재료공급처와 재료의 표준을 확인

각 계획 단계를 주의 깊게 실행하면 성공적인 복원이 구현될 수 있다. 그러나 전체 복원 구현에는 신중한 실행과 여러 참가자의 협조가 필요한 몇 가지 작업이 필요하다.

5.9.1 현장 준비

현장 준비는 복원 조치의 첫 번째 단계이다. 부지를 준비하려면 다음 작업을 수행해야 한다.

(1) 작업영역 표시

복원이 이루어지는 영역은 많은 다른 요인들에 의해서 정의된다. 이 지역은 복원 목표를 달성하기 위해 영향을 받아야 하는 경관의 특징에 의해 가장 근본적으로 결정된다. 재산 소유권의 경계, 허가 요건에 의해 부과되는 제한 사항들, 특별한 중요성을 가질 수 있는 자연적 또는 문화적 특징 또한 작업 지역을 결정할 수 있다. 중장비 운영자 또는 운전자 감독관은 작업이 발생할 수 있는 위치를 결정하는 여러 요구사항을 인식할 수 없다. 따라서 현장에서 해당 지역의 경계 영역을 결정하는 것이 그 지점에서 수행되는 첫 번째 활동이 되어야 한다. 구역은 눈에 잘 보이는 말뚝으로 표기되어야 하며, 보다 바람직하게는 임시 울타리(일반적으로 밝은 색의 튼튼한 플라스틱 그물)로 표시해야 한다. 이 영역 표시는 과업 관리자와 현장 감독관 사이의 사전 협의에서 정리된 특별한 제한이나 임시 조항들을 준수해야 한다.

(2) 진출입로와 준비구역 준비

장소는 종종 장소와 관련한 대지의 공공 도로에서 진출입한다. 이상적으로는, 편의를 위해 운전자, 장비 및 자재를 위한 적치 준비장소는 복원 장소에 가까운 접근로 근처에 위치할 수 있지만, 습지 또는 고도로 침식 가능한 토양이 있는 지역의 수변으로부터 멀리 벗어날 수 있다. 또한 준비구역은 보안을 강화하기 위해 가능한 경우 공공 도로에서 볼 수 없어야 한다.

부동산 소유권, 지형 및 기존 도로는 모든 복원장소에 고유한 진출입로를 제공하지만 몇 가지 원칙에 따라 진출입로의 설계, 배치 및 구성을 해야 한다.

- 민감한 야생 동물 서식지 또는 식물 지역 또는 위협받고 멸종 위기에 처한 종 및 지정된 중요 서식지를 피해야 한다.
- 가능하다면 하천을 건너는 것을 피하는 것이 좋다. 건너는 것이 불가피한 곳에서는 다리가 거의 필수적이다.
- 사용 빈도가 높은 경사진 도로에서는 효과적인 침식 제어가 어렵기 때문에 경사교란을 최소화해야 한다.
- 낮은 경사를 가진 도로 건설, 호우유출이 출구로 유출되는지의 확인, 적절한 노반 설치, 가능하다면 차량으로 인한 진흙과 퇴적물의 외부로의 반출을 줄이기 위한 건설현장 입구에서의 트럭 세척장 설치가 필요하다.
- 현장에 장비나 중량물을 운반하는 데 사용된 개인 또는 공공 접근 도로가 손상된 경우에는 책임자를 확인하고 적절한 수리를 해야 한다.

(3) 교란을 최소화하기 위한 예방 조치

가능하다면 현장 교란을 최소화하고 최소화하기 위해 모든 노력을 기울여야 한다. 기존 식생 및 민감한 서식지의 보호, 침식 및 퇴적물 관리, 대기 및 수질 보호, 문화 자원 보호, 소음 최소화, 고형 폐기물 처리와 작업장 위생시설 제공에 중점을 두어야 한다.

① 기존 식물과 민감한 서식지의 보호

담장은 방해받지 않고 유지되어야 하는 건설 현장 내 영역(예 : 보존되도록 지정된 식물, 민감한 육지 서식지 또는 민감한 습지 서식지)을 보호하는 효과적인 방법이 될 수 있다.

작업 구역을 설정할 때와 마찬가지로, 출입구가 완전히 지어지기 전에 가능한 초기에 현장 준비 중에 모든 보호 지역 주변에 울타리를 배치해야 하지만, 전체적인 토공이 시작되기 전에 확실히 해야 한다. 울타리 재질은 쉽게 볼 수 있어야 하며, 구역은 보호 구역으로 표시되어야 한다. 땅고르기(평탄화)가 보호 지역에 인접하여 계획될 때는 항상 주의를 기울여야 한다.

② 침식

효율적인 침식 및 토사 관리에 관한 잘 정립된 많은 원칙들이 하천수변 복구에 쉽게 적용될 수 있다(Goldman et al., 1986). 예방은 유출수에서 이미 침식된 토사 입자를 잡는 것보다 항상 효과적이기 때문에 침식을 방지하기 위해 모든 노력을 기울여야 한다. 초기 부지 준비 단계에서 침식 및 토사 제어 장치를 설치해야 하는 것이다.

가장 기본적인 제어 방법은 교란받지 않는 영역에서의 물리적 스크리닝이다. 토사제어 조치를 적절하게 선택, 설치 및 유지관리하면, 토사를 함유한 유출수에 대해 상당한 정도의 여과를 제공할 수 있다(그림 5.29).

그림 5.29 실트 울타리

교란되지 않은 지역이 시행 활동의 아래쪽에 놓이는 곳에서는 토사를 제어하는 한 가지 방법은 일반적으로 여과성 섬유로 만들어진 실트 울타리(silt fence)를 사용하는 것이다. 실트 울타리는 토사가 흐르는 유출수에 대해 상당한 수준의 여과를 제공할 수 있지만, 정확하게 선택, 설치 및 유지관리해야 한다. 실트 울타리의 설계 지침은 다음과 같다.

- 1 에이커 이하의 배수 구역
- 최대 경사는 수평 : 연직＝2 : 1의 기울기 이하
- 최대 상향거리가 100 ft(30 m) 이하

• 최대 유속은 1 ft / sec-30 cm/src) 이하

설치는 자재유형보다 더욱 중요하다. 대부분의 섬유 울타리는 유출수가 그 울타리 아래에 수로를 조성하거나 토사가 쌓여서 붕괴되기 때문에 실패한다. 파손을 방지하려면 천의 아래쪽 가장자리를 4~12 inch(10~30 cm) 깊이의 트렌치에 놓은 다음 토양 또는 자갈로 다시 채우고 와이어 울타리를 사용하여 천을 지지해야 한다.

그림 5.30은 실트 울타리 설치 지침의 예이다. 올바르게 설치된 실트 울타리라도 일반적으로 유지 보수 부족으로 인해 실패한다. 하나의 강우 사상에 의한 울타리에 대한 토사 퇴적물이 제거되지 않으면 다음 강우 사상 동안에 실패가 발생할 만큼 충분한 토사를 퇴적할 수 있다.

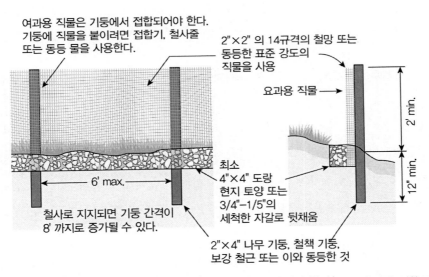

그림 5.30 실트방벽의 설치 지침. 침식제어 수단은 반드시 설치되어야 한다(King County, Washington).

밀짚꾸러미도 일반적인 토사 제어 수단이다. 꾸러미는 깊이 약 10 cm의 트렌치에 놓여야 하며, 지면에 걸려서 서로 마주하는 끝(모서리가 아닌)으로 배치되어야 한다. 그림 5.31은 밀짚꾸러미 설치 지침의 예를 보여주고 있다. 부지 선정에 대한 제한은 실트 울타리와 동일하지만 일반적으로 밀짚 꾸러미는 내구성이 떨어지고 교체해야 할 수도 있다.

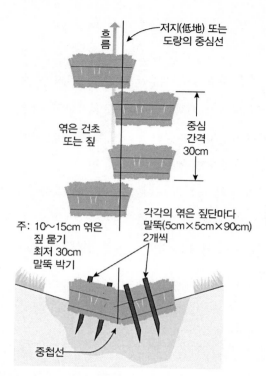

그림 5.31 짚다발 설치 지침. 짚다발은 토사제어를 위해 흔히 사용된다(King County, Washington).

과업의 범위가 너무 작아 공식적인 침식 제어 계획이 준비되지 않은 경우, 제어 조치가 현장에 적절하고 신속하게 설치되며 적절하게 유지되어야 한다. 적절한 복구 구현을 위해서는 관리자가 침식 방지 조치의 "예기치 않은" 실패에 대비해야 한다. 중간 정도의 강우나 폭우가 내릴 것으로 기대되는 때에는 다음과 같은 준비가 되어 있어야 한다.

- 짚 꾸러미, 필터 패브릭과 와이어 백업, 게시물, 모래와 삼베 가방, 수로 표면 강화재료 (석재, 토목섬유 직물 또는 그리드, 황마 그물, 코코넛 원단 소재 등) 등 추가 침식 제어 재료들을 현장에 비축해야 한다.
- 건설 현장의 검사는 호우 동안 또는 호우 직후 즉시 이루어져야 한다. 또한 기타 중요한 유출 사상 후에 토사제어 조치의 효과를 결정할 수 있다.
- 현장 감독 또는 사업 관리자의 전화번호를 인접 거주자에게 제공하여 현장에서 발생하거나 현장으로부터 유발되는 문제들을 보고 받도록 해야 한다. 주민들은 토사유출이나 실패한 구조물과 같은 것들을 관찰할 수 있도록 교육되어야 한다.

이외에도 수질, 대기질, 문화적 자원, 소음, 고형폐기물, 그리고 작업장의 위생관리시설 등에 대한 준비가 절대로 필요하다. 또한 필요한 적정한 장비의 준비와 부지의 정리, 지리적 한계를 분명하게 하고, 바람직하지 않은 식물 종류들도 제거하거나 옮겨야 한다. 그뿐 아니라 배수시설도 제대로 갖추어야 한다. 나아가서 기존 식물들의 보화와 관리를 실시해야 한다.

이상과 같은 부지준비와 청소작업 후에 토양 이동, 흐름 전환 및 식물 재료 설치, 특히 침식대책 즉 토양 유출방지 대책(그림 5.30과 5.31 참조)과 같은 복원 설치 활동이 진행될 수 있다.

5.9.2 토양이동

① 성토와 처분

한 위치에서 성토하는 방식과 위치 선정은 복원 조치의 최종 배치계획에 따라 결정되어야 한다. 옹벽 또는 유사한 구조에 인접한 채우기는 구조 채우기에 대한 기준을 충족해야 한다. 식물이 충진 경사면의 최종 처리가 될 경우 토양 재료와 다짐에 대한 요구사항은 그다지 심각하지 않다. 그러나 가파른 경사면 위의 느슨한 흙은 침식이나 사태가 발생하기 쉽다. 채우기가 약 2 : 1보다 가파른 경사면에 위치할 경우, 토질공학자는 특별한 조치가 적절한지 여부를 결정해야 한다(그림 5.32). 완경사면에서도 비다짐 채움의 안정성은 일반적으로 매우 낮기 때문에 표면 유출은 새로운 물질을 포화시키지 않아야 한다.

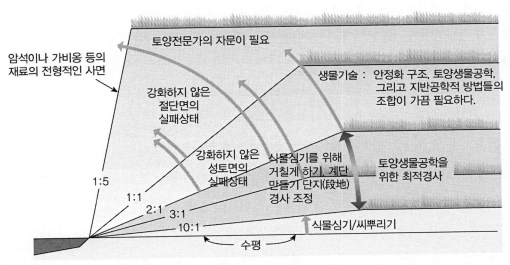

그림 5.32 절토면과 성토면의 처리. 경사면의 각도는 적정 복원수단을 결정하는 중요한 요소이다.

사면정리 비용을 줄이려면 절토와 성토가 균형을 이루도록 해야 함으로 재료를 현장으로 또는 현장에서 이송할 필요가 없다. 절토량이 성토량을 초과할 경우, 일부 토양은 외부에서 처리해야 한다. 처리 장소를 찾기가 어려울 수 있으며 지역 관할 구역의 추가적인 승인을 필요할 수 있다. 이러한 가능성은 예기치 않은 지연을 피하기 위해 사전에 충분히 계획되어야 한다.

일반적으로 현장에서 제거되는 표토는 최종 단계에서 재사용을 위해 적절히 비축되어야 한다. 비록 원하지 않는 종들이 존재한다 할지라도 토양은 현장에 적합한 식물 군락에 적합한 성장 배지를 제공할 것이다. 이는 또한 원하는 다양성을 가장 빠르게 재형성할 수 있는 토착종의 원천이 될 것이다(Liebrand and Sykora, 1992). 비축된 토양은 토양침식과 유해한 잡초들로부터 보호하기 위해 복원지역에서 사용될 종으로 식물을 심을 수 있다.

② 부지정리

지면 이동 중에는 경사면을 따라 흐르는 물의 침식력을 인식해야 한다. 경사면 아래의 가장 가파른 방향은 지표수 흐름과 수로 흐름에 의한 가장 큰 침식이 발생하는 방향이다. 경사면의 전체 지형은 이 방향으로 유출되는 제어되지 않은 흐름을 최소화하도록 설계되어야 한다. 수로화된 흐름은 토지의 등고선 윤곽을 보다 가깝게 따라가는 방향으로 설치되는 도랑으로 전환되어야 한다. 분산된 얕은 흐름은 지형윤곽을 따르는 경사면을 따른 계단이나 단지로 분산되어야 한다. 정밀한 규모에서는 경사면 아래위로 움직이는 불도저 자국이나 경사면에 수직으로 당긴 갈퀴나 써레(쇄토기(碎土機))로 지표면을 거칠게 만들 수 있다. 두 경우 모두 결과는 지표면의 윤곽을 따라 현장에서의 침식을 크게 줄이는 몇 센티 간격의 평행한 융기 집합이다.

③ 최종 부지정리

흙의 이동은 적정한 길이와 기울기를 통해서 표면침식을 최소화하고 식물 성장에 유리한 환경을 제공하는 경사면을 만들어야 한다. 처음 두 기준은 일반적으로 계획에 의해 결정되어야 하며 땅고르기 기술의 변동에 의해 최소한으로만 수정할 수 있다. 그러나 계획이 약 1:1보다 가파른 최종 기울기를 지정하면 식생의 재건은 매우 어려우며 안정화 구조물, 토양 생체공학과 지반공학 기법의 조합이 필요할 것이다. 경사면 꼭대기의 모양 또한 중요하다.

즉, 급격한 변화가 있는 가장자리를 형성하면 식물 재성장이 거의 불가능하게 된다. 대지와 경사면 사이의 점진적인 전환을 형성하는 둥근 모서리는 식물성장에 훨씬 더 적합한 것이다 (Animoto, 1978).

식물 성장에 유리한 환경을 제공하려면 경사면의 소규모 특성에도 주의를 기울여야 한다. 차량 자국이나 톱니 모양의 칼날 자국을 육안으로 볼 수 있는 경사면은 매끄러운 다져진 표면보다 훨씬 더 좋은 묘목 환경을 제공한다. 작은 단지(段地)는 약 3 : 1 이상의 가파른 경사면으로 절단하여 수분 축적과 식물 성장을 촉진하도록 해야 한다. 토양이동 장비로 과도하게 작업하면 압밀이 발생하여 토양에 침투하는 강우량의 침투율이 낮아지며 결과적으로 침식성 지표유출이 높아질 수 있다. 결과는 식물성장을 지원하고 남아 있는 식물에 사용할 수 있는 습기를 줄이는 데 필요한 표토가 없어짐을 의미한다.

5.9.3 흐름의 우회(迂廻)

복원수단을 시행하는 동안 수로화된 흐름(하천수로, 도랑, 계곡(골짜기) 또는 저습지로부터)을 우회, 저장 또는 다른 방법으로 제어해야 할 수도 있다. 어떤 경우에는 최종적인 땅고르기가 완료되거나 식목이 확립될 때까지 이러한 작업이 필요할 수 있으며, 이 필요성은 일시적일 수 있다. 다른 경우로는, 우회는 복원의 영구적인 부분일 수도 있다. 영구시설은 동일한 위치에서 임시 조치로 자주 대체하기도 하지만 종종 다른 자재로 구성되기도 한다.

일시적인 낮은 제방, 표면처리나 잔디로 된 수로 또는 관로는 수로화된 흐름을 우회시키는 데 사용할 수 있다. 유출수는 토사를 침강시킬 수 있도록 연못이나 토사 침전지에 저류시킬 수 있다.

대부분의 임시 조치는 설계되지 않으며 현재 있는 자재로 구성된다. 낮은 제방은 약간의 안정성을 얻기 위해 다져지며 때로는 침식에 저항하기 위해 보강된다. 그들은 침식이 있을 가능성이 있는 새로 조상된 땅이나 식재한 경사면이 지표수에 씻기지 않게 하고, 유출수를 자연 또는 인공 수로로 전환시키는 데 사용된다.

풀이 무성한 저습지로부터 느슨해진 토양은 인접한 낮은 제방으로 쉽게 모일 수 있어서 유출수 전환의 효율성과 용량을 향상시킨다. 관로나 석재로 된 도랑은 수로화된 흐름을 침식이 충분히 발생할 수 있는 가파른 경사 아래로 운반할 수 있다. 그들은 또한 제어되지 않은 유량으로부터 이미 발생한 침식을 멈추기 위해서도 사용될 수 있다. 유연한 플라스틱 관로는 이러한 상황에서 가장 일반적으로 사용되지만 유출구는 조심스럽게 위치하거나 암석이나 모래주머니로 잘 보강하여 침식 지점을 아래쪽으로 더 멀리 이동하지 않도록 해야 한다. 토사 저류지와 포획장치는 석재로 보강한 월류부를 가진 토양 속으로 파고 들어간 저류지이거나 유출구가 있는 제방에 의해 저류되는 저류공간이다. 현장 유출수에 의해 운반되는 토사의 일부는 유입류에 대한 표면적 또는 저장량의 비율에 따라 포획장치에서 침강되어 나간다. 토사 저류지의 유용성은 토사의 포획 효율에 따라 제한될 수 있다. 토사 저류지는 저류지가 최대의 지표수 흐름을 처리하기 위해 만들어지지 않았거나 제대로 유지되지 않으면 궁극적으로는 포획된 것과 거의 같은 토사를 방출할 수 있어야 한다.

활성 하천 흐름을 복원에 필요한 설치 활동과 일시적으로 분리해야 하는 여러 기술을 사용할 수 있다. 가장 일반적으로 사용되는 임시 댐은 모래주머니, 토목섬유 울타리, 물제어 구조물 또는 널말뚝이다. 어떤 상황에서는 모든 것이 적합할 수 있지만 각각 단점이 있다. 모래주머니는 값이 싸지만 물속에 잠긴 삼베 자루는 빠르게 부패하고 모래를 채우기 위해 사용된 모래가 물줄기에는 적절하지 않을 수 있다. 토목섬유 울타리는 모래주머니와 함께 사용할 수 있지만 높은 흐름에는 견딜 수 없다.

상업적으로 이용 가능한 물로 채운 긴 튜브와 같은 물 제어구조는 매우 효과적일 수 있지만 넓은 측면 공간이 필요하고 높은 초기 비용이 소요되며 높은 흐름에서는 휩쓸 수 있다. 널말뚝은 중장비가 이미 현장에 있는 경우는 효과적이지만 설치 및 제거 시에 미세한 토사들을 움직이게 할 수 있다.

대안으로, 물은 일반적으로 대형 유연한 플라스틱으로 만들어진 측관(側管)으로 전환될 수 있으며(예상 배출량이 매우 큰 경우는 제외), 건설공간을 완전히 건조되고 유지될 수 있다. 물을 분로하기 위해 측관 입구에는 댐을 설치해야 하며 배출 시 비점착성 재료의 적절한 호안(護岸)을 제공해야 한다. 이러한 구조들은 모두가 직접적으로 수로흐름의 손상을 일으킬 수 있지만, 조심하면 문제는 일시적일 수 있다. 어류의 통과와 이동은 일반적으로 그러한 전환 장치에서는 배제되므로 적용 가능성은 제한적이다.

경우에 따라서는 예기치 않았던 침식 조건들이 계획에 명시된 것보다 더 나은 유출구나 수로 보호를 요구할 수도 있다. 이러한 설정에서의 침식 제어에는 식목과 함께 사용되는 각진 석재의 덮개와 토목섬유(천, 플라스틱 격자망 또는 그물)가 필요할 수 있다. 새로운 형태의 토목섬유는 널리 보급되고 있으며 광범위한 흐름 조건을 지원할 수 있다. 가능하다면, 토양생체공학 또는 기타 적절한 기술을 사용하여 수로와 여수로를 안정화시켜야 한다.

5.9.4 식물 재료의 설치

식물의 설립은 능동적인 복원이 필요한 대부분의 복원계획의 중요한 부분이다. 재배 기술과 설치 과정을 묘사하는 세부적인 지역 표준과 규격을 개발해야 한다. 복원 목적을 달성하기 위해서는 가능한 경우 토착종을 사용해야 한다. 식물은 씨뿌림으로 설치할 수 있으며, 식물을 잘라 심기; 또는 종묘장에서 재배한 뿌리, 컵에 재배한 것, 그리고 삼베 랩으로 싼 종류들을 사용할 수 있다. 자연적으로 지배식물화와 지속적 승계가 적절히 가능하다면, 기술은 외래종의 제어와 승계를 촉진할 수 있는 초기 식물군집의 설립을 포함할 수 있다.

(1) 시기

성공적인 식물 설치를 위한 최적의 조건은 광범위하며 지역마다 다르다. 일반적으로 온도, 습도 및 햇빛은 발아와 뿌리내림에 적합해야 한다. 이러한 조건이 늦은 겨울이나 이른 봄부터, 해빙 후, 가을 중순까지 계속된다. 일반적으로 전형적인 여름철 건조로 인해서 늦은 여름이나 이른 가을에 성공적인 씨앗 재배가 제한된다. 건조한 조건이 대부분의 해를 통해 지속된다면, 식물과 씨앗은 전형적으로 늦은 가을 또는 겨울에 어떤 강우가 발생하는지를 활용해야 하며 보충 관개를 제공해야 한다. 요구사항이 종에 따라 많이 달라질 수 있으므로 지역 공급업체 또는 포괄적인 참조 자료(예 : Schopmeyer 1974, Fordham and Spraker 1977, Hartmann and Kester 1983, Dirr and Heuser 1987)는 복원설계 단계 초기에 협의해야 한다. 뿌리줄기가 복원 지점에 심어지기 전에 종자에서 번식될 경우 1~2년(종자 수집 시간 포함)이 허용되어야 한다.

생존율이 가장 높은 휴면상태일 때 식물을 설치해야 한다. 생존은 사용된 종과 현장 조건, 사용 가능한 습기와 설치 시간과 얼마나 잘 일치하는지에 따라 더 영향을 받는다. 온화한 기후에서는 뿌리의 성장이 겨울 내내 발생하여 가을심기의 생존율을 향상시킨다. 그러나 겨울철 흐름이 크게 예상되는 곳에서는 1년 차 절삭은 세굴로부터 물리적인 보호를 받지 않는 한 생존하지 못할 수도 있다. 대안으로, 심기는 휴면기가 끝나기 전에 봄에 발생할 수 있지만 풍부한 여름철 강우량이 있는 지역에서도 보충 관개가 필요할 수 있다. 관개는 식물의 성공적인 수립을 보장하기 위해 일부 지역에서는 필수적일 수 있다.

(2) 식물 재료 획득(취득)

예기치 못한 문제가 발생할 수 있는 외래종보다는 토착 식물종이 선호된다. 일부 식물 재료는 상업적 출처에서 입수할 수 있지만, 대부분은 수집해야 한다. 토착식물 군집을 복원하려 할 때 적절한 유전자형을 사용하는 것이 바람직하다. 이를 위해서는 현지 출처의 종자와 식물을 수집해야 한다. 선별된 뿌리 종자와 씨앗 종자를 조기에 접촉하면 필요할 때 적절한 양의 적절한 종을 사용할 수 있다.

이러한 위치 자체는 또한 복구 가능한 식물의 좋은 원천이 될 수 있다. 기증받은 부지의 건강한 토착식물에서 살아 있는 삽목을 수집할 수 있다. 날카롭고 깨끗한 도구를 식물 재료를 수확하는 데 사용해야 한다. 식물은 보통 가지치기 도끼나, 전정(剪定) 가위 또는 톱을 사용하여 40~50도 각도로 절단한다. 식물 전체를 사용하는 경우, 절단은 지상에서 약 25 cm 높이로 잘라주면 대부분의 종에서 신속한 재생을 촉진할 수 있다. 삽목은 일반적으로 지름이 1~5 cm, 길이는 60~210 cm이다.

수확한 후 기증받은 부지는 깨끗한 상태로 두어야 한다. 이렇게 하면 토지 소유주의 불만을 피할 수 있으며 장래에 재사용을 용이하게 할 수 있다. 대형 미사용 자재는 장작으로 자르고, 야생 동물 보호를 위해 쌓거나, 분해를 촉진하기 위해 흩어놓을 수 있다. 질병에 걸린 재료는 지역 법령에 따라 태워야 한다.

(3) 운송과 저장

식물 재료의 운송과 저장 요건은 사용되는 재료의 유형에 따라 다르다. 종에 따라서는 종자는 그 시간 동안 특정한 온도 요구 조건을 가진 수주 또는 수개월의 최소 휴면 기간을 요구할 수 있다. 일부 종자에는 밭을 고르거나 다른 특별한 처치가 필요할 수 있다. 토종 식물을 전문으로 하는 양묘는 특별한 요구사항을 인식해야 하기 때문에 권장되고 있다. 선택된 종에 대한 필요한 정보가 지역의 종자 공급자 또는 농업 사무소에서 즉시 입수할 수 있어야 하지만 이 시간 간격은 전체 구현 일정에서 인식되고 설명되어야 한다.

살아 있는 삽목은 보유 시간에 다소 심각한 제한을 가지고 있다. 대부분의 경우 냉장 보관 장소가 확보되어 있지 않으면 수확 일에 설치해야 한다. 따라서 기증받은 부지는 복구 부지와 가까워야 하며 건설 단계와 일치하도록 접근과 운송이 조율되어야 한다. 살아 있는 삽목은 다루기 쉽도록 다발로 묶어야 하며 절단면의 끝은 모두 같은 방향으로 놓여 있어야 한다. 이 단계에서 건조가 생존의 주된 위협이기 때문에, 절삭은 운송 및 보관 중에 습한 삼베로 덮어야 한다. 항상 직사광선을 피해야 한다. 습도가 낮고 화씨 60도(섭씨 15.5도)가 넘는 날에는 보살 핌과 속도가 필요하다. 온도가 이 수준보다 낮으면 최적의 것은 아니지만 "익일" 설치가 허용 된다. 설치가 지연되면 냉장 보관, 현장에서의 추운 날씨 또는 물에서의 보관이 필요하다.

뿌리가 있는 재료는 그릇에 담겨 있거나 삼베로 감은 뿌리가 직사광선에 노출되는 경우에 는 건조하는 경향이 있다. 물에 뿌리가 장시간 잠겨 있는 것은 권장되지 않지만 심기 직전에 1~2시간 동안 담그는 것이 수분 부족 없이 식물이 현장에서 성장하기 시작하는 일반적인 방법이다. 현장 보관 장소는 그릇에 충분한 그늘을 있도록 해야 한다.

처음 뿌리거나 굵은 껍질을 벗기지 않은 제품은 최종 설치를 기다리는 동안 젖은 바닥이 나 뿌리 덮개에 굽혀야 한다.

(4) 심기 원칙

식물과 식물 설치의 특정 유형은 일반적으로 건설 계획에 명시되어 있으므로 구현하기 훨씬 전에 결정될 것이다. 사업 관리자 또는 현장 책임자는 해당 지역의 기본 설치 원칙과 기술을 알아야 한다.

사용되는 토양의 유형은 지원할 식물의 유형에 따라 결정되어야 한다. 이상적으로는 식물 은 기존의 현장 조건과 일치하도록 선택되었으므로 비축된 표토를 사용하여 배치 후 식물 재료를 덮을 수 있다. 그러나 심각하게 교란된 지역의 재활의 일부는 부적절한 표토의 제거 또는 새로운 표토의 수입을 요구할 수 있다. 이러한 상황에서는 선택된 식물 종의 요구사항 은 의미 깊게 결정되어야 하며 토양은 잔류 화학물질 및 바람직하지 않은 식물 종을 갖지 않는 적합한 상업용 또는 현장에서 조달되어야 한다.

종자를 사용할 때는 경쟁 식물을 없애고 씨앗 받이를 준비해야 한다(McGinnies, 1984). 복원

설정에서 가장 일반적인 씨뿌림 방법은 손으로 뿌림과 물을 썩은 뿌림이다. 물썩음 뿌림 (droseeding)과 다른 기계적인 씨뿌림은 복구 구역으로의 차량접근에 따라 제한될 수 있다.

삽목이나 뿌리가 있는 재료를 사용할 경우, 토양과 뿌리는 좋은 접촉을 해야 한다. 이를 위해서는 공기 주머니를 피하기 위해 발이나 장비로 토양을 압축해야 한다. 또한 토양이 적절한 수분 함량을 유지해야 한다. 너무 건조한 경우(드문 상태이지만), 토양 입자는 공극을 채우기 위해 서로 미끄러질 수는 없다. 습기가 너무 많으면(특히 습지나 강가의 환경에서 훨씬 더 흔하다), 물은 압축이 일어날 수 있을 만큼 빠르게 토양 밖으로 나갈 수 없다.

고려해야 할 또 다른 측면은 식재 후 상당히 자주 발생하는 것으로 식재된 토양이 너무 거칠어지고 활발한 종자 성장을 지원하기에는 느슨해진다는 점이다. 거칠기는 빠른 건조를 촉진하고 느슨해지면 씨앗과 토양의 접촉이 불량해질 뿐만 아니라 기계식 씨뿌림기를 사용하는 경우 불균일한 심기심도가 발생할 수도 있다. 결과적으로 토양을 심기에 적합한 상태로 되돌리기 위해서는 몇 가지 압축수단을 사용해야 한다.

건조하거나 반 건조한 지역에서는 특별한 문제가 발생할 수 있다(Anderson et al., 1984). 이런 환경에서 토양의 소금함량은 중요하며 심기 전에 검사해야 한다. 가능하다면 묘목이 지하수위면까지 연장되도록 깊은 경운법이 권장된다. 1차 연도의 관개는 필수적이며, 계속되는 비료주기와 제초 또한 생존을 향상시킬 것이다.

(5) 경쟁 식물

잘 선정되고 확립된 식물군집은 활력과 기능을 유지하기 위해 인간의 도움을 필요로 하지 않지만, 설립 중 다른 식물과의 경쟁이 문제가 될 수 있다. 경쟁 식물은 일반적으로 안정성, 침식 조절, 야생 동물 서식지 또는 식량 공급에 대해 동일한 장기적인 혜택을 제공하지는 않는다. 따라서 건설 후 1~2년 동안 경쟁종들을 제압하거나 제거할 수단들을 복원계획이 포함해야 한다.

경쟁식물은 기계적 수단으로 적절하게 통제될 수 있다. 경쟁식물의 최고 성장기에 절단하면 원하는 식물이 성립될 수 있을 만큼 경쟁식물들의 성장이 느려질 수 있다. 손 제초는 매우 효과적이지만, 소규모 현장이나 지속적인 자원 봉사자가 있는 경우에만 가능하다.

불행히도, 일부 종들은 가장 극단적인 기계적 제초에도 불구하고 살아남을 수 있다. 그들은 진한 경쟁상태에서도 그림자를 만들 정도이거나 혼잡해질 때까지 계속 재등장할 것이다. 그러한 경우 대안은 제한된다. 원하지 않는 초목의 뿌리를 포함하는 토양을 발굴하고 현장에서 선별하거나 제거할 수 있으며, 비교적 성숙한 나무를 심어 거의 즉각적인 음영을 형성하거나 화학 비료 또는 제초제를 사용할 수 있다.

(6) 화학제의 사용

기계적 제초가 충분하지 않은 상황에서는 비료를 사용하고 바람직하지 않은 경쟁들을 억제하기 위해 제초제를 사용해야 한다.

제초제는 바람직하지 않은 종들을 보다 확실하게 제거할 수 있지만, 원하는 종을 제거할 수도 있다. 수로 근처에서의 사용은 지역, 자치단체, 환경부 등의 허가 요건에 의해 제한될 수도 있다. 몇 가지 제초제가 수로에 가까운 지역에서도 사용할 수 있게 허용되어 있으며 빨리 분해되지만 사용은 최후의 수단으로 고려되어야 하며 과도한 살포의 영향과 과도한 살포자체는 주의 깊게 관리해야 한다.

제초제 사용이 권장되고 허용된다면, 특정 제초제의 선택은 제초제가 잎에 의해 또는 뿌리에 의해 흡수되는지에 기초해야 한다(Jacoby, 1987). 가장 일반적으로 잎에 흡수되는 제초제는 2,4-D로 여러 회사에서 제조되며 특히 넓은 잎 잡초와 약간의 관목에도 효과적이다. 다른 종류의 잎제초제는 최근에 이용 가능 해지고 일반적으로 넓은 범위의 제초를 위해서 2,4-D와 혼합되어 사용된다. 뿌리에 흡수되는 제초제는 분무(일반적으로 사용범위를 나타내기 위해 염료와 혼합)되거나 과립 형태로 퍼진다. 그들은 대부분의 잎제초제보다 오래 지속되며, 일부는 적용 후 얼마 동안 새로 발아되는 잡초를 죽이기 위해 제조되기도 한다. 제초제와 비료는 지표수 근처에서는 문제가 될 수 있기 때문에 다른 대안을 사용할 수 없는 경우에만 사용해야 한다.

(7) 덮개 깔기

덮개 깔기는 표면 침식을 제한하고, 잡초를 억제하고, 토양수분을 유지하며, 분해 후 토양에 일부 유기 물질을 첨가할 수 있다. 표 5.13에서 볼 수 있듯이 다양한 덮개 깔기가 다른 이점들과 한계점들을 가지고 이용 가능하다. 유기성 덮개, 특히 목재(분쇄물 또는 톱밥)를 바탕으로 한 덮개는 분해 시 화학반응 때문에 높은 질소 요구량을 가지고 있다. 질소가 비료에 의해 공급되지 않으면 토양에서 추출되어 덮어진 식물에 악영향을 줄 수 있다. 적목(redwood)과 삼나무(cedar) 같은 특정 종의 나무는 특정 종의 묘목에 독성이 있으므로 덮개 재료로 사용하면 안 된다.

표 5.13 덮개 형태

뿌리 덮개	이점	한계성
부순 목재	싸게 쉽게 사용할 수 있다. 대부분이 매력적이라고 판단한다.	높은 질소 요구하며, 묘종을 방해할 수 있다. 또한 표면 유출수에 의해서 떠내려갈 수 있다.
석재	현지에서 구할 수 있고 값이 싸다.	식물 성장을 억제할 수 있으며 영양분을 추가하지 않는다. 다양한 식물군집을 억압하며 지역적으로 부적합하거나 사용할 수 없는 곳에서는 높은 비용이 든다.
밀짚이나 건초	가능하고 저렴하나 바람직하지 않은 씨를 포함할 수도 있다.	정착(고정)이 필요할 수 있으며 바람직하지 않은 씨앗을 포함할 수 있다.
수압식 뿌리덮개	신속하고 저렴하게 덮개 토양을 뿌릴 수 있다.	얕은 뿌리의 초본류만을 제공하지만 나무가 우거진 식생들과 경쟁할 수도 있다.
섬유 메트	가파른 경사면에서 비교적(유기물질) 또는 매우(무기물질) 큰 내구성을 작동한다.	높은 비용이 들며 대부분의 식물 성장을 억제한다. 또한 무기질 재료는 야생 생물에 유해하다.
상업 퇴비	중간 정도의 적정 비용으로 우수한 토양 개량이 가능하다.	제한적인 침식 제어 효과; 넓은 지역에서는 비용이 많이 든다.

짚은 건설 및 재배 현장에 적용되는 일반적인 덮개 재료로 가격이 저렴하고 사용 가능하며 침식 제어에 효과적이기 때문이다. 적절한 적용 비율로는 약 3,000~8,000 lb/acre 범위이다. 짚은 바람이 부는 조건에서는 균일하게 펼치는 것이 어렵지만 손으로 펼치거나 기계로 펼칠 수 있다. 같은 이유로 짚은 고정되어야 한다. 바람에 쉽게 운반되기 때문이다. 기계적으로 토양에 구멍을 뚫거나 주름을 잡을 수 있으며, 이는 빠르고 저렴하지만 높은 적용율을 필요로 한다. 황마 또는 플라스틱 그물로 덮을 수도 있으며 살포된 점착성 부여제(일반적으로 약 400갤런 / 에이커의 아스팔트 에멀전)로 덮을 수 있다. 짚이나 건초는 또한 바람직하지 않은 잡초 씨앗의 원천이 될 수도 있으며 적용 전에 검사해야 한다.

목재 섬유는 수압식 덮개 뿌리기에서 주로 기계적인 보호를 제공한다(보통 수압식 씨뿌리기 시에 사용). 1~1.5 톤/에이커의 비율이 가장 효과적이다. 또한 위의 비율의 약 1/3에서 짚 위의 점착성 부여 제로도 적용할 수 있다. 수압식 덮개 뿌리기는 적당하지만 대부분의 환경에서 침식을 제어하기 위해서는 짚처럼 효과적이지는 않다. 그러나 30 m 이상의 거리,

2 : 1보다 가파른 경사면과 바람이 있는 경우에는 적용될 수 있다. 전형적인 토공사와 건설 공사에서 적용할 수 있는 속도와 결과의 경사 모양, 깔끔함, 부드럽고 녹색 이미지로 인해서 선호된다. 잠재적인 단점으로는 가끔 수압식 덮개 뿌리기에 혼합되는 비료와 외래종 풀들이 있기 때문에 주의 깊게 평가되어야 한다.

많은 복원 설정에서 적절한 덮개는 짚과 황마 또는 코코넛 섬유와 같은 유기 그물망의 조합이 적용된다. 일반적으로 사용되는 시스템 중 가장 비용이 많이 드는 것이지만 침식제 어와 습기유지가 매우 효과적이며 바람직하지 않은 종자와 과도한 비료의 문제가 감소된다. 이러한 방법의 최종 성과에 대한 효과적인 덮개의 가치는 일반적으로 가장 비싼 처리방법이 사용되는 경우에도 비용을 훨씬 초과한다.

(8) 관개(灌漑)

식물 다시심기를 포함하는 복원에서 관개의 필요성은 신중하게 평가해야 한다. 습지와 하천 유역 주변이나 강우량이 일 년 내내 잘 분포되어 있는 곳에서는 관개가 필요하지 않을 수 있다. 관개 시설은 계절적으로 건설 기간이 건조한 달로 제한되는 강기슭 지역이나 습기 를 많이 필요로 하는 재배 식물이 초기 1년 가뭄을 견뎌야 하는 고지대 지역에서의 성공을 보장하는 데는 필수적일 수 있다. 간단한 살포시스템이 초기 비용은 가장 낮지만 이 살포시 스템은 물 공급이 비효율적이며 파괴 행위의 가능성을 높다. 따라서 물방울 관개시스템 (Drip-irrigation system)이 많은 장소에서 더 적합하다(Goldner, 1984). 또한 개별 식물 사이의 공간에 습기가 유입되기 때문에 살포식 관개로 인해 원하지 않는 종이 성장할 가능성이 더 큰 잠재력이 있다.

(9) 울타리

현장에 맞게 선택된 식물 종이 적합하다면, 생존과 확립을 위해 특별한 노력이 거의 또는 전혀 필요하지 않을 것이다. 그러나 초기건설 및 건설 후 단계에서 식물은 일반적으로 물리 적인 보호 조치가 필요하디. 건설 장비, 작업원, 구경꾼, 방목하는 말과 소, 그리고 사슴과 다른 초식 동물들은 새로운 식물 설치를 매우 짧은 기간 안에 불모지나 파괴된 잡초지로 만들 수 있다. 또한 인구 밀집 지역에서는 잠재적으로 기물 파손 같은 문제가 있다. 울타리는 이러한 유형의 위험으로부터 물리적인 보호를 제공하는 효과적이고 저렴한 방법이며 사실상 모든 복원에 포함되어야 하는 시설이다.

예상되는 위험 유형에 따라 울타리 유형을 선택해야 한다. 저렴하고 형광 오렌지색 울타리가 건설 중 사람과 장비를 제어하는 데 매우 효과적이지만 장기간의 장벽기능을 하는 거의 없다. 가정용 가축은 다양한 목재와 철조망으로 조절할 수 있다. 방목하는 동물의 밀도에 따라 울타리는 영구적인 설치로 판단되며 그에 따라 설계가 선택된다. 전기 울타리도 효과적일 수 있으며, 전기 장비의 비용이 높을수록 자재 및 설치 비용이 절감될 수 있다. 사슴이 알려진 문제라면, 울타리는 견고해야 하지만, 잘 선택된 식물이 성숙한 후에는 영구히 자리를 지킬 필요가 없을 것이다. 작은 포유류의 피해는 닭장용 철망만으로, 개별 묘목을 둘러싼 채 또는 땅속으로 묻어서 피해를 막을 수 있다. 나무를 보호하기 위해서 개별 철망이나 기타 제어 장치가 필요할 수도 있다.

이러한 모든 과정이 이루어진 다음에는 현장에서 검사를 통해서 확인해야 하며, 이때 검사는 사업의 진행 일정(대개 2개월, 6개월, 2년 정도)에 따라서 검사간격을 2주 간격(총 4회), 한 달 간격(총 5회), 6개월 간격(총 3회)으로 진행하는 것이 효율적이다.

큰 호우유출이 지난 후에는 제방과 수로 구조물을 점검해야 하며 각종 식생의 상태도 점검해야 한다. 특히 도시지역에서는 각종 시설물, 새들의 둥지들, 산책로, 호우유출시스템 그리고 유사한 시설들을 점검하여 만족할 상태인지를 확인해야 하며 하천수변을 악화시키는지를 확인해야 한다.

5.9.5 유지관리

유지관리는 다음과 같이 분리하여 시행할 수 있다. 즉

- **교정유지 보수(Remedial maintenance)**는 연례 검사 결과에 의해 촉발된다. 검사 보고서는 그럴 가능성은 희박하지만 비상사태는 아닌 유지 보수의 필요성을 확인하고 우선순위를 정해야 하며 정상적인 정기 유지 보수를 통해 해결한다.
- **정기유지 보수(Scheduled maintenance)**는 설계 단계에서 미리 정해진 간격으로 또는 사업별 요구사항에 따라 수행된다. 배수관 청소나 도로 보수 같은 유지 보수 활동은 사전에

예상되고, 계획되고, 자금 조달이 가능하다.

- **응급유지관리**(Emergency maintenance)는 손상을 수리하거나 예방하기 위해 즉각적인 동원이 필요하다. 그것은 토양생물공학이 적용된 제방의 안정화에 실패한 식물의 대체 또는 실패한 호안의 수리와 같은 조치를 포함할 수 있다. 수리나 교체가 필요한 합리적 확률이 있는 곳(예 : 식생지 조성에 달려 있는), 자금 조달, 노동력 및 자재의 공급은 비상 계획과정의 일부로서 미리 확인되어야 한다. 그러나 모든 응급 상황에 신속하게 대응할 수 있는 일반적인 전략이 있어야 한다.

수로와 홍수터도 교정유지 보수가 필요할 수 있으며 보호와 강화를 위한 유지 보수도 필요할 수 있다.

5.9.6 모니터링

모니터링의 유형과 범위는 하천수변의 특성과 상태 분석의 결과로 개발된 구체적인 관리 목표에 따라 달라질 것이다. 모니터링은 다음과 같은 다양한 목적으로 수행될 수 있다.

- **성과 평가**(Performance evaluation) : 사업 실행 및 생태학적 유효성 측면에서 평가, 모니터링 및 평가에 사용된 생태 관계는 현장 데이터 수집을 통해 검증된다.
- **추세 평가**(Trend assessment) : 다양한 공간과 시간 척도에서 변화하는 생태 조건을 평가하기 위해 장기간의 샘플링을 포함한다.
- **위험 평가**(Risk assessment) : 생태계 내에서의 손상원인과 공급원을 확인하는 데 사용된다.
- **기준선 특성화**(Baseline characterization) : 특정 지역에서 작동하는 생태적 과정을 정량화하는 데 사용된다.

(1) 적응관리(Adaptive Management)

성능 모니터링의 구현, 효율성과 유효성 확인 구성요소는 적응관리의 필요성을 결정할 수단을 제공한다. 적응관리는 적절한 조치가 취해지고 원하는 결과를 제공하는 데 효과적인지를 결정하기 위해 체크 포인트를 설정하는 과정이다. 적응관리는 평가 및 조치를 통해

코스 정정의 기회를 제공한다.

적응관리를 위해서는 구현 모니터링, 효과 모니터링 그리고 유효성 검사 모니터링 등이
필요하다.

(2) 평가 매개변수

① 물리적 매개변수

물리적 성능과 안정성을 측정하기 위해서는 표 5.14에 제시된 매개변수를 고려해야 한다.

표 5.14 물리적 성능과 안정성 측정을 위한 평가기준을 수립할 때 고려해야 할 물리적 매개 변수

평면	사행도, 폭, 사주, 여울, 물웅덩이, 바위, 통나무
횡단면 특성-구간 범위 및 특성별	전체 횡단면 스케치
	제방 응답 각도
	만수 수심
	폭
	폭/수심 비율
종방향 단면특성	하상물질 입경분포
	수면경사
	하상경시
	물웅덩이 규모 / 모양 / 단면형태
	여울 규모 / 모양 / 단면형태
	사주특성
기존하천의 분류(모든 구간)	분류시스템의 변동성
모니터링을 통한 수문학적 흐름영역의 평가	2-, 5-, 10-년 발생빈도의 호우 수문곡선
	기저흐름의 유량과 유속
수로 진화 경로 결정	유출량과 돌발홍수 흐름의 증가와 감소
	절삭과 저하
	과다한 폭 넓힘 / 하상 증고
	사행성 경향-진화상태, 횡방향 이동
	사행성의 증가 또는 감소
	제방 침식 형태
해당 강변 상태(조건)	포화상태 또는 연못 상태의 강변 단구
	충적 단구와 강변제방
	대지 / 양호한 배수 / 경사진 또는 단구형의 지형
	강변식생 구성, 식물군집 형태, 연속적 변화
해당 유역 추세-과거 20년과 미래 20년	토지이용과 피복상태
	토지 관리
	토양 종류
	지형
	지역의 기후 / 기상

② 생물학적 매개변수

표 5.15는 복원 목표와 관련이 있을 수 있는 하천 생태계의 생물학적 속성의 예를 제공하고 있다.

표 5.15 복원 목표와 관련되고 성과 평가의 일부로 모니터링될 수 있는 생물학적 속성 및 해당 매개 변수의 예

생물학적 속성	매개변수
1차 생산성	부착 생물(수생식물체 표면에 부착하는 원생동물)
	플랑크톤(부유생물)
	도관 및 비 도관의 대형 수생(水生) 식물
	동물성 플랑크톤 / 규조류
무척추동물군집	종류
	수
	다양성
	생물자원
	대형 / 미세형
	수생 / 육서(陸棲)생
물고기 군집	소하성(遡河性) (강을 거슬러 올라가는) / 상주종
	특성 개체수 / 생애 단계
	이주 나가는 어린 연어 수
	돌아오는(회유) 성체 수
강변 야생 생물 / 육지 군집	양서류(兩棲類) / 파충류
	포유동물
	조류
강변식생	구조
	구성
	상태
	기능
	시간에 따른 변화(세대연속성, 우점화(지배적 퍼짐), 절멸 등

③ 화학적 매개변수

물과 그 표본의 중요 화학적 매개변수들에 대해서는 2장과 5장에서 논의 하였다. 이상적인 모니터링 프로그램은 생물학적인 매개변수와 화학적인 매개변수를 포함한다. 생물학적 시스템에 중요한 영향을 미칠 수 있는 중요한 화학적 및 물리적 매개변수로는 온도, 탁도, 용존산소, pH, 자연 독성(수은)과 제조독성 물질, 흐름, 영양물질, 유기물 부하(BOD, TOC

등), 알칼리도와 산성도, 경도, 용존물과 고형 부유물, 수로 특성, 산란에 필요한 자갈, 수로덮개, 그늘, 물웅덩이와 여울의 비율, 샘물과 지하수 침투, 하상물질 부하, 목재성 파편(즉, 넘어진 나무들)의 양과 크기 분포 등이 있다.

이러한 매개변수들은 독립적으로 연구될 수도 있으며 또는 생태학적 군집의 생물학적 측정과 관련하여 연구될 수도 있다.

(3) 참조 사이트

변화의 과정을 이해하기 위해서는 정기적인 모니터링과 측정, 그리고 하천수변과 관련된 정보의 과학적 해석이 필요하다. 차례대로, 복원에 기인한 변화량의 평가는 참조 사이트의 모니터링에 의해 개발된 확립된 참조 조건을 기반으로 해야 하는 것이다. 다음은 참조 사이트 선택 시 중요한 고려사항이다.

- 우리는 하천수변에 대해서 무엇을 알고 싶은가?
- 식별된 사이트는 최소한의 교란을 받았는가?
- 식별된 사이트는 주어진 생태지역을 대표하고 있으며 주어진 하천 등급과 관련된 자연적 변동성의 범위를 반영하고 있는가?
- 기준 조건을 설정하는 데 필요한 최소 사이트 수는 얼마인가?
- 참조 사이트 접근에 방해가 되는 요소는 무엇인가?

참조 사이트는 제대로 작동하는 생태계의 예를 제공한다. 이러한 참조 사이트에서 원하는 조건이 결정되고 환경 지표의 수준이 확인된다. 환경 지표는 과업의 성공을 모니터하기 위한 성능 기준이 되는 것이다.

(4) 인적 관심 요인

건강한 환경의 사용을 요구하는 인간 활동은 하천수변 복원을 평가하는 데 중요한 요소가 될 수 있다. 예로서 심미적 효과는 건강한 하천수변과 관련하여 매우 중요한 이점인 것이다. 이러한 경우, 하천수변이 활동을 지원할 수 있는 능력은 하천 생태계 상태에 대한 통찰력을 추가할 뿐만 아니라 하천수변에서 유익을 얻음을 나타내는 것이다. 성과 평가에 사용된 많은 인간 관심 기반 기준은 인간사용 요소와 생태적 조건을 함께 평가하는 이중 기능을 수행할 수 있는 것이다.

- 인체 건강－질병, 독성 / 어류 소비 권장
- 미학－냄새, 전망, 소리, 쓰레기
- 비소비적인 위락(하이킹, 들새 관찰, 물놀이, 카누, 야외 사진 촬영)
- 소비적 위락(낚시, 사냥)
- 연구 및 교육용도
- 재산 보호－침식 제어, 홍수 지체

인간의 이용 측면에서 복원의 성공 여부를 결정하는 설문조사를 사용하면 추가적인 생물학적 자료를 제공할 수 있다. 특정 종의 관찰을 요구하는 낚시꾼 설문 조사, 크릴 센서스, 새 관찰 설문지 및 로그인 트레일 박스는 생물학적 자료를 제공할 수도 있다. 시민 단체도 최소한의 비용으로 가치 있는 지원을 제공하면서 효과적으로 참여할 수 있다.

모든 내일들의 모든 꽃들은 오늘의 씨앗에 있는 것이다.
All the flowers of all the tomorrows are in the seeds of today. - *Chinese proverb*

모든 것이 끝났다고 믿을 때가 올 것이다. 그때가 바로 시작일 것이다.
There will come a time when you believe everything is finished. That will be the beginning.
- Louis L'Amour

Ecologic Stream Engineering

부 록

부록 A. 하천수변 복원사업에 필요한 중요사항들

A1. 하천수변 복원사업 조직의 핵심 구성요소들

- 경계 설정
- 자문 그룹 구성
- 기술팀 수립
- 자금 출처 확인
- 연락처 및 의사결정 구조 설정
- 참가자 사이의 참여 및 정보 공유 촉진방안
- 모든 과정의 문서화

A2. 하천수변 복원의 다학제성

하천수변 복원의 복잡한 성질은 어떠한 복원 노력이든 간에 다학제적 관점에서 이루어져야 함을 요구한다. 자문단과 후원자 모두에게 복원 노력에 영향을 미칠 수 있는 과학적, 사회적, 정치적, 경제적 문제에 대한 귀중한 통찰력을 제공하려면 다양한 분야의 전문가가 필요하다. 다음은 이러한 다학제 간 노력에 중요한 정보를 제공할 수 있는 전문가 목록이다.

- 산림임업전문가
- 법률 컨설턴트
- 식물학자
- 미생물학자
- 엔지니어
- 수문학자
- 경제학자
- 지형학자
- 고고학자
- 사회학자

- 토양과학자

- 방목지 전문가

- 조경가와 건축가

- 물고기와 야생 생물학자

- 대중 참여 전문가

- 부동산 전문가

- 생태학자들

- 원주민과 지역 지도자들

A3. 복원 과정에서 참여자들의 참여 및 정보 공유를 용이하게 하는 도구

❖ 입력 수신 도구

- 공청회

- 특별업무팀(태스크 포스)

- 교육훈련 세미나

- 설문 조사

- 특별 이해 당사자(포커스) 그룹

- 워크숍

- 인터뷰

- 검토 그룹

- 주민(국민) 투표

- 전화 라디오 프로그램

- 인터넷 웹 사이트, SNS

❖ 참가자에게 알리는 도구

- 공개회의

- 인터넷 웹 사이트, SNS

- 사실 자료

- 보도 자료

- 뉴스레터

- 전단지(브로슈어)

- 라디오 또는 TV 프로그램 또는 공지사항

- 전화 핫라인

- 보고서 요약

- 정부 관보

A4. 하천수변 복원을 위한 의사소통 흐름(그림 A.1 참조)

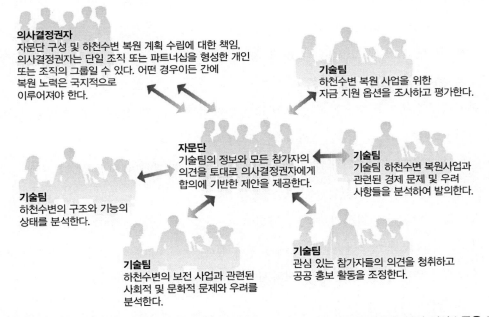

의사결정권자
자문단 구성 및 하천수변 복원 계획 수립에 대한 책임.
의사결정권자는 단일 조직 또는 파트너십을 형성한 개인
또는 조직의 그룹일 수 있다. 어떤 경우이든 간에
복원 노력은 국지적으로
이루어져야 한다.

기술팀
하천수변 복원 사업을 위한
자금 지원 옵션을 조사하고 평가한다.

자문단
기술팀의 정보와 모든 참가자의
의견을 토대로 의사결정권자에게
합의에 기반한 제안을 제공한다.

기술팀
기술팀 하천수변 복원사업과
관련된 경제 문제 및 우려
사항들을 분석하여 발의한다.

기술팀
하천수변의 구조와 기능의
상태를 분석한다.

기술팀
하천수변의 보전 사업과 관련된
사회적 및 문화적 문제와 우려를
분석한다.

기술팀
관심 있는 참가자들의 의견을 청취하고
공공 홍보 활동을 조정한다.

그림 A.1 의사소통 흐름. 복원계획 개발에는 의사결정자, 자문 그룹 및 다양한 기술팀 간의 의사소통을 간소
화하는 의사결정 구조가 필요하다.

A5. 1992년 미국 국가연구평의회(national research council)에서 채택한 복원 검정목록(체크리스트)

❖ **계획 중**

- 모든 잠재적 참가자들에게 복원계획에 대해 통보를 했는가?

- 자문위원회를 설립하였는가?

- 기금 출처를 확인했는가?

- 의사결정 구조가 개발되고 접촉점이 확인되었는가?

- 참가자가 복원 과정에 포함되는 조치가 취해졌는가?

- 치료가 필요한 문제가 조사되고 정의되었는가?

- 복원사업의 임무에서 합의가 이루어졌는가?

- 복원 노력의 모든 참가자가 복원 목표와 목적을 식별하였는가?

- 복원은 적절한 범위와 전문성을 가지고 계획되었는가?

- 복원계획은 적응관리 절차에 따라 연간 또는 중도 교정 점을 가지고 있는가?

- 하천의 수변 구조 및 기능에 대한 지표를 복원 목적과 직접적이고도 적절하게 연계시켰는가?

- 적절한 모니터링, 감시, 관리와 유지 계획이 복구 계획의 필수적인 부분으로 규정되었는가?

- 복원작업에 사용된 기법을 개선하기 위한 결과를 제공할 수 있도록 모니터링 비용과 운영 세부사항을 통합했는가?

- 복원계획의 평가를 수행함에 있어 비교를 위한 수행 지표의 목표 값을 추출할 수 있는 적절한 참조 시스템(들)이 선택되었는가?

- 전후 처리 비교를 용이하게 하기 위해 하천수변 및 관련 생태계에 적정기간 동안 충분한 기준선 자료를 수집하였는가?

- 실패의 위험을 최소화하기 위해 결정적인 복원 절차를 작은 실험 규모로 시험했는가?

- 복원작업의 효과 여부를 결정하기에 충분히 긴 감시 프로그램의 길이가 설정되었는가?

- 계획에서 위험과 불확실성을 적절하게 고려하였는가?

- 대안 설계가 공식화되었는가?

- 대안의 비용 효과성과 점진적 비용이 평가되었는가?

❖ 복원작업 구현 및 관리 중

- 관측 결과에 따라 예상되는 중간 목표가 달성되었는가? 그렇지 않은 경우 문제를 해결하기 위해 적절한 조치를 취하고 있는가?

- 목표 또는 성과 지표를 수정해야 하는가? 그렇다면 관측 프로그램에서 어떤 변화가 필요할 수 있는가?

• 관측 프로그램이 적절한가?

❖ **복원작업 후**

• 복구 계획 목표는 어느 정도 달성되었는가?

• 복원된 수변 생태계와 참조 생태계의 구조와 기능면에서 얼마나 유사한가?

• 복원된 수변은 어느 정도까지 유지되어야 하는가? (그리고 유지될 것인가?) 유지 보수
  요건은 무엇인가?

• 모든 하천수변 구조와 기능이 복원되지 않았다면, 중요한 구조와 기능이 복원되었는가?

• 복원사업은 얼마나 오래 걸렸는가?

• 이러한 노력을 통해 어떤 교훈을 얻었는가?

• 기술 이전 가능성을 극대화하기 위해 이러한 교훈을 이해 당사자들과 공유하였는가?

• 복원작업의 최종 현재 비용은 얼마인가?

• 복원계획에 의해 실현된 생태적, 경제적, 사회적 이익은 무엇이었는가?

• 복원사업은 얼마나 비용 효과적이었는가?

• 복원에 대한 또 다른 접근 방법이 저렴한 비용으로 바람직한 결과를 가져왔는가?

A6. 문제와 기회 식별의 6단계

① 자료 수집 및 분석

② 기존의 하천수변 조건(구조와 기능)의 정의 및 교란의 원인

③ 기존 조건과 원하는 조건 또는 기준 조건의 비교

④ 변경되거나 손상된 하천수변 상태의 원인(교란) 분석

⑤ 관리기법이 하천수변의 구조 및 기능에 어떻게 영향을 미칠지를 결정

⑥ 문제 및 기회 진술의 개발

A7. 하천수변의 조건을 설명하기 위한 측정 가능한 속성

❖ **수문학**

• 총(연간) 유출량

- 계절별(월간) 유출량
- 첨두 유출량
- 최소 유출량(흐름)
- 연간 흐름지속시간
- 강우 기록
- 유역의 크기와 모양

❖ **침식 및 퇴적물 산출량**
- 유역 덮개 및 토양 건강상태
- 지배적인 침식 과정
- 표면 침식률과 질량 손실률
- 토사 전달률
- 수로 침식 과정과 침식률
- 토사이송 함수(또는 기능)

❖ **홍수터 / 강기슭 식물**
- 식생군집 유형
- 분포 유형
- 표면 피복
- 덮개(캐노피)
- 식생군집 역학과 승계
- 모집 / 재생산
- 연결성

❖ **수로 과정**
- 흐름 특성
- 수로의 크기, 모양, 종단특성 및 패턴

- 기질의 조성

- 홍수터(범람원) 연결

- 도랑 및 / 또는 퇴적의 증거

- 측면(제방) 침식

- 홍수터(범람원) 세굴

- 수로의(홍수 등으로 인한 바닥의 전위(轉位)로 인한) 분열지 / 재배치

- 사행과 수로의 꼬임 과정

- 토사 특징

- 세굴과 되메우기 과정

- 토사이송 계급(부유, 하상)

❖ **수질**

- 색깔

- 온도, 용존 산소(BOD, COD 및 TOC)

- 부유사

- 현재의 화학적 조건

- 현재의 대형 무척추동물 상태

❖ **수생 및 강기슭의 종 및 결정적인 서식지**

- 우려되는 수생 서식 종과 관련 서식지

- 우려되는 강변의 종과 관련 서식지

- 토착종과 도입종

- 위협받거나 멸종 위기에 처한 종

- 저서생물, 대형 무척추동물 또는 척추동물 지표종

❖ **수변 규모**

- 평면도 보기

- 지형도
- 폭
- 선형성 등

A8. 상태 연속체 개념

현재 조건과 기준 조건 간의 관계를 개념화하는 한 가지 유용한 방법으로는 하천수변 상태를 "상태 연속체"에서 발생하는 것으로 생각하는 개념이 있다. 이 연속체의 한쪽 끝에는 자연상태, 초기상태 또는 인간활동에 의해 손상되지 않은 상태로 분류될 수 있는 조건이 있다. 하천 상류의 자연지류가 연속체의 이 끝 근처에 존재할 수 있다(그림 4.11). 연속체의 다른 끝에는 하천수변 상태는 심각하게 변경되거나 손상된 것으로 간주될 수 있다. 이 연속체 끝에 있는 하천들은 완전히 "쓰레기" 하천들이거나 완전히 수로화된 수로(운하 등)가 될 수 있다.

개념상 하천수변의 현재 상태는 이 상태 연속체의 어딘가에 존재한다. 생태학적 관점에서 하천복원을 위한 조건 목표는 가능한 한 동적평형에 근접해야 한다. 그러나 정치적, 경제적, 사회적 가치와 같은 다른 중요한 고려사항들이 복원 목표 및 목적 설정 중에 도입되면, 목표 방향은 현재상황과 동적평형 사이에 존재하는 어떤 조건으로 하천을 복원시키는 쪽으로 이동될 수 있음을 주목해야 한다.

적정기능 조건(PFC) 개념은 미국의 서부 강변 지역에서 최소 목표로 사용되며 추가적인 개선 계획을 수립하는 데 기초가 될 수 있다(Pritchard et al.,1993, rev.1995).

A9. 일반적인 결점이나 악화된 하천수변 조건들

다음 목록은 손상된 하천수변 상태의 몇 가지 예를 제공하고 있다. 이러한 효과에 대한 자세한 목록은 제3장에 제공되어 있다.

- 하상 상승-퇴적(시간 경과에 따라 하상이 상승)
- 하상 저하-세굴, 절삭(시간 경과에 따라 하상이 하강)

- 하천제방의 침식
- 수생 서식지의 손상
- 강변 서식지의 손상
- 육지 서식지의 손상
- 토착종의 유전자 풀 손실
- 첨두홍수위 상승
- 증가된 제방 실패
- 수위 저하
- 수변에 미세한 퇴적물(토사) 증가
- 종 다양성의 감소
- 수질의 악화
- 수문현상의 변화

A10. 가속된 제방 침식; 인과 관계 사슬의 이해의 중요성

인과 관계 사슬(causal chain of events)의 개념을 설명하기 위해, 가속화된 제방 침식의 문제를 고려하기로 한다.

종종 제방 침식의 가속화된 원인은 주변의 유역이 토지이용 변화를 겪고 있을 때 유출량이 최고조로 증가하거나 하천에 퇴적물이 전달되었기 때문일 수 있다. 제방 식생의 손실은 제방의 침식에 대한 취약성을 증가시킨다. 또는 물 흐름을 제방 쪽으로 방향 전환시키는 하천의 구조물(예 : 교각, 교대 등)에도 적용할 수 있다. 이 경우, 제방 침식이 일부 기준율에 비해 증가했다는 것을 결정하는 것은 손상된 상태의 확인에 매우 중요하다. 또한 증가된 침식의 원인들을 이해하는 것이 효율적인 문제 분석의 핵심 단계이기도 하다. 이러한 이해가 복원 목적 및 관리 대안 개발에 고려되어야 한다는 것이 문제의 해결에 중요한 것이다.

A11. 하천수변에 영향을 미치는 지역화된 영향

하천수변 복원의 공간적 고려사항은 일반적으로 경관, 수변 및 하천 규모(예 : 다른 시스템과의 연결성, 최소 너비 또는 최대 가장자리 관련 사항)에서 논의된다. 그러나 수변 시스템의 결정적인 오류는 구간 규모에서 종종 발생할 수 있다. 연속성에서의 단순 단절 또는 다른 취약점은 전체 수변에 연속(도미노) 효과를 줄 수 있는 것이다. 통제(제어)되지 않은 유역의 열화로 인해 하천수변 복원 효율이 떨어질 수 있는 것처럼 심각한 문제가 있는 특정 장소에서 전체 수변이 효과적으로 기능하지 못하게 될 수 있게 할 수 있는 것이다.

전체 수변에 영향을 미칠 수 있는 구간 범위의 취약점이나 문제의 예는 광범위하다. 물고기 통과 장벽, 적절한 그늘의 부재와 결과적으로 수온 조절의 실패손실, 육상 이동 지역의 붕괴, 또는 일부 동물을 육식 동물에게 특히 취약하게 만드는 협소한 지점은 종종 수변의 다른 곳에서 조건을 변경할 수 있는 것이다. 또한 하천에 과도한 토사를 공급하고 유역의 불안정을 초래할 수 있는 급속한 제방 침식 위치나 하천 돌출부 침식 등 또는 다른 수변 구역으로 확산될 수 있는 유해한 외래 식물 종의 개체군이 있는 위치는 문제의 직접 또는 간접적인 원인이 될 수 있다. 수변 시스템의 특정 부지별 토지이용 문제는 가축 방목으로 인한 만성 손상, 관개용수 반환 및 제어되지 않은 우수 유출을 포함하여 수변의 무결성에 중대한 영향을 미칠 수 있는 것이다.

A12. 수변 내에서 발생하는 활동이 구조와 기능에 어떻게 영향을 미치는지에 대한 예

- 직접적인 교란 또는 수생 및/또는 강변 종 또는 서식지의 이동
- 하천 수리 및 토사이송 능력의 변화와 관련된 간접 교란
- 변경된 수로와 강변지역의 토사동력과 관련된 간접 교란
- 변화된 지표수~지하수 교환과 관련된 간접적 교란
- 화학물질 배출과 변화된 수질과 관련된 간접적 교란

A13. 목표 및 목적(객관적인) 개발 과정의 구성요소

- 원하는 미래 조건을 정의한다.
- 규모의 고려사항을 확인한다.
- 복원 제한 사항 및 문제점을 식별한다.

• 목표와 목적을 정의한다.

A14. 목표와 목적의 예시

다음은 미국 메릴랜드주의 심하게 퇴화된 도시하천인 Wheaton Branch의 복원을 위해 사용된 복원계획에서 발췌한 것이다. 이 사업의 목표는 호우 흐름을 제어하고 수질을 개선하는 것이었다.

❖ **목표**

① 도시 오염물질 제거

② 수로 안정화

③ 제어 수문학 체제를 개조

④ 하천 생물군집을 재구성

❖ **대안**

① 상류 연못 개선

② 이중 흐름전환 날개, 다중 쇄석(碎石) 보호공 및 잡목 설치

③ 상류 호우유출수 관리 연못

④ 물고기 재입식

A15. 복원 목표 및 목적을 정의하는 데 유용한 개념

❖ **가치(value)**

한 조건들의 집합에서 다른 조건들의 집합으로의 변화와 관련된 사회적 / 경제적 가치로 정의한다. 종종 이러한 가치는 경제적 가치가 아니라 오히려 개선된 수질 개선, 토착 수생 또는 강변 종의 서식지 개선 또는 여가 활동 개선과 같은 편의 시설 가치이다. 하천수변의 복원은 종종 금전적인 투자가 필요하기 때문에 복원의 이점은 복원 비용 측면뿐만 아니라 가치를 얻거나 향상시키는 측면에서도 고려해야 한다.

❖ **내성(耐性, 허용력, tolerance)**

수변의 상태 변화가 허용되는 수준이다. 두 가지 수준의 내성이 제안된다.

① 선택된 영역에 대한 사회적 관심에 반응하는 가변 "관리" 내성
② 절대 "자원" 내성 또는 최소허용 가능한 영구자원 피해－일반적으로(항상 그런 것은 아니지만) 복원이 필요한 하천수변들은 이러한 내성을 초과한다.

❖ **취약성(vulnerability)**

새로운 복구 조치가 실현되지 않으면 하천의 현재 상태가 더욱 악화되는 정도로 정의한다. 그것은 시스템이 동적평형에서 벗어날 수 있는 용이성으로 개념화될 수 있다. 예를 들어, 배수관거가 좋지 않아 위협을 받고 있는 산지하천은 지속적인 절개에 매우 취약할 수 있다. 이와는 반대로, 기반암까지 배수구가 있는 삼림지대의 하천은 큰 목재성 파편이 시스템에서 손실되었기 때문에 암반으로 가라앉은 삼림지대의 개울은 더 악화될 가능성이 훨씬 적다.

❖ **반응성(Responsiveness, 민감도)**

복원활동이 얼마나 쉽게 효율적으로 개량된 하천수변 상황을 달성할 것인가. 그것은 시스템이 동적평형으로 움직일 수 있는 용이성으로서 개념화될 수 있다. 예를 들어 지나치게 넓고 얕게 된 방목장의 하천은 실질적으로 더 좁고 깊어지는 더 자연스러운 단면을 설정하여 방목 관리에 매우 빠르게 대응할 수 있는 것이다. 다른 한편, 수로화 후에 깊게 절개된 농장의 하천은 개선된 유역 또는 강기슭의 식생 조건에 대한 대응으로 경사 또는 수로 패턴을 쉽게 재구성하지 못할 수도 있는 것이다.

❖ **자체 지속가능성(Self-Sustainability)**

복원된 하천이 복원된 (여전히 동적인) 상태를 계속 유지할 것으로 예상되는 정도. 동적평형의 창설 또는 수립은 항상 목표가 되어야 한다. 그러나 잡초와 외래종 식생이 발판을 마련하지 못하게 하기 위해서는 집중적인 단기 유지관리가 필요하다. 지속가능성을 보장하기 위한 단기 및 장기 목표와 목적은 자금 조달, 인구 집중에 대한 현장 근접성 및 관리인과 관련하여 주의 깊게 고려될 필요가 있다.

A16. 대안 선택과 설계 고려사항

- 대안 선택을 위한 지원 분석
- 타당성 조사
- 비용 효율성 분석
- 위험 평가
- 환경 영향 분석
- 대안 설계에서 고려해야 할 요소들
- 원인 관리 대 증상 치료
- 조경 / 유역 대 수변구간
- 기타 공간적 및 시간적 고려사항

A17. 복원 대안의 핵심 요소들

대안에는 최소한 다음 요소들에 대한 개요를 포함하여 제안된 활동에 대한 관리 요약이 포함되어야 한다.

- 해당 대안에 관련된 모든 변수들에 대한 관련 토론을 포함하는 자세한 사이트 설명
- 기존 하천수변 조건들의 확인 및 정량화
- 과거에 이러한 장애 상태 및 원인에 대한 다양한 장애 원인 분석 및 관리 활동의 영향
- 측정 가능한 하천수변 조건들에 따라 표현되고 우선순위에 따라 정해진 특정 복원 목표에 대한 진술
- 예비 설계 대안 및 실행 가능성 분석
- 각 처방 또는 대안에 대한 비용 효과 분석
- 사업의 위험 평가
- 적절한 문화적 및 환경적 허가
- 하천수변 조건들과 관련된 모니터링 계획
- 예상된 유지 보수 요구 및 일정
- 대안 일정 및 예산
- 적응관리당 조정을 제공

A18. 수로흐름 증분 방법론(IFIM)

수로흐름 증분 방법론(IFIM)은 하천시스템 관리를 위해 설계되었다. IFIM은 주어진 하천의 공간적 및 시간적 서식지 특징을 설명하기 위해 연결된 모델들로 구성된다(그림 A.2).

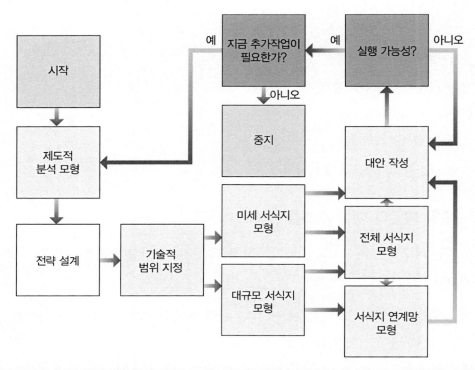

그림 A.2 수로 흐름 증분 방법론의 개요 IFIM은 주어진 하천의 공간적, 시간적 서식지 특징을 묘사한다.

수자원 공급의 한계를 이해하기 위해 수계분석을 사용하여 하천시스템 전체의 용수 사용을 기술, 평가 및 비교한다. 그 구성 체계는 대안적인 수자원 관리 선택사양을 평가하고 공식화하는 데 유용하다. 궁극적으로 모든 IFIM 적용의 목표는 어류 및 야생 동물 자원의 보전 또는 증진을 보장하는 것이다. 수자원과 서식지의 다양성을 이해하기 위해 여러 해 동안의 자료를 나타내는 것에 중점을 두는 것이다.

IFIM은 문제 식별, 연구 계획, 연구 구현, 대안 분석 및 문제 해결이라는 5단계의 순차적 단계로 구현된다. 복잡한 사업의 경우 반복이 필요하지만 각 단계는 다음 단계보다 먼저 나와야 하는 것이다.

① 문제 식별

첫 번째 단계는 법적 제도적 분석과 물리적 분석의 두 부분으로 구성된다. 법적 제도적 분석은 모든 영향을 받는 이해 당사자, 관심사, 정보 요구, 상대적인 영향력 또는 영향력, 잠재적 의사결정 과정(예 : 중개 또는 중재)을 식별한다. 물리적 분석은 해당 관리 목표와 함께 가장 우려되는 시스템 및 수생 자원에 대한 실제 물리적 및 화학적 변화의 물리적 위치 및 지리적 범위를 결정하는 것이다.

② 연구 계획

연구 계획 단계는 사업 관련 문제, 이미 사용 가능한 정보, 수집해야 하는 정보 및 자료, 그리고 정보 수집 방법을 다루는 데 필요한 방법들을 식별하는 것이다. 연구 계획은 사업 실행 및 비용의 모든 측면을 문서화하는 간결한 서면 계획을 수립해야 하며 또한 평가의 적절한 시공간적 척도를 식별해야 한다.

생물학적 기준 조건이 어류 개체군의 중요한 생애기록 단계를 평가하기에 충분한지를 확인하기 위해 이 단계에서는 기준 또는 기준 조건을 나타내기 위해 선택한 수문 정보를 상세히 재검토해야 한다.

③ 연구 수행

세 번째 단계는 자료 수집, 모형 보정, 예측 모의발생 및 결과 합성과 같은 몇 가지 순차적 활동으로 구성된다. 물리적 및 화학적 수질, 서식지 적합성, 인구 분석 및 수문학적 분석을 위해 자료를 수집한다. IFIM은 새로운 사업이나 기존 사업들의 새로운 적용 작업을 평가하는 데 사용할 수 있기 때문에 모형에 크게 의존한다. 이 단계에서 모형 보정과 품질 보증은 시간이 지남에 따라 각 종의 각 생애 단계에서 사용할 수 있는 총 서식지에 대한 신뢰할 수 있는 추정치를 얻는 데 중요한 것이다.

④ 대안 분석

대안 분석 단계에서는 선호되는 대안 및 다른 대안을 포함한 모든 대안을 기준 조건과 비교하여 관련 당사자의 여러 목적을 충족시키는 새로운 대안을 제시할 수 있다. 대안은 다음을 위해 검사된다.

- **효과성** : 목표가 지속가능한지?
- **물리적 가능성** : 물 공급 제한이 초과되는지?
- **위험 요소** : 생물학적 시스템이 얼마나 자주 붕괴되는지?
- **경제적 측면** : 비용과 편익은 어떠한지?

⑤ 문제 해결

최종 단계에는 선호되는 대안의 선택, 적절한 완화 조치 및 모니터링 계획이 포함된다. 생물학적 및 경제적 가치가 다르므로 자료와 모형들이 완성되지 않았거나 불완전하고 의견이 다르며 미래가 불확실한 경우, IFIM은 학제 간 팀의 전문적 판단에 크게 의존하여 상반되는 사회적 가치 중 일부 균형을 유지하면서 협상된 해결에 도달하는 것이다.

합의된 흐름 관리 규칙 및 완화 방법을 준수하기 위해서는 모니터링 계획이 필요하다. 사업 후 모니터링 및 평가는 적절할 때 고려되어야 하며, 수로 양식이 선택된 새로운 흐름 및 토사이송 조건에 강하게 반응할 때 의무적이어야 한다.

⑥ IFIM에 대한 추가 정보

IFIM의 최초이자 가장 잘 문서화된 적용은 알래스카의 테러강(Terror River)의 대형 수력 발전 사업을 포함했다(Lamb 1984, Olive and Lamb 1984). 또 다른 적용은 미주리주 제임스강에 대한 404조 허가와 관련이 있다(James Cavendish and Duncan, 1986). Nehring and Anderson (1993)은 서식지 병목 가설을 논의하였으며, Stalnaker et al.(1996)은 수로 서식지의 일시적인 측면과 잠재적인 물리적 서식지 병목 현상을 논의한 바 있다.

서식지 변동성과 개체수 동태학 사이의 관계는 Bovee et al.(1994)가 서술한 바 있으며, Thomas and Bovee(1993)는 서식지 적합성 기준을 논의한 바 있다.

IFIM은 미국의 주와 연방 기관들에서 광범위하게 사용되어왔다(Reiser et al., 1989, Armor and Taylor 1991). 이용 가능한 훈련에 대한 추가적 참고 자료 및 정보는 현재 인터넷 (http://www.mesc.nbs.gov/rsm/IFIM.html)에서 얻을 수 있다.

A19. 비용효과 경계선(그림 A.3 참조)

Solution	Units of Output	Total Cost(S)
No action	0	0
A	80	2,000
B	100	2,600
C	100	3,600
D	110	4,500
E	120	3,600
F	140	7,000

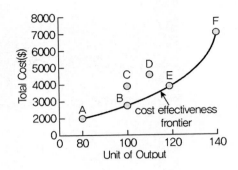

그림 A.3 비용효과 경계선. 이 그래프는 해법의 전체 비용(연직축)과 산출물 수준(수평축)을 나타낸다.

A20. 비용증분과 산출 표시(그림 A.4 참조)

Solution	Level of Output		Cost(S)		
	Total Out put	Incremental Output	Total Cost	Incremental Cost	Incremental Cost Incremental Output
No action	0	0	0	0	0
A	80	80	2,000	2,000	25
B	100	20	2,600	600	30
E	120	20	3,600	1,000	50
F	140	20	7,000	3,400	170

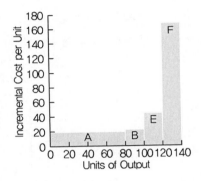

그림 A.4 비용증분과 산출 표시. 이 그래프는 전체 산출과 증분 산출(가로축)에 대한 단위당 비용(세로축)을 나타낸다.

A21. 수로 흐름 수정

복원평가는 그림과 같이 사업 구현 중에 의도적으로 수정된 여울의 물리적 특성에 초점을 맞출 수 있다(그림 A.5 참조).

그림 A.5 수로 흐름 수정

A22. 적응관리(Adaptive management)

적응관리(Adaptive management)는 "조정관리(adjustment management)"가 아니라 계획 초기에 가설을 수립한 다음 복원 과정을 실험으로 처리하여 가설을 시험하는 방법이다.

그림 A.6 적응관리. 새로운 정보가 사용 가능해지면 관리 방향을 조정(조정관리)하면 가끔 실패를 시험하고 받아들일 의지가 필요하다.

- 관측, 기술 및 사회적 순환과정을 사용하여 계획을 수정
- 복원정책과 프로그램 재설계를 위해 복원정책, 프로그램과 개별 사업을 순환과정으로 추적
- 복원 이니셔티브 : 연간 평가를 권장함
- 관측 자료와 기타 자료 / 전문 기술의 사용

–중간 교정 또는 대안 조치

–중간 정정을 위한 링크보고/관측 일정 확립

• 관리자는 일부/모든 관측을 계약할 수 있지만 주기적으로 현장을 방문하고 보고서를
  검토하고 계약자와 논의해야 함

부록 B. 하천수변 복원 기법들

20세기의 탁월한 과학적 발견 중의 하나는 텔레비전이나 라디오가 아니라 땅이라는 유기체의 복잡성이다. 그것에 대해 가장 잘 아는 사람만이 우리가 그것에 대해 얼마나 아는지를 알 수 있다. 무지의 마지막 단어는 동물이나 식물에 대해 말하는 사람이다. "그게 무슨 이익이니?" 토지 기작이 전반적으로 양호하다면, 우리가 이해하든 그렇지 않든 간에 모든 부분은 훌륭하다. 만약에 생물(종류)상(相)이 영구적인 과정에서 우리가 좋아하지만 이해하지 못하는 것을 만든다면, 바보가 아니라면 누가 쓸모없는 부분을 버릴 것인가? 모든 톱니바퀴와 바퀴를 지키는 것이 지능적인 땜질의 첫 번째 예방책일 것이다(Aldo Leopold 1953, pp. 145-146).

서론

하천수변 복원을 지원하기 위해 사용되는 많은 기술의 예는 다음과 같다. 광범위한 범주의 제한된 수의 기술만이 예제로 제시되어 있다. 예시의 숫자나 설명은 모두 포괄적인 것은 아니다. 이 예제는 개념적이며 약간의 설계 지침을 포함하고 있을 뿐이다. 그러나 모든 복원 기술들은 학제 간 접근법을 통해서 설계되어야 한다. 응용에 대한 제한된 지침이 제공되지만 지역표준, 기준 및 사양을 항상 사용해야 한다.

이 기술들과 다른 기술들은 물리적 적응과 기후 적응의 관점에서뿐만 아니라 각기 다른 지리학적 영역에 적용할 수 있는 특정 범위를 가지고 있다. 선택된 기술은 특정 기능 및 값을 하천수변으로 복원하도록 설계된 시스템의 구성요소여야 한다. 시스템 기능 및 값을 고려하지 않고 단일 기술을 사용하면 시스템 전반에 걸친 문제에 대한 단명하고 비효율적인

수정이 될 수 있다. 모든 복원 기술은 복원계획의 필수 부분으로 포함될 때 가장 효과적이다. 전형적으로 기술의 조합은 지배적인 조건과 원하는 목표를 다루기 위해 처방된다. 효과적인 복원은 앞에서 설명된 계획 과정을 통해 지역적으로 결정되는 목표와 목적에 부합한다.

복원계획은 하천수변의 상태와 복원 목표에 따라 다양한 접근법을 규정할 수 있다.

- 조치 없음(No action) : 교란요소들을 제거하고 "자연 스스로가 치유하도록" 그냥 두는 방법이다.
- 관리(Management) : 시스템이 복구되는 동안 수변을 계속 사용하도록 교란요소들을 수정한다.
- 조작(Manipulation) : 토지이용의 변화, 중재(간섭), 설치 관행에서부터 흐름 조건의 변경, 하천 형태와 정렬의 변경에 이르기까지 설계된 시스템을 통해 유역, 수변 또는 하천 조건을 변경한다.

적용되는 기술에 관계없이, 그들은 원하는 기능을 복원하고 복원계획의 목표를 달성해야 한다. 이 부록의 많은 또는 모든 기술에 적용되는 일반적인 고려사항은 다음과 같다.

- 이러한 기술과 기타 기술의 실패로 인한 잠재적 악영향을 사용하기 전에 평가해야 한다.
- 수로 기울기 또는 단면을 변경하는 기술은 수로의 불안정성을 상류와 하류로 전파할 가능성이 높다. 따라서 학제 간 전문가 팀에 의해 분석되고 설계되어야 한다. 이러한 기법에는 위어, 물너미 턱, 경사조절장치, 수로 재배치 및 사행 재구성이 포함될 수 있다.
- 이러한 기술과 다른 기법들을 사용하기 전에 홍수위에 대한 잠재적인 영향을 분석해야 한다.
- 하천에서 수두절단(headcut)이나 일반적인 하상저하와 관련한 하천문제에는 많은 기법들이 대응하지 못한다.
- 많은 제빙처리 기술들에서 하천제방의 근고공 부근이 세굴되는 곳에서는 견딜 수 있도록 어떤 근고공 보호 기능이 필요하다.
- 하천, 습지, 범람원 또는 기타 수역에 설치되거나 접촉하는 복원 기술은 중앙정부, 시도

및 기초자치 정부의 다양한 규제와 요구사항의 적용을 받는다. 이 부록에 제시된 대부분의 기술은 설치 전에 중앙정부, 시도 및 기초자치 정부기관의 허가를 받아야 한다.

B1. 수로 내의 시행(INSTREAM PRACTICES)

(1) 돌무더기 : Boulder Clusters

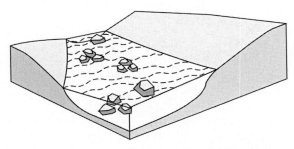

그림 B.1 기저흐름 수로에 설치된 돌더미 : 덮개를 제공하고 세굴 구멍을 만들거나 감속 영역을 만들어준다.

적용과 효과

- 여울, 물줄기, 평탄지, 활강류 및 열린 웅덩이(소(沼))를 포함하는 대부분의 서식처 유형에서 사용할 수 있다.
- 평균유속이 60 cm/s를 초과하는 하천구역에서 가장 큰 이점이 실현된다.
- 무더기로 설치하는 것이 가장 바람직하며, 개별설치는 매우 작은 흐름에서는 효과적일 수 있다.
- 넓고 얕은 하천에서 가장 효과적이다.
- 피복을 제공하고 기질을 개선하기 위해서는 보다 깊은 하천에서도 유용하다.
- 모래하상(및 보다 작은 하상 재료) 하천은 돌들을 묻어버릴 경향이 크기 때문에 모래하상 하천에는 권장되지 않는다.
- 침식력이 추가되어 수로와 제방 실패가 발생할 수 있다.
- 하상이 높아지거나 낮아지는 하천에는 권장되지 않는다.
- 하상물질 부하량이 높은 하천에서는 모래톱의 형성이 촉진될 수 있다.
- 보다 자세한 정보는 다음 참고문헌 11, 13, 21, 34, 39, 55, 60, 65, 69를 참조할 것

(2) 위어 또는 물너미 턱 : Weirs or Sills

적용과 효과

- 균일수로에서 구조적 및 수리적 다양성을 창출한다.

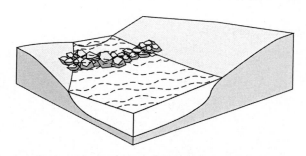

그림 B.2 수로 전체를 가로질러 하상과 제방에 고정시켜 설치한 통나무, 호박돌 또는 깬돌 구조물로 하상 소(沼) 서식처를 형성하며 하상침식을 제어하고 자갈을 모으고 유지한다.

- 일렬로 배치하는 경우, 모든 여울 서식처와 활강류 서식처가 제거되지 않도록 너무 가깝게 배치해서는 안 된다.
- 웅덩이(소(沼))는 무거운 하상재료를 운반하는 하천에서는 토사로 빠르게 채워진다.
- 여울은 종종 하류부 퇴적지역에서 생성된다.
- 모래하상 하천에 설치하는 위어(weir)는 하부세굴로 인해서 실패하기 쉽다.
- 저 유량 이동 장벽이 될 가능성이 있다.
- 재료의 선택이 중요하다.
- 호박돌 위어(boulder weir)는 일반적으로 다른 재료보다 투수성이 좋으며 낮은 유량의 집중성을 잘 수행하지 못할 수는 있다. 호박돌 사이의 공극은 정상부(crest) 위로 흐름을 유지하기 위해 보다 작은 돌과 자갈로 얽혀있을 수 있다.
- 크고 각진 호박돌들은 높은 흐름 중에도 움직임을 방지하기 위해 가장 바람직하다.
- 통나무는 결국 분해될 것이다.
- 특정 요구사항을 충족하기 위해 수로단면 모양을 설계하시오.
- 배수생성을 위해 흐름에 직각으로 설치한 위어가 잘 작동한다.
- 대각선 방향으로 설치한 위어는 직 하류에 세굴과 퇴적 형태를 재분포시키는 경향이

있다.

－하류부의 "V_s"와 "U_s"는 특정 함수를 수행할 수 있지만 실패 방지를 위해 주의를 기울여야 한다.

－상류부의 "V_s" 또는 "$U_s s$"는 어류 서식처, 휴식공간 및 어류 통행 중 가속 기동을 위해 중간수로, 위어 아래의 세굴웅덩이를 제공한다.

－측면보다 낮은 높이의 가운데는 집중된 얕은 흐름 수로를 유지한다.

• 보다 자세한 정보는 다음 참고문헌 11, 13, 44, 55, 58, 60, 69를 참조할 것

(3) 물고기 통로 : Fish Passages

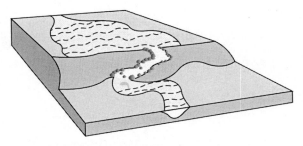

그림 B.3 대상 어류가 산란과 서식처 이용을 위해 상류 지역으로 자유롭게 이동하는 기회를 높이는 많은 수로 내부 변화 중 하나

적용과 효과

• 폭포, 급류장치, 통나무, 부유집적물, 비버 댐, 댐, 턱 및 배수구와 같은 자연적 또는 인간에 의한 설치된 장애물이 어류 이동을 방해하는 하천에는 적합할 수 있다.

• 어류통로가 다른 수생생물군과 하천수변 기능에 악영향을 미치지 않도록 수생 생태계를 신중하게 평가해야 한다.

• 다양한 유량 범위에 대한 흐름수면의 경사, 깊이 및 상대 위치는 중요한 고려사항이다. 예를 들어, 연어는 접근웅덩이 깊이가 낙하 높이의 1.25배 정도인 곳에서는 떨어지는 물을 통해서 쉽게 뛰어 오를 수 있다(CA Dept. of Fish and Game, 1994).

• 어류 통과를 방해하는 장애물 제거의 결과는 주의 깊게 평가되어야 한다. 일부 하천에서는 장애물들이 바람직하지 않은 외래종(예 : 바다 칠성장어)에 대한 장벽으로 작용하고,

세굴과 하상재료들의 정련 및 분류, 중요한 배수 서식처의 조성, 유기물질 투입의 강화, 여러 종들의 피난처 역할, 수온 조절, 물의 산소공급을 돕는 데 유용하며 문화적 자원을 제공하기도 한다.

- 설계는 현장 및 대상 종에 따라 단순한 것에서부터 복잡한 것으로 다양하다.
- 보다 자세한 정보는 다음 참고문헌 11, 69, 81을 참조할 것

(4) 통나무 / 잡목 / 암석 대피소 : Log/Brush/Rock Shelters

적용과 효과

- 열린 웅덩이가 이미 있고 덮개가 필요한 낮은 경사의 흐름 굴곡부와 사행부에서 가장 효과적이다.
- 곤충과 다른 생물체가 추가적인 먹거리를 제공할 수 있는 환경을 조성한다.
- 현장 근처에서 쉽게 찾을 수 있는 재료로 제작할 수 있다.

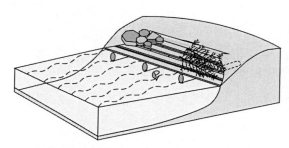

그림 B.4 어류 서식처를 강화, 먹이 그물망의 활동을 촉진, 하천제방 침식을 방지, 그늘을 제공하기 위해 하천 제방 하단부에 설치되는 통나무, 잡목 및 암석 구조물

- 다른 안정화 대책과 통합되지 않으면 심각한 제방침식 및/또는 하상 저하를 겪고 있는 불안정한 하천에는 적합하지 않다.
- 수생 서식처의 모자람이 있는 하천에서 중요하다.
- 적절한 경우 토양생물공학 시스템 및 식생 재배와 함께 사용하여 상부 제방을 안정시키고 하천제방의 재식생원을 확보해야 한다.
- 일반적으로 내측 굴곡부에서는 효과적이지 않다.
- 보다 자세한 정보는 다음 참고문헌 11, 13, 39, 55, 65를 참고할 것

(5) 벙커 구조물 : Lunker Structures

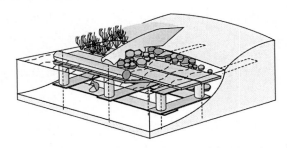

그림 B.5 어류 보호소, 서식처 및 하천제방 침식 방지를 위한 덮개가 있는 칸막이를 제공하기 위해 수로바닥 높이의 하천제방 끝단에 매설된 무거운 나무판자와 블록으로 구성된 셀(Cell) 구조

적용과 효과

• 수심이 구조물 또는 상부에서 유지될 수 있는 하천의 외측 굴곡부에 적합하다.

• 물고기 서식처의 모자람이 있는 하천에 적합하다.

• 적절한 경우 토양생물공학 시스템 및 식생 재배와 함께 사용하여 상부 제방을 안정시키고 하천제방의 재식생원을 확보해야 한다.

• 흐름방향을 정하고 조정하기 위해 흐름전향 장치 및 위어와 함께 가끔 사용된다.

• 하상토사량이 많은 하천에는 권장되지 않다.

• 자갈과 주먹돌이 있는 하천에서 가장 일반적으로 사용된다.

• 재료를 굴착하고 설치하는 데 중장비가 필요할 수 있다.

• 비쌀 수 있다.

• 보다 자세한 정보는 다음 참고문헌 10, 60, 65, 85를 참고할 것

(6) 이주 장애물 : Migration Barriers

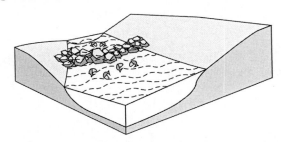

그림 B.6 이주 장애물은 바람직하지 않은 종류가 상류 지역에 접근하지 못하도록 하천을 따라 전략적인 위치에 배치한다.

적용과 효과

- 이주를 가로막는 장벽을 조성하여 종 분리 또는 폐해 종의 제어와 같은 특정 어류 관리 필요성에 효과적이다.
- 이동 장벽이 다른 수생 생물상 및 수변 기능에 악영향을 미치지 않도록 주의 깊게 평가해야 한다.
- 물리적 구조나 전자적 조치 모두 장애물로 사용할 수 있다.
- 구조물은 대부분의 하천에 설치될 수 있지만, 일반적으로 9 m 이하 폭으로 60 cm 이하의 수심을 갖는 기저흐름을 갖는 하천에서 가장 실용적이다.
- 위의 조건하에서는 저인망(底引網, 후릿그물)과 같은 임시 조치도 사용할 수 있다.
- 보다 더 깊은 수로에서는 통과를 막기 위해 전자 장벽을 설치할 수 있다. 전자 장벽은 물고기가 이 구역으로 들어오는 것을 막기 위해 조명, 전기 펄스 또는 소리 주파수를 사용한다. 이 기법은 하천을 교란하지 않고 심층수의 제어를 위한 솔루션을 제공하는 이점이 있다.
- 장벽은 홍수가 그들을 가로 지르지 않고 장애를 일으키지 않도록 설계되어야 한다.
- 보다 자세한 정보는 다음 참고문헌 11, 55를 참고할 것

(7) 나무 덮개 : Tree Cover

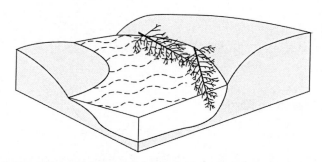

그림 B.7 덮개, 수생생물 기질과 서식처를 제공하고 하천흐름방향의 전환, 세굴, 퇴적 및 표류 공간을 제공하기 위해 하천제방을 따라 놓인 나무들

적용과 효과

- 낮은 설치비용으로 혜택을 누릴 수 있다.

- 하상이 불안정하고 제방상단으로부터 나무가 쓰러진 하천에서 특히 유리하다.
- 수로는 제방 침식을 위협하지 않고 필요한 수로 흐름 용량을 제한하지 않으면서 나무를 수용할 수 있을 만큼 커야 한다.
- 적절한 정착 시스템의 설계가 필요하다.
- 하루부의 교량에 부유물로 인해 이후 문제가 발생할 수 있는 경우에는 사용하지 않는 것이 좋다.
- 유지 보수를 자주 한다.
- 얼음 손상을 받기 쉽다.
- 보다 자세한 정보는 다음 참고문헌 11, 55, 69를 참고할 것

(8) 흐름전환 날개 : Wing Deflectors

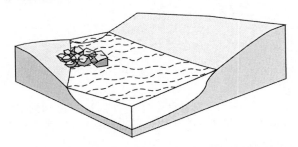

그림 B.8 어느 한쪽 하천제방에서 튀어 나오지만 전체적으로는 수로를 가로 지르지 않는 구조다. 그들은 제방에서 흘러나온 흐름을 전환하고, 수로를 수축시켜 세굴웅덩이를 조성하며, 흐름을 가속시킨다.

적용과 효과

- 여울을 없애버리거나 손상시키는 역류 효과를 피하기 위해 여울로부터 충분히 하류에 설계하여 설치해야 한다.
- 예상되는 세굴규모를 기준으로 크기를 정해야 한다.
- 세굴 구멍에서 씻겨 나간 물질은 대개 짧은 거리의 하류에 퇴적되어 사주 또는 여울 영역을 형성한다. 이러한 퇴적 지역은 흔히 특정 종의 우수한 서식처를 제공하는 깨끗한 자갈로 구성된다.
- 사행구조와 이와 관련된 구조적 다양성을 만들어내기 위해 하천제방에 교차적으로 직렬로 설치할 수 있다.

- 암석과 암석으로 채운 통나무 저장소로 구성한 흐름전환 구조가 가장 일반적이다.
- 물리적 서식처의 다양성이 낮은 수로, 특히 안정적인 웅덩이 서식처가 없는 수로에서 사용해야 한다.
- 모래하상 하천에 설치된 흐름전환기(변류기)는 모래의 침식으로 인해 탈락되거나 파손될 수 있으며, 이러한 영역에서는 여과층 또는 토목섬유가 흐름전환기 아래에 필요할 수도 있다.
- 보다 자세한 정보는 다음 참고문헌 10, 11, 18, 21, 34, 48, 55, 59, 65, 69, 77을 참고할 것

(9) 경사제어 수단 : Grade Control Measures

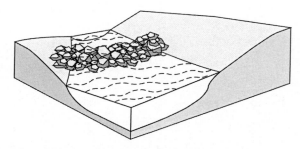

그림 B.9 바위, 나무, 흙 및 기타 재료 구조가 수로를 가로 질러 배치되고, 하상저하 구간의 침식력에 저항하는 "단단한 지점"을 하천제방에 정착하고, 상류의 에너지 경사를 줄여 하상세굴을 방지한다.

적용과 효과

- 안정된 수로하상이 설계에 필수적이라면, 복원 조치가 실행되기 전에 경사제어가 첫 번째 단계로 고려되어야 한다(수로 시스템에 하상저하 과정이 있는 경우).
- 수로 저하 시에는 두부침식(頭部浸蝕)을 중지하는 데 사용된다.
- 절개된 하천의 하상을 높게 하기 위해서 사용된다.
- 절개된 수로의 제방의 높이를 줄임으로써 제방 안정성을 향상시킬 수 있다.
- 구조물의 하류에 인위적 세굴 구멍을 설치하여 수중 서식처를 개선할 수 있다.
- 구조물에 의해 생성된 상류의 웅덩이 지역은 수중 서식처의 낮은 수심을 증가시킨다.
- 저 유량 이동 장벽이 될 가능성이 있다.
- 물고기가 지나갈 수 있도록 설계할 수 있다.

- 구조물의 상류에서 심각한 채움이 발생하면 하류 수로의 저하가 발생할 수 있다.

- 상류부 토사퇴적은 사행 경향을 증가시킬 수 있다.

- 구조물 위치 선정은 토질역학과 지반공학을 포함하는 설계과정의 핵심 요소이다.

- 경사제어 구조의 설계는 숙련된 하천 기술자가 수행해야 한다.

- 보다 자세한 정보는 다음 참고문헌 1, 4, 5, 6, 7, 12, 17, 18, 25, 26, 31, 37, 40, 63, 66, 84를 참고할 것

B2. 하천제방 처리 : STREAMBANK TREATMENT

(1) 제방형성과 식생 : Bank Shaping and Planting

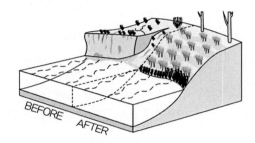

그림 B.10 안정된 경사면으로 하천제방을 조정하고, 지속적인 식물 성장을 유지하기 위해 필요한 표토와 기타 재료들을 배치하고, 적절한 식물 종을 선택, 설치 및 확립한다.

적용과 효과

- 적당한 침식과 수로 이동이 예상되는 하천제방에서 가장 성공적이다.

- 제방 하단부의 보강이 필요한 경우가 있다.

- 토착종의 번식 조건을 강화한다.

- 유속이 사용 가능한 식물의 허용 범위를 초과하고 기저 흐름 아래에서 침식이 발생하는 곳에서는 다른 보호수단과 함께 사용한다.

- 하천제방의 토양 재료, 지하수 변동 가능성 및 제방 하중조건들은 적정한 경사 조건을 결정하는 요소이다.

- 사면 안정성 분석이 권장된다.

- 보다 자세한 정보는 다음 참고문헌 11, 14, 56, 61, 65, 67, 68, 77, 79를 참고할 것

(2) 비탈면 나뭇가지 다짐 : Branch Packing

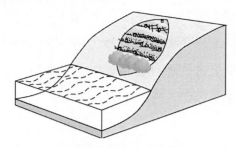

그림 B.11 하천제방들의 폭락 공간과 구멍들을 안정화시키고 재식생할 수 있는 살아 있는 가지와 다져진 뒷채움 층

적용과 효과

- 일반적으로 하천제방의 비탈면이 깎여 지거나 폭락 공간이 생기는 곳에 사용된다.
- 폭락공간을 유발하는 응력이 제거된 후에 적절하다.
- 나뭇가지를 설치하기 위해 굴착이 필요한 침식된 경사면에서는 일반적으로 덜 사용된다.
- 하천제방이나 제방위로부터의 흐름에 의한 침식과 세굴을 방지하는 여과 장벽을 만든다.
- 식생한 하천제방을 신속하게 설치한다.
- 토착종들의 번식 조건들을 강화한다.
- 즉각적인 토양 보강을 제공한다.
- 살아 있는 나뭇가지들은 일단 설치되면 보강을 위한 인장재로 사용된다.
- 일반적으로 깊이가 1.2 m 또는 폭이 역시 1.2 m 이상인 폭락 공간에서는 효과적이지 않다.
- 보다 자세한 정보는 다음 참고문헌 14, 21, 34, 79, 81을 참고할 것

(3) 잡목 깔개 : Brush Mattresses

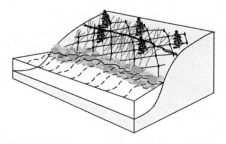

그림 B.12 하천제방을 덮고 물리적으로 보호하기 위해 설치된 살아 있는 것들과 자른 가지들의 조합은 궁극적으로 수많은 개별 식물들을 싹틔우고 수립하게 한다.

적용과 효과

• 하천제방 위에 즉시 보호 덮개를 형성한다.

• 홍수기에 토사를 포집한다.

• 하천제방 위에 삽목의 뿌리가 내리도록 기회를 제공한다.

• 강기슭의 식생과 강변 서식지가 빠르게 복원한다.

• 토착 식물의 번식 조건을 강화한다.

• 경사면으로는 기저 흐름 수준 위까지로 제한한다.

• 제방근고의 세굴 염려가 있는 곳에서는 근고 보호가 필요하다.

• 식생이 이루어지기 전에 높은 흐름에 의해 하천제방이 위협받는 곳에 적절하다.

• 대규모 이동이나 기타 경사가 불안정한 경사면에서는 사용하지 않는다.

• 보다 자세한 정보는 다음 참고문헌 14, 21, 34, 56, 65, 77, 79, 81을 참고할 것

(4) 코코넛 섬유 말이 : Coconut Fiber Roll

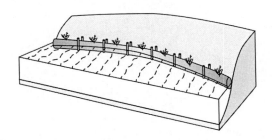

그림 B.13 코코넛 껍질 섬유로 구성된 원통형 구조는 코코넛 소재로 짜인 꼬기와 결합되어 섬유 롤 내에서 식물 성장을 촉진하는 토사를 포획하면서 침식으로부터 경사를 보호한다.

적용과 효과

• 가장 일반적으로 직경 30 cm, 길이 6 m 제품이 사용된다.

• 일반적으로 휴면절단과 뿌리가 있는 식물들이 두루마리 속으로 자른 슬릿에 삽입된 상태로 하천제방의 근고 근처에 걸려 있다.

• 하천제방의 복원과 관련하여 적정한 근고 안정화가 요구되며, 부지의 민감도가 경미한 교란을 허용하는 곳에 적절하다.

• 물 가장자리에서 식물 성장을 촉진시키는 훌륭한 매개체를 제공한다.

- 유속이 높거나 얼음이 많은 장소에는 적합하지 않다.
- 하천제방의 기존 곡률에 대한 변화를 줄 수 있는 유연성이 있다.
- 현장에 대한 교란이 거의 없다.
- 말이(롤)는 부력이 있어 안전한 고정이 필요하다.
- 비쌀 수 있다.
- 유효수명은 6~10년이다.
- 적절한 경우, 토양 생물공학 시스템과 식생 식목과 함께 상부 제방을 안정시키고 하천 식생의 재생성 원을 확보해야 한다.
- 토착식물의 번식 조건을 강화해야 한다.
- 보다 자세한 정보는 다음 참고문헌 65, 77을 참고할 것

(5) 휴면(休眠) 말뚝 심기 : Dormant Post Plantings

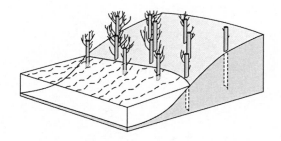

그림 B.14 미루나무, 버드나무, 포플러 또는 기타 수종을 하천제방에 연직으로 묻으면 수로의 조도(거칠기)를 높이고, 경사면 근처의 유속을 감소시켜 토사를 잡아둘 수 있다.

적용과 효과

- 경미한 제방 딱지형성이 발생하고 있는 하천제방의 회전 장애를 안정화시키기 위해 살아 있는 말뚝 박기로 사용할 수 있다.
- 특히 수면이 깊은 건조한 지역에서 강변식생을 신속하게 설치하는 데 유용하다.
- 제방 부근의 흐름 속도를 줄이고 처리된 지역에서 토사퇴적을 일으킬 것이다.
- 제방 근처의 유속을 줄여서 하천제방의 침식을 줄인다.
- 일반적으로 자가 치유를 하고 비버 또는 가축에 의해 공격을 받으면 다시 재생된다.

그러나 가능한 한 그러한 초식동물들을 배제하기 위한 준비들이 만들어져야 한다.

- 얼음 손상이 문제가 되지 않는 비자갈 하천에 가장 적합하다.
- 토착종의 번식을 위한 조건을 향상시킨다.
- 살아 있는 것들이나 작은 삽목보다 침식으로 인해 제거될 가능성이 적다.
- 적절한 경우, 토양 생물공학 시스템과 식생 식목과 함께 상부 제방을 안정시키고 하천 식생의 재생성 원을 확보해야 한다.
- 작은 삽목과 달리 후 수확은 기증자 대기에 매우 파괴적일 수 있으므로 청소를 위해 지정된 장소 또는 밀집된 것에서 얇게 하여 '폐기물 수집' 형태로 모아야 한다.
- 보다 자세한 정보는 다음 참고문헌 65, 77, 79를 참고할 것

(6) 식재된 방틀 : Vegetated Gabions

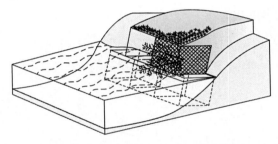

그림 B.15 철망, 중소 규모의 암석과 흙으로 채운 직사각형 통들을 엮여서 구조적 근고나 측벽을 형성한다. 살아 있는 나뭇가지는 바위로 채워진 통들 사이의 연속되는 각 층에 뿌리를 내리고, 구조를 합병하고, 그것을 경사면에 묶기 위해 배치된다.

적용과 효과

- 세굴 또는 하부절삭이 발생하거나 과부하가 심한 급경사면을 보호할 때 유용하다.
- 구조적 해법의 일부 형태가 필요하고 다른 재료를 쉽게 사용할 수 없거나 먼 곳에서 가져와야 하는 경우 비용 효율적인 해법이 될 수 있다.
- 설계 시 국부적으로 사용할 수 있는 크기보다 큰 암석 크기가 필요할 때 유용하다.
- 제방 경사가 가파르고 적당한 구조 지원이 필요한 곳에서 효과적이다.
- 사면을 안정시키고 사면경사를 줄이기 위해 낮은 근고벽이 필요한 사면기초에 적합하다.
- 대규모의 횡방향 이동력에는 저항하지 않는다.

- 적절한 경우 토양생물공학 시스템과 식생재배와 함께 사용하여 상부 제방을 안정시키고 하천제방의 재생원을 확보해야 한다.
- 안정된 기초가 필요하다.
- 설치와 교체 비용이 비싸다.
- 수로 측면 경사면이 쇄석(碎石) 또는 기타 재료 또는 수로 근고 보호가 필요한 곳보다 가파르지만 적절한 크기의 바위 쇄석(碎石)을 쉽게 사용할 수 없는 경우에는 적합하다.
- 내구성 향상을 위해 아연 도금 강판뿐만 아니라 비닐 코팅 와이어도 사용할 수 있다.
- 심각한 마모 손상 잠재력으로 인해 얼음이 많은 곳이나 하상토사(소류사)가 많은 하천에는 적합하지 않다.
- 보다 자세한 정보는 다음 참고문헌 11, 18, 34, 56, 77을 참고할 것

(7) 복합식재 : Joint Plantings

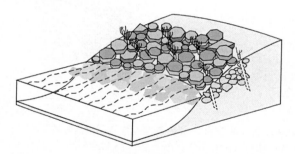

그림 B.16 이미 경사면에 설치된 암석 또는 경사면에 암석들이 놓이는 동안 바위 사이의 접합면 또는 개구부에 살아 있는 식물이 들어간다.

적용과 효과

- 기존의 바위나 쇄석(碎石)의 표면에 바람직한 식생 피복이 부족한 곳에 적합하다.
- 뿌리 시스템은 쇄석의 토양 기초에서 미립자가 손실되는 것을 방지하는 매트를 쇄석 위에 제공한다.
- 뿌리 시스템은 또한 토양 기초에서 배수를 향상시킨다.
- 강기슭의 식생을 재빨리 확립할 것이다.
- **필요하다면 다른 토양생명공학 시스템과 식생 재배와 함께 사용하여 상부 제방을 안정**

시키고 하천제방 식생의 재생성 원을 확보해야 한다.

- 살아 있는 식물을 지하수에 도달하도록 설치하는 경우 기저흐름 수준에서부터 경사면 상단까지 거의 제한 없이 설치할 수 있다.
- 신생 조직층의 손상이나 토양과 말뚝 사이의 경계면의 부족으로 인해서 생존율이 낮을 수 있다.
- 두꺼운 암석 쇄석층은 구멍을 만들기 위한 특수 공구가 필요할 수도 있다.
- 보다 자세한 정보는 다음 참고문헌 21, 34, 65, 77, 81을 참고할 것

(8) 생체 벽 : Live Cribwalls

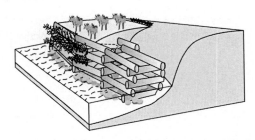

그림 B.17 기저 흐름 위에서 뿌리가 나서 점진적으로 목재부재의 구조적 기능을 대체 점령하는 토양과 살아 있는 나뭇가지 절단 물을 교대 층으로 형성한 가공하지 않은 통나무 또는 목재 부재의 중공 상자형 연동 장치

적용과 효과

- 제방경사 선택이 제한되어 있는 거의 연직인 제방이 있는 지역에서는 하천제방에 대한 보호를 제공한다.
- 자연스러운 외형과 즉각적인 보호를 받으며 수목성 수종의 설립을 가속화한다.
- 높은 유속의 하천 굴곡부 외측에서 효과적이다.
- 제방 근고를 안정시키고 경사를 줄이기 위해 낮은 벽이 필요할 수 있는 경사면 기슭에 적합하다.
- 안정된 하상이 존재할 때 수위의 아래위애서 적절하다.
- 제방근고 세굴에는 적응하지 않는다.
- 복잡하고 비용이 많이들 수 있다.
- 필요하다면 토양생물공학 시스템 및 식생 재배와 함께 사용하여 상부 제방을 안정시키

고 하천제방 식생의 재생성 원을 확보해야 한다.

- 보다 자세한 정보는 다음 참고문헌 11, 14, 21, 34, 56, 65, 77, 81을 참고할 것

(9) 살아 있는 말뚝 : Live Stakes

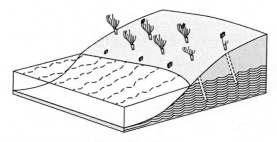

그림 B.18 토양에 뿌리를 내리고 성장하여 살아 있는 뿌리 메트를 만들어가는 수목성 삽목은 토양 입자를 강화하고 결합시켜 토양을 안정시키며 과다한 토양 습기를 제거한다.

적용과 효과

- 현장 조건이 복잡하지 않고 공사 시간이 제한되고 저렴한 방법이 필요한 곳에서는 효과 적이다.
- 습기가 많은 미량의 흙 미끄러짐과 무너짐의 수리에 적합하다.
- 표면침식 제어 재료를 지지하는 데 사용할 수 있다.
- 다른 토양생체공학 기술 사이에 중간 영역을 안정시킨다.
- 강기슭 식생과 서식지를 신속하게 복원한다.
- 적절한 경우 다른 토양생명공학 시스템 및 식생 식물과 함께 사용해야 한다.
- 주변 식물군집으로부터 식생의 번식을 위한 조건을 강화한다.
- 제방근고의 세굴이 예상되는 곳에서는 근고보호공이 필요하다.
- 보다 자세한 정보는 다음 참고문헌 14, 21, 34, 56, 65, 67, 77, 79, 81을 참고할 것

(10) 살아 있는 나뭇단 : Live Fascines

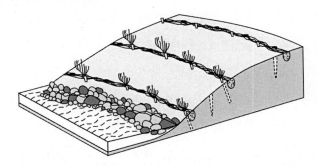

그림 B.19 휴면 가지 절단을 긴 소시지 모양의 원통형 묶음으로 묶여 경사면의 얕은 구덩이에 위치시켜 침식과 얕은 미끄러짐을 줄인다.

적용과 효과

- 작은 댐과 같은 구조물을 만들고 경사면 길이를 일련의 짧은 경사면으로 줄임으로써 하천제방에서 토양을 붙잡고 유지하게 한다.
- 경사면에 비스듬히 설치할 때 배수를 용이하게 한다.
- 토착 식생의 번식조건을 강화한다.
- 적절한 경우 다른 토양생명공학 시스템과 식생 식물과 함께 사용해야 한다.
- 제방근고의 세굴이 예상되는 곳에서는 근고보호공이 필요하다.
- 최소한의 현장 교란이 요구되는 효과적인 하천제방 안정화 기술이다.
- 대량의 흙을 이동하는 경사면 처리에는 적합하지 않다.
- 보다 자세한 정보는 다음 참고문헌 14, 21, 34, 65, 77, 81을 참고할 것

(11) 통나무, 뿌리뭉치, 호박돌 벽 : Log, Rootwad, and Boulder Revetments

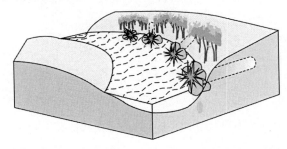

그림 B.20 돌덩어리들과 통나무들이 뿌리 덩어리와 함께 하천제방에 그리고 위에 설치되면 하천제방의 침식 방지와 토사 포획과 서식처 다양성을 향상시킨다.

적용과 효과

- 통나무들과 뿌리뭉치들이 잘 고정되어 있으면 높은 경계전단응력을 견딜 수 있다.
- 물고기 서식처 부족이 있는 하천에 적합하다.
- 필요하다면 토양생물공학 시스템과 식생 재배와 함께 사용하여 상부 제방을 안정시키고 하천제방 식생의 재생성 원을 확보해야 한다.
- 토양생체공학 시스템과 함께 사용할 경우 강기슭 지역의 다양성을 향상시킬 것이다.
- 기후와 나무 종에 따라 수명이 제한된다. 미루 나무 또는 버드 나무와 같은 일부 종은 종종 새싹을 터서 번식을 가속화한다.
- 번식이 일어나지 않거나 토양생체공학 시스템이 사용되지 않으면 궁극적으로 대체가 필요할 수 있다.
- 토착 물질을 사용하면 토사와 묵재 부유물들을 격리하고, 높은 유속 흐름에서도 하천제방을 복원하고, 물고기 양육과 산란 서식처를 개선할 수 있다.
- 현장은 중장비를 수용할 수 있어야 한다.
- 일부 지역에서는 재료를 쉽게 이용할 수 없다.
- 국지적 세굴과 침식을 일으킬 수 있다.
- 비용이 많이 들 수 있다.
- 보다 자세한 정보는 다음 참고문헌 11, 34, 77을 참고할 것

(12) 쇄석(碎石) 덮개 : Riprap

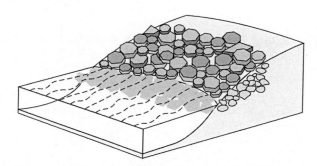

그림 B.21 경사면 근고에서부터 장기간의 내구성에 필요한 높이까지 적당한 크기의 돌들을 덮는다.

적용과 효과

- 식생화가 가능하다(복합식재 참조).

- 장기간의 내구성이 요구되는 곳, 설계유량이 많은 곳, 생명이나 가치가 높은 재산에 대한 중대한 위협이 있거나 그렇지 않으면 식생을 설계에 통합할 실용적인 방법이 없는 경우에 유용하다.

- 필요하다면 토양생물공학 시스템과 식생 재배와 함께 사용하여 상부 제방을 안정시키고 하천제방 식생의 재생성 원을 확보해야 한다.

- 유연성이 있으며, 정착으로부터 약간의 움직임이나 또는 기타 조정으로 인해 손상되지 않는다.

- 식생이나 토양생물공학 시스템이 적절한 대체물인 곳 위의 표고에는 설치해서는 안 된다.

- 일반적으로 사용되는 제방보호 양식이다.

- 재료를 현지에서 구입할 수 없는 경우 비용이 많이 든다.

- 보다 자세한 정보는 다음 참고문헌 11, 14, 18, 34, 39, 56, 67, 70, 77을 참고할 것

(13) 석재 근고(根固) 보호공 : Stone Toe Protection

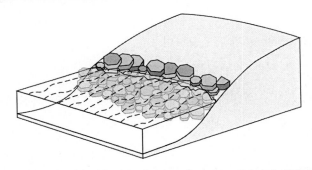

그림 B.22 채석한 암석이나 하천 자갈을 하천제방 근고의 보호재로 설치하면 제방으로부터 흐름을 꺾이게 하며, 경사를 안정시키고, 토사퇴적을 촉진한다.

적용과 효과

- 제방근고가 세굴로 훼손되어 있는 곳과 식생을 사용할 수 없는 곳에 사용해야 한다.

- 돌은 근고에 모아진 하천제방의 무너진 재료들을 제거하지 못하도록 하고, 재식생을 허용하고 하천제방을 안정시킨다.

- 적절한 경우, 토양생물공학 시스템과 식생식목과 함께 상부 제방을 안정시키고 재생된 하천변 식생의 원천을 확보해야 한다.
- 기존의 경사면, 서식처 및 식생에 미치는 교란을 최소화하면서 배치할 수 있다.
- 보다 자세한 정보는 다음 참고문헌 10, 21, 56, 67, 77, 81을 참고할 것

(14) 나무 옹벽(擁壁) : Tree Revetments

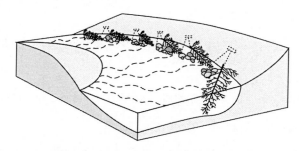

그림 B.23 하천제방의 근고나 하천제방의 데드맨에 접속한 상호 연결된 나뭇가지들은 침식하고 있는 하천제방을 따라 유속을 줄이고 토사들을 포획하며 식물 정착과 침식 제어를 위한 기반을 제공한다.
*데드맨－땅속에 묻어 물건을 고정시키거나 지렛대로 쓰는 통나무나 큰 돌덩이 또는 콘크리트 덩어리

적용과 효과

- 적절한 고정 시스템의 설계가 필요하다.
- 철선고정 시스템은 안전상 위험을 나타낼 수 있다.
- 3.6 m 미만의 하천제방 높이와 만류 유속이 1.8 m/s 이하의 하천에서 가장 적절하다.
- 저렴하고 쉽게 얻을 수 있는 재료를 사용한다.
- 토사를 포착하고, 하상물질부하가 큰 하천의 서식 토착종의 번식조건을 향상시킨다.
- 사용수명이 제한적이므로 주기적으로 교체해야 한다.
- 얼음이 흐르는 곳에서는 심하게 손상될 수 있다.
- 교량과 기타 수축수로 설치 구역의 직상류부에 설치하기에는 적합하지 않다. 왜냐하면 벽이 움직여 하류부 손상이 발생할 가능성이 있기 때문이다.
- 만수위에서 수로 단면적의 15% 이상을 차지하는 경우에는 사용하지 않아야 한다.
- 하류부 교량에 부유물이 쌓여 다른 문제를 유발할 수 있는 곳에서는 사용하지 않는 것이

좋다.

- 부식에 강한 종은 심은 종이나 자생(自生) 식물의 정착기간을 연장하기 때문에 가장 좋다.
- 근고세굴이 예상되는 곳에서는 근고보호공이 필요하다.
- 적절한 경우, 토양생물공학 시스템과 식생식목과 함께 상부 제방을 안정시키고 재생된 하천변 식생의 원천을 확보해야 한다.
- 보다 자세한 정보는 다음 참고문헌 11, 21, 34, 56, 60, 77, 79를 참고할 것

(15) 식생 망 : Vegetated Geogrids

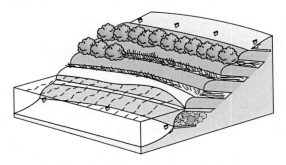

그림 B.24 각 토양의 융기(隆起) 부분을 자연토목섬유나 합성토목섬유 재료로 감싸고 생가지와 흙으로 다진 층들은 침식된 하천제방을 재건하고 식생시킨다.

적용과 효과

- 적절하게 설계되고 설치되면 강기슭 식생을 신속히 확립한다.
- 잡목깔개보다 더 가파른 경사면에 설치할 수 있으며 유속의 초기허용치가 더 크다.
- 복잡하며 비쌀 수 있다.
- 새로 건설되고 잘 보강된 하천제방을 생산한다.
- 침식이 문제가 되는 곡유로부의 바깥쪽의 복원에 유용하다.
- 토사를 포착하고 토착종의 번식을 위한 조건을 강화한다.
- 사면 안정성 분석이 권장된다.
- 비쌀 수 있다.
- 안정된 기초가 필요하다.
- 보다 자세한 정보는 다음 참고문헌 10, 11, 14, 21, 34, 56, 65, 77을 참고할 것

B3. 물 관리 : WATER MANAGEMENT

(1) 토사 저류지 : Sediment Basins

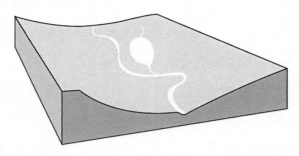

그림 B.25 종종 굴착된 웅덩이와 함께 장벽이 사용되며, 배수로 또는 배수로 밖에서 배수구역을 가로 질러 건설되고, 토사와 부유물을 포집 및 저장하기 위해 흐름전환 수로로 하천에 연결된다.

적용과 효과

• 하천에서 토사부하를 줄이는 임시 수단을 제공한다.

• 때로는 토사의 크기를 분류하는 데 사용된다.

• 상류 유역을 가속 침식으로부터 보호할 수 있을 때까지 과도한 토사유출 부하를 일시적으로 줄인다.

• 운반할 수 없는 토사 크기 구간을 따라서 하류에 피해를 줄 수 있는 토사 크기를 분리하는 데에도 사용할 수 있다.

• 보다 영구적인 호우관리 연못들과 통합될 수 있다.

• 입자 크기의 위쪽 범위(모래와 자갈)만 잡을 수 있고 보다 미세한 입자(미사와 진흙)는 통과할 수 있다.

• 높은 수준의 수문분석을 요구한다.

• 정기적인 준설과 기타 유지 보수가 필요하다.

• 규모와 위치 선정에 유의하여야 한다.

• 보다 자세한 정보는 다음 참고문헌 10, 13, 29, 45, 49, 69, 74, 80을 참고할 것

(2) 수위 제어 : Water Level Control

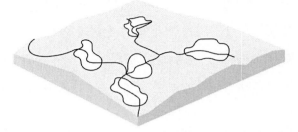

그림 B.26 수생식물들을 제어하고 수중 서식처를 포함한 원하는 기능을 복원하기 위해 수로와 인접한 수변 지대 내의 수위를 관리한다.

적용과 효과

• 강, 인접 습지 또는 인접한 강변 지역의 상호 의존적인 포화지대에서의 흐름 수심이 원하는 기능을 제공하기에 충분하지 않은 경우에 적합하다.

• 필요는 계절에 따라 달라지며 이에 따라 관리할 수 있는 유연한 제어 장치가 필요하다.

• 토사 균형, 온도 상승, 수로 기질의 변화, 흐름 체계의 변화 및 기타 여러 가지 고려사항을 유지하는 복잡성을 계획 및 설계에 반드시 반영해야 한다.

• 높은 수준의 분석이 필요하다.

• 보다 자세한 정보는 다음 참고문헌 11, 13, 15, 69, 75를 참고할 것

B4. 수로 재건 : CHANNEL RECONSTRUCTION

(1) 수리 연결성을 유지 : Maintenance of Hydraulic Connections

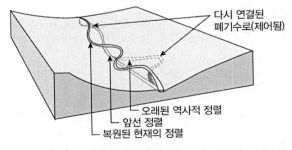

그림 B.27 하천과 버려진 수로 사이에 물과 생물체의 이동을 허용하는 수리적 연결성을 유지한다.

적용과 효과

- 수중 서식처 면적과 다양성의 손실을 방지하기 위해 사용된다.
- 주 수로에 인접한 정지수역은 많은 어류 종의 산란과 양육 지역이 될 수 있으며, 강가 수변에 살거나 통과, 이주하는 야생 생물 종의 서식처의 주요 구성요소이다.
- 연결 수로가 소형 보트나 카누에 충분한 깊이를 유지한다면 위락공간으로서의 가치를 높일 수 있다.
- 수로의 절단 / 연결이 발생하여 재배치된 수로의 구간에서 효과적이다.
- 버려진 수로구간에 대한 만족스러운 수리적 연결을 유지하기 위해서는 수위가 충분하지 않거나 유량이 적은 하천에서는 효과적이지 않다.
- 토사가 문제가 되면 유지 보수가 필요할 수 있다.
- 수명이 짧을 수 있다.
- 높은 수준의 분석을 요구한다.
- 보다 자세한 정보는 다음 참고문헌 15, 56, 69, 75를 참고할 것

(2) 하천 사행의 복원 : Stream Meander Restoration

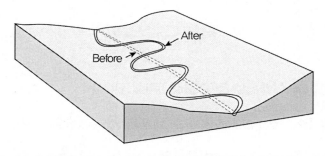

그림 B.28 자연적인 동력성을 재도입하기 위해서 직선형 흐름을 사행형으로 변형하면 수로 안정성, 서식처 품질, 미학(美學)과 기타 하천수변 기능 또는 가치가 향상된다.

적용과 효과

- 보다 많은 서식처 다양성을 가진 보다 안정된 하천을 만드는 데 사용된다.
- 인접한 토지이용이 위치를 제약할 수 있는 적절한 면적이 필요하다.
- 토지이용의 급격한 변화를 경험하는 유역에서는 실현 가능하지 않을 수 있다.

- 곡유로부 외측에서는 하천제방보호가 필요할 수 있다.

- 실패할 심각한 위험이 있을 수 있다.

- 높은 수준의 분석이 필요하다.

- 홍수 표고가 심각하게 증가할 수 있다.

- 유효유량이 기존 및 미래의 조건, 특히 도시화된 유역에서 계산되어야 한다.

- 보다 자세한 정보는 다음 참고문헌 13, 16, 22, 23, 24, 46, 47, 52, 53, 54, 56, 61, 72, 75, 77, 78, 79, 86을 참고할 것

B5. 하천복원 수단 : STREAM CORRIDOR MEASURES

(1) 가축 제외 또는 관리 : Livestock Exclusion or Management

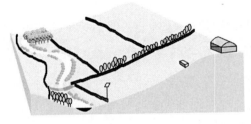

그림 B.29 울타리, 물과 쉼터의 대체 공급원, 그리고 하천의 동식물과 수질을 보호, 유지 또는 개선하기 위한 방목관리가 필요하다.

적용과 효과

- 가축 방목이 목본 식생의 성장을 감소시키고 수질을 저하시키거나 하천제방의 불안정성에 기여함으로써 하천수변에 부정적인 영향을 미치는 곳에 적절하다.

- 일단 시스템이 회복되면 회전식 방목이 관리 계획에 통합될 수 있다.

- 전체 방목 계획과 더불어 조정해야 한다.

- 보다 자세한 정보는 다음 참고문헌 18, 39, 73을 참고할 것

(2) 강변 숲 완충지대 : Riparian Forest Buffers

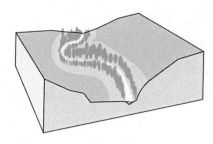

그림 B.30 수온을 낮추기 위한 강변식생은 잔해물과 큰 목질 부유물을 제공하고, 서식처를 개선하며, 하천으로 유입하는 토사, 유기물질, 영양물, 살충제 및 기타 오염원들의 이동을 줄인다.

적용과 효과

- 영구적인 또는 간헐적인 하천, 호수, 연못, 습지 및 지하수 재충전 구역과 인접한 안정된 지역에 적용할 수 있다.
- 지표 침식률이 높거나 토양 이동량이 많거나 능동적인 골짜기와 같은 불안정한 지역은 강변 숲 완충지대를 세우기 전에 안정화가 필요하다.
- 내성 식물종과 보충 급수가 일부 지역에서는 필요할 수 있다.
- 건조 및 반건조 지역에서는 목본 식물을 지원하기 위해 성장 기간 전반에 걸쳐 충분한 토양수분을 갖지 못할 수가 있다.
- 강변 삼림 완충대가 세워지기 전에 고지대에서 집중흐름침식, 과도한 박막 및 실개천 침식 또는 대량 토양이동이 제어되어야 한다.
- 보다 자세한 정보는 다음 참고문헌 20, 34, 49, 51, 70, 78, 79, 81, 82, 88, 89를 참고할 것

(3) 서식처 복원을 위한 세척 : Flushing for Habitat Restoration

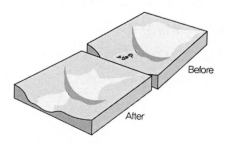

Before

After

그림 B.31 하상으로부터 미세입자를 세굴하기 위해 저수지로부터 대유량의 짧은 기간 방출은 적절한 하천 서식처를 복원한다.

적용과 효과

- 전체 유역관리 계획의 일부로 적합하다.
- 댐 아래의 오래된 홍수터 범람, 자갈 기질의 고갈 및 수로 기하학의 중요한 변화를 초래할 수 있다.
- 한 곳에서 미세 토사를 세척하면 문제가 더 하류로 이동될 수 있다.
- 하천과 강변 서식처에 대한 바람직하지 않은 영향을 피하기 위해 저수지 하류부에서의 계절적 유량 한계, 유량 변화율 및 하천 수위 변화를 고려해야 한다.
- 하상물질의 구성비 개선, 수생 식생의 억제 및 원하는 하천 서식처에 필요한 하천수로 형상의 유지에 효과적일 수 있다.
- 홍수터 침식을 유도하여 강변식생에 적합한 성장 조건을 제공할 수 있다.
- 필요한 방류일정을 결정하기 위해 높은 수준의 분석이 필요하다.
- 수리권(물사용 권한)이 완전히 할당된 지역에서는 실행 가능하지 않을 수도 있다.
- 보다 자세한 정보는 다음 참고문헌 11, 13, 32, 35, 41, 45, 57, 61, 73, 74, 81을 참고할 것

B6. 유역관리 : WATERSHED MANAGEMENT

(1) 최상관리실행 : 농업 : Best Management Practices : Agriculture

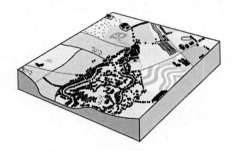

그림 B.32 농경지로부터 비점오염원 오염을 완화하기 위한 개별적이고 체계적인 방법

적용과 효과

- 현재 관리 시스템이 현장이나 농장 내부 또는 현장 경계에서 문제를 일으키고 하천수변에 영향을 줄 가능성이 높은 곳에서 사용된다.
- 환경조건을 개선하기 위해 유역관리계획을 시행 중인 경우에도 적용된다.

- 포괄적인 농장관리계획, 유역실행계획 또는 하천수변 복원계획에 적합해야 한다.
- 토양, 물 및 미생물 자원의 4계절 보전을 고려해야 한다.
- 경운(땅갈이), 씨 뿌리기, 비료주기, 해충 관리 및 수확 작업은 환경적 특성과 인접한 토지를 물과 토양보전 및 관리와 해충 관리에 사용할 수 있는 가능성을 고려해야 한다.
- 방목하는 토지 관리는 최적의 장기적인 자원 사용을 달성하는 동시에 토착종 보호를 포함한 환경적 특성을 보호해야 한다.
- 농작물을 재배하고 토지 종류가 허용하는 경우, 토양을 조성하고 물과 야생 생물의 특성을 보호하면서 활발한 마초 덮개를 제공하기 위해 목초 순환 순서로 목초지를 관리해야 한다.
- 과수원과 육묘 생산은 생태계의 품질과 다양성을 보호하기 위해 해충과 수질관리 기술을 적극적으로 모니터링해야 한다.
- 농장 목초지, 습지와 들판 경계는 토착 식물과 동물, 토양, 물 및 경치의 좋은 특성을 보존, 보호 및 향상시키는 전체 농장 계획의 일부분이어야 한다.
- BMP에는 등고선 경작, 보전 경운, 계단식 재배, 임계지역 심기, 영양 관리, 토사 침전지, 여과 대, 폐기물 저장 관리 및 통합 해충 관리가 포함될 수 있다.
- 보다 자세한 정보는 다음 참고문헌 73, 78, 81을 참고할 것

(2) 최상관리실행 : 삼림대(森林帶) : Best Management Practices : Forestland

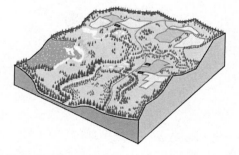

그림 B.33 삼림대에서 비점오염원 오염을 완화하기 위한 개별적이고도 체계적인 접근법

적용과 효과
- 현재 관리시스템이 유역에서 문제를 일으키고 하천수변에 영향을 줄 가능성이 높은 곳에서 사용된다.

- 유역 내의 하나 이상의 자연자원 기능을 복원하기 위해 관리계획이 실행되는 곳에서도 적용된다.
- 포괄적인 산림관리계획, 유역실행계획, 그리고 하천수변 복원계획에 어떻게 적용되는지를 고려해야 한다.
- BMP에는 사전 수확계획, 하천변 관리 조치, 도로건설 또는 재건설, 도로관리, 목재수확, 부지조성 및 산림발생, 화재 관리, 교란지역 재식생, 산림 화학 관리 및 산림 습지 관리가 포함될 수 있다.
- 보다 자세한 정보는 다음 참고문헌 9, 20, 27, 30, 34, 42, 49, 51, 70, 78, 79, 81, 82, 83, 88, 89를 참고할 것

(3) 최상관리실행 : 도시지역 : Best Management Practices : Urban Areas

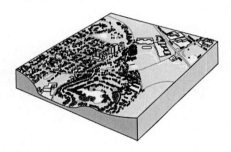

그림 B.34 하천수변에 대한 도시 개발과 도시 활동의 영향을 상쇄, 감소 또는 보호하기 위해 고안된 개별적 또는 체계적 접근법

적용과 효과

- 도시활동으로 인해 손상된 생태 기능을 개선 및/또는 복원하는 데 사용된다.
- 가능한 범위 내에서 하천복원이 전체 하천수변을 따라 적용되도록 보장하기 위해 경관 내의 다른 지역의 BMP와도 통합되어야 한다.
- 개별 도시 BMP의 사용은 하천시스템을 복원하기 위한 전반적인 계획과 조정되어야 한다.
- 도시 지역은 매우 다양하며 교란 가능성이 크다.
- 물리적 배치, 전체 시스템과의 관계, 유지 보수 및 교란으로부터의 보호와 관련하여 현장 상황에 대한 처리의 적용 가능성은 중요한 고려사항이다.

- BMP에는 건조한 일시저류지 확장, 습식 연못, 건설된 습지, 유수(油水) 분리기, 식생한 저습지, 여과 대(帶), 침투연못과 도랑, 다공성 포장과 도시 삼림대가 포함될 수 있다.
- 보다 자세한 정보는 다음 참고문헌 29, 34, 43, 49, 78, 80, 81, 83을 참고할 것

(4) 흐름영역 강화 : Flow Regime Enhancement

그림 B.35 하천흐름을 제어하고 물리적, 화학적 및 생물학적 기능을 개선하기 위한 목적으로 유역 기능(예: 토지이용의 변화나 저류시설 건설)을 조작한다.

적용과 효과

- 인위적인 변화로 인해 하천이 이전 기능을 더 이상 지원하지 않는 범위에서 하천 흐름 특성을 변경한 경우에 적합하다.
- 위협받는 기능(예 : 기질 물질 또는 자연 먹이사슬을 지원하는 유속분포)을 복원하거나 개선할 수 있다.
- 많은 토지사용자가 관여하는 광범위한 영역에서 광범위한 변경을 요구할 수 있다.
- 비용이 많이 들 수 있다.
- 용존산소 부족수준의 개선, 염분수준의 감소 또는 하류부 물 사용자에 대한 최소 유량 수준 유지를 위해 사용되어왔다.
- 흐름영역의 역사적 변화로부터 받은 영향이 흐름 체제의 과거 변화로 인한 영향을 완화할 수 있는지를 결정해야 한다.
- 보다 자세한 정보는 다음 참고문헌 32, 39, 45, 57, 75, 81을 참고할 것

(5) 하천수온관리 : Streamflow Temperature Management

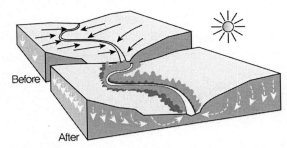

그림 B.36 상승한 유출수 온도를 줄이기 위해 하천변 식생과 상류부 대지(臺地)를 관리한다.

적용과 효과

• 제방 식생이 수로의 음영을 크게 제공할 수 있고 덮개의 대부분이 제거된 작은 하천에 효과적이다.

• 적절한 실행은 하천변의 식생을 확립하고 식물 피복을 증가시키며 침투와 지하수를 증가시키고 기저 흐름을 유지하며 침식을 감소시키는 것이다.

• 탁한 물은 깨끗한 것보다 더 많은 태양 복사를 흡수한다. 따라서 유역에서의 침식 제어는 열 오염을 줄이는 데 도움이 될 수 있다.

• 저수지의 차가운 지층에서의 유출물은 신중하게 사용해야 한다. 더 시원하지만, 이 공급원의 물은 일반적으로 용존산소가 적어 하류로 배출되기 전에 폭기되어야 한다. 저수지의 배수층을 선택적으로 혼합하면 필요한 온도를 조절할 수 있다.

• 관개지역에서 하천에 배출되기 전에 환류를 식힐 수 있는 기회가 있을 수 있다.

• 보다 자세한 정보는 다음 참고문헌 32, 39, 45, 73, 80, 81, 88, 89를 참고할 것

단위 환산표

길이

측정단위	약호	mm	cm	m	km	in	ft	mi
millimeter	mm	1	0.1	0.001	—	0.0394	0.003	—
centimeter	cm	10	1	0.01	—	0.394	0.033	—
meter	m	1000	100	1	0.001	39.37	3.281	—
kilometer	km	—	—	1000	1	—	3281	0.621
inch	in	25.4	2.54	0.0254	—	1	0.083	—
foot	ft	304.8	30.48	0.305	—	12	1	—
mile	mi	—	—	1609	1.609	—	5280	1

면적

측정단위	약호	m^2	ha	km^2	ft^2	acre	mi^2
square meter	m^2	1	—	—	10.76	—	—
hectare	ha	10000	1	0.01	107600	2.47	0.00386
square kilometer	km^2	1×10^6	100	1	—	247	0.386
square foot	ft^2	0.093	—	—	1	—	—
acre	acre	4050	0.405	—	43560	1	0.00156
square mile	mi^2	—	259	2.59	—	640	1

체적

측정단위	약호	km^3	m^3	L	Mgal	acre-ft	ft^3	gal
cubic kilometer	km^3	1	1×10^9	—	—	811000	—	—
cubic meter	m^3	—	1	1000	—	—	35.3	264
liter	L	—	0.001	1	—	—	0.0353	0.264
million U.S. gallons	Mgal	—	—	—	1	3.07	134000	1×10^6
acre-foot	acre-ft	—	1233	—	0.3259	1	43560	325848
cubic foot	ft^3	—	0.0283	28.3	—	—	1	7.48
gallon	gal	—	—	3.785	—	—	0.134	1

온도

측정단위	약호	F	C
Fahrenheit(화씨)	F	—	0.56(after subtracting 32; −32 후)
Celsius(섭씨)	C	1.8(then add 32; 후 32 추가)	—

흐름률

측정단위	약호	km³/yr	cms	L/s	mgd	gpm	cfs	acre−ft/day
cubic kilometers / year	km³/yr	1	31.7	—	723	—	1119	2220
cubic meters / second	cms(m³/s)	0.0316	1	1000	22.8	15800	35.3	70.1
liters / second	L/s(L/sec)	—	0.001	1	0.0228	15.8	0.0353	0.070
million U.S. gallons / day	mgd(Mgal/d)	—	0.044	43.8	1	694	1.547	3.07
U.S. gallons / minute	gpm(gal/min)	—	—	0.063	—	1	0.0022	0.0044
cubic feet / second	cfs(ft³/s)	—	0.0283	28.3	0.647	449	1	1.985
acre-feet / day	acre-ft/day	—	—	14.26	0.326	226.3	0.504	1

참고문헌

Abbe, T.B., D.R. Montgomery, and C. Petroff. 1997. Design of stable in-channel wood debris structures for bank protection and habitat restoration: an example from the Cowlitz River, WA. In Proceedings of the Conference on Management of Landscape Disturbed by Channel Incision, May 19-23.

Abt, S.R. 1995. Settlement and submergence adjustments for Parshall flume. Journal of Irrigation Drainage Engineering, ASCE 121(5): 317-321.

Ackers, P., and Charlton. 1970. Meandering geometry arising from varying flows. Journal of Hydrology 11(3): 230-252.

Ackers P., and W.R. White. 1973. Sediment transport－new approach and analysis. American Society of Civil Engineers Proc. Paper 10167. Journal of the Hydraulics Division, ASCE 99(HY11): 2041-2060.

Adams, W.J., R.A. Kimerle, and J. W. Barnett, Jr. 1992. Sediment quality and aquatic life assessment. Environmental Science and Technology 26(10): 1864-1875.

Adamus, P.R. 1993. Irrigated wetlands of the Colorado Plateau: information synthesis and habitat evaluation method. EPA/600/R-93/071. U.S. Environmental Protection Agency, Environmental Research Laboratory, Corvallis, Oregon.

Aldridge, B.N., and J.M. Garrett. 1973. Roughness coefficients for stream channels in Arizona. U.S. Geological Survey Open-File Report. U.S. Geological Survey.

Allan, J.D. 1995. Stream ecology－structure and function of running waters. Chapman and Hall, New York.

Allen, E.B. 1995. Mycorrhizal limits to rangeland restoration: soil phosphorus and fungal species composition. In Proceedings of the Fifth International Rangeland Congress, Salt Lake City, Utah.

Alonso, C.V., and S.T. Combs. 1980. Channel width adjustment in straight alluvial streams. USDA-ARS: 5-31-5-40.

Alonso, C.V., F.D. Theurer, and D.W. Zachmann. 1996. Sediment Intrusion and Dissolved Oxygen Transport Model－SIDO. Technical Report No. 5. USDA-ARS National Sedimentation Laboratory, Oxford, Mississippi.

American Public Health Association(APHA). 1995. Standard methods for the examination of water and wastewater. 19th ed. American Public Health Association, Washington, DC.

American Society for Testing Materials(ASTM). 1991. Standard methods for the examinations of water and wastewater. 18th ed. American Public Health Association, Washington, DC.

American Society of Civil Engineers(ASCE). 1997. Guidelines for the retirement of hydroelectric facilities.

Ames, C.R. 1977. Wildlife conflicts in riparian management. In Importance, preservation and management of riparian habitat, pp. 39-51. USDA Forest Service General Technical Report RM-43. Rocky Mountain Forest and Range Experiment Station. Fort Collins, Colorado.

Anderson, B.W., J. Dissano, D.L. Brooks, and R.D. Ohmart. 1984. Mortality and growth of cottonwood on dredge-spoil. In California riparian systems, eds. R.B. Warner and K.M. Hendrix, pp. 438-444. University of California Press, Berkeley.

Anderson, B.W., and S.A. Laymon. 1988. Creating habitat for the Yellow-billed Cuckoo(Coccyzus americana). In Proceedings of the California riparian systems conference: protection, management, and restoration for the 1990s, coord. D.L. Abel, pp. 469-472. USDA Forest Service General Technical Report PSW-110. Pacific Southwest Forest and Range Experiment Station, Berkeley, California. Pages 469-472.

Anderson, B.W., R.D. Ohmart, and J. Disano. 1978. Revegetating the riparian floodplain for wildlife. In Symposium on strategies for protection and management of floodplain wetlands and other riparian ecosystems, pp. 318-331. USDA Forest Service General Technical Report WO-12. B-2 Stream Corridor.

Andrews, E.D. 1980. Effective and bankfull discharges of streams in the Yampa River Basin, Colorado and Wyoming. Journal of Hydrology 46: 311-330.

Andrews, E.D. 1983. Entrainment of gravel from natural sorted riverbed material. Geological Society of America Bulletin 94: 1225-1231.

Andrews, E.D. 1984. Bed-material entrainment and hydraulic geometry of gravel-bed rivers in Colorado. Geological Society of America Bulletin 97: 1012-1023.

Animoto, P.Y. 1978. Erosion and sediment control handbook. WPA 440/3-7-003. State of California Department of Conservation, Sacramento.

Apmann, R.P. 1972. Flow processes in open channel bends. Journal of the Hydraulics Division, ASCE 98(HY5): 795-810.

Apple, L.L., B.H. Smith, J.D. Dunder, and B.W. Baker. 1985. The use of beavers for riparian/ aquatic habitat restoration of cold desert, gully-cut stream systems in southwestern Wyoming. G. Pilleri, ed. In Investigations on beavers, G. Pilleri ed., vol. 4, pp. 123-130. Brain Anatomy Institute, Berne, Switzerland.

Arcement, G.J., Jr., and V.R. Schneider. 1984. Guide for selecting Manning's roughness coefficients for natural channels and flood plains. Federal Highway Administration Technical Report No. FHWA-TS-4-204. U.S. Department of Transportation, Federal Highway Administration, Washington, DC.

Armour, C.L., and J.G. Taylor. 1991. Evaluation of the Instream Flow Incremental Methodology by U.S. Fish and Wildlife Service field users. Fisheries 16(5).

Armour, C.L., and S.C. Williamson. 1988. Guidance for modeling causes and effects in environmental problem solving. U.S.. Fish and Wildlife Service Biological Report 89(4).

Arnold, C., P. Boison, and P. Patton. 1982. Sawmill Brook: an example of rapid geomorphic change related to urbanization. Journal of Geology 90: 155-166.

Aronson, J.G., and S.L. Ellis. 1979. Monitoring, maintenance, rehabilitation and enhancement of critical Whooping Crane habitat, Platte River, Nebraska. In The mitigation symposium: a national workshop on mitigating losses of fish and wildlife habitats, tech. coord. G.A. Swanson, pp. 168-180. USDA Forest Service General Technical Report. RM-65. Rocky Mountain Forest and Range Experiment Station, Fort Collins, CO.

Ashmore, P.E., T.R. Yuzyk, and R. Herrington. 1988. Bed-material sampling in sand-bed streams. Environment Canada Report IWD-HQ-WRB-SS-88-4. Environment Canada, Inland Waters Directorate, Water Resources Branch, Sediment Survey Section.

Atkins, J.B., and J.L. Pearman. 1994. Low-flow and flowduration characteristics of Alabama streams. U.S. Geological Survey Water-Resources Investigations Report 93-4186. U.S. Geological Survey.

Averett, R.C., and L.J. Schroder. 1993. A guide to the design of surface-water-quality studies. U.S. Geological Survey Open-File Report 93-105. U.S. Geological Survey.

Baird, K.J. and J.P. Rieger. 1988. A restoration design for Least Bell's Vireo habitat in San Diego County. In Proceedings of the California riparian systems conference: protection, management, and restoration the 1990s, coord. D.L. Abell, pp. 462-467. USDA Forest Service General Technical Report PSW-110. Pacific Southwest Forest and Range Experiment Station, Berkeley, California.

Baker, B.W., D.L. Hawksworth, and J.G. Graham. 1992. Wildlife habitat response to riparian restoration on the Douglas Creek watershed. In Proceedings of the Fourth Annual Conference, Colorado Riparian Association, Steamboat Springs, Colorado.

Barinaga, M. 1996. A recipe for river recovery? Science 273: 1648-1650.

Barnes, H. 1967. Roughness characteristics of natural channels. U.S. Geological Survey Water Supply paper 1849. U.S. Government Printing Office, Washington, DC.

Barron, R. 1989. Protecting the Charles River corridor. National Wetlands Newsletter, May-June: 8-10.

Bartholow, J.M., J.L. Laake, C.B. Stalnaker, S.C. Williamson. 1993. A salmonid population model with emphasis on habitat limitations. Rivers 4: 265-279.

Bathurst, J.C. 1985. Literature review of some aspects of gravel-bed rivers. Institute of Hydrology, Wallingford, Oxfordshire, U.K.

Bayley, P.B. 1995. Understanding large river-floodplain ecosystems. BioScience 45(3): 154.

Bayley, P.B., and H.W. Li. 1992. Riverine fishes. In The rivers handbook, ed. P. Calow and G.E. Petts, vol. 1, pp. 251-281. Blackwell Scientific Publications, Oxford, U.K.

Begin, Z.B. 1981. Stream curvature and bank erosion: a model based on the momentum equation. Journal of Ecology 89: 497-504.

Behmer, D.J., and C.P. Hawkins. 1986. Effects of overhead canopy on macroinvertebrate production in a Utah stream. Freshwater Biology 16(3): 287-300.

Behnke, R.J., and R.F. Raleigh. 1978. Grazing and the riparian zone: impact and management perspectives. In Strategies for protection of floodplain wetlands and other riparian ecosystems, tech. coords. R.R. Johnson and J.F. McCormick, pp. 263-267. USDA Forest Service General Technical Report WO-12. U.S. Depart-ment of Agriculture, Forest Service.

Belt, G.H., J. O'Laughlin, and T. Merrill. 1992. Design of forest riparian buffer strips for the protection of water quality: analysis of scientific literature. Report No. 8. Idaho Forest, Wildlife and Range Policy Analysis Group, Idaho Forest, Wildlife and Range Experiment Station, Moscow, Idaho.

Benke, A.C., T.C. Van Arsdall, Jr., D.M. Gillespie, and F.K. Parrish. 1984. Invertebrate productivity in a subtropical blackwater river: the importance of habitat and life history. Ecological Monographs 54: 25-63.

Benson, M.A., and T. Dalrymple. 1967. General field and office procedures for indirect discharge measurements. In Techniques of water-resources investigations of the United States Geological Survey, Book 3, Chapter A1.

Beschta, R. 1984. TEMP84: A computer model for predicting stream temperatures resulting from the management of streamside vegetation. Report WSDG-AD-00009, USDA Forest Service, Watershed Systems Development Group, Fort Collins, Colorado. U.S. Department of

Agriculture, Forest Service.

Beschta, R.L., W.S. Platts, J.B. Kauffman, and M.T. Hill. 1994. Artificial stream restoration—money well spent or an expensive failure? In Proceedings on Environmental Restoration, Universities Council on Water Resources 1994 Annual Meeting, August 2-5, Big Sky, Montana, pp. 76-104.

Bettess, R., and W.R. White. 1987. Extremal hypotheses applied to river regime. In Sediment transport in gravel-bed rivers, ed. C.R. Thorne, J.C. Bathurst, and R.D. Hey, pp. 767-789. John Wiley and Sons, Inc., Chichester, U.K.

Biedenharn, D.S., C.M. Elliott, and C.C. Watson. 1997. The WES stream investigation and streambank stabilization handbook. Prepared for U.S. Environmental Protection Agency by U.S. Army Corps of Engineers, Waterways Experiment Station, Vicksburg, Mississippi.

Biedenharn, D.S., and C.R. Thorne. 1994. Magnitudefrequency analysis of sediment transport in the Lower Mississippi River. Regulated Rivers: Research and Management 9(4): 237-251.

Bio West. 1995. Stream Habitat Improvement Evaluation Projec. Bio West, Logan, Utah.

Bisson, R.A., R.E. Bilby, M.D. Bryant, C.A. Dolloff, G.B. Grette, R.A. House, M.J. Murphy, K V. Koski, and J.R. Sedell. 1987. Large woody debris in forested streams in the Pacific Northwest: past, present, and future. In Streamside management: forestry and fishery interactions, ed. E.O. Salo and T.W. Cundy, pp. 143-190. Institute of Forest Resources, University of Washington, Seattle, Washington. B-4 Stream Corridor

Blench, T. 1957. Regime behavior of canals and rivers. Butterworths Scientific Publications, London.

Blench, T. 1969. Coordination in mobile-bed hydraulics. Journal of the Hydraulics Division, ASCE 95(HY6): 1871-98.

Bond, C.E. 1979. Biology of Fishes. Saunders College Publishing, Philadelphia, Pennsylvania.

Booth, D., and C. Jackson. 1997. Urbanization of aquatic systems: degradation thresholds, stormwater detection and the limits of mitigation. Journal AWRA 33(5): 1077-1089.

Booth, D., D. Montgomery, and J. Bethel. 1996. Large woody debris in the urban streams of the Pacific Northwest. In Effects of watershed development and management on aquatic systems, ed. L. Rosner, pp. 178-197. Proceedings of Engineering Foundation Conference, Snowbird, Utah, August 4-9.

Bourassa, N., and A. Morin. 1995. Relationships between size structure of invertebrate assemblages and trophy and substrate composition in streams. Journal of the North American Benthological Society. 14: 393-403.

Bovee, K.D. 1982. A guide to stream habitat analysis using the instream flow incremental methodology. Instream Flow Information Paper No. 12 FWS/OBS-82-26. U.S. Fish and Wildlife Service, Biological Services Program, Fort Collins, Colorado.

Bovee, K.D., T.J. Newcomb, and T.J. Coon. 1994. Relations between habitat variability and population dynamics of bass in the Huron River, Michigan. National Biological Survey Biological Report 22. National Biological Survey.

Bowie, G. L., W.B. Mills, D.B. Porcella, C.L. Campbell, J.R. Pagenkopf, G.L. Rupp, K.M. Johnson, P.W. H. Chan, and S.A. Gherini. 1985. Rates, constants, and kinetics formulations in surface water quality modeling, 2d ed. EPA/600/ 3-85/040. U.S. Environmental Protection Agency, Environmental Research Laboratory, Athens, Georgia.

Brady, W., D.R. Patton, and J. Paxson. 1985. The development of southwestern riparian gallery forests. In Riparian ecosystems and their management: reconciling conflicting uses, tech. coords. R.R. Johnson et al., pp. 39-43. USDA Forest. Service General Technical Report RM-120, Rocky Mountain Forest and Range Experiment Station, Fort Collins, Colorado.

Bramblett, R.G., and K.D. Fausch. 1991. Variable fish communities and the Index of Biotic Integrity in a western Great Plains river. Transactions of the American Fisheries Society 120: 752-769.

Brazier, J.R., and G.W. Brown. 1973. Buffer strips for stream temperature control. Research Paper 15, Paper 865. Oregon State University, School of Forestry, Forest Research Laboratory, Corvallis.

Briggs, J.C. 1986. Introduction to the zoogeography of North American fishes. In Zoogeography of North American Freshwater Fishes, ed. C.H. Hocutt and E.O. Wiley, pp. 1-16. Wiley Interscience, New York.

Briggs, M.K. 1992. An evaluation of riparian vegetation efforts in Arizona. Master's thesis, University of Arizona, School of Renewable Natural Resources.

Briggs, M.K., B.A. Roundy, and W.W. Shaw. 1994. Trial and error— assessing the effectiveness of riparian revegetation in Arizona. Restoration and Management Notes 12(2): 160-167.

Brinson, M. 1995. The HGM approach explained. National Wetlands Newsletter, November-December 1995: 7-13.

Brinson, M.M., F.R. Hauer, L.C. Lee, W.L. Nutter, R.D. Rheinhardt, R.D. Smith, and D. Whigham. 1995. A guidebook for application of hydrogeomorphic assessments to riverine wetlands. Technical Report WRP-DE-11. U.S. Army Corps of Engineers, Waterways Experiment Station, Vicksburg, Mississippi.

Brinson, M.M., B.L. Swift, R.C. Plantico, and J.S. Barclay. 1981. Riparian ecosystems: their ecology and status. FWS/OBS-81/17. U.S. Fish and Wildlife Service, Office of Biological Services,

Washington, DC.

Brookes, A. 1987. Restoring the sinuosity of artificially straightened stream channels. Environmental Geology Water Science 10(1): 33-41.

Brookes, A. 1988. Channelized rivers: perspectives for environmental management. John Wiley and Sons, Ltd., Chichester, U.K.

Brookes, A. 1990. Restoration and enhancement of engineered river channels: some European experiences. Regulated Rivers: Research & Management 5(1): 45-56.

Brookes, A. 1991. Design practices for channels receiving urban runoff: examples from the river Thames catchment, UK. Paper given at Engineering Foundation Conference, Mt. Crested Butte, Colorado, August.

Brookes, A. 1995. The importance of high flows for riverine environments. In The ecological basis for river management, ed. D.M. Harper and A.J.D. Ferguson. John Wiley and Sons, Ltd., Chichester, U.K.

Brooks, R.P., E.D. Bellis, C.S. Keener, M.J. Croonquist, and D.E. Arnold. 1991. A methodology for biological monitoring of cumulative impacts on wetland, stream, and riparian components of watershed. In Proceedings of an international symposium: Wetlands and River Corridor Management, July 5-9, 1989, Charleston, South Carolina, ed. J.A. Kusler and S. Daly, pp. 387-398.

Brown, G.W., and J.T. Krygier. 1970. Effects of clearcutting on stream temperature. Water Resources Research 6: 1133-1139.

Brownlie, W.R. 1981. Prediction of flow depth and sediment discharge in open channels. Report No. KHR-43A. California Institute of Technology, W.M. Keck Laboratory of Hydraulics and Water Resources, Pasadena.

Brouha, P. 1997. Good news for U.S. fisheries. Fisheries 22: 4.

Brungs, W.S., and B.R. Jones. 1977. Temperature Criteria for Freshwater Fish: Protocols and Procedures. EPA-600/3-77-061. Environ. Research Lab, Ecological Resource Service, U.S. Environmental Protection Agency, Office of Research and Development, Deluth, MN.

Brush, T. 1983. Cavity use by secondary cavity-nesting birds and response to manipulations. Condor 85: 461-466.

Bryant, M.D. 1995. Pulsed monitoring for watershed and stream restoration. Fisheries 20(11):6-13.

Buchanan, T.J., and W.P. Somers. 1969. Discharge measurements at gaging stations. Techniques of water-resources investigations of the United States Geological Survey, Book 3, Chapter A8.

Budd, W.W., P.L. Cohen, P.R. Saunders, and F.R. Steiner. 1987. Stream corridor management in the Pacific Northwest: I. determination of stream corridor widths. Environmental Management 11: 587-597.

Burrows, W.J., and D.J. Carr. 1969. Effects of flooding the root system of sunflower plants on the cytokinin content in the xylem sap. Physiologia Plantarum 22: 1105-1112.

Call, M.W. 1970. Beaver pond ecology and beaver trout relationships in southeastern Wyoming. Ph.D. dissertation, University of Wyoming, Laramie.

Carling, P. 1988. The concept of dominant discharge applied to two gravel-bed streams in relation to channel stability thresholds. Earth Surface Processes and Landforms 13: 355-67.

Carothers, S.W. 1979. Distribution and abundance of nongame birds in riparian vegetation in Arizona. Final report to USDA Forest Service, Rocky Mountain Forest and Range Experimental Station, Tempe, Arizona.

Carothers, S.W., and R.R. Johnson. 1971. A summary of the Verde Valley breeding bird survey, 1970. Completion report FW 16-10: 46-64. Arizona Game and Fish Department. B-6 Stream Corridor.

Carothers, S.W., R.R. Johnson, and S.W. Aitchison. 1974. Population structure and social organization of southwestern riparian birds. American Zoology 14: 97-108.

Carothers, S.W., G.S. Mills, and R.R. Johnson. 1990. The creation and restoration of riparian habitats in southwestern arid and semiarid regions. Wetland creation and restoration: the status of the science, vol. 1, regional reviews, ed. J. A. Kusler and M. E. Kentula, pp. 359-376. Island Press, Covelo, California.

Carson, M.A., and M.J. Kirkby. 1972. Hillslope form and process. Cambridge University Press, London.

Cavendish, M.G., and M.I. Duncan. 1986. Use of the instream flow incremental methodology: a tool for negotiation. Environmental Impact Assessment Review 6: 347-363.

Center for Watershed Protection. 1995. Watershed protection techniques, vol. 1, no. 4. Center for Watershed Protection, Silver Spring, Maryland. Summer.

Chaney, E., W. Elmore, and W.S. Platts. 1990. Livestock grazing on western riparian areas. U.S. Environmental Protection Agency, Region 8.

Chang, H.H. 1988. Fluvial processes in river engineering. John Wiley and Sons, Ltd., New York.

Chang, H.H. 1990. Generalized computer program FLUVIAL-12, mathematical model for erodible channels, user's manual. April.

Chapman, D. W. 1988. Critical review of variables used to define effects of fines in reeds of large salmonids. Transactions American Fisheries Society 1171-21.

Chapman, R.J., T.M. Hinckley, L.C. Lee, and R.O. Teskey. 1982. Impact of water level changes on woody riparian and wetland communities, vol. X. FWS/OBS-82/23. Fish and Wildlife Service.

Chen, W.F. 1975. Limit analysis and soil plasticity. Elsevier Scientific Publishing Co., New York.

Chitale, S.V. 1973. Theories and relationships of river channel patterns. Journal of Hydrology 19(4): 285-308.

Chow, V.T. 1959. Open channel hydraulics. McGraw-Hill, Inc., New York.

Chow, Vente, 1964. Handbook of Applied Hydrology, a Comparison of Water-Resources Technology. McGraw Hill, New York.

Clary, W.P., and B.F. Webster. 1989. Managing grazing of riparian areas in the intermountain region. USDA Forest Service General Technical Report INT-263. USDA Forest Service, Inter-mountain Research Station, Ogden, Utah.

Colby, B.R. 1964. Practical computations of bed material discharge. Journal of the Hydraulics Division, ASCE 90(HY2).

Cole, G.A. 1994. Textbook of limnology, 4th ed. Waveland Press, Prospect Heights, Illinois.

Cole, D.N., and J.L. Marion. 1988. Recreation impacts in some riparian forests of the eastern United States. Environmental Management 12: 99-107.

Collier, R.H. Webb, and J.C. Schmidt. 1996. Dams and rivers: A primer on the downstream effects of dams. U.S. Geological Survey Circular vol. 1126(June).

Collins, T.C. 1976. Population characteristics and habitat relationships of beavers, Castor canadensis, in northwest Wyoming. Ph.D. dissertation, University of Wyoming, Laramie.

Conroy, S. D., and T. J. Svejcar. 1991. Willow planting success as influenced by site factors and cattle grazing in northeastern California. Journal of Range Management 44(1): 59-63.

Cooper, A. C. 1965. The effect of transported stream sediments on survival of sockeye and pink salmon eggs and alevin. Int. Pac. Salmon Fish. Comm., Bulletin No. 18.

Cooper, C.M,. and S.S. Knight. 1987. Fisheries in manmade pools below grade-control structures and in naturally occurring scour holes of unstable streams. Journal of Soil and Water Conservation 42(5): 370-373.

Copeland, R.R. 1994. Application of channel stability methods— case studies. Technical Report HL-94-11, U.S. Army Corps of Engineers, Waterways Experiment Station, Vicksburg, MS.

Coppin, N.J., and I.G. Richards. 1990. Use of vegetation in civil engineering. Construction Industry Research and Information Association(CIRIA), London. ISBN 0-408-03849-7.

Couch, C. 1997. Fish dynamics in urban streams near Atlanta, Georgia. Technical Note 94. Watershed Protection Techniques 2(4):511-514.

Covich. 1993. Water and ecosystems. In Water in crisis: A guide to the World's Freshwater resources, ed. P.H. Gleick. Oxford University Press, Oxford, United Kingdom.

Cowan, J. 1959. 'Pre-fab' wire mesh cone gives doves better nest than they can build themselves. Outdoor California 20: 10-11.

Cowardin, L.W., V. Carter, F.C. Golet, and E.T. LaRoe. 1979. Classification of wetlands and deep water habitats of the United States. U.S. Fish and Wildlife Service, Washington, DC.

Crawford, J., and D. Lenat. 1989. Effects of land use on water quality and the biota of three streams in the Piedmont Province of North Carolina. U.S. Geological Survey Water Resources Investigations Report 89-4007. U.S. Geological Survey, Raleigh, North Carolina.

Croonquist, M.J., and R.P. Brooks. 1991. Use of avian and mammalian guilds as indicators of cumulative impacts in riparian-wetland areas. Environmental Management 15: 701-714.

Cross, S.P. 1985. Responses of small mammals to forest perturbations. Pages 269-275 in R.R. Herman, R.L. and F.P. Meyer. 1990. Fish Kills Due to Natural Causes. In F.P. Field Manual for the Investigation of Fish Kills. F.P. Meyer and L.A. Barcaly(Eds.). United States Department of the Interior, Fish and Wildlife Service, Arlington, Virginia.

Cummins, K.W. 1974. The structure and function of stream ecosystems. BioScience 24:631-641.

Darby, S.E., and C.R. Thorne. 1992. Approaches to modelling width adjustment in curved alluvial channels. Working Paper 20, Department of Geography, University of Nottingham, U.K.

Darby, S.E., and C.R. Thorne. 1996. Numerical simulation of widening and bed deformation of straight sand-bed rivers. Journal of Hydraulic Engineering 122:184-193. ISSN 0733-9429.

DeBano, L.F., and L.J. Schmidt. 1989. Improving southwestern riparian areas through water and management. USDA Forest Service, General Technical Report RM-182. U.S. Department of Agriculture, Forest Service.

Department of the Interior(DOI), Department of Commerce, and Lower Elwha S'Klallam Tribe. 1994. The Elwha report: restoration of the Elwha River ecosystem and native anadromous fisheries.

U.S. Government Printing Office 1994-590-269.

Dickason, C. 1988. Improved estimates of ground water mining acreage. Journal of Soil and Water Conservation 43(1988): 239-240.

Dirr, M.A., and C.W. Heuser. 1987. The reference manual of woody plant propagation. Varsity Press, Athens, Georgia.

Dissmeyer, G.E. 1994. Evaluating the effectiveness of forestry best management practices in meeting water quality goals or standards. USDA Forest Service Miscellaneous Publication 1520, Southern Region, Atlanta, Georgia.

Dolloff, C.A., P.A. Flebbe, and M.D. Owen. 1994. Fish habitat and fish populations in a southern Appalachian watershed before and after Hurricane Hugo. Transactions of the American Fisheries Society 123(4): 668-678.

Downs, P.W. 1995. River channel classification for channel management purposes. In Changing river channels, ed. A. Gurnell and G. Petts. John Wiley and Sons, Ltd., New York.

Dramstad, W.E., J.D. Olson and R.T. Gorman. 1996. Landscape ecology principles in landscape architecture and land-use planning. Island Press, Washington, DC. B-8 Stream Corridor

Dubos, R. 1981. Celebration of life. McGraw-Hill, New York.

Dunne, T., and L.B. Leopold. 1978. Water in environmental planning. W.H. Freeman Co., San Francisco.

Dunne, T. 1988. Geomorphologic contributions to flood control planning. In Flood geomorphology, pp. 421-438. John Wiley and Sons, Ltd., New York.

Dunster, J., and K. Dunster. 1996. Dictionary of natural resource management. University of British Columbia. April. ISBN: 077480503X.

Dury, G.H. 1973. Magnitude-frequency analysis and channel morphology. In Fluvial Geomorphology, ed. M. Morisaua, pp. 91-121. Allen & Unwin.

Edminster, F.C., and W.S. Atkinson. 1949. Streambank erosion control on the Winooski River, Vermont. USDA Circular No. 837. U.S. Department of Agriculture, Washington, DC.

Einstein, H.A. 1950. The bed-load function for sediment transportation in open channel flows. U.S. Department of Agriculture Technical Bulletin 1026. U.S. Department of Agriculture, Washington, DC.

Electric Power Research Institute(EPRI). 1996. EPRI's CompMech suite of modeling tools population-level impact assessment. Publication WO3221. Electric Power Research Institute, Palo Alto, California.

Elmore, W., and R.L. Beschta. 1987. Riparian areas: perceptions in management. Rangelands 9: 260-265.

Elmore, W., and J.B. Kauffman. 1994. Riparian and watershed systems: degradation and restoration. In Ecological implications of livestock herbivory in the West, ed. M. Vavra, W.A. Laycock, and R.D. Piper, pp. 211-232. Society for Range Management, Denver, CO.

Emmett, W.M. 1975. The channels and waters of the Upper Salmon River Area, Idaho. USGS Professional Paper 870-A, Washington, D.C.

Engelund, F., and E. Hansen. 1967. A monograph on sediment transport in alluvial streams. Danish Technical Press(Teknisk Forlag).

Entry, J.A., P.K. Donnelly, and W.H. Emmingham. 1995. Atrazine and 2,4-D mineralization in relation to microbial biomass in soils of young-, second-, and oldgrowth riparian forests. Applied Soil Ecology 2: 77-84.

Erman, N.A. 1991. Aquatic invertebrates as indicators of biodiversity. In Proceedings of a Symposium on Biodiversity of Northwestern California, Santa Rosa, California. University of California, Berkeley.

Fan, S.S., ed. 1988. Twelve selected computer stream sedimentation models developed in the United States. In Proceedings of the Interagency Symposium on Computer Stream Sedimentation Models, Denver, CO, October 1988. Federal Energy Regulatory Commission, Washington, DC.

Fan, S.S., and B.C. Yen, eds. 1993. Report on the Second Bilateral Workshop on Understanding Sedimentation Processes and Model Evaluation, San Francisco, CA, July 1993. Proceedings published by the Federal Energy Regulatory Commission, Washington, DC.

Fausch, K.D., J.R. Karr, and P.R. Yant. 1984. Regional association of an Index of Biotic Integrity based on stream fish communities. Transactions of the American Fisheries Society 113: 39-55.

Federal Energy Regulatory Commission(FERC). 1996. Reservoir release requirements for fish at the New Don Pedro Project, California. Final Environmental Impact Statement. Office of Hydropower Licensing, FERC-EIS-0081F.

Federal Interagency Sedimentation Project. 1986. Catalog of instruments and reports for fluvial sediment investigations. Federal InterAgency Sedimentation Project, Minneapolis, Minnesota.

Feminella, J.W., and W.J. Matthews. 1984. Intraspecific differences in thermal tolerance of Etheostoma spectabile(Agassiz) in constant versus fluctuating environments. Journal of Fisheries Biology 25: 455-461.

Fennessey, N.M., and R.M. Vogel. 1990. Regional flowduration curves for ungaged sites in Massachusetts. Journal of Water Resources Planning and Management, ASCE 116(4): 530-549.

Ferguson, B.K. 1991. Urban stream reclamation. Journal of Soil and Water Conservation 46(5): 324-328.

Flessner, T.R., D.C. Darris, and S.M. Lambert. 1992. Seed source evaluation of four native riparian shrubs for streambank rehabilitation in the Pacific Northwest. In Symposium on ecology and management of riparian shrub communities, pp. 155-162. USDA Forest Service General Technical Report INT-289. U.S. Department of Agriculture, Forest Service.

Flosi, G., and F.L. Reynolds. 1994. California salmonid stream habitat restoration manual. 2nd ed. California Department of Fish and Game, Sacramento.

Fogg, J.L. 1995. River channel restoration: guiding principles for sustainable projects, ed. A. Brookes and F.D. Shields. John Wiley and Sons. ISBN: 0471961396.

Fordham, A.J., and L.S. Spraker. 1977. Propagation manual of selected gymnosperms. Arnoldia 37: 1-88.

Forman, R.T.T. 1995. Land mosaics: the ecology of landscapes and regions. Cambridge University Press, Great Britain.

Forman, R.T.T., and M. Godron. 1986. Landscape ecology. John Wiley and Sons, New York.

Fortier, S., and F.C. Scobey. 1926. Permissible canal velocities. Transactions of the ASCE 89: 940-956.

Francfort, J.E., G.F. Cada, D.D. Dauble, R.T. Hunt, D.W. Jones, B.N. Rinehart, G.L. Sommers, and R.J. Costello. 1994. Environmental mitigation at hydroelectric projects. Vol. II. Benefits and costs of fish passage and protection. DOE/ID-10360(V2). Prepared for U.S. Department of Energy, Idaho Operations Office by Idaho National Engineering Laboratory, EG&G Idaho, Inc., Idaho Falls, Idaho.

Fredrickson, L.H. 1978. Lowland hardwood wetlands: current status and habitat values for wildlife. In Wetland functions and values: the state of our understanding, ed. P.E. Greeson, V.R. Clark, and J.E. Clark. American Water Resources Association, Minneapolis, Minnesota.

Fredrickson, L.H., and T.S. Taylor. 1982. Management of seasonally flooded impoundments for wildlife. U.S. Fish and Wildlife Service Resource Publication 148. U.S. Fish and Wildlife Service.

French, R.H. 1985. Open-channel hydraulics. McGraw-Hill Publishing Co., New York.

Fretwell, S.D., and H.L. Lucas. 1970. On territorial behavior and other factors influencing habitat distribution in birds. I. Theoretical development. Acta Biotheoretica 19: 16-36.

Friedman, J.M., M.L. Scott, and W.M. Lewis, Jr. 1995. Restoration of riparian forests using irrigation, disturbance, and natural seedfall. Environmental Management 19: 547-557.

Frissell, C.A., W.L. Liss, C.E. Warren, and M.D. Hurley. 1986. A hierarchial framework for stream habitat classification: viewing streams in a watershed context. Environmental Management 10:199-214.

Galli, J. 1991. Thermal impacts associated with urbanization and stormwater best management practices. Metropolitan Washington Council of Governments, Maryland Department of Environment, Washington, DC.

Garcia, M.H., L. Bittner, and Y. Nino. 1994. Mathematical modeling of meandering streams in Illinois: a tool for stream management and engineering. Civil Engineering Studies, Hydraulic Engineering Series No. 43, University of Illinois, Urbana.

Garcia de Jalon, D. 1995. Management of physical habitat for fish stocks. In The ecological basis for river management, ed. D.M. Harper and J.D. Ferguson, pp. 363-374. John Wiley & Sons, Chichester.

Gebert, W.A., D.J. Graczyk, and W.R. Krug. 1987. Average annual runoff in the United States, 1951-80. Hydrological Investigations Atlas. HA-710. U.S. Geological Survey, Reston, Virginia. B-10 Stream Corridor

Glasgow, L. and R. Noble. 1971. The importance of bottomland hardwoods to wildlife. Pages 30-43 in Proceedings of the Symposium on Southeast Hardwoods, Dothan, Alabama, pp. 30-43. U.S. Department of Agriculture, Forest Service.

Gilbert, R.O. 1987. Statistical methods for environmental pollution monitoring. VanNostrand Reinhold, New York.

Goldman, S.J., K. Jackson, and T.A. Bursztynsky. 1986. Erosion and sediment control handbook. McGraw Hill Book Company, New York.

Goldner, B.H. 1984. Riparian restoration efforts associated with structurally modified flood control channels. In California riparian systems, ed. R.B. Warner and K.M. Hendrix, pp. 445-451. University of California Press, Berkeley.

Gomez, B. and M. Church. 1989. An assessment of bedload transport formulae for gravel bed rivers. Water Resources Research 25(6): 1161-1186.

Gordon, N.D., T.A. McMahon, and B.L. Finlayson. 1992. Stream hydrology: an introduction for ecologists. John Wiley & Sons, Chichester, U.K.

Gosselink, J.G., G.P. Shaffer, L.L. Lee, D.M. Burdick, D.L. Childres, N.C. Leibowitz, S.C. Hamilton, R. Boumans, D. Cushman, S. Fields, M. Koch, and J.M. Visser. 1990. Landscape conservation in a forested watershed: can we manage cumulative impacts? BioScience 40(8): 588-600.

Grant, G.E., F.J. Swanson, and M.G. Wolman. 1990. Pattern and origin of stepped-bed morphology in highgradient streams, Western Cascades, Oregon. Geological Survey of America Bulletin 102:340-352.

Gregory, K., R. Davis and P. Downs. 1992. Identification of river channel change due to urbanization. Applied Geography 12:299-318.

Gregory, S.V., F.J. Swanson, W.A.McKee, and K.W. Cummins. 1991. An ecosystem perspective on riparian zones. Bioscience 41:540-551.

Griffiths, G.A. 1981. Stable-channel design in gravel-bed rivers. Journal of Hydrology 52(3/4): 291-305.

Grissinger, E.H., W.C. Little, and J.B. Murphey. 1981. Erodibility of streambank materials of low cohesion. Transactions of the American Society of Agricultural Engineers 24(3): 624-630.

Guy and Norman. 1982. Techniques for water-resource investigations, field measures for measurement of fluvial sediment. U.S. Geological Survey.

Haan, C.T., B.J. Barfield, and J.C. Hayes. 1994. Design hydrology and sedimentation for small catchments. Academic Press, San Diego.

Hackney, C.T., S.M. Adams, and W.H. Martin, eds. 1992. Biodiversity of the southeastern United states: aquatic communities. John Wiley and Sons, New York.

Haferkamp, M.R., R.F. Miller, and F.A. Sneva. 1985. Seeding rangelands with a land imprinter and rangeland drill in the Palouse Prairie and sagebrushbunchgrass zone. In Proceedings of Vegetative Rehabilitation and Equipment Workshop, U.S. Forest Service, 39th Annual Report, Salt Lake City, Utah, pp. 19-22.

Hagerty, D.J. 1991. Piping/sapping erosion I: basic considerations. Journal of Hydraulic Engineering 117(8): 997-998.

Hammitt, W.E., and D.N. Cole. 1987. Wildland recreation: ecology and management. John Wiley and Sons, New York.

Handy, R.L., and J.S. Fox. 1967. A soil borehole directshear test device. Highway Research News 27: 42-51.

Hansen, P.L., R.D. Pfister, K. Boggs, B.J. Cook, J. Joy, and D.K. Hinckley. 1995. Classification and management of Montana's riparian and wetland sites. Montana Forest and Conservation Experiment Station, School of Forestry, University of Montana. Miscellaneous Publication No. 54. Missoula.

Harrelson, C.C., C.L. Rawlins, and J.P. Potyondy. 1994. Stream channel reference sites: an illustrated guide to field technique. General Report No. RM-245. U.S. Department of Agriculture, Forest Service, Fort Collins, Colorado.

Harris, L.D. 1984. The fragmented forest. University of Chicago Press, Chicago, Illinois.

Hartmann, H., and D.E. Kester. 1983. Plant propagation: principles and practice. Prentice-Hall, Englewood Cliffs, New Jersey.

Hartman, G., J.C. Scrivener, L.B. Holtby, and L. Powell. 1987. Some effects of different streamside treatments on physical conditions and fish population processes in Carnation Creek, a coastal rain forest stream in British Columbia. In Streamside management: forestry and fishery interactions. ed. E.O. Salo and T.W. Cundy, pp. 330-372. Inst. of Forest Resources, University of Washington, Seattle.

Hasfurther, V.R. 1985. The use of meander parameters in restoring hydrologic balance to reclaimed stream beds. In The restoration of rivers and streams: theories and experience, ed. J.A. Gore. Butterworth Publishers, Boston.

Heiner, B.A. 1991. Hydraulic analysis and modeling of fish habitat structures. American Fisheries Society Symposium 10: 78-87.

Helwig, P.C. 1987. Canal design by armoring process. In Sediment transport in gravel-bed rivers, ed. C.R. Thorne, J.C. Bathurst, and R.D. Hey. John Wiley and Sons, Ltd., New York.

Hemphill, R.W., and M.E. Bramley 1989. Protection of river and canal banks. Construction Industry Research and Information Association/ Butterworths, London.

Henderson, F.M. 1966. Open channel flow. The Macmillan Company, New York.

Henderson, J.E. 1986. Environmental designs for streambank protection projects. Water Resources Bulletin 22(4): 549-558.

Hey, R.D. 1975. Design discharge for natural channels. In Science, Technology and Environmental Management, ed. R.D. Hey and T.D. Davies, pp. 73-88. Saxxon House, Farnborough.

Hey, R.D. 1976. Geometry of river meanders. Nature 262: 482-484.

Hey, R.D. 1988. Mathematical models of channel morphology. In Modeling geomorphological systems, ed. M.G. Anderson, pp. 99-126. John Wiley and Sons, Chichester.

Hey, R.D. 1990. Design of flood alleviation +schemes: Engineering and the environment. School of Environmental Sciences, University of East Anglia, Norwich, United Kingdom..

Hey, R.D. 1994. Restoration of gravel-bed rivers: principles and practice. In "Natural" channel design: perspectives and practice, ed. D. Shrubsole, pp. 157-173. Canadian Water Resources Association, Cambridge, Ontario.

Hey, R.D. 1995. River processes and management. In Environmental science for environmental management. ed. T. O'Riordan, pp. 131-150. Longman Group Limited, Essex, U.K., and John Wiley, New York.

Hey, R.D., and C.R. Thorne. 1986. Stable channels with mobile gravel beds. Journal of Hydraulic Engineering 112(8): 671-689.

Higginson, N.N.J., and H.T. Johnston. 1989. Riffle-pool formations in northern Ireland rivers. In Proceedings of the International Conference on Channel Flow and Catchment Runoff, pp. 638-647.

Hilsenhoff, W.L. 1982. Using a biotic index to evaluate water quality in streams. Department of Natural Resources, Madison, Wisconsin.

Hoag, J.C. 1992. Planting techniques from the Aberdeen, ID, plant materials center for vegetating shorelines and riparian areas. In Symposium on ecology and management of riparian shrub communities, pp. 165-166. USDA Forest Service General Technical Report INT-289. B-12 Stream Corridor

Hocutt, C.H. 1981. Fish as indicators of biological integrity. Fisheries 6(6): 28-31.

Hoffman, C.H., and B.D. Winter. 1996. Restoring aquatic environments: a case study of the Elwha River. In National parks and protected areas: their role in environmental protection, ed. R.G. Wright, pp. 303-323. Blackwell Science, Cambridge.

Hollis, F. 1975. The effects of urbanization on floods of different recurrence intervals. Water Resources Research 11: 431-435.

Holly, M.F. Jr., J.C. Yang, P. Schwarz, J. Schaefer, S.H. Su, and R. Einhelling. 1990. CHARIMA — Numerical simulation of unsteady water and sediment movement in multiply connected network of mobile-bed channels. IIHR Report No. 343. Iowa Institute of Hydraulic Research, The University of Iowa, Iowa City.

Holmes, N. 1991. Post-project appraisal of conservation enhancements of flood defense works. Research and Development Report 285/ 1/A. National Rivers Authority, Reading, U.K.

Hoover, R.L., and D.L. Wills, eds. 1984. Managing forested lands for wildlife. Colorado Division of Wildlife, Denver.

Horton, R.E. 1933. The role of infiltration in the hydrologic cycle. EOS, American Geophysical Union

Transactions 14: 446-460.

Horton, R.E. 1945. Erosional development of streams and their drainage basins: hydrophysical approach to quantitative morphology. Geological Society of America Bulletin 56: 275-370.

Horwitz, R.J. 1978. Temporal variability patterns and the distributional patterns of stream fishes. Ecology Monographs 48: 301-321.

Horwitz, A.J., Demas, C.R. Fitzgerald, K.K. Miller, T.L., and Rickert, D.A. 1994. U.S. Geological Survey protocol for the collection and processing of surfacewater samples for the subsequent determination of inorganic constituents in filtered water. U.S. Geological Survey Open-File Report 94-539.

Howard, A.D. 1967. Drainage analysis in geologic interpretation: a summation. Bulletin of the American Association of Petroleum Geologists 51: 2246-59.

Hromadka II, T. V., McCuen, R. H., and Yen, C. C. 1987, Computational Hydrology in Flood Control Design and Planning. Lighthouse Publicatioms.

Hunt, G.T. 1993. Concerns over air pollution prompt more controls on construction. Engineering News-Record, pp. E-57 to E-58.

Hunt, W.A., and R.O. Graham. 1975. Evaluation of channel changes for fish habitat. ASCE National Convention meeting reprint(2535).

Hunter, C.J. 1991. Better trout habitat: a guide to stream restoration and management. Island Press. November. ISBN: 0933280777.

Huryn, A.D., and J.B. Wallace. 1987. Local geomorphology as a determinant of macrofaunal production in a mountain stream. Ecology 68: 1932-1942.

Hutchison, N.E. 1975. WATSTORE User's Guide -National Water Data Storage and Retrieval System, vol. 1. U.S. Geological Survey Open-File Report 75-426. U.S. Geological Survey.

Hynes, H.B.N. 1970. The ecology of running waters. University of Liverpool Press, Liverpool, England.

Ikeda, S., and N. Izumi. 1990. Width and depth of selfformed straight gravel rivers with bank vegetation. Water Resources Research 26(10): 2353-2364.

Ikeda, S., G. Parker, and Y. Kimura. 1988. Stable width and depth of straight gravel rivers with heterogeneous bed materials. Water Resources Research 24(5): 713-722.

Inglis, C.C. 1949. The behavior and control of rivers and canals. U.S. Army Corps of Engineers,

Waterways Experiment Station, Vicksburg, Mississippi.

Interagency Advisory Committee on Water Data(IACWD), Hydrology Subcommittee. 1982. Guidelines for determining flood flow frequency. Bulletin 17B of the Hydrology Subcommittee, Office of Water Data Coordination, U.S. Geological Survey, Reston, Virginia.

Interagency Ecosystem Management Task Force. 1995. The ecosystem approach: healthy ecosystems and sustainable economies, vol. I, Overview. Council on Environmental Quality, Washington, DC.

Iversen, T.M., B. Kronvang, B.L. Madsen, P. Markmann, and M.B. Nielsen. 1993. Re-establishment of Danish streams: restoration and maintenance measures. Aquatic Conservation: Marine and Freshwater Ecosystems 3: 73-92.

Jackson, W.L., and B.P. Van Haveren. 1984. Design for a stable channel in coarse alluvium for riparian zone restoration. Water Resources Bulletin, American Water Resources Association 20(5): 695-703.

Jacoby, P.W. 1987. Chemical control. Vegetative Rehabilitation and Equipment Workshop, 41st Annual Report. U.S. Forest Service, Boise, Idaho.

Jacoby, P.W. 1989. A glossary of terms used in range management. 3d ed. Society for Range Management, Denver, Colorado.

Jager, H.I., D.L. DeAngelis, M.J. Sale, W. Van Winkle, D.D. Schmoyer, M.J. Sabo, D.J. Orth, and J.A. Lukas. 1993. An individual-based model for smallmouth bass reproduction and young-of-year dynamics in streams. Rivers 4: 91-113.

Jansen, P., L. Van Bendegom, J. Van den Berg, M. De Vries, and A. Zanen. 1979. Principles of river engineering. Pitman Publishers Inc., Belmont, California.

Java, B.J., and R.L. Everett. 1992. Rooting hardwood cuttings of Sitka and thinleaf alder. Pages 138-141 in Symposium on ecology and management of riparian shrub communities. USDA Forest Service General Technical Report INT-289. U.S. Department of Agriculture, Forest Service.

Jennings, M.E., W.O. Thomas, Jr., and H.C. Riggs. 1994. Nationwide summary of U.S. Geological Survey regional regression equations for estimating magnitude and frequency of floods for ungaged sites 1993. U.S. Geological Survey Water-Resources Investigations Report 94-4002. U.S. Geological Survey.

Jensen, M.E., R.D. Burmand, and R.G. Allen, eds. 1990. Evapotranspiration and irrigation water requirements. American Society of Civil Engineers.

Johannesson, H., and G. Parker. 1985. Computer simulated migration of meandering rivers in Minnesota. Project Report No. 242. St. Anthony Falls Hydraulic Laboratory, University of Minnesota.

Johnson, A.W., and J.M. Stypula, eds. 1993. Guidelines for bank stabilization projects in riverine environments of King County. King County Department of Public Works, Surface Water Management Division, Seattle, Washington.

Johnson, C.D. Ziebell, D.R. Patton, P.F. Ffolliott, and R.H. Hamre, tech. coords. 1977. Riparian ecosystems and their management: reconciling conflicting uses. General Technical Report RM-120. U.S. Forest Service, Rocky Mountain Forest and Range Experiment Station, Fort Collins, Colorado.

Johnson, R.R. 1971. Tree removal along southwestern rivers and effects on associated organisms. Amer. Phil. Soc. Yearbook 1970: 321-322.

Johnson, R.R., and S.W. Carothers. 1982. Riparian habitats and recreation: Interrelationships and impacts in the southwest and rocky mountain region. USDA Forest Service, Rocky Mountain Forest and Range Experiment Station, Eisenhower Consortium, Bulletin12.

Johnson, R.R., and C.H. Lowe. 1985. On the development of riparian ecology. In Riparian ecosystems and their management: Reconciling conflicting uses, tech coords. R.R. Johnson et al., pp. 112-116. USDA Forest Service General Technical Report RM-120. Rocky Mountain Forestry and Range Experimental Station, Fort Collins, Colorado.

Johnson, R.R., and J.M. Simpson. 1971. Important birds from Blue Point Cottonwoods, Maricopa County, Arizona. Condor 73: 379-380.

Johnson, W.C. 1994. Woodland expansion in the Platte River, Nebraska: patterns and causes. Ecological Monographs 64: 45-84. B-14 Stream Corridor.

Junk, W.J., P.B. Bayley, and R.E. Sparks. 1989. The floodpulse concept in river-floodplain systems. In Proceedings of the International Large River Symposium, ed. D.P. Dodge, pp. 110-127. Can. Spec. Publ. Fish. Aquat. Sci. 106.

Kalmbach, E.R., W.L. McAtee, F.R. Courtsal, and R.E. Ivers. 1969. Home for birds. U.S. Department of the Interior, Fish and Wildlife Service, Conservation Bulletin 14.

Karle, K.F., and R.V. Densmore. 1994. Stream and riparian floodplain restoration in a riparian ecosystem disturbed by placer mining. Ecological Engineering 3: 121-133.

Karr, J.R. 1981. Assessment of biotic integrity using fish communities. Fisheries 6(6): 21-27.

Karr, J.R., and W. Chu. 1997. Biological monitoring and assessment: using multimetric indexes effectively. EPA 235-R97-001. University of Washington, Seattle.

Karr, J.R., K.D. Fausch, P.L. Angermeier, P.R. Yant, and I.J. Schlosser. 1986. Assessing biological integrity in running waters: a method and its rationale. Illinois Natural History Survey Special

Publication No. 5.

Kasvinsky, J.R. 1968. Evaluation of erosion control measures on the Lower Winooski River, Vermont. Master's thesis, Graduate College, University of Vermont, Burlington, Vermont.

Kauffman, J.B., R.L. Beschta, and W.S. Platts. 1993. Fish habitat improvement projects in the Fifteenmile Creek and Trout Creek basins of Central Oregon: field review and management recommendations. U.S. Department of Energy, Bonneville Power Administration, Portland, Oregon.

Kauffman, J.B., and W.D. Krueger. 1984. Livestock impacts on riparian ecosystems and streamside management implications: a review. Journal of Range Management 37: 430-438.

Keller, E.A. 1978. Pools, riffles, and channelization. Environmental Geology 2(2): 119-127.

Keller, E.A., and W.N. Melhorn. 1978. Rhythmic spacing and origin of pools and riffles. Geological Society of America Bulletin(89): 723-730.

Kentula, M.E., R.E. Brooks, S.E. Gwin, C.C. Holland, A.D. Sherman, and J.C. Sinfeos. 1992. An approach to improving decision making in wetland restoration and creation. Island Press, Washington, DC.

Kerchner, J.L. 1997. Setting riparian/aquatic restoration objectives within a watershed context. Restoration Ecology 5(45).

Kern, K. 1992. Restoration of lowland rivers: the German experience. In Lowland floodplain rivers: geomorphological perspectives, ed. P.A. Carling and G.E. Petts, pp. 279-297. John Wiley and Sons, Ltd., Chichester, U.K.

King, R. 1987. Designing plans for constructibility. Journal of Construction and Management 113:1-5.

Klemm, D. J., P.A. Lewis, F. Fulk, and J. M. Lazorchak. 1990. Macroinvertebrate field and laboratory methods for evaluating the biological integrity of surface waters. EPA/600/4-90-030. Environmental Monitoring Systems Laboratory, Cincinnati, Ohio.

Klimas, C.V. 1987. River regulation effects on floodplain hydrology and ecology. Chapter IV in The ecology and management of wetlands, ed. D. Hook et al., Croom Helm, London.

Klimas, C.V. 1991. Limitations on ecosystem function in the forested corridor along the lower Mississippi River. In Proceedings of the International Symposium on Wetlands and River Corridor Management, Association of State Wetland Managers, Berne, New York, pp. 61-66.

Knighton, David. 1984. Fluvial forms and process. Edward Arnold, London.

Knopf, F.L. 1986. Changing landscapes and the cosmopolitanism of the eastern Colorado avifauna.

Wildlife Society Bulletin 14: 132-142.

Knopf, F.L., and R.W. Cannon. 1982. Structural resilience of a willow riparian community to changes in grazing practices. In Proceedings of Wildlife-Livestock Relationships Symposium, pp. 198-210. University of Idaho Forest, Wildlife and Range Experiment Station, Moscow, Idaho.

Knopf, F.L., R.R. Johnson, T. Rich, F.B. Samson, and R.C. Szaro. 1988. Conservation of riparian systems in the United States. Wilson Bulletin 100: 272-284.

Knott, J.M., G.D. Glysson, B.A. Malo, and L.J. Schroder. 1993. Quality assurance plan for the collection and processing of sediment data by the U.S. Geological Survey, Water Resources Division. U.S. Geological Survey Open-File Report 92-499. U.S. Geological Survey.

Knott, J.M., C.J. Sholar, and W.J. Matthes. 1992. Quality assurance guidelines for the analysis of sediment concentration by the U.S. Geological Survey sediment laboratories. U.S. Geological Survey Open-File Report 92-33. U.S. Geological Survey.

Kohler, C.C., and W.A. Hubert. 1993. Inland Fisheries Management in North America. American Fisheries Society, Bethesda. Maryland.

Kohler, M.A., T.J. Nordenson, and D.R. Baker. 1959. Evaporation maps for the United States. U.S. Weather Bureau Technical Paper 37.

Kondolf, G.M. 1995. Five elements for effective evaluation of stream restoration. Restoration Ecology 3(2): 133-136.

Kondolf, G.M., and E.R. Micheli. 1995. Evaluating stream restoration projects. Environmental Management 19(1): 1-15.

Krebs, C.J. 1978. Ecology: the experimental analysis of distribution and abundance, 2d ed. Harper and Row, New York.

Lamb, B.L. 1984. Negotiating a FERC license for the Terror River Project. Water for Resource Development, Proceedings of the Conference, American Society of Civil Engineeers, August 14-17, 1984, ed. D.L. Schreiber, pp. 729-734.

Lamberti, G.A., and V.H. Resh. 1983. Stream periphyton and insect herbivores: an experimental study of grazing by a caddisfly population. Ecology 64: 1124-1135.

Landin, M.C. 1995. The role of technology and engineering in wetland restoration and creation. In Proceedings of the National Wetland Engineering Workshop, August 1993, ed. J.C. Fischenich et al., Technical Report WRP-RE-8. U.S. Army Engineer Waterways Experiment Station, Vicksburg, Mississippi.

Landres, P.B., J. Verner, and J.W. Thomas. 1988. Ecological uses of vertebrate indicator species: a critique. Conservation Biology 2: 316-328.

Lane, E.W. 1955. The importance of fluvial morphology in hydraulic engineering. Proceedings of the American Society of Civil Engineers 81(745): 1-17.

Laursen, E.L. 1958. The total sediment load of streams. Journal of the Hydraulics Division, ASCE 84(HY1 Proc. Paper 1530): 1-36.

Leclerc, M., A. Boudreault, J.A. Bechara, and G. Corfa. 1995. Two-dimensional hydrodynamic modeling: a neglected tool in the Instream Flow Incremental Methodology. Transactions of the America Fisheries Society. 124: 645-662.

Lee, L.C., and T.M. Hinckley. 1982. Impact of water level changes on woody riparian and wetland communities, vol. IX. FWS/OBS-82/22. Fish and Wildlife Service.

Lee, L.C., T.A. Muir, and R.R. Johnson. 1989. Riparian ecosystems as essential habitat for raptors in the American West. In Proceedings of the Western Raptor Management Symposium and Workshop, ed. B.G. Pendleton, pp. 15-26. Institute for Wildlife Research, National Wildlife Federation. Sci. and Tech. Ser. No. 12.

Leonard, P.M., and D.J. Orth. 1986. Application and testing of an Index of Biotic Integrity in small, coolwater streams. Transactions of the American Fisheries Society 115: 401-14.

Leopold, A. 1933. The conservation ethic. Journal of Forestry 31. B-16 Stream Corridor.

Leopold, A. 1953. Round river. From the journals of Aldo Leopold, ed. Luna Leopold. Oxford University Press, New York.

Leopold, L.B., 1994. A view of the river. Harvard University Press, Cambridge, Massachusetts.

Leopold, L.B., and T. Maddock, Jr. 1953. The hydraulic geometry of stream channels and some physiographic implications. Geological Survey Professional Paper 252. U.S. Geological Survey, Washington, DC.

Leopold, L.B., H.L. Silvey, and D.L. Rosgen. 1997. The reference reach field book. Wildland Hydrology, Pagosa Springs, Colorado.

Leopold, L.B., M.G. Wolman, and J.P. Miller. 1964. Fluvial processes in geomorphology. W.H. Freeman and Company, San Francisco.

Liebrand, C.I., and K.V. Sykora. 1992. Restoration of the vegetation of river embankments after reconstruction. Aspects of Applied Biology 29: 249-256.

Livingstone, A.C., and C.F. Rabeni. 1991. Food-habit relations that determine the success of young-of-year smallmouth bass in Ozark streams. In Proceedings of the First International Symposium on Smallmouth Bass, ed. D.C. Jackson. Mississippi Agriculture and Forest Experiment Station, Mississippi State University.

Lodge, D.M. 1991. Herbivory on freshwater macrophytes. Aquatic Botany 41: 195-224.

Loeb, S.L., and A. Spacie. 1994. Biological monitoring of aquatic systems. Papers presented at a symposium held Nov. 29-Dec. 1, 1990, at Purdue University. Lewis Publishers, Boca Raton, Florida.

Lohnes, R.A., and R.L. Handy. 1968. Slope angles in friable loess. Journal of Geology 76(3): 247-258.

Lowe, C.H., ed. 1964. The vertebrates of Arizona. University of Arizona Press, Tucson, Arizona.

Lowe, C.H., and F.A. Shannon. 1954. A new lizard(genus Eumeces) from Arizona. Herpetologica 10: 185-187.

Lowrance, R.R., R.L. Todd, and L.E. Asmussen. 1984b. Nutrient cycling in an agricultural watershed: I. Phreatic movement. Journal of Environmental Quality 13: 22-27.

Lowrance, R.R., R. Todd, J. Fail, Jr., O. Hendrickson, Jr., R. Leonard, and L. Asmussen. 1984a. Riparian forests as nutrient filters in agricultural watersheds. BioScience 34: 374-377.

Lumb, A.M., J.L. Kittle, Jr., and K.M. Flynn. 1990. Users manual for ANNIE, a computer program for interactive hydrologic analyses and data management. U.S. Geological Survey Water-Resources Investigations Report 89-4080. U.S. Geological Survey, Reston, Virginia.

Luttenegger, J.A., and B.R. Hallberg. 1981. Borehole shear test in geotechnical investigations. American Society of Testing Materials Special Publication No. 740.

Lutton, R.J. 1974. Use of loess soil for modeling rock mechanics. Report S-74-28. U.S. Army Corps of Engineers, Waterways Experiment Station, Vicksburg, Mississippi.

Lynch, J.A., E.S. Corbett, and W.E. Sopper. 1980. Evaluation of management practices on the biological and chemical characteristics of streamflow from forested watersheds. Technical Completion Report A-041-PA. Institute for Research on Land and Water Resources, The Pennsylvania State University, State College.

Lyons, J., L. Wang, and T.D. Simonson. 1996. Development and validation of an index of biotic integrity for coldwater streams in Wisconsin. North American Journal of Fisheries Management 16: 241-256.

MacArthur, R.H., and J.W. MacArthur. 1961. On bird species diversity. Ecology 42: 594-598.

MacBroom, J.G. 1981. Open channel design based on fluvial geomorphology. In Water Forum '81,

American Society of Civil Engineers, New York, pp. 844-851.

MacDonald, L.H., A.W. Smart, and R.C. Wissmar. 1991. Monitoring guidelines to evaluate the effect of forestry activities in streams in the Pacific Northwest. EPA/910/9-91-001. USEPA Region 10, Seattle, Washington.

Mackenthun, K.M. 1969. The practice of water pollution biology. U.S. Department of the Interior, Federal Water Pollution Control Administration, Division of Technical Support. U.S. Government Printing Office, Washington, DC.

Macrae, C. 1996. Experience from morphological research on Canadian streams: Is control of the twoyear frequency runoff event the best basis for stream channel protection? In Effects of Foundation Conference Proceedings, Snowbird, Utah, August 4-9, 1996, pp. 144-160.

Madej, M.A. 1982. Sediment transport and channel changes in an aggrading stream in the Puget Lowland, Washington. U.S. Forest Service General Technical Report PNW-141. U.S. Department of Agriculture, Forest Service.

Magnuson, J.J., L.B. Crowder, and P.A. Medvick. 1979. Temperature as an ecological resource. American Zoology 19: 331-343.

Magurran, A.E. 1988. Ecological diversity and its measurement. Princeton University Press, Princeton, New Jersey.

Malanson, G.P. 1993. Riparian landscapes. Cambridge University Press, Cambridge.

Manley, P.A., et al., 1995. Sustaining ecosystems: a conceptual framework. USDA Forest Service, Pacific Southwest Region, San Francisco, California.

Mann, C.C., and M.L. Plummer. 1995. Are wildlife corridors the right path? Science 270: 1428-1430.

Mannan, R.W., M.L. Morrison, and E.C. Meslow. 1984. The use of guilds in forest bird management. Wildlife Society Bulletin 12: 426-430.

Maret, T.J. 1985. The effect of beaver ponds in the water quality of Currant Creek, Wyoming. M.S. thesis, University of Wyoming, Laramie. Marion, J.L., and L.C. Merriam. 1985. Predictability of recreational impact on soils. Soil Science Society of America Journal 49: 751-753.

Martin, C.O., ed. 1986. U.S. Army Corps of Engineers wildlife resources management manual(serial technical reports dated 1986-1995). U.S. Army Engineer Waterways Experiment Station, Vicksburg, Mississippi.

Maser, C., and J.R. Sedell. 1994. From the forest to the sea: the ecology of wood in streams, rivers, estuaries, and oceans. St. Lucie Press, Delray Beach, Florida.

Matthews W.J., and J.T. Styron. 1980. Tolerance of headwater vs. mainstream fishes for abrupt physicochemical changes. American Midland Naturalist 105 149-158.

May, C., R. Horner, J. Karr, B. Mar, and E. Welch. 1997. Effects of urbanization on small streams in the Puget Sound ecoregion. Watershed Protection Technique 2(4): 483-494.

McAnally, W.H., and W.A. Thomas. 1985. User's manual for the generalized computer program system, openchannel flow and sedimentation, TABS-2, main text. U.S. Army Corps of Engineers, Waterways Experiment Station, Hydraulics Lab, Vicksburg, Mississippi.

McClendon, D.D., and C.F. Rabeni. 1987. Physical and biological variables useful for predicting population characteristics of smallmouth bass and rock bass in an Ozark stream. North Am. J. Fish. Manag. 7: 46-56.

McDonald, L.H., et al., 1991. Monitoring guidelines to evaluate effects of forestry activities on streams in the Pacific Northwest and Alaska. U.S. Environmental Protection Agency, Region 10, Seattle, Washington.

McGinnies, W.J. 1984. Seeding and planting. In Vegetative rehabilitation and equipment workshop, 38th Annual Report, pp. 23-25. U.S. Forest Service, Rapid City, South Dakota.

McKeown, B.A. 1984. Fish migration. Timber Press, Beaverton, Oregon. B-18 Stream Corridor

McLaughlin Water Engineers, Ltd. 1986. Evaluation of and design recommendations for drop structures in the Denver Metropolitan Area. A report prepared for the Denver Urban Drainage and Flood Control District by McLaughlin Water Engineers, Ltd.

Medin, D.E., and W.P. Clary. 1990. Bird populations in and adjacent to a beaver pond ecosystem and adjacent riparian habitat in Idaho. USDA Forest Service, Intermountain Forest and Range Experiment Station, Ogden, Utah.

Meffe, G.K., C.R. Carroll, and contributors. 1994. Principles of conservation biology. Sinauer Associates, Inc., Sunderland, Massachusetts.

Metropolitan Washington Council of Governments(MWCOG). 1997. An existing source assessment of pollutants to the Anacostis watershed, ed. A. Warner, D. Shepp, K. Corish, and J. Galli. Washington, DC.

Meyer-Peter, E., and R. Muller. 1948. Formulas for bedload transport. In International Association for Hydraulic Structures Research, 2nd Meeting, Stockholm, Sweden, pp. 39-64.

Milhous, R.T., J.M. Bartholow, M.A. Updike, and A.R. Moos. 1990. Reference manual for generation and analysis of habitat time series — Version II. U.S. Fish and Wildlife Service Biological Report 90(16). U.S. Fish and Wildlife Service.

Milhous, R.T., M.A. Updike, and D.M. Schneider. 1989. Physical Habitat Simulation System Reference Manual — Version II. Instream Flow Information Paper No. 26. U.S. Fish and Wildlife Service Biological Report 89(16). U.S. Fish and Wildlife Service.

Miller, J.E. 1983. Beavers. In Prevention and control of wildlife damage, ed. R.M. Timm, pp. B1-B11. Great Plains Agricultural Council and Nebraska Cooperative Extension Service, University of Nebraska, Lincoln.

Miller, G.T. 1990. Living in the environment: an introduction to environmental science. 6th ed. Wadsworth Publishing Company, Belmont, California.

Miller, A.C., R.H. King, and J.E. Glover. 1983. Design of a gravel bar habitat for the Tombigbee River near Columbus, Mississippi. Miscellaneous Paper EL-83-1. U.S. Army Corps of Engineers, Waterways Experiment Station, Environmental Laboratory, Vicksburg, Mississippi.

Mills, W.B., D.B. Porcella, M.J. Ungs, S.B. Gherini, K.V. Summers, L. Mok, G.L. Rupp, G.L. Bowie and D.A. Haith. 1985. Water quality assessment: a screening procedure for toxic and conventional pollutants in surface and ground water. EPA/600/6-85/002a-b. U.S. Environmental Protection Agency, Office of Research and Development, Athens, Georgia.

Minckley, W.L., and M.E. Douglas. 1991. Discovery and extinction of western fishes: a blink of the eye in geologic time. In Battle against extinction: native fish management in the American West, ed. W.L. Minckley and J.E. Deacon, pp. 7-18. University of Arizona Press, Tucson.

Minshall, G.W. 1978. Autotrophy in stream ecosystems. BioScience 28: 767-771.

Minshall, G.W. 1984. Aquatic insect-substratum relationships. In The ecology of aquatic insects, ed. V.H. Resh and D.M. Rosenberg, pp. 358-400. Praeger, New York.

Minshall, G.W., K.W. Cummins, R.C. Petersen, C.E. Cushing, D.A. Bruns, J.R. Sedell, and R.L. Vannote. 1985. Developments in stream ecosystem theory. Canadian Journal of Fisheries and Aquatic Sciences 42: 1045-1055.

Minshall, G.W., R.C. Petersen, K.W. Cummins, T.L. Bott, J.R. Sedell, C.E. Cushing, and R.L. Vannote. 1983. Interbiome comparison of stream ecosystem dynamics. Ecological Monographs 53: 1-25.

Molinas, A., and C.T. Yang. 1986. Computer program user's manual for GSTARS(Generalized Stream Tube model for Alluvial River Simulation). U.S. Bureau of Reclamation Engineering and Research Center, Denver, Colorado.

Montana Department of Environmental Quality(MDEQ). 1996. Montana Streams Management Guide. ed. C. Duckworth and C. Massman.

Montgomery, D.R., and J.M.Buffington, 1993. Channel classification, prediction of channel response and assessment of channel condition. Report TFW-SH10-93-002. Department of Geological Sciences and Quaternary Research Center, University of Washington, Seattle.

Moore, J.S., D.M. Temple, and H.A.D. Kirsten. 1994. Headcut advance threshold in earth spillways. Bulletin of the Association of Engineering Geologists 31(2): 277-280.

Morin, A., and D. Nadon. 1991. Size distribution of epilithic lotic invertebrates and implications for community metabolism. Journal of the North American Benthological Society 10: 300-308.

Morris, L.A., A.V. Mollitor, K.J. Johnson, and A.L. Leaf. 1978. Forest management of floodplain sites in the northeastern United States. In Strategies for protection and management of floodplain wetlands and other riparian ecosystems, ed. R.R. Johnson, and J.F. McCormick, pp. 236-242. USDA Forest Service General Technical Report WO-12. U.S. Department of Agriculture, Forest Service.

Moss, B. 1988. Ecology of fresh waters: man and medium. Blackwell Scientific Publication, Boston.

Myers, W.R., and J.F. Lyness. 1994. Hydraulic study of a two-stage river channel. Regulated Rivers: Research and Management 9(4): 225-236.

Naiman, R.J., T.J. Beechie, L.E. Benda, D.R. Berg, P.A. Bisson, L.H. MacDonald, M.D. O'Connor, P.L. Olson, and E.A. Steel. 1994. Fundamental elements of ecologically healthy watersheds in the Pacific northwest coastal ecoregion. In Watershed management, ed. R. Naiman, pp. 127-188. Springer-Verlag, New York.

Naiman, R.J., J.M. Melillo, and J. E. Hobbie. 1986. Ecosystem alteration of boreal forest streams by streams by beaver(Castor canadensis). Ecology 67(5): 1254-1269.

Nanson, G.C., and E.J. Hickin. 1983. Channel migration and incision on the Beatton River. Journal of Hydraulic Engineering 109(3): 327-337.

National Academy of Sciences. 1995. Wetlands: characteristics and boundaries. National Academy Press, Washington, DC.

National Park Service(NPS). 1995. Final environmental impact statement, Elwha River ecosystem restoration. U.S. Department of the Interior, National Park Service, Olympic National Park, Port Angeles, Washington.

National Park Service(NPS). 1996. Final environmental impact statement, Elwha River ecosystem restoration implementation. U.S. Department of the Interior, National Park Service, Olympic National Park, Port Angeles, Washington.

National Research Council(NRC). 1983. An evaluation of flood-level prediction using alluvial river models. National Academy Press, Washington, DC.

National Research Council(NRC). 1992. Restoration of aquatic ecosystems: science, technology, and public policy. National Academy Press, Washington, DC.

Needham, P.R. 1969. Trout streams: conditions that determine their productivity and suggestions for stream and lake management. Revised by C.F. Bond. Holden-Day, San Francisco.

Nehlsen, W., J.E. Williams, & J.A. Lichatowich. 1991. Pacific salmon at the crossroads: stocks at risk from California, Oregon, Idaho, and Washington. Fisheries(Bethesda) 16(2): 4-21.

Nehring, R.B., and R.M. Anderson. 1993. Determination of population-limiting critical salmonid habitats in Colorado streams using the Physical Habitat Simulation System. Rivers 4(1): 1-19.

Neill, W.M. 1990. Control of tamarisk by cut-stump herbicide treatments. In Tamarisk control in southwestern United States, pp. 91-98. Cooperative National Park Research Studies Unit, Special Report Number 9. School of Renewable Natural Resources, University of Arizona, Tucson.

Neilson, F.M., T.N. Waller, and K.M. Kennedy. 1991. Annotated bibliography on grade control structures. Miscellaneous Paper HL-91-4. U.S. Army Corps of Engineers, Waterways Experiment Station, CE, Vicksburg, Mississippi. B-20 Stream Corridor.

Nelson, J.M, and J.D. Smith. 1989. Evolution and stability of erodible channel beds. In River Meandering, ed. S. Ikeda and G. Parker. Water Resources Monograph 12, American Geophysical Union, Washington, DC.

Nestler, J.M., R.T. Milhouse, and J.B. Layzer. 1989. Instream habitat modeling techniques. Chapter 12 in Alternatives in regulated river management, ed. J.A. Gore and G.E. Petts, Chapter 12. CRC Press, Inc., Boca Raton, Florida.

Nestler, J., T. Schneider, and D. Latka. 1993. RCHARC: A new method for physical habitat analysis. Engineering Hydrology :294-99.

Newbury, R.W., and M.N. Gaboury. 1993. Stream analysis and fish habitat design: a field manual. Newbury Hydraulics Ltd., Gibsons, British Columbia.

Nixon, M. 1959. A Study of bankfull discharges of rivers in England and Wales. In Proceedings of the Institution of Civil Engineers, vol. 12, pp. 157-175.

Noss, R.F. 1983. A regional landscape approach to maintain diversity. BioScience 33: 700-706.

Noss, R.F. 1987. Corridors in real landscapes: a reply to Simberloff and Cox. Conservation Biology 1: 159-164.

Noss, R.F. 1991. Wilderness recovery: thinking big in restoration ecology. Environmental Professional 13(3): 225-234. Corvallis, Oregon.

Noss, R.F. 1994. Hierarchical indicators for monitoring changes in biodiversity. In Principles of conservation biology, G.K. Meffe, C.R. Carroll, et al., pp. 79-80. Sinauer Associates, Inc., Sunderland, Massachusetts.

Noss, R.F., and L.D. Harris. 1986. Nodes, networks, and MUMs: preserving diversity at all scales. Environmental Management 10(3): 299-309.

Novotny and Olem. 1994. Water quality, prevention, identification, and management of diffuse pollution. Van Nostrand Reinhold, New York.

Nunnally, N.R., and F.D. Shields. 1985. Incorporation of environmental features in flood control channel projects. Technical Report E-85-3. U.S. Army Corps of Engineers, Waterways Experiment Station, Vicksburg, MS.

Odgaard, J. 1987. Streambank erosion along two rivers in Iowa. Water Resources Research 23(7): 1225-1236.

Odgaard, J. 1989. River-meander model I: development. Journal of Hydraulic Engineering 115(11): 1433-1450.

Odum, E.P. 1959. Fundamentals of ecology. Saunders, Philadelphia.

Odum, E.P. 1971. Fundamentals of ecology, 3d ed. W.B. Saunders Company, Philadelphia, PA. 574.

Odum, E.P. 1989. Ecology and our endangered lifesupport systems. Sinauer Associates, Inc., Sunderland, Massachusetts.

Ohio EPA. 1990. Use of biocriteria in the Ohio EPA surface water monitoring and assessment program. Ohio Environmental Protection Agency, Division of Water Quality Planning and Assessment, Columbus, Ohio.

Ohmart, R.D., and B.W. Anderson. 1986. Riparian habitat. In Inventory and monitoring of wildlife habitat, ed. A.Y. Cooperrider, R.J. Boyd, and H.R. Stuart, pp. 169-201. U.S. Department of the Interior, Bureau of Land Management Service Center, Denver, Colorado.

Olive, S.W., and B.L. Lamb. 1984. Conducting a FERC environmental assessment: a case study and recommendations from the Terror Lake Project. FWS/OBS-84/08. U.S. Fish and Wildlife Service.

Oliver, C.D., and T.M. Hinckley. 1987. Species, stand structures and silvicultural manipulation patterns for the streamside zone. In Streamside management: forestry and fishery interactions, ed. E.O. Salo and T.W. Cundy, pp. 259-276. Institute of Forest Resources, University of Washington, Seattle.

Olson, R., and W.A. Hubert. 1994. Beaver: Water resources and riparian habitat manager. University of Wyoming, Laramie.

Olson, T.E., and F.L. Knopf. 1986. Agency subsidization of a rapidly spreading exotic. Wildlife Society Bulletin 14: 492-493.

Omernik, J.M. 1987. Ecoregions of the coterminous United States. Ann. Assoc. Am. Geol. 77(1): 118-125.

Orsborn, J.F., Jr., R.T. Cullen, B.A. Heiner, C.M. Garric, and M. Rashid. 1992. A handbook for the planning and analysis of fisheries habitat modification projects. Department of Civil and Environmental Engineering, Washington State University, Pullman.

Orth, D.J., and R.J. White. 1993. Stream habitat management. Chapter 9 in Inland fisheries management in North America, ed. C.C. Kohler and W.A. Hubert. American Fisheries Society, Bethesda, Maryland.

Osman, A.M., and C.R. Thorne. 1988. Riverbank stability analysis; I: Theory. Journal of Hydraulic Engineering, ASCE 114(2): 134-150.

Pacific Rivers Council. 1996. A guide to the restoration of watersheds and native fish in the pacific northwest, Workbook II, Healing the Watershed series.

Parker, G. 1978. Self-formed straight rivers with equilibrium banks and mobile bed, 2, the gravel river. Journal of Fluid Mechanics 9(1): 127-146.

Parker, G. 1982. Discussion of Chapter 19: Regime equations for gravel-bed rivers. In Gravel-bed rivers: fluvial processes, engineering and management, ed. R.D. Hey, J.C. Bathurst, and C.R. Thorne, pp. 542-552. John Wiley and Sons, Chichester, U.K.

Parker, G. 1990. Surface bedload transport relation for gravel rivers. Journal of Hydraulic Research 28(4): 417-436.

Parker, M. 1986. Beaver, water quality, and riparian systems. In Wyoming's water doesn't wait while we debate: proceedings of the Wyoming water 1986 and streamside zone conference, pp. 88-94. University of Wyoming, Laramie.

Parsons, S., and S. Hudson. 1985. Channel crosssection surveys and data analysis. TR-4341-1. U.S. Department of the Interior, Bureau of Land Management Service Center, Denver, Colorado.

Payne, N.F., and F.C. Bryant. 1994. Techniques for wildlife habitat management of Uplands, New York. McGraw-Hill.

Pearlstine, L., H. McKellar, and W. Kitchens. 1985. Modelling the impacts of a river diversion on bottomland forest communities in the Santee River floodplain, South Carolina. Ecological

Modelling 7: 283-302.

Peckarsky, B.L. 1985. Do predaceous stoneflies and siltation affect the structure of stream insect communities colonizing enclosures? Canadian Journal of Zoology 63: 1519-1530.

Pennak, R. W., 1971. Toward a Classification of Lotic Habitats. Hydrobiologia, 38.

Petersen, M.S. 1986. River engineering. Prentice-Hall, Englewood Cliffs, New Jersey.

Pickup, G., and R.F. Warner. 1976. Effects of hydrologic regime on the magnitude and frequency of dominant discharge. Journal of Hydrology 29: 51-75.

Pielou, E.C. 1993. Measuring biodiversity: quantitative measures of quality. In Our living legacy: Proceedings of a symposium on biological diversity, ed. M.A. Fenger, E.H. Miller, J.A. Johnson, and E.J.R. Williams, pp. 85-95. Royal British Columbia Museum, Victoria, British Columbia.

Plafkin, J.L., M.T. Barbour, K.D. Porter, S.K. Gross, and R.M. Hughes. 1989. Rapid bioassessment protocols for use in streams and rivers. EPA444/ 4-89-001. U.S. Environmental Protection Agency, Washington, DC.

Platts, W.S. 1979. Livestock grazing and riparian/ stream ecosystems. In Proceedings of the forum on Grazing and Riparian/Stream Ecosystems, pp. 39-45. Trout Unlimited, Inc., Vienna, Virginia. B-22 Stream Corridor.

Platts, W.S. 1987. Methods for evaluating riparian habitats with applications to management. General Technical Report INT-21. U.S. Department of Agriculture, Forest Service, Intermountain Research Station, Ogden, Utah.

Platts, W.S. 1989. Compatibility of livestock grazing strategies with fisheries. In Proceedings of an educational workshop on practical approaches to riparian resource management, pp. 103-110. BLMMT-PT-89-001-4351. U.S. Department of the Interior, Bureau of Land Management, Billings, Montana.

Platts, W.S., and Rinne. 1985. Riparian and stream enhancement management and research in the Rocky Mountains. North American Journal of Fishery Management 5: 115-125.

Poff, N., J.D. Allan, M.B. Bain, J.R. Karr, K.L. Prestegaard, B.D. Richter, R.E. Sparks, and J.C. Stromberg. 1997. The natural flow regime: a paradigm for river conservation and restoration. Bioscience(in press).

Ponce, V.M. 1989. Engineering hydrology: principles and practices. Prentice-Hall, Englewood Cliffs, New Jersey.

Prichard et al., 1993. rev. 1995. Process for assessing proper conditions. Technical Reference 1737-9.

U.S. Department of the Interior, Bureau of Land Management Service Center, Denver, Colorado.

Rabeni, C.F., and RB. Jacobson. 1993. The importance of fluvial hydraulics for fish-habitat restoration in lowgradient alluvial streams. Freshwater Biology 29: 211-220.

Rantz, S.E., et al., 1982. Measurement and computation of streamflow. USGS Water Supply Paper 2175, 2 vols. U.S. Geological Survey, Washington, DC.

Raudkivi, A.J., and S.K. Tan. 1984. Erosion of cohesive soils. Journal of Hydraulic Research 22(4): 217-233.

Rechard, R.P., and R.G. Schaefer. 1984. Stripmine streambed restoration using meander parameters. In River meandering, Proceedings of the Conference Rivers '83, ed. C.M. Elliot, pp. 306-317. American Society of Civil Engineers, New York.

Reiser, D.W., M.P. Ramey, and T.A. Wesche. 1989. Flushing flows. In Alternatives in regulated river management, ed. M.A. Fenger, E.H. Miller, J.A. Johnson, and E.J.R. Williams, pp. 91-135. CRC Press, Boca Raton, Florida.

Resh, V.H., A.V. Brown, A.P. Covich, M.E. Gurtz, H.W. Li, G.W. Minshall, S.R. Reise, A.L. Sheldon, J.B. Wallace, and R.C. Wissmar. 1988. The role of disturbance in stream ecology. Journal of the North American Benthological Society 7: 433-455.

Reynolds, C.S. 1992. Algae. In The rivers handbook, vol. 1, ed. P. Calow and G.E. Petts, pp. 195-215. Blackwell Scientific Publications, Oxford.

Richards, K.S. 1982. Rivers: form and process in alluvial channels. Methuen, London.

Ricklefs, R.E. 1979. Ecology. 2d ed. Chiron Press, New York.

Ricklefs, R.E. 1990. Ecology. W.H. Freeman, New York.

Rieger, J.P., and D.A. Kreager. 1990. Giant reed(Arundodonax): a climax community of the riparian zone. In California riparian systems: protection, management, and restoration for the 1990's, tech. coord. D.L. Abel, pp. 222-225. Pac. SW. For. and Range Exper. Stat., Berkeley, California.

Ries, K.G. III. 1994. Estimation of Low-flow duration discharges in Massachusetts. U.S. Geological Survey Water-Supply Paper 2418. U.S. Geological Survey.

Riggs, H.C., et al., 1980. Characteristics of low flows. Journal of Hydraulic Engineering, ASCE 106(5): 717-731.

Riley, A.L. 1998. Restoring stream in cities: a guide for planners, policy-makers, and citizens. Ireland Press.

Riley, A.L., and M. McDonald. 1995. Urban waterways restoration training manual for Youth and Conservation Corps. National Association of Conservation Corps, Under agreement with the U.S. Environmental Protection Agency, Office of Policy, Planning, and Evaluation and the Natural Resource Conservation Service, Washington, DC.

Ringelman, J.K. 1991. Managing beaver to benefit waterfowl. Fish and Wildlife Leaflet 13.4.7. U.S. Fish and Wildlife Service, Washington, DC.

Roberson, J.A., and C.T. Crowe. 1996. Engineering fluid mechanics, 6th ed. John Wiley and Sons, New York. October. ISBN: 0471147354.

Rodgers, Jr., J.H., K.L. Dickson, and J. Cairns, Jr. 1979. A review and analysis of some methods used to measure functional aspects of periphyton. In Methods and measurements of periphyton communities: a review, ed. R.L. Weitzel. Special publication 690. American Society for Testing and Materials.

Rood, S.B., and J.M. Mahoney. 1990. Collapse of riparian poplar forests downstream from dams in western prairies: probable causes and prospects for mitigation. Environmental Management 14: 451-464.

Rosgen, D.L. 1996. Applied river morphology. Wildland Hydrology, Colorado.

Roy, A.G., and A.D. Abrahams. 1980. Discussion of rhythmic spacing and origin of pools and riffles. Geological Society of America Bulletin 91: 248-250.

Rudolph, R.R., and C.G. Hunter. 1964. Green trees and greenheads. In Waterfowl tomorrow, ed. J.P. Linduska, pp. 611-618. U.S. Department of the Interior, Fish and Wildlife Service, Washington, DC.

Ruttner, F. 1963. Fundamentals of limnology. Transl. D.G. Frey and F.E.J. Fry. University of Toronto Press, Toronto.

Ryan, J., and H. Short. 1995. The Winooski River Watershed evaluation project report. USDA-Natural Resources Conservation Service/ Americorps Program, Williston, Vermont.

Salo, E.O., and T.W. Cundy. 1987. Streamside management: forestry and fishery interactions. Contribution No. 57. University of Washington Institute of Forest Resources, Seattle.

Sanders, T.G., R.C. Ward, J.C. Loftis, T.D. Steele, D.D. Adrian, and V. Yevjevich. 1983. Design of networks for monitoring water quality. Water Resources Publications, Littleton, Colorado.

Sauer, V.B., W.O. Thomas, Jr., V.A. Stricker, and K.V. Wilson. 1983. Flood characteristics of urban watersheds in the United States. U.S. Geological Survey Water-Supply Paper 2207. U.S. Geological Survey.

Schamberger, M., A.H. Farmer, and J.W. Terrell. 1982. Habitat Suitability Index models: introduction. FWS/OBS-82/10. U.S Department of the Interior, U.S. Fish and Wildlife Service, Washington, DC.

Schopmeyer, C.S., ed. 1974. Seeds of woody plants in the United States. U.S. Department of Agriculture Agronomy Handbook 450. U.S. Department of Agriculture, Forest Service, Washington, DC.

Schreiber, K. 1995. Acidic deposition("acid rain"). In Our living resources: a report to the nation on the distribution, abundance, and health of U.S. plants, animals, and ecosystems, ed. T. LaRoe, G.S. Ferris, C.E. Puckett, P.D. Doran, and M.J. Mac. U.S. Department of the Interior, National Biological Service, Washington, DC.

Schroeder, R.L., and A.W. Allen. 1992. Assessment of habitat of wildlife communities on the Snake River, Jackson, Wyoming. U.S. Department of the Interior, Fish and Wildlife Service.

Schroeder, R.L., and S.L. Haire. 1993. Guidelines for the development of community-level habitat evaluation models. Biological Report 8. U.S. Department of the Interior, U.S. Fish and Wildlife Service, Washington, DC.

Schroeder, R.L., and M.E. Keller. 1990. Setting objectives: a prerequisite of ecosystem management. New York State Museum Bulletin 471:1-4. B-24 Stream Corridor.

Schueler, T. 1987. Controlling urban runoff: a practical manual for planning and designing urban best management practices. Metropolitan Washington Council of Governments, Washington, DC.

Schueler, T. 1995. The importance of imperviousness. Watershed Protection Techniques 1(3): 100-111.

Schueler, T. 1996. Controlling cumulative impacts with subwatershed plans. In Assessing the cumulative impacts of watershed development on aquatic ecosystems and water quality, proceedings of 1996 symposium.

Schuett-Hames, D., A. Pleus, L. Bullchild, and S. Hall, eds. 1993. Timber-Fish-Wildlife ambient monitoring program manual. TFW-AM-93-001. Northwest Indian Fisheries Commission, Olympia, Washington.

Schumm, S.A. 1960. The shape of alluvial channels in relation to sediment type. U.S Geological Survey Professional Paper 352-B. U.S. Geological Survey.

Schumm, S.A. 1977. The fluvial system. John Wiley and Sons, New York.

Schumm, S.A., M.D. Harvey, and C.C. Watson. 1984. Incised channels: morphology, dynamics and control. Water Resources Publications, Littleton, Colorado.

Searcy, J.K. 1959. Manual of hydrology; part 2, Low-flow techniques. U.S. Geological Survey Supply Paper W1542-A.

Sedell J.S., G.H. Reeves, F.R. Hauer, J.A. Stanford, and C.P. Hawkins. 1990. Role of refugia in recovery from disturbances: modern fragmented and disconnected river systems. Environmental Management 14: 711-724.

Sedgwick, J.A., and F.L. Knopf. 1986. Cavity-nesting birds and the cavity-tree resource in plains cottonwood bottomlands. Journal of Wildlife Management 50: 247-252.

Seehorn, M.E. 1985. Fish habitat improvement handbook. Technical Publication R8-TP 7. U.S. Department of Agriculture Forest Service, Southern Region.

Severson, K.E. 1990. Summary: livestock grazing as a wildlife habitat management tool. In Can livestock be used as a tool to enhance wildlife habitat? tech coord. K.E. Severson, pp. 3-6. U.S. Department of Agriculture Forest Service, Rocky Mountain Forest and Range Experiment Station General Technical Report RM-194.

Shampine, W.J., L.M. Pope, and M.T. Koterba. 1992. Integrating quality assurance in project work plans of the United States Geological Survey. United States Geological Survey Open-File Report 92-162.

Shaver, E., J. Maxted, G. Curtis and D. Carter. 1995. Watershed protection using an integrated approach. In Proceedings from Stormwater NPDES-related Monitoring Needs, ed. B. Urbonas and L. Roesner, pp. 168-178. Engineering Foundation Conference, Crested Butte, Colorado, August 7-12, 1994.

Shear, T.H., T.J. Lent, and S. Fraver. 1996. Comparison of restored and mature bottomland hardwood forests of Southwestern Kentucky. Restoration Ecology 4(2): 111-123.

Shelton, L.R. 1994. Field guide for collecting and processing stream-water samples for the National Water Quality Assessment Program. U.S. Geological Survey Open-File Report 94-455.

Shelton, L.R., and P.D. Capel. 1994. Field guide for collecting and processing samples of stream bed sediment for the analysis of trace elements and organic contaminants for the National Water Quality Assessment Program. U.S. Geological Survey Open-File Report 94-458.

Shields, F.D., Jr. 1983. Design of habitat structures for open channels. Journal of Water Resources Planning and Management 109(4): 331-344.

Shields, F.D., Jr. 1987. Management of environmental resources of cutoff bends along the Tennessee-Tombigbee Waterway. Final report. Miscellaneous Paper EL-87-12. U.S. Army Corps of Engineers, Waterways Experiment Station, Vicksburg, Mississippi.

Shields, F.D., Jr. 1988. Effectiveness of spur dike notching. Hydraulic engineering: proceedings of the 1988 national conference, ed. S.R. Abt and J. Gessler, 334-30.1256. American Society of Civil Engineers, New York.

Shields, F.D., Jr. 1991. Woody vegetation and riprap stability along the Sacramento River Mile 84.5-119. Water Resources Bulletin 27: 527-536.

Shields, F.D., Jr., and N.M. Aziz. 1992. Knowledgebased system for environmental design of stream modifications. Applied Engineering Agriculture, ASCE 8(4): 553-562.

Shields, F.D., Jr., A.J. Bowie, and C.M. Cooper. 1995. Control of streambank erosion due to bed degradation with vegetation and structure. Water Resources Bulletin 31(3): 475-489.

Shields, F.D., Jr., and J.J. Hoover. 1991. Effects of channel restabilization on habitat diversity, Twentymile Creek, Mississippi. Regulated Rivers: Research and Management(6): 163-181.

Shields, F.D., Jr., S.S. Knight, and C.M. Cooper. 1994. Effects of channel incision on base flow stream habitats and fishes. Environmental Management 18: 43-57.

Short, H.L. 1983. Wildlife guilds in Arizona desert habitats. U.S. Bureau of Land Management Technical Note 362. U.S. Department of the Interior, Bureau of Land Management.

Simberloff, D., and J. Cox. 1987. Consequences and costs of conservation corridors. Conservation Biology 1: 63-71.

Simmons, D., and R. Reynolds. 1982. Effects of urbanization on baseflow of selected south shore streams, Long Island, NY. Water Resources Bulletin 18(5): 797-805.

Simon, A. 1989a. A model of channel response in distributed alluvial channels. Earth Surface Processes and Landforms 14(1): 11-26.

Simon, A. 1989b. The discharge of sediment in channelized alluvial streams. Water Resources Bulletin, American Water Resources Association 25(6): 1177-1188. December.

Simon, A. 1992. Energy, time, and channel evolution in catastrophically disturbed fluvial systems. In Geomophic systems: geomorphology, ed. J.D. Phillips and W.H. Renwick, vol. 5, pp. 345-372.

Simon, A. 1994. Gradation processes and channel evolution in modified west Tennessee streams: process, response, form. U.S. Government Printing Office, Denver, Colorado. U.S. Geological Survey Professional Paper 1470.

Simon, A., and P.W. Downs. 1995. An interdisciplinary approach to evaluation of potential instability in alluvial channels. Geomorphology 12: 215-32.

Simon, A., and C.R. Hupp. 1992. Geomorphic and vegetative recovery processes along modified stream channels of West Tennessee. U.S. Geological Survey Open-File Report 91-502.

Simons, D.B., and M.L. Albertson. 1963. Uniform water conveyance channels in alluvial material. Transactions of the American Society of Civil Engineers(ASCE) 128(1): 65-167.

Simons, D.B., and F. Senturk. 1977. Sediment transport technology. Water Resources Publications, Fort Collins, Colorado.

Skagen. Unpublished data, U.S. Geological Survey, Biological Resources Division, Fort Collins, Colorado.

Skinner, Q.D., J.E. Speck, Jr., M. Smith, and J.C. Adams. 1984. Stream quality as influenced by beavers within grazing systems in Wyoming. Journal of Range Management 37: 142-146.

Smith, D.S., and P.C. Hellmund. 1993. Ecology of greenways: design and function of linear conservation areas. University of Minnesota Press, Minnesota.

Smith, B.S., and D. Prichard. 1992. Management techniques in riparian areas. BLM Technical Reference 1737-6. U.S. Department of the Interior, Bureau of Land Management.

Smock, L.A., E. Gilinsky, and D.L. Stoneburner. 1985. Macroinvertebrate production in a southeastern United States blackwater stream. Ecology 66: 1491-1503. B-26 Stream Corridor.

Sparks, R. 1995. Need for ecosystem management of large rivers and their flooodplains. BioScience 45(3): 170.

Spence, B.C., G.A. Lomnscky, R.M. Hughes, and R.P. Novitski . 1996. An ecosystem approach to salmonid conservation. TR-4501-96-6057. ManTech Environmental Research Services Corp., Corvallis, Oregon. (Available from the National Marine Fisheries Service, Portland, Oregon.)

Stamp, N., and R.D. Ohmart. 1979. Rodents of desert shrub and riparian woodland habitats in the Sonoran Desert. Southwestern Naturalist 24: 279.

Stalnaker, C.B., K.D. Bovee, and T.J. Waddle. 1996. Importance of the temporal aspects of habitat hydraulics to fish population studies. Regulated Rivers: Research and Management 12: 145-153.

Stanford J.A., and J.V. Ward. 1988. The hyporheic habitat of river ecosystems. Nature 335: 64-66.

Stanley, E.H., S.G. Fisher, and N.B. Grimm. 1997. Ecosytem expansion and contraction in streams. Bioscience 47(7): 427-435.

Stanley, S.J., and D.W. Smith. 1992. Lagoons and ponds. Water Environment Research 64(4): 367-371, June.

Statzner, B., and B. Higler. 1985. Questions and comments on the river continuum concept. Can.

J. Fish. Aquat. Sci. 42: 1038-1044.

Stauffer, D.F., and L.B. Best. 1980. Habitat selection by birds of riparian communities: evaluating effects of habitat alterations. Journal of Wildlife Management 44(1): 1-15.

Stednick, J.D. 1991. Wildland water quality sampling and analysis. Academic Press, San Diego.

Steinman, A.D., C.D. McIntire, S.V. Gregory, G.A. Lamberti, and L.R. Ashkenas. 1987. Effects of herbivore type and density on taxonomic structure and physiognomy of algal assemblages in laboratory streams. Journal of the North American Benthology Society 6: 175-188.

Stevens, L.E., B.T. Brown, J.M. Simpson, and R.R. Johnson. 1977. The importance of riparian habitat to migrating birds. In Proceedings of the Symposium on Importance, Preservation and Management of Riparian Habitat, tech coord. R.R. Johnson and D.A. Jones, pp. 154-156. U.S. Department of Agriculture Forest Service General Technical Report RM-43, Rocky Mountain Forest and Range Experimental Station, Ft. Collins, Colorado.

Stoner, R., and T. McFall. 1991. Woods roads: a guide to planning and constructing a forest roads system. U.S. Department of Agriculture, Soil Conservation Service, South National Technical Center, Fort Worth, Texas.

Strahler, A.N. 1957. Quantitative analysis of watershed geomorphology. American Geophysical Union Transactions 38: 913-920.

Strange, T.H., E.R. Cunningham, and J.W. Goertz. 1971. Use of nest boxes by wood ducks in Mississippi. Journal of Wildlife Management 35: 786-793.

Sudbrock, A. 1993. Tamarisk control 1: fighting back— an overview of the invasion, and a low-impact way of fighting it. Restoration and Management Notes 11: 31-34.

Summerfield, M., 1991. Global geomorphology. Longman, Harlow.

Svejcar, T.J., G.M. Riegel, S.D. Conroy, and J.D. Trent. 1992. Establishment and growth potential of riparian shrubs in the northern Sierra Nevada. In Symposium on Ecology and Management of Riparian Shrub Communities. USDA Forest Service General Technical Report INT-289. U.S. Department of Agriculture, Forest Service.

Swanson, S. 1989. Using stream classification to prioritize riparian rehabilitation after extreme events. In Proceedings of the California Riparian Systems Conference, pp. 96-101. U.S. Department of Agriculture, Forest Service General Technical Report PSW-110.

Sweeney, B.W. 1984. Factors influencing life-history patterns of aquatic insects. In The ecology of aquatic insects, ed. V.H. Resh and D.M. Rosenberg, pp. 56-100. Praeger, New York.

Sweeney, B.W. 1992. Streamside forests and the physical, chemical, and trophic characteristics of piedmont streams in eastern North America. Water Science Technology 26: 1-12.

Sweeney, B.W. 1993. Effects of streamside vegetation on macroinvertebrate communities of White Clay Creek in eastern North America. Stroud Water Resources Center, Academy of Natural Sciences. Proceedings of the Academy of Natural Sciences, Philadelphia 144: 291-340.

Swenson, E.A., and C.L. Mullins. 1985. Revegetation riparian trees in southwestern floodplains. In Riparian ecosystems and their management: reconciling conflicting uses, coord. R.R. Johnson, C.D. Ziebell, D.R. Patton, P.F. Ffolliot, and R.H. Hamre, pp. 135-139. First North American Riparian Conference, USDA Forest Service General Technical Report RM-120. Rocky Mountain Forest and Range Experiment Station, Fort Collins, Colorado.

Szaro,R. C. 1989. Riparian forest and scrubland community types of Arizona and New Mexico. Desert Plants 9.

Tarquin, P.A., and L.D. Baeder. 1983. Stream channel reconstruction: the problem of designing lower order streams. In Proceedings of Symposium on Surface Mining, Hydrology, Sedimentology and Reclamation, pp. 41-46.

Telis, P.A. 1991. Low-flow and flow-duration characteristics of Mississippi streams. U.S. Geological Survey Water-Resources Investigations Report 90-4087.

Temple, D.M., and J.S. Moore. 1997. Headcut advance prediction for earth spillways. Transactions ASAE 40(3): 557-562.

Terrell, J.W., and J. Carpenter, eds. In press. Selected Habitat Suitability Index model evaluations. Information and Technology Report, U.S Department of the Interior, Washington, DC.

Teskey, R.O., and T.M. Hinckley. 1978. Impact of water level changes on woody riparian and wetland communities, vols. I, II, and III. FWS/ OBS-77/58, -77/59, and -77/60. U.S. Department of Agriculture, Fish and Wildlife Service.

Theurer, F.D., K.A. Voos, and W.J. Miller. 1984. Instream water temperature model. Instream Flow Information Paper No. 16. USDA Fish and Wildlife Service, Cooperative Instream Flow Service Group, Fort Collins, Colorado.

Thomann, R.V., and J.A. Mueller. 1987. Principles of surface water quality modeling and control. Harper & Row, New York.

Thomas, J.W. ed. 1979. Wildlife habitat in managed forests: the Blue Mountain of Oregon and Washington. Ag. Handbook 553. U.S. Department of Agriculture Forest Service.

Thomas and Bovee. 1993. Application and testing of a procedure to evaluate transferability of habitat suitability criteria. Regulated Rivers Research and Management 8(3): 285-294, August 1993.

Thomas, W.A., R.R. Copeland, N.K. Raphelt, and D.N. McComas. 1993. User's manual for the hydraulic design package for channels(SAM). Draft report. U.S. Army Corps of Engineers Waterways Experiment Station, Vicksburg, Mississippi.

Thorne, C.R. 1992. Bend scour and bank erosion on the meandering Red River, Louisiana. In Lowland floodplain rivers: geopmorphological perspectives, ed. P.A. Carling and G.E. Petts, pp. 95-115. John Wiley and Sons, Ltd., Chichester, U.K.

Thorne, C.R., S.R. Abt, F.B.J. Barends, S.T. Maynord, and K.W. Pilarczyk. 1995. River, coastal and shoreline protection: erosion control using riprap and armourstone. John Wiley and Sons, Ltd., Chichester, UK.

Thorne, C.R., R.G. Allen, and A. Simon. 1996. Geomorphological river channel reconnaissance for river analysis, engineering and management. Transactions of the Institute for British Geography 21:469-483.

Thorne, C.R., H.H. Chang, and R.D. Hey. 1988. Prediction of hydraulic geometry of gravel-bed streams using the minimum stream power concept. In Proceedings of the International Conference on River Regime, ed. W.R. White. John Wiley and Sons, New York. B-28 Stream Corridor.

Thorne, C.R., J.B. Murphey, and W.C. Little. 1981. Bank stability and bank material properties in the bluffline streams of Northwest Mississippi. Appendix D, Report to the Corps of Engineers Vicksburg District under Section 32 Program, Work unit 7, USDA-ARS Sedimentation Laboratory, Oxford, Mississippi.

Thorne, C.R., and A.M. Osman. 1988. River bank stability analysis II: applications. Journal of Hydraulic Engineering 114(2): 151-172.

Thorne, C.R., and L.W. Zevenbergen. 1985. Estimating mean velocity in mountain rivers. Journal of Hydraulic Engineering, ASCE 111(4): 612-624.

Thumann, A., and R.K. Miller. 1986. Fundamentals of noise control engineering. The Fairmont Press, Atlanta.

Tiner, R. 1997. Keys to landscape position and landform descriptors for United States wetlands (operational draft). U.S. Fish and Wildlife Service, Northwest Region, Hadley, Massachusetts.

Tiner, R., and Veneman. 1989. Hydric soils of New England. Revised Bulletin C-183R. University of Massachusetts Cooperative Extension, Amherst, Massachusetts.

Toffaleti, F.B. 1968. A procedure for computation of the total river sand discharge and detailed distribution, bed to surface. U.S. Army Engineers Waterways Experiment Station Technical

Report No. 5. Committee on Channel Stabilization.

Tramer, E.J. 1969. Bird species diversity: components of Shannon's formula. Ecology 50(5): 927-929.

Tramer, E.J. 1996. Riparian deciduous forest. Journal of Field Ornithology 67(4) (Supplement): 44.

Trimble, S. 1997. Contribution of stream channel erosion to sediment yield from an urbanizing watershed. Science 278: 1442-1444.

United States Army Corps of Engineers(USACE). 1989a. Engineering and design: environmental engineering for local flood control channels. Engineer Manual No. 1110-2-1205. Department of the Army, United States Army Corps of Engineers, Washington, DC.

United States Army Corps of Engineers(USACE). 1989b. Sedimentation investigations of rivers and reservoirs. Engineer Manual No. 1110-2-4000. Department of the Army, United States Army Corps of Engineers, Washington, DC.

United States Army Corps of Engineers(USACE). 1989c. Demonstration erosion control project. General Design Memorandum No. 54(Reduced Scope), Appendix A. Vicksburg District, Vicksburg, Mississippi.

United States Army Corps of Engineers(USACE). 1990. Vicksburg District systems approach to watershed analysis for demonstration erosion control project, Appendix A. Demonstration Erosion Control Project Design Memorandum No. 54. Vicksburg District, Vicksburg, Mississippi.

United States Army Corps of Engineers(USACE). 1991. Hydraulic design of flood control channels. USACE Headquarters, EM1110-2-1601, Washington, DC.

United States Army Corps of Engineers(USACE). 1993. Demonstration erosion control project Coldwater River watershed. Supplement I to General Design Memorandum No. 54. Vicksburg District, Vicksburg, Mississippi.

United States Army Corps of Engineers(USACE). 1994. Analyzing employment effects of stream restoration investments. Report CPD-13. Prepared by Apogee Research, Inc.; U.S. Environmental Protection Agency, Washington, DC; US Army Corps of Engineers, Institute for Water Resources, Alexandria, Virginia.

United States Department of the Interior, Bureau of Reclamation(USDI-BOR). 1997. Water measurement manual. A Water Resources Technical Publication. U.S. Government Printing Office, Washington, DC.

United States Department of Agriculture, Soil Conservation Service.(USDA-SCS). 1977. Adapted from Figure 6-14 on page 6-26 in U.S. Department of Agriculture, Soil Conservation Service

1977. Technical Release No. 25 Design of open flow channels. 247 pp. Figure 6-14 on page 6-26 was adapted from Lane, E.W. 1952, U.S. Bureau of Reclamation. Progress report on results of studies on design of stable channels. Hydrauic Laboratory Report No. HYD-352.

United States Department of Agriculture, Soil Conservation Service.(USDA-SCS). 1983. Selected statistical methods. In National engineering handbook, Section 4. Hydrology, Chapter 18.

United States Department of Agriculture, Natural Resources Conservation Service(USDA-NRCS). Field office technical guide. (Available at NRCS county field office locations.)

United States Department of Agriculture, Natural Resources Conservation Service(USDA-NRCS). 1992. Soil bioengineering for upland slope protection and erosion reduction. In Engineering field handbook, Part 650, Chapter 18.

United States Department of Agriculture, Natural Resources Conservation Service(USDA-NRCS). 1994. Unpublished worksheet by Lyle Steffen, NRCS, Lincoln, NE.

United States Department of Agriculture, Natural Resources Conservation Service(USDA-NRCS). 1996a. Streambank and shoreline protection. In Engineering field handbook, Part 650, Chapter 16.

United States Department of Agriculture, Natural Resources Conservation Service(USDA-NRCS). 1996b. America's private land – A geography of hope. U.S. Department of Agriculture, Washington, DC. Program Aid 1548.

United States Department of Agriculture, Natural Resources Conservation Service(USDA-NRCS). 1998. Stream visual assessment protocol(draft). National Water and Climate Data Center, Portland, Oregon.

United States Environmental Protection Agency(USEPA). 1979. Handbook for analytic quality control in water and wastewater laboratories. EPA-600/4-79-019. U.S. Environmental Protection Agency, Environmental Monitoring and Support Laboratory, Cincinnati, Ohio.

United States Environmental Protection Agency(USEPA). 1983a. Interim guidelines and specifications for preparing quality assurance plans. QAMS-004/80, EPA-600/8-83-024. U.S. Environmental Protection Agency, Washington, DC.

United States Environmental Protection Agency(USEPA). 1983b. Interim guidelines and specifications for preparing quality assurance project plans. QAMS-005/80, EPA-600/4-83-004. U.S. Environmental Protection Agency, Washington, DC.

United States Environmental Protection Agency(USEPA). 1986a. Ambient water quality criteria for dissolved oxygen. EPA 440/5-86/003. Miscellaneous Report Series. U.S. Environmental Protection Agency, Washington, DC.

United States Environmental Protection Agency(USEPA). 1986b. Quality criteria for water 1986. EPA 440/5/86-001. U.S. Environmental Protection Agency, Office of Water Regulations and Standards, Washington, DC.

United States Environmental Protection Agency(USEPA). 1989. Sediment classification methods compendium. Draft final report. U.S. Environmental Protection Agency, Office of Water, Washington, DC.

United States Environmental Protection Agency(USEPA). 1992. Storm water sampling guidance document. U.S. Environmental Protection Agency, Washington, DC.

United States Environmental Protection Agency(USEPA). 1993. Watershed protection: catalog of federal programs. EPA841-B-93-002. U.S. Environmental Protection Agency, Office of Wetlands, Oceans and Watersheds, Washington, DC. B-30 Stream Corridor United States Environmental Protection Agency(USEPA). 1995a. Ecological restoration: a tool to manage stream quality. U.S. Environmental Protection Agency, Washington, DC.

United States Environmental Protection Agency(USEPA). 1995b. Volunteer stream monitoring: a method manual. EPA841-D-95-001. U.S. Environmental Protection Agency, Washington, DC.

United States Environmental Protection Agency(USEPA). 1997. The quality of our nation's water: 1994. EPA841R95006. U.S. Environ-mental Protection Agency, Washington, DC.

United States Fish and Wildlife Service(USFWS). 1997. A system for mapping riparian areas in the Western United States. National Wetlands Inventory. Washington, DC. December.

United States Fish and Wildlife Service(USFWS). 1980. Habitat Evaluation Procedures(HEP) (ESM 102). U.S. Department of the Interior, Fish and Wildlife Service, Washington, DC.

United States Fish and Wildlife Service(USFWS). 1981. Standards for the development of Habitat Suitability Index models(ESM 103). U.S. Department of the Interior, Fish and Wildlife Service, Washington, DC.

United States Forest Service. 1965. Range seeding equipment handbook. U.S. Forest Service, Washington, DC.

Van Der Valk, A.G. 1981. Succession in wetlands: a Gleasonian approach. Ecology 62: 688-696.

Van Haveren, B.P. 1986. Management of instream flows through runoff detention and retention. Water Resources Bulletin WARBAQ 22(3): 399-404.

Van Horne, B. 1983. Density as a misleading indicator of habitat quality. Journal of Wildlife Management 47: 893-901.

Van Winkle, W., H.I. Jager, and B.D. Holcomb. 1996. An individual-based instream flow model for coexisting populations of brown and rainbow trout. Electric Power Research Institute Interim Report TR-106258. Electric Power Research Institute.

Vannote, R.L., G.W. Minshall, K.W. Cummins, J.R. Sedell, and C. E. Cushing. 1980. The River Continuum Concept. Canadian Journal of Fisheries and Aquatic Sciences 37(1): 130-137.

Vanoni, V.E., ed. 1975. Sedimentation engineering. American Society of Civil Engineers, New York.

Verner, J. 1984. The guild concept applied to management of bird populations. Environmental Management 8: 1-14.

Verner, J. 1986. Future trends in management of nongame wildlife: A researcher's viewpoint. In Management of nongame wildlife in the Midwest: a developing art, ed. J.B. Hale, L.B. Best, and R.I. Clawson, pp. 149-171. Proceedings of the 47th Midwest Fish and Wildlife Conference, Grand Rapids, Michigan.

Vogel, R.M. and C.N. Kroll. 1989. Low-flow frequency analysis using probability-plot correlation coefficients. Journal of Water Resources Planning and Management, ASCE 115(3): 338-357.

Von Haartman, L. 1957. Adaptations in hole nesting birds. Evolution 11: 339-347.

Walburg, C.H. 1971. Zip code H2O. In Sport Fishing USA, ed. D. Saults, M. Walker, B. Hines, and R.G. Schmidt. U.S. Department of the Interior, Bureau of Sport Fisheries and Wildlife, Fish and Wildlife Service. U.S. Government Printing Office, Washington, DC.

Wallace, J.B., and M.E. Gurtz. 1986. Response of Baetis mayflies(Ephemeroptera) to catchment logging. American Midland Naturalist 115: 25-41.

Walters, M.A., R.O. Teskey, and T.M. Hinckley. 1978. Impact of water level changes on woody riparian and wetland communities, vols. VII and VIII. FWS/OBS-78/93, and -78/94. Fish and Wildlife Service.

Ward, J.V. 1985. Thermal characteristics of running waters. Hydrobiologia 125: 31-46.

Ward, J.V. 1989. The four-dimensional nature of lotic ecosystems. Journal of the Northern American Benthological Society 8: 2-8.

Ward, J.V. 1992. Aquatic insect ecology. 1. Biology and habitat. John Wiley and Sons, New York.

Ward, J.V., and J.A. Standford. 1979. Riverine Ecosystems: the influence of man on catchment dynamics and fish ecology. In Proceedings of the International Large River Symposium. Can. Spec. Publ. Fish. Aquat. Sci. 106: 56-64.

Ward, R.C., J.C. Loftis, and G.B. McBride. 1990. Design of water quality monitoring systems. Van Nostrand Reinhold, New York.

Weitzel, R.L. 1979. Periphyton measurements and applications. In Methods and measurements of periphyton communities: a review, ed. R.L. Weitzel. Special publication 690. American Society for Testing and Material.

Welsch, D.J. 1991. Riparian forest buffers: Function and design for protection and enhancement of water resources. USDA Forest Service, Northeastern Area State and Private Forestry Publication No. NA-PR-07-91. U.S. Department of Agriculture Forest Service, Radnor, Pennsylvania.

Wenger, K.F., ed. 1984. Forestry handbook. 2d ed. Section 15, Outdoor recreation management, pp. 802-885. John Wiley and Sons, New York.

Wesche, T.A. 1985. Stream channel modifications and reclamation structures to enhance fish habitat. Chapter 5 in The restoration of rivers and streams, ed. J.A. Gore. Butterworth, Boston.

Wetzel, R.G. 1975. Limnology. W.B. Saunders Co., Philadelphia, Pennsylvania.

Wharton, C.H., W.M. Kitchens, E.C. Pendleton, and T.W. Sipe. 1982. The ecology of bottomland hardwood swamps of the Southeast: a community profile. FWS/OBS-81/37. U.S. Fish and Wildlife Service, Biological Services Program, Washington, DC.

Wharton, G. 1995. The channel-geometry methods: guidelines and applications. Earth Surface Processes and Landforms 20(7): 649-660.

White, R.J., and O.M. Brynildson. 1967. Guidelines for management of trout stream habitat in Wisconsin. Technical Bulletin 39. Department of Natural Resources, Madison, Wisconsin.

White, W.R., R. Bettess, and E. Paris. 1982. Analytical approach to river regime. Proceedings of the ASCE. Journal of the Hydraulics Division 108(HYLO): 1179-1193.

White, W.R., E. Paris, and R. Bettess. 1981. Tables for the design of stable alluvial channels. Report IT208. Hydraulics Research Station, Wallingford.

Whitlow, T.H., and R.W. Harris. 1979. Flood tolerance in plants: a state-of-the-art review. Environmental and Water Quality Operational Studies, Technical Report E-79-2. U.S. Army Corps of Engineers Waterways Experiment Station, Vicksburg, Mississippi.

Williams, D.T., and P.Y. Julien. 1989. Examination of stage-discharge relationships of compound/composite channels. In Channel flow and catchment runoff: Proceedings of the International Conference for Centennial of Manning's Formula and Kuichling's Rational Formula, University of Virginia, ed. B.C. Yen, pp. 478-488.

Williams, G.W. 1978. Bankfull discharge of rivers. Water Resources Research 14: 1141-1154.

Williams, G.W. 1986. River meanders and channel size. Journal of Hydrology 88: 147-164.

Williams, and M.G. Wolman. 1984. Downstream effects of dams on alluvial rivers. U.S. Geological Survey Professional Paper 1286.

Williamson, S.C., J.M. Bartholow, and C.B Stalnaker. 1993. Conceptual model for quantifying pre-smolt production from flow-dependent physical habitat and water temperature. Regulated Rivers: Research and Management 8: 15-28.

Wilson, K.V., and D.P. Turnipseed. 1994. Geomorphic response to channel modifications of Skuna River at the State Highway 9 crossing at Bruce, Calhoun County, Mississippi. U.S. Geological Survey Water-Resources Investigations Report 94-4000. B-32 Stream Corridor.

Wilson, M.F., and S.W. Carothers. 1979. Avifauna of habitat islands in the Grand Canyon. SW Nat. 24:563-576.

Wolman, M.G. 1954. A method of sampling coarse riverbed material. Transactions of the American Geophysical Union 35(6): 951-956.

Wolman, M.G. 1955. The natural channel of Brandywine Creek, Pennsylvania. U.S Geological Survey Professional Paper No. 271.

Wolman, M.G. 1964. Problems posed by sediments derived from construction activities in Maryland. Maryland Water Pollution Control Commission. January.

Wolman, M.G. and L. B. Leopold. 1957. River flood plains: some observations on their formation. USGS Professional Paper 282C.

Wolman, M.G. and J. P. Miller. 1960. Magnitude and frequency of forces in geomorphic process. Journal of Geology 68: 54-74.

Woodyer, K.D. 1968. Bankfull frequency in rivers. Journal of Hydrology 6: 114-142.

Yalin, M.S. 1971. Theory of hydraulic models. MacMillan. London.

Yang, C.T. 1971. Potential energy and stream morphology. Water Resources Research 7(2): 311-322.

Yang, C.T. 1973. Incipient motion and sediment transport. Proceedings of the American Society of Civil Engineers, Journal of Hydraulic Division 99(HY10, Proc. Paper 10067.): 1679-1704.

Yang, C.T. 1983. Minimum rate of energy dissipation and river morphology. In proceedings of D.B. Simons Symposium on Erosion and Sedimentation, Colorado State University, Fort Collins, Colorado, 3.2-3.19.

Yang, C.T. 1984. Unit stream power equation for gravel. Proc. Am. Soc. Civ. Engrs, J. Hydaul. Div. 110(HY12): 1783-1797.

Yang, C.T. 1996. Sediment transport theory and practice. The McGraw-Hill Companies, Inc. New York.

Yang, C.T., and C.S. Song. 1979. Theory of minimum rate of energy dissipation. Proc. Am. Soc. Civ. Engrs, J. Hydaul. Div., 105(HY7): 769-784.

Yang, C.T., and J.B. Stall. 1971. Note on the map scale effect in the study of stream morphology. Water Resources Research 7(3): 709-712.

Yang, C.T., and J.B. Stall. 1973. Unit Stream Power in Dynamic Stream Systems, Chapter 12 in Fluvial Geomorphology, ed. M. Morisawa. A proceeding volume of the Fourth Annual Geomorophology Symposia Series, State University of New York, Binghamton.

Yang, C.T., M.A. Trevino, and F. J.M. Simoes. 1998. Users Manual for GSTARS 2.0(Generalized Stream Tube Model for Alluvial River Simulation version 2.0). U.S. Bureau, Technical Service Center, Denver, Colorado.

Yoakum, J., W.P. Dasmann, H.R. Sanderson, C.M. Nixon, and H.S. Crawford. 1980. Habitat improvement techniques. In Wildlife management techniques manual, 4th ed., rev., ed. S.D. Schemnitz, pp. 329-403. The Wildlife Society, Washington, DC.

Yorke, T.H., and W.J. Herb. 1978. Effects of urbanization on streamflow and sediment transport in the Rock Creek and Anacostia River Basins, Montgomery County, Maryland 1962-74. U.S. Geological Survey Professional Paper 1003. U.S. Geological Survey.

Yuzyk, T.R. 1986. Bed material sampling in gravel-bed streams. Report IWD-HQ-WRB-SS-86-8. Environment Canada, Inland Waters Directorate, Water Resources Branch, Sediment Survey Section.

Zalants, M.G. 1991. Low-flow frequency and flow duration of selected South Carolina streams through 1987. U.S. Geological Survey Water-Resources Investigations Report 91-4170. U.S. Geological Survey.

玉井信行, 水野信彦, 中村俊六 編, 河川生態環境工學(魚類生態と河川計劃), 東京大學出版會, 1993(Nobuyuki TAMAI, Nobuhiko MIZUNO, and Shunroku NAKAMURA, Editors, Environmental River Engineering, University of TOKYO Press, 1993, ISBN 4-13-061110-0)

玉井信行, 奧田重俊, 中村俊六 編, 河川生態環境評價法(潛在自然槪念を軸として), 東京大學出版會, 2000 (Nobuyuki TAMAI, Shigetoshi OKUDA, and Shunroku NAKAMURA, Editors, Assessing Riverine Environments for Habitat Suitability on the Basis of Natural Potential, University of TOKYO Press, 2000, ISBN 4-13-061117-8)

千田 稔 著, 自然的河川計劃(改修における自然との調和と對策), 理工圖書, 1991.

日本 環境省 編, 新・生物多樣性 國家戰略(自然の保全と再生のたぬの基本計劃), 2002.

부록 참고문헌

1. Abt, S.R., G.B. Hamilton, C.C. Watson, and J.B. Smith. 1994. Riprap sizing for modified ARS-Type basin. Journal of Hydraulic Engineering, ASCE 120(2): 260-267.

4. Biedenharn, D.S., C.M. Elliott, and C.C. Watson. 1997. The WES stream investigation and streambank stabilization handbook. Prepared for the U.S. Environmental Protection Agency by the U.S. Army Corps of Engineers Waterways Experiment Station, Vicksburg, Mississippi.

5. Blaisdell, F.W. 1948. Development and hydraulic design, Saint Anthony Falls stilling basin. American Society of Civil Engineers, Trans. 113:483-561, Paper No. 2342.

6. Clay, C.H. 1961. Design of fishways and other fish facilities. Department of Fisheries and Oceans, Canada, Queen's Printer, Ottawa.

7. Cooper, C.M., and S.S. Knight. 1987. Fisheries in man-made pools below grade control structures and in naturally occurring scour holes of unstable streams. Journal of Soil and Water Conservation 42: 370-373.

9. Darrach, A.G. et al., 1981. Building water pollution control into small private forest and ranchland roads. Publication R6-S&PF- 006- 1980. U.S. Department of Agriculture, Forest Service, Portland, Oregon.

10. DuPoldt, C.A., Jr. 1996. Compilation of technology transfer information from the XXVII conference of the International Erosion Control Association. U.S. Department of Agriculture, Natural Resources Conservation Service, Somerset, New Jersey.

11. Flosi, G., and F. Reynolds. 1991. California salmonid stream habitat and restoration manual. California Department of Fish and Game.

12. Goitom, T.G., and M.E. Zeller. 1989. Design procedures for soil-cement grade control structures. In Proceedings of the National Conference of Hydraulic Engineering, American Society of Civil Engineers, New Orleans, Louisiana.

13. Gore, J.A., and F.D. Shields. 1995. Can large rivers be restored? A focus on rehabilitation. Bioscience 45(3).

14. Gray, D.H., and A.T. Leiser. 1982. Biotechnical slope protection and erosion control. Van Nostrand Reinholm, New York.

15. Hammer, D.A. 1992. Creating freshwater wetlands. Lewis Publishers, Chelsea, Michigan.

16. Harrelson, C.C., J.P. Potyondy, C.L. Rawlins. 1994. Stream channel reference sites: an illustrated guide to field technique. General Technical Report RM-245. U.S. Department of Agriculture, Forest Service, Fort Collins, CO.

17. Harris, F.C. 1901. Effects of dams and like obstructions in silt-bearing streams. Engineering News 46.

18. Henderson, J.E. 1986. Environmental designs for streambank protection projects. Water Resources Bulletin 22(4): 549-558.

20. Iowa State University, University Extension. 1996. Buffer strip design, establishment and maintenance. In Stewards of Our Streams. Ames, Iowa.

21. King County, Washington Department of Public Works. 1993. Guidelines for bank stabilization projects. Seattle, Washington.

22. Leopold, A. 1949. A Sand County almanac and sketches here and there. Oxford University Press, New York.

23. Leopold, L.B., and D.L. Rosgen. 1991. Movement of bed material clasts in gravel streams. In Proceedings of the Fifth Federal Interagency Sedimentation Conference. Las Vegas, Nevada.

24. Leopold, L.B., and M.G. Wolman. 1957. River and channel patterns: braided, meandering, and straight. Professional Paper 282-B. U.S. Geological Survey, Washington, DC.

25. Linder, W.M. 1963. Stabilization of stream beds with sheet piling and rock sills. Prepared for Federal Interagency Sedimentation Conference, Subcommittee on Sedimentation, ICWR, Jackson, Mississippi.

26. Little, W.C., and J.B. Murphy. 1982. Model study of low drop grade control structures. Journal of the Hydraulic Division, ASCE, Vol. 108, No. HY10, October, 1982, pp. 1132-1146.

27. Logan, R., and B. Clinch. 1991. Montana forestry BMP's. Montana Department of State Lands, Service Forestry Bureau. Missoula, Montana.

29. Maryland Department of the Environment, Water Management Administration. 1994. 1994 Maryland standards and specifications for soil erosion and sediment control. In association with Soil Conservation Service and Maryland State Soil Conservation Committee, Annapolis, Maryland.

30. Maryland Department of Natural Resources, Forest Service. 1993. Soil erosion and sediment control guidelines for forest harvest operations in Maryland. Annapolis, Maryland.

31. McLaughlin Water Engineers, Ltd. 1986. Evaluation of and design recommendations for drop structures in the Denver metropolitan area. A Report prepared for the Denver Urban Drainage and Flood Control District.

32. McMahon, T.A. 1993. Hydrologic design for water use. In Handbook of Hydrology, ed. D.R. Maidment. McGraw-Hill, New York.

33. Metropolitan Washington Council of Governments. 1992. Watershed restoration source book. Department of Environmental Programs, Anacostia Restoration Team, Washington, DC.

35. Milhous, R.T., and R. Dodge. 1995. Flushing flow for habitat restoration. In Proceedings of the First International Conference on Water Resources Engineering, ed. W.H. Espey, Jr. and P.G. Combs. American Society of Civil Engineers, New York.

36. Minnesota Department of Natural Resources. 1995. Protecting water quality and wetlands in forest management. St. Paul, Minnesota.

37. Murphy, T.E. 1967. Drop structures for Gering Valley project, Scottsbluff County, Nebraska, Hydraulic Model investigation. Technical Report No. 2-760. U.S. Army Corps of Engineers Waterways Experiment Station, Vicksburg, Mississippi.

39. National Research Council. 1992. Restoration of aquatic ecosystems: science, technology and public policy. National Academy Press, Washington, DC.

40. Neilson, F.M., T.N. Waller, and K.M. Kennedy. 1991. Annotated bibliography on grade control structures. Miscellaneous Paper, HL-914. U.S. Army Corps of Engineers Waterways Experiment Station, Vicksburg, Mississippi.

41. Nelson, W.R., J.R. Dwyer, and W.E. Greenberg. 1988. Flushing and scouring flows for habitat maintenance in regulated streams. U.S. Environmental Protection Agency, Washington, DC.

42. New Hampshire Timberland Owners Association. 1991. A pocket field guide for foresters, landowners and loggers. Concord, New Hampshire.

43. New York Department of Environmental Conservation. 1992. Reducing the impacts of stormwater runoff from new development. Albany, New York.

44. Pennsylvania Fish Commission. (Undated). Fish habitat improvement for streams. Pennsylvania Fish Commission, Harrisburg, Pennsylvania.

45. Reid, G.K., and R.D. Wood. 1976. Ecology of inland waters and estuaries. D. Van Nostrand Co., New York.

46. Rosgen, D.L. 1985. A stream classification system—riparian ecosystems and their management.

First North American Riparian Conference, Tucson, Arizona.

47. Rosgen, D.L. 1993. River restoration using natural stability concepts. In Proceedings of Watershed '93, A National Conference on Watershed Management. Alexandria, Virginia.

48. Saele, L.M. 1994. Guidelines for the design of stream barbs. Streambank Protection and Restoration Conference. U.S. Department of Agriculture, Natural Resources Conservation Service, Portland, Oregon.

50. Schueler, T.R. 1987. Controlling urban runoff: a practical manual for planning and designing urban BMPs. Metropolitan Washington Council of Governments, Washington, DC.

51. Schultz, R.C., J.P. Colletti, T.M. Isenhart, W.W. Simpkings, C.W. Mize, and M.L. Thompson. 1995. Design and placement of a multi-species riparian buffer strip. Agroforestry Systems 29: 201-225.

52. Schumm, S.A. 1963. A tentative classification system of alluvial rivers. Circular 477. U.S. Geological Survey, Washington, DC.

53. Schumm, S.A. 1977. The fluvial system. John Wiley and Sons, New York.

54. Schumm, S.A., M.D. Harvey, and C.A. Watson. 1984. Incised channels: morphology, dynamics and control. Water Resources Publications, Littleton, Colorado.

55. Seehorn, M.E. 1992. Stream habitat improvement handbook. Technical Publication R8-TP 16. U.S. Department of Agriculture, Forest Service, Atlanta, Georgia.

56. Shields, F.D., Jr., and N.M. Aziz. 1992. Knowledge-based system for environmental design of stream modifications. Applied Engineering in Agriculture, ASCE 8: 4.

57. Shields, F.D., Jr., and R.T. Milhous. 1992. Sediment and aquatic habitat in river systems. Final Report. American Society of Civil Engineers Task Committee on Sediment Transport and Aquatic Habitat. Journal of Hydraulic Engineering 118(5).

58. Shields, F.D., Jr., S.S. Knight, and C.M. Cooper. 1995. Incised stream physical habitat restoration with stone weirs. Regulated Rivers: Research and Management 10.

59. Shields, F.D., Jr., C.M. Cooper, and S.S. Knight. 1992. Rehabilitation of aquatic habitats in unstable streams. Fifth Symposium on River Sedimentation. Karlsruhe.

60. Shields, F.D., Jr. 1983. Design of habitat structures open channels. Journal of Water Resources Planning and Management, ASCE 109: 4.

61. Shields, F.D., Jr. 1982. Environmental features for flood control channels. Water Resources Bulletin, AWRA 18(5): 779-784.

63. Tate, C.H., Jr. 1988. Muddy Creek grade control structures, Muddy Creek, Mississippi and Tennessee. Technical Report HL-88-11. U.S. Army Corps of Engineers Waterways Experiment Station, Vicksburg, Mississippi.

65. Thompson, J.N., and D.L. Green. 1994. Riparian restoration and streamside erosion control handbook. Tennessee Department of Environment and Conservation, Nashville, Tennessee.

66. U.S. Army Corps of Engineers. 1970. Hydraulic Design of Flood Control Channels. EM-1110-1601, (Revision in press 1990).

67. U.S. Army Corps of Engineers. 1981. Main report, Final report to Congress on the streambank erosion control evaluation and demonstration Act of 1974, Section 32, Public Law 93-251. U.S. Army Corps of Engineers, Washington, DC.

68. U.S. Army Corps of Engineers. 1983. Streambank protection guidelines. U.S. Army Corps of Engineers, Washington, DC.

69. U.S. Army Corps of Engineers. 1989. Engineering and design: environmental engineering for local flood control channels. Engineer Manual No. 1110-2-1205. Department of the Army, U.S. Army Corps of Engineers, Washington, DC.

70. U.S. Department of Agriculture, Forest Service. 1989. Managing grazing of riparian areas in the Intermountain Region, prepared by Warren P. Clary and Bert F. Webster. General Technical Report INT-263. Intermountain Research Station, Ogden, UT.

72. U.S. Department of Agriculture, Soil Conservation Service. 1977. Design of open channels. Technical Release 25.

73. U.S. Department of Agriculture, Natural Resources Conservation Service. (Continuously updated). National handbook of conservation practices. Washington, DC.

74. U.S. Department of Agriculture, Soil Conservation Service. (1983). Sedimentstorage design criteria. In National Engineering Handbook, Section 3. Sedimentation, Chapter 8. Washington, DC.

75. U.S. Department of Agriculture, Natural Resources Conservation Service. 1992. Wetland restoration, enhancement or creation. In Engineering Field Handbook. Chapter 13. Washington, DC.

77. U.S. Department of Agriculture, Natural Resources Conservation Service. 1996. Streambank and shoreline protection. In Engineering field handbook, Part 650, Chapter 16.

78. U.S. Department of Agriculture, Natural Resources Conservation Service. 1995. Riparian forest buffer, 391, model state standard and general specifications. Watershed Science Institute, Agroforesters and Collaborating Partners, Seattle, Washington.

79. U.S. Department of Agriculture, Natural Resources Conservation Service. c1995. (Unpublished draft). Planning and design guidelines for streambank protection. South National Technical Center, Fort Worth, Texas.

80. U.S. Department of Agriculture, Natural Resources Conservation Service, and Illinois Environmental Protection Agency. 1994. Illinois Urban Manual. Champaign, Illinois. 81. U.S. Environmental Protection Agency. 1993. Guidance specifying management measures for sources of nonpoint pollution in coastal waters. Publication 840-B-92-002. U.S. Environmental Protection Agency, Office of Water, Washington, DC.

82. U.S. Environmental Protection Agency. 1995. Water quality of riparian forest buffer systems in the Chesapeake Bay Watershed. EPA-903-R-95-004. Prepared by the Nutrient Subcommittee of the Chesapeake Bay Program.

83. U.S. Department of Transportation. 1975. Highways in the river environment -hydraulic and environmental design considerations. Training and Design Manual.

84. Vanoni, V.A., and R.E. Pollack. 1959. Experimental design of low rectangular drops for alluvial flood channels. Report No. E-82. California Institute of Technology, Pasadena, California.

85. Vitrano, D.M. 1988. Unit construction of trout habitat improvement structures for Wisconsin Coulee streams. Administrative Report No. 27. Wisconsin Department of Natural Resources, Bureau of Fisheries Management, Madison, Wisconsin.

86. Waldo, P. 1991. The geomorphic approach to channel investigation. In Proceedings of the Fifth Federal Interagency Sedimentation Conference, Las Vegas, Nevada.

88. Welsch, D.J. 1991. Riparian forest buffers. Publication NA-PR-07-91. U.S. Department of Agriculture, Forest Service, Radnor, Pennsylvania.

89. Welsch, D.J., D.L. Smart et al.(Undated). Forested wetlands: functions, benefits and the use of best management practices. (Coordinated with U.S. Natural Resources Conservation Service, U.S. Army Corps of Engineers, U.S. Environmental Protection Agency, U.S. Fish and Wildlife Service, U.S. Forest Service). Publication No. NAPR-01-95. U.S. Department of Agriculture, Forest Service, Radnor, Pennsylvania.

이 원 환(李元煥, 心江, Lee, Won-Hwan)

학 력 | 충북 청주시 석교초등학교 졸업
충북 청주시 청주중(중고)학교 졸업(6년제)
서울대학교 공과대학 토목공학과 졸업(공학사)(1949.9~1953.9)
서울대학교 대학원 공학석사 학위 받음(1954.4~1957.3)
서울대학교 대학원 공학박사 학위 받음(1972.3~1974.2)

경 력 | 경기공업고등학교(현 서울과학기술대학교) 교사(1954.4~1960.9)
서울대학교 공과대학 조교(1957.4~1960.9)
부산대학교 공과대학 조교수(1960.10~1963.3)
연세대학교 공과대학 교수(1963.3~1995.2)
연세대학교 명예교수(1995.3~현재)

학술활동 | • 1957년 논문 "하천제방파괴의 원인에 관하여" 발표, 이후 1997년까지 국내외 전문학술지에 총 95편의 논문을 발표하고 기술연구과제 42과제를 수행
• 석박사과정을 지도하여 본 대학원 공학박사 15명, 공학석사 59명, 산업대학원 공학석사 83명 배출
• 하천공학, 수문학, 수리학, 발전수력 등 수공학 분야 전문서적 8권, "심강 추상기"(2008년), "심강 추상기(속편)(2014년)" 발간

학회활동 | • 대한토목학회, 한국수자원학회, 국제수리학회(IAHR), 한국대댐회, 미국토목학회(ASCE) 회원
• 한국수문학회 회장, 한국대댐회 부회장, 대한토목학회 부설토목연구소장, 한국물학술단체연합회 초대회장, 한국건설기술연구원 이사장, 한국과학기술한림원 원로회원(2000~현재), 대한토목학회 원로회원을 역임

사회활동 | 중앙하천관리위원회 위원, 서울시 하천관리위원회 위원, 중앙재해대책위원회 위원(방재분과 위원장), 환경영향평가위원 역임

상 벌 | 대한토목학회 학술상, 한국수문학회 학술상 수상, 서울특별시 문화상(건설부문) 수상(1987.12), 국민훈장 모란장 받음(대통령)(1995.2)

조 원 철 (趙元喆, Cho, Woncheol C.) (本貫 : 漢陽)

학   력 | 경북 영덕군 강구면 강구국민학교, 강구중학교 졸업
서울시 마포구 광성고등학교 졸업(1968.2)
연세대학교 공과대학 토목공학과 졸업(공학사)(1973.2)
연세대학교 대학원 공학석사 학위 받음(1977.2)
University of Pennsylvania, Post Master Course 수료(1979.8)
Drexel University, Ph.D. 받음(1984.6)
U.S. National Emergency Training Center, HAZUS Basic 교육과정 이수(2005.12)

경   력 | 육군 공병장교(군번 73-01410, 육군 1201 건설공병단 근무, 중위로 제대)(1973.3~1975.6)
서일전문대학 전임강사(1977.3~1978.2)
Drexel University 전문연구원(Professional/Research Specialist)(1983.10~1984.2)
연세대학교 공과대학 사회환경시스템공학부 토목환경공학 전공 교수[강사(84.3~84.8), 조교수
(84.9~89.2), 부교수(89.3~94.2), 교수(94.3~14.8), 명예교수(14.9~현재)]
한국과학기술원(KAIST) 재난학연구소 초빙교수(2015.1~2016.12)

학술활동 | • 석·박사 학위논문 외 현재까지 저서 "도시수문학" 외 14편, 국내외 전문학술지 논문 101편,
학술발표회 논문 185편, 학술연구용역 보고서 82편, 학술지 기고 39편 발표
• 국제학술회의를 11회 개최하여 집행하였으며, 중요기관단체에서 158회의 강좌 실시
• 다수의 신문기고, 라디오 및 TV 등에 출연하여 방재안전관리, 호우관리 및 수자원관리 분야에서
전문적으로 활동

학회활동 | 대한토목학회, 한국수자원학회, 한국대댐회, 한국해양해안공학회, 한국산업재산권법학회(부회장),
한국방재학회, 한국방재안전학회(설립 초대 회장), 한국공학한림원(원로회원), AGU(미국지리학연
합회) 등에서 학술지/논문집 편집위원, 분과위원장, 이사, 부회장, 회장, 원로회원 등으로 활동

사회활동 | 행정자치부 국립방재연구소 (초대)소장(1997~1998), 제2차 ARF 회기간 회의(ARF-ISM-DR)
한국대표(1998), 대통령 비서실 수해방지대책기획단 단장(1999), 한국방송공사(KBS) 객원해설
위원(2006), 국무총리실(규제개혁위원회 위원 및 행정사회분과위원장), 국토교통부(중앙하천관리
위원, 제2기~제9기 중앙건설기술 심의위원, 중앙도시계획위원 등 9개 위원회 위원), 과학기술부
(원자력안전 전문위원, KSLV-1 (나로호)발사허가위원 등 5개 위원회 위원), 환경부, 국민안전처
(소방방재청)(재해영향평가위원 등 7개 위원회 위원), 서울특별시(건설기술 심의위원 등 7개 위원
회 위원), 기타(방재안전관리 it 포럼 의장, 11개 국제회의 의장, 공동의장 등) 활동

상   벌 | 대한토목학회 논문상 및 학술상, 한국수자원학회 학술상 및 공로상, 한국과학기술인단체총연합회 제11
회 과학기술우수논문상, 한국방재학회 학술상, 한국항공협회 표창장, 홍조근정훈장(2002.12. 31) 받음

자 격 증 | 안전관리(건설안전)기술사 취득(1991.8.12.)

생태하천공학

초판인쇄 2019년 1월 22일
초판발행 2019년 1월 29일

편   저 이원환, 조원철
발   행 한국수자원학회 학회장
발 행 처 한국수자원학회

책임편집 박영지, 김동희
디 자 인 송성용, 윤미경
제작책임 김문갑

등록번호 제2-3285호
등 록 일 2001년 3월 19일
주   소 (04626) 서울특별시 중구 필동로8길 43(예장동 1-151)
전화번호 02-2275-8603(대표)
팩스번호 02-2265-9394
홈페이지 www.circom.co.kr

I S B N 979-11-5610-729-3 93530
정   가 25,000원